中国国家标准汇编

489

GB 25956～25987

（2010 年制定）

中国标准出版社　编

中国质检出版社
中国标准出版社
北　京

图书在版编目（CIP）数据

中国国家标准汇编：2010年制定．489：GB 25956～25987/
中国标准出版社编．—北京：中国标准出版社，2012
ISBN 978-7-5066-6533-9

Ⅰ．①中…　Ⅱ．①中…　Ⅲ．①国家标准-汇编-中国-2010
Ⅳ．①T-652.1

中国版本图书馆CIP数据核字(2011)第187828号

中国质检出版社
中国标准出版社 出版发行
北京市朝阳区和平里西街甲2号(100013)
北京市西城区三里河北街16号(100045)
网址:www.spc.net.cn
总编室:(010)64275323　发行中心:(010)51780235
读者服务部:(010)68523946
中国标准出版社秦皇岛印刷厂印刷
各地新华书店经销

*

开本 880×1230 1/16　印张 34.25　字数 912 千字
2012年1月第一版　2012年1月第一次印刷

*

定价 220.00 元

出 版 说 明

1.《中国国家标准汇编》是一部大型综合性国家标准全集。自 1983 年起，按国家标准顺序号以精装本、平装本两种装帧形式陆续分册汇编出版。它在一定程度上反映了我国建国以来标准化事业发展的基本情况和主要成就，是各级标准化管理机构，工矿企事业单位，农林牧副渔系统，科研、设计、教学等部门必不可少的工具书。

2.《中国国家标准汇编》收入我国每年正式发布的全部国家标准，分为“制定”卷和“修订”卷两种编辑版本。

“制定”卷收入上一年度我国发布的、新制定的国家标准，顺延前年度标准编号分成若干分册，封面和书脊上注明“20××年制定”字样及分册号，分册号一直连续。各分册中的标准是按照标准编号顺序连续排列的，如有标准顺序号缺号的，除特殊情况注明外，暂为空号。

“修订”卷收入上一年度我国发布的、修订的国家标准，视篇幅分设若干分册，但与“制定”卷分册号无关联，仅在封面和书脊上注明“20××年修订-1，-2，-3，……”字样。“修订”卷各分册中的标准，仍按标准编号顺序排列（但不连续）；如有遗漏的，均在当年最后一分册中补齐。需提请读者注意的是，个别非顺延前年度标准编号的新制定的国家标准没有收入在“制定”卷中，而是收入在“修订”卷中。

读者配套购买《中国国家标准汇编》“制定”卷和“修订”卷则可收齐上一年度我国制定和修订的全部国家标准。

3. 由于读者需求的变化，自 1996 年起，《中国国家标准汇编》仅出版精装本。

4. 2010 年我国制修订国家标准共 2846 项。本分册为“2010 年制定”卷第 489 分册，收入国家标准 GB 25956～25987 的最新版本。

中国标准出版社

2011 年 8 月

目　　录

ICS 27.010
F 01

中华人民共和国国家标准

GB 25956—2010

打印机、传真机能效限定值及能效等级

Minimum allowable values of energy efficiency and energy grade for printers and fax machines

2011-01-10 发布　　2011-07-01 实施

中华人民共和国国家质量监督检验检疫总局
中国国家标准化管理委员会　发布

前　言

本标准的4.2为强制性的，其余为推荐性的。

本标准的附录A和附录B是规范性附录。

本标准由国家发展和改革委员会资源节约和环境保护司提出。

本标准由全国能源基础与管理标准化技术委员会归口。

本标准起草单位：中国标准化研究院、国家办公设备及耗材质量监督检验中心、国家电子计算机质量监督检验中心、工业和信息化部电信传输研究所、中国惠普有限公司、爱普生(中国)有限公司、柯尼卡美能达办公系统(中国)有限公司、日冲商业(北京)有限公司、三星电子(山东)数码打印机有限公司、兄弟(中国)商业有限公司、利盟打印机(深圳)有限公司。

本标准主要起草人：李鹏程、陈海红、邝亚明、姜卫红、周兴华、王新京、韩国杰、张抒洁、高震、汤文卿、张虔、蒋炳煜、麦洪琦。

打印机、传真机能效限定值及能效等级

1 范围

本标准规定了普通用途的打印机、传真机、以打印或传真为基本功能的多功能一体机(以下简称产品)的能效等级、能效限定值、节能评价值、试验方法和检验规则。

本标准适用于在220 V、50 Hz电网供电下正常工作,打印速度小于70页/min、标准幅面的产品。

本标准不适用于仅由电池或网络接口(如USB、IEEE1394等接口)供电或具有数字接收前端(DFE)的产品。

2 规范性引用文件

下列文件中的条款通过本标准的引用而成为本标准的条款。凡是注日期的引用文件,其随后所有的修改单(不包括勘误的内容)或修订版均不适用于本标准,然而,鼓励根据本标准达成协议的各方研究是否可使用这些文件的最新版本。凡是不注日期的引用文件,其最新版本适用于本标准。

GB/T 16685—2008 信息技术 办公设备 打印设备 吞吐量的测量方法 1类和2类打印机(ISO/IEC 10561:1999,IDT)

GB/T 22372—2008 单色黑白激光打印机测试板

ISO/IEC 28360:2007 信息技术 办公设备 电子设备中化学品排放率的测定(Information technology—Office equipment—Determination of chemical emission rates from electronic equipment)

3 术语和定义

下列术语和定义适用于本标准。

3.1

关闭状态 off mode

产品连接到电网电源上,且产品电源开关为“断”的状态。

3.2

工作状态 active mode

产品连接到电源上,正在进行工作输出或执行其他主要功能的状态。

3.3

准备状态 ready mode

产品在接通电源或工作结束后,能耗低于工作状态能耗的状态。产品从准备状态进入工作状态应不具有可察觉的时间延迟。

3.4

睡眠状态 sleep mode

产品停止运行一段时间后,在不关闭的情况下自动进入的能耗较低的状态。

注:当产品睡眠状态具有多种功率水平时,则由生产者指定一种功率水平作为产品的睡眠状态功率。产品最终睡眠状态为其最后一个阶段的睡眠状态。

3.5

待机状态 standby mode

产品连接到电网电源上功率最低的状态。

注1:该状态可以延续无限长时间,且使用者无法改变此状态下产品的功率。

注2:待机状态一般为产品的关闭状态,但也有可能是产品的睡眠状态或准备状态。

3.6

睡眠状态预设延迟时间　default delay time

厂家预设的产品完成基本功能后进入睡眠状态的时间。当产品睡眠状态具有多种功率水平时，预设延迟时间对应的睡眠状态应与生产商指定的睡眠状态一致。

3.7

典型能耗　typical energy consumption;TEC

产品按照本标准附录 A 所规定测试方法和计算方法得出的每周能源消耗量，单位为千瓦时(kW·h)。

3.8

操作模式功率　power of operation mode;OM

产品按照本标准附录 B 所规定测试方法和计算方法得出的睡眠功率，单位为瓦(W)。

3.9

产品能效限定值　the minimum allowable values of energy efficiency for products

在标准规定测试条件下，产品所允许的最大典型能耗，或最大操作模式功率、进入睡眠状态的预设延迟时间及待机功率。

3.10

产品节能评价值　the evaluating values of energy conservation for products

在标准规定测试条件下，节能型产品所允许的最大典型能耗，或最大操作模式功率和待机功率。

3.11

标准幅面　standard size format

非连续供纸产品其最大媒体介质宽度在 210.0 mm 和 297.0 mm 之间(如 A3、A4、B4、信纸等)，连续供纸产品其最大媒体介质宽度在 210.0 mm 和 406.0 mm 之间。

3.12

打印/传真速度　printing/fax speed

产品每分钟打印/传真 A4 幅面纸张的数量(单面黑白模式)，单位为页/min。

注 1：对于连续供纸产品及针式打印机，打印/传真速度取(16×(最大介质宽度(单位：m)×最大打印速度(单位：m/min)))的数值。

注 2：对于只有彩色打印/传真功能的产品，其打印/传真速度为彩色单面模式下的速度。

3.13

数字接收前端　digital front-end

集成多种功能的伺服设备，可作为主机连接其他电脑或处理应用程序，并作为产品的用户界面。该设备应至少具有以下功能中的 3 种：a)适应多种网络环境；b)电子邮箱；c)任务队列管理；d)产品状态管理(如将产品从低功耗状态唤醒)；e)高级图形用户界面；f)启动与其他服务器或客户端电脑的交互(如扫描并发送邮件功能，轮询远程邮箱功能等)；g)页面后处理(如打印前重新设置幅面功能)。

4　技术要求

4.1　产品能效等级

4.1.1　产品能效等级分为 3 级，其中 1 级能效等级最高。

4.1.2　采用热敏、热升华、电子映像、固体喷蜡、热转印技术和高性能喷墨技术的产品按照典型能耗法(TEC 法)对产品能效分级，产品的各等级典型能耗应不大于表 1 的规定。

注：高性能喷墨技术与常规喷墨技术的区别主要在于是否具有横跨页面宽度的喷嘴阵列(nozzle array)或增加介质加热技术来烘干介质上的墨水。

表 1 产品典型能耗法能效等级

产品类型	打印/传真速度 p 页/min	典型能耗 kW·h		
		1 级	2 级	3 级
单色打印机、单色传真机	$p \leqslant 15$	0.6	1.0	1.5
	$15 < p \leqslant 40$	$0.06 \times p - 0.3$	$0.10 \times p - 0.5$	$0.20 \times p - 0.9$
	$p > 40$	$0.21 \times p - 6.2$	$0.35 \times p - 10.3$	$0.61 \times p - 17.8$
彩色打印机、彩色传真机	$p \leqslant 32$	$0.06 \times p + 2.0$	$0.10 \times p + 2.8$	$0.14 \times p + 4.0$
	$32 < p \leqslant 58$	$0.30 \times p - 5.8$	$0.35 \times p - 5.2$	$0.39 \times p - 4.2$
	$p > 58$	$0.60 \times p - 23.5$	$0.70 \times p - 26.0$	$0.80 \times p - 28.0$
单色多功能一体机	$p \leqslant 10$	1.0	1.5	4.0
	$10 < p \leqslant 26$	$0.06 \times p + 0.4$	$0.10 \times p + 0.5$	$0.30 \times p + 0.9$
	$p > 26$	$0.31 \times p - 6.3$	$0.35 \times p - 6.0$	$0.44 \times p - 2.8$
彩色多功能一体机	$p \leqslant 26$	$0.06 \times p + 1.9$	$0.10 \times p + 3.5$	$0.20 \times p + 5.0$
	$26 < p \leqslant 62$	$0.33 \times p - 5.0$	$0.35 \times p - 3.0$	$0.41 \times p - 0.7$
	$p > 62$	$0.60 \times p - 22.0$	$0.70 \times p - 25.0$	$0.85 \times p - 28.0$

4.1.3 采用喷墨或针式击打技术的产品按照操作模式功率法(OM 法)对产品能效分级，产品各等级的操作模式功率和待机功率均应不大于表 2 的规定。

表 2 产品操作模式下的能效等级

单位为瓦

产品类型	能效等级					
	1 级		2 级		3 级	
	操作模式功率(P_{OM})	待机功率	操作模式功率(P_{OM})	待机功率	操作模式功率(P_{OM})	待机功率
喷墨产品	$1.0 + \sum P_{fa}$	1.0	$1.4 + \sum P_{fa}$	1.0	$3.0 + \sum P_{fa}$	2.0
针式产品	$3.6 + \sum P_{fa}$	1.0	$4.6 + \sum P_{fa}$	1.0	$6.0 + \sum P_{fa}$	2.0
注：$\sum P_{fa}$ 为产品附加功能功率因子之和。						

4.2 能效限定值

产品能效限定值为能效等级的 3 级。

采用喷墨或针式击打技术的产品其睡眠状态预设延迟时间还应不大于表 3 的规定。

表 3 喷墨、针式产品最大睡眠状态预设延迟时间

产品类型	打印速度 p 页/min	预设延迟时间 t_d min
喷墨打印机、针式打印机	$p \leqslant 10$	5
	$10 < p \leqslant 20$	15
	$20 < p \leqslant 30$	30
	$p > 30$	60
喷墨多功能一体机	$p \leqslant 10$	15
	$10 < p \leqslant 20$	30
	$p > 20$	60
喷墨传真机	—	5

4.3 节能评价值

产品节能评价值为能效等级的2级。

5 试验与计算方法

5.1 试验方法

5.1.1 按附录A的试验方法对产品的典型能耗状况进行测试。

5.1.2 按附录B的试验方法对产品的操作模式功率、预设延迟时间和关闭功率进行测试。

5.2 计算方法

5.2.1 典型能耗(TEC)的计算

5.2.1.1 产品典型能耗(TEC)按照式(1)计算:

$$\mathrm{TEC}=[(E_d\times 5)+(P_s\times 48)]/1\,000 \qquad \cdots\cdots(1)$$

式中:

TEC——产品典型能耗,单位为千瓦时(kW·h);

E_d——产品每日能源消耗量,单位为瓦时(W·h);

P_s——实测产品进入最终睡眠状态后1 h内的平均睡眠功率,单位为瓦(W)。

5.2.1.2 产品每日能源消耗量(E_d,单位为瓦时)按照式(2)计算:

$$E_d=E_{dj}+2E_f+E_s \qquad \cdots\cdots(2)$$

式中:

E_{dj}——产品每日工作任务能源消耗量,单位为瓦时(W·h);

E_f——实测产品完成最后一次工作任务到进入最终睡眠状态期间的能源消耗量,单位为瓦时(W·h);

E_s——产品每日处于睡眠状态的能源消耗量,单位为瓦时(W·h)。

5.2.1.3 产品每日工作任务能源消耗量(E_{dj},单位为瓦时)按照式(3)计算:

$$E_{dj}=E_{j1}\times 2+[(M_{jd}-2)\times E_j] \qquad \cdots\cdots(3)$$

式中:

E_{j1}——产品完成测试方法规定的第一次工作任务时的能源消耗量,单位为瓦时(W·h);

M_{jd}——产品每日应完成的典型工作次数;

E_j——产品平均工作能耗,单位为瓦时(W·h)。

5.2.1.4 产品每日处于睡眠状态后的能源消耗量(E_s,单位为瓦时)按照式(4)计算:

$$E_s=\{24-[(M_{jd}/4)+(t_f\times 2)]\}\times P_s \qquad \cdots\cdots(4)$$

式中:

t_f——产品完成测试方法规定的第四次工作任务后进入最终睡眠状态的时间,单位为时(h)。

5.2.1.5 产品平均工作能耗(E_j,单位为瓦时)按照式(5)计算:

$$E_j=(E_{j2}+E_{j3}+E_{j4})/3 \qquad \cdots\cdots(5)$$

式中:

E_{j2}——产品完成测试方法规定的第二次工作任务时的能源消耗量,单位为瓦时(W·h);

E_{j3}——产品完成测试方法规定的第三次工作任务时的能源消耗量,单位为瓦时(W·h);

E_{j4}——产品完成测试方法规定的第四次工作任务时的能源消耗量,单位为瓦时(W·h)。

5.2.1.6 产品每日应完成的典型工作次数(M_{jd})按照表4的要求确定。

表 4 产品每日应完成的典型工作次数

打印速度 p 页/min	每日典型工作次数
$0<p\leqslant 8$	8
$8<p\leqslant 32$	p
$p>32$	32

5.2.2 操作模式功率(P_{OM})的计算

产品操作模式功率(P_{OM},单位为瓦)按照式(6)计算:

$$P_{OM}=E_s/t_s \qquad \cdots\cdots(6)$$

式中:

E_s——实测的产品睡眠状态的能耗,单位为瓦时(W·h);

t_s——实测产品睡眠状态能耗的测试时间,单位为时(h)。

5.2.3 产品附加功能功率因子的计算

产品附加功能功率因子之和($\sum P_{fa}$)通过表 5 确定。表 5 中的基本值根据产品在睡眠状态时仍能提供的基本功能确定,附加功能功率因子之和($\sum P_{fa}$)最多只能包括 3 个基本值,其余功能选附加值。

提供多个附加功能的单一接口应根据其基本功能选择使用一种功率因子。

表 5 产品附加功能功率因子表

附加功能	附加功能功率因子 P_{fa} W		附加功能说明
	基本值	附加值	
传输速率小于 20 Mbps 的有线接口	0.3	0.2	数据或网络接口,包括 USB1.x 接口,IEEE488 接口,IEEE1284 接口等
传输速率大于或等于 20 Mbps 且小于 500 Mbps 的有线接口	0.5	0.2	数据或网络接口,包括 USB2.x 接口,IEEE1394 接口、100 Mb 以太网接口等
传输速率大于或等于 500 Mbps 的有线接口	1.5	0.5	包括 1 Gb 以太网接口等
无线数据接口	3.0	0.7	包括蓝牙接口、802.11 接口等
连接存储卡、数码相机等存储介质的有线接口	0.5	0.1	包括闪存卡、智能卡读卡器以及数码相机接口
红外数据接口	0.2	0.2	
数据存储功能	—	0.2	产品含有磁盘驱动器、DVD 驱动器、ZIP 驱动器等内部存储介质
采用冷阴极荧光灯管(CCFL)技术进行扫描	—	2.0	不考虑冷阴极荧光灯管(CCLF)的功率和数量,本因子只能使用一次
采用非冷阴极荧光灯管(CCFL)技术进行扫描	—	0.5	不考虑非冷阴极荧光灯管(CCLF)的功率和数量,本因子只能使用一次
需由外部计算机驱动	—	−0.5	产品只有利用外部计算机的内存和数据处理等基本资源才能完成普通产品能够独立完成的功能,如页面渲染功能。

表 5（续）

附加功能	附加功能功率因子 P_{fa} W		附加功能说明
	基本值	附加值	
无线话筒	—	0.8	不考虑产品可连接无线话筒的数量，本因子只能使用一次
每 1 GB 内存	—	1.0	由产品具有的内存总容量决定
电源直流输出功能	—	当总额定输出功率(PSOR)大于 10 W 时，用以下公式计算：0.05×(PSOR－10)；小于或等于 10 W 时为 0。	总额定输出功率 PSOR 单位为瓦，是内部或外部电源的标称额定直流输出功率之和

5.2.4 关闭状态功率(P_{off})的计算

产品关闭状态功率(P_{off}，单位为瓦)按照式(7)计算：

$$P_{off}=E_{off}/t_{off} \qquad (7)$$

式中：

E_{off}——实测的产品关闭状态的能源消耗量，单位为瓦时(W·h)；

t_{off}——实测产品关闭状态的能源消耗量所用的时间，单位为时(h)。

6 检验规则

6.1 出厂检验

6.1.1 能效限定值应作为产品出厂检验项目。

6.1.2 经检验认定能效限定值不符合 4.2 要求的产品不允许出厂。

6.2 型式检验

6.2.1 产品出现下列情况之一时，应进行能效限定值型式检验：

a) 试制的新产品；

b) 改变产品设计、工艺或所用材料明显影响其性能时；

c) 质量技术监督部门提出检验要求时。

6.2.2 型式检验的抽样，每批抽 1 台，如发现其能效限定值不符合本标准要求，则该批产品为不合格。

附 录 A
（规范性附录）
产品典型能耗测试方法

A.1 试验条件

A.1.1 环境条件

在下列范围内的温度、湿度和气压条件下进行测量。

——环境温度：(23±5)℃；

——相对湿度：10%～80%；

——大气压力：86 kPa～106 kPa。

A.1.2 电源

测试电源为交流 220(1±1%)V，电源频率为(50±0.5)Hz。对于标称功率大于 1.5 kW 的待测设备，测试电源为交流 220(1±4%)V。

测试电源的总谐波失真不大于 3%，测试标称功率大于 1.5 kW 的待测设备时，测试电源的总谐波失真不大于 5%。

A.2 测试仪器

功率计在不大于 10 W 的有功功率测量时，分辨率为 0.01 W；在大于 10 W 小于 100 W 的有功功率测量时，分辨率为 0.1 W；在大于或等于 100 W 的有功功率测量时，分辨率为 1 W。

A.3 测试方法

A.3.1 试验设置

A.3.1.1 测试用纸张：A4 幅面(60～80)g/m² 普通复印纸(热敏产品采用其指定的印刷纸张)。

A.3.1.2 测试版根据产品类型确定：

a) 针式产品使用 GB/T 16685—2008 样张 A，A4 幅面；

b) 喷墨产品使用 GB/T 16685—2008 图形样张或 ISO/IEC28360：2007 的黑色样张，A4 幅面；

c) 激光产品使用 GB/T 22372—2008 消耗量测试板；

d) 只提供彩色印刷功能的产品采用 ISO/IEC 28360：2007 的彩色样张。

A.3.1.3 待测产品设置如下：

a) 产品主要参数应保持出厂设置。

b) 打印机及多功能一体机应在打印工作状态下进行测试，传真机应在简易复印工作状态下进行测试。当传真机不具有简易复印功能时，则工作任务应通过电话线路传送执行。

c) 产品应在黑白、单面模式进行测试(除非产品只提供彩色印刷功能)。

d) 如产品具有自动关机功能，测试过程中应关闭该功能。

e) 具有有线或无线数据接口的产品应至少连接一种接口，测试接口类型可由生产者指定。

f) 产品出厂配置含有的送纸器等附件(选件除外)应随同主机进行测试，可由用户关闭的除湿功能应关闭。

g) 测试前，待测产品和测试用纸张应在 A.1 规定的环境条件下放置 1 h 或更长时间。

h) 除非传真机及传真多功能一体机应连接电话线路才能执行测试任务，产品测试时不需连接电话线路。

A.3.2　测试数量的确定

A.3.2.1　每日典型打印数量的确定

待测产品每日典型打印数量为 0.50p^2 的数值，单位为页。

A.3.2.2　每次测试数量的确定

打印机、多功能一体机每次测试数量为每日典型打印数量除以每日典型工作次数，并将所得结果舍位取整，但应保证每次测试任务至少要打印一张纸。

传真机每次测试任务复印数量为 1 页。

A.3.3　典型能耗的测试

按以下顺序进行产品典型能耗的测试：

a)　待测产品初始安装完毕，并保证纸盒内有足够的测试用纸张；

b)　连接测试设备和待测产品，接通测试设备电源并处于标准所规定的试验条件，等待时间应大于 5 min；

c)　启动待测产品并使其达到准备状态；

d)　使待测产品进行一项工作(至少输出一张样张，但不超过计算确定的每次打印测试数量)，记录输出首张纸的时间，待产品进入最终睡眠状态后进行下一步操作；

e)　将测试设备读数清零，记录产品 1 h 的平均睡眠功率 P_s；

f)　将测试设备读数清零，使产品完成一次测试任务，记录此次任务开始后 15 min 内的累计能耗 E_{j1}；

g)　重复步骤 f)三次并分别记录下每次的累计能耗 E_{j2}、E_{j3} 和 E_{j4}；

h)　将测试设备读数清零，等待产品进入睡眠状态并记录产品完成最后一次工作任务到进入最终睡眠状态期间的能源消耗量 E_f 和所用时间 t_f。

附 录 B
（规范性附录）
产品操作模式能耗、进入睡眠状态的预设延迟时间和关闭状态能耗的测试方法

B.1 试验条件

B.1.1 环境条件

在下列范围内的温度、湿度和气压条件下进行测量：

——环境温度：(23±5)℃；

——相对湿度：10%～80%；

——大气压力：86 kPa～106 kPa。

B.1.2 电源

测试电源为交流220(1±1%)V，电源频率为(50±0.5)Hz。对于标称功率大于1.5 kW的待测设备，测试电源为交流220(1±4%)V。

测试电源的总谐波失真不大于3%，测试标称功率大于1.5 kW的待测设备时，测试电源的总谐波失真不大于5%。

B.2 测试仪器

功率计在不大于10 W的有功功率测量时，分辨率为0.01 W；在大于10 W小于100 W的有功功率测量时，分辨率为0.1 W；在大于或等于100 W的有功功率测量时，分辨率为1 W。

B.3 测试方法

B.3.1 试验设置

B.3.1.1 测试用纸张：A4幅面(60～80)g/m² 普通复印纸（热敏产品采用其指定的印刷纸张）。

B.3.1.2 测试版根据产品类型确定：

a) 针式产品使用GB/T 16685—2008样张A，A4幅面；

b) 喷墨产品使用GB/T 16685—2008图形样张或ISO/IEC 28360:2007的黑色样张，A4幅面；

c) 激光产品使用GB/T 22372—2008消耗量测试板；

d) 只提供彩色印刷功能的产品采用ISO/IEC 28360:2007的彩色样张。

B.3.1.3 待测产品设置如下：

a) 产品主要参数应保持出厂设置。

b) 打印机及多功能一体机应在打印工作状态下进行测试，传真机应在简易复印工作状态下进行测试。当传真机不具有简易复印功能时，则工作任务应通过电话线路传送执行。

c) 产品应在黑白、单面模式进行测试。（除非产品只提供彩色印刷功能）。

d) 如产品具有自动关机功能，测试过程中应关闭该功能。

e) 具有有线或无线数据接口的产品应至少连接一种接口，测试接口类型可由生产者指定。

f) 产品出厂配置含有的送纸器等附件（选件除外）应随同主机进行测试，可由用户关闭的除湿功能应关闭。

g) 测试前，待测产品和测试用纸张应在B.1规定的环境条件下放置1 h或更长时间。

h) 除非传真机及传真多功能一体机应连接电话线路才能执行测试任务，产品测试时不需连接电话线路。

B.3.2 操作模式能耗和预设延迟时间的测试

按以下顺序进行产品操作模式能耗和预设延迟时间的测试：

a) 待测产品初始安装完毕，并保证纸盒内有足够的测试用纸张；

b) 连接测试设备和待测产品，接通测试设备电源并处于标准所规定的试验条件，并至少等待 5 min；

c) 启动待测产品并使其达到准备状态，测试输出一张纸；

d) 等待待测产品进入睡眠状态，记录进入睡眠状态的预设延迟时间（t_d）；

e) 记录待测产品在睡眠状态下的能耗 E_s 和测试持续的时间 t_s，测试时间不小于 10 min；

f) 检查并记录待测产品的附加功能功率因子数量和参数值。

B.3.3 关闭状态能耗的测试

按以下顺序进行产品关闭状态能耗的测试：

a) 连接测试设备和待测产品，接通测试设备电源并适当调整电源电压和频率至规定的条件值。

b) 将待测产品保持在关闭状态下直到被测量的功率值读数稳定。

c) 测试待测产品的能耗，测试时间应不小于 10 min。

d) 记录待测产品在关闭状态下的能耗 E_{off} 和测试持续的时间 t_{off}。

ICS 27.010
F 01

中华人民共和国国家标准

GB 25957—2010

数字电视接收器(机顶盒)能效限定值及能效等级

Minimum allowable values of energy efficiency and energy efficiency grades for digital television adapters (set-top boxes)

2011-01-10 发布　　2011-07-01 实施

中华人民共和国国家质量监督检验检疫总局
中国国家标准化管理委员会　发布

前　言

本标准4.2为强制性的，其余为推荐性的。

本标准的附录A是规范性附录。

本标准由国家发展和改革委员会资源节约和环境保护司提出。

本标准由全国能源基础与管理标准化技术委员会归口。

本标准起草单位：中国标准化研究院、国家广播电视产品质量监督检验中心、国家电子计算机质量监督检验中心、中国赛宝实验室、青岛海信宽带多媒体技术有限公司、北京歌华有线电视网络股份有限公司、天津通广集团电子科技有限公司、四川长虹网络科技有限公司、松下电器研究开发（中国）有限公司、数源科技股份有限公司、TCL通力电子（惠州）有限公司、广州威凯检测技术研究院。

本标准主要起草人：李鹏程、陈海红、阮卫泓、吴蔚华、周兴华、姜卫红、佘智勇、刘磊、房玉桂、王震、梁军、翟文国、沈林、彭维润。

数字电视接收器(机顶盒)能效限定值及能效等级

1 范围

本标准规定了普通用途数字电视接收器(又称机顶盒,以下简称接收器)的能效等级、能效限定值、节能评价值、功率测试方法和检验规则。

本标准适用于在 220 V、50 Hz 电网供电下正常工作的接收器,包括有线接收器、地面接收器和卫星接收器。

2 规范性引用文件

下列文件中的条款通过本标准的引用而成为本标准的条款。凡是注日期的引用文件,其随后所有的修改单(不包括勘误的内容)或修订版均不适用于本标准,然而,鼓励根据本标准达成协议的各方研究是否可使用这些文件的最新版本。凡是不注日期的引用文件,其最新版本适用于本标准。

GB/T 2829—2002 周期检验计数抽样程序及表(适用于对过程稳定性的检验)

GB/T 14857 演播室数字电视编码参数规范

GB/T 17700 卫星数字电视广播信道编码和调制标准

GB/T 17975.1 信息技术 运动图像及其伴音信息的通用编码 第1部分:系统

GB/T 17975.2 信息技术 运动图像及其伴音信号的通用编码 第2部分:视频

GB/T 17975.3 信息技术 运动图像及其伴音信号的通用编码 第3部分:音频

GB/T 20600 数字电视地面广播传输系统帧结构、信道编码和调制

GB 20943 单路输出式交流-直流和交流-交流外部电源能效限定值及节能评价值

GD/JN 01 先进广播系统-卫星传输系统帧结构、信道编码及调制:安全模式

GY/T 155 高清晰度电视节目制作及交换用视频参数值

GY/T 170 有线数字电视广播信道编码与调制规范

IEC 62087:2008 音频、视频和相关设备功率消耗量的测量方法(Methods of measurement for the power consumption of audio, video and related equipment)

3 术语和定义

下列术语和定义适用于本标准。

3.1

工作状态 on mode

接收器连接到电网电源上,提供主要功能的状态。

3.2

被动待机状态 standby passive mode

接收器连接到电网电源上,不提供主要功能的低功率状态。接收器只有收到遥控器、按键等外部激发信号后才能进入该状态。通过遥控装置、内部信号等方式的激发,接收器可以从该状态返回工作状态。

3.3

接收器能效限定值 the minimum allowable values of energy efficiency for digital television adapters

在标准规定测试条件下,接收器所允许的工作状态及被动待机状态下的最大功率。

3.4

接收器节能评价值　the evaluating values of energy conservation for digital television adapters

在标准规定测试条件下，节能型接收器所允许的工作状态及被动待机状态下的最大功率。

4 技术要求

4.1 能效等级

接收器能效等级分为3级，其中1级能效等级最高。各等级接收器的工作状态功率及被动待机功率均应不大于表1的规定。表中$\sum P_{fa}$是接收器工作状态附加功能功耗因子之和，单位为瓦(W)，附加功能功耗因子的计算见5.2。

表1　接收器各能效等级的工作状态功率和被动待机功率　　单位为瓦

接收器类型	能效等级					
	1级		2级		3级	
	工作状态功率 P_{on}	被动待机功率 P_{sp}	工作状态功率 P_{on}	被动待机功率 P_{sp}	工作状态功率 P_{on}	被动待机功率 P_{sp}
有线接收器	$5.0+\sum P_{fa}$	1.0	$7.0+\sum P_{fa}$	2.0	$10.0+\sum P_{fa}$	3.0
地面接收器	$5.0+\sum P_{fa}$	1.0	$7.0+\sum P_{fa}$	2.0	$10.0+\sum P_{fa}$	3.0
卫星接收器	$7.0+\sum P_{fa}$	1.0	$9.0+\sum P_{fa}$	2.0	$12.0+\sum P_{fa}$	3.0

4.2 能效限定值

接收器能效限定值为能效等级的3级。

4.3 节能评价值

接收器节能评价值为能效等级的2级。

使用单路输出式交流-直流和交流-交流外部电源的接收器，所使用的外部电源应符合GB 20943中节能评价值的要求。

5 测试与计算方法

5.1 测试方法

按附录A的测试方法对接收器的工作状态功率和被动待机状态功率进行测试。

5.2 附加功能功耗因子的计算

接收器附加功能功耗因子通过查表2确定，应根据接收器在工作状态时可提供的全部主要功能确定附加功能功率因子之和。

表2　接收器附加功能功耗因子表

附加功能	附加功能功耗因子 P_{fa}	附加功能说明
高清输出功能	3.0 W	
内部硬盘	2.2 W	非读写状态下
HDMI接口	1.0 W	
ADSL调制解调器	2.0 W	
双调谐器	2.0 W	
有线调制解调器(Cable Modem)	4.5 W	
以太网接口	0.4 W/个	非连接状态
USB接口	0.3 W/个	不接设备状态

6 检验规则

6.1 出厂检验

6.1.1 能效限定值应作为接收器出厂检验项目。

6.1.2 经检验认定能效限定值不符合 4.2 的接收器不允许出厂。

6.2 型式检验

6.2.1 接收器出现下列情况之一时，应进行能效限定值型式检验：

a) 试制的新产品；

b) 改变产品设计、工艺或所用材料明显影响其性能时；

c) 质量技术监督部门提出检验要求时。

6.2.2 型式检验抽样按 GB/T 2829—2002 规定的判别水平Ⅰ、二次抽样方案进行。其样本大小、不合格质量水平(RQL)及对应的判定组数见表 3。

表 3 型式检验抽样样本、不合格质量水平及判定组数

检验项目	样本大小	RQL 及判定数组
接收器能效限定值	$N_1=3$ $N_2=3$	40 [0,2 / 1,2]

附　录　A
（规范性附录）
数字电视接收器（机顶盒）功率测试方法

A.1　测量环境

A.1.1　环境条件

在下列范围内的温度、湿度和气压条件下进行测量：

——环境温度：15 ℃～35 ℃；

——相对湿度：25％～75％；

——大气压力：86 kPa～106 kPa。

A.1.2　电源

电压为交流 220 V，频率为 50 Hz。测试采用交流稳压电源供电，其电压和频率波动均不大于±2％，谐波失真不大于 3％。

A.2　测试仪器

功率计为有功功率计，分辨率至少为 0.01 W，最小电流量程≤10 mA，保证在连续工作条件，测量精度优于 5％。

A.3　测试方法

A.3.1　接收器设置

接收器设置如下：

a)　接收器具有表 2 中不包括的附加功能时，该功能如能由用户关闭则应予以关闭；

b)　当接收器由外部电源适配器供电时，应采用接收器标配的适配器进行测试。

A.3.2　输入信号

高清清晰度数字视音频测试信号应符合 GB/T 17975.1、GB/T 17975.2、GB/T 17975.3、GY/T 155 的规定，信号格式 1 920×1 080i/50 Hz。

标准清晰度数字视音频测试信号应符合 GB/T 17975.1、GB/T 17975.2、GB/T 17975.3、GB/T 14857 的规定，信号格式 720×576i/50 Hz。

A.3.3　视频测试信号

视频测试信号采用 IEC 62087:2008 中规定的 50 Hz 活动序列。

A.3.4　有线接收器标准测试工况

A.3.4.1　有线接收器应根据其视频输出格式选择工况分别进行测试。当接收器能提供两种输出格式时，需对两种工况全部进行测试，并以两种工况下的最大功率值作为接收器功率。

A.3.4.2　有线接收器标准测试工况状态Ⅰ如下：

a)　信道要求：信道编码符合 GY/T 170 的规定；

b)　单路视频码率：2 Mbps～15 Mbps；

c)　符号率：3.52 MS/s～6.89 MS/s；

d)　包长：188 Byte；

e)　调制方式：64QAM；

f)　卷积交织深度：I=12；

g)　滚降系数：α=0.15；

h) 频率:110 MHz～862 MHz;

i) 标准输入电平:60 dBμV;

j) 噪声带宽:信号占用带宽/(1+α);

k) 被测设备音频输出调至最大;

l) 视频输出格式见表 A.1。

表 A.1 有线接收器标准测试工况状态Ⅰ视频输出格式

输入信号	信号格式	隔行比	扫描行数	行频 kHz	场频 Hz	幅型比
MP@ML	720×576 i	2:1	625	15.625	50	4:3

A.3.4.3 有线接收器标准测试工况状态Ⅱ如下:

a) 信道要求:信道编码符合 GY/T 170 的规定;

b) 单路视频码率:2 Mbps～25 Mbps;

c) 符号率:3.52 MS/s～6.89 MS/s;

d) 包长:188 Byte;

e) 调制方式:64QAM;

f) 卷积交织深度:$I=12$;

g) 滚降系数:$\alpha=0.15$;

h) 频率:110 MHz～862 MHz;

i) 标准输入电平:60 dBμV;

j) 噪声带宽:信号占用带宽/(1+α);

k) 被测设备音频输出调至最大;

l) 视频输出格式见表 A.2。

表 A.2 有线接收器标准测试工况状态Ⅱ视频输出格式

输入信号	信号格式	隔行比	扫描行数	行频 kHz	场频 Hz	幅型比
MP@HL	1 920×1 080 i	2:1	1 125	28.125	50	16:9

A.3.5 地面接收器标准测试工况

A.3.5.1 地面接收器应根据其调制方式选择工况分别进行测试。当接收器能提供两种解调方式时,需对两种工况状态全部进行测试,并以两种工况下的最大功率值作为接收器功率。

A.3.5.2 地面接收器标准测试工况状态Ⅰ如下:

a) 信道编码符合 GB/T 20600 的规定;

b) 频道标称带宽:8 M;

c) 有效带宽:7.56 M;

d) 滚降系数:$\alpha=0.05$;

e) 标准输入电平:50 dBμV;

f) 调制方式,见表 A.3。

表 A.3 地面接收器标准测试工况状态Ⅰ调制方式

调制 方式	载波 方式	符号星座图 映射	帧头	前向纠错 码率	符号 交织	净码率 Mbps
1	$C=1$	32QAM	PN 595	0.8	720	25.989

A.3.5.3 地面接收器标准测试工况状态Ⅱ如下：

a) 信道编码符合 GB/T 20600 的规定；

b) 频道标称带宽：8 M；

c) 有效带宽：7.56 M；

d) 滚降系数：α=0.05；

e) 标准输入电平：50 dBμV；

f) 调制方式，见表 A.4。

表 A.4 地面接收器标准测试工况状态Ⅱ调制方式

调制方式	载波方式	符号星座图映射	帧头	前向纠错码率	符号交织	净码率 Mbps
7	C=3 780	16QAM	PN 945	0.4	720	9.626

A.3.6 卫星接收器标准测试工况

A.3.6.1 卫星接收器应根据其信道编码方式选择工况分别进行测试。当接收器能提供多种解调功能时，需对各种工况状态全部进行测试，并以最大功率值作为接收器功率。

A.3.6.2 卫星接收器标准测试工况状态Ⅰ如下：

a) 信道编码符合 GD/JN 01 的规定；

b) 输入频率范围 950 MHz～1 450 MHz；

c) 单路视频码率：500 kbps ～10 Mbps；

d) 标准输入电平：65 dBμV；

e) 调制方式：QPSK；

f) 信道编码率：3/4；

g) 滚降系数：0.25；

h) 符号率：28.8 MS/s；

i) 视频格式：MP@ML，即 720×576i。

A.3.6.3 卫星接收器标准测试工况状态Ⅱ如下：

a) 信道编码符合 GB/T 17700 的规定；

b) 单路视频码率：2 Mbps～15 Mbps；

c) 符号率：2 MS/s～30 MS/s；

d) 包长：188 Byte；

e) 内码码率：3/4；

f) 卷积交织深度：I=12；

g) 滚降系数：α=0.35；

h) 射频频率：950 MHz～2 150 MHz；

i) 被测接收器的输入电平：－40 dBm；

j) 噪声带宽：信号占用带宽/(1+α)；

k) 被测接收器音频输出音量调至最大。

A.3.6.4 卫星接收器标准测试工况状态Ⅲ如下：

a) 信道编码符合 GB/T 17700 的规定；

b) 单路视频码率：2 Mbps～25 Mbps；

c) 符号率：2 MS/s～45 MS/s；

d) 包长：188 Byte；

e) 内码码率：3/4；

f) 卷积交织深度：$I=12$；

g) 滚降系数：$\alpha=0.35$；

h) 射频频率：950 MHz～2 150 MHz；

i) 被测接收器的输入电平：−40 dBm；

j) 噪声带宽：信号占用带宽/（$1+\alpha$）；

k) 被测接收器音频输出音量调至最大。

A.4 接收器功率测试步骤

接收器功率测试按照以下步骤进行：

a) 按图 A.1 所示，连接测试设备和接收器，接通测试设备电源并处于标准所规定的试验条件，等待时间应大于 5 min。

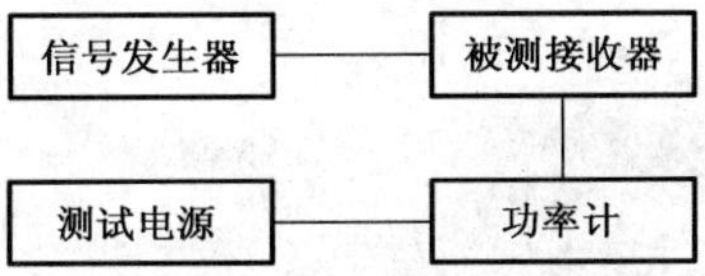

图 A.1 接收器功率测试接线示意图

b) 启动接收器并使其达到标准的工作状态，输入活动序列信号并保持在此状态下预热不少于 15 min。

c) 用具备数字积分功能的功率计（或电度计）测量正常工作接收器的积分功率值（E_1）和测量时间（T_1）。通过式（A.1）计算出工作状态功率（P_{on}）。测量时间 T_1 不小于 15 min；

$$P_{on}=E_1/T_1 \quad\cdots\cdots\cdots\cdots(\text{A.1})$$

式中：

P_{on}——工作状态功率，单位为瓦（W）；

E_1——接收器的积分功率值，单位为瓦时（W·h）；

T_1——测量时间，单位为时（h）。

d) 通过遥控器或面板开关使接收器进入被动待机状态，等待 5 min。测试仪器读数清零，监测功率计读数至少 5 min，若在此期间读数波动小于 5%，则认为读数已经稳定，可以直接记录功率读数为被动待机状态功率（P_{sp}）。

如果功率计读数不能达到稳定，则需要使用具有功率平均功能的功率计监测不小于 15 min，取平均功率为被动待机状态功率。或者使用具备数字积分功能的功率计（或电度计）监测不少于 15 min 并保证在积分时间内采样多于 200 次，按照式（A.2）计算得到被动待机状态的功率：

$$P_{sp}=E_2/T_2 \quad\cdots\cdots\cdots\cdots(\text{A.2})$$

式中：

P_{sp}——接收器被动待机状态功率，单位为瓦（W）；

E_2——接收器实测的电能消耗，单位为瓦时（W·h）；

T_2——被动待机状态测量时间，单位为时（h）。

ICS 27.010
F 01

中华人民共和国国家标准

GB 25958—2010

小功率电动机能效限定值及能效等级

Minimum allowable values of energy efficiency and values of efficiency grade for small-power motors

2011-01-10 发布　　　　2011-07-01 实施

中华人民共和国国家质量监督检验检疫总局
中国国家标准化管理委员会　发布

前言

本标准的 4.3、4.4 为强制性的，其余为推荐性的。

本标准由国家发展和改革委员会环境和资源综合利用司提出。

本标准由全国能源基础与管理标准化技术委员会(SAC/TC 20)归口。

本标准起草单位：广州电器科学研究院、中国标准化研究院、全国旋转电机标委会小功率电机分标委会、上海出入境检验检疫局、广东威灵电机制造有限公司、国际铜业协会、艾默生(中国)电机有限公司、开平市三威微电机有限公司、海城三鱼泵业有限公司、南京南微电机有限公司、佛山市南海九洲普惠风机有限公司、天津市中环天虹微电机有限公司、佛山市天洋电机制造有限公司、威海泰富西玛电机有限公司、芜湖通力电机有限责任公司、广州威凯检测技术研究院。

本标准主要起草人：赵跃进、罗军波、吴展、傅培刚、刘志湖、赵凯、罗怀平、崔恒懂、周新根、张传甲、李璐璐、伍云山、陆小毛、张仕平、杜勇、区应杰、汪洪胜、徐卫、李鹏程。

小功率电动机能效限定值及能效等级

1 范围

本标准规定了小功率异步电动机(以下简称电动机)的能效等级、能效限定值、目标能效限定值、节能评价值和试验方法。

本标准适用于690 V及以下的电压和50 Hz交流电源供电的小功率三相异步电动机(10 W～2 200 W)、电容运转异步电动机(10 W～2 200 W)、电容起动异步电动机(120 W～3 700 W)、双值电容异步电动机(250 W～3 000 W)等一般用途电动机,以及房间空调器风扇电动机(6 W～550 W)。

2 规范性引用文件

下列文件中的条款通过本标准的引用而成为本标准的条款。凡是注日期的引用文件,其随后所有的修改单(不包括勘误的内容)或修订版均不适用于本标准,然而,鼓励根据本标准达成协议的各方研究是否可使用这些文件的最新版本。凡是不注日期的引用文件,其最新版本适用于本标准。

GB/T 1032　三相异步电动机试验方法

GB/T 5171　小功率电动机通用技术条件

GB/T 9651—2008　单相异步电动机试验方法

GB 12350　小功率电动机的安全要求

3 术语和定义

下列术语和定义适用于本文件。

3.1

一般用途电动机　general purpose motor

按标准额定值设计和制造的电动机,其运行特性和机械结构适用于一般工作条件,而不限于某一特定用途或某一类的用途。

3.2

电动机能效限定值　minimum allowable values of energy efficiency for motors

在标准规定的测试条件下,允许电动机效率的最低标准值。

3.3

电动机目标能效限定值　target minimum allowable values of energy efficiency for motors

在本标准实施一定年限后,允许电动机效率的最低标准值,该值实施后将替代电动机能效限定值。

3.4

电动机节能评价值　evaluating values of energy conservation for motors

在标准规定的测试条件下,满足节能认证要求的电动机效率应达到的最低标准值。

4 技术要求

4.1 基本要求

电动机的安全应符合GB 12350的要求。

电动机的性能应符合GB/T 5171及相应产品标准的要求。

4.2 电动机能效等级

电动机能效等级分为3级，其中1级能效等级最高。各等级电动机在额定输出功率时的效率均应不低于表1至表5中的规定。

电动机各能效等级效率的容差应符合GB/T 5171及相应产品标准的规定。

表1至表5中未列出额定功率值的电动机，其效率可用插值法确定。

表1 小功率三相异步电动机能效等级及效率

%

额定功率 W	能效等级								
	1级			2级			3级		
	2极	4极	6极	2极	4极	6极	2极	4极	6极
10	—	35.0	—	—	31.4	—	—	28.0	—
16	54.1	39.4	—	50.1	35.6	—	46.0	32.0	—
25	60.0	50.1	—	56.0	46.0	—	52.0	42.0	—
40	62.8	58.1	—	59.0	54.1	—	55.0	50.0	—
60	67.5	63.8	—	63.8	60.0	—	60.0	56.0	—
90	69.3	65.7	—	65.7	61.9	—	62.0	58.0	—
120	73.8	67.5	—	70.5	63.8	—	67.0	60.0	—
180	75.5	71.1	66.6	72.4	67.7	62.9	69.0	64.0	59.0
250	78.1	73.8	70.2	75.2	70.5	66.7	72.0	67.0	63.0
370	79.3	75.9	74.6	76.5	72.8	71.4	73.5	69.5	68.0
550	81.0	79.3	77.2	78.4	76.5	74.2	75.5	73.5	71.0
750	—	—	—	—	—	—	77.4	79.6	75.9
1 100	—	—	—	—	—	—	79.6	81.4	78.1
1 500	—	—	—	—	—	—	81.3	82.8	79.8
2 200	—	—	—	—	—	—	83.2	84.3	81.8

表2 电容运转异步电动机能效等级及效率

%

额定功率 W	能效等级								
	1级			2级			3级		
	2极	4极	6极	2极	4极	6极	2极	4极	6极
10	—	30.4	—	—	27.1	—	—	24.0	—
16	42.7	40.5	—	38.8	36.7	—	35.0	33.0	—
25	48.0	45.9	—	44.0	41.9	—	40.0	38.0	—
40	55.1	53.1	—	51.1	49.0	—	47.0	45.0	—
60	60.9	58.1	—	57.0	54.1	—	53.0	50.0	—
90	63.8	60.0	—	60.0	56.0	—	56.0	52.0	—
120	67.5	64.7	60.9	63.8	60.9	57.0	60.0	57.0	53.0
180	72.0	66.6	62.8	68.6	62.9	59.0	65.0	59.0	55.0
250	72.9	68.4	64.7	69.5	64.8	60.9	66.0	61.0	57.0

表 2（续）

%

额定功率 W	能效等级								
	1 级			2 级			3 级		
	2 极	4 极	6 极	2 极	4 极	6 极	2 极	4 极	6 极
370	73.8	69.3	65.7	70.5	65.7	61.9	67.0	62.0	58.0
550	76.4	71.1	69.3	73.3	67.7	65.7	70.0	64.0	62.0
750	78.1	74.6	72.0	75.2	71.4	68.6	72.0	68.0	65.0
1 100	80.6	77.2	—	77.9	74.2	—	75.0	71.0	—
1 500	81.4	78.9	—	78.8	76.1	—	76.0	73.0	—
2 200	82.2	—	—	79.8	—	—	77.0	—	—

表 3　电容起动异步电动机能效等级及效率

%

额定功率 W	能效等级								
	1 级			2 级			3 级		
	2 极	4 极	6 极	2 极	4 极	6 极	2 极	4 极	6 极
120	—	58.1	—	—	54.1	—	—	50.0	—
180	67.5	60.9	—	63.8	57.0	—	60.0	53.0	—
250	71.1	65.7	61.9	67.7	61.9	58.0	64.0	58.0	54.0
370	72.0	69.3	65.7	68.6	65.7	61.9	65.0	62.0	58.0
550	74.6	72.9	67.5	71.4	69.5	63.8	68.0	66.0	60.0
750	76.4	74.6	68.4	73.3	71.4	64.8	70.0	68.0	61.0
1 100	78.1	77.2	70.2	75.2	74.2	66.7	72.0	71.0	63.0
1 500	79.8	78.9	74.6	77.0	76.1	71.4	74.0	73.0	68.0
2 200	80.6	79.8	76.4	77.9	77.0	73.3	75.0	74.0	70.0
3 000	81.4	80.6	—	78.8	77.9	—	76.0	75.0	—
3 700	82.2	81.4	—	79.8	78.8	—	77.0	76.0	—

表 4　双值电容异步电动机能效等级及效率

%

额定功率 W	能效等级					
	1 级		2 级		3 级	
	2 极	4 极	2 极	4 极	2 极	4 极
250	—	69.3	—	65.7	—	62.0
370	73.8	72.0	70.5	68.6	67.0	65.0
550	76.4	74.6	73.3	71.4	70.0	68.0
750	78.1	77.2	75.2	74.2	72.0	71.0
1 100	80.6	78.9	77.9	76.1	75.0	73.0
1 500	81.4	80.6	78.8	77.9	76.0	75.0
2 200	82.2	81.4	79.8	78.8	77.0	76.0
3 000	83.9	82.2	81.6	79.8	79.0	77.0

表 5 房间空调器风扇电动机能效等级及效率

%

额定功率 W	能效等级								
	1级			2级			3级		
	4极	6极	8极	4极	6极	8极	4极	6极	8极
6	20.9	18.4	17.1	18.3	16.1	15.0	16.0	14.0	13.0
10	29.2	25.7	24.5	26.0	22.7	21.6	23.0	20.0	19.0
16	36.1	32.7	30.4	32.5	29.2	27.1	29.0	26.0	24.0
20	39.4	36.1	32.7	35.6	32.5	29.2	32.0	29.0	26.0
25	43.8	39.4	36.1	39.8	35.6	32.5	36.0	32.0	29.0
35	48.0	43.8	40.5	44.0	39.8	36.7	40.0	36.0	33.0
40	50.1	45.9	42.7	46.0	41.9	38.8	42.0	38.0	35.0
50	53.1	49.0	44.8	49.0	45.0	40.9	45.0	41.0	37.0
60	55.1	51.1	46.9	51.1	47.0	42.9	47.0	43.0	39.0
75	56.1	53.1	48.0	52.1	49.0	44.0	48.0	45.0	40.0
90	57.1	54.1	49.0	53.1	50.1	45.0	49.0	46.0	41.0
100	58.1	55.1	50.1	54.1	51.1	46.0	50.0	47.0	42.0
120	60.0	56.1	51.1	56.0	52.1	47.0	52.0	48.0	43.0
150	61.9	57.1	53.1	58.0	53.1	49.0	54.0	49.0	45.0
180	63.8	58.1	54.1	60.0	54.1	50.1	56.0	50.0	46.0
250	66.6	60.9	56.1	62.9	57.0	52.1	59.0	53.0	48.0
370	72.0	62.8	57.1	68.6	59.0	53.1	65.0	55.0	49.0
400	72.9	65.7	60.0	69.5	61.9	56.0	66.0	58.0	52.0
450	73.8	67.5	61.9	70.5	63.8	58.0	67.0	60.0	54.0
480	74.6	68.4	62.8	71.4	64.8	59.0	68.0	61.0	55.0
500	75.5	69.3	63.8	72.4	65.7	60.0	69.0	62.0	56.0
550	76.4	70.2	64.7	73.3	66.7	60.9	70.0	63.0	57.0

4.3 电动机能效限定值

电动机能效限定值在额定输出功率状态下，电动机的效率均不应低于表 1 至表 5 中 3 级的规定。

4.4 电动机目标能效限定值

电动机目标能效限定值在额定输出功率状态下，电动机的效率均不应低于表 1 至表 5 中 2 级的规定，其值在本标准实施之日 4 年开始实施，并替代 4.3 中的能效限定值。

4.5 电动机节能评价值

电动机节能评价值在额定输出功率状态下，电动机的效率均不应低于表 1 至表 5 中 2 级的规定。

5 试验方法

对于单相小功率异步电动机，按照 GB/T 9651—2008 中的直接法测量效率。

对于三相小功率异步电动机，额定功率为 550 W 及以下的按照 GB/T 1032 中的 A 法——输入输出法测量效率；额定功率为 750 W 及以上的按照 GB/T 1032 中的 B 法——测量输入和输出功率的损耗分析法测量效率。

ICS 27.010
F 01

中华人民共和国国家标准

GB/T 25959—2010

照明节电装置及应用技术条件

The power saving unit for lighting and technical requirements of application

2011-01-10 发布 2011-05-01 实施

中华人民共和国国家质量监督检验检疫总局
中国国家标准化管理委员会 发布

前　言

本标准由全国能源基础与管理标准化技术委员会提出。

本标准由全国能源基础与管理标准化技术委员会合理用电分委员会归口。

本标准起草单位：中国标准化研究院、北京节能环保中心、中国电力科学研究院、北京电光源研究所、国际铜业协会、北京高和华泰节能环保科技有限公司、金博尔节能环保科技（北京）有限公司、山东金洲科瑞节能科技有限公司、苏州开蓝能源科技有限公司。

本标准主要起草人：赵跃进、陶毅、翟克俊、邓宏芬、杨征、程森华、韩庆军、贾玉淑、王明山、韩庆师、李鹏、施文勇、杨小平、张其努。

照明节电装置及应用技术条件

1 范围

本标准规定了照明节电装置的技术要求、应用条件和试验方法。

本标准适用于供电电压为 450 V 及以下、额定频率 50 Hz、额定容量不超过 2 500 kV·A 电磁式调压节电装置。

2 规范性引用文件

下列文件中的条款通过本标准的引用而成为本标准的条款。凡是注日期的引用文件，其随后所有的修改单(不包括勘误的内容)或修订版均不适用于本标准，然而，鼓励根据本标准达成协议的各方研究是否可使用这些文件的最新版本。凡是不注日期的引用文件，其最新版本适用于本标准。

GB/T 3797　电气控制设备

GB 7251.1—2005　低压成套开关设备和控制设备　第 1 部分：型式试验和部分型式试验成套设备(IEC 60439-1:1999,IDT)

3 术语和定义

下列术语和定义适用于本标准。

3.1

照明节电装置　the power saving unit for lighting

采用智能控制，通过调压技术，实现照明负载电压、电流调节，在满足照度的前提下，达到节约用电和延长光源使用寿命的装置。

3.2

节电率　the power saving rate

在运行周期、运行工况相同的情况下，应用照明节电装置节约的用电量与未应用照明节电装置的用电量之比的百分数。

3.3

空载损耗率　no-load loss rate

在规定测试条件下，空载损耗的测试值与照明节电装置容量之比的百分数。

3.4

负载损耗率　load loss rate

在规定测试条件下，负载损耗的测试值与照明节电装置容量之比的百分数。

3.5

空载电流率　no-load loss rate

在规定测试条件下，空载电流的测试值与照明节电装置额定电流之比的百分数。

4 技术要求

4.1 功能要求

照明节电装置具有以下功能：

——可设定输出电压；

——可集中控制多路照明器具；

——输出电压应为正弦波；
——可设有监控功能网络接口；
——应设有过载旁路开关，可自动或手动切换；
——应具有过载保护；
——应具有三相电压平衡功能；
——应具有短路保护功能；
——应具有输入欠压保护(小于或等于 210 V)；
——应具有输入、输出电压和输出电流显示。

4.2 安装要求

4.2.1 安装人员

照明节电装置应由有资质的技术人员进行安装。

4.2.2 安装位置

照明节电装置应安装在供电系统与照明系统之间，接近照明分支网络一侧(如建筑物各楼层强电竖井)。

4.2.3 维护检修空间

照明节电装置安装场地与位置的确定，应充分考虑运行管理的方便，预留必要的检修空间或场地，应保持适当通风。

4.2.4 外接导线端子

外接导线端子应符合 GB 7251.1—2005 的要求。

4.2.5 安全接地保护

照明节电装置的安全接地保护应符合 GB/T 3797 的规定，保护导体端子和设备相应裸露导电部件之间的电阻不应超过 0.1 Ω。

4.3 电气性能

4.3.1 照明节电装置自身节能等级

照明节电装置自身节能等级分为 3 级，1 级自身损耗最小，2 级为先进值，3 级为合格值。各等级空载损耗率、负载损耗率及空载电流率应符合表 1 规定。

表 1 照明节电装置自身节能等级

额定容量 kV·A	空载损耗率 %			负载损耗率 %			空载电流率 %		
	1 级	2 级	3 级	1 级	2 级	3 级	1 级	2 级	3 级
＜100	≤0.04	≤0.15	≤0.7	≤0.6	≤1.0	≤2.0	≤0.09	≤0.15	≤0.30
≥100	≤0.04	≤0.10	≤0.7	≤0.6	≤1.0	≤2.0	≤0.09	≤0.12	≤0.30

4.3.2 输出空载电压偏差

各电压档次输入额定电压时，输出空载电压偏差应小于±1.5 V。

4.3.3 电流过载能力

照明节电装置可承受 1.1 倍额定电流 30 min。

4.3.4 输出电压调节范围

4.3.4.1 室内一般工作场所

照明节电装置输出电压不应低于额定电压的 92%(荧光灯不应低于 90%)。

4.3.4.2 室外露天场所

照明节电装置的输出电压不应低于额定电压的 90%。

4.3.4.3 照度可降低的场所

高压钠灯与金属卤化物灯的照明节电装置，输出电压不应低于额定电压的 85%(荧光灯不应低于 86%)。

5 应用条件

5.1 电源电压

电源电压长期高于额定电压。

5.2 照明器具年运行时间

被控制照明器具年运行时间应大于或等于 1 800 h。

5.3 负载状况

照明节电装置应用在全部为照明器具的负载网络和以照明为主的负载网络。含有电动负载的网络不宜使用。

5.4 节电率

应用前进行节能诊断，照明节电装置的节电率应不低于 12%。

5.5 温度、湿度和海拔

应符合 GB/T 3797 的规定。

5.6 污染等级

空气中不得有过量的尘埃、酸、盐、腐蚀性及爆炸性气体。如果没有其他规定，设备一般在污染等级 2 环境中使用，污染等级见 GB 7251.1—2005 中 6.1.2.3 的规定。

6 试验方法

6.1 实验室测试条件

对照明节电装置进行试验时，应满足以下试验条件：

a) 环境温度：15 ℃～35 ℃；

b) 相对湿度：小于或等于 85%；

c) 大气压力：86 kPa～106 kPa；

d) 供电电源：相应产品的额定工作电源。

6.2 输入和输出的空载电压测量

分别接通各电压调节档次，输入额定电压，测量输入、输出线电压，输出电压误差应符合 4.3.2 的要求。

6.3 空载损耗和空载电流测量

电压调节档次置于 7% 或相近档次，在输入端输入三相额定电压、输出端开路的状态下测量空载损耗和空载电流。

6.4 负载损耗测量

电压调节档次置于 7% 或相近档次，在输入端输入三相额定频率的电压、输出端短接，调节输入电压使输入输出短路电流(即主线圈电流)均达到额定电流，测量有功功率即为负载损耗。

6.5 节电率测量与计算

在负载相同、输入输出电压和运行时间相同条件下，在输入侧分别测量无照明节电装置和有照明节电装置的照明用电量。

节电率按式(1)计算：

$$\eta=\frac{W_0-W_1}{W_0}\times 100\% \qquad (1)$$

式中：

η——节电率；

W_0——无照明节电装置时的用电量，单位为千瓦时(kW・h)；

W_1——有照明节电装置时的用电量，单位为千瓦时(kW・h)。

ICS 73.040
D 20

中华人民共和国国家标准

GB 25960—2010

动力配煤规范

Rules for steam coal blending

2011-01-10 发布　　2011-06-01 实施

中华人民共和国国家质量监督检验检疫总局
中国国家标准化管理委员会　发布

前　　言

本标准的4.2.3、4.2.5、4.3、6.1、6.2为强制性的，其余为推荐性的。

本标准的附录A为规范性附录。

本标准由中国煤炭工业协会提出。

本标准由全国煤炭标准化技术委员会归口。

本标准起草单位：煤炭科学研究总院北京煤化工研究分院、山西煤炭运销集团有限公司、北京神华昌运高技术配煤有限公司、中国矿业大学(北京)。

本标准主要起草人：姜英、高志武、王根社、涂华、丁日佳、雷晓煜、陈亚飞、周博佳。

引　言

动力配煤是指根据工业生产的需求，将几种品质不同的煤炭均匀地混合在一起，从而得到一种新的动力煤产品，以满足各种指定锅炉或窑炉的使用要求。使用动力配煤有利于提高燃烧效率、减少污染物的排放、促进煤炭资源的综合利用。

本标准以我国动力配煤技术发展、生产现状以及市场贸易需求为主要依据，同时充分考虑了各种用途对动力配煤质量的要求。本标准的制定对促进动力配煤技术的发展、提高管理水平具有重要意义，可以作为动力配煤质量控制和规范动力配煤市场的指导。

动力配煤规范

1 范围

本标准规定了动力配煤原料的品质要求、配煤方案及动力配煤产品的品质要求。

本标准适用于电站锅炉、工业锅炉、工业窑炉等所用动力配煤产品的生产、质量控制和销售。

本标准不适用于煤矸石电厂用煤。

2 规范性引用文件

下列文件中的条款通过本标准的引用而成为本标准的条款。凡是注日期的引用文件，其随后所有的修改单(不包括勘误的内容)或修订版均不适用于本标准，然而，鼓励根据本标准达成协议的各方研究是否可使用这些文件的最新版本。凡是不注日期的引用文件，其最新版本适用于本标准。

GB 474 煤样的制备方法

GB 475 商品煤样人工采取方法

GB/T 5751 中国煤炭分类

GB/T 7562 发电煤粉锅炉用煤技术条件

GB/T 7563 水泥回转窑用煤技术条件

GB/T 15224.1 煤炭质量分级 第1部分:灰分

GB/T 15224.2 煤炭质量分级 第2部分:硫分

GB/T 15224.3 煤炭质量分级 第3部分:发热量

GB/T 18342 链条炉排锅炉用煤技术条件

GB/T 18666 商品煤质量抽查和验收方法

GB/T 19494.1 煤炭机械化采样 第1部分:采样方法

GB/T 19494.2 煤炭机械化采样 第2部分:煤样的制备

3 术语和定义

下列术语和定义适用于本标准。

3.1

煤 coal

煤炭

主要由植物遗体经煤化作用转化而成的富含碳的固体可燃有机沉积岩，含有一定量的矿物质，相应的灰分产率小于或等于50%(干基质量分数)。

[GB/T 5751—2009,定义3.1]。

3.2

动力煤 fuel coal; steam coal

通过煤的燃烧来利用其热值的煤炭通称动力煤。主要用于发电煤粉锅炉、工业锅炉和工业窑炉等。

3.3

动力配煤 steam coal blending

根据工业生产的需求，按照科学计算或由燃烧试验获得的配煤比，把两种或几种不同品质的动力煤均匀地混合在一起或根据环保需求配入添加剂，生产一种新的动力煤产品的工艺过程。

3.4

动力配煤产品　steam coal blending products

根据煤的不同品质按一定目标生产出的一种混合煤产品。

3.5

配煤比　coal blending ratio

各种煤掺配比例的质量分数。

3.6

动力配煤产品质量目标值　quality target of steam coal blending product

动力配煤产品所要达到的煤质指标值，以煤的发热量、硫分和挥发分为主要参考指标。

3.7

动力配煤产品质量理论值　quality computation of steam coal blending product

按配煤比计算出的动力配煤产品各煤质指标值。

3.8

配煤产品质量实测值　quality determination of steam coal blending product

动力配煤产品煤质指标的实际测定值。

4　动力配煤原料的品质要求

4.1　动力配煤原料

动力配煤原料为无烟煤、烟煤、褐煤、选煤副产品及固硫剂(或助燃剂)。

4.2　用于动力配煤的原料应符合的要求

4.2.1　动力配煤原料煤的煤炭类别按 GB/T 5751 规定划分，品质按 GB/T 15224.1、GB/T 15224.2、GB/T 15224.3 规定划分。

4.2.2　不同煤炭类别的煤相配时，挥发分(V_{daf})不能相差过大。如任何两种原料煤的挥发分(V_{daf})值相差 15.00%以上，应该进行燃烧试验，在销售时应注明原料煤产地、煤炭类别和配煤比。

4.2.3　无烟煤和褐煤不应相配。

4.2.4　褐煤和烟煤相配时，在销售时应注明褐煤的配煤比和挥发分(V_{daf})值。

4.2.5　动力配煤过程中不应添加对用煤设备有腐蚀作用的物质，如氯化钠、硝酸盐等。

4.2.6　动力配煤中如要添加固硫剂，在锅炉和窑炉设计温度下的最大固硫效率应大于 38%。

4.3　不可作为动力配煤原料的固体物质。

4.3.1　各种矸石。

4.3.2　焦粉：挥发分(V_{daf})小于 2.5%。

4.3.3　污染环境或损坏用煤设备的废渣等物质。

5　动力配煤方案

5.1　基本要求

在进行动力配煤生产前，要制定出科学、优化的动力配煤方案。

5.2　动力配煤方案主要内容

5.2.1　动力配煤原料信息，包括原料煤和添加剂的质量指标、产地和成本等信息。

5.2.2　动力配煤目标值，包括动力配煤产品质量和成本的目标值。

5.2.3　动力配煤配比的计算和确定

5.2.3.1　两种煤相配时，根据目标值和原料煤的煤质数据计算配煤比。

5.2.3.2　三种以上煤相配时，根据目标值和其他约束条件计算配煤比，具体计算见附录 A 各条。

5.2.3.3　在确定配煤比时，动力配煤产品的主要指标(发热量和硫分)的理论值与动力配煤的目标值应有适量的余地，即动力配煤产品的发热量应高于目标值，而动力配煤产品的硫分低于目标值。

5.2.3.4 动力配煤产品煤灰熔融性温度理论值仅作参考，需进行实验室验证。

5.3 动力配煤质量控制

为保证动力配煤产品质量的稳定性，应采取动力配煤过程的质量控制措施，包括在线煤质检测或随机采样化验等。

6 动力配煤产品的品质要求

6.1 动力配煤产品的品质应符合用户的要求，其中：

——用于发电煤粉锅炉的动力配煤产品的品质应符合 GB/T 7562 的要求；

——用于链条炉排锅炉的动力配煤产品的品质应符合 GB/T 18342 的要求；

——用于水泥回转窑的动力配煤产品的品质应符合 GB/T 7563 的要求。

6.2 所有的动力配煤产品的品质应符合使用地的环保部门对煤炭品质的要求。

6.3 动力配煤产品应混合均匀。动力配煤产品的煤质指标实测值与目标值差值的相对值应小于10%。煤质指标可以包括灰分(A_d)、挥发分(V_{daf})、发热量($Q_{gr,d}$)和硫分($S_{t,d}$)等。

7 质量检验和验收

7.1 煤样按 GB 475 或 GB/T 19494.1 的规定采取，按 GB 474 或 GB/T 19494.2 的规定制备。

7.2 特殊的动力配煤产品销售时应附有相关说明，说明特殊物的添加量及主要特征指标。

7.3 产品质量的检验和验收按 GB/T 18666 的规定执行。

附 录 A
（规范性附录）
动力配煤产品的煤质理论值计算

A.1 以收到基配煤比进行动力配煤时产品的煤质理论值计算

A.1.1 煤质数据为收到基值时，按式(A.1)进行计算：

$$X_{ar}=X_{ar,1}\times\alpha_1+X_{ar,2}\times\alpha_2+\cdots+X_{ar,n}\times\alpha_n \quad\cdots\cdots(A.1)$$

式中：

X_{ar}——表示动力配煤产品的 A_{ar}(%)、V_{ar}(%)、$S_{t,ar}$(%)或 $Q_{net,ar}$(MJ/kg)；

$X_{ar,1},X_{ar,2},\cdots,X_{ar,n}$——表示 n 种原料煤相对应的 $A_{ar,1},A_{ar,2},\cdots,A_{ar,n}$(%)，$V_{ar,1},V_{ar,2},\cdots,V_{ar,n}$(%)，$S_{t,ar,1},S_{t,ar,2},\cdots,S_{t,ar,n}$(%)或 $Q_{net,ar,1},Q_{net,ar,2},\cdots,Q_{net,ar,n}$(MJ/kg)；

$\alpha_1,\alpha_2,\cdots,\alpha_n$——$n$ 种原料煤的收到基配煤质量比，%。

A.1.2 煤质数据为干燥基值时，按式(A.2)进行计算：

$$X_d=\frac{X_{d,1}\times\alpha_1\times(100-M_{ar,1})+X_{d,2}\times\alpha_2\times(100-M_{ar,2})+\cdots+X_{d,n}\times\alpha_n\times(100-M_{ar,n})}{\alpha_1\times(100-M_{ar,1})+\alpha_2\times(100-M_{ar,2})+\cdots+\alpha_n\times(100-M_{ar,n})}\quad\cdots(A.2)$$

式中：

X_d——表示动力配煤产品的 A_d(%)、V_d(%)、$S_{t,d}$(%)或 $Q_{gr,d}$(MJ/kg)；

$X_{d,1},X_{d,2},\cdots,X_{d,n}$——表示 n 种原料煤相对应的 $A_{d,1},A_{d,2},\cdots,A_{d,n}$(%)，$V_{d,1},V_{d,2},\cdots,V_{d,n}$(%)，$S_{t,d,1},S_{t,d,2},\cdots,S_{t,d,n}$(%)或 $Q_{gr,d,1},Q_{gr,d,2},\cdots,Q_{gr,d,n}$(MJ/kg)；

$M_{ar,1},M_{ar,2},\cdots,M_{ar,n}$——$n$ 种原料煤的收到基水分，%；

$\alpha_1,\alpha_2,\cdots,\alpha_n$——$n$ 种原料煤的收到基配煤质量比，%。

A.1.3 煤质数据为干燥无灰基挥发分 V_{daf} 时，按式(A.3)进行计算：

$$V_{daf}=\frac{V_{daf,1}\times\alpha_1\times(100-M_{ar,1}-A_{ar,1})+V_{daf,2}\times\alpha_2\times(100-M_{ar,2}-A_{ar,2})+\cdots+V_{daf,n}\times\alpha_n\times(100-M_{ar,n}-A_{ar,n})}{\alpha_1\times(100-M_{ar,1}-A_{ar,1})+\alpha_2\times(100-M_{ar,2}-A_{ar,2})+\cdots+\alpha_n\times(100-M_{ar,n}-A_{ar,n})}\quad\cdots\cdots(A.3)$$

式中：

V_{daf}——动力配煤产品的干燥无灰基挥发分，%；

$V_{daf,1},V_{daf,2},\cdots,V_{daf,n}$——$n$ 种原料煤的干燥无灰基挥发分，%；

$M_{ar,1},M_{ar,2},\cdots,M_{ar,n}$——$n$ 种原料煤的收到基水分，%；

$A_{ar,1},A_{ar,2},\cdots,A_{ar,n}$——$n$ 种原料煤的收到基灰分，%；

$\alpha_1,\alpha_2,\cdots,\alpha_n$——$n$ 种原料煤的收到基配煤质量比，%。

A.2 以干燥基配煤比进行动力配煤产品的煤质理论值计算

A.2.1 煤质数据为干燥基值时，按式(A.4)进行计算：

$$X_d=X_{d,1}\times\beta_1+X_{d,2}\times\beta_2+\cdots+X_{d,n}\times\beta_n\quad\cdots\cdots(A.4)$$

式中：

X_d——表示动力配煤产品的 A_d(%)、V_d(%)、$S_{t,d}$(%)或 $Q_{gr,d}$(MJ/kg)；

$X_{d,1},X_{d,2},\cdots,X_{d,n}$——表示 n 种原料煤相对应的 $A_{d,1},A_{d,2},\cdots,A_{d,n}$(%)，$V_{d,1},V_{d,2},\cdots,V_{d,n}$(%)，$S_{t,d,1},S_{t,d,2},\cdots,S_{t,d,n}$(%)或 $Q_{gr,d,1},Q_{gr,d,2},\cdots,Q_{gr,d,n}$(MJ/kg)；

$\beta_1,\beta_2,\cdots,\beta_n$——$n$ 种原料煤的干燥基配煤质量比，%。

A.2.2 煤质数据为干燥无灰基挥发分 V_{daf} 时，按式(A.5)进行计算：

$$V_{daf}=\frac{V_{daf,1}\times\beta_1\times(100-A_{d,1})+V_{daf,2}\times\beta_2\times(100-A_{d,2})+\cdots+V_{daf,n}\times\beta_n\times(100-A_{d,n})}{\beta_1\times(100-A_{d,1})+\beta_2\times(100-A_{d,2})+\cdots+\beta_n\times(100-A_{d,n})}\cdots\cdots(A.5)$$

式中：

V_{daf}——动力配煤产品的干燥无灰基挥发分，%；

$V_{daf,1}, V_{daf,2}, \cdots, V_{daf,n}$——$n$ 种原料煤的干燥无灰基挥发分，%；

$A_{d,1}, A_{d,2}, \cdots, A_{d,n}$——$n$ 种原料煤的干燥基灰分，%；

$\beta_1, \beta_2, \cdots, \beta_n$——$n$ 种原料煤的干燥基配煤质量比，%。

A.3 动力配煤产品的煤灰熔融性温度的理论值计算

动力配煤产品的煤灰熔融性温度按式(A.6)进行计算：

$$T=\frac{T_1 \times A_{d,1} \times \beta_1 + T_2 \times A_{d,2} \times \beta_2 + \cdots + T_n \times A_{d,n} \times \beta_n}{A_{d,1} \times \beta_1 + A_{d,2} \times \beta_2 + \cdots + A_{d,n} \times \beta_n} \qquad \cdots\cdots\cdots\cdots(A.6)$$

式中：

T——动力配煤产品的灰熔融性温度，即 DT、ST、HT、FT，℃；

$T_1, T_2, \cdots, T_n$——n 种原料煤与动力配煤产品相对应的灰熔融性温度，℃；

$A_{d,1}, A_{d,2}, \cdots, A_{d,n}$——$n$ 种原料煤的干燥基灰分，%；

$\beta_1, \beta_2, \cdots, \beta_n$——$n$ 种原料煤的干燥基配煤质量比，%。

ICS 75.140
E 38

中华人民共和国国家标准

GB/T 25961—2010

电气绝缘油中腐蚀性硫的试验法

Standard test method for corrosive sulfur in electrical insulating oils

2011-01-10 发布　　2011-05-01 实施

中华人民共和国国家质量监督检验检疫总局
中国国家标准化管理委员会　发布

前　言

本标准修改采用美国试验与材料协会标准 ASTM D1275-06《电气绝缘油腐蚀性硫试验法》。

本标准根据 ASTM D1275-06 重新起草。

本标准删除了 ASTM D1275-06 的第 4 章、第 8 章、第 13 章，其他章编号依删除后顺序调整。

为了适合我国国情，本标准在采用 ASTM D1275-06 时作了部分修改。本标准与 ASTM D1275-06 的主要技术差异如下：

——本标准在第 1 章中增加了"本标准适用于……"，将 ASTM D1275-06 中的 1.2 作为本标准的引言；

——本标准删除了 ASTM D1275-06 中的 1.3，因为本标准使用的单位均为国际单位制单位，标准中不再赘述；

——将 ASTM D1275-06 中的 1.4 内容作为本标准的警告，以符合国家标准编写规定；

——第 2 章增加引用标准 GB/T 6682，因为在试验瓶的清洗过程中用到蒸馏水；

——为了符合国家标准编写要求，将 ASTM D1275-06 中的第 4 章意义和用途内容作为本标准的引言，章条序号做相应修改；

——本标准删除了 ASTM D1275-06 中的 3.1 和第 8 章有关方法 A 的内容，因 ASTM D1275-06 中方法 A 的技术内容已转化为我国石油化工行业标准；

——试剂一章中增加了石油醚、无水乙醇和蒸馏水，用于铜片的清洗；

——本标准删除了 ASTM D1275-06 中第 13 章关键词。

本标准由全国石油产品和润滑剂标准化技术委员会(SAC/TC 280)提出。

本标准由全国石油产品和润滑剂标准化技术委员会石油燃料和润滑剂分技术委员会(SAC/TC 280/SC 1)归口。

本标准主要起草单位：中国石油天然气股份有限公司克拉玛依润滑油研究所。

本标准参加起草单位：华东电力试验研究院有限公司、中国石油化工股份有限公司润滑油研发(上海)中心、安徽省电力科学研究院。

本标准主要起草人：张绮、于会民、马书杰、张玲俊、彭伟、林斌、李云岗、郭春梅、黄莺。

引　言

在绝缘油使用的许多场合中，都与易产生腐蚀的金属持续接触。腐蚀性硫化物的存在会导致金属材料变坏劣化，这种变坏劣化的程度取决于腐蚀物质的数量和类型及时间和温度等因素。检测这些非理想的杂质，即使不是定量检测，也是识别危害物质的有效手段。

新的和在用的石油基电气绝缘油中可能含有某些物质，在特定使用条件下会产生腐蚀。本标准在规定的条件下，使铜与油品接触，以检测是否存在游离（单质）硫和腐蚀性硫化物或其形成的趋势。

电气绝缘油中腐蚀性硫的试验法

警告:本标准涉及某些有危险性材料、操作和设备,但并未对与此有关的所有安全问题都提出建议。因此,用户在使用本标准前,应建立适当的安全和防护措施,并确定相关规章限制的适用性。

1 范围

本标准规定了石油基电气绝缘油中腐蚀性硫化物(无机和有机硫化物)的检测方法。

本标准适用于新的和在用的石油基电气绝缘油。

2 规范性引用文件

下列文件中的条款通过本标准的引用而成为本标准的条款。凡是注日期的引用文件,其随后所有的修改单(不包括勘误的内容)或修订版均不适用于本标准,然而,鼓励根据本标准达成协议的各方研究是否可使用这些文件的最新版本。凡是不注日期的引用文件,其最新版本适用于本标准。

GB/T 2480 普通磨料 碳化硅

GB/T 5096 石油产品铜片腐蚀试验法

GB/T 6682 分析实验室用水规格和试验方法(GB/T 6682—2008,ISO 3696:1987,MOD)

3 方法概要

将处理好的铜片放入盛有 220 mL 绝缘油的密封厚壁耐高温试验瓶中,在 150 ℃下保持 48 h,试验结束后观察铜片的颜色变化,来判定硫、硫化物造成的腐蚀情况。

4 仪器与材料

4.1 烘箱:温度控制在 150 ℃±2 ℃。最好使用循环式鼓风恒温烘箱。

4.2 试验瓶:250 mL 细颈带内螺纹的厚壁耐高温试验瓶。由耐化学腐蚀的玻璃制成,试验瓶的颈部为螺纹口,用带有氟橡胶“O”形圈的 PTFE(聚四氟乙烯)螺纹塞子密封,以防止空气进入。如图 1。

4.3 镊子:不锈钢制,扁平头。

4.4 铜片:纯度为 99.9%,厚度为 0.127 mm~0.254 mm,无污染。

4.5 研磨料:颗粒尺寸为 63 μm 的 240 号碳化硅砂纸或砂布,63 μm 碳化硅粉,符合 GB/T 2480 的要求。

5 试剂

5.1 丙酮:分析纯。

5.2 石油醚:分析纯。

5.3 无水乙醇:分析纯。

5.4 蒸馏水:符合 GB/T 6682 中三级水要求。

5.5 氮气:纯度不低于 99.9%。

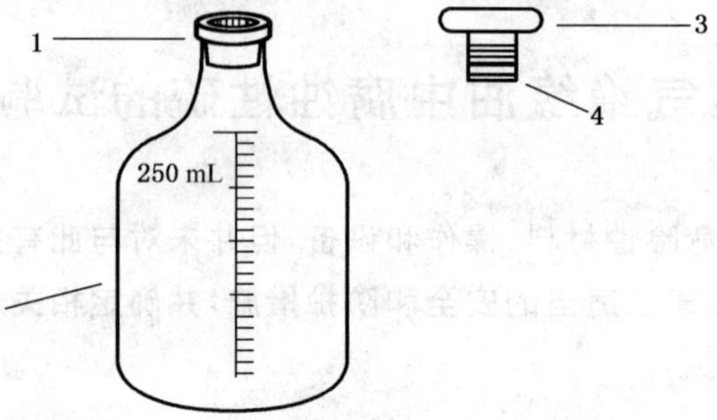

1——内螺纹口；

2——250 mL 细颈带内螺纹的厚壁耐高温玻璃瓶；

3——PTFE(聚四氟乙烯)螺纹塞；

4——氟橡胶 O 形圈。

图 1 试验瓶示意图

6 准备工作

6.1 试验瓶的清洗

先用化学溶剂(如石油醚、无水乙醇等)冲洗试验瓶、PTFE 螺纹塞以除去油污，接着用无硫洗衣粉或其他无硫的洗涤剂清洗，再用自来水冲洗，然后用蒸馏水冲洗，最后在烘箱中烘干。

6.2 铜片的制备

切割一块 6 mm×25 mm 的铜片，用 240 号碳化硅粗砂纸擦去表面污点。处理后的铜片储存在无硫的丙酮中备用，使用前，从丙酮中取出铜片做最后的抛光。垫上定量滤纸，戴上化纤手套按住铜片，用一片经丙酮沾湿的医用脱脂棉从玻璃板上蘸起适量 63 μm 的碳化硅粉对铜片表面进行抛光。接着用镊子夹一片新的医用脱脂棉沿长轴方向用力擦拭铜片，清除所有金属粉末和研磨剂，直到新的棉花无脏痕为止。弯曲打磨处理好的铜片呈 V 字型，角度大约为 60°，相继用丙酮、蒸馏水和丙酮清洗，于 80 ℃～100 ℃的烘箱中干燥 3 min～5 min，立即取出并浸泡在试样中。不应用压缩空气或惰性气体吹干铜片。

注：也可用一种方便的方法，抛光一大片铜片，然后再按正确尺寸剪切成几个铜片。

7 试验步骤

7.1 试样不应过滤。

7.2 迅速把准备好的铜片放入盛有 220 mL 试样的 250 mL 干净的试验瓶中，将制备好的铜片以长边缘着地立着放于瓶底，以避免铜片表面接触瓶底。用一根内径为 1.6 mm 的玻璃管或不锈钢管与氮气瓶的减压阀或针形阀连接(橡胶管必须是无硫的)，以 0.5 L/min 的速率向试验瓶中的试样通氮气 5 min，然后迅速装上带有氟橡胶“O”形圈的 PTFE 瓶塞并拧紧。

7.3 把试验瓶放入 150 ℃的烘箱中，加热大约 15 min 后，将瓶塞拧松释放压力，然后再把它拧紧，以防止试验瓶爆裂。装有试样的试验瓶在 150 ℃±2 ℃的温度下，保持 48 h±20 min 后取出，冷却至室温后，使用镊子小心取出铜片，用丙酮或其他适合的溶剂清洗铜片并在空气中晾干。不应用压缩空气吹干铜片。

7.4 为便于观察，持被测铜片，使光线从铜片反射成约 45°角度进行观察，如果铜片表面有边线或不清洁，用一干净的滤纸用力擦拭其表面，只要有沉积物脱落，就报告为腐蚀，沉积物就是腐蚀的结果。

8 结果判断

根据表 1 判断试样是否有腐蚀性。腐蚀性的判断也可借助于 GB/T 5096 中铜片腐蚀标准色板。表 2 中提供了腐蚀标准色板的分级，仅供参考。

表 1 铜片腐蚀性的判断依据

结果判断	试验铜片的描述
无腐蚀性	试片呈橙色，红色，淡紫色，带有淡紫蓝色，或银色，或两种都有，并分别覆盖在紫红色上的多彩色，银色，黄铜色或金黄色，洋红色覆盖在黄铜色上的多彩色，有红和绿显示的多彩色（孔雀绿），但不带灰色。
腐蚀性	试片明显的黑色、深灰色或褐色；石墨黑色或无光泽的黑色；有光泽的黑色或乌黑发亮的黑色，有任何程度的剥落。

表 2 铜片腐蚀标准色板的分级

分 级	名 称	说 明
新磨光的铜片	—	新打磨的铜片因老化而使其外观无法重现，因此没有进行描述
1	轻度变色	a. 淡橙色，几乎与新磨光的铜片一样 b. 深橙色
2	中度变色	a. 紫红色 b. 淡紫色 c. 带有淡紫蓝色或银色，或两种都有，并分别覆盖在紫红色上的多彩色 d. 银色 e. 黄铜色或金黄色
3	深度变色	a. 洋红色覆盖在黄铜色上的多彩色 b. 有红和绿显示的多彩色（孔雀绿），但不带灰色
4	腐蚀	a. 明显的黑色、深灰色或仅带有孔雀绿的棕色 b. 石墨黑色或无光泽的黑色 c. 有光泽的黑色或乌黑发亮的黑色

9 报告

报告以下内容：

——样品名称及编号；

——试样为腐蚀性或无腐蚀性；

——变色级别，依据 GB/T 5096。

10 精密度和偏差

本标准没有规定精密度和偏差，由于试验结果仅表明是否与所规定的评判依据相吻合，而不是定量分析。

ICS 75.100
E 36

中华人民共和国国家标准

GB/T 25962—2010

高速条件下汽车轮毂轴承润滑脂漏失量测定法

Standard test method for determining the leakage tendencies of automotive wheel bearing grease under accelerated conditions

2011-01-10 发布

2011-05-01 实施

中华人民共和国国家质量监督检验检疫总局
中国国家标准化管理委员会
发布

前　言

本标准按照 GB/T 1.1—2009 给出的规则起草。

本标准使用重新起草法修改采用美国材料与试验协会标准 ASTM D4290-07《高速条件下汽车轮毂轴承漏失量测定法》。

本标准删除了 ASTM D4290-07 的第 5 章和第 14 章，其他章条编号顺延。

本标准与 ASTM D4290-07 的技术性差异及原因如下：

——规范性引用文件中增加了我国现行国家标准 GB/T 686、GB 1922、GB/T 11121、GB/T 11122、GB/T 11117.2 和行业标准 HG/T 2892，因在第 7 章中提出了对试剂的要求；

——清洗溶剂戊烯酮改为丙酮，因丙酮比戊烯酮便宜易得，使用丙酮完全可以达到清洗部件的目的；

——删除了 ASTM D4290-07 第 5 章“意义和用途”，其内容作为本标准的引言；

——按编写规定删除了 ASTM D4290-07 第 14 章“关键词”。

本标准进行了如下编辑性修改：

——删除了 ASTM D4290-07 资料性附录 X1.2 的内容，附录 X1.2 的内容是图中尺寸单位换算表，本标准图中的尺寸已由英制单位换算为国际单位制单位；

——图中涉及到的英制单位换算为国际单位制单位。

本标准的附录 A 为资料性附录。

本标准由全国石油产品和润滑剂标准化技术委员会(SAC/TC 280)提出。

本标准由全国石油产品和润滑剂标准化技术委员会石油产品和润滑剂分技术委员会(SAC/TC 280/SC 1)归口。

本标准起草单位：中国石油化工股份有限公司石油化工科学研究院。

本标准主要起草人：刘中其。

引　言

本标准可用于区别具有显著不同高温漏失特性的轮轴承润滑脂。本标准不等同于长时间的寿命试验。

已证明本标准在筛选汽车轮毂轴承润滑脂的漏失倾向方面是有帮助的。

对于熟练操作者，观察试验期间所发生的润滑脂特性的变化是可能的，如润滑脂状态。漏失量是作为定量数值报告的，而润滑脂状态的评定会受到操作者个人判断差别，并且不能有效地用于定量的测定。

高速条件下汽车轮毂轴承润滑脂漏失量测定法

警告：本标准可能涉及某些有危险性的物质、操作和设备，本标准无意对与此有关的所有安全问题提出建议。因此，用户在使用本标准之前应建立相应的安全和防护措施，并确定相关规章限制的适用性。

1 范围

本标准规定了高速条件下汽车轮毂轴承润滑脂的漏失量的测定方法。

本标准适用于在规定条件下实验室评定汽车轮毂轴承润滑脂的漏失量。

2 规范性引用文件

下列文件对于本文件的应用是必不可少的。凡是注日期的引用文件，仅所注日期的版本适用于本文件。凡是不注日期的引用文件，其最新版本(包括所有的修改单)适用于本标准。

GB/T 686 化学试剂 丙酮(GB/T 686—2008，ISO 6353-2：1983 NEQ)

GB 1922 油漆及清洗用溶剂油

GB/T 11121 汽油机油

GB/T 11122 柴油机油

GB/T 11117.2 爆震试验参比燃料 参比燃料 正庚烷

HG/T 2892 化学试剂 异丙醇(HG/T 2892—1997，neq ISO 6353-3：1987)

美国抗磨轴承制造商协会标准 19—1974(美国国家标准 B. 3. 19—1975)(AFBMA Standard 19 1974 (ANSI B. 3. 19—1975))

3 术语和定义

下列术语和定义适用于本标准。

3.1 通用术语和定义

3.1.1

润滑剂 lubricant

加到两相对运动表面间能减小摩擦或降低磨损的物质。

3.1.2

润滑脂 lubricating grease

将稠化剂分散在液体润滑剂中所形成的一种稳定的半流体状到固体状的产物。

注：稠化剂的分散形成一个两相系统，并通过表面张力和其他物理力使液体润滑剂不流动，润滑脂中通常包含提供特殊性能的其他成分。

3.1.3

稠化剂　thickener

在润滑脂中，微小分散颗粒组成的物质，其分散在液体润滑剂中可形成骨架结构。

注：不溶解或至多只有少量溶解在液体润滑剂中的固体稠化剂胶团或皂晶可以是纤维状（如各种金属皂）或片状、球状（如某些非皂基稠化剂）。对稠化剂的基本要求是固体颗粒要极小，分散均匀，且能与液体润滑剂形成相对稳定的凝胶状结构。

3.2 专用术语和定义

3.2.1

汽车轮毂轴承润滑脂　automotive wheel bearing grease

特指用于汽车轮毂轴承的润滑可耐较高温度和转速的润滑脂。

3.2.2

漏失量　leakage

由于高温和轴承旋转使润滑脂或油从填充的润滑脂中分离或溢出的质量。

4 方法概要

将试验润滑脂分布在改进的汽车前轮毂-轴-轴承组合件中。试验时轴承的轴向负荷为 111 N，轮毂转速为 1 000 r/min，轴温保持在 160 ℃，经 20 h 运转。试验结束后，测定润滑脂和（或）油的漏失量，并记录轴承表面的情况。

5 仪器

5.1　试验装置，如图 1 和图 2 所示。

单位为毫米

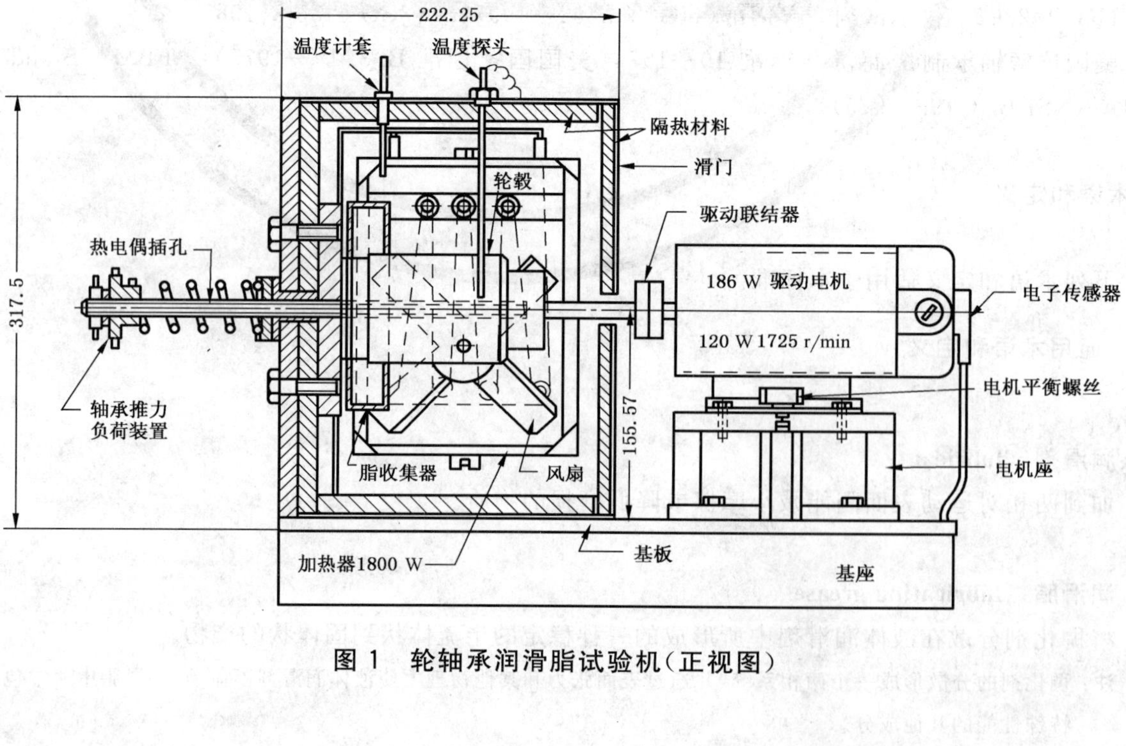

图 1　轮轴承润滑脂试验机（正视图）

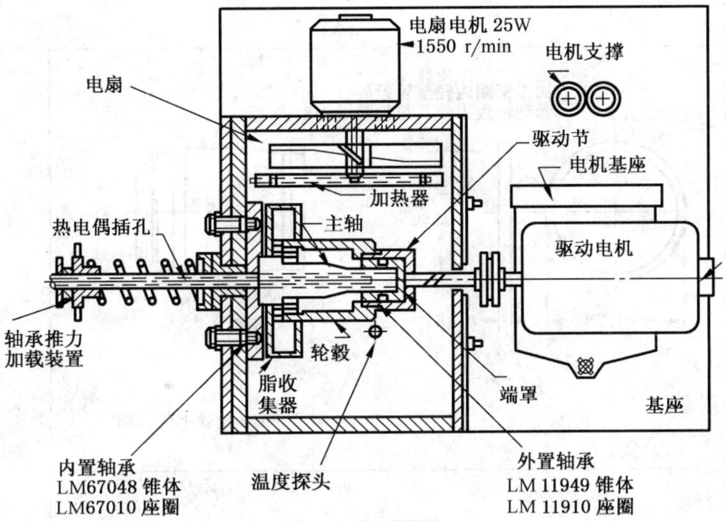

图 2 轮轴承润滑脂试验机(俯视图)

5.1.1 按常规外形制作的轮毂-轴-轴承组合件,如图 3 所示。

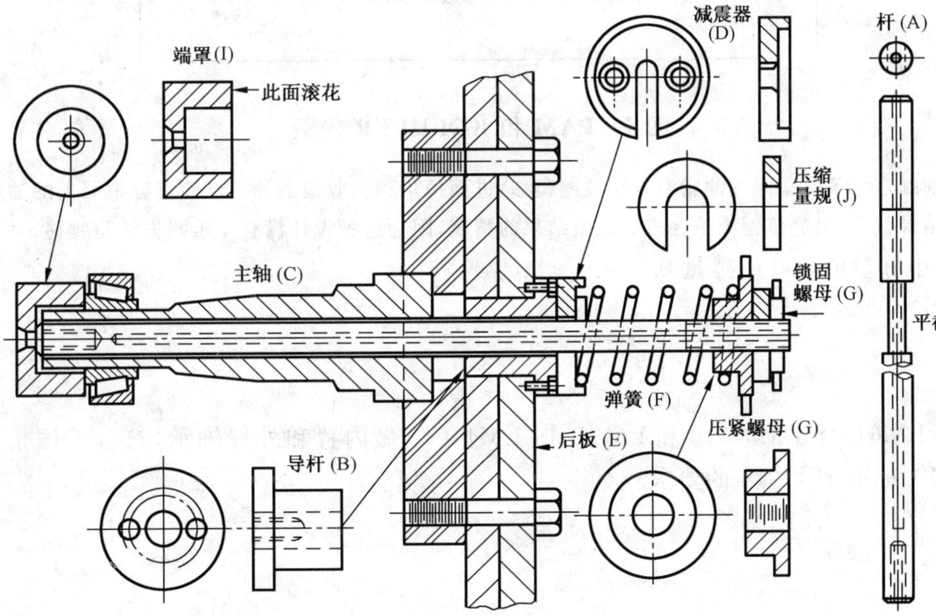

图 3 主轴和推力杆组成部分

5.1.2 烘箱:1 800 W 电加热器,控制主轴温度恒定在 160 ℃±1.5 ℃。

5.1.3 主轴驱动电机:186 W、1725 r/min、120 V 直流电控制,电机转矩显示在一个可调的自动停止仪表上。

5.1.4 风扇驱动电机:25 W、1550 r/min、120 V 直流电控制。

5.2 附属装置:控制或监测电机转速、箱温、轴温、运转时间和转矩。

5.3 一个从原始设计上增加的使漏失油脂掉落到脂收集器内的钢圈。如图 4 所示,分别是 Koehler 和 Pam 的沟槽和钢圈。

单位为毫米

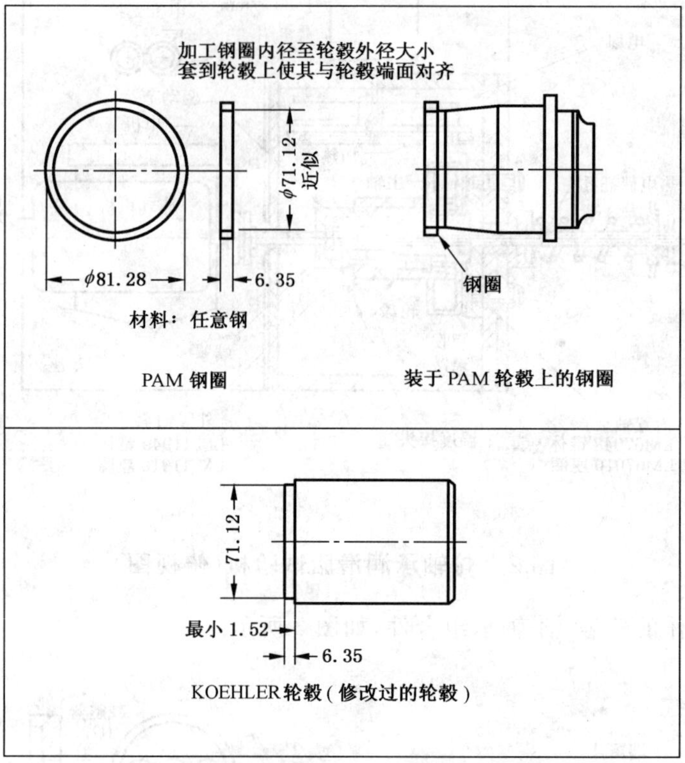

图 4　PAM 和 KOEHLER 轮毂

注：应用钢圈是为了防止漏失油脂沿着轮毂壁爬移，进而掉落到脂收集器外。试验过程中漏失的油脂爬移可导致试验结果偏低，增加该钢圈不会影响试验结果的精度，因为这种设计没有显示漏失油脂爬移。

5.4　天平，最小称量值 100 g，感量 0.1 g。

6　试验轴承

分别使用 LM67048-LM67010 和 LM11949-LM11910 做内置和外置轴承，符合美国抗磨轴承制造商协会 AFBMA 标准 19，1974 的要求。

7　试剂与材料

7.1　丙酮：化学纯。符合 GB/T 686 要求。

警告：易燃，蒸气有害。

7.2　正庚烷：化学纯。符合 GB/T 11117.2 要求。

警告：易燃，如吸入有害。

7.3　异丙醇：99%，化学纯。符合 HG/T 2892 要求。

警告：易燃。

7.4　溶剂油：符合 GB 1922 中 3 号溶剂油要求。

警告：易燃，蒸气有害。

7.5　机油：符合 GB/T 11121 或 GB/T 11122 中 10 W 的要求。

7.6 00 号钢丝绒。

8 轴承准备

8.1 小心地将新轴承(轴承外圈和轴承锥体)从包装中取出并放入一个 250 mL 干净烧杯中。用正庚烷清洗轴承除去防锈剂。

8.2 再用新正庚烷清洗两次,确保除去所有防锈剂。每次应使用干净的烧杯。

8.3 沥干轴承中的正庚烷并将轴承放到干净绸布上风干。

注:可使用超声波清洗仪清洗轴承。

9 试验步骤

9.1 每次试验前,检查主轴中推力负荷杆(图 3)的运动自由度,如果发现粘结,需取下并清洁负荷杆和主轴孔。

9.2 按照图 1 和图 2 的位置将轴承外圈装入清洗过的轮毂中。

9.3 称量内置和外置轴承锥体,准确至 0.1 g。使用另外一套轴承外圈和图 5 与图 6 所示的润滑脂装填器将试样加入轴承锥体。当将轴承锥体从轴承外圈中取出时以及以后的擦拭等操作过程中,应避免转动滚柱或移动轴承部件。用一个小刮刀刮掉轴承锥体溢出的多余润滑脂试样,用一块干净的绸布擦拭锥体轴孔、轴承锥体后侧面、保持架外表面及露出滚柱的表面,并再次称重。调整内、外置轴承锥体中润滑脂质量分别为 3 g±0.1 g 和 2 g±0.1 g。在轴承外圈上涂抹一薄层润滑脂。

单位为毫米

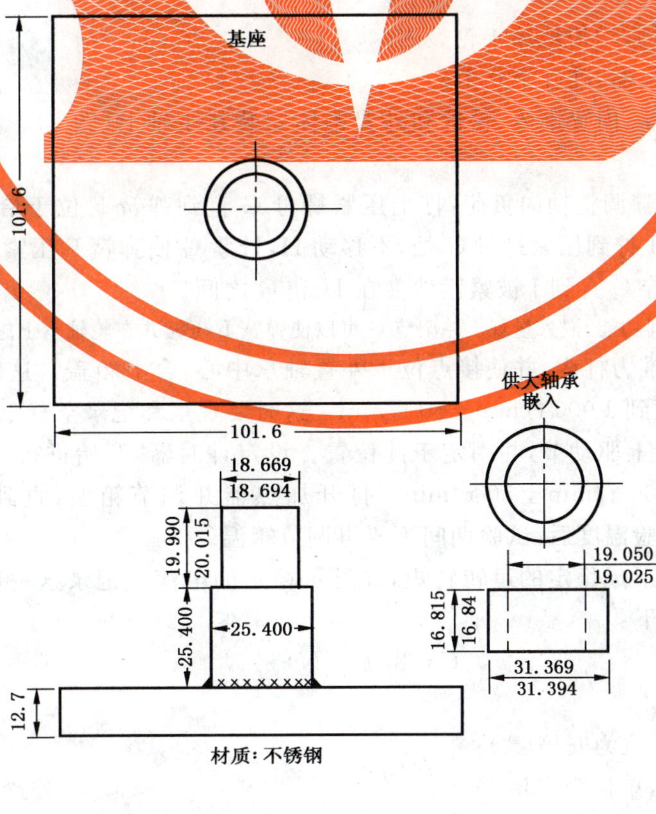

图 5 轴承装脂器

单位为毫米

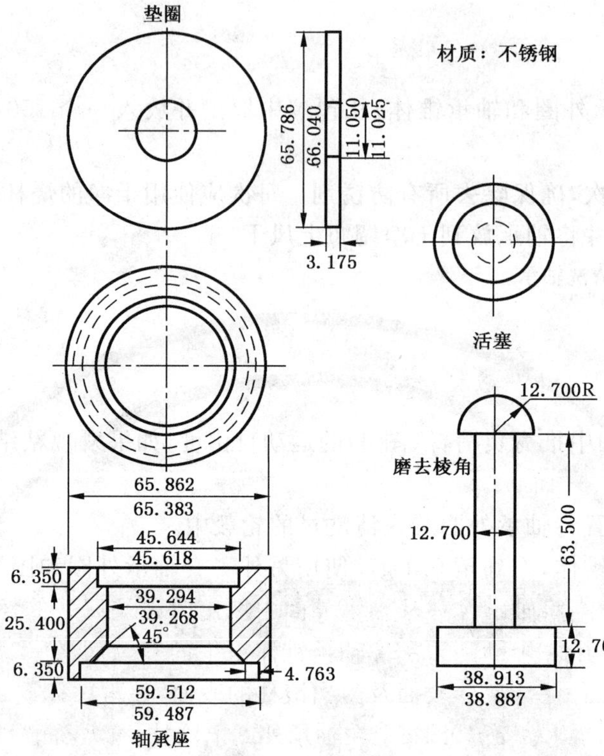

图 6　轴承装脂器

9.4　把 55 g±0.2 g 润滑脂均匀地涂于轮毂内。

9.5　称量润滑脂漏失收集器，准确至 0.1 g。

9.6　把润滑脂漏失收集器、内置锥体、轮毂和外置锥体安装在主轴上(图 2)。在轴上用端帽和螺丝固定组合件。安装驱动结。

9.7　参照图 3，按下列步骤调整轴向负荷：拧上压紧螺母 G 直到弹簧 F 位于恰顶住后板 E 的位置，但不要压紧。把锁固螺母 H 拧到压紧螺母 G 处，不移动 H，拧紧 G 使弹簧 F 压紧直到量规 J 插入 H 和 G 之间。保持 J 于原位，回拧 G 直到 J 被紧紧地夹在 H 和 G 之间。

注：加工量规 J 具有下列功能，嵌入量规 J 并调节 G 可以使弹簧 F 压缩并在轮轴承上施加 111 N 轴向负荷。

9.8　把热电偶插入主轴推力杆内，并使接点位于外置轴承中心，合上箱盖。这时不要将电机连上驱动节。开动电机并调节速度到 1 000 r/min±50 r/min。这时要观察和记录空载电机电流值(N)。

9.9　关掉电机，将电机接上驱动节，并固定于此位置。设定计时器，开始进行 20 h 运转。重新启动电机并重新调节速度到 1 000 r/min±50 r/min。打开加热器并调节箱温，直到保持轴温在 160 ℃±1.5 ℃。当轴温稳定在试验温度后，试验期间不要再调节箱温。

9.10　开始运行的 2 h 可形成稳定的运转转矩，并显示稳定的电流。记录这一数值作为稳定状态电流(T)。测定电机中断值如下：

$$C=8(T-N)+N \qquad \cdots\cdots(1)$$

式中：

C——电机中断值，单位为安培(A)；

T——稳定状态电流，单位为安培(A)；

N——空载电机电流，单位为安培(A)。

设定电机到中断值为 C。

9.11 在规定的负荷、速度和温度的条件下，将仪器运转 20 h±0.25 h。如果电机电流超过中断值，试验将会自动停止。

注：电机受 30 s 继电器保护。

9.12 打开箱盖并让试验机自然冷却到大约 55 ℃以便拆卸。

9.13 称量润滑脂漏失收集器，精确至 0.1 g，并报告所增质量作为润滑脂漏失量。润滑脂收集器在溢流前将容纳 15 g。这表示大约为润滑脂填装总量的 25%。如果收集器溢流，报告润滑脂漏失为大于 25%。

10 部件清洗

10.1 用一适合的刮刀，尽可能地把润滑脂从轮毂、润滑脂收集器、轮毂帽和驱动节中除去。

10.2 把这些部件放到合适的容器(最好是不锈钢)内，并用丙酮浸泡。盖上一个不严密的盖子并渐渐地加热(50 ℃)直到部件清洁为止(约需几小时)。避免延长(整夜)加热，以免部件发生腐蚀。

10.3 从溶剂中取出部件并用流动热水冲洗。马上用异丙醇冲洗。风干。如部件不立刻使用，就涂一薄层 SAE10W 机油。

10.4 用一合适的刮刀，刮掉轴上的润滑脂。再用“00”号钢丝绒和溶剂油从主轴上除去剩余的附着物。如果不能除去粘着在主轴上的残留物，则拆下主轴，用丙酮洗涤。

11 报告

11.1 报告按本标准 9.13 称量的润滑脂漏失克数，精确至 0.1 g。

11.2 报告其他现象，例如在轮毂里润滑脂的移动，轴承的状况等。

11.3 当润滑脂除去之后，报告在轴承表面上有明显的任何粘着的漆状粘附物、胶质或类漆物质。

注：有些轮轴承润滑脂的稠化剂，用正庚烷是不能从轴承上完全洗掉的。因此，可能有一薄层润滑脂稠化剂留在轴承上。这种薄层能够容易地与润滑剂变质产生的漆、胶质或类漆附着物相区别。

12 精密度与偏差

12.1 精密度

12.1.1 本试验方法的精密度根据 12 个实验室间协同试验结果的统计分析(见附录 A)，按下述规定判断试验结果的可靠性(95%置信水平)：

12.1.1.1 重复性(r)：由同一操作者在同一实验室使用同一台仪器，在相同操作条件下，对同一试样进行连续重复测定，所得的两个试验结果之差不应超过式(2)要求。

$$r = 1.504X^{1/2} \qquad \cdots\cdots(2)$$

式中：

X——两次试验结果的平均值。

12.1.1.2 再现性(R)：由不同操作者在不同实验室使用不同仪器，对同一试样在规定的试验验条件下进行试验，所得的两个单一独立试验结果之差不应超过式(3)要求。

$$R = 3.848X^{1/2} \qquad \cdots\cdots(3)$$

式中：

X——两个试验结果的平均值。

12.2 偏差

按本方法操作步骤测定高速条件下汽车轮毂轴承润滑脂漏失量没有偏差，因为润滑脂漏失量仅根据本试验方法而定义。

附　录　A
（资料性附录）
实验室间协同试验数据

表 A.1 列出了 11 个实验室作出的试验数据。

表 A.1　试验结果——汽车轮毂轴承漏失量　　单位为克

实验室数[a]	试验次数	G-8018	G-8019	G-8020	G-8023	G-8024
1	X_1[b]	13.0	1.3	3.5	8.9	12.1
K	X_2[c]	7.7	0.6	7.0	11.2	7.7
1	X_1	10.2	3.2			
P	X_2	11.5	2.9			
2	X_1	10.3	3.3	2.5	11.5	2.0
P	X_2	5.2	2.4	3.8	11.5	3.0
3	X_1	14.1	4.5	7.3	15.2	15.2
P	X_2	12.4	5.4	8.6	15.9	11.4
4	X_1	14.5	3.1	8.0	15.0	10.0
P	X_2	15.5	3.0	9.3	13.0	9.0
5	X_1	7.7	2.0	3.4	9.1	4.3
K	X_2	10.8	2.1	4.9	7.4	4.6
6	X_1	10.2	0.2	0.0		
P	X_2	11.5	0.0	0.0		
7	X_1	10.6	1.0	3.5	25.3	7.9
P	X_2	9.8	0.6	3.3	27.5	5.4
8	X_1	12.6	2.4	5.6	9.8	7.2
P	X_2	14.8	1.2	4.8	11.7	5.1
9	X_1	10.0	8.0	12.0	16.0	12.0
P	X_2	13.0	6.5	8.1	15.0	16.0
10	X_1	9.6	0.1	1.8	5.0	3.3
K	X_2	8.8	0.0	1.1	6.2	2.8
11	X_1	12.6	0.6	3.6	9.5	4.5
P	X_2	11.3	1.8	3.2	9.1	6.6

[a] 实验室总数 $=m=11+1$，有的实验室不止 1 台试验机，本统计认为每台试验机为 1 个实验室。

[b] X_1 是第一次试验。

[c] X_2 是第二次试验。

ICS 75.160.20
E 31

中华人民共和国国家标准

GB/T 25963—2010

含脂肪酸甲酯中间馏分芳烃含量的测定 示差折光检测器高效液相色谱法

Determination of aromatic hydrocarbon types in middle distillates containing fatty acid methyl esters—High performance liquid chromatography method with refractive index detection

2011-01-10 发布　　　　2011-05-01 实施

中华人民共和国国家质量监督检验检疫总局
中国国家标准化管理委员会　发布

前言

本标准修改采用欧洲标准EN 12916:2006《石油产品 中间馏分芳烃含量测定法 示差折光检测器高效液相色谱法》。

本标准根据EN 12916:2006重新起草。

为了适合我国国情,本标准在采用EN 12916:2006时进行了修改。本标准与EN 12916:2006的结构差异为:本标准13.1第1段的内容对应EN 12916:2006第1章第3段的内容;其余章条结构无差异。本标准与EN 12916:2006的主要差异如下:

——将EN 12916:2006中第1章范围中的警告内容置于本标准的开始部分,以符合我国标准编写规定;

——将EN 12916:2006第2章中的引用标准EN 14214《车用燃料 用于柴油机的脂肪酸甲酯(FAME) 要求和测试方法》,用我国相应国家标准GB/T 20828《柴油机燃料调合用生物柴油(BD100)》代替,以方便使用。

本标准还作了如下编辑性修改:

——删除了EN 12916:2006中目次和前言的内容。

本标准的附录A是资料性附录。

本标准由全国石油产品和润滑剂标准化技术委员会(SAC/TC 280)提出。

本标准由全国石油产品和润滑剂标准化技术委员会石油燃料和润滑剂分技术委员会(SAC/TC 280/SC 1)归口。

本标准起草单位:中国石化集团洛阳石油化工工程公司。

本标准主要起草人:林玉、白正伟、李怿。

含脂肪酸甲酯中间馏分芳烃含量的测定 示差折光检测器高效液相色谱法

警告：本标准涉及某些危险的材料、操作和设备，但是并未对与此有关的安全问题提出建议。用户在使用本标准前，应建立适当的安全防护措施，并制订相应的规章制度。

1 范围

本标准规定了用高效液相色谱法测定含脂肪酸甲酯(FAME)体积分数小于5%的柴油和馏程在150 ℃～400 ℃的石油馏分中单环芳烃、双环芳烃和三环$^+$芳烃含量的方法。多环芳烃含量由双环芳烃和三环$^+$芳烃含量加和求得，总芳烃含量由单环芳烃、双环芳烃和三环$^+$芳烃含量加和求得。

本标准适用于测定含脂肪酸甲酯(FAME)体积分数小于5%的柴油和馏程在150 ℃～400 ℃的石油馏分中单环芳烃、双环芳烃和三环$^+$芳烃含量。在试样单环芳烃含量(质量分数)为6%～30%，双环芳烃含量(质量分数)为1%～10%，三环$^+$芳烃含量(质量分数)为0～2%，多环芳烃含量(质量分数)为1%～12%，总芳烃含量(质量分数)为7%～42%的范围，进行了方法精密度确定。试样中含有硫、氮和氧的化合物可能对测定结果有影响。单烯烃对测定结果无影响，但是共轭二烯烃和共轭多烯烃，可能对测定结果有影响。

注1：在本标准中，用%(质量分数)表示质量百分含量，%(体积分数)表示体积百分含量。

注2：通常，芳烃类型是根据它们在特定的液相色谱柱上的洗脱性质与模型化合物相比较来定义的，单环芳烃、双环芳烃和三环$^+$芳烃的含量用外标物的工作曲线进行定量。本标准中单环芳烃、双环芳烃和三环$^+$芳烃各用一个单独的芳烃化合物作为外标物，这些化合物可能代表(也许不能代表)样品中存在的芳烃。其他方法对每种芳烃类型的定义和定量与本方法可能不同。

2 规范性引用文件

下列文件中的条款通过本标准的引用而成为本标准的条款。凡是注日期的引用文件，其随后所有的修改单(不包括勘误的内容)或修订版均不适用于本标准，然而，鼓励根据本标准达成协议的各方研究是否可使用这些文件的最新版本。凡是不注日期的引用文件，其最新版本适用于本标准。

GB/T 4756 石油液体手工取样法 (GB/T 4756—1998，eqv ISO 3170:1988)

GB/T 12806—199 实验室玻璃仪器 单标线容量瓶(GB/T 12806—1991，eqv ISO 1042:1983)

GB/T 20828 柴油机燃料调合用生物柴油(BD100)

SY/T 5317 石油液体管线自动取样法(SY/T 5317—2006，ISO 3171:1988，IDT)

3 术语和定义

下列术语和定义适用于本标准。

3.1

非芳烃 non-aromatic hydrocarbon

定义为在特定的极性柱上，保留时间比大多数单环芳烃短的化合物。

3.2

单环芳烃 mono-aromatic hydrocarbon

MAH

定义为在特定的极性柱上，保留时间比大多数非芳烃长但是比大多数双环芳烃短的化合物。

3.3

双环芳烃　di-aromatic hydrocarbon

DAH

定义为在特定的极性柱上，保留时间比大多数单环芳烃长但是比三环$^{+}$芳烃短的化合物。

3.4

三环$^{+}$芳烃　tri^{+}-aromatic hydrocarbon

$T^{+}AH$

定义为在特定的极性柱上，保留时间比大多数双环芳烃长但是比䓛短的化合物。

3.5

多环芳烃　polycyclic aromatic hydrocarbon

POLY-AH

定义为双环芳烃(DAH)和三环$^{+}$芳烃(T+AH)的和。

3.6

总芳烃　total aromatic hydrocarbon

定义为单环芳烃(MAH)、双环芳烃(DAH)、三环$^{+}$芳烃(T+AH)的和。

注：已公开和未公开的数据表明各种类型的烃类主要组成如下：

a) 非芳烃：非环烷烃和环烷烃(链烷烃、环烷烃)、单烯烃(如果存在)；

b) 单环芳烃：苯、四氢萘和更高的环烷基苯(如八氢菲)、噻吩、苯乙烯、共轭多烯烃；

c) 双环芳烃：萘、联苯、茚、芴、苊、苯并噻吩、二苯并噻吩；

d) 三环$^{+}$芳烃：菲、芘、荧蒽、䓛、苯并菲、苯并蒽。

3.7

脂肪酸甲酯　fatty acid methyl ester

FAME

由动植物油脂与甲醇经酯交换反应制得的脂肪酸甲酯，以 BD100 表示。

4 方法概要

已知量的试样用正庚烷稀释后，取一定量的试样溶液注入装有极性柱的高效液相色谱系统。极性柱对非芳烃几乎没有亲和力而对芳烃有很好的选择性。因此，芳烃与非芳烃被分开，并根据环的结构分离成单环芳烃、双环芳烃和三环$^{+}$芳烃的谱带。

色谱柱连接到示差折光检测器上，当组分被洗脱出来后进行检测。从检测器产生的电信号被数据处理器持续监测。由试样溶液中芳烃产生的信号大小与预先测定的标准溶液的信号进行对比，计算出单环芳烃、双环芳烃和三环$^{+}$芳烃含量。多环芳烃含量由双环芳烃和三环$^{+}$芳烃含量加和求得，总芳烃含量由单环芳烃、双环芳烃和三环$^{+}$芳烃含量加和求得。

5 试剂和材料

警告：在处理芳烃化合物时应该戴防护手套。

注：尽量采用能得到的最高纯度的标准试剂，液相色谱级试剂可以从供应商处购买。

5.1 环己烷：纯度(质量分数)不低于 99%。

注：环己烷可能含有苯杂质。

5.2 正庚烷：高效液相色谱(HPLC)级，作为液相色谱流动相。

注 1：流动相的批与批之间水分含量、黏度、折光指数和纯度的变化可能会导致不可预测的柱行为，对流动相脱水(如通过活化的 5 A 分子筛)和过滤有助于降低微量杂质的影响。

注 2：推荐对流动相脱气，可以采用氦气吹扫、真空脱气或者超声波搅动。脱气不好可能导致负峰。

5.3 十二烷基苯,纯度(质量分数)不低于98%。

5.4 邻二甲苯:纯度(质量分数)不低于98%。

5.5 六甲基苯:纯度(质量分数)不低于98%。

5.6 萘:纯度(质量分数)不低于98%。

5.7 芴:纯度(质量分数)不低于98%。

5.8 菲:纯度(质量分数)不低于98%。

5.9 二苯并噻吩:纯度(质量分数)不低于95%。

5.10 9-甲基蒽:纯度(质量分数)不低于95%。

5.11 䓛:纯度(质量分数)不低于95%。

5.12 脂肪酸甲酯,符合GB/T 20828的要求。

6 仪器

6.1 液相色谱仪:可以使流动相以0.5 mL/min~1.5 mL/min的流速进入系统、在第8章规定的条件下精密度优于0.5%、波动小于满偏刻度1%的任何高效液相色谱仪都可以使用。

6.2 进样系统:能够注入10 μL试样溶液,重复性优于1%的进样系统都可以使用。

注1:试样溶液和标准溶液推荐采用相同的进样量。只要操作正确,满足重复性要求的手动和自动进样系统(可以是部分充满进样环也可以是全部充满进样环)都可以使用。当采用部分充满进样方式时,推荐进样量要小于环体积的一半。当采用全部充满进样方式时,至少充满进样环6次才能获得好的结果。

进样系统的重复性可以通过至少注射4次系统校正标准溶液(见8.3),然后比较它们的峰面积求得。

注2:进样量可以不是10 μL(一般是3 μL~20 μL),只要满足进样重复性要求、示差折光检测器的灵敏度和线性要求(见9.4)和柱分辨率要求(见8.9),都可以使用。

6.3 试样过滤器:如果需要(见10.1),推荐采用孔径不大于0.45 μm的微过滤器除去试样溶液中的颗粒,要求微过滤器对烃类溶剂是惰性的。

6.4 柱系统:只要满足8.6、8.7和8.9规定的分辨率要求,任何填充有氨基键合(或者极性氨基/氰基键合)的硅胶固定相、粒径为3 μm、5 μm或者10 μm的高效液相色谱不锈钢柱都可以使用。参考附录A来选用合适的柱子。

6.5 温度控制:高效液相色谱柱温箱要求能够在20 ℃~40 ℃范围内保持恒温(±1 ℃),可以采用加热块、空气循环或者其他恒温方法,如恒温实验室。

注:示差折光检测器对流动相温度的突然或者逐渐变化都很敏感,建议采取相应的措施保持高效液相色谱系统温度恒定。根据固定相对温度进行预先进行优化。

6.6 示差折光检测器:折光指数检测范围在1.3~1.6内、在测定范围内线性响应并能输出合适的信号到数据系统的示差折光检测器都可以使用。

注:如果示差折光检测器有单独的温控装置,将它设定到与柱温箱相同的温度。

6.7 计算机或积分仪:只要与示差折光检测器相匹配、最小采集速率1 Hz、能测量峰面积和保留时间的数据系统都可以使用。数据系统要能进行如基线校正和重新积分等后处理基本功能。

注:推荐采用能进行自动峰检测和识别并可以从峰面积计算试样浓度的数据系统,但这不是必须的。

6.8 容量瓶:容量为10 mL和100 mL,准确度满足GB/T 12806规定的B级要求。

6.9 分析天平:感量为0.1 mg。

7 取样

用于实验室分析的试样要有代表性,除非在产品标准中另有说明,试样应根据GB/T 4756或SY/T 5317或者等同的方法取得。

8 仪器准备

8.1 根据相应的手册连接(见图1)液相色谱仪(6.1)、进样系统(6.2)、色谱柱(6.4)、示差折光检测器(6.6)、积分仪(6.7)。如果有柱温箱(6.5),色谱柱要装在柱温箱中。进样阀要与试样溶液的温度相同,通常是室温。

注:为保持系统稳定,建议对液相色谱仪以及组件进行定期维护。过滤器、过滤器板、注射器针头、进样阀的泄漏或者部分堵塞都会引起流动相的流速不稳或者进样系统的进样量重复性变差。

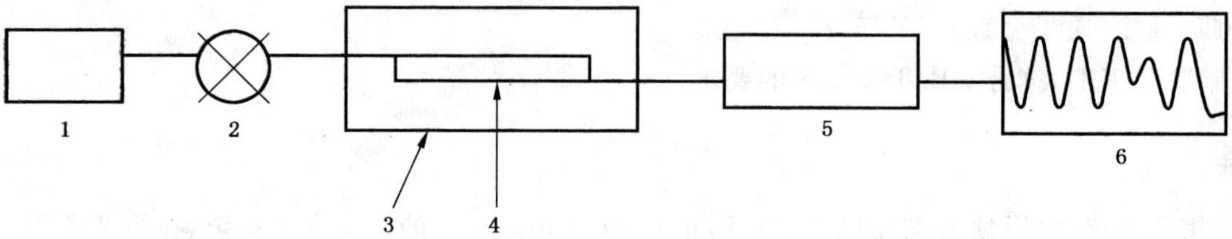

1——泵;

2——进样系统;

3——柱温箱;

4——色谱柱;

5——示差折光检测器;

6——数据处理器。

图1 液相色谱示意图

8.2 调节流动相的流速在0.8 mL/min至1.2 mL/min之间并保持恒定,保证示差折光检测器的参考池内充满流动相(见注)。如有温控装置,保持色谱柱的温度和示差折光检测器的温度稳定。

注:保持参考池内充满流动相,可以使基线漂移最小。有两种合适的方法:1)在分析前使流动相通过参考池,然后封闭以防止挥发。2)持续向参考池以恒定的流速补充流动相以补偿溶剂的挥发。预先优化补充流速以便使由液体挥发(参考池)、温度或压力梯度(参考池或者分析池,取决于检测器类型)引起的参考池和分析池的不匹配最小。对一些检测器,可以把补充流速设置为分析流速的十分之一来满足要求。

8.3 配制系统校正标准溶液1(SCS1):称量1.0 g±0.1 g环己烷(5.1)、0.1 g±0.01 g十二烷基苯(5.3)、0.5 g±0.05 g邻二甲苯(5.4)、0.1 g±0.01 g六甲基苯(5.5)、0.1 g±0.01 g萘(5.6)、0.05 g±0.005 g二苯并噻吩(5.9)、0.05 g±0.005 g 9-甲基蒽(5.10),精确到0.000 1 g,置于100 mL容量瓶中,用超声波的方法使所有组分溶解于环已烷和邻二甲苯中,用正庚烷稀释至刻度。

注:如果容量瓶密封较好,且在冷暗条件下保存(如冰箱中),系统校正标准溶液SCS1可以使用一年。

8.4 配制系统校正标准溶液2(SCS2):称量0.4 g±0.1 gFAME(5.12)、0.04 g±0.01 g 䓛(5.11),精确到0.000 1 g,置于100 mL容量瓶中,用正庚烷(5.2)补充至刻度,用超声波的方法并保持温度在35 ℃溶解标准溶液,确保组分全部溶解,没有残留。

注1:25 min可以确保组分全部溶解。

注2:如果容量瓶密封较好,且在冷暗条件下保存(如冰箱中),系统校正标准溶液SCS2可以使用一年。

8.5 操作条件稳定后(基线水平后),向色谱进样系统注入10 μL系统校正标准溶液SCS1(8.3),记录谱图,确保在分析周期内,基线漂移不应超过环已烷峰高的0.5%。

注:如果超出此值,可能是色谱柱和示差折光检测器的温控有问题,和(或)色谱柱上的极性材料流失。

8.6 确保系统校正标准溶液SCS1的组分按照以下顺序流出:环已烷、十二烷基苯、邻二甲苯、六甲基苯、萘、二苯并噻吩和9-甲基蒽。

8.7 确保所有组分达到基线分离(见图2)。

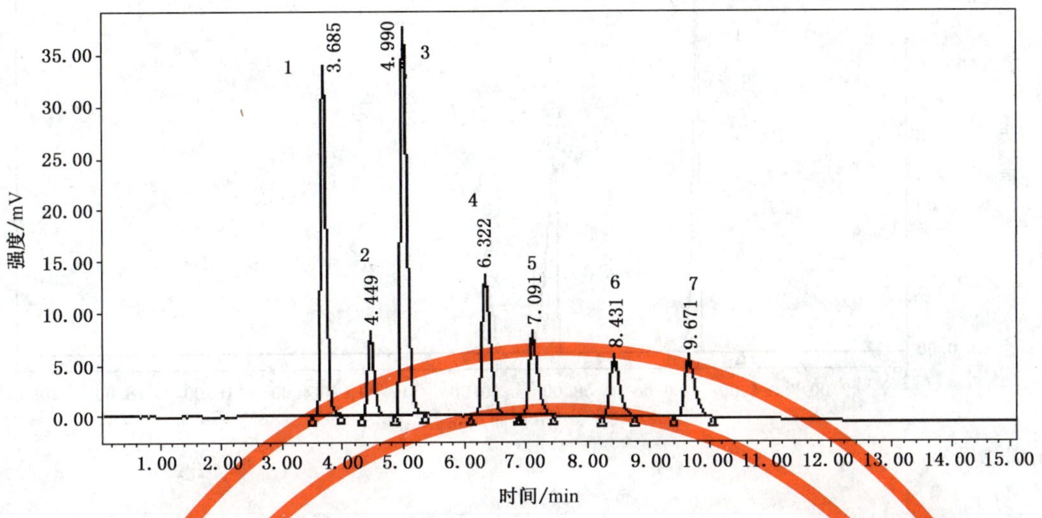

1——环己烷；

2——十二烷基苯；

3——邻二甲苯；

4——六甲基苯；

5——萘；

6——二苯并噻吩；

7——9-甲基蒽。

图 2　系统校正标准溶液色谱图

8.8　测量环己烷、十二烷基苯、邻二甲苯、六甲基苯、萘、二苯并噻吩和 9-甲基蒽的保留时间。

8.9　确保环己烷和邻二甲苯的分辨率在 5.7～10 之间(见 11.2)。

8.10　用 11.3 条所述的方法确定切割时间。

8.11　确保系统校正标准溶液 SCS2(8.4)样品均匀，向色谱进样系统注入 10 μL SCS2 标准溶液，使䓛刚好在 FAME 的第一个峰前流出或者与其一起流出。

确保䓛的保留时间比 9-甲基蒽长。

注：开始使用新的色谱柱、色谱柱使用一段时间活性下降或者要分析含 FAME 的试样时，先用系统校正标准溶液 SCS2 检查色谱柱的性能。

9　校正

9.1　参照表 1 的浓度配制标准溶液 A、B、C 和 D，称量标准物质，精确到 0.000 1 g，并置于 100 mL 容量瓶中，用正庚烷(5.2)稀释至刻度。

注：如果容量瓶(如 100 mL 容量瓶)密封较好，且在冷暗条件下保存(如冰箱中)，标准溶液可以使用六个月。

9.2　操作条件稳定后(见 8.4)，进 10 μL 标准溶液 A，记录谱图，测量各个标准物质的峰面积(见图 3)。

表 1　标准溶液的浓度

标准物质	邻二甲苯 g/100 mL	芴 g/100 mL	菲 g/100 mL
A	4.0	2.0	0.4
B	1.0	1.0	0.2
C	0.25	0.25	0.05
D	0.05	0.02	0.01

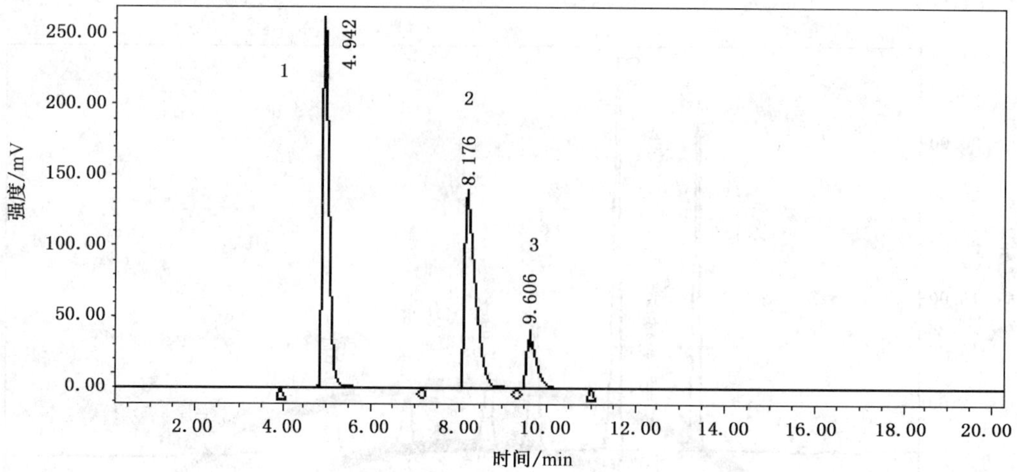

1——邻二甲苯；

2——芴；

3——菲。

图 3 标准溶液 A 色谱图

9.3 用标准溶液 B、C、D 重复 9.2 的步骤，如果标准溶液 D 中的菲面积太小不能准确测量，制备一个新的、含有较高浓度菲的标准溶液 D^{+}（如 0.02 g/100 mL）。

9.4 用各个芳烃标准物质（邻二甲苯、芴、菲）的浓度（g/100 mL）对峰面积作图。工作曲线应为直线，相关系数要大于 0.999，截矩要小于±0.01 g/100 mL。

注：可以用计算机或数据处理系统来制作工作曲线。

10 试验步骤

10.1 称量 0.9 g～1.1 g（精确到 0.001 g）试样，置于 10 mL 容量瓶中，用正庚烷（5.2）稀释至刻度。用力摇动使试样溶液混合均匀后，放置 10 min，如果有必要，过滤除去试样溶液中的颗粒物（6.3）。

有些试样的芳烃浓度超出工作曲线范围，要根据情况配制更浓（如 2 g/10 mL）或更稀（如 0.5 g/10 mL）的试样。

注：如果采用了与上述不同的稀释倍数，可能会使保留时间和算出的含量改变。

10.2 当操作条件稳定（见 8.4）且与制作工作曲线时的条件相同时（第 9 章），向色谱进样系统注入 10 μL试样溶液（10.1），采集数据。

10.3 正确区分单环芳烃、双环芳烃和三环⁺芳烃：

——单环芳烃的保留时间在 t_b 点和 t_c 点之间（见 11.3）；

——双环芳烃的保留时间在 t_c 点和 t_d 点之间（见 11.3）；

——三环⁺芳烃的保留时间在 t_d 点和 t_e 点之间（见 11.3）。

10.4 从非芳烃峰的开始处（图 4 中 A，t_a）到三环⁺芳烃峰的刚结束处（图 4 中 E，t_e）作基线，在 E 处信号回到基线值（等于经过补偿基线漂移后 A 点处的值，8.5）。

如果试样溶液不含双环芳烃和（或）三环⁺芳烃，E 点应该前移，只要信号回到基线值（等于经过补偿基线漂移后 A 点处的值，8.5）。

10.5 从非芳烃峰和单环芳烃峰的峰谷处（图 4 中 B，t_b）作基线的垂线（10.4），如果有很多峰谷，选择离 t_b 最近的那个（见 11.3）。

10.6 从单环芳烃峰和双环芳烃峰的峰谷处（图 4 中 C，t_c）作基线的垂线（10.4），如果有很多峰谷，选择离 t_c 最近的那个（见 11.3）。

10.7 从双环芳烃峰和三环⁺芳烃峰的峰谷处（图 4 中 D，t_d）作基线的垂线（10.4），如果有很多峰谷，选择离 t_d 最近的那个（见 11.3）。

10.8 从B点到C点进行积分，此为单环芳烃。

10.9 从C点到D点进行积分，此为双环芳烃。

10.10 从D点到E点进行积分，此为三环$^{+}$芳烃。

10.11 如果色谱数据处理是自动进行的，要检查峰识别和峰面积积分是否正确。

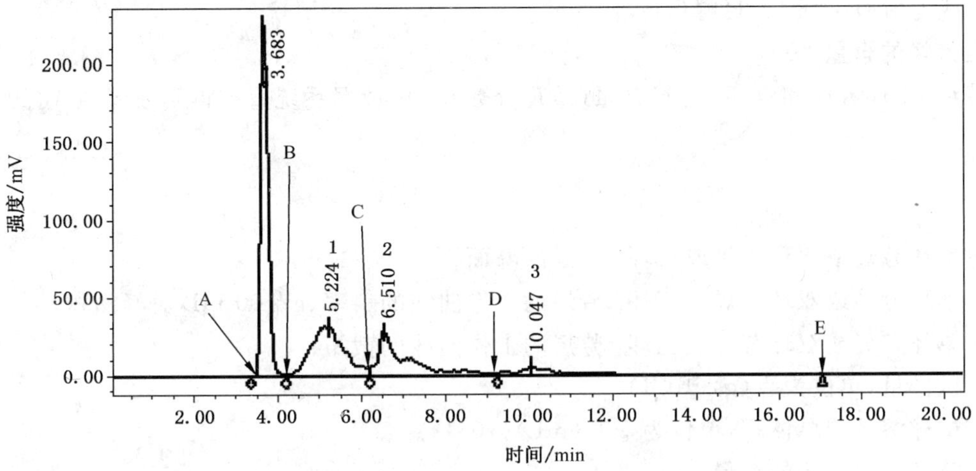

1——单环芳烃；

2——双环芳烃；

3——三环$^{+}$芳烃。

图4 柴油试样色谱图

11 计算

11.1 标准物质的保留时间

从系统校正标准溶液SCS1(8.7)的色谱图上测得的保留时间是：

——环己烷的保留时间(t_1)，s；

——十二烷基苯的保留时间(t_2)，s；

——邻二甲苯的保留时间(t_3)，s；

——六甲基苯的保留时间(t_4)，s；

——萘的保留时间(t_5)，s；

——二苯并噻吩的保留时间(t_6)，s；

——9-甲基蒽的保留时间(t_7)，s。

11.2 柱分辨率

环己烷和邻二甲苯的分辨率R由式(1)计算：

$$R=\frac{2(t_3-t_1)}{1.699(y_1+y_3)} \qquad (1)$$

式中：

t_1——环己烷的保留时间，单位为秒(s)；

t_3——邻二甲苯的保留时间，单位为秒(s)；

y_1——环己烷的半峰宽，单位为秒(s)；

y_3——邻二甲苯的半峰宽，单位为秒(s)；

2——平均峰宽系数1/2的倒数；

1.699——峰宽/半峰宽的系数。

11.3 切割时间

切割时间由下述方法确定：

t_a 是基线上刚好在非芳烃峰前的那一点；

$t_b=0.5(t_1+t_2)$；

t_c 是 t_4；

$t_d=t_6+0.4(t_7-t_6)$；

t_e 是基线上所有三环$^+$芳烃峰后的那一点。

11.4 各类芳烃的含量

单环芳烃、双环芳烃和三环$^+$芳烃含量(质量分数)C，用数据系统直接得到或者由式(2)计算：

$$C=\frac{[(A\times S)+I]\times V}{m} \qquad \cdots\cdots(2)$$

式中：

A ——单环芳烃或双环芳烃或三环$^+$芳烃的峰面积；

S ——单环芳烃或双环芳烃或三环$^+$芳烃的工作曲线的斜率(g/100 mL 对峰面积)；

I ——单环芳烃或双环芳烃或三环$^+$芳烃的工作曲线的截矩；

m ——试样量，单位为克(g)(10.1)；

V ——试样溶液的总体积，单位为毫升(mL)(10.1)。

11.5 多环芳烃和总芳烃的含量

试样中多环芳烃含量由双环芳烃含量和三环$^+$芳烃含量加和求得(即 DAH 和 T+AH 之和)；总芳烃含量由单环芳烃、双环芳烃和三环$^+$芳烃含量加和求得(即 MAH，DAH 和 T+AH 之和)，各类芳烃含量均以 %(质量分数)表示。

12 结果表示

报告单环芳烃、双环芳烃、三环$^+$芳烃、多环芳烃和总芳烃含量，均以质量分数表示，精确到 0.1%。

13 精密度

13.1 总述

本标准用单环芳烃含量(质量分数)为 6%～30%，双环芳烃含量(质量分数)为 1%～10%、三环$^+$芳烃含量(质量分数)为 0～2%、多环芳烃含量(质量分数)为 1%～12%、总芳烃含量(质量分数)为 7%～42%范围，含有 FAME 和不含 FAME 的柴油确定精密度。

用下述规定判断试验结果的可靠性(95%置信水平)。

13.2 重复性

同一操作者用同一仪器对同一试样重复测定的两个结果之差不应大于表 2 的值。

13.3 再现性

不同操作者在不同的实验室对同一试样各自测定，所得两个单一和独立结果之差不应大于表 2 的值。

表 2 精密度

芳烃类型	含量(质量分数)/%	重复性(质量分数)/%	再现性(质量分数)/%
单环芳烃	6～30	$0.032X-0.161$	$0.144X-0.344$
双环芳烃	1～10	$0.151X-0.036$	$0.363X-0.087$
三环$^+$芳烃	0～2	$0.092X+0.098$	$0.442X+0.471$
多环芳烃	1～12	$0.074X+0.186$	$0.185X+0.465$
总芳烃	7～42	$0.040X-0.070$	$0.172X-1.094$
注：X 为所比较的两个结果的平均值(质量分数)，%。			

14 试验报告

试验报告至少包括以下内容：

——试样名称；

——使用标准；

——试验结果(见第12章)；

——与规定步骤的偏离；

——试验日期。

附　录　A
（资料性附录）
色谱柱选择和使用

比较适用的色谱柱的柱长为150 mm～300 mm、内径为4 mm～5 mm。最好采用保护柱（如规格为4.6 mm×30 mm，装有氨基键合的硅胶柱），并定期更换。

一些商品固定相由于批与批之间的差别，会使柱分辨率和对芳烃的选择性有差异。因此建议实验室在购买色谱柱前要对每根色谱柱进行测试，确保满足分辨率和选择性的最低要求。

新色谱柱里的流动相可能与本标准不同，因此应该用本标准中的流动相进行冲洗老化。推荐最少要在1 mL/min的流速下冲洗2 h，但是有时需要冲洗2 d。也可以在低流速下（0.25 mL/min）至少冲洗12 h。

在进行精密度测试时采用的色谱柱都能够在长时间内保持稳定，柱寿命可以达到2 y甚至更长。但是，在缺乏相应的质控手段时，色谱柱性能的细小变化可能无法察觉。推荐日常记录柱前压和标准物质的保留时间并用作系统和色谱柱性能的检测手段。建议参加实验室比对和（或）采用质量控制试样评价色谱柱性能。

使用过的色谱柱，如果不能满足本标准要求，可以用极性溶剂（如二氯甲烷，1 mL/min的流速下冲洗2 h）反冲洗，然后像新色谱柱那样老化。在废弃旧色谱柱前，要仔细检查色谱系统的死体积和色谱柱以外的组件是否泄漏或堵塞，因为过滤器、过滤器板、注射器针头、管路、密封圈、进样阀的问题也会引起系统性能变差。

ICS 75.180.30
E 30

中华人民共和国国家标准

GB/T 25964—2010

石油和液体石油产品 采用混合式油罐测量系统 测量立式圆筒形油罐内油品体积、密度和质量的方法

Petroleum and liquid petroleum products—Determination of volume, density and mass of the hydrocarbon content of vertical cylindrical tanks by hybrid tank measurement systems

(ISO 15169:2003,MOD)

2011-01-10 发布　　　　2011-05-01 实施

中华人民共和国国家质量监督检验检疫总局
中国国家标准化管理委员会　发布

前　言

本标准修改采用ISO 15169:2003《石油和液体石油产品　采用混合式油罐测量系统测量立式圆筒形油罐内液体体积、密度和质量的方法》。

本标准根据ISO 15169:2003重新起草，本标准的章条结构与国际标准一致。

在采用ISO 15169:2003时，本标准结合我国国情进行了下列技术性修改：

——鉴于罐壁温度采用GB/T 19779的算法，因此增加GB/T 19779《石油和液体石油产品油量计算　静态计量》作为规范性引用文件；

——由于现场不便采用组件校准，因此将表3中自动油罐温度计基于体积交接计量的固有精度统一改为按系统校准的固有精度；

——对于6.2第4段中的“如果HTMS主要用于质量或密度测量，……。”，删除其中的“或密度”，理由是ALG精度的降低会对密度测量结果造成较大影响；

——为避免造成误解，将8.5.2.1中的“1)　对于零点调整，应断开变送器通向大气的压力端口。……”改为“1)　对于零点调整，应断开压力变送器与油罐的连接管线，并使其引压口通向大气。……”；

——为适合于我国的使用习惯，在表5中补充用石油计量表确定标准密度(D_{ref})和体积修正系数(VCF)的内容；

——表6中的公式$D_{obs}=D_{ref}/\mathrm{VCF}$有错误，应将其改为$D_{obs}=D_{ref}\times\mathrm{VCF}$；

——为适合于我国的使用习惯，在表6中补充用石油计量表确定体积修正系数(VCF)的内容。

本标准还做了下列编辑性修改：

——将5.2.1中涉及压力传感器命名习惯内容说明的注放到5.3.1中；

——在6.3的最后增加“注：压力传感器的最大误差应包含温度附加误差。”；

——将资料性附录A的A.2中毛计量体积的计算公式中的浮顶调整量(FRA)改为浮顶的排液体积(FRV)，同时补充计算浮顶排液量的公式；

——修改了资料性附录B的表B.3、表B.4、表B.5和B.6中的部分计算数据；

——将资料性附录B的B.2中B值公式中的“$U_{P1\text{-}zero}$”改为“$U_{P3\text{-}zero}$”。

本标准的附录A和附录B为资料性附录。

本标准由全国石油产品和润滑剂标准化技术委员会(SAC/TC 280)提出。

本标准由全国石油产品和润滑剂标准化技术委员会石油静态和轻烃计量分技术委员会(SAC/TC 280/SC 2)归口。

本标准负责起草单位：中国石油化工股份有限公司石油化工科学研究院、北京瑞赛长城航空测控技术有限公司。

本标准参加起草单位：中国石油化工股份有限公司浙江石油分公司。

本标准起草人：魏进祥、董海风、黄岑越、徐顺福。

石油和液体石油产品
采用混合式油罐测量系统
测量立式圆筒形油罐内油品体积、
密度和质量的方法

1 范围

本标准给出了混合式油罐测量系统(HTMS)的选型、安装、调试、校准和检验指南，通过该系统可以测量罐内储存的石油和石油产品的液位、静态质量、计量体积和标准体积以及计量密度和标准密度，以满足油品交接计量的需要。在交接计量中，采用油品的体积数或质量数由用户决定，但本标准仍包括了相关不确定度的分析及实例，目的是帮助用户正确选择 HTMS 的组件配置，以达到预期的计量指标。

本标准适用于静止不动的立式圆筒形油罐，其储存油品的雷德蒸气压(RVP)低于 103.42 kPa。

本标准不适用于压力罐或船舱计量。

注 1：术语“质量”用于指示真空中的质量(真实质量)。在石油工业中，表观质量(空气中)常用于商业交接。因此，标准中也提供了关于质量和空气中表观质量的计算方法(参见附录 A)。

注 2：本标准的计算方法也可用于其他形状的油罐，这些油罐已按国家标准方法进行过标定。在附录 B 中给出了球形和水平圆筒形油罐不确定度分析的计算实例。

2 规范性引用文件

下列文件中的条款通过本标准的引用而成为本标准的条款。凡是注日期的引用文件，其随后所有的修改单(不包括勘误的内容)或修订版均不适用于本标准，然而，鼓励根据本标准达成协议的各方研究是否可使用这些文件的最新版本。凡是不注日期的引用文件，其最新版本适用于本标准。

GB/T 1884　原油和液体石油产品密度实验室测定法(密度计法)(GB/T 1884—2000，eqv ISO 3675:1998)

GB/T 1885　石油计量表(GB/T 1885—1998，eqv ISO 91-2:1991)

GB/T 4756　石油液体手工取样法(GB/T 4756—1998，eqv ISO 3170:1988)

GB/T 18273　石油和液体石油产品　立式罐内油量的直接静态测量法(HTG 质量测量法)(GB/T 18273—2000，eqv ISO 11223-1:1995)

GB/T 19779　石油和液体石油产品油量计算　静态计量

GB/T 21451.4　石油和液体石油产品　储罐中液位和温度自动测量法　第 4 部分：常压罐中的温度测量(GB/T 21451.4—2008，ISO 4266-4:2002，MOD)[1)]

SH/T 0604　原油和石油产品密度测定法(U 型振动管法)(SH/T 0604—2000，eqv ISO 12185:1996)

ISO 91-1:1992　石油计量表　第 1 部分：以 15 ℃和 60 ℉为标准温度的表

ISO 1998(所有部分)　石油工业　术语

ISO 4266-1　石油和液体石油产品　储罐中液位和温度的自动测量法　第 1 部分：常压罐中的液位测量

3 术语和定义

ISO 1998(所有部分)确立的以及下列术语和定义适用于本标准。

1) GB/T 21451 包括 6 个部分，目前颁布实施只有 GB/T 21451.4，其他部分正在制定中。

3.1

混合式油罐测量系统　hybrid tank measurement system

HTMS

采用自动液位计(ALG)测量的油品液位,自动油罐温度计(ATT)测量的油品温度以及一个或更多的压力传感器测量的液体静压进行计量的系统。

注:这些测量数据与油罐容积表和石油计量表一起使用,提供液位、温度、质量、计量体积和标准体积、以及计量密度和标准密度。

3.2

混合式处理器　hybrid processor

使用HTMS测量的液位、温度和压力数据,结合储罐参数计算密度、体积和质量的计算装置。

3.3

混合法参照点　hybrid reference point

位于罐壁外侧,用来测量混合式压力传感器位置的稳定清晰的标记点。

注:混合法参照点应相对于基准点进行测量。

3.4

压力变送器的零点误差　zero error of pressure transmitter

作用到压力变送器的输入压力和环境压力不存在压差时的压力变送器的显示值。

注:该值用压力计量单位表示,如Pa。

3.5

压力变送器的线性误差　linearity error of a pressure transmitter

压力变送器示值相对于输入变送器的实际压力的偏差。

注:该值不应包括零点偏差,用相对于实际压力的分数或百分数表示(即读数的几分之几或百分之几)。

4　常规预防措施

4.1　安全预防措施

4.1.1　概述

在使用HTMS设备时,应遵守有关安全的法律法规以及材料兼容性的预防措施,同时也应遵守生产厂关于设备使用和安装的建议以及进入危险区域包括的所有规定。

4.1.2　机械安全

HTMS传感器的连接件与油罐结构构成一个整体。HTMS的所有设备应该能够承受在实际使用中可能遇到的压力、温度、运行和环境条件。

4.1.3　电器安全

用于电气分类区域的HTMS系统的所有电器组件应符合区域分类规定,而且也应符合相应的国家电气安全标准和/或国际电气安全标准(例如:IEC,CSA,CENELEC,ISO)。

4.2　设备预防措施

4.2.1　HTMS设备应该能够承受在实际运行中可能遇到的压力、温度、运转和环境条件。

4.2.2　所有电气设备及组件应保证适合于它们安装的危险区域。

4.2.3　进行实际测量,确保HTMS裸露的所有金属部件与油罐具有相同的电位。

4.2.4　接触油品或蒸气的所有设备或部件与油品应具有化学兼容性,以避免产品污染和设备腐蚀。

4.2.5　HTMS所有设备及部件应该保持在安全的操作条件下,而且应该遵守生产厂的保养规定。

注:HTMS或其组件的设计和安装可能要通过国家计量主管部门的批准,该组织通常要为HTMS的设计用于特殊服务发布型式批准。型式批准通常在HTMS已经通过一系列检验之后发布,而且附属于按批准方式安装的HTMS。

型式批准可以包括如下内容:外观检察、性能、振动、湿度、燥热、倾斜、供电波动、绝缘、电阻、电磁兼容性以及高压。

5 系统设备的选择和安装

5.1 概述

混合式油罐测量系统包括四个主要组件：自动液位计（ALG）、自动油罐温度计（ATT）、一个或多个压力传感器以及存储油罐参数并执行计算的混合处理器。在5.2到5.6中规定了各组件的技术要求。

用户应该明确HTMS主要用于计量标准体积，还是计量质量，以及交接计量需要达到的计量精度。

用户和生产厂应选择HTMS的组件并进行系统配置，以满足使用要求。用户计量的精度要求决定了HTMS每个组件的精度要求。

注：附录A提供了HTMS的测量原理和计算方法。第6章和附录B提供了组件选择影响HTMS总精度的评估方法。

5.2 自动液位计

5.2.1 按照HTMS的使用目的选择自动液位计（ALG），例如：是用于基于体积的交接计量，还是用于基于质量的交接计量，或两者兼有。同样，ALG安装后的精度应适合于使用需要。

5.2.2 由设备厂家校准证实的ALG的固有精度以及在现场检验期间证实的安装后的精度应符合表1的规定。

表1 ALG的最大允许误差

精度类型	最大允许误差	
	基于体积的交接计量	基于质量的交接计量
固有精度	1 mm	3 mm
安装后的精度	4 mm	12 mm
注：对于基于体积的交接计量，ALG的最大允许误差源于ISO 4266-1。		

ALG的精度对压力传感器 P_1 以上液位计算的质量没有影响，原因是密度误差与体积误差的抵消影响。然而由ALG测量误差引起的计算密度的不确定度会影响根部质量（即 P_1 以下的部分）。因此，对于基于质量的交接计量，按表1选择ALG的精度要尽可能减小根部质量的误差。此外，通过减小在计算密度中的不确定度，也可以提供一种方式来专门监测压力变送器的性能。

5.2.3 按照ISO 4266-1进行ALG的选型和安装，但对基于质量交接的HTMS，ALG的最低精度应符合表1的规定。

5.3 压力传感器

5.3.1 按照实际应用中不确定度的计算选择HTMS的压力传感器（参见第6节和附录B）。压力传感器的安装应符合GB/T 18273的相关规定。压力传感器的精度要求取决于HTMS的应用目的，即是基于体积的交接计量，还是基于质量的交接计量，或两者兼有。最大允许误差见表2。

注：压力传感器（靠近罐底的 P_1，油气空间的 P_3）的命名习惯与GB/T 18273一致，该标准描述了一种静压式油罐计量（参见图A.1）。

表2 压力传感器的最大允许误差

精度类型		最大允许误差	
		基于体积的交接计量	基于质量的交接计量
P_1	零点误差	100 Pa	50 Pa
	线性误差	读数的0.1%	读数的0.07%
P_3 [a]	零点误差	40 Pa	24 Pa
	线性误差	读数的0.5%	读数的0.2%
[a] 假如使用 P_3。			

压力传感器 P_3 的量程可能远小于压力传感器 P_1 所选择的量程，原因是油气压力最大测量值一般不超过 5 kPa。

5.3.2 HTMS的压力传感器应该精确稳定，并且牢固安装在罐壁的规定位置(或浸没在参比基准板以上的规定位置)。用于常压储罐的压力传感器应当是表压变送器(一个端口开向大气)。

5.3.3 使用电子模拟输出或数字输出取决于对预期使用的压力传感器的总精度要求。

5.4 自动油罐温度计(ATT)

5.4.1 根据HTMS的使用目的选择自动油罐温度计，例如：是基于体积的交接计量，还是基于质量的交接计量，或两者兼有。同样，ATT的安装精度也应该适合于使用需要。

5.4.2 由厂家校准证实的ATT的固有精度以及在现场检验期间证实的安装精度应符合表3的规定。

表 3 ATT的最大允许误差

精度类型	最大允许误差	
	基于体积的交接计量	基于质量的交接计量
固有精度	0.25 ℃	0.5 ℃
安装后的精度	0.5 ℃	1.0 ℃
注：对于基于体积的交接计量，ATT的最大允许误差源于GB/T 21451.4。		

5.4.3 按照GB/T 21451.4进行ATT的选型和安装，但对基于质量交接的HTMS，ATT的最低精度应符合表3的规定。

5.4.4 取决于HTMS的使用目的和精度要求，ATT可以是平均ATT，或者是单个的点温传感器，其中平均ATT由安装于适当高度的多个固定式的温度传感器或一系列点温传感器组成。当HTMS主要用于确定标准体积时，则应使用能提供平均温度的ATT；当HTMS主要用于确定质量时，则使用一个单点或点局部温度(RTD)就足够了。

5.4.5 如果存在多个元件并可由未浸没的元件独立测量油蒸气的温度，则可以选用ATT计算油蒸气的密度。对于保温罐，ATT的浸没元件也可以替代用于油蒸气密度的测定。

5.5 混合式处理器

5.5.1 混合式处理器可用多种方式实现，包括本机安装的微处理器、远传计算机或用户的计算机系统。混合式处理器可专用于一个罐或共用于几个罐。

5.5.2 混合式处理器从传感器接收数据，将该数据与油罐和油品的参数一起使用来计算储罐中库存油品的计量密度、标准密度、质量、计量体积和标准体积(参见图A.1)。储存参数划分为六组：油罐数据、ALG数据、ATT数据、压力传感器的数据、油品数据和环境数据(见表4)。

表 4 典型的HTMS参数

参数组别	参　数	注　释
油罐数据	罐顶类型	固定顶、外浮顶或内浮顶
	浮顶(盘)质量	仅指浮顶罐
	临界区高度	仅指浮顶罐
	支腿高度	仅指浮顶罐
	罐壁类型	保温或非保温
	罐壁材质	热膨胀系数
	罐容表	规定液位的容积
	油罐标定温度	罐容表修正到的温度
	液位 h_{min}	对于所有罐(见6.2)
	液位 h_0	混合法参照点到基准板(点)的距离

表 4（续）

参数组别	参　数	注　释
ALG 组件的数据	测量数据 参比高度	实高、空高 基准板(点)到 ALG 的垂直距离
压力传感器数据	传感器的配置 传感器的位置 h_b 传感器 P_3 的高度	油罐可以拥有一个或更多的传感器 相对混合法参照点的高度(见图 A.1)
ATT 组件的数据	ATT 的类型 元件类型 元件数目 元件的垂向位置	可以在 ALG 中编程 电阻式或其他方式，可以在 ALG 中编程
油品数据	储存产品对应的石油计量表 蒸气参数 游离水高度	详细资料见 GB/T 1885
环境数据	当地的重力加速度 环境温度 环境压力	由权威机构得到 可选 可选

5.5.3　混合式处理器也可以进行多种 HTMS 组件的线性化和/或温度补偿修正。

5.5.4　混合式处理器测量和计算的所有变量应能够显示、打印或传输到其他处理器。

注：混合式处理器通常进行的计算参见附录 A。

5.6　可选传感器

5.6.1　压力变送器

用中部变送器(P_2)可计算出用于比较或警示目的的替代密度(即静压式油罐计量或 HTG)，也可以将其用于 ALG 无法使用时备用密度的计算(详见 GB/T 18273)。

5.6.2　测定大气密度的手段

5.6.2.1　环境空气密度是 HTMS 密度计算中需要获得的次要参数。本标准没有给出环境空气密度的测定方法。如果需要，可以使用环境气体温度和压力的传感器更精确地测定环境空气密度。

5.6.2.2　大气温度和压力的单个测量数据可以用于相同位置的所有罐。

6　HTMS 组件的精度影响

6.1　概述

HTMS 每个组件的精度影响一个或更多的测量或计算参数。在某些应用中，可以将 HTMS 设计成为某些参数提供较高的精度，但可能也要接受其余参数的精度损失。例如，如果所设计的 HTMS 主要是用 HTMS 测量的油品密度来获得毛标准体积，则所选择的组件应使平均油品密度的精度不会影响到体积修正系数(VCF)的确定(参见表 B.6 中的例子)。

在 6.2 到 6.4 中给出了组件精度对测量和计算参数的影响。附录 B 中的公式可以帮助用户由 HTMS 每个基本测量数据(液位、压力和温度)的不确定度计算出由它们引起的计量密度、质量和毛标准体积静态测量的误差大小。

6.2　ALG 的精度影响

组件 ALG 及其安装精度对液位、计量密度和标准密度以及计量体积和标准体积的影响最大。

液位测量误差对计算质量影响很小，原因是油品体积和密度的误差相互抵消。

注：在立式罐中，质量误差的抵消影响是最大的。在球形或水平圆筒形罐中，质量误差的抵消影响稍微小一些。对于不同几何结构的油罐，可以使用 B.3 中不确定度的公式预测 ALG 精度对质量的影响。

如果使用 HTMS 测量交接计量中的标准体积，则 ALG 的精度应满足 ISO 4266-1 的相关规定。如果 HTMS 主要用于质量测量，则 ALG 的精度与 ISO 4266-1 的规定相比，可以稍微降低。上述两种情况下 ALG 的最大允许误差见表 1。

6.3 压力传感器的精度影响

压力传感器(P_1 和 P_3)的精度对计量密度、标准密度和质量有直接影响。然而，P_1 和 P_3 的测量误差对计量体积几乎没有影响，且只对标准体积有较小影响。

压力传感器的总精度取决于零点和线性误差两个方面。零点误差属于绝对误差，用压力测量单位表示(例如，帕斯卡)。线性误差通常用读数的百分数表示。在液位较低时，零点误差是不确定度分析中的主要因素。生产厂应明确给出在预期操作温度范围内的零点和线性误差(零点误差用绝对单位表示，线性误差用读数的百分数表示)。用户通过它就能够检验压力传感器对总不确定度的误差贡献是否适用于 HTMS 精度要求(参见附录 B)。(零点误差和线性误差的最大允许值见表 2)。

以压力单位表示的压力传感器的总误差可以用下式计算：

$$U_{\text{P-total}} = U_{\text{P-zero}} + (p_{\text{applied}} \times U_{\text{P-linearity}})/100$$

式中：

$U_{\text{P-total}}$——压力传感器的总误差，单位为帕斯卡(Pa)；

$U_{\text{P-zero}}$——压力传感器的零点误差，单位为帕斯卡(Pa)；

p_{applied}——输入到压力传感器的压力，单位为帕斯卡(Pa)；

$U_{\text{P-linearity}}$——压力传感器的线性误差，用读数的百分数表示。

作用在压力传感器 P_1 上的压力($p_{1\ \text{applied}}$)大约是液体压头、蒸气压头以及压力安全阀最大设置压力的总和(参见附录 B)。

对于压力传感器 P_3，蒸气压力与液位无关，因此应该将压力安全阀的最大值(即 $p_{3\ \max}$)作为 $p_{3\ \text{applied}}$。(关于压力传感器的最大允许误差见表 2)。

注：压力传感器的最大误差应包含温度附加误差。

6.4 ATT 的精度影响

ATT 的精度直接影响标准密度和标准体积的精度。测量平均温度的目的是准确测定标准密度和标准体积(见 GB/T 21451.4)。

ATT 的精度对任意结构油罐内的计量密度没有影响，只对 HTMS 测定的质量有较小影响。对主要用于质量测量所设计的 HTMS，采用单点或局部温度(例如 RTD)应该就足够了。

注：由于罐壁的工作温度一般不同于油罐标定的参比温度，因此应进行罐壁的热膨胀修正，则温度误差会影响计算体积和质量的精度。

7 HTMS 的测量和计算

7.1 概述

当油品液位靠近底部压力传感器(P_1)时，计算(计量)密度的不确定度会变得较大。这是因为随着液位降低，ALG 测量液位的不确定度作为液位百分数会逐渐增加，P_1 测量压力的不确定度作为液体压头百分数也会逐渐增加。在低液位各种参数的计算中，应考虑这种影响。

HTMS 的测量和计算定义为两种模式，它不仅取决于用户以那种计量数据为主要数据(即标准体积或质量)，而且也取决于油品的特性(即均匀密度或分层密度)。HTMS 的模式(模式 1 和模式 2)可以由用户根据使用目的和油品特性自行选配。

7.2 HTMS 模式 1

当主要关心的是标准体积，而且油品密度在低液位保持相对一致时，HTMS 模式 1 为最佳选择。当液位在预定液位($h_{\min}$)之上时，模式 1 连续计算出罐内液体的平均密度。当液位在 $h_{\min}$ 以下时，模式 1 使用液位下降到 $h_{\min}$ 时最后计算的标准密度(D_{ref})。

另一种替代办法是当液位在 h_{min} 以下时，如果油品分层或有新油品进入油罐，D_{ref} 可以手工输入。

表 5（方法 A）和表 6（方法 B）分别规定了液位在高于 h_{min} 和低于 h_{min} 时，模式 1 所要求的 HTMS 的测量和计算方法。

在 HTMS 模式 1 中，随液位变化使用方法 A 和方法 B 计算的附加解释见图 1。

表 5　HTMS 的测量数据和计算数据汇总——计算法 A

参　数	测量或计算方法
油品液位（L）	由 ALG 测得
油品平均温度（t）	由 ATT 测得
油品计量密度（D_{obs}）	用 A.3 中的公式计算
标准密度（D_{ref}）	先将 D_{obs} 修正到相当于玻璃密度计的视密度（修正公式见 SH/T 0604），然后查石油计量表的标准密度表获得，或者由 D_{obs} 和 t 通过迭代的方法计算[a]
体积修正系数（VCF）	由标准密度 D_{ref} 和油品的平均温度 t 查石油计量表的体积修正系数表或按 $VCF=D_{obs}/D_{ref}$ 计算
毛计量体积（GOV）	由 ALG 测得的液位 L 和罐容表计算[b]
毛标准体积（GSV）	按 GSV＝GOV×VCF 计算
质量（真空中）	按 $m_{真空}=GOV\times D_{obs}$ 计算

注 1：本表仅适用于模式 1 在 h_{min} 及其以上的液位。

注 2：本表仅适用于模式 2 在 P_1“断开”以上的液位。

注 3：油品在空气中表观质量的算法参见附录 A 的 A.5。

[a] 如果 HTMS 的测量密度不可靠或不存在，则可以使用手工密度。

[b] 如果存在游离水（FW），应该将其从罐内液体的总计量体积（TOV）中扣除后获得。GOV＝TOV－FW。

表 6　HTMS 测量数据和计算数据汇总——计算法 B

参　数	测量或计算方法
油品液位（L）	由 ALG 测得
油品平均温度（t）	由 ATT 测得
油品计量密度（D_{obs}）	按 $D_{obs}=D_{ref}\times VCF$
标准密度（D_{ref}）	使用上次 D_{ref} 的计算值。对于模式 1，当 L 在 h_{min} 以下时；对于模式 2，L 在 P_1 以下时，D_{ref} 保持不变[a]
体积修正系数（VCF）	由 ATT 测量的温度 t 和模式 1 中 $L=h_{min}$ 时或者模式 2 中 L 在 P_1 以下时储存的标准密度 D_{ref} 查石油计量表的体积修正系数表得到
毛计量体积（GOV）	由 ALG 测得的液位 L 和罐容表计算[b]
毛标准体积（GSV）	按 GSV＝GOV×VCF 计算
质量（真空中）	按 $m_{真空}=GSV\times D_{ref}$

注 1：本表适用于模式 1 在 h_{min} 以下和“P_1 断开液位”以下的液位。

注 2：油品在空气中表观质量的算法参见附录 A 的 A.5。

[a] HTMS 的测量密度不可靠或不存在，可以使用手工密度。

[b] 在游离水（FW），应该将其从罐内液体的总计量体积（TOV）中扣除后获得。GOV＝TOV－FW。

7.3 HTMS 模式 2

当主要关心的输出值是油品质量时，HTMS 模式 2 为最佳选择。当标准体积为主要输出值，而且用户预计在低液位时储存的标准密度（模式 1）不代表实际的标准密度（由分层或引入新油品引起）时，模式 2 也是最好的选择。

HTMS 模式 2 不使用 h_{min} 或保存的油品密度。对于这种模式，在 P_1 以上所有液位，HTMS 会计算标准密度（D_{ref}）。然而，为确保压力传感器总是完全浸没，本模式引入了“P_1 断开液位”。如果油品在断开液位或其以下液位时，应使用最后计算的 D_{ref} 并保持不变。在该液位以上时，按方法 A（表 5）进行全部的测量和计算。在该液位以下时，按方法 B（表 6）进行测量和计算。

在 HTMS 模式 2 中，随液位变化使用方法 A 和方法 B 计算的附加解释见图 1。

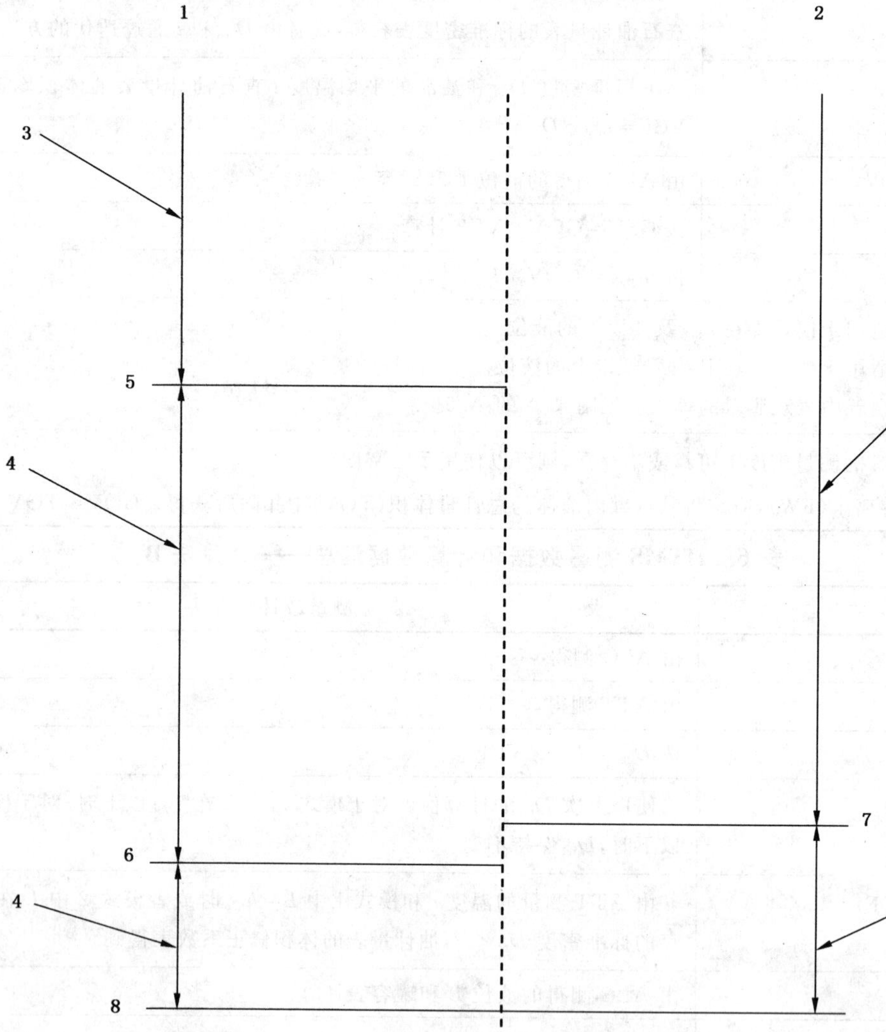

1——HTMS 模式 1；
2——HTMS 模式 2；
3——方法 A；
4——方法 B；
5——液位 h_{min}；
6——P_1 位置；
7——P_1 断开位置；
8——基准板。

图 1 HTMS 与液位相关的模式 1 和模式 2 的计算方法简图

8 初始校准与现场检验

8.1 概述

所有测量组件在安装前通常在工厂校准。在 HTMS 系统投入使用前,HTMS 应进行调试,这不仅涉及到校准,而且涉及到配置和检验。

8.2 初始准备

8.2.1 罐容表的确认

混合处理器通常要储存能再现油罐容积表的足够数据,应对照油罐容积表核实这些数据。

8.2.2 混合法参照点的建立

压力变送器 P_1 和 ALG 相对油罐容积表对应的基准点的位置应准确确定。为便于实际使用,引入混合法参照点的概念。混合法参照点通过 h_0 与油罐基准点关联起来(参见图 A.1)。

建议将混合法参照点定位在靠近压力变送器 P_1 的引压件位置,并且应清晰永久地标记在油罐外壁上。

混合法参照点相对油罐基准点的高度(h_0)应精确测量、记录并输入到混合处理器。压力传感器有效中心到混合法参照点的高度(h_b)也要测量。压力传感器相对油罐基准点的高度($z=h_0+h_b$)由此计算出来并输入到混合处理器(参见图 A.1)。

注：混合法参照点能用于变送器 P_1 今后位置的检验或变送器重新安装后的测定。由此可避免重新测量变送器 P_1 相对油罐基准的位置。

8.2.3 HTMS 的参数输入

建立 HTMS 的参数并输入到混合处理器。这些参数包括油罐数据(例如容积表)、混合法参照点和传感器 P_1 之间的高度、混合法参照点和油罐基准点之间的高度、ALG 参比高度、HTMS 的模式、h_{min} 的值、"P_1 断开液位"、大气数据、压力传感器的参数、ALG 和 ATT 的组件参数以及油品参数(见表 4)。

8.3 初始校准

8.3.1 概述

HTMS 的每个组件应分别校准,例如不应使用由压力传感器导出的数据校准 ALG,反之亦然。

8.3.2 ALG 的校准

按照 GB/T 21451.1(或 ISO 4266-1)现场校准 ALG,但应符合本标准表 1 中给出的合适允差。

8.3.3 压力传感器的校准和零点调整

HTMS 的压力传感器通常由生产厂负责校准。除了压力传感器的零点调整外,在现场通常不能进行其他调整。压力传感器在安装后的校准应使用可溯源到国家基准的精确压力校准器进行检查。如果发现压力传感器超出了规定要求,则应进行更换。

压力传感器的零点调整应使用 GB/T 18273 中给出的方法进行。

8.3.4 ATT 的校准

ATT 应按照 GB/T 21451.4 进行校准,但应符合本标准表 3 中给出的合适允差。

8.4 混合处理器计算结果的检验

采用合适的检验数据,用手工计算检查混合处理器的计算结果,二者应相互一致。

8.5 初始现场检验

8.5.1 概述

在 HTMS 调试和初始检验中,其最后一步是对照手工法进行检验。如果手工检查表明 HTMS 的数据没有落在系统预期的允差之内,则应重复部分或全部的调试校准和手工检验的程序。

8.5.2 基于体积计量的初始现场检验

8.5.2.1 基于体积的 HTMS 用于交接计量时,其主要组件应作如下检验:

a) ALG 应按 ISO 4266-1 给出的程序和允差进行检验;

b) ATT 应按 GB/T 21451.4 给出的程序和允差进行检验;

c) 压力传感器(如果压力传感器和变送器是相互独立的装置,则还应包括变送器)应进行现场调零和线性检验。因此,应通过现场显示器、手持终端或专用计算机来提供读取压力传感器数字压力值的方法:

1) 对于零点调整,应断开压力变送器与油罐的连接管线,并使其引压口通向大气。调整后的零点误差应大约为零;

2) 使用已溯源到国家基准的高精度的压力基准检验压力传感器的线性。线性检验应当在压力范围大约50%和100%的至少两个试验压力进行。通过计算压力传感器示值(减去观察到的零点误差)和压力基准之间的偏差给出相对的线性误差,该误差也可以转化为误差百分数,由此可以确定线性误差。对于任何试验压力,所产生的线性误差不应超过表2给出的最大线性误差;

注:对于高精度的压力变送器,在现场条件下可能难以或不能实际调整变送器的线性。

3) 传感器/变送器在完成调零和线性检验之后,应该进行最后一次检查,确定零点误差是否保持在表2给出的精度之内。残留的零点读数和线性误差应记载成文件资料。

8.5.2.2 由HTMS测定的标准密度也应当与通过检验有代表性的罐内样品所测定的油品平均密度进行对比。其中取样按GB/T 4756进行,密度测定按照GB/T 1884或SH/T 0604进行。

当HTMS提供在线测量密度时,即液位在h_{min}以上,密度比较应当在P_1之上大约(4±0.5)m的液位进行。HTMS测定的油品密度与油罐样品的密度之差应在密度读数的±0.5%内。如果罐内油品均匀,由手工取样引起的不确定度应该降低,因此可以使用更严格的允差(即小于读数的±0.5%),该允差可以使用统计质量控制的方法建立。

如果罐内储存的是完全均匀的产品(例如某些纯净的石化液体),则其标准密度可以根据物理学的方法准确测定,并可将其作为该产品最准确的代表密度,HTMS的测量密度可与该标准密度进行比对。

注1:±0.5%的允差建立在手工取样的不确定度和实验室分析的重复性的基础上。手工取样的不确定度可能随着罐内密度的分层而改变较大,而且取决于取样使用的计量口位置以及实际使用的方法。

注2:HTMS测量密度可接受的不确定度是根据该不确定度对体积修正系数(VCF)或液体温度修正系数(CTL)的影响来确定的。

此外,对于均匀油品,如果可以使用在线密度计测量密度,而且该密度计已经采用已溯源到国家基准的标定基准进行过校准,则对于进出油罐的批量油品,可以将HTMS测得的平均密度与密度计测量的密度进行比对,而且也可以使用上述允差。

8.5.3 基于质量计量的初始现场检验

8.5.3.1 基于质量的HTMS用于交接计量时,其主要组件应作如下检验:

a) ALG应按ISO 4266-1给出的程序进行检验,但允差可以放宽到12 mm;

b) ATT应按GB/T 21451.4给出的程序和允差进行检验,但允差可以放宽到1 ℃;

c) 压力传感器(如果压力传感器和压力变送器是独立装置,则还应包括变送器)影响质量测量的精度,应进行调零并使用合适的已溯源到国家基准的压力基准(例如一种手持终端或精确的压力校准器)进行测量,确定传感器/变送器是否保持在表2所给出的精度以内。

注:对于高精度的压力变送器,在现场条件下可能难以或不能实际测量变送器,因此可能无法执行该步骤。

8.5.3.2 按照8.5.2.2中给出的方法检验HTMS的测量密度。

8.5.3.3 HTMS质量计量的精度应使用GB/T 18273规定的方法进行检验。

注:GB/T 18273中给出的精度是"输转精度",因此检验涉及到油罐输入或输出的液体量。

9 定期检验

9.1 概述

用于交接计量的HTMS在完成调试和初始现场检验之后,还应该在现场进行定期检验。定期检验也称为“确认”。

在9.2和9.6中规定了调试后HTMS的检验和必要的再校准方法。

注：检验不同于校准，其中不涉及传感器或混合处理器参数的修正。

9.2 目的

定期检验有如下的目的：

a) 确保HTMS的性能保持在所要求的精度范围内；

b) 只要交接各方能够接受，则允许使用统计质量控制的方法建立重复校准的频率。

9.3 定期检验期间的调整

如果检验过程确认了HTMS的性能变动超出了预定的范围，则应对其进行重新校准和/或重新调整。否则，在检验过程中，不应进行调整。该范围应考虑到HTMS、标准设备以及HTMS性能要求的预期组合测量不确定度。

9.4 基于体积交接的定期检验

9.4.1 方法和允差

9.4.1.1 基于体积交接的HTMS，应对其主要组件进行如下检验：

a) ALG应按照ISO 4266-1中给出的定期检验的方法和允差进行检验(对于立式圆筒形罐)；

b) ATT应按照GB/T 21451.4中给出的定期检验的方法和允差进行检验(对于立式圆筒形罐)；

c) 压力传感器/变送器的稳定性应进行如下检验：

1) 现场检验变送器的零点。零点读数(“存在”)值不应超过表2中给出的零点误差的厂家规定值或最大建议值。如果零点读数大于表2给出的最大建议值，且不超过厂家的规定值，则变送器应调零，或者进行零点的软件修正。零点读数“存在”值和“残余”值应记载成文件资料。如果超过厂家的规定值，则应向厂家咨询；

2) 使用已溯源到国家基准的高精度的压力校准器现场检验变送器的线性。线性误差不应超过制造厂的规定值或表2给出的最大建议值。如果超过了厂家的规定值，则应向厂家咨询。线性读数“存在”值和“残余”值应记载成文件资料。

注：对于高精度的压力变送器，在现场条件下，难于或不能实际调整变送器的线性。

9.4.1.2 HTMS测定的油品密度也应当与通过对具有代表性的油罐样品的实验分析所测定的产品密度进行比对。其中取样按GB/T 4756进行，密度测定按照GB/T 1884或SH/T 0604进行。

密度比对应当在大约(4±0.5)m的液位以及HTMS可以在线测量密度(即液位在h_{min}以上)时进行。HTMS测量的油品密度与油罐样品密度之差应在密度读数的±0.5%内。如果罐内产品均匀，由手工取样引起的不确定度应该降低。在这种情况下，可以使用更严格的允差(即小于读数的±0.5%)，该允差可以使用统计质量控制的方法建立。

9.4.2 定期检验的频率

9.4.2.1 HTMS主要组件的定期检验频率应该符合如下规定：

a) ALG应按照ISO 4266-1中给出的关于定期现场检验的频率进行检验。开始使用时，应该每个月进行一次检验。当连续运行六个月，性能一直稳定在检验允差以内时，检验时间间隔可以延长到每三个月一次；

b) ATT应按照GB/T 21451.4中给出的关于定期现场检验的频率进行检验。新安装的或修理过ATT应每三个月检验一次。如果ATT的性能稳定，检验频率可减小到每年一次；

c) 对于压力传感器，压力传感器/变送器的零点稳定性和线性稳定性每年至少应按照初始检验程序检验一次。

9.4.2.2 使用9.4.1.2中规定的方法按照初始检验程序至少每三个月进行一次产品密度的比对。

注1：通过使用质量控制方法，但不使用上述预定的时间，也可以确定定期检验的频率。

注2：产品密度的多次比对可以使ALG、ATT或压力传感器/变送器组件存在的问题能够得到及早发现，而且可以提供HTMS有价值的统计数据。

9.5 基于质量交接的定期检验

9.5.1 方法和允差

9.5.1.1 基于质量交接的 HTMS,应对其主要组件进行如下检验：

a) ALG 应按 ISO 4266-1 给出的定期校准检验程序进行检验,而且应满足表 1 中规定的允差；

b) ATT 应按 GB/T 21451.4 给出的定期校准检验程序进行检验,而且应满足表 3 中规定的允差；

c) 压力传感器/变送器零点和线性的稳定性应按照 9.4.1.1c)中给出的方法进行检验,并且应满足表 2 中给出的允差。

9.5.1.2 在基于质量的交接计量中,HTMS 测量的产品密度与手工法确定的产品密度的比对不是必须进行的。如果需要,这种比对应按照 9.4.1.2 进行。

9.5.2 定期检验频率

在基于质量的交接计量中,对所用 HTMS 主要组件/测量性能的定期检验频率有如下规定：

a) 新安装的或修理过的 ALG 应每三个月检验一次。如果 ALG 的性能稳定,则检验频率可以降低到每六个月一次,然而每三个月应进行一次密度比对,而且统计数据表明整个系统是稳定的；

b) 新安装的或修理过的 ATT 应按照与 ALG 一致的频率进行检验；

c) 压力传感器/变送器的零点和线性稳定性应按照初始检验程序每季度检验一次。如果压力传感器/变送器的线性是稳定的,则线性检验的频率可以降低到每六个月一次；

d) HTMS 测量的产品密度与手工法测定密度的比对不是必须进行的。除此之外,如果密度比对用作降低 ALG 定期检验[9.5.2a)]频率的依据,则密度比对至少应每季度进行一次。

注：经常比较产品密度可确保早期发现 ALG、ATT 或压力传感器/变送器中的问题,并提供有价值的统计数据。

9.6 用于交接计量的 HTMS 在定期检验期间的超差处理

9.6.1 在定期现场检验期间,如果发现 HTMS 的组件超差,应该查明原因以确定该组件是否需要调整、校准、重新设置或修理。

9.6.2 在调整或修理之后,应使用 8.5 规定的程序重新检验对应组件。

附 录 A
（资料性附录）
计 算 综 述

A.1 概述

本附录给出了由HTMS混合处理器计算油罐液体密度及其他变量的方法，计算中各参数的单位及换算常数见表A.1。有些厂家设计的HTMS可能比较独特，其特殊计算和相关细节不包括在内（如压力传感器的线性公式）。

表 A.1 HTMS的公式单位表

常数	公式中使用的单位						
N	输入量			计算结果			
	计量压力	容积表容积	当地重力加速度	液位	计量体积和标准体积	计量密度和标准密度	质量
1.000	Pa	m^3	m/s^2	m	m^3	kg/m^3	kg
1 000.0	kPa	m^3	m/s^2	m	m^3	kg/m^3	kg
100.0	mbar	m^3	m/s^2	m	m^3	kg/m^3	kg
100 000	bar	m^3	m/s^2	m	m^3	kg/m^3	kg

对于常压油罐，罐内蒸气密度以及环境空气密度仅对计算变量有次要影响，可以把它们作为常数处理，为了获得更高的精度，也可以使用计算法计算获得。罐内蒸气密度可以使用气体状态方程，由绝对蒸气压力和绝对蒸气温度以及蒸气相对密度计算得到。

环境空气密度可以使用气体状态方程，由绝对环境压力和绝对环境温度计算得到。环境空气密度的变化仅对计量密度有次要影响。提供给混合处理器的所有传感器的输入数据必须是同步的。

A.2 毛计量体积(GOV)

$$\mathrm{GOV}=[(\mathrm{TOV}-\mathrm{FW})\times \mathrm{CTSh}]-\mathrm{FRV}$$

式中：

GOV——毛计量体积；

TOV——由ALG和罐容表计算出的总计量体积；

FW——游离水的体积；

FRV——对于浮顶罐，液位高于起浮高度时的排液体积。

$$\mathrm{FRV}=\mathrm{FRW}/[(D_{\mathrm{ref}}-1.1)\times \mathrm{VCF}]$$

式中：

FRW——浮顶的表观质量(重量)；

D_{ref}——油品的标准密度；

VCF——由标准密度和计量温度查石油计量表得到的体积修正系数；

CTSh——罐壁热膨胀修正值。

$$\mathrm{CTSh}=1+2\alpha(\Delta t)+\alpha^2(\Delta t)^2$$

式中：

α——表 A.2 中给出的线膨胀系数。

注：CTSh 计算公式中的最后一项 $\alpha^2(\Delta t)^2$ 对计算结果影响很小，可忽略不计。

$$\Delta t = t_{sh} - t_B$$

式中：

t_{sh}——罐壁温度(按 GB/T 19779 确定)；

t_B——罐容表的标定温度(编制罐容表设定的罐壁温度，我国通常为 20 ℃)；

注：由 ALG 测量的液位 L 是相对于油罐容积表基准点的液位，温度线膨胀系数的影响已经在 L 中进行了补偿修正。

表 A.2 线膨胀系数

罐壁材质	α/℃$^{-1}$
低碳钢	0.000 011 2
304 不锈钢	0.000 017 3
316 不锈钢	0.000 015 9
17-4PH 不锈钢	0.000 010 8

A.3 油品计量密度(真空中)(D_{obs})

混合法计算密度的依据是压力平衡。任意两点间的压力增量和与其增加的路径无关。因此：

$p1-p3$=(总液体产品压头+罐内蒸气压头)—P_1 和 P_3 之间的环境空气压头

液体或蒸气的压头也可以通过油品的平均密度和高度近似计算出来，即：

液体压头$=g\times(L-Z)\times D_{obs}$(在 P_1 位置)

罐内蒸气压头$=g\times[h_t-(L-Z)]\times D_V$(在液面位置)

环境空气压头$=g\times h_t\times D_a$(在 P_1 位置)

因此，D_{obs} 值可以由下式计算：

$$D_{obs} = D_V + \frac{N\times(p_1-p_3)-g\times(D_V-D_a)\times h_t}{g\times(L-Z)}$$

式中：

D_{obs}——真空中液体的计量密度；

N——单位常数(见表 A.1)；

L——ALG 的液位(实高)读数；

Z——h_b+h_o(变送器 P_1 到油罐基准板的根部高度，见图 A.1)；

h_b——从混合法参照点到传感器 P_1 压力中心的垂直距离；

h_o——油罐基准板到混合法参照点的垂直距离；

g——当地的重力加速度；

h_t——传感器 P_1 和 P_3 膜片受力中心之间的垂直距离；

D_V——罐内蒸气密度；

D_a——环境空气密度。

注：如果混合法参照点与油罐基准板位于相同高度，$h_o=0$。

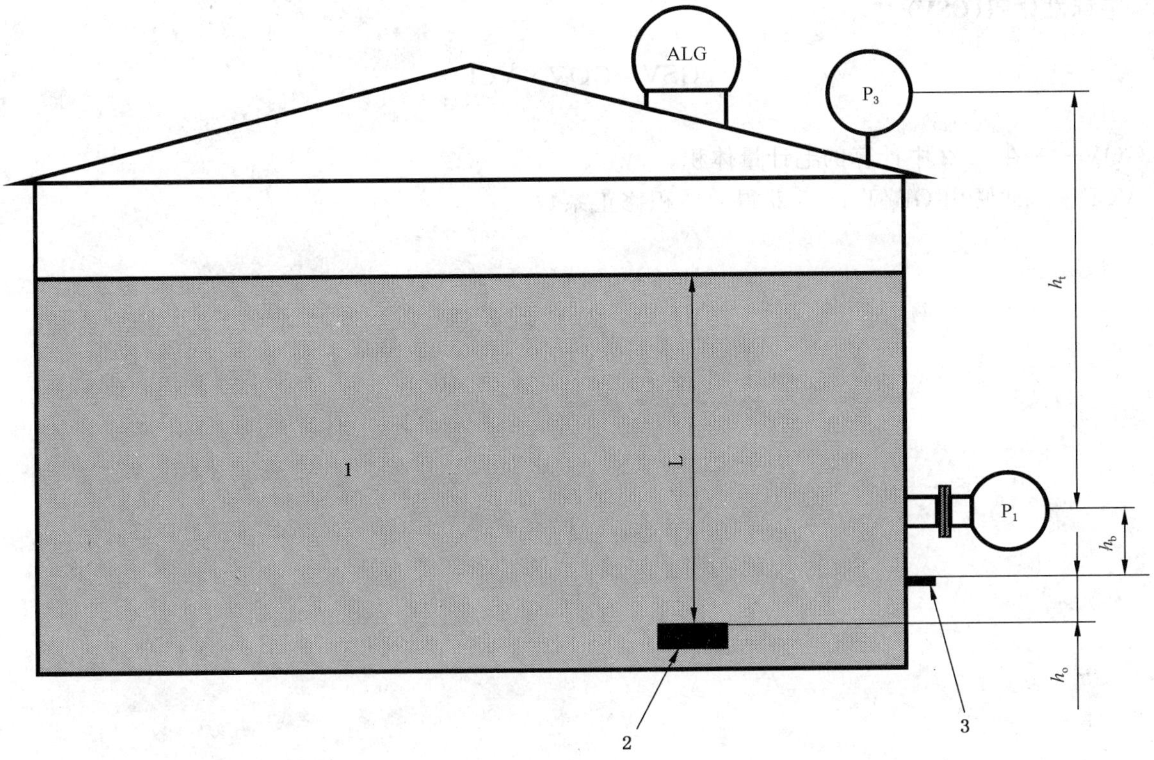

1——液体；

2——基准板(点)(或检尺零点)；

3——混合法参照点。

注1：$Z=h_b+h_o$

注2：ATT未作注明。

图A.1 固定顶罐的测量参数和变量

A.4 油品在真空中的质量(m_v)

$$m_v = \text{GOV} \times D_{obs}$$

式中：

m_v——油品在真空中的质量；

GOV——在A.2中计算的毛计量体积；

D_{obs}——在A.3中计算的油品计量密度(在真空中)。

注：对于常压储罐，$m_{蒸气}$可以假定为零。

A.5 油品在空气中的表观质量(m_a)

$$m_a = m_v \times (1 - D_a / D_{obs})$$

式中：

m_a——油品在空气中的表观质量；

m_v——在A.4计算的油品在真空中的质量；

D_a——环境空气密度(当无法直接测量时，空气密度按1.1 kg/m³计算)；

D_{obs}——在A.3中计算的液体计量密度(在真空中)。

A.6 毛标准体积(GSV)

$$GSV = GOV \times VCF$$

式中：

GOV——在A.2中计算的毛计量体积；

VCF——通常由GB/T 1885获得的体积修正系数。

附 录 B
(资料性附录)
测量精度和不确定度分析

B.1 概述

只要 ALG 和压力传感器的安装正确，则计算密度、质量和标准体积的精度就取决于压力传感器、ALG 传感器、ATT 传感器、混合法参照点的位置测量、油罐容积表以及当地重力加速度的组合精度。

重力加速度的不确定度可以估算为 0.005%。在 B.2 到 B.4 的精度公式中，忽略不计重力加速度的不确定度。

在油品库存精度的计算公式中所使用的符号、定义和单位如下所示：

符号	定义	单位
L	ALG 的实高读数	m
p_1	压力传感器 P_1 的读数	Pa
p_3	压力传感器 P_3 的读数	Pa
t	ATT 温度传感器的读数	℃
Z	P_1 相对油罐基准点的偏距($=h_o+h_b$)	m
D_V	蒸气密度	kg/m³
g	当地的重力加速度	m/s²
D_{15}	15 ℃下的标准密度	kg/m³
D	实际密度 (注：在不确定度的计算中，该密度为假定的实际密度，如果没有测量误差，则实际密度等同于计量密度。)	kg/m³
U_{AE}	以百分数表示的油罐容积表的不确定度	%
U_{D15}	以百分数表示的标准密度的不确定度	%
U_D	以百分数表示的计量密度的不确定度	%
U_L	ALG 测量液位的不确定度	m
$U_{P1\text{-zero}}$	无压力作用时 P_1 的不确定度	Pa
$U_{P1\text{-linearity}}$	与作用压力相关的 P_1 的不确定度	读数的百分数
$U_{P1\text{-total}}$	P_1 的总不确定度(零点和线性误差的组合)	Pa
$U_{P3\text{-zero}}$	无压力作用时 P_3 的不确定度	Pa
$U_{P3\text{-linearity}}$	与作用压力相关的 P_3 的不确定度	读数的百分数
$U_{P3\text{-total}}$	P_3 的总不确定度(零点和线性误差的组合)	Pa
U_Z	根部高度 Z 的不确定度	m
U_t	ATT 测量温度的不确定度	℃
t_{ref}	标准体积的参比温度	℃
K_1，K_0	ISO 91 定义的热膨胀系数的常数	
F_Q	油罐结构系数(对于立式圆筒形罐，$F_Q=1.0$) (公式见 B.5)	

在本附录中，不确定度的计算实例忽略了如下四项影响较小的不确定度来源：重力加速度(g)、环境空气密度 D_a、蒸气密度 D_V 和距离 h_t。

在 B.2 到 B.6 中，分三种情况给出了 HTMS 不确定度的计算实例，描述了 HTMS 的组件配置和相应的组合精度。每种情况都使用了每个参数的最大允许测量不确定度，每个参数都将其不确定度贡献给了最终的不确定度。这三种情况是：

——情况 1：基于质量和体积两种交接计量而配置的 HTMS；

——情况 2：基于体积交接计量而配置的 HTMS；

——情况 3：基于质量交接计量而配置的 HTMS。

B.2 计量密度的不确定度

计量密度的不确定度(百分数)可以按如下公式评估：

$$U_D=\sqrt{\frac{{U_{\text{P1-total}}}^2+{U_{\text{P3-total}}}^2}{g^2D^2(L-Z)^2}+\frac{U_L^2+U_Z^2}{(L-Z)^2}\times\frac{(D-D_{\text{V}})^2}{D^2}}\times 100$$

$$U_{\text{P1-total}}=U_{\text{P1-zero}}+p_{\text{1applied}}\times U_{\text{P1-linearity}}$$

$$p_{\text{1applied}}=g(L-Z)D+g[h_{\text{t}}-(L-Z)]D_{\text{V}}+p_{\text{3max}}-gh_{\text{t}}D_{\text{a}}\approx g(L-Z)(D-D_{\text{V}})+p_{\text{3max}}$$

$$U_{\text{P1-total}}=U_{\text{P1-zero}}+[g(L-Z)(D-D_{\text{V}})+p_{\text{3max}}]\times U_{\text{P1-linearity}}$$

$$U_{\text{P3-total}}=U_{\text{P3-zero}}+p_{\text{3max}}\times U_{\text{P3-linearity}}$$

计算实例见表 B.1 和表 B.2。

表 B.1 计量密度不确定度的实例——浮顶罐

产品：浮顶罐中的汽油 D=741.0 kg/m³ D_{V}=1.2 kg/m³ Z=0.2 m g=9.81 m/s²				
传感器或测量数据的不确定度				
误差来源	单位	情况 1	情况 2	情况 3
P_1 零点误差($U_{\text{P1-zero}}$) 线性误差($U_{\text{P1-linerity}}$)	Pa 读数百分数	50 0.000 7	100 0.001 0	50 0.000 7
U_L	m	0.004	0.004	0.012
U_Z	m	0.003	0.003	0.003
立式圆筒形罐计量密度的不确定度[读数的±%]				
L=4 m		0.283	0.480	0.411
L=10 m		0.149	0.246	0.188
L=16 m		0.118	0.190	0.138

表 B.2 计量密度不确定度的实例——固定顶罐

产品：各种结构的固定顶常压罐中柴油(或混合油) D=842.9 kg/m³ D_{V}=1.2 kg/m³ Z=0.2 m g=9.81 m/s² p_{3max}=5 000 Pa				
传感器或测量数据的不确定度				
误差来源	单位	情况 1	情况 2	情况 3
P_1 零点误差($U_{\text{P1-zero}}$) 线性误差($U_{\text{P1-linerity}}$)	Pa 读数百分数	50 0.000 7	100 0.001 0	50 0.000 7
P_3 零点误差($U_{\text{P3-zero}}$) 线性误差($U_{\text{P3-linerity}}$)	Pa 读数百分数	24 0.002	40 0.005	24 0.002
U_{L}	m	0.004	0.004	0.012
U_{Z}	m	0.003	0.003	0.003

表 B.2（续）

计量密度的不确定度[读数的±%]			
立式圆筒形罐			
L=4 m	0.294	0.498	0.418
L=10 m	0.151	0.248	0.190
L=16 m	0.118	0.190	0.138
球形罐，直径=20 m			
L=4 m	0.294	0.498	0.418
L=10 m	0.151	0.248	0.190
L=16 m	0.118	0.190	0.138
水平圆筒形罐			
L=1 m	1.194	2.050	1.849
L=2 m	0.560	0.957	0.841
L=3.5 m	0.330	0.561	0.476

B.3 质量的不确定度

质量计量的不确定度(百分数)可以由下式估算：

$$U_m=\sqrt{\left[\frac{U_L}{L}\left(F_Q-\frac{L}{L-Z}\times\frac{D-D_V}{D}\right)\right]^2+\frac{U_{P1\text{-total}}{}^2+U_{P3\text{-total}}{}^2}{g^2D^2(L-Z)^2}+\frac{U_Z^2}{(L-Z)^2}\times\frac{(D-D_V)^2}{D^2}+U_{AE}{}^2}\times 100$$

$$U_{P1\text{-total}}=U_{P1\text{-zero}}+p_{1\text{applied}}\times U_{P1\text{-linearity}}$$

$$p_{1\text{applied}}=g(L-Z)D+g[h_t-(L-Z)]D_V+p_{3\max}-gh_tD_a\approx g(L-Z)(D-D_V)+p_{3\max}$$

$$U_{P1\text{-total}}=U_{P1\text{-zero}}+[g(L-Z)(D-D_V)+p_{3\max}]\times U_{P1\text{-linearity}}$$

$$U_{P3\text{-total}}=U_{P3\text{-zero}}+p_{3\max}\times U_{P3\text{-linearity}}$$

计算实例见表 B.3 和表 B.4。这些实例适用于静态条件(即油面和温度固定不变)，而且不可与输转精度相混淆。

表 B.3 质量计量不确定度的实例——浮顶罐

产品：浮顶罐中的汽油 D=741.0 kg/m^3　D_V=1.2 kg/m^3　Z=0.2 m　g=9.81 m/s^2				
传感器或测量数据的不确定度				
误差来源	单位	情况 1	情况 2	情况 3
P_1 零点误差($U_{P1\text{-zero}}$) 线性误差($U_{P1\text{-linerity}}$)	Pa 读数百分数	50 0.000 7	100 0.001 0	50 0.000 7
U_L	m	0.004	0.004	0.012
U_Z	m	0.003	0.003	0.003
U_{AE}	百分不确定度	0.001	0.001	0.001
立式圆筒形罐的质量计量不确定度[读数的±%]				
L=4 m		0.281	0.479	0.282
L=10 m		0.175	0.262	0.175
L=16 m		0.152	0.213	0.152

表 B.4 质量计量不确定度的实例——固定顶罐

产品:各种结构的固定顶常压罐中的柴油(或混合油) D=842.9 kg/m^3 D_V=1.2 kg/m^3 Z=0.2 m g=9.81 m/s^2 p_{3max}=5 000 Pa				
传感器或测量数据的不确定度				
误差来源	单位	情况 1	情况 2	情况 3
P_1 零点误差($U_{P1\text{-}zero}$) 线性误差($U_{P1\text{-}linerity}$)	Pa 读数百分数	50 0.000 7	100 0.001 0	50 0.000 7
P_3 零点误差($U_{P3\text{-}zero}$) 线性误差($U_{P3\text{-}linerity}$)	Pa 读数百分数	24 0.002	40 0.005	24 0.002
U_L	m	0.004	0.004	0.012
U_Z	m	0.003	0.003	0.003
U_{AE}	百分不确定度	0.001	0.001	0.001
质量计量的不确定度[读数的±%]				
立式圆筒形罐				
L=4 m		0.293	0.497	0.293
L=10 m		0.177	0.265	0.177
L=16 m		0.153	0.213	0.153
球形罐,直径=20 m				
L=4 m		0.303	0.501	0.377
L=10 m		0.178	0.265	0.186
L=16 m		0.153	0.213	0.153
水平圆筒形罐,直径=4 m				
L=1 m		1.091	1.992	1.106
L=2 m		0.524	0.937	0.533
L=3.5 m		0.325	0.557	0.336

B.4 标准体积的不确定度

标准体积的库存不确定度(百分数)可以由下式估算:

$$U_{VS}=\sqrt{\left[\left(F_Q\times\frac{U_L}{L}\right)^2+(U_{AE})^2+\left(\frac{K_1}{D_{15}}+2\frac{K}{{D_{15}}^2}\right)^2\times(t-t_{ref})^2\times(U_{D15})^2+\alpha^2U_t^2\right]}\times 100$$

计算实例见表 B.5 和 B.6。这些实例适用于静态条件(即油面和温度固定不变),而且不可与输转精度相混淆。

表 B.5 标准体积计量不确定度的实例——浮顶罐

产品:浮顶罐中的汽油 t_{ref}=15 ℃ t=25 ℃ D_{15}=750 kg/m^3 K_0=346.422 8/℃ K_1=0.438 8/℃				
传感器或测量数据的不确定度				
误差来源	单位	情况 1	情况 2	情况 3
U_L	m	0.004	0.004	0.012
U_t	℃	0.5	0.5	1.0

表 B.5（续）

U_{AE}	百分不确定度	0.001	0.001	0.001
U_{D15}	百分不确定度	0.005	0.005	0.005
标准体积计量的不确定度[读数的±%]				
$L=4$ m		0.142	0.142	0.316
$L=10$ m		0.108	0.108	0.156
$L=16$ m		0.103	0.103	0.125

表 B.6 标准体积计量不确定度的实例——固定顶罐

产品：各种结构的固定顶常压罐中的柴油（或混合油） $t_{ref}=15$ ℃　$t=25$ ℃　$D_{15}=850$ kg/m³　$K_0=186.969\ 6$/℃　$K_1=0.486\ 2$/℃				
传感器或测量数据的不确定度				
误差来源	单位	情况 1	情况 2	情况 3
U_L	m	0.004	0.004	0.012
U_t	℃	0.5	0.5	1.0
U_{AE}	百分不确定度	0.001	0.001	0.001
U_{D15}	百分不确定度	0.005	0.005	0.005
标准体积计量的不确定度[读数的±%]				
立式圆筒形罐				
$L=4$ m		0.142	0.142	0.316
$L=10$ m		0.108	0.108	0.156
$L=16$ m		0.103	0.103	0.125
球形罐，直径＝20 m				
$L=4$ m		0.210	0.210	0.563
$L=10$ m		0.117	0.117	0.206
$L=16$ m		0.102	0.102	0.119
水平圆筒形罐，直径＝4 m				
$L=1$ m		0.573	0.573	1.695
$L=2$ m		0.274	0.274	0.770
$L=3.5$ m		0.138	0.138	0.302

B.5 油罐结构系数

对于不同的油罐形状，可以用系数 F_Q 调整 B.3（质量）和 B.4（标准体积）中给出的精度公式。

B.5.1 立式圆筒形罐

$$F_Q=1.0$$

B.5.2 球形罐（d_i 为内直径）

$$F_Q=\frac{6-6\left(\frac{L}{d_i}\right)}{3-2\left(\frac{L}{d_i}\right)}$$

B.5.3 水平圆筒形罐(d_i为内直径)

$$F_Q=\frac{2\left(\frac{L}{d_i}\right)^2\sqrt{\frac{d_i}{L}-1}}{0.25\ \arccos\left[1-2\left(\frac{L}{d_i}\right)\right]+\left(\frac{L}{d_i}-0.5\right)\times\sqrt{\frac{L}{d}-\left(\frac{L}{d_i}\right)^2}}$$

B.6 h_{min}的确定

h_{min}代表某一液位,在低于该液位时,计量密度的精度低于用户定义的允许值。h_{min}可以按如下方法计算。

——定义如下两个常数(A和B)以简化h_{min}的公式:

$$A=U_{P1\text{-}zero}+p_{3max}\times U_{P1\text{-}linearity}$$

$$B=(U_{P3\text{-}zero}+p_{3max}\times U_{P3\text{-}linearity})^2+(g^2\times U_L{}^2+g^2\times U_Z{}^2)\times(D-D_V)^2$$

——由下式计算h_{min}:

$$L=Z+\frac{A\times(D-D_V)\times U_{P1\text{-}linearity}+\sqrt{A^2\times U_D{}^2\times D^2+[D^2\times U_D{}^2-(D-D_V)^2\times U_{P1\text{-}linearity}{}^2]\times B}}{g\times[D^2\times U_D{}^2-(D-D_V)^2\times U_{P1\text{-}linearity}{}^2]}$$

h_{min}的计算实例见表B.7和B.8。

表B.7 h_{min}的计算实例——浮顶罐

产品:浮顶罐中的汽油 D=741.0 kg/m³ D_V=1.2 kg/m³ Z=0.2 m g=9.81 m/s²				
传感器或测量数据的不确定度				
误差来源	单位	情况1	情况2	情况3
P_1 零点误差($U_{P1\text{-}zero}$) 线性误差($U_{P1\text{-}linerity}$)	Pa 读数百分数	50 0.000 7	100 0.001 0	50 0.000 7
U_L	m	0.004	0.004	0.012
U_Z	m	0.003	0.003	0.003
立式圆筒形油罐的h_{min}/m				
密度不确定度=0.2%		6.31	14.38	9.24
密度不确定度=0.3%		3.73	7.37	5.64
密度不确定度=0.5%		2.12	3.81	3.26
密度不确定度=1.0%		1.10	1.82	1.67

表B.8 h_{min}的计算实例——固定顶罐

产品:各种结构的固定顶常压罐中的柴油(或混合油) D=842.9 kg/m³ D_V=1.2 kg/m³ Z=0.2 m g=9.81 m/s² p_{3max}=5 000 Pa				
传感器或测量数据的不确定度				
误差来源	单位	情况1	情况2	情况3
P_1 零点误差($U_{P1\text{-}zero}$) 线性误差($U_{P1\text{-}linerity}$)	Pa 读数百分数	50 0.000 7	100 0.001 0	50 0.000 7
P_3 零点误差($U_{P3\text{-}zero}$) 线性误差($U_{P3\text{-}linerity}$)	Pa 读数百分数	24 0.002	40 0.005	24 0.002

表 B.8（续）

U_L	m	0.004	0.004	0.012
U_Z	m	0.003	0.003	0.003
h_{min}/m				
与油罐形状无关				
密度不确定度＝0.2%		6.54	14.44	9.35
密度不确定度＝0.3%		3.91	7.57	5.74
密度不确定度＝0.5%		2.24	3.99	3.33
密度不确定度＝1.0%		1.16	1.92	1.70

B.7 密度不确定度对体积修正系数(VCF)的影响

对于原油和石油产品，计量密度(D_{obs})对计算 VCF 的影响可以在表 B.9 和 B.10 的例子中看到。

对于重油，如原油，VCF 随油品密度误差变化的敏感性较小，也可在表 B.9 和 B.10 中看到。

表 B.9 原油密度不确定度对体积修正系数影响的例子

依据：油品温度＝20 ℃ “真实”标准密度是 885 kg/m³
体积修正系数表：ISO 91-1：1992，表 54A

15 ℃密度 kg/m³	881.5	882.3	885.0	887.7	888.5	889.4	891.6	892.1	893.9
不确定度（读数百分数）	−0.40	−0.3	0.00	0.30	0.40	0.50	0.75	0.80	1.00
计算的 VCF	0.996 0	0.996 1	0.996 1	0.996 1	0.996 1	0.996 1	0.996 1	0.996 1	0.996 2

表 B.10 石油产品密度不确定度对体积修正系数影响的例子

依据：油品温度＝20 ℃ “真实”密度是 745 kg/m³
体积修正系数表：ISO 91-1：1992，表 54B

15 ℃密度 kg/m³	739.0	739.4	741.3	742.0	742.8	745.0	745.8	746.5	746.9	747.2
不确定度（读数百分数）	−0.80	−0.75	−0.50	−0.40	−0.30	0.00	0.10	0.20	0.25	0.30
计算的 VCF	0.993 8	0.993 9	0.993 9	0.993 9	0.993 9	0.993 9	0.993 9	0.993 9	0.993 9	0.994 0

ICS 27.160
F 01

GB

中华人民共和国国家标准

GB/T 25965—2010

材料法向发射比与全玻璃真空太阳集热管半球发射比试验方法

Test methods of normal emittance of materials and hemispherical emittance of all-glass evacuated collector tubes

2011-01-10 发布

2011-05-01 实施

中华人民共和国国家质量监督检验检疫总局
中国国家标准化管理委员会
发布

前　言

本标准由全国能源基础与管理标准化技术委员会、全国太阳能标准化技术委员会提出。

本标准由全国太阳能标准化技术委员会(SAC/TC 402)归口。

本标准负责起草单位:北京卫星制造厂、北京清华阳光能源开发有限责任公司、国家太阳能热水器质量监督检验中心(北京)、中国标准化研究院、深圳市嘉普通太阳能有限公司、清华大学、中国计量科学研究院、北京太阳能研究所有限公司、北京九阳实业公司、皇明太阳能集团有限公司、山东力诺新材料有限公司、江苏太阳雨太阳能有限公司、湖北华扬太阳能集团有限公司。

本标准主要起草人:那鸿悦、黄哲林、贾铁鹰、殷志强、王煜、韩建功、刘学真、周小雯、杨德山、陈革、冯爱荣、刘希杰、李旭光、王万忠、黄永定。

材料法向发射比与全玻璃真空太阳集热管半球发射比试验方法

1 范围

本标准规定了测量光谱选择性吸收涂层法向发射比与全玻璃真空太阳集热管吸收涂层半球发射比的设备、装置及要求、试样尺寸及要求、测试条件、测试程序及测试方法。

本标准适用于材料及光谱选择性吸收涂层在研制和生产过程中工艺规范筛选以及试样的法向发射比与全玻璃真空太阳集热管半球发射比的测量。

2 规范性引用文件

下列文件中的条款通过本标准的引用而成为本标准的条款。凡是注日期的引用文件，其随后所有的修改单(不包括勘误的内容)或修订版均不适用于本标准，然而，鼓励根据本标准达成协议的各方研究是否可使用这些文件的最新版本。凡是不注日期的引用文件，其最新版本适用于本标准。

GB/T 12936　太阳能热利用术语

GB/T 17049　全玻璃真空太阳集热管

3 术语、符号及单位

GB/T 12936 确立的以及下列术语和定义适用于本标准。

3.1

辐射出射度　radiant exitance

M_e，W/m²

离开表面一点处的面元辐射能通量，除以该面元面积。

3.2

发射比　emittance

ε，无量纲

相同温度下辐射体的辐射出射度与全辐射体(黑体)的辐射出射度之比。

3.3

半球发射比　hemispherical emittance

ε_h，无量纲

相同温度下，在 2π 立体角内辐射体的辐射出射度与黑体的辐射出射度之比。

3.4

法向发射比　normal emittance

ε_n，无量纲

辐射体表面在某一温度法向上的发射比。

4 法向发射比测量方法

4.1 测量装置及要求

法向发射比测量装置，由黑体腔、试样腔、零点校正腔、热敏元件腔和恒温水浴等组成。黑体腔和试样腔以热水为工质，零点校正腔和热敏元件腔以冷水为工质的法向发射比测量装置的结构示意见图 1。

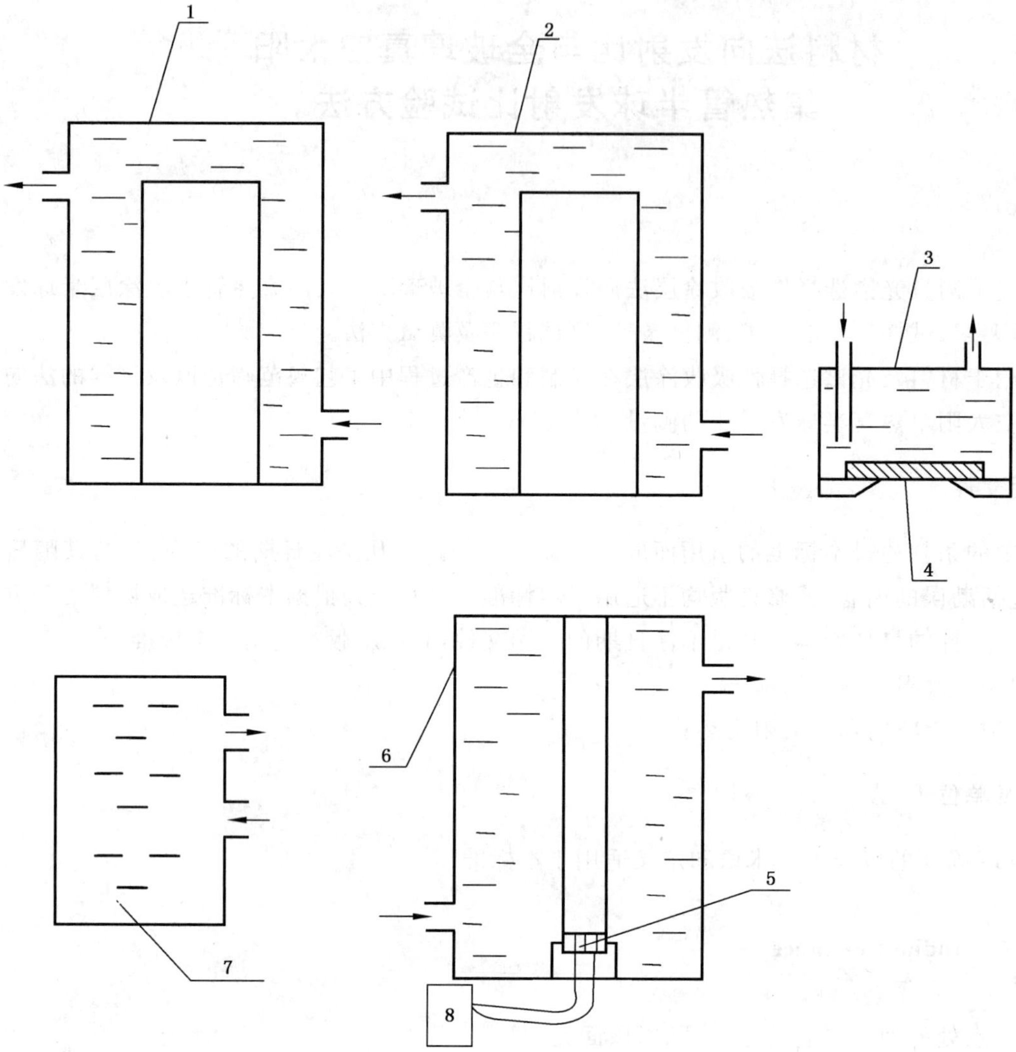

1——黑体腔；

2——零点校正腔；

3——试样腔；

4——待测试样；

5——热敏元件；

6——热敏元件腔；

7——恒温水浴；

8——二次仪表。

图 1 法向发射比测量装置示意图

4.1.1 黑体腔和零点校正腔完全一致，腔深与腔径之比应不小于 3，腔内表面喷涂无光黑漆，其半球发射比不小于 0.90。

4.1.2 热敏元件腔：腔深与腔径（腔径一般取 ϕ10 mm 左右）之比不小于 10，腔内表面喷涂无光黑漆，其半球发射比不小于 0.90。

4.1.3 试样腔：在装上试样后不能漏水，夹持试样的零件外表面应镀金并抛光。

4.2 测量装置辅助设备及二次仪表

4.2.1 恒温水浴：测量温度范围为室温（低于 30 ℃）～95 ℃可调，在 80 ℃，恒温波动度±0.2 ℃。

4.2.2 低阻检流计：分度值不大于 1.1×10^{-8} A/mm，内阻不大于 20 Ω，临界电阻不大于 100 Ω。

或数字万用表：分辨率应优于 1 μV。

4.3 试样及要求

4.3.1 试样表面应平整、均匀、无污染和裂纹。

4.3.2 采用非金属材料或以非金属材料为基材的涂层试样，其材料厚度不大于 1.5 mm。

4.3.3 试样为正方形，边长 40 mm±0.5 mm，厚度不大于 2 mm±0.2 mm。

4.3.4 试样的制备

4.3.4.1 以金属为基体材料的试样可以在成品上剪裁下作为试样。如果成品不易剪裁也可以采用挂片的方法。

4.3.4.2 全玻璃真空太阳集热管吸收涂层测试试样采用挂片方法。镀集热管吸收涂层时，在集热管的中间和两端挂三片玻璃片或载波片，试样厚度 $\delta\leqslant1.5$ mm，三片玻璃试样测试结果的平均值表示该集热管或此工艺膜系的法向发射比。

4.4 测试

4.4.1 测试前准备

4.4.1.1 首先将待测试样按要求放入试样腔内。

4.4.1.2 试样的测试温度应调整在 80 ℃±5 ℃的范围内。

4.4.2 测试程序

4.4.2.1 开启恒温水浴循环水泵，使 80 ℃±0.2 ℃的热水在试样腔和黑体腔中循环流动。零点校正腔和热敏元件腔通入低于 30 ℃的循环水或自来水。

4.4.2.2 当试样温度达到恒定温度时(80 ℃)且在 5 min～10 min 内，温度波动不大于 0.2 ℃，方可开始进行测试。

4.4.2.3 将零点校正腔置于热敏元件腔上方，二次仪表马上显示零点校正腔热辐射输出电信号指示值 ϕ_0。

4.4.2.4 取下零点校正腔，将试样腔和黑体腔分别依次置于热敏元件腔上方，从二次仪表分别显示试样和黑体腔热辐射输出电信号指示值 ϕ_s 和 ϕ_b，此过程 4.4.2.3 和 4.4.2.4 至少进行 3 次，每次间隔不小于 90 s。

4.5 测试数据处理

4.5.1 法向发射比计算公式

根据法向发射比的定义，热辐射体表面法向辐射出射度与在同一温度下黑体的法向辐射出射度之比值，为法向发射比，待测试样表面法向发射比为：

$$\varepsilon_{sn}=\varepsilon_{bn}\frac{\phi_s}{\phi_b} \qquad \cdots\cdots(1)$$

式中：

ϕ_s——待测试样在温度 T_0 时辐射输出电信号示值；

ϕ_b——黑体在温度 T_0 时辐射输出电信号示值；

ε_{sn}——待测试样的法向发射比；

ε_{bn}——黑体的法向发射比。

取黑体的法向发射比 $\varepsilon_{bn}=1$ 时，则式(1)简化为：

$$\varepsilon_{sn}=\frac{\phi_s}{\phi_b} \qquad \cdots\cdots(2)$$

在实际测试中，零点校正腔也有辐射输出信号示值 ϕ_0，所以在操作时应将测得的 ϕ_s 和 ϕ_b 同时减去 ϕ_0，即：

$$\varepsilon_{sn}=\frac{\phi_s-\phi_0}{\phi_b-\phi_0} \qquad \cdots\cdots(3)$$

式中：

ϕ_0——零点校正腔辐射输出信号示值。

4.5.2 **数据处理**

4.5.2.1 测试结果以三次测定结果的算术平均值表示，取其小数点后两位数。

4.5.2.2 为了确定低发射比 $\varepsilon_n \leqslant 0.1$ 的试样所测数据是否可信，需作如下工作：将一片 40 mm×40 mm×1 mm 金片或同样尺寸的铝合金片镀金抛光，按本标准第 4 章进行检测，所测结果：金的 $\varepsilon_n = 0.03 \pm 0.01$，表示该测量装置所测数据是准确可靠的。如果所测数据有偏差，可以依此数据对待测数据进行修改。

5 全玻璃真空太阳集热管半球发射比测量方法

5.1 半球发射比检测仪及要求

5.1.1 半球发射比检测仪组成

全玻璃真空太阳集热管半球发射比检测仪由三部分组成，一为测量装置（含冷壁水套等），二为测量自动控制仪（含四通道数字显示仪、三回路调节器等），三为数据处理及打印系统。检测仪组成及结构示意见图 2。

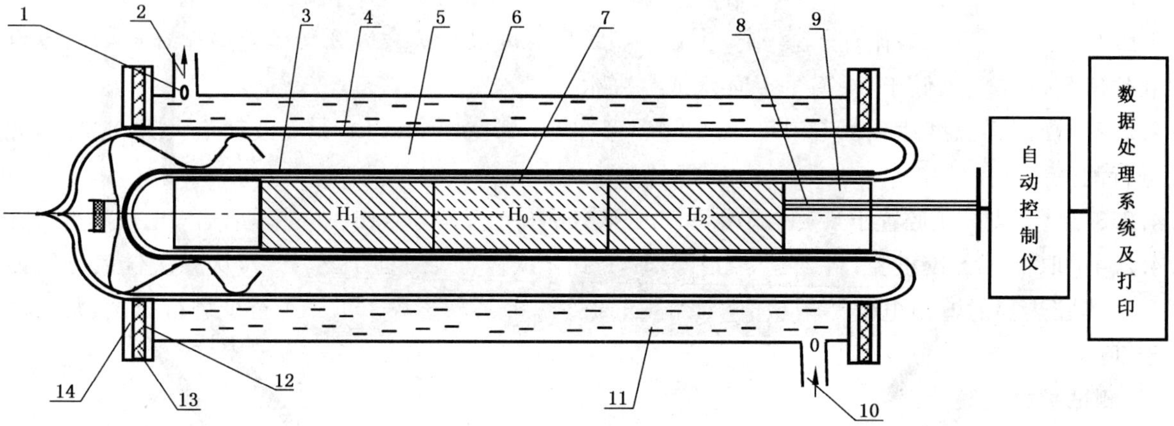

1——测温铂电阻；
2——冷却水出口；
3——带吸收涂层的内管；
4——罩玻璃管；
5——真空夹层；
6——冷壁水套；
7——测温热电偶；
8——加热器引线；
9——高温瓷管；
10——冷却水入口；
11——循环冷却水；
12——水套法兰；
13——密封圈；
14——固紧法兰；
H_0——主加热器；
H_1、H_2——辅助加热器。

图 2 检测仪组成及结构示意图

5.1.2 测量装置结构尺寸

检测仪的测量装置(见图 2)由冷壁水套、加热器(高温瓷管、加热带)、法兰盘、密封圈、出入水嘴、测温铂电阻及热电偶等构成。对不同罩玻璃管的外径选择不同的结构尺寸,按表 1 选取。

表 1 测量装置结构尺寸

单位为毫米

罩玻璃管外径	冷壁水套外径	冷壁水套长度	备　注
47	80	1 000	外加附件
58	80	1 000	
70	120	1 000	

5.1.3 要求

5.1.3.1 冷壁水套

成形密封后的冷壁水套通自来水,以不漏水为合格。

5.1.3.2 加热器

加热器结构示意图见图 3。

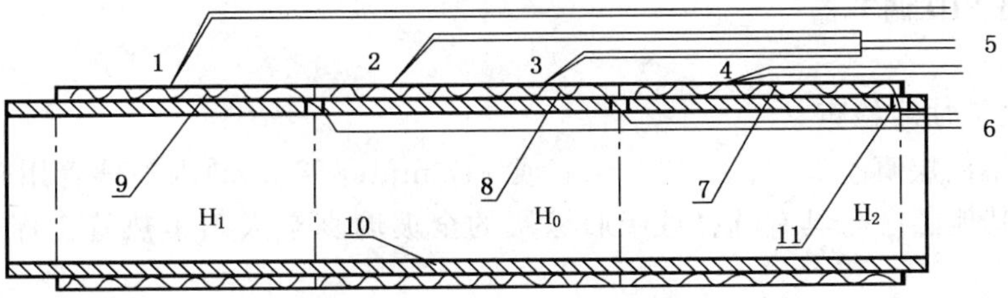

1——H_1 热电偶;
2、3——H_0 热电偶;
4——H_2 热电偶;
5——热电偶引出线;
6——加热带引出线;
7——H_2 加热带;
8——H_0 加热带;
9——H_1 加热带;
10——高温瓷管;
11——加热带引线出孔。

图 3 加热器结构示意图

加热器总长 630 mm,主加热器长度为 210 mm。

5.1.3.2.1 高温瓷管

加热器用的高温瓷管应符合表 2 的规定。

表 2 高温瓷管的外形尺寸

单位为毫米

罩玻璃管外径	陶瓷管外径	陶瓷管壁厚	陶瓷管长度
47	25±0.5	4±0.5	1 000±2
58	35±0.5	4±0.5	1 000±2
70	45±0.5	4±0.5	1 000±2

5.1.3.2.2 加热带

加热带应满足表 3 所示的尺寸、电阻和电压的要求。

表 3 加热带规格

罩玻璃管外径/mm	宽度/mm	长度/mm	电阻/Ω	电压/V
47	19	880±10	500±50	220
58	19	1 210±10	320±50	220
70	19	1 680±10	250±50	220

5.1.3.3 传感器

5.1.3.3.1 镍铬-镍硅热电偶，测试温度在 80 ℃时，误差不大于±0.6 ℃。

5.1.3.3.2 铂电阻温度计，测试温度在 80 ℃时，误差不大于±0.3 ℃。

5.1.3.4 控制器

5.1.3.4.1 四通道数字显示仪

——电流测量精度不大于：0.2%F·S；

——电压测量精度不大于：0.2%F·S；

——温度测量精度不大于：0.3%F·S。

5.1.3.4.2 三回路 PID 调节器

控制精度：0.3%。

5.1.3.5 检测仪的热性能检查

首先制备一支铝涂层真空管，即在 ϕ37 mm（或 ϕ47 mm、ϕ58 mm）内玻璃管用磁控溅射镀膜机溅射一层铝（LY11）膜，其他工序与具有选择性吸收涂层的全玻璃真空太阳集热管工序相同，其检测结果应符合表 4 的规定。

表 4 铝（LY11）涂层在不同温度下的半球发射比

温度/℃	半球发射比 ε_h
80	0.02±0.01
100	0.02±0.01
150	0.03±0.01

5.2 试样

全玻璃真空太阳集热管应能满足 GB/T 17049 的外形尺寸要求。

5.3 测试

5.3.1 测试前准备

5.3.1.1 首先将全玻璃真空太阳集热管置于冷壁水套中，两端加密封圈，用法兰压紧，再将内径 ϕ12 mm的水管分别接到冷壁水套的进出水嘴处，将进水端接到自来水龙头上，另一端放到排水口处，之后试一下流水，并且冷壁水套各处不能有漏、滴水现象，方为合格（可以使用循环水冷却）。

5.3.1.2 将带有主加热器与两个辅助加热器及附有四支热电偶的加热器放入集热管的内管中，只需留出 3 cm，并将加热引线和热电偶引线分别接到控制仪的相对应的位置上。

5.3.2 测试程序

5.3.2.1 开启冷却水水源，冷却水流量应控制在 1.5 L/min～3 L/min。

5.3.2.2 接通控制仪电源后设定测试温度为 80 ℃。

5.3.2.3 观察三回路 PID 调节器的主加热器和两个辅助加热器的温度是否达到 80 ℃±0.1 ℃。

5.3.2.4 在 30 min 之内主加热器和两个辅助加热器的温度不超出 80 ℃±0.1 ℃时，开始采集测量数据，即 20 min 内分别采集 U、I、T_1、T_2 各 400 个数据。

5.3.3 数据处理

将 20 min 内采集的 U、I、T_1、T_2 各 400 个数据取其平均值，按照式（4）计算吸收涂层的半球发射比，取小数点后两位有效数字：

$$\varepsilon_h = \frac{IU}{\sigma A(T_1^4 - T_2^4)} \quad \cdots\cdots (4)$$

式中：

ε_h——待测试样表面半球发射比；

U——主加热器通电电压，单位为伏(V)；

I——主加热器通电电流，单位为安(A)；

σ——斯忒藩-玻耳兹曼常数，5.67×10^{-8} W/($m^2\cdot K^4$)；

A——主加热器对应的内管外表面辐射面积，单位为平方米(m^2)；

T_1——试样表面温度，单位为开(K)；

T_2——冷壁水套进出口水温的平均值，单位为开(K)。

由计算机和打印机可以给出测试结果 ε_h 值，以及升温和平衡时温度随时间变化的曲线。

ICS 27.160
F 12

中华人民共和国国家标准

GB/T 25966—2010

带电辅助能源的家用太阳能热水系统技术条件

Specification of domestic solar water heating systems with electrical auxiliary heat source

2011-01-10 发布

2011-05-01 实施

中华人民共和国国家质量监督检验检疫总局
中国国家标准化管理委员会 发布

前 言

本标准的制定参考了欧洲标准 EN 12976-1:2006《太阳能热利用系统和部件 工厂制造的系统 第1部分:总体要求》及 EN 12976-2:2006《太阳能热利用系统和部件 工厂制造的系统 第2部分:试验方法》。

本标准的附录 A 为规范性附录。

本标准由全国太阳能标准化技术委员会(SAC/TC 402)提出并归口。

本标准起草单位:中国标准化研究院、国家太阳能热水器质量监督检验中心(北京)、山东桑乐太阳能有限公司、皇明太阳能集团有限公司、北京北方赛尔太阳能工程技术有限公司、北京市太阳能研究所有限公司、江苏省华扬太阳能有限公司、江苏桑夏太阳能产业有限公司、合肥荣事达太阳能科技有限公司、山东力诺瑞特新能源有限公司、北京清华阳光能源开发有限责任公司、北京四季沐歌太阳能技术有限公司、浙江美大太阳能工业有限公司、江苏淮阴辉煌太阳能有限公司、江苏元升太阳能集团有限公司、江苏光芒厨卫太阳能科技有限公司、艾欧史密斯(中国)热水器有限公司、国际铜业协会(中国)、北京天韵太阳科技发展有限公司、北京天普太阳能工业有限公司。

本标准主要起草人:何涛、贾铁鹰、路宾、邹洪威、刘海波、赵大山、朱敦智、黄永伟、肖红升、潘保春、李方军、窦建清、焦青太、张江平、马志贵、吴道元、王锁刚、敖凯平、黄俊鹏、房峰杰、任杰。

带电辅助能源的家用太阳能热水系统技术条件

1 范围

本标准规定了带电辅助能源的家用太阳能热水系统的术语和定义、产品分类与标记、技术要求、试验方法、检验规则、标志、包装、运输以及贮存。

本标准适用于贮热水箱容积在 0.6 m^3 以下带电辅助能源的家用太阳能热水系统。

2 规范性引用文件

下列文件中的条款通过本标准的引用而成为本标准的条款。凡是注日期的引用文件，其随后所有的修改单(不包括勘误的内容)或修订版均不适用于本标准，然而，鼓励根据本标准达成协议的各方研究是否可使用这些文件的最新版本。凡是不注日期的引用文件，其最新版本适用于本标准。

GB/T 191 包装储运图示标志

GB 3100 国际单位制及其应用

GB 4706.1 家用和类似用途电器的安全 第1部分:通用要求

GB/T 6424 平板型太阳能集热器

GB/T 12936 太阳能热利用术语

GB/T 13384 机电产品包装通用技术条件

GB/T 17049 全玻璃真空太阳集热管

GB/T 17581 真空管型太阳能集热器

GB/T 18708 家用太阳热水系统热性能试验方法

GB/T 19141 家用太阳热水系统技术条件

GB/T 19775 玻璃-金属封接式热管真空太阳集热管

GB/T 23888 家用太阳能热水系统控制器

GB/T 25967 带辅助能源的家用太阳能热水系统热性能试验方法

ISO 9488:1999 太阳能术语

3 术语和定义

GB 3100、GB/T 12936、GB/T 18708、GB/T 19141 和 ISO 9488:1999 确立的以及下列术语和定义适用于本标准。

3.1

带电辅助能源的家用太阳能热水系统 domestic solar water heating system with electrical auxiliary heat source

由太阳能集热器、贮热水箱、管道、电辅助加热器及控制器等组成，又称带电辅助能源的家用太阳能热水器，用于加热贮热水箱内水的装置，在住宅、小型商业建筑或公共建筑中使用。

4 符号与单位

本标准使用的符号和单位见附录 A。

5 产品分类与标记

5.1 产品分类

带辅助热源的家用太阳能热水系统分类见 GB/T 25967 中“系统分类”部分。

5.2 产品标记

5.2.1 标记内容

家用太阳能热水系统产品标记由如下七部分组成，各部分之间用“—”隔开：

第一部分—第二部分—第三部分—第四部分—第五部分—第六部分—第七部分

表示型号（第七部分）
表示辅助能源最大输入功率（第六部分）
表示水箱标称水量／标称轮廓采光面积／额定压力（第五部分）
表示传热类型（第四部分）
表示系统类型（第三部分）
表示连接类型（第二部分）
表示集热部件类型（第一部分）

各部分的标记应符合表 1 的规定。

表 1 各部分标记规定

第一部分	第二部分	第三部分	第四部分	第五部分	第六部分	第七部分
P:平板 Q:全玻璃真空管 B:玻璃-金属真空管 M:闷晒	B:水在玻璃管内 J:水在金属管内 R:热管	J:紧凑 F:分离 M:闷晒	1:直接 2:间接	贮热水箱标称水量/标称轮廓采光面积/额定压力，(kg/m²/MPa)，小数点后保留 2 位数字	辅助能源最大输入功率(kW)，小数点后保留 1 位数字	型号

5.2.2 标记示例

以全玻璃真空管、水在玻璃管内、紧凑式、直接式、带电辅助能源的家用太阳能热水系统为例，标记如下：

Q—B—J—1—150.25/2.01/0.05—3.0—01

01 型（01）
电辅助能源最大输入功率 3.0 kW（3.0）
水量 150.25 kg/ 轮廓采光面积 2.01 m²/ 额定压力 0.05 MPa（150.25/2.01/0.05）
直接式（1）
紧凑式（J）
水在玻璃管内（B）
全玻璃真空管型太阳能集热器（Q）

6 技术要求

6.1 外观与结构

6.1.1 平板型太阳能集热器的外观应符合 GB/T 6424 的要求;真空管型太阳能集热器的外观应符合 GB/T 17581 的要求;全玻璃真空太阳集热管的外观罩玻璃管应符合 GB/T 17049 的要求;玻璃-金属封接式热管真空太阳能集热管的外观应符合 GB/T 19775 的要求;控制器的外观应符合 GB/T 23888 的要求。

6.1.2 贮热水箱外部应表面平整洁净,无喷涂不均、皱纹、划伤、裂痕、脱漆、锈蚀等明显的外观缺陷;辅助热源应表面整洁,固定可靠,不松脱,无明显划伤和损毁,无锈蚀等缺陷。

6.1.3 热水系统的标记应满足本标准规定,系统中辅助电加热器等用电器具的标志和说明应满足 GB 4706.1的规定。用于安全说明和警告的标识、指导安全正确使用的标识以及规格铭牌等永久性标识在经历本标准规定的试验后标贴粘结质量应良好,图文应清晰。

6.1.4 标称轮廓采光面积与实测轮廓采光面积的偏差≤±3.0%。

6.1.5 家用太阳能热水系统辅助电加热器功率应配置合理。辅助电加热器应在使用前启动,在使用过程中应切断电源。

6.2 安全性能

6.2.1 电击防护与防水等级

6.2.1.1 在电击防护方面,带辅助电加热器的太阳能热水系统属于Ⅰ类。

6.2.1.2 带辅助电加热器的太阳能热水器室外安装部分的防水等级至少是 IPX4,室内安装部分的防水等级至少是 IPX1,安装在淋浴场合中的部分应至少是 IPX4。

6.2.2 太阳能热水系统的辅助电加热器在正常工作温度下,其输入功率对额定输入功率的偏离不应大于表 2 中所示的偏差。

表 2 输入功率偏差

器具类型	额定输入功率/W	偏差
电热器具(辅助电加热器)	>200	+5%或 20 W(选较大的值),−10%

6.2.3 工作温度下的泄漏电流和电气强度

在工作温度下,在至少连续正常工作 1 h 后,辅助电加热器以 1.15 倍的额定输入功率工作,泄漏电流不应超过 0.75 mA 或 0.75 mA/kW(额定输入功率),两者中选较大值,但是最大为 5 mA。

在工作温度下,在至少连续正常工作 1 h 后断开电源,辅助电加热器立即经受频率为 50 Hz 或 60 Hz的 1 000 V 电压,历时 1 min,在试验期间,不应出现击穿。

6.2.4 冷态泄漏电流和电气强度

在室温且不连接电源的情况下,对辅助电加热器施加 1.06 倍额定电压条件下,辅助电加热器的泄漏电流不应超过 0.75 mA 或 0.75 mA/kW(额定输入功率),两者中选较大值,但是最大为 5 mA。

在冷态泄漏电流试验结束后,辅助电加热器的绝缘要立即经受频率为 50 Hz 或 60 Hz 的 1 250 V 电压,历时 1 min,在试验期间,不应出现击穿。

6.2.5 接地措施

辅助电加热器的易触及金属部件应永久并可靠地连接到辅助电加热器的一个接地端子,或辅助电加热器输入插口的接地触点。接地端子和接地触点不应连接到中性接线端子。

接地端子的夹紧装置应充分牢固,以防止意外松动。用于连接外部等电位导线的接线端子,应允许连接从 2.5 mm^2～6 mm^2 的标称横截面积的导线,并且它不应用来提供器具不同部件之间的接地连续性。不借助工具的帮助应不能松开这些导线。

接地端子或接地触点与接地金属部件之间的连接,应具有地电阻值。从空载电压不超过 12 V(交流或直流)的电源取得电流,并且该电流等于器具额定电流 1.5 倍或 25 A(两者中取较大者),让该电流轮流在接地端子或接地触点与每个易触及金属部件之间通过。在辅助电加热接地端子或输入插口的接地触点与易触及金属部件之间测量电压降。由电流和该电压降计算出电阻,该电阻不应超过 0.1 Ω。

6.2.6 安全泄压阀

6.2.6.1 封闭式家用太阳能热水系统中应安装安全泄压阀。

6.2.6.2 安全泄压阀应能耐受传热工质。

6.2.6.3 安全泄压阀的尺寸应能释放最大热水流量或可能出现的最大蒸汽流量。

6.2.6.4 安全泄压阀与系统安装了连接管道,该管道不能关闭。

6.2.6.5 如果家用太阳能热水系统安装了安全泄压阀和膨胀箱的连接管,则安全泄压阀和膨胀箱的连接管尺寸应能保证,即使对于最大热水流量或可能出现的最大蒸汽流量,集热器回路中任何地方的压力都不会因这些管路的压降而超过最大允许压力值。

6.2.6.6 安全泄压阀的出口应适当布置,保证从安全泄压阀喷出的蒸汽或传热工质不会对人或周围环境造成任何危险。

6.2.6.7 安全泄压阀和膨胀箱的连接与管道铺设,应避免沉积任何污物、水垢或类似的杂质。

6.2.7 排空水管

如果家用太阳能热水系统安装了排空水管,则排空水管的铺设应保证管路不会冻结,并不会在管路中积水。

6.2.8 其他安全性能

带辅助电加热器的太阳能热水系统对触及带电部件的防护、发热、内部布线、电器元件、电源连接和外部软线、外部导线用接线端子、电器间隙、爬电距离和固体绝缘等项目均应满足 GB 4706.1 的所有要求。

6.3 贮热水箱

6.3.1 封闭式贮热水箱容水质量的铭牌显示值与测量值之差应不大于 3%,出口敞开式、开口式、水槽供水式贮热水箱容水质量的铭牌显示值与测量值之差应不大于 5%。

6.3.2 贮热水箱的适当位置设有排污口,便于充分排出水箱内的水;对于敞开和开口的太阳能热水系统,在贮热水箱的适当位置应设有溢流口,进水口和出水口应有清晰的标志,标志不应标在可更换的部件上,如采用颜色作标志,则蓝色表示冷水的进口,红色表示热水的出口。进水口和出水口也可用箭头表示水流的方向。

6.4 耐压

6.4.1 太阳能热水系统的耐压是指贮热水箱及贮热水箱的水可以直接进入的设备管路系统承受一定压力的能力。

6.4.2 太阳能热水系统应能承受 10 min 的试验压力。水槽供水式、出口敞开式和开口式系统的试验压力为 0.065 MPa。封闭式系统的额定工作压力应不小于 0.6 MPa,试验压力为 1.5 倍的额定工作压力。

6.5 热性能

6.5.1 辅助热源不工作时,系统应符合 GB/T 19141 对太阳能热水系统热性能的要求。

6.5.2 辅助热源和太阳能联合工作时系统单天热性能应符合下列要求:

a) 试验结束时贮热水箱内水的温度应不低于 45 ℃;

b) 带辅助热源的太阳能热水系统的太阳能保证率应不小于 0.70。

6.5.3 在符合 6.5.1 和 6.5.2 的要求后,宜进行长期热性能试验。

6.6 耐真空冲击

封闭式系统应能承受在正常使用中出现的真空冲击,当出现真空冲击,容器不应有影响安全的变形。

6.7 脉冲压力

封闭式太阳能热水系统在承受至少8万次脉冲压力试验后，加热管和贮热水箱焊缝应无渗漏，贮热水箱应无明显变形和开裂。

6.8 耐撞击

6.8.1 太阳能热水系统的平板型太阳能集热器耐撞击性能应满足符合GB/T 6424的要求。

6.8.2 太阳能热水系统的全玻璃真空太阳集热管和玻璃-金属封接式热管真空太阳集热管的耐撞击性能应分别满足符合GB/T 17049和GB/T 19775的要求。

6.9 其他技术要求

太阳能热水系统的水质、过热保护、支架强度和刚度、空晒、外热冲击、淋雨、内热冲击、防倒流、耐冻等性能应满足GB/T 19141的要求。

7 试验方法

7.1 外观与结构检查

7.1.1 太阳能热水系统的实际轮廓采光面积 A_c 按照GB/T 19141的规定进行测量，实际轮廓采光面积 A_c 与标称采光面积 A_{cl} 的偏差率 ΔA_c 按照式(1)计算：

$$\Delta A_c = (A_c - A_{cl})/A_{cl} \quad \cdots\cdots(1)$$

7.1.2 太阳能热水系统的外观的其他要求按6.1规定的内容目视检查。

7.2 安全性能试验

7.2.1 电击防护与防水等级检查

按照6.2.1的要求通过目视检查确定。

7.2.2 输入功率试验

按照6.2.2的要求的方法进行试验。

7.2.3 工作温度下的泄漏电流和电气强度试验

带辅助电加热器的家用太阳能热水系统的水箱外壳和内水箱的进出水接头易触及辅助电加热器。因此需要测定它们与辅助电加热器间的泄漏电流和电气强度，如图1、图2所示。试验方法按照6.2.3的要求进行。

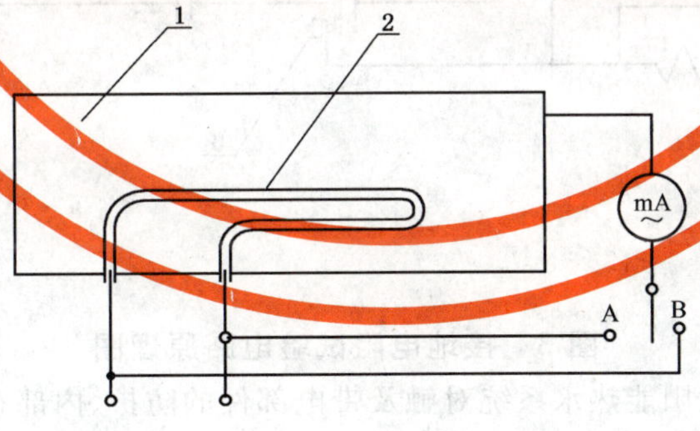

1——易触及部件；

2——电热管。

图1 泄漏电流试验电路原理图

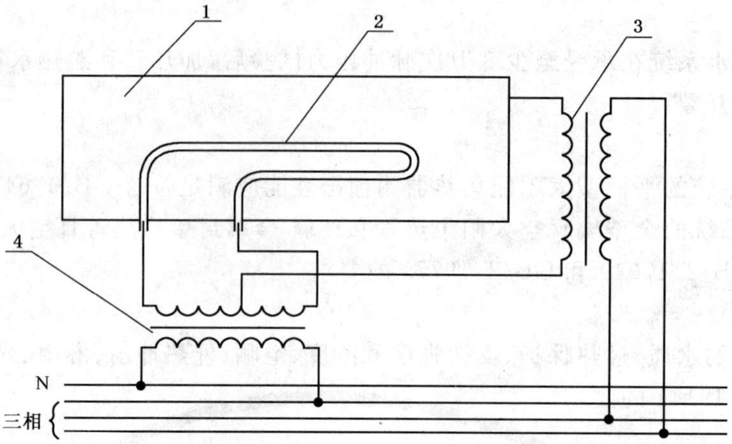

1——易触及部件；

2——电热管；

3——高压变压器；

4——隔离变压器。

图 2 电气强度试验电路原理图

7.2.4 冷态泄漏电流和电气强度试验

冷态泄漏电流和电气强度试验电路同 7.2.3，按照 6.2.4 要求的方法进行。

7.2.5 接地措施检查

按照 6.2.5 要求的试验方法进行检查和试验。接地电阻试验电路原图见图 3。

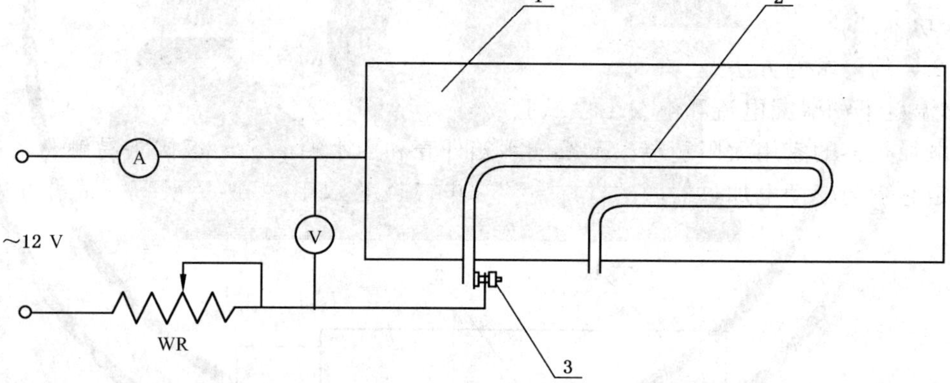

1——易触及部件；

2——电热管；

3——接地端子。

图 3 接地电阻试验电路原理图

7.2.6 带辅助电加热器的太阳能热水系统对触及带电部件的防护、内部布线、电器元件、电源连接和外部软线、外部导线用接线端子、电器间隙、爬电距离和固体绝缘等按照满足 GB 4706.1 要求的方法进行检查和试验。

7.2.7 安全泄压阀检查

7.2.7.1 检查家用太阳能热水系统文件，确认：

a) 集热器组中每个可以关闭的回路至少安装一个安全阀；

b) 安全阀的规格和性能符合 6.2.7 规定的要求；

c) 安全阀释放压力处的传热工质温度不会超过传热工质的最高允许温度。

7.2.7.2 安全阀和膨胀箱的连接管

检查家用太阳能热水系统文件，确认：

a) 安全阀和膨胀箱的连接管都不能关闭；

b) 安全阀的连接管径符合 6.2.7 规定的要求；

c) 安全阀和膨胀箱的连接与管道铺设可以避免沉积任何污物、水垢或类似的杂质。

7.2.8 排空水管检查

检查家用太阳能热水系统文件和管路图，确认排空水管符合 6.2.8 规定的要求。

7.3 贮热水箱检查

7.3.1 将太阳能热水系统上满水，关闭上水阀门，按照太阳能热水系统的正常使用方法，从热水管道将太阳能热水系统中的水全部泄出，测量并记录泄出水的质量 m。

7.3.2 贮热水箱容水质量的测量值 m 与铭牌显示值 m_1 的偏差率 Δm 按照式(2)计算：

$$\Delta m=(m-m_1)/m_1 \qquad \cdots\cdots(2)$$

7.3.3 贮热水箱的污水口及进、出水口按 6.3.2 规定的内容目视检查。

7.4 耐压试验

7.4.1 试验目的

通过对太阳能热水系统注水施压，检验热水系统是否损坏。

7.4.2 试验装置与方法

试验装置见图 4。将太阳能热水系统内注满水，通过放气阀排尽热水系统内的残留空气，关闭放气阀，用液压系统缓慢加压至试验压力，达到试验压力后维持 10 min，同时检查热水系统有无膨胀、变形、渗漏或破裂。

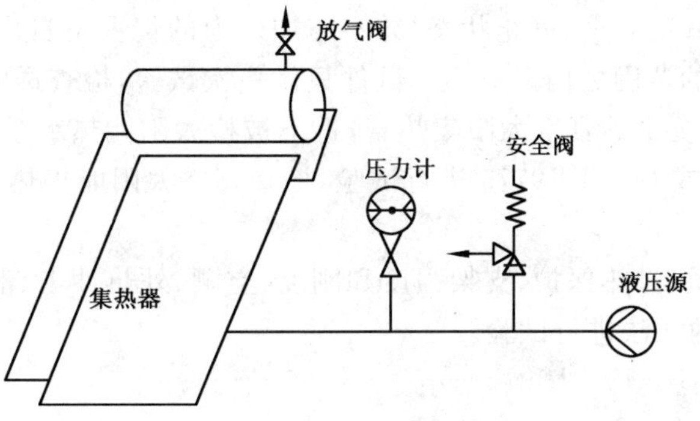

图 4 热水系统液体工质耐压测试原理图

7.4.3 试验条件

试验期间环境温度应在 0 ℃～39 ℃之间。

7.4.4 试验结果

应检查热水系统是否有渗漏，贮热水箱、集热器、辅助热源和管道等设备和部件是否膨胀变形和破裂，集热管是否有纵向位移、变形和破裂。试验结果应注明试验的压力值、环境温度、试验持续的时间。

7.5 热性能试验

7.5.1 将太阳能热水系统辅助热源关闭，按照 GB/T 19141 热性能试验方法进行试验。

7.5.2 辅助热源工作时系统单天热性能

7.5.2.1 试验方法：按 GB/T 25967 规定的方法进行试验。

7.5.2.2 试验条件：应至少包括 1 整天满足以下条件的试验：

a) 试验期间的太阳辐照量 $H=(12.0\pm0.1)\mathrm{MJ/m^2}$；

b) 集热试验开始时贮热水箱内的水温 t_b 应满足：$t_b=20$ ℃；

c) 集热试验期间日平均环境温度 0 ℃$\leqslant t_{ad}\leqslant$39 ℃；

d) 周围环境风速 $v\leqslant4$ m/s。

7.5.2.3 试验结果应符合 6.5.3 要求。

7.6 **耐真空冲击试验**

7.6.1 太阳能热水系统连接到真空试验装置上，确认系统处于封闭状态，将太阳能热水系统抽至33 kPa真空度，并保持5 min。

7.6.2 试验完成后目测太阳能热水系统的贮热水箱、集热器、集热管、管路以及其他设备组件有无渗漏和明显变形。

7.7 **脉冲压力试验**

7.7.1 将太阳能热水系统连接到耐压试验装置上，对太阳能热水系统注水加压至额定工作压力100%±5%，保持5 min，检查热水系统是否有渗漏等异常现象。

7.7.2 将太阳能热水系统连接到脉冲压力试验装置上，按如下要求进行试验：

a) 脉动压力：容器内注入环境温度的水；排空容器内空气，按额定工作压力的15%到(100%±5%)之间的数值交替对容器加压；

b) 频率：每分钟25次～60次；

c) 循环次数：至少8万次，每加压1万次结束时，将压力至少维持在额定工作压力10 min，目测容器无明显变形，再进行下面的循环试验。

7.7.3 脉冲压力试验完成后目测太阳能热水系统的贮热水箱、辅助热源、集热器、集热管、管路以及其他设备组件有无渗漏和明显变形。

7.8 **耐撞击试验**

7.8.1 对于太阳能热水系统中的平板型太阳能集热器，采用直径为30 mm、表面光滑的钢球进行撞击。将撞击用钢球从0.5 m的高度、静止状态、并不施加外力的情况下自由落到透明盖板的中央部分，落点要落入距中心0.1 m的范围之内。对一个试件只做一次试验，检查透明盖板有无损坏。

7.8.2 对于太阳能热水系统中的真空太阳集热管，拆下被检太阳能热水系统的的全部真空太阳能集热管，逐一按照GB/T 17049或GB/T 19775进行试验，检查真空太阳能集热管有无损坏。

7.9 **其他试验**

太阳能热水系统的水质、过热保护、支架强度和刚度、空晒、外热冲击、淋雨、内热冲击、防倒流、耐冻等试验按照GB/T 19141的方法进行试验。

8 检验规则

家用太阳能热水系统产品检验分为出厂检验和型式检验。

8.1 **出厂检验**

8.1.1 产品在出厂前应逐个进行出厂检验。

8.1.2 出厂检验按6.1.1、6.1.2、6.1.3、6.1.5、6.2.1～6.2.5、6.2.8的各项要求进行检验。

8.1.3 出厂检验中各项检验全部合格，判为合格产品。凡有一项检验不合格者即为不合格产品，项目检验不合格时，应在该批次再抽取两台产品进行检验，再次检验两台均应合格，否则该批次产品为不合格产品。

8.2 **型式检验**

8.2.1 在正常生产情况下，每年应至少进行一次型式检验。

8.2.2 产品有下列情况之一时，应进行型式检验：

a) 新产品试制定型时；

b) 改变产品结构、材料、工艺而影响产品性能时；

c) 停产超过半年，恢复生产时；

d) 国家质量监督检验机构提出进行型式检验的要求时。

8.2.3 型式检验应在出厂检验合格的产品中随机抽取，抽取的样品数量为1台～3台。

8.2.4 型式检验按6.1～6.9的项目进行。

8.2.5 型式检验判定规则

型式检验所检项目全部符合6.1～6.9规定的各项要求者为合格。安全性能、热性能、耐压和外观与结构中有一项不合格，则产品为不合格；若其余各项中有两项不合格，则产品为不合格。

检验项目有两个及两个以上指标要求时，任何一个指标不合格即视为该项性能检验不合格。

9 标志、包装、运输、贮存

9.1 标志

9.1.1 太阳能热水系统应在明显的位置设有清晰的、不易消除的标志。

9.1.2 产品标志可包括但不限于下列内容：

a) 制造厂家；
b) 产品名称；
c) 商标；
d) 产品标记；
e) 贮热水箱容水量；
f) 集热器/部件轮廓采光面积；
g) 辅助热源功率；
h) 工作压力；
i) 制造日期或生产批号；
j) 运行重量；
k) 外形尺寸。

产品标志应至少包括a)～i)等8项，其他内容可根据实际情况进行适当增减。

9.1.3 产品上应标明重要部位，如进水口、出水口、排污口和排气口等。

9.2 包装

9.2.1 包装方法应采用箱装。包装箱应符合GB/T 13384的规定。

9.2.2 包装箱上的标志应符合GB/T 191的规定，其中应主要包括“小心轻放”、“严禁翻滚”、“堆码重量极限”等标志。

9.2.3 包装箱上还应包括以下内容：

a) 制造厂家和地址；
b) 产品名称；
c) 商标；
d) 产品标记；
e) 制造日期或生产批号；
f) 执行标准号。

9.2.4 包装箱内应附有下列文件并满足以下要求：

9.2.4.1 检验合格证

9.2.4.2 安装说明书

安装说明书应包括太阳能热水系统的下列资料：

a) 技术资料：

——系统图；
——所有外部接头的位置及公称直径；
——所有部件(如：太阳能集热器/部件、贮热水箱、支架、管路、辅助加热设备、控制器和附件等)一览表，包括主要部件的技术参数(如：型号、电源功率、尺寸、重量、标识和安装等)；
——所有回路(如：集热器回路、自来水回路和辅助加热回路等)的最大运行压力；

——工作极限(如:最大允许温度、最大允许压力等);
——主要部件防腐类型;
——传热工质类型;

b) 安装指南:
——安装图(包括:安装面、安装尺寸等);
——管路穿维护结构处的施工要求(如:防雨、防湿等);
——管路保温的步骤;
——太阳能热水系统与建筑的的结合方式和固定方式;
——对于回流系统和排放系统,应保证最小的管路坡度以及确保集热器回路适当排空的必要措施;

c) 若安装在室外的支架是太阳能热水系统的一部分,应给出支架能承受的最大雪载和最大风速;
d) 管路的连接方法;
e) 安全装置的型号和尺寸;
f) 控制设备及其线路图,必要时应包括恒温混合阀以限制取水温度≤60 ℃;
g) 系统检查、充液和启动的步骤;
h) 系统调试的步骤;
i) 太阳能热水系统可以承受的最低环境温度。

9.2.4.3 使用说明书

使用说明书应包括下列资料:

a) 现有的安全装置及其温度调节方式;
b) 使用特别注意事项:
——启动系统前,应检查所有的阀门都处于正常状态,并已注满水或防冻液;
——一旦系统无法运行,应通知专业安装人员;
——带有电辅助加热装置的家用太阳能热水系统,断电后,方能使用;

c) 安全阀的正常运行状态;
d) 防止系统冻坏与过热的注意事项;
e) 在霜冻气候条件下正确启动系统的方法;
f) 系统停止运行的注意事项;
g) 系统维护,包括检修和清洗频次,以及正常维护期间需要更换零件的清单;
h) 家用太阳能热水系统的性能数据:
——系统的热性能;
——循环泵、控制器、电控阀、防冻装置等的电功率;
——在无太阳能时,在规定的温度下系统最大的供热水量(m^3/d);

i) 如果系统的过热保护依赖于电源供应或自来水供应,则应说明严禁关闭电源开关或自来水龙头;
j) 如果系统的过热保护依赖于排放一定量的热水,则应予以说明;
k) 家用太阳能热水系统可以承受的最低环境温度;
l) 传热工质类型。

9.2.4.4 装箱单。

9.3 运输

9.3.1 太阳能热水系统产品在装卸和运输过程中,应小心轻放,并符合堆码重量极限的要求。

9.3.2 太阳能热水系统产品不得遭受强烈颠簸、震动,不得受潮、淋雨。

9.4 贮存

9.4.1 太阳能热水系统产品应存放在通风、干燥的仓库内。

9.4.2 太阳能热水系统产品不得与易燃物品及化学腐蚀物品混放。

附 录 A
（规范性附录）
符号和单位

表 A.1 为本标准使用的符号和单位。

表 A.1 符号和单位

符 号	意 义	单 位
A_c	太阳能热水系统的实际轮廓采光面积	m^2
A_{c1}	太阳能热水系统的标称采光面积	m^2
ΔA_c	太阳能热水系统实际轮廓采光面积与标称采光面积的偏差率	%
m	贮热水箱容水质量的测量值	kg
m_1	贮热水箱容水质量的铭牌显示值	kg
Δm	贮热水箱容水质量测量值与铭牌显示值的偏差率	%
H	试验期间的太阳辐照量	MJ/m^2
t_b	集热试验开始时贮热水箱内的水温	℃
t_{ad}	集热试验期间日平均环境温度	℃
v	周围环境风速	m/s

参 考 文 献

[1] EN 12976-1:2006 太阳能热利用系统和部件 工厂制造的系统 第1部分:总体要求
[2] EN 12976-2:2006 太阳能热利用系统和部件 工厂制造的系统 第2部分:试验方法

ICS 27.160
F 12

中华人民共和国国家标准

GB/T 25967—2010

带辅助能源的家用太阳能热水系统热性能试验方法

Test methods for thermal performance of domestic solar-plus-supplementary water heating systems

2011-01-10 发布　　2011-05-01 实施

中华人民共和国国家质量监督检验检疫总局
中国国家标准化管理委员会　发布

前　言

本标准根据我国太阳能热水系统产品发展的实际情况编写，本标准的制定参考了欧洲标准EN 12976-1:2006《太阳能热利用系统和部件　工厂制造的系统　第1部分:总体要求》及EN 12976-2:2006《太阳能热利用系统和部件　工厂制造的系统　第2部分:试验方法》。

本标准的附录A为规范性附录。

本标准由全国太阳能标准化技术委员会(SAC/TC 402)提出并归口。

本标准起草单位:国家太阳能热水器质量监督检验中心(北京)、中国标准化研究院、皇明太阳能集团有限公司、山东桑乐太阳能有限公司、北京北方赛尔太阳能工程技术有限公司、江苏省华扬太阳能有限公司、江苏桑夏太阳能产业有限公司、合肥荣事达太阳能科技有限公司、山东力诺瑞特新能源有限公司、北京清华阳光能源开发有限责任公司、北京四季沐歌太阳能技术有限公司、浙江美大太阳能工业有限公司、江苏淮阴辉煌太阳能有限公司、江苏元升太阳能集团有限公司、江苏光芒厨卫太阳能科技有限公司、艾欧史密斯(中国)热水器有限公司、北京天韵太阳科技发展有限公司、北京天普太阳能工业有限公司。

本标准主要起草人:何涛、贾铁鹰、张昕宇、郑瑞澄、刘海波、邹洪威、赵大山、黄永伟、肖红升、潘保春、马光柏、窦建清、焦青太、张江平、马志贵、吴道元、王锁刚、敖凯平、房峰杰、任杰。

带辅助能源的家用太阳能热水系统热性能试验方法

1 范围

本标准规定了室外条件下带辅助能源的家用太阳能热水系统的热性能测试方法。

本标准适用于贮热水箱容积在 0.6 m^3 以下的带辅助能源的家用太阳能热水系统。

2 规范性引用文件

下列文件中的条款通过本标准的引用而成为本标准的条款。凡是注日期的引用文件，其随后所有的修改单(不包括勘误的内容)或修订版均不适用于本标准，然而，鼓励根据本标准达成协议的各方研究是否可使用这些文件的最新版本。凡是不注日期的引用文件，其最新版本适用于本标准。

GB 3100 国际单位制及其应用(GB 3100—1993，eqv ISO 1000:1992)

GB/T 12936 太阳能热利用术语

GB/T 18708—2002 家用太阳热水系统热性能试验方法

GB/T 19141 家用太阳热水系统技术条件

GB/T 19565 总辐射表

JJG 458 总辐射表

ISO 9488:1999 太阳能术语

3 术语和定义

GB 3100、GB/T 12936、GB/T 19141、GB/T 18708—2002 和 ISO 9488:1999 确立的以及下列术语和定义适用于本标准。

3.1

带辅助能源的家用太阳能热水系统 domestic solar-plus-supplementary water heating system

由太阳能集热器、贮热水箱、管道、辅助能源及控制器等组成，又称带辅助能源的家用太阳能热水器，用于加热贮热水箱内水的装置，在住宅、小型商业建筑或公共建筑中使用。

4 符号与单位

GB/T 18708—2002 使用的符号适用于本标准，本标准还使用的符号和单位见附录 A。

5 系统分类

带辅助能源的家用太阳能热水系统按 7 种特征进行分类，每种特征又分成 2～3 种型式。各种特征的分类如表 1 所示。

表 1　带辅助能源的家用太阳能热水系统分类

特　征	类　型		
	a	b	c
1	电辅助能源	燃气辅助能源	其他辅助能源
2	直接式	间接式	
3	敞开式	开口式	
4	充满式	回流式	封闭式
5	自然循环式	强迫式	排放式
6	循环式	直流式	
7	分离式	紧凑式	闷晒式

5.1　特征 1

a)　电辅助能源——以电加热器或电热水器为辅助能源，辅助能源仅用于加热贮热水箱内的水；

b)　燃气辅助能源——以燃气燃烧器或燃气热水器为辅助能源，辅助能源仅用于加热贮热水箱内的水；

c)　其他辅助能源——采用上述 2 种之外辅助能源，辅助能源仅用于加热贮热水箱内的水。

5.2　特征 2～特征 7

特征 2～特征 7 同 GB/T 18708—2002 的 5.2～5.7。

6　试验要求

6.1　系统要求

6.1.1　一般要求

对带辅助能源的家用太阳能热水系统进行试验前，应注意下列事项：

6.1.1.1　太阳能热水系统的贮热水箱与辅助能源系统分离的家用太阳能热水系统，其太阳能部分性能应不受辅助能源影响，辅助能源将影响系统的最大供热量。系统中带有太阳能预热部分和分离的辅助能源部分都应视为系统的一部分，并与系统一起进行测试。

6.1.1.2　如果辅助能源与太阳能贮热水箱为一个整体，且辅助能源可以连续工作或夜间使用的系统应按本标准的规定进行试验。

6.1.2　试验系统的安装

系统的各个部件应按照制造商的要求进行安装。系统的控制器应按制造商的要求设置。在制造商没有安装要求时，系统应按照以下要求进行安装。

系统的安装应安装牢固，保证人身安全，要考虑到玻璃可能破裂和热流体的泄漏。

系统应安装在制造商提供的安装支架上。如制造商未提供支架，除非特别指明(例如系统是屋面的一部分)，应使用敞开式的安装系统。系统的安装不得遮挡集热器的采光面，安装支架不应影响集热器侧面和背面或水箱的保温。

除了闷晒式系统和紧凑式系统外，水箱均应安装在制造商要求的最低位置。

对于贮热水箱与集热器分离的系统，集热器与水箱间的连接管道的总长度应不大于 15 m(例如 2×7.5 m)。管道的直径和保温应与制造商的安装指南一致。

6.1.3　集热器安装

应按制造商要求或者实际安装时的角度确定系统试验时集热器的倾斜角度，报告中应记录试验时集热器的倾角。集热器倾角在整个试验过程中保持不变。

集热器应面向正南安装。集热器安装的地点应满足在试验期间没有阴影投射到集热器上。

试验期间，周围的建筑或物体表面没有明显的太阳光反射到集热器上，且集热器所在位置视野内没有明显的障碍物。

系统周围温度应与环境温度一致。例如，系统不能安装在冷却塔，烟囱或者排风口附近。

6.1.4　液体流动系统

应采用图 1 所示的试验回路。回路中使用的管道材料应能承受高达 95 ℃的系统工作温度。系统管道应尽量短，尤其是冷水入口处的温度控制装置与水箱进口处之间的管道，同时这段管道应采取保温措施。

传感器和水箱(进出口)之间的管道应采取保温措施。

流量控制设备和流量计应安装在系统冷水进口管道上。流量控制设备应控制通过水箱的流量为(600±50)L/h。

如被测系统采用泵循环，应在集热器环路中安装流量计测量流量，流量计的测量准确度为±5%。

在试验期间系统中使用的传热工质应是制造商推荐的工质。强迫循环系统试验时，应使用厂家推荐的流量。如果设计的太阳能集热器回路使用防冻液，在本标准中所列的试验步骤中应使用符合制造商的要求的防冻液。

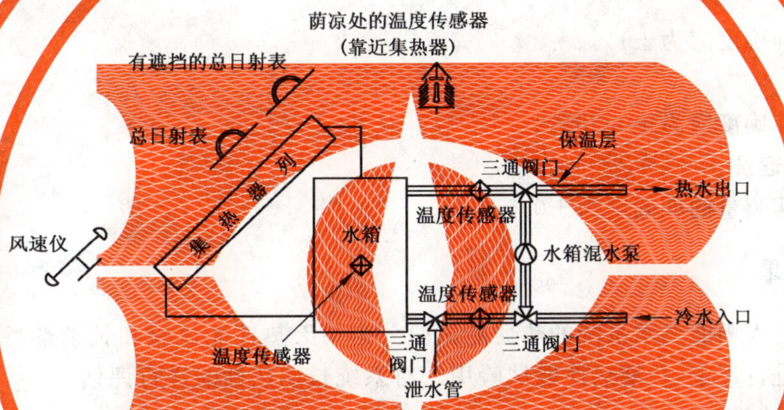

图 1　系统性能试验装置示意图

6.2　测量要求

6.2.1　总辐射表

总辐射表应根据 JJG 458 的规定进行校准。在标定周期内总辐射表的年稳定性达不到 GB/T 19565 的规定时，应增加总辐射表的校准次数或更换总辐射表。

6.2.2　温度

6.2.2.1　准确度、精度和响应时间

温度测量仪器以及二次仪表的精度和准确度应在表 2 给出的限值之内。响应时间宜小于 5 s。

表 2　温度测量仪器的准确度和精度

参　　数	仪器准确度	仪器精度
环境空气温度/℃	±0.5	±0.2
冷水入口温度/℃	±0.2	±0.1
通过热水系统的温差(冷水入口到热水出口)/K	±0.1	±0.1
通过辅助能源的温差/K	±0.1	±0.1

6.2.2.2　环境温度

环境温度传感器应放置在高于地面 1 m 处同时离集热器和系统组件大于 1.5 m 小于 10 m 处的百叶箱内。

6.2.2.3　进水温度

在系统正常工作条件下系统测试无需控制系统的进水温度，为了避免测量误差，应采取措施避免系统进水温度急剧变化。

6.2.3　液体流量

液体流量的测量准确度应等于或小于测量值的±1.0%，该测量值的单位为千克每时(kg/h)或升每时(L/h)。

6.2.4　电量

电能测量仪器及其相关的读取仪表的准确度要在测试值的±1%之内，或者 15 W·h，两者之间取较大值。

6.2.5　其他燃料

太阳能热水系统中使用燃料数量的测量仪器及其相关的读取仪表的准确度要在测试值的±1%之内。如果辅助能源为燃气，应给出燃气热值的准确度。

辅助能源与贮热水箱是分离的家用太阳能热水系统，应使用符合 6.2.2 和 6.2.3 要求的传感器测量传递到贮热水箱的热量。

6.2.6　质量

质量测量的准确度应为±1%。

6.2.7　计时

计时测量的准确度应为±0.20%。

6.2.8　周围空气速度

测试期间风速测量的准确度为±0.5 m/s。

7　试验过程及结果

带辅助能源的太阳能热水系统的热性能试验分为单天热性能试验和长期热性能试验，单天热性能试验用于对系统进行评定，长期热性能试验用于对系统长期热性能进行评估。

7.1　单天热性能试验

7.1.1　试验方法

单天实验前，罩上集热器以避免太阳直射，系统按照规定的条件上水，启动混水泵，以 400 L/h～600 L/h 的流量，将贮热水箱底部的水抽到顶部进行循环来混合贮热水箱中的水，5 min 内贮热水箱内水温 t_b 变化不大于±0.2 ℃时，停止混水，除去集热器表面的遮挡，开始试验，当太阳辐照达到(12±0.1)MJ/m^2 时，遮挡集热器表面，避免日射，启动混水泵，以 400 L/h～600 L/h 的流量，将贮热水箱底部的水抽到顶部进行循环来混合贮热水箱中的水，5 min 内贮热水箱内水温 t_{f1} 变化不大于±0.2 ℃时，启动辅助加热，此时贮热水箱内水体积 V_s 中所含的得热量 Q_s，应用式(1)计算：

$$Q_s = \rho_w c_{pw} V_s (t_{f1} - t_b) \quad \cdots\cdots (1)$$

集热器内贮存的热量不计入在内。

辅助加热停止温度设定在 45 ℃，至少 5 min 内贮热水箱内水温 t_{f2} 变化不大于±0.2 ℃，停止混水。太阳能热水系统的总热负荷 Q_T 应用式(2)计算：

$$Q_T = \rho_w c_{pw} V_s (t_{f2} - t_b) \quad \cdots\cdots (2)$$

测试期间，环境空气速度满足 7.2.2.1 的要求。

7.1.2　试验结果

单天试验结束后，带辅助能源的家用太阳能热水系统日太阳能保证率 f 用式(3)表示：

$$f = \frac{Q_s}{Q_T} \quad \cdots\cdots (3)$$

7.2 长期热性能试验

7.2.1 总则

本标准规定的试验过程考虑了水箱中太阳能加热部分和辅助加热部分的混合作用。应在典型的热水负荷条件下对系统进行测试。试验过程包括无太阳辐射(仅辅助加热)测试和太阳能保证率比较高的测试。

每个试验周期包括 5 d～15 d 的测量,从中选择太阳辐照比较相近的两天作为试验周期的开始和结束日期。对太阳辐照的监测至少要持续 21 个稳定试验周期。

长期热性能试验要满足 7.2.2 规定的试验条件,按 7.2.3 和 7.2.4 的规定进行。

7.2.2 试验条件

7.2.2.1 环境空气速度

集热器附近的空气平均风速不大于 4 m/s,测试期间集热器附近的风速偏离平均值不应超过 ±25%。

对于集热器与屋面结合的系统,集热器背面应做好防风措施,同时在报告中做好记录。

7.2.2.2 辅助能源运行

测试期间,辅助能源可以连续运行也可以定时运行,温控器应按照厂家要求进行设定。试验期间不应改变温控器和时钟的设定值。

7.2.2.3 用水时间表

试验期间,系统用水所含热量应符合表 3 的规定。

用水应按照时间表中规定的时间间隔进行,通过热表计量所传输的热量,当用热量满足规定的热量值时,停止排水。

表 3 用热量时间表

时　刻	用热量占日总供热量的比例/%
07:00	5
08:00	5
11:00	5
13:00	5
15:00	15
16:00	15
17:00	25
18:00	25

7.2.2.4 系统供热标称参数

生产厂家应给出在没有太阳辐照情况下系统的日供热量和最低的供水温度。

7.2.3 无日照试验

7.2.3.1 总概述

无日照试验是为了确定当太阳辐射输入为零时,辅助加热系统加热能力和供水水温是否符合厂家标称参数,无日照试验仅用于长期热性能试验。根据表 3 的规定进行测试。

因为系统的加热能力或者供水温度可能与标称不符,厂家可以改变温控器的设定值,无日照试验应根据新的设定值重新进行,有日照条件下的测试应采用新的设定值。

7.2.3.2 系统设置

对于无日照试验,所有连接都应按照正常使用情况安装。集热器应避免日射,集热器表面应采取遮挡措施。

无日照试验温控器设定值和辅助能源工作方式同样适用于有日照试验。

7.2.3.3 试验方法

试验时，系统应与冷水供水相连接，系统内水温应在 15 ℃±5 ℃内。根据厂家标称的供热量按表 3 中的顺序排水，在温控器第一次动作之前，辅助能源始终开启。

温控器第一次动作之后，系统应以恒定日供热量运行 5 d。如果系统供水水温低于标称供水温度，试验应停止，以较低供热量重新开始试验。

如果第 3、4、5 天辅助能源提供的热量变化小于标称负荷的±2%，系统性能数据取后 3 d 的平均值。如果第 3、4、5 天辅助能源提供的热量变化大于或等于标称负荷的±2%，试验期应延长至 8 d，系统性能数据取第 3 天到第 8 天的平均值。应对 4 个无日照试验周期(每个周期持续 3 d～6 d)的数据进行评价。

7.2.4 有日照试验

7.2.4.1 供热量

对于有日照试验，应至少按照三种不同的供热量对系统性能进行评估。对于连续加热系统，最大供热量与最小供热量之差至少应是厂家规定的标称负荷的 50%，对于夜间供热的系统，最大供热量与最小供热量之差至少应是厂家规定的标称负荷的 75%。测试的供热量的变化范围可以从厂家标称负荷的 50%至满足最低供水温度下的最大供热量。第一个供热量应为系统的标称负荷。应根据试验周期要求和标称最低供水温度确定其他两个供热量。中间供热量应近似等于最大值和最小值的中间值。

对于最大供热量，供水温度可能会低于标称最低供水温度。在这种情况下，如果满足下面其中一条，试验停止：

a) 如果在标称最低供水温度时仍有剩水，应继续试验，直至系统提供的能量满足试验要求；

b) 温度低于标称最低供水温度 5 K。

7.2.4.2 试验周期

对每一个供热量，应进行 7 个周期的试验，每个周期不少于 5 d。

试验周期可从 5 d～15 d。系统性能数据取 5 d～15 d 内的平均值。

试验周期应满足下列要求：

a) 在试验周期开始之前，系统应按照要求的供热量至少运行 2 d；

b) 从试验周期开始到结束，输入系统的日辅助能量的变化应小于日负荷的 3%；

c) 从试验周期开始到结束，太阳辐照量的变化应小于 5 MJ/(m^2 · d)；

d) 整个试验周期内，日供热量变化范围应在平均负荷的±15%范围内；

e) 整个试验周期内，太阳能保证率 f 应小于 0.90。

f) 试验周期内的每一天中，太阳能保证率应大于水箱热损与负荷的比值，水箱热损为无日照试验时的水箱热损，用式(4)表示：

$$Q_{T,LOS}=(Q_{L,NS}-Q_{AUX,NS})\frac{(t_d-t_a)_S}{(t_d-t_a)_{NS}} \qquad \cdots\cdots(4)$$

式中：

$Q_{T,LOS}$——无日照试验期内水箱热损；

$Q_{AUX,NS}$——无日照试验期内日辅助能源供热量；

$Q_{L,NS}$——无日照试验期内日供热量；

t_d——供水平均温度；

t_a——环境空气温度。

7.2.4.3 试验周期内的测量值

带辅助能源的家用太阳能热水系统的太阳能保证率 f 是 $H/Q_{L,S}$ 和 $(t_d-t_e)/Q_{L,S}$ 的函数。为了与室外试验数据关联，测量值应覆盖这两个参数。为了确保参数 $(t_d-t_e)/Q_{L,S}$ 的范围满足要求，至少要进行 3 个日供热量试验，为了确保参数 $H/Q_{L,S}$ 的数值范围满足要求，试验周期应满足表 4 的规定。应至少有 4 个数据来自于从中间值到最高太阳能保证率的试验周期内的测试数据，例如 $f>0.4$ 的数据点。

如果最初的 21 个有日照试验测量值（每个供热荷至少 7 个值）不能满足表 4 的要求，试验应按照合适的供热量继续进行，直到供热量的数据分布满足表 4 的要求。

表 4 试验测量值分布要求

太阳辐照量和负荷的标准比值 $(H/Q_{L,S})/(H/Q_{L,S})_{max}$	最少数据点个数
1～0.7 或 1～0.6	5
0.7～0.4 或 0.6～0.3	5
注：$(H/Q_{L,S})_{max}$ 为有效试验期内 $(H/Q_{L,S})$ 的最大值。	

7.2.5 结果分析和说明

每天试验结束后，带辅助能源的家用太阳能热水系统太阳能保证率 f 用式(5)表示：

$$f=\frac{Q_{L,S}-Q_{AUX,S}}{Q_{L,S}} \quad \cdots\cdots(5)$$

在不同条件下带辅助能源的太阳能热水系统的太阳能保证率可由式(6)表示：

$$f=\left[a_1+a_2\frac{(t_d-t_e)}{Q_{L,S}}\right]\frac{H}{Q_{L,S}}+a_3\frac{(t_d-t_e)}{Q_{L,S}} \quad \cdots\cdots(6)$$

式中系统的系数 a_1、a_2 和 a_3 由实验结果用最小二乘法确定。

附 录 A
（规范性附录）
符号和单位

表 A.1 为本标准使用的符号和单位。

表 A.1 符号和单位

符 号	意 义	单 位
a_1	描述带辅助能源的家用太阳能热水系统性能的系数	1
a_2	描述带辅助能源的家用太阳能热水系统性能的系数	MJ/℃
a_3	描述带辅助能源的家用太阳能热水系统性能的系数	MJ/℃
ρ_w	水的密度	kg/m^3
V_s	贮热水箱中流体容积	m^3
c_{pw}	水的比定压热容	J/(kg・℃)
f	太阳能保证率	1
H	日太阳辐照量	MJ/(m^2・d)
Q_s	贮热水箱内水体积 V_s 中所含的得热量	MJ
Q_T	单天测试时，太阳能热水系统总热负荷	MJ
$Q_{AUX.S}$	太阳能热水系统每天消耗的辅助能源	MJ/d
$Q_{T.LOS}$	无日照实验时水箱热损失	MJ/d
$Q_{L.NS}$	无日照试验期内日供热量	MJ/d
$Q_{L.S}$	太阳能热水系统日供热量	MJ/d
t_f	贮热水箱内结束水温	℃
t_e	有效环境温度 $t_e=t_a+(t_a-t_{main})/2$	℃
t_a	环境空气的温度	℃
t_{main}	冷水供水温度	℃
t_d	热水供水温度	℃

参 考 文 献

[1] EN 12976-1:2006 太阳能热利用系统和部件 工厂制造的系统 第1部分:总体要求
[2] EN 12976-2:2006 太阳能热利用系统和部件 工厂制造的系统 第2部分:试验方法

ICS 27.160
F 01

中华人民共和国国家标准

GB/T 25968—2010

分光光度计测量材料的太阳透射比和太阳吸收比试验方法

Test methods of solar transmittance and solar absorptance of materials by spectrophotometer

2011-01-10 发布　　2011-04-01 实施

中华人民共和国国家质量监督检验检疫总局
中国国家标准化管理委员会　发布

前　言

本标准的附录A为规范性附录。

本标准由全国能源基础与管理标准化技术委员会、全国太阳能标准化技术委员会提出。

本标准由全国太阳能标准化技术委员会归口。

本标准负责起草单位：北京清华阳光能源开发有限责任公司、清华大学、中国标准化研究院、湖北省产品质量监督检验研究院、国家太阳能热水器质量监督检验中心（北京）、中国计量科学研究院、北京卫星制造厂、北京天普太阳能有限公司、江苏华扬太阳能有限公司、山东桑乐太阳能有限公司、江苏太阳雨太阳能有限公司、山东力诺新材料有限公司、皇明太阳能集团有限公司、湖北华扬太阳能集团有限公司。

本标准主要起草人：殷志强、周小雯、贾铁鹰、那鸿悦、王煜、张晓黎、何涛、于学德、黄永伟、高靖平、徐新建、李业博、王智建、黄永定。

分光光度计测量材料的太阳透射比和太阳吸收比试验方法

1 范围

本标准规定了全玻璃真空太阳集热管的罩玻璃管太阳透射比和选择性吸收涂层太阳吸收比的测量仪器和试验方法。

本标准适用于太阳能应用材料与元件。

2 规范性引用文件

下列文件中的条款通过本标准的引用而成为本标准的条款。凡是注日期的引用文件，其随后所有的修改单(不包括勘误的内容)或修订版均不适用于本标准，然而，鼓励根据本标准达成协议的各方研究是否可使用这些文件的最新版本。凡是不注日期的引用文件，其最新版本适用于本标准。

GB/T 12936 太阳能热利用术语

GB/T 17049 全玻璃真空太阳集热管

ISO 9806-1 太阳能集热器检测方法 第1部分：玻璃面集热器热性能及压降的测定

3 术语和定义

GB/T 12936确立的及下列术语和定义适用于本标准。

3.1

单色透射比 monochromatic transmittance

τ_λ

单一波长λ处，面元透射与入射光的功率之比。

3.2

太阳透射比 solar transmittance

τ_s

面元透射与入射的太阳辐射功率之比。

3.3

单色反射比 monochromatic reflectance

ρ_λ

单一波长λ处，面元反射与入射光的功率之比。

3.4

太阳反射比 solar reflectance

ρ_s

面元反射与入射的太阳辐射功率之比。

3.5

太阳吸收比 solar absorptance

α_s

面元吸收与入射的太阳辐射功率之比。

3.6

大气质量1.5 air mass 1.5

AM1.5

太阳高度角为41.8°时的大气质量数，太阳透射比与太阳吸收比均按AM1.5计算。

4 符号及单位

τ_λ　单色透射比，无量纲；

τ_s　太阳透射比，无量纲；

ρ_λ　单色反射比，无量纲；

ρ_s　太阳反射比，无量纲；

α_s　太阳吸收比，无量纲；

λ　波长，μm；

$\Delta\lambda_i$　波长间隔，$\Delta\lambda_i=\frac{1}{2}(\lambda_{i+1}-\lambda_{i-1})$；

$E_s(\lambda_i)$　在波长 λ_i 处的太阳辐射单色辐照度，$W/(m^2 \cdot \mu m)$；

n　在波长 0.3 μm～2.5 μm 范围内的测试点数目。

5 测量仪器及要求

5.1 太阳透射比的测量仪器

本标准规定用分光光度计测定材料的太阳光谱透射比。

5.2 太阳反射比的测量仪器

本标准规定用分光光度计测定材料的太阳光谱反射比。

5.3 对分光光度计的要求

a) 光谱范围应满足：0.3 μm～2.5 μm；

b) 波长准确度：紫外、可见光±0.5 nm，近红外±0.8 nm；

c) 波长重复性：紫外、可见光±0.2 nm，近红外±0.32 nm；

d) 100%线的平直性：允许为±1%，±5%（$\lambda \geqslant 2.0$ μm）。

5.4 分光光度计积分球附件

分在仪器体内和体外两种，在体外的积分球，用于测量全玻璃真空太阳集热管成品的吸收涂层；其中还包括光电倍增管和光敏探测器。

分光光度计的积分球附件示意图如图 1 所示。

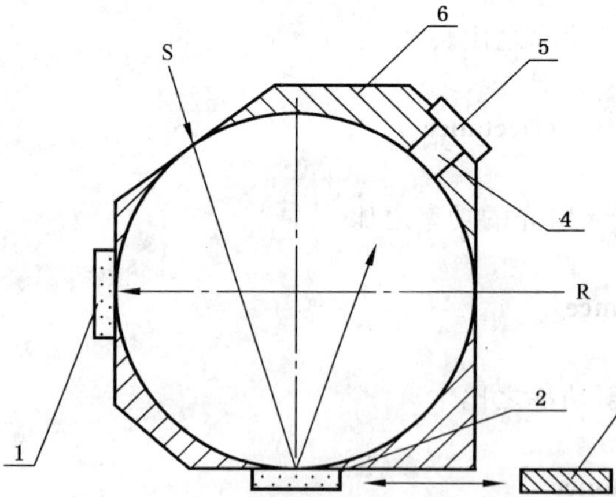

1——标准白板；
2——标准白板；
3——待测试样；
4——光电倍增管；
5——光敏探测器；
6——积分球；
S——试样光束；
R——参考光束。

图 1 积分球附件构成图

6 测试方法与计算

6.1 光谱透射比测量与太阳透射比计算

6.1.1 光谱透射比测量

符合 GB/T 17049 的全玻璃真空太阳集热管的罩玻璃管太阳透射比(AM1.5)是在光束近于垂直的条件下,使用具有积分球的分光光度计在波长范围 0.3 μm～2.5 μm 内分别测量凸与凹两个方向罩玻璃管的光谱透射比,再分别对 AM1.5 计算确定它们的太阳透射比,取平均值表示全玻璃真空太阳集热管的罩玻璃管太阳透射比,其平均值取小数点后两位有效数字。

6.1.2 试样的制备

根据不同类型的分光光度计,制备的待测试样能满足测试要求。

6.1.3 测试前仪器的调试

首先开启仪器,然后按仪器使用说明书及操作规程对仪器进行检查和调试,在确认仪器处于正常状态后方可进行测试。

6.1.4 测试

将试样置于积分球入射光孔处,然后进行 0.3 μm～2.5 μm 波长范围内透射比扫描,得出试样的透射比与波长关系的数据。

6.1.5 太阳透射比计算

试样的太阳透射比计算如式(1):

$$\tau_s = \frac{\sum_{i=1}^{n} \tau(\lambda_i) E_s(\lambda_i)\Delta\lambda_i}{\sum_{i=1}^{n} E_s(\lambda_i)\Delta\lambda_i} \qquad (1)$$

式中:

$\tau(\lambda_i)$——在波长 λ_i 处,试样的太阳透射比;

n——太阳光谱辐射的等能量间隔,99 个份额;

$E_s(\lambda_i)\Delta\lambda_i$——大气质量 AM1.5,在 0.3 μm～2.5 μm 波长范围内,等能量间隔的波长中值为 λ_i 所对应的波长间隔内的太阳光谱辐照度。

根据太阳反射比的计算公式编制测量程序软件,其大气质量为 AM1.5 的太阳光谱辐射的 99 个等能量间隔所对应的波长见附录 A,将式(1)改写为式(2):

$$\tau_s = \frac{0.5\tau(\lambda_1) + \sum_{i=2}^{99} \tau(\lambda_i)}{98.5} \qquad (2)$$

根据计算式(2),用计算机算出太阳透射比 τ_s 的结果。

6.2 光谱反射比测量与太阳吸收比计算

6.2.1 光谱反射比测量

选择性吸收涂层的太阳吸收比(AM1.5)是在 8°/d 的几何条件下,对全玻璃真空太阳集热管的太阳选择性吸收涂层,使用具有积分球的分光光度计在波长范围 0.3 μm～2.5 μm 内分别测量离全玻璃真空太阳集热管开口端 150 mm 和集热管的管长 1/2 处的太阳选择性吸收涂层的光谱反射比,再分别对 AM1.5 计算确定它们的太阳吸收比,取两处的平均值表示全玻璃真空太阳集热管内太阳选择性吸收涂层的太阳吸收比,其平均值取小数点后两位有效数字。

6.2.2 试样的制备

6.2.2.1 根据不同类型的分光光度计,制备的待测试样应能满足测试要求,必要时还要制备满足测试要求的试样夹持工件。

6.2.2.2　在金属片上制备选择性吸收涂层，用于金属吸热体。

6.2.2.3　使用生物医用载玻片，粘挂在将镀膜的内玻璃管上，制备选择性吸收涂层，用于太阳吸收比测试的比对，不作为全玻璃真空太阳集热管产品的光热性能指标。

6.2.3　测试前仪器的调试

首先开启仪器，然后按仪器使用说明书及操作规程对仪器进行检查和调试，在确认仪器处于正常状态后方可进行测试。

6.2.4　测试

首先将积分球试样孔处的标准白板取下，放置待测试样，然后进行 0.3 μm～2.5 μm 波长范围内相对于标准白板的反射比扫描，得出试样的反射比与波长关系的数据。

6.2.5　太阳反射比计算

试样的太阳反射比计算如式(3)：

$$\rho_s = \frac{\sum_{i=1}^{n} \rho_0(\lambda_i)\rho(\lambda_i)E_s(\lambda_i)\Delta\lambda_i}{\sum_{i=1}^{n} E_s(\lambda_i)\Delta\lambda_i} \qquad \cdots\cdots(3)$$

式中：

$\rho_0(\lambda_i)$——在波长 λ_i 处，标准白板的光谱反射比；

$\rho(\lambda_i)$——在波长 λ_i 处，试样相对于标准白板的光谱反射比；

n——太阳光谱辐射的等能量间隔，99 个份额；

$E_s(\lambda_i)\Delta\lambda_i$——在 0.3 μm～2.5 μm 范围内大气质量 AM1.5 的太阳光谱辐照度。

根据太阳反射比的计算公式编制测量程序软件，其大气质量为 AM1.5 的太阳光谱辐射的 99 个等能量间隔所对应的波长见附录 A，将式(3)改写为式(4)：

$$\rho_s = \frac{0.5\rho(\lambda_1)\rho_0(\lambda_1) + \sum_{i=2}^{99} \rho(\lambda_i)\rho_0(\lambda_i)}{98.5} \qquad \cdots\cdots(4)$$

根据式(4)，用计算机算出太阳反射比 ρ_s。

对于不透明的涂层材料，太阳吸收比即是 $\alpha_s = 1 - \rho_s$，根据式(5)，太阳吸收比 α_s 的结果：

$$\alpha_s = 1 - \frac{0.5\rho(\lambda_1)\rho_0(\lambda_1) + \sum_{i=2}^{99} \rho(\lambda_i)\rho_0(\lambda_i)}{98.5} \qquad \cdots\cdots(5)$$

附 录 A
（规范性附录）
100个等能量间隔的半球向太阳光谱辐照度

依据 ISO 9806-1，在波长范围 0.3 μm～2.5 μm 内，大气质量 AM1.5，半球太阳光谱辐射的 99 个等能量间隔的相应波长如表 A.1 所示。

表 A.1 100个等能量间隔的半球向太阳光谱辐照度（源于 ISO 9845）

%	λ_K μm	%	λ_K μm	%	λ_K μm	%	λ_K μm
0.50	0.332 6	25.50	0.545 3	50.50	0.726 9	75.50	1.030 5
1.50	0.355 0	26.50	0.551 7	51.50	0.735 7	76.50	1.044 0
2.50	0.372 3	27.50	0.558 2	52.50	0.744 3	77.50	1.059 8
3.50	0.386 5	28.50	0.564 8	53.50	0.752 6	78.50	1.076 2
4.50	0.398 7	29.50	0.571 4	54.50	0.762 2	79.50	1.095 2
5.50	0.408 1	30.50	0.578 3	55.50	0.772 6	80.50	1.135 0
6.50	0.416 8	31.50	0.585 2	56.50	0.781 8	81.50	1.171 1
7.50	0.425 6	32.50	0.592 1	57.50	0.790 9	82.50	1.194 6
8.50	0.434 2	33.50	0.599 0	58.50	0.799 9	83.50	1.216 8
9.50	0.442 2	34.50	0.606 0	59.50	0.810 2	84.50	1.239 0
10.50	0.449 3	35.50	0.612 9	60.50	0.821 4	85.50	1.261 4
11.50	0.455 7	36.50	0.619 7	61.50	0.833 1	86.50	1.283 7
12.50	0.462 1	37.50	0.626 6	62.50	0.843 6	87.50	1.311 7
13.50	0.468 4	38.50	0.633 5	63.50	0.854 0	88.50	1.453 5
14.50	0.474 6	39.50	0.640 5	64.50	0.864 3	89.50	1.518 9
15.50	0.480 9	40.50	0.647 5	65.50	0.874 8	90.50	1.556 0
16.50	0.487 2	41.50	0.654 6	66.50	0.886 0	91.50	1.565 4
17.50	0.493 6	42.50	0.661 7	67.50	0.897 9	92.50	1.637 5
18.50	0.500 1	43.50	0.668 8	68.50	0.910 7	93.50	1.681 4
19.50	0.506 5	44.50	0.676 6	69.50	0.925 2	94.50	1.732 4
20.50	0.512 9	45.50	0.684 6	70.50	0.952 6	95.50	1.976 4
21.50	0.519 4	46.50	0.692 6	71.50	0.973 2	96.50	2.116 7
22.50	0.525 9	47.50	0.700 7	72.50	0.988 6	97.50	2.247 1
23.50	0.532 4	48.50	0.708 9	73.50	1.002 7	98.50	2.418 2
24.50	0.538 8	49.50	0.717 5	74.50	1.016 6		

注 1：%是太阳辐照从波长 0 到 λ_K 的部分，λ_K 是等能量间隔的波长中值。该值相对于太阳辐射（AM1.5）到一个平面，其倾角为 37°，面向赤道和一个 5.8°的视场角（地面反射比为 0.2）。

注 2：具有积分球的紫外-可见-近红外分光光度计，在波长范围 0.3 μm～2.5 μm 内测量光谱透射比与反射比。——编者按

参 考 文 献

［1］ GB 3102.6　光及有关电磁辐射的量和单位

［2］ GB/T 13639　工业过程测量和控制系统用模拟输入数字式指示仪

［3］ ISO 9845-1:1992(E) Solar energy—Reference solar spectral irradiance at the ground at different receiving conditions—Part 1:Direct normal and hemispherical solar irradiance for air mass 1,5

ICS 21.260
F 01

中华人民共和国国家标准

GB/T 25969—2010

家用太阳能热水系统主要部件选材通用技术条件

Specification of material selecting for main parts of domestic solar water heating system

2011-01-10 发布　　2011-05-01 实施

中华人民共和国国家质量监督检验检疫总局
中国国家标准化管理委员会
发布

前　言

本标准是 GB/T 19141—2003《家用太阳热水系统技术条件》的配套标准。

本标准由全国能源基础与管理标准化技术委员会、全国太阳能标准化技术委员会提出。

本标准由全国太阳能标准化技术委员会(SAC/TC 402)归口。

本标准负责起草单位:皇明太阳能股份有限公司、中国标准化研究院。

本标准参加起草单位:国家太阳能热水器质量监督检验中心(北京)、国家太阳能热水器质量监督检验中心(武汉)、山东亿家能太阳能有限公司、北京清华阳光能源开发有限责任公司、江苏华扬太阳能有限公司、北京市太阳能研究所有限公司、北京天普太阳能工业有限公司。

本标准主要起草人:徐志斌、贾铁鹰、郑瑞澄、何涛、张晓黎、袁家普、张立峰、曹静、赵娟、马立兵、高连奎、于良。

家用太阳能热水系统主要部件选材通用技术条件

1 范围

本标准规定了家用太阳能热水系统主要部件的选材原则、技术要求、检验方法、检验规则。

本标准适用于贮热水箱容积不大于 0.6 m^3 家用太阳能热水系统的主要部件。

2 规范性引用文件

下列文件中的条款通过本标准的引用而成为本标准的条款。凡是注日期的引用文件，其随后所有的修改单(不包括勘误的内容)或修订版均不适用于本标准，然而，鼓励根据本标准达成协议的各方研究是否可使用这些文件的最新版本。凡是不注日期的引用文件，其最新版本适用于本标准。

GB/T 706 热轧型钢

GB/T 1043.1 塑料 简支梁冲击性能的测定 第1部分:非仪器化冲击试验

GB/T 1527 铜及铜合金拉制管

GB/T 1634.2 塑料 负荷变形温度的测定 第2部分:塑料、硬橡胶和长纤维增强复合材料

GB/T 1732 漆膜耐冲击性测定法

GB/T 1740 漆膜耐湿热测定法

GB/T 1766 色漆和清漆 涂层老化的评级方法

GB/T 1771 色漆和清漆 耐中性盐雾性能的测定

GB/T 1865 色漆和清漆 人工气候老化和人工辐射曝露 滤过的氙弧辐射

GB/T 2059 铜及铜合金带材

GB/T 2406.2 塑料 用氧指数法测定燃烧行为 第2部分:室温试验

GB/T 2518 连续热镀锌钢板及钢带

GB/T 2828.1 计数抽样检验程序 第1部分:按接收质量限(AQL)检索的逐批检验抽样计划

GB/T 2829 周期检验计数抽样程序及表(适用于对过程稳定性的检验)

GB/T 3280 不锈钢冷轧钢板和钢带

GB/T 3880.1 一般工业用铝及铝合金板、带材 第1部分:一般要求

GB/T 3880.2 一般工业用铝及铝合金板、带材 第2部分:力学性能

GB 4706.12 家用和类似用途电器的安全 储水式热水器的特殊要求

GB 5237.2 铝合金建筑型材 第2部分:阳极氧化型材

GB 5237.3 铝合金建筑型材 第3部分:电泳涂漆型材

GB 5237.4 铝合金建筑型材 第4部分:粉末喷涂型材

GB/T 6343 泡沫塑料及橡胶 表观密度的测定

GB/T 6424 平板型太阳能集热器

GB/T 6461 金属基体上金属和其他无机覆盖层 经腐蚀试验后的试样和试件的评级

GB/T 8811 硬质泡沫塑料 尺寸稳定性试验方法

GB/T 8813 硬质泡沫塑料 压缩性能的测定

GB/T 9286 色漆和清漆 漆膜的划格试验

GB/T 9341 塑料 弯曲性能的测定

GB/T 9753 色漆和清漆 杯突试验
GB/T 10125 人造气氛腐蚀试验 盐雾试验
GB/T 10294 绝热材料稳态热阻及有关特性的测定 防护热板法
GB/T 10799 硬质泡沫塑料 开孔和闭孔体积百分率的测定
GB/T 11618.1 铜管接头 第1部分:钎焊式管件
GB/T 11618.2 铜管接头 第2部分:卡压式管件
GB/T 12002 塑料门窗用密封条
GB/T 12936 太阳能热利用术语
GB/T 13350 绝热用玻璃棉及其制品
GB/T 13448 彩色涂层钢板及钢带试验方法
GB/T 13452.2 色漆和清漆 漆膜厚度的测定
GB/T 13912 金属覆盖层 钢铁制件热浸镀锌层技术要求及试验方法
GB/T 14978 连续热浸镀铝锌硅合金镀层钢带和钢板
GB/T 16422.2 塑料实验室光源暴露试验方法 第2部分:氙弧灯
GB/T 17049 全玻璃真空太阳集热管
GB/T 17219 生活饮用水输配水设备及防护材料的安全性评价标准
GB/T 17581 真空管型太阳能集热器
GB/T 17794—2008 柔性泡沫橡塑绝热制品
GB/T 18033—2007 无缝铜水管和铜气管
GB/T 18742.2 冷热水用交联聚丙烯管道系统 第2部分:管材
GB/T 18742.3 冷热水用交联聚丙烯管道系统 第3部分:管件
GB/T 18992.2 冷热水用交联聚乙烯(PE-X)管道系统 第2部分:管材
GB/T 18997.1—2003 铝塑复合压力管 第1部分:铝管搭接焊式铝塑管
GB/T 18997.2—2003 铝塑复合压力管 第2部分:铝管对接焊式铝塑管
GB/T 19141 家用太阳热水系统技术条件
GB/T 19775 玻璃-金属封接式热管真空太阳集热管
GB/T 21385 金属密封球阀
GB/T 21558 建筑绝热用硬质聚氨酯泡沫塑料
GB/T 23150 热水器用管状加热器
GB/T 24798 太阳能热水系统用橡胶密封件
CJ/T 111 铝塑复合管用卡套式铜制管接头
HJ/T 363 环境标志产品技术要求 家用太阳能热水系统
NY/T 513 家用太阳热水器电辅助热源
QB/T 2590 贮水式热水器搪瓷制件

3 术语和定义

GB/T 12936 确立的以及下列术语和定义适用于本标准。

3.1

家用太阳能热水系统主要部件 main parts of domestic solar water heating system

包括集热器、贮热水箱、支架、管路等家用太阳能热水系统的主要组成部件。

3.2

护托 protection bracket

集热器中保护并支撑真空管尾部的元件。

3.3

尾架 tailstock

集热器中固定护托以达到支撑真空管作用的部件，是支架的一部分。

4 选材原则

家用太阳能热水系统首先应符合 GB/T 19141 的规定，应充分考虑家用太阳能热水系统恶劣的室外工作条件，安全性及使用寿命，应遵循下列选材原则：

4.1 应优先选用具有成熟使用经验的材料，使用新材料前应对其性能进行全面严格的鉴定。

4.2 家用太阳能热水系统主要部件选材时应综合考虑各材料之间物理、化学和力学性能的相容性和匹配性。

4.3 内胆材料应具有良好的卫生、安全性和耐腐蚀性。

4.4 支架材料应具有良好的机械强度和耐候性。

4.5 焊接材料应使焊缝熔敷金属与母材强度和塑韧性相适应。

4.6 在满足上述各原则的基础上，应优先选用性价比高的材料。

5 技术要求

5.1 集热器

5.1.1 真空管集热器

真空管集热器技术要求应符合 GB/T 17581 的要求。

5.1.1.1 全玻璃真空太阳集热管应符合 GB/T 17049 的要求。

5.1.1.2 玻璃-金属封接式热管真空太阳集热管应符合 GB/T 19775 的要求。

5.1.2 平板集热器

平板集热器技术要求应符合 GB/T 6424 的要求。

5.1.2.1 吸热体

5.1.2.1.1 紫铜管应符合 GB/T 1527 的要求。

5.1.2.1.2 紫铜带材料应符合 GB/T 2059 的要求。

5.1.2.1.3 防锈铝板材料应符合 GB/T 3880.1、GB/T 3880.2 的要求。

5.1.2.2 透明盖板

5.1.2.2.1 太阳透射比 $\tau \geqslant 0.78$。

5.1.2.2.2 耐冲击性：经冲击试验后，透明盖板应无划痕、翘曲、裂纹、破裂、断裂或穿孔等现象。

5.1.2.3 隔热体

不允许使用石棉和含有氯氟烃化合物(CFCs)类的发泡物质。

5.1.2.3.1 聚氨酯泡沫塑料材料物理机械性能应符合 GB/T 21558 的要求。

5.1.2.3.2 玻璃棉材料应符合附录 A 中表 A.1 的规定。

5.1.2.4 边框

5.1.2.4.1 粉末静电喷涂镀锌板应符合附录 A 中表 A.2 的规定。

5.1.2.4.2 铝型材

5.1.2.4.2.1 阳极氧化型材材料应符合附录 A 中表 A.3 的规定。

5.1.2.4.2.2 电泳涂漆型材材料应符合附录 A 中表 A.4 的规定。

5.1.2.4.2.3 粉末喷涂型材材料应符合附录 A 中表 A.5 的规定。

5.1.2.5 背板

5.1.2.5.1 镀锌板应符合 GB/T 2518 的要求。

5.1.2.5.2 镀铝锌钢板

5.1.2.5.2.1 镀铝锌钢板材料应符合 GB/T 14978 的要求。

5.1.2.5.2.2 耐中性盐雾试验 240 h,缺陷面积不超过表面 1%,保护评级不低于 6 级。

5.1.2.5.3 彩色涂层钢板应符合附录 A 中表 A.6 的规定。

5.1.2.6 密封胶条应符合附录 A 中表 A.7 的规定。

5.2 贮热水箱

5.2.1 水箱内胆

应选用具有良好卫生安全性、耐腐蚀性和机械性能的材料。

5.2.1.1 不锈钢内胆材料

应符合 GB/T 3280 的要求。

5.2.1.1.1 主要化学成分应符合以下要求：

碳的质量分数 $w(C) \leqslant 0.08\%$

镍的质量分数 $w(Ni) \geqslant 8\%$

铬的质量分数 $w(Cr) \geqslant 16\%$。

5.2.1.1.2 力学性能应符合以下要求：

抗拉强度 $\sigma_b \geqslant 485$ MPa

屈服强度 $\sigma_{0.2} \geqslant 170$ MPa

伸长率 $\delta_5 \geqslant 40\%$

5.2.1.1.3 非承压内胆公称厚度宜不小于 0.5 mm。

5.2.1.1.4 耐中性盐雾：试验 240 h,无缺陷,保护评级为 10 级。

5.2.1.1.5 卫生安全要求

内胆放出的热水应无铁锈、异味,不应溶解有碍人体健康的物质；在浸泡水中重金属析出量应符合 HJ/T 363 的要求。

5.2.1.2 承压内胆使用搪瓷材料应符合 QB/T 2590 的要求。

5.2.2 水箱隔热体

水箱隔热体使用材料应为微氟或无氟硬质聚氨酯泡沫塑料,不允许使用石棉和含有氯氟烃化合物(CFCs)类的发泡物质。物理机械性能应符合附录 A 中表 A.8 的规定。

5.2.3 水箱外壳

应选用具有良好的耐腐蚀性能材料或进行表面防腐处理。外壳表面涂层应具有较强的附着力和耐候性。外壳表面对可见光的镜面反射比应不大于 0.10 并符合 HJ/T 363 的相关要求。

5.2.3.1 粉末静电喷涂镀锌板外壳技术要求同 5.1.2.4.1。

5.2.3.2 铝型材外壳技术要求同 5.1.2.4.2。

5.2.3.3 镀铝锌钢板外壳技术要求同 5.1.2.5.2。

5.2.3.4 彩色涂层钢板外壳技术要求同 5.1.2.5.3。

5.2.4 水箱密封件

应符合 GB/T 24798 的要求。

5.2.5 辅助电加热器

5.2.5.1 辅助电加热器(整机)的安全性、可靠性和加热性能应符合 GB 4706.12、NY/T 513 的要求。

5.2.5.2 电热元件

应符合 GB/T 23150 的要求,在浸泡水中重金属析出量应符合 HJ/T 363 的要求。

5.2.5.3 电热元件接线盒

5.2.5.3.1 塑料燃烧性能：氧指数≥24。

5.2.5.3.2 负荷变形温度(使用弯曲应力 1.80 MPa 的 A 法)≥65 ℃。

5.2.5.3.3 抗老化性(72 h),略变色,无变形、无粉化、无脆裂。

5.3 **支架**

应选用具有良好的耐腐蚀性能材料或进行表面防腐处理。支架表面涂层应具有较强的附着力和耐候性。

5.3.1 支架强度和刚度应符合 GB/T 19141 的要求。

5.3.2 粉末静电喷涂镀锌板材料技术要求同 5.1.2.4.1。

5.3.3 铝型材支架材料技术要求同 5.1.2.4.2。

5.3.4 角钢热镀锌或角钢静电喷涂支架材料

5.3.4.1 角钢应符合 GB/T 706 的要求。

5.3.4.2 镀锌层应符合 GB/T 13912 的要求，镀锌层厚度：40 μm～65 μm。

5.3.4.3 涂层性能技术要求应符合附录 A 中表 A.2 的规定。

5.3.5 尾架

尾架材料同支架材料中 5.3.1～5.3.3。

5.3.6 护托

5.3.6.1 简支梁冲击强度(缺口)≥5 kJ/m^2。

5.3.6.2 负荷变形温度(使用弯曲应力 1.80 MPa 的 A 法)≥65 ℃。

5.3.6.3 弯曲强度≥66 MPa，弯曲模量≥2 400 MPa。

5.3.6.4 抗老化性(72 h)，略变色，无变形、无粉化、无脆裂。

5.4 **管路**

卫生性能应符合 GB/T 17219 的要求。

5.4.1 **铝塑复合压力管**

5.4.1.1 **结构尺寸**

应符合 GB/T 18997.1—2003、GB/T 18997.2—2003 中表 3 的要求。

5.4.1.2 **管环径向拉力**

管环径向最大拉力应不小于 GB/T 18997.1—2003、GB/T 18997.2—2003 中表 4 的规定值。

5.4.1.3 **静液压强度**

铝塑管进行静液压强度试验时应符合 GB/T 18997.1—2003、GB/T 18997.2—2003 中表 6 的要求。

5.4.1.4 **交联度**

交联铝塑管内外层塑料进行交联度测定时，出厂时其交联度对于硅烷交联应不小于 65%；对于辐射交联应不小于 60%。

5.4.1.5 **耐冷热水循环性能**

管道系统按 GB/T 18997.1—2003、GB/T 18997.2—2003 中表 9 规定的条件进行冷热水循环试验时，试验中管材、管件及连接处应无破裂、泄露。

5.4.2 **PE-X 管材**

应符合 GB/T 18992.2 的要求。

5.4.3 **聚丙烯管材**

应符合 GB/T 18742.2 的要求。

5.4.4 **铜管材**

5.4.4.1 **尺寸及尺寸允许偏差**

应符合 GB/T 18033—2007 中表 2 和表 3 的规定。

5.4.4.2 **力学性能**

管材的室温纵向力学性能应符合 GB/T 18033—2007 中表 6 的规定。

5.4.4.3 弯曲试验

对外径不大于 28 mm 的硬态管,应按 GB/T 18033—2007 中表 7 规定的弯曲半径进行弯曲试验,弯曲角为 90°,用专用工具弯曲,试验后管材应无肉眼可见的裂纹或破损等缺陷。

5.4.5 铜管接头

应符合 GB/T 11618.1、GB/T 11618.2 的要求。

5.4.6 卡套式铜制管接头

应符合 CJ/T 111 的要求。

5.4.6.1 连接可靠性

管接头与管子连接应可靠,在常温下,应能承受表 1 中的拉拔力,持续 60 min 连接处无松动和断裂,零件应无裂缝或损坏。

表 1 管接头组件最小拉拔力

管材外径/mm	32	25	≤20
拉拔力/N	1 930	754	610

5.4.6.2 密封性

在常温下,管接头密封性试验压力在 1.0 MPa 下,保持 3 min 不得渗漏。

5.4.6.3 静内压强度

管接头按表 2 所规定的条件下做静内压强度试验时,零件不得损坏和变形,并不得渗漏。

表 2 静内压强度试验

试验温度/℃	静内压强度/MPa	试验时间/h
82±2	2.72±0.07	10

5.4.6.4 热循环

管接头和管子构成的组件在(690±69)kPa 的内部压力下,外部温度在 15 ℃～82 ℃之间作 1 000 次热循环,组件不应分离和渗漏。

5.4.7 聚丙烯管件

应符合 GB/T 18742.3 的要求。

5.4.8 金属密封球阀

应符合 GB/T 21385 的要求。

5.4.9 保温管

GB/T 17794—2008 的要求除下述内容外均适用。

GB/T 17794—2008 的 5.3 修改为:表观密度≥22 kg/m^3 且≤95 kg/m^3。

6 检验方法

6.1 集热器

6.1.1 真空管试验方法见附录 B 中表 B.1。

6.1.2 平板集热器

6.1.2.1 吸热体材料试验方法见附录 B 中表 B.2。

6.1.2.2 透明盖板

6.1.2.2.1 从平板型太阳能集热器透明盖板材料上截取试片,采用波长范围不小于 250 nm～2 500 nm 的配有积分球装置的分光光度计,测定其太阳透射比。

6.1.2.2.2 耐冲击性:水平放置透明盖板,使直径为 0.02 m(质量约 32 g)的表面光滑的钢球从 0.5 m 的高度、静止状态、并不施加外力的情况下自由落到透明盖板的中央部分,落点要落入距中心 0.1 m 的范围之内,检查盖板有无损坏。

6.1.2.3 隔热体材料试验方法见附录B中表B.3。

6.1.2.4 边框

6.1.2.4.1 粉末静电喷涂镀锌板试验方法见附录B中表B.4。

6.1.2.4.2 铝型材试验方法见附录B中表B.5。

6.1.2.5 背板

6.1.2.5.1 镀锌板按GB/T 2518规定的方法进行检测。

6.1.2.5.2 镀铝锌钢板试验方法见附录B中表B.6。

6.1.2.5.3 彩色涂层钢板按GB/T 13448规定的方法进行检测。

6.1.2.6 密封胶条按GB/T 12002规定的方法进行检测。

6.2 贮热水箱

6.2.1 水箱内胆

6.2.1.1 不锈钢内胆材料试验方法见附录B中表B.7。

6.2.1.2 承压内胆使用搪瓷材料按QB/T 2590规定的方法进行检测。

6.2.2 水箱隔热体材料试验方法见附录B中表B.8。

6.2.3 水箱外壳

6.2.3.1 粉末静电喷涂镀锌板外壳试验方法见附录B中表B.4。

6.2.3.2 铝型材外壳试验方法见附录B中表B.5。

6.2.3.3 镀铝锌钢板外壳试验方法见附录B中表B.6。

6.2.3.4 彩色涂层钢板外壳技术要求同6.1.2.5.3。

6.2.4 水箱密封件

按GB/T 24798规定的方法进行检测。

6.2.5 辅助电加热器试验方法见附录B中表B.9。

6.3 支架

6.3.1 支架强度和刚度按GB/T 19141规定的方法进行检测。

6.3.2 粉末静电喷涂镀锌板材料试验方法见附录B中表B.4。

6.3.3 铝型材支架材料试验方法见附录B中表B.5。

6.3.4 角钢热镀锌或角钢静电喷涂支架材料试验方法见附录B中表B.10。

6.3.5 尾架

尾架材料试验方法同6.3.1～6.3.3。

6.3.6 护托材料试验方法见附录B中表B.11。

6.4 管路

卫生性能按GB/T 17219的规定方法进行检测,材料试验方法见附录B中表B.12。

7 检验规则

7.1 采购部件检验

生产厂应要求供方需提供全部质量认证证明、质量保证书、认证证书、型式试验报告等,需要安全认证时必须提供安全认证证书。

7.2 型式检验

有下列情况之一者需进行型式检验:

a) 新产品定型鉴定;

b) 正式生产后,原材料、工艺有较大改变,可能影响产品性能时;

c) 正常生产时,每年至少进行一次;

d） 进厂检验结果与上次型式检验有较大差异；

e） 国家质量监督机构提出进行型式检验要求时。

7.3 抽样方案

a） 入厂检验抽样方案执行 GB/T 2828.1；

b） 型式检验抽样方案执行 GB/T 2829。

附　录　A
（规范性附录）
主要部件技术要求

表 A.1～表 A.8 为主要部件的技术要求。

表 A.1　玻璃棉材料技术要求

项　目	性能指标
密度/(kg/m^3)	≥32
导热系数/[W/(m·K)]	≤0.046
质量吸湿率/%	≤5
憎水率/%	≥98
燃烧性能级别	A 级（不燃材料）

表 A.2　粉末静电喷涂镀锌板材料技术要求

项　目		性能指标
镀锌板		GB/T 2518[a]
涂层性能	涂层厚度	平光粉末：50 μm～70 μm，皱纹粉末：60 μm～90 μm
	附着性	不低于 2 级
	耐冲击性	经冲击试验，涂层无开裂或脱落现象
	抗杯突性	经杯突试验，涂层无开裂或脱落现象
	耐盐雾腐蚀性	经 1 000 h 中性盐雾试验后，目视检查试验后的涂层表面，应无起泡、脱落或其他明显变化
	耐湿热性	经 1 000 h 湿热试验后，目视检查试验后的涂层表面，应无起泡、脱落或其他明显变化
	耐候性	经 250 h 氙灯照射人工加速老化试验后，粉化程度 0 级，失光率和变色色差值至少达到 1 级
[a] 镀锌板材料符合 GB/T 2518 的要求，表面处理采用非钝化的方式。		

表 A.3　阳极氧化型材材料技术要求

项　目	性能指标
阳极氧化膜平均膜厚	≥10 μm
封孔质量	阳极氧化膜经硝酸预浸的磷铬酸试验，其质量损失值应不大于 30 mg/dm^2
耐磨性	落砂试验磨耗系数≥300 g/μm
耐候性	经 313B 荧光紫外灯人工加速老化试验后，电解着色膜变色程度应至少达到 1 级，有机着色膜变色程度应至少达到 2 级

表 A.4 电泳涂漆型材材料技术要求

项 目	性能指标
漆膜硬度	经铅笔划痕试验，A、B级漆膜硬度≥3 H，S级漆膜硬度≥1 H
漆膜附着性	漆膜干附着性和湿附着性均达到0级
耐磨性	落砂试验后，落砂量 A级≥3 300 g，B级≥3 000 g，S级≥2 400 g
耐候性	经氙灯人工加速老化试验1 000 h后，粉化程度达到1级，光泽保持率≥80%，变色程度≤1级

表 A.5 粉末喷涂型材材料技术要求

项 目	性能指标
涂层厚度	装饰面上涂层最小局部厚度≥40 μm
漆膜附着性	漆膜干附着性、湿附着性和沸水附着性均达到0级
耐冲击性	经冲击试验，涂层无开裂或脱落现象
抗杯突性	经杯突试验，涂层无开裂或脱落现象
耐盐雾腐蚀性	经1 000 h乙酸盐雾试验后，目视检查试验后的涂层表面，应无起泡、脱落或其他明显变化
耐湿热性	经1 000 h湿热试验后，目视检查试验后的涂层表面，应无起泡、脱落或其他明显变化
耐候性	经氙灯照射人工加速老化试验1 000 h后，变色程度≤5级，光泽保持率>50%

表 A.6 彩色涂层钢板材料技术要求

项 目	性能指标
涂层厚度	≥20 μm
光泽度	≤70
弯曲试验T弯值	≤5 T
反向冲击试验	冲击功≥6 J，涂层无开裂或脱落现象

表 A.7 密封胶条材料技术要求

项 目		性能指标
拉伸断裂强度		≥7.5 MPa
热空气老化性能（100 ℃×72 h）	拉伸强度保留率	≥85%
	伸长率保留率	≥70%
	加热失重	≤3%
压缩永久变形（压缩率30%，70 ℃×24 h）		<75%
耐臭氧性（50×10^{-4}，伸长20%，40 ℃×96 h）		不出现龟裂

表 A.8 硬质聚氨酯泡沫塑料材料技术要求

项 目	性能指标
表观芯密度/(kg/m^3)	28～37,水箱中部取样
压缩强度/kPa	≥110
导热系数/[W/(m·K)]	≤0.022
闭孔率/%	≥92
低温尺寸稳定性(−20 ℃,24 h)/%	≤1
高温尺寸稳定性(70 ℃,48 h)/%	≤1

附 录 B
（规范性附录）
主要部件试验方法对应标准

表 B.1～表 B.12 为主要部件试验方法对应标准。

表 B.1 真空管集热部件材料试验方法

材 料	试验方法
全玻璃太阳集热管	GB/T 17049
玻璃-金属封接式热管真快太阳集热管	GB/T 19775

表 B.2 平板集热器吸热体材料试验方法

材 料	试验方法
紫铜管	GB/T 1527
紫铜带	GB/T 2059
防锈铝板	GB/T 3880.1、GB/T 3880.2

表 B.3 平板集热器隔热体材料试验方法

材 料	试验方法
聚氨酯泡沫塑料	GB/T 21558
玻璃棉	GB/T 13350

表 B.4 粉末静电喷涂镀锌板材料试验方法

材料及性能		试验方法
镀锌板		GB/T 2518
涂层性能，应在涂层固化并放置 24 h 之后进行	涂层厚度	GB/T 13452.2
	附着力	GB/T 9286
	耐冲击性	GB/T 1732，重锤(1 000 g±1 g)固定高度≥50 cm
	抗杯突性	GB/T 9753，压陷深度为 6 mm
	耐盐雾腐蚀性	GB/T 1771
	耐湿热性	GB/T 1740
	耐候性	GB/T 1865 中方法 1，连续照射 250 h；GB/T 1766 进行评级

表 B.5 铝型材材料试验方法

材 料	试验方法
阳极氧化型材	GB 5237.2
电泳涂漆型材	GB 5237.3
粉末喷涂型材	GB 5237.4

表 B.6 镀铝锌钢板材料试验方法

材料及性能	试验方法
镀铝锌钢板	GB/T 14978
耐中性盐雾试验	GB/T 10125 试验；GB/T 6461 进行评级

表 B.7 不锈钢材料试验方法

材料及性能	试验方法
主要化学成分、力学性能	GB/T 3280
厚度	应在距边沿≥40 mm 的任意点测量。用经计量鉴定合格的千分尺测量，且使用精度≥0.01 mm
耐中性盐雾试验	GB/T 10125 试验；GB/T 6461 进行评级
卫生安全性能	GB/T 19141、HJ/T 363

表 B.8 水箱隔热体材料试验方法

材料及性能	试验方法
表观芯密度	GB/T 6343
压缩强度	GB/T 8813
尺寸稳定性	GB/T 8811，试验条件为(70±2)℃，(−25±3)℃
导热系数	GB/T 10294
闭孔率	GB/T 10799

表 B.9 辅助电加热器试验方法

元件及性能		试验方法
安全性、可靠性、加热性能		GB 4706.12、NY/T 513
电热元件		GB/T 23150、HJ/T 363
电热元件接线盒	氧指数	GB/T 2406.2
	负荷变形温度	GB/T 1634.2
	抗老化性	GB/T 16422.2，黑板温度为(65±3)℃，相对湿度为(50±5)%

表 B.10 角钢热镀锌或静电喷涂材料试验方法

材料及性能	试验方法
角钢	GB/T 706
镀锌层	GB/T 13912
涂层性能	见表 A.4

表 B.11 护托材料试验方法

材料及性能	试验方法
简支梁冲击强度	GB/T 1043.1
负荷变形温度	GB/T 1634.2
弯曲强度　弯曲模量试验	GB/T 9341，试验速度为 2 mm/min
抗老化试验	GB/T 16422.2，黑板温度为(65±3)℃，相对湿度为(50±5)%

表 B.12 管路材料试验方法

材 料	试验方法
铝塑复合管	GB/T 18997.1—2003、GB/T 18997.2—2003
PE-X 管材	GB/T 18992.2
聚丙烯管材	GB/T 18742.2
铜管材	GB/T 18033—2007
铜管接头	GB/T 11618.1、GB/T 11618.2
聚丙烯管件	GB/T 18742.3
金属密封球阀	GB/T 21385
保温管	GB/T 17794—2008

ICS 13.220.50
C 82

中华人民共和国国家标准

GB 25970—2010

不燃无机复合板

Non-combustible inorganic compound board

2011-01-10 发布　　2011-06-01 实施

中华人民共和国国家质量监督检验检疫总局
中国国家标准化管理委员会　发布

前　言

本标准的4.4、4.5、第6章和7.1为强制性的，其余为推荐性的。

本标准由中华人民共和国公安部提出。

本标准由全国消防标准化技术委员会防火材料分技术委员会(SAC/TC 113/SC 7)归口。

本标准起草单位：公安部四川消防研究所。

本标准主要起草人：程道彬、李风、张羽、濮爱萍、邓小兵、熊存健。

不燃无机复合板

1 范围

本标准规定了不燃无机复合板的术语和定义、要求、试验方法、检验规则、标志、贮存、包装和运输等要求。

本标准适用于不燃性纤维增强水泥板、不燃性纤维增强硅酸钙板、玻镁平板或其他不燃性纤维增强无机复合板。

2 规范性引用文件

下列文件中的条款通过本标准的引用而成为本标准的条款。凡是注日期的引用文件,其随后所有的修改单(不包括勘误的内容)或修订版均不适用于本标准,然而,鼓励根据本标准达成协议的各方研究是否可使用这些文件的最新版本。凡是不注日期的引用文件,其最新版本适用于本标准。

GB/T 5464 建筑材料不燃性试验方法(GB/T 5464—2010,ISO 1182:2002,Reaction to fire tests for building products—Non-combustibility test,IDT)

GB/T 7019—1997 纤维水泥制品试验方法(neq ISO 393-1:1983)

GB 8624 建筑材料及制品燃烧性能分级(GB 8624—2006,EN 13501-1:2002,MOD)

GB/T 14402 建筑材料及制品的燃烧性能 燃烧热值的测定(GB/T 14402—2007,ISO 1716:2002,IDT)

3 术语和定义

下列术语和定义适用于本标准。

3.1

不燃无机复合板 non-combustible inorganic compound board

采用无机材料为胶凝材料并添加多种改性物质,用纤维增强、能满足不燃性要求的复合板材(如:纤维增强水泥板、硅酸钙板、玻镁平板或其他无机复合板材)。

4 要求

4.1 分类和物理力学性能要求

按产品表观密度分为七类,其类别和基本物理力学性能见表1。

表1 类别和物理力学性能

类别	表观密度 ρ/(kg/m³)	干态抗弯强度/MPa		
		3.0 mm≤板厚 e ≤7.0 mm	7.0 mm<板厚 e ≤12.0 mm	12.0 mm<板厚 e ≤70.0 mm
1	1 750<ρ	≥45	≥40	≥35
2	1 500<ρ≤1 750	≥20	≥17	≥13
3	1 250<ρ≤1 500	≥11	≥9	≥8
4	1 000<ρ≤1 250	≥8	≥6	≥4
5	750<ρ≤1 000	≥6	≥5	≥4
6	500<ρ≤750	≥5	≥4	≥3
7	ρ≤500	—	—	≥1.5

4.2 外观质量

板材应至少有一个表面是平整的，不应有裂纹、分层、缺角、鼓泡、孔洞、凹陷等缺陷。

4.3 尺寸和尺寸偏差

4.3.1 尺寸

板材长不宜超过 3 000 mm、宽不宜超过 1 250 mm、厚度在 70.0 mm 以下。

4.3.2 尺寸偏差

尺寸偏差允许值应符合表 2 的要求。

表 2 尺寸偏差允许值

密度/(kg/m³)	尺寸规格/mm	尺寸偏差	
		长、宽/mm	厚度
$\rho \leqslant 1\,500$	>2 000	±5	1. 不超过标称厚度的±10%，最大不超过±1.5 mm； 2. 同一板材所测到的最大、最小厚度之差不超过标称厚度的±10%，最大不超过 1.0 mm
	≤2 000	±3	
$\rho > 1\,500$	>2 000	±5	1. 不超过标称厚度的±15%，最大不超过±2.0 mm； 2. 同一板材所测到的最大、最小厚度之差不超过标称厚度的±15%，最大不超过 1.5 mm
	≤2 000	±5	

4.3.3 边缘平直度和对角线之差允许值

边缘平直度和对角线之差允许值应符合表 3 规定。

表 3 边缘平直度和对角线之差允许值

项目	$\rho \leqslant 1\,500\ kg/m^3$	$\rho > 1\,500\ kg/m^3$
边缘平直度	≤0.2%，板材与参考边的最大距离不超过 3.0 mm	≤0.3%，板材与参考边的最大距离不超过 5.0 mm
对角线之差	长度≤2 000 mm 时，对角线之差不超过 3.0 mm； 长度>2 000 mm 时，对角线之差不超过 5.0 mm	长度≤2 000 mm 时，对角线之差不超过 5.0 mm； 长度>2 000 mm 时，对角线之差不超过 7.0 mm

4.4 物理力学性能

物理力学性能应符合表 4 的规定。

表 4 物理力学性能

项目	指标
干态抗弯强度/MPa	符合表 1 中的规定值
吸水饱和状态的抗弯强度/MPa	不小于表 1 中规定值的 70%
吸湿变形率/%	≤0.20
抗返卤性	无水珠、无返潮
注：抗返卤性只适用于玻镁平板。	

4.5 燃烧性能

燃烧性能应符合 GB 8624 中对匀质材料 A1 级的规定要求。

5 试验方法

5.1 外观质量

板材的外观质量检查采用目测的方式进行。

5.2 尺寸和尺寸偏差

5.2.1 量具

尺寸的测量应采用如下精度不同的量具：

a） 精度为 1 mm 的钢卷尺；

b） 精度不超过 0.1 mm 的卡尺。

5.2.2 长度和宽度测量

长度和宽度分别用钢卷尺在板边的中点和距两端 25 mm 处测量，各测量两次，精确至 1 mm。测量时应避开肉眼可见的局部缺陷，6 个测量结果的算术平均值即作为板材的长度或宽度，且应满足表 2 的规定要求。

5.2.3 厚度测量

在板的一边，按图 1 所示的测量位置，用游标卡尺测量 8 个点的厚度，精确至 0.1 mm。8 次测量结果平均值应满足表 2 的要求。

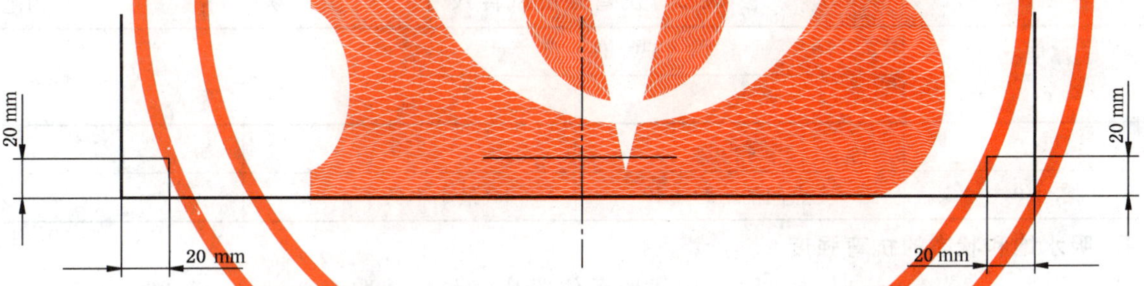

图 1 厚度测量位置

5.2.4 边缘平直度测量

将板的四边依次分别靠在一条比板长的参考直线上，用游标卡尺测量板边和参考直线边的最大距离，精确至 0.1 mm。该距离及其与边长之比应满足表 3 的要求。

5.2.5 对角线长度测量

用钢卷尺测量板的对角线长度，精确至 1 mm。两对角线长度之差应满足表 3 的要求。

5.3 物理力学性能

5.3.1 试件的制备

物理力学性能试件，均应在距板边不小于 200 mm 的位置截取。其中，干态抗弯强度和吸水饱和状态抗弯强度试件的截取位置见图 2。

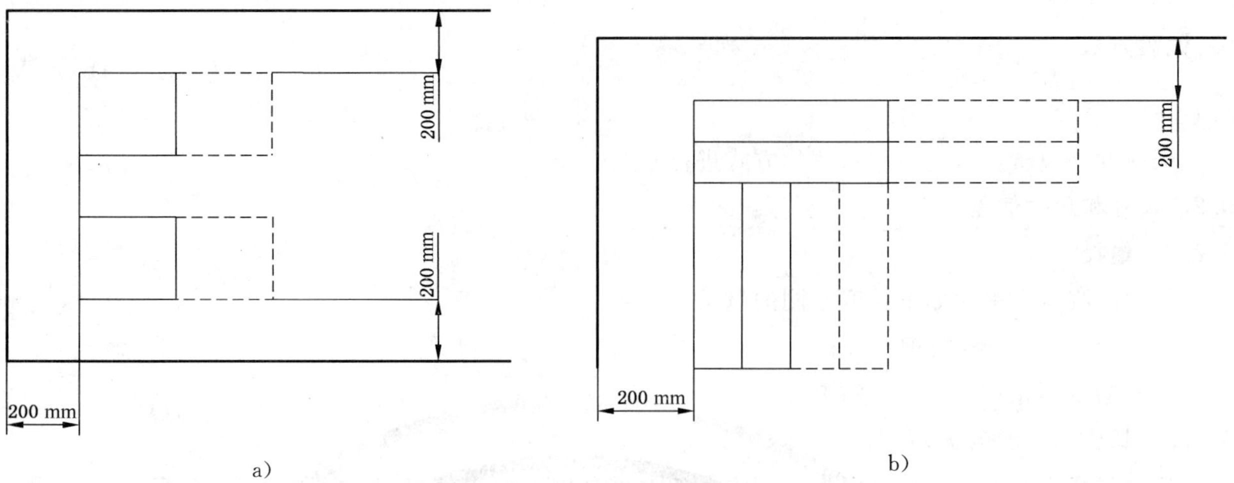

图 2 抗弯强度试件截取位置

5.3.2 表观密度

按 GB/T 7019—1997 中第 5 章的规定方法测定。

5.3.3 干态抗弯强度

当试件厚度 $e \leqslant 20.0$ mm 时，按图 2a)实线所示位置从每张板截取 2 个试件；$e > 20.0$ mm 时，按图 2b)实线所示位置从每张板上截取 4 个试件，试件尺寸见表 5。试件放入温度为＋100 ℃～＋105 ℃的烘箱中烘至间隔 2 h 两次连续称量的质量变化率不超过 1%。将烘干的试件放入干燥器中，冷却至室温后，按 GB/T 7019—1997 中 9.3.4 和 9.4.2 的规定测试并计算试件的抗弯强度。2 个试件取 4 次试验结果、4 个试件取 8 次试验结果的平均值作为试件的干态抗弯强度。

表 5 抗弯强度试件尺寸

单位为毫米

厚度 e	试件尺寸		支点间的距离
	长	宽	
≤20.0	250	250	215
>20.0	支点间的跨距＋40	$3e$(最小不低于 100)	$10e$

5.3.4 吸水饱和状态的抗弯强度

试件厚度 $e \leqslant 20.0$ mm 时，按图 2a)虚线所示位置从每张板截取 2 个试件；$e > 20.0$ mm 时，按图 2b)虚线所示位置从每张板上截取 4 个试件，试件尺寸见表 5。试件在大于＋5 ℃的水中放置 24 h 以上后，取出用湿毛巾擦去表面水珠，立即按 GB/T 7019—1997 中 9.3.4 和 9.4.2 的规定测试并计算试件的抗弯强度。2 个试件取 4 次试验结果、4 个试件取 8 次试验结果的平均值作为吸水饱和状态的抗弯强度。

5.3.5 吸湿变形率

用精度为 0.02 mm 的游标卡尺截取 300 mm×300 mm 的试件 2 块，在试件表面按图 3 所示确定四个参考点，参考点依次相距 250 mm。将试件浸于＋5 ℃～＋35 ℃的水中 24 h 以上，取出试件，用量具准确测量 1—2，2—3，3—4，4—1 之间的距离。然后将试件放于＋60 ℃±3 ℃的烘箱内干燥 24 h～28 h 后取出，冷却至室温后，再测量 1—2，2—3，3—4，4—1 之间的距离，精确到 0.02 mm。

按下式计算吸湿变形率：

$$S = \frac{L_1 - L_2}{L_2} \times 100\% \quad \cdots\cdots\cdots\cdots(1)$$

式中：

S——吸湿变形率，%；

L_1——参考点吸湿后的距离，单位为毫米(mm)；

L_2——参考点干燥后的距离，单位为毫米(mm)。

取 8 组数据的算术平均值作为试样的吸湿变形率。

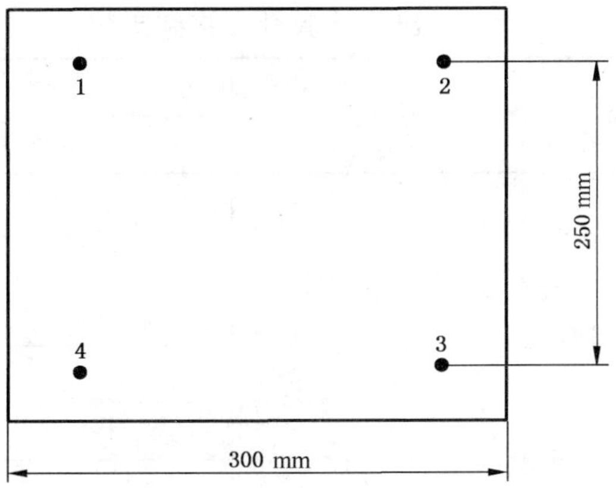

图 3　吸湿变形率试件

5.3.6　抗返卤性

在一组试样的三块板上各任意切下一块 150 mm×150 mm 的试样，放入相对湿度为 90%～95%，温度为+40 ℃±2 ℃的恒温恒湿箱中(24±2)h 后取出，观察有无水珠或返潮现象。

5.4　燃烧性能

按 GB/T 5464 的规定测定炉内平均温升、平均持续燃烧时间、平均质量损失率；按 GB/T 14402 的规定测定燃烧热值。

6　检验规则

6.1　检验分类

不燃无机复合板的检验分型式检验和出厂检验。

6.2　型式检验

6.2.1　产品定型鉴定时被抽样的产品基数应不少于 50 张，有下列情形之一时，应进行型式检验：

a)　新产品投产或老产品转厂的试制定型鉴定；

b)　正式生产后，产品的配方、工艺、原材料有较大改变时；

c)　产品停产一年以上恢复生产时；

d)　出厂检验与上次型式检验有较大差异时；

e)　正常生产两年时；

f)　产品质量监督部门提出要求时。

6.2.2　型式检验项目包括第 4 章规定的全部项目。

6.3　出厂检验

产品出厂前每批应进行出厂检验。本标准所规定的外观质量、尺寸偏差、边缘平直度偏差、对角线之差、干态抗弯强度、吸水饱和状态抗弯强度、吸湿变形率为出厂检验项目。

6.4　组批与抽样

6.4.1　不燃无机复合板应以 150 张为一批。从每批中随机抽取 3 张为一组试样，应抽取三组，其中两组用于复验。

6.4.2　出厂检验的外观质量、尺寸偏差、边缘平直度、对角线之差一组试样的 3 张板材均应检验，并从中抽取 1 张板材，按 5.3.1 的要求截取制作试件，进行干态抗弯强度、吸水饱和状态抗弯强度、吸湿变形率检验。

6.5 检验结果判定原则

型式检验所检项目全部合格则判定为批合格，否则为不合格。出厂检验产品批合格判定按表6规定的判定数判定。单项不合格和总不合格项数不超过表6规定时判批合格。

表6 出厂检验批合格判定数

项目	样本数	出厂检验	
		单项不合格数	总项不合格数
外观质量	3	1	≤2
尺寸偏差		1	
边缘平直度		1	
对角线之差		1	
干态抗弯强度		0	
吸水饱和状态抗弯强度		0	
吸湿变形率		0	
抗返卤性	1	—	
燃烧性能	1	—	

6.6 复检

6.6.1 被判为批不合格的产品，可以用同批的两组复检样品对不合格项进行复检，两组试样复检全部合格则判该批为合格。

6.6.2 对出厂检验，由外观质量、尺寸偏差不合格被判为不合格的批，允许对该批产品逐件检查，经检查合格的板材仍为合格品。

7 标志、贮存、包装和运输

7.1 产品标志应注明生产厂名称、地址、产品名称、型号规格、燃烧性能等级、执行标准号、生产日期、批号等。

7.2 每批产品均应附有合格证、说明书。

7.3 产品应平码堆放，存放在通风干燥处，避免雨淋。

7.4 产品运输应防止雨淋，搬运时应避免损坏。

ICS 13.220.10
C 84

中华人民共和国国家标准

GB 25971—2010

六氟丙烷(HFC236fa)灭火剂

Fire extinguishing agent hexafluoropropane (HFC236fa)

(ISO 14520-11:2005, Gaseous fire-extinguishing systems—Physical properties and system design—Part 11: HFC 236fa extinguishant, NEQ)

2011-01-10 发布　　2011-06-01 实施

中华人民共和国国家质量监督检验检疫总局
中国国家标准化管理委员会　发布

前　言

本标准的第 4 章和第 6 章为强制性的，其余为推荐性的。

本标准与 ISO 14520-11:2005《气体灭火系统　物理性能和系统设计　第 11 部分：HFC236fa 灭火剂》(英文版)的一致性程度为非等效。

本标准附录 A 为资料性附录。

本标准由中华人民共和国公安部提出。

本标准由全国消防标准化技术委员会灭火剂分技术委员会(SAC/TC 113/SC 3)归口。

本标准起草单位：公安部天津消防研究所、云南天霄系统集成消防安全技术有限公司。

本标准主要起草人：庄爽、李姝、田野、刘慧敏。

六氟丙烷(HFC236fa)灭火剂

1 范围

本标准规定了六氟丙烷(HFC236fa)灭火剂的术语和定义、要求、试验方法、检验规则、标志、包装、运输和贮存等内容。

本标准适用于六氟丙烷(HFC236fa)灭火剂。

2 规范性引用文件

下列文件中的条款通过本标准的引用而成为本标准的条款。凡是注日期的引用文件,其随后所有的修改单(不包括勘误的内容)或修订版均不适用于本标准,然而,鼓励根据本标准达成协议的各方研究是否可使用这些文件的最新版本。凡是不注日期的引用文件,其最新版本适用于本标准。

GB/T 601 化学试剂 标准滴定溶液的制备

GB/T 603 化学试剂 试验方法中所用制剂及制品的制备(GB/T 603—2002,ISO 6353-1:1982,Reagents for chemical analysis—Part 1:General test methods,NEQ)

GB 5749 生活饮用水卫生标准

GB/T 6682 分析实验室用水规格和试验方法(GB/T 6682—2008,ISO 3696:1987,MOD)

GB/T 7376 工业用氟代烷烃中微量水分的测定

GB 14922.1 实验动物 寄生虫学等级与监测

GB 14922.2 实验动物 微生物学等级与监测

GB 14923 实验动物 哺乳类实验动物的遗传质量控制

GB 14924.3 实验动物 小鼠大鼠配合饲料

GB 14925 实验动物 环境及设施

GB/T 20702—2006 气体灭火剂灭火性能测试方法(ISO 14520-1:2000,Gaseous fire-extinguishing systems—Physical properties and system design—Part 1:General requirements,NEQ)

气瓶安全监察规程 国家质量技术监督局[2000]250 号文件

3 术语和定义

下列术语和定义适用于本标准。

3.1

六氟丙烷(HFC236fa)灭火剂 fire extinguishing agent hexafluoropropane (HFC236fa)

依照国际通用卤代烷命名法则称为 HFC236fa。具体含义为:HFC 代表氢氟烃;2 代表碳原子个数减 1(即 3 个碳原子);3 代表氢原子个数加 1(即 2 个氢原子);6 代表氟原子个数(即 6 个氟原子);f 表示中间碳原子的取代基形式为—CH_2—;a 表示两端碳原子的取代原子量之和的差为最小即最对称。

4 要求

六氟丙烷(HFC236fa)灭火剂技术性能应符合表 1 的规定。

表 1 六氟丙烷(HFC236fa)灭火剂技术性能

项目		技术指标	不合格类型
纯度/%(质量分数)		≥99.6	A
酸度/%(质量分数)		$\leqslant 3\times10^{-4}$	A
水分/%(质量分数)		$\leqslant 10\times10^{-4}$	A
蒸发残留物/%(质量分数)		≤0.01	B
悬浮物或沉淀物		无混浊或沉淀物	B
灭火浓度(杯式燃烧器法)/%(体积分数)		6.5±0.2	A
毒性	麻醉性	无麻醉症状和特征	A
	刺激性	无刺激症状和特征	A

5 试验方法

5.1 一般规定

本标准所用试剂和水在没有注明其他要求时均指分析纯试剂和 GB/T 6682 中规定的三级水。

试验中所用标准溶液,在没有注明其他要求时均按 GB/T 601 和 GB/T 603 的规定制备。

5.2 取样

5.2.1 取样钢瓶

取样钢瓶应满足以下规定:

a) 材料为不锈钢;

b) 设计压力不应小于 1.5 MPa。

5.2.2 取样钢瓶的处理方法

取样钢瓶在第一次使用前,需用水和适当的溶剂(如乙醇或丙酮)洗涤。洗净后,在 105 ℃～110 ℃电热鼓风干燥箱内烘 3 h～4 h,趁热将钢瓶抽真空至绝对压力不高于 1.3 kPa,并在此压力下保持 1 h～2 h,然后关闭钢瓶阀门以备取样。

在以后的每次取样前,应把钢瓶中残留的六氟丙烷(HFC236fa)灭火剂样品放空,仍然在 1.3 kPa 条件下抽真空 1 h,再灌入少量的六氟丙烷(HFC236fa)灭火剂后,继续抽真空 1 h 以保持取样钢瓶的清洁和干燥。

5.2.3 取样方法

用一根干燥的不锈钢细管连接在灌装六氟丙烷(HFC236fa)灭火剂钢瓶的出口阀上,不锈钢细管要尽可能短,稍稍开启钢瓶阀门,放出六氟丙烷(HFC236fa)灭火剂,冲洗阀门及连接管 1 min,然后将连接管的末端迅速与取样钢瓶阀门紧密连接。把取样钢瓶放在台秤上(必要时,取样钢瓶可浸在冰盐浴中),将六氟丙烷(HFC236fa)灭火剂钢瓶的出口阀门打开,打开取样钢瓶阀门,使六氟丙烷(HFC236fa)灭火剂灌入其中。从台秤指示出的质量变化来确定灌入样品的质量。取样结束后,先关紧取样钢瓶阀门,然后再关紧灌装六氟丙烷(HFC236fa)灭火剂的钢瓶阀门,拆除连接管。所有的试验均应液相取样。

5.3 纯度测定

5.3.1 测定仪器

测定仪器采用气相色谱仪,配有毛细管色谱柱以及氢火焰检测器(以氢气作载气,对苯的灵敏度应高于 8 000 mV·mL/mg)。

5.3.2 测定条件

测定条件见表 2。

表 2　纯度测定条件

项　　目	条　　件	项　　目	条　　件
检测器	氢火焰检测器	进样口温度/℃	200
检测器温度/℃	300	进样口	分流/不分流进样口，分流比 40∶1
柱流速/(mL/min)	20	色谱柱温度/℃	200
补偿气体流速/(mL/min)	45	色谱柱	GasPro 30 m×0.32 mm

5.3.3　**测定步骤**

5.3.3.1　启动气相色谱仪，按 5.3.2 规定的条件调节仪器，使仪器的条件稳定并符合要求。

5.3.3.2　将六氟丙烷(HFC236fa)灭火剂取样钢瓶接上取样管，放倒钢瓶(取液相气化样)，打开钢瓶阀门，使六氟丙烷(HFC236fa)灭火剂排气 1 s～3 s，然后导入气相色谱仪进行测定(色谱图例参见附录A)。

5.3.3.3　采用面积归一化计算方法，计算六氟丙烷(HFC236fa)灭火剂的纯度。

5.3.3.4　取三次平行测定结果的算术平均值为测定结果，各次测定的绝对偏差应不大于 0.05%。

5.4　**酸度测定**

5.4.1　**原理概述**

使试样气化，鼓泡进入实验室三级水中，吸收酸性物质，以溴甲酚绿为指示液，用氢氧化钠标准滴定溶液滴定，求得酸度(以 HCl 计)。

5.4.2　**试剂及仪器**

使用的试剂、仪器及其要求如下：

a)　氢氧化钠标准滴定溶液：摩尔浓度为 0.01 mol/L；

b)　溴甲酚绿指示液：浓度为 1 g/L；

c)　电子天平：感量 1 g；

d)　微量滴定管：最小分度值 0.01 mL；

e)　多孔式气体洗瓶：容积 250 mL；

f)　锥形瓶：容积 250 mL。

5.4.3　**测定步骤**

5.4.3.1　在三个多孔式气体洗瓶中分别加入 100 mL 实验室三级水，在第三个多孔式气体洗瓶中加入溴甲酚绿指示液(2～3)滴，用导管串联。

5.4.3.2　擦干取样钢瓶及阀门，称量，准确至 1 g，将取样钢瓶阀门出口与第一个多孔式气体洗瓶连接，慢慢打开钢瓶阀门使液态样品气化后通过三个多孔式气体洗瓶，大约通入 100 g 试样后关闭钢瓶阀门，取下取样钢瓶，擦干，称量，准确至 1 g。

5.4.3.3　若第三个多孔式气体洗瓶中指示液未变色，继续下述步骤，否则重新进行试验。

5.4.3.4　将第一个和第二个多孔式气体洗瓶的水合并，移入锥形瓶，加入溴甲酚绿指示液(2～3)滴，用氢氧化钠标准溶液滴定至终点。

5.4.4　**计算**

六氟丙烷(HFC236fa)灭火剂酸度(以 HCl 计)的质量分数 x(%)按公式(1)计算：

$$x = \frac{C_{NaOH} \times V \times 0.0365}{m_1 - m_2} \times 100\% \qquad \cdots\cdots(1)$$

式中：

V——耗用氢氧化钠标准滴定液的体积，单位为毫升(mL)；

C_{NaOH}——氢氧化钠标准滴定液的实际浓度，单位为摩尔每升(mol/L)；

m_1——试样吸收前取样钢瓶的质量，单位为克(g)；

m_2——试样吸收后取样钢瓶的质量，单位为克(g)；

0.036 5——与 1.00 mL 氢氧化钠标准滴定液相当的以克表示的氯化氢质量。

取两次平行测定结果的算术平均值作为测定结果，两次平行测定结果之差不得大于 0.000 1%。

5.5 水分测定

水分的测定按 GB/T 7376 的规定进行。

5.6 蒸发残留物测定

5.6.1 原理

使样品蒸发，称取高沸点残留物的质量，求得蒸发残留物含量。

5.6.2 试剂及仪器

使用的试剂、仪器及其要求如下：

a) 洗净液：二氯甲烷(分析纯)；

b) 蒸发器：由蒸发管和称量管组成，如图 1 所示；

c) 恒温水槽；

d) 电热鼓风干燥箱：可调节温度至 105 ℃±2 ℃。

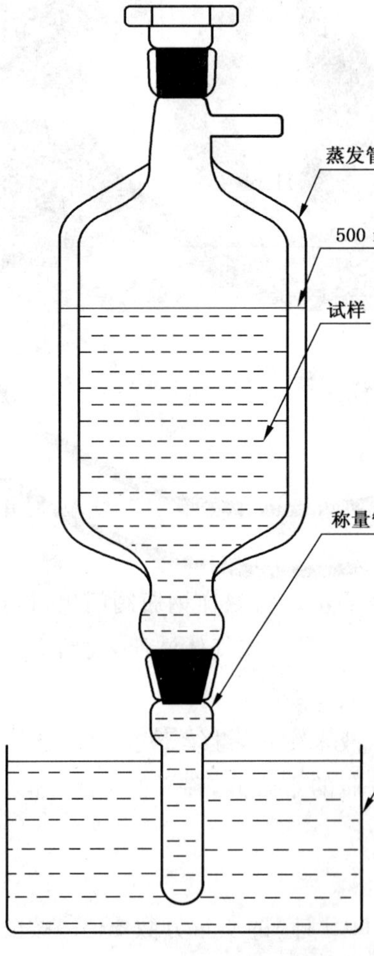

图 1 蒸发器

5.6.3 测定步骤

5.6.3.1 将称量管在 105 ℃±2 ℃的电热鼓风干燥箱中干燥约 30 min 后，在干燥器中冷却，称准至 0.1 mg为止，与蒸发管连接。

5.6.3.2 称取冷却到不沸腾的试样约 800 g 于蒸发器内，将称量管一部分浸于恒温水槽中，使试样蒸发。恒温水槽的温度调节到试样可在 1.5 h～2.0 h 蒸发完毕。

5.6.3.3 试样气化结束后，在蒸发器中加入 10 mL 洗净液，把称量管放在约 90 ℃的恒温水槽中，使洗净液气化，气化完成后，将称量管放在 105 ℃±2 ℃的电热鼓风干燥箱中干燥约 30 min 后，在干燥器中冷却，称准至 0.1 mg 为止。

5.6.4 计算

蒸发残留物 Y(%)按公式(2)计算：

$$Y=\frac{m_1-m_2}{m}\times 100\% \quad \cdots\cdots(2)$$

式中：

m_1——称量管的质量，单位为克(g)；

m_2——试样气化后称量管的质量，单位为克(g)；

m——试样的质量，单位为克(g)。

5.7 悬浮物或沉淀物测定

取不沸腾的冷却试样 10 mL 置于内径约 15 mL 的试管内，擦干试管外壁附着的霜或湿气，从横向透视观察是否有混浊或沉淀物。

5.8 灭火浓度(杯式燃烧器法)测定

灭火浓度(杯式燃烧器法)的测定按 GB/T 20702—2006 附录 A 中 A.1～A.4 以及 A.6 的规定进行，燃料为正庚烷。

5.9 毒性测定

5.9.1 试验装置

5.9.1.1 装置概述

试验装置由灭火剂和空气供给系统、小鼠运动记录系统、小鼠转笼以及染毒箱等组成，如图 2 所示。

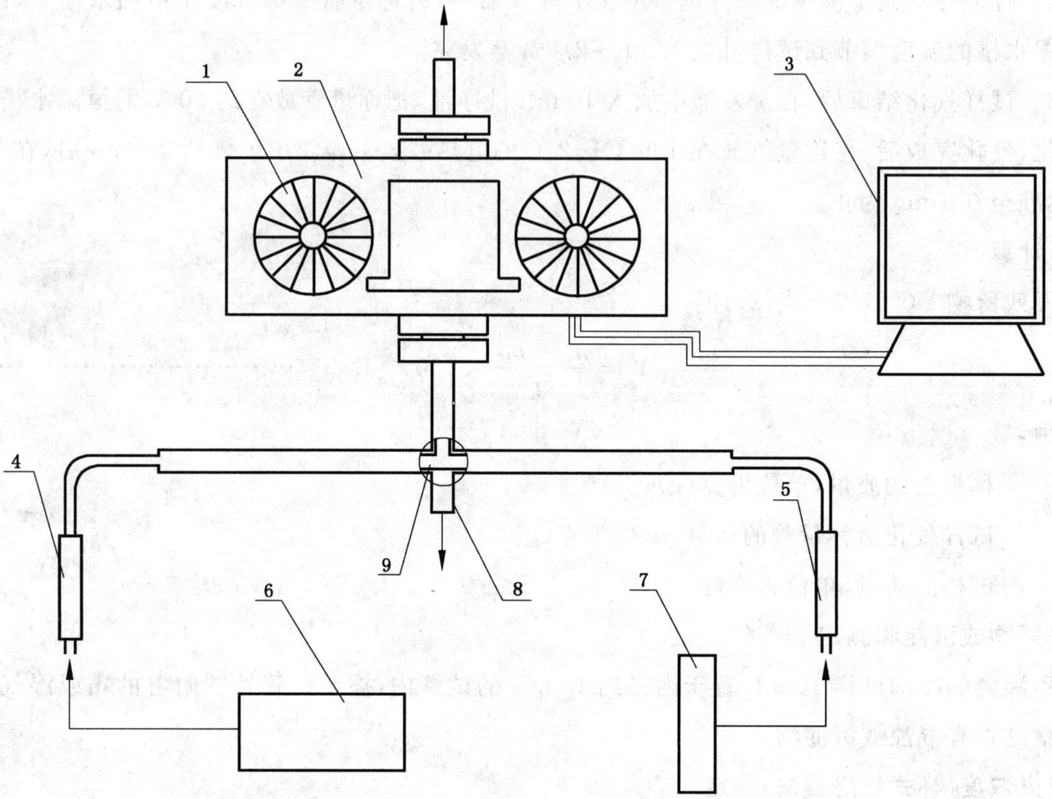

1——小鼠转笼；
2——染毒箱；
3——计算机；
4——流量计；
5——流量计；
6——空气供给系统；
7——气体灭火剂样品；
8——排气口；
9——三通旋塞。

图 2　气体灭火剂毒性测试装置

5.9.1.2　小鼠转笼

小鼠转笼由铝制成，如图 3 所示，转笼质量为(60±10)g；小鼠转笼在支架上应能灵活转动，无固定静置点。

单位为毫米

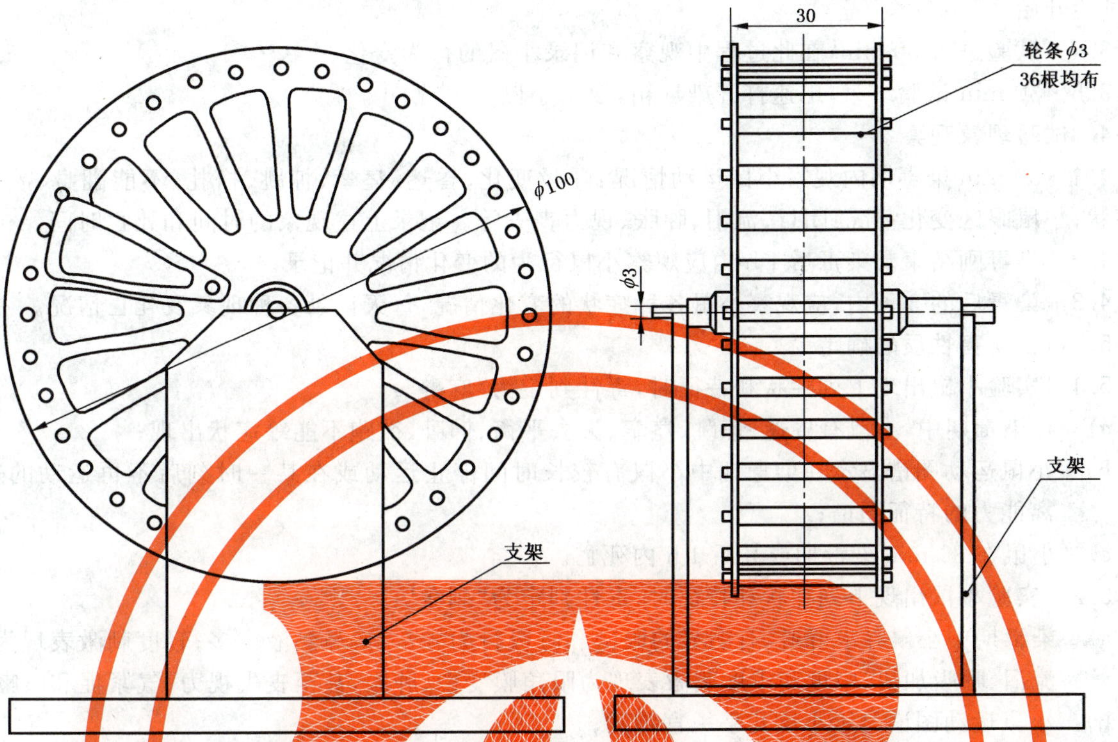

图3 小鼠转笼

5.9.1.3 染毒箱

染毒箱由无色透明的有机玻璃材料制成,染毒箱有效空间体积约9.2 L,可容纳10只小鼠进行染毒试验。

5.9.1.4 灭火剂和空气供给系统

灭火剂和空气供给系统由空气源(瓶装压缩空气或空气压缩机抽取洁净的环境空气)和可调节的2.5级气体流量计及输气管线组成。

5.9.1.5 小鼠运动记录系统

小鼠运动记录采用红外或磁信号监测小鼠转笼转动的情况,每只小鼠的时间-运动图谱应能定性地反映每时刻转笼的角速度。

5.9.2 试验动物要求

5.9.2.1 试验动物应是符合GB 14922.1和GB 14922.2要求的清洁级试验小鼠。

5.9.2.2 试验小鼠应从取得试验动物生产许可证的单位获得,其遗传分类应符合GB 14923的近交系或封闭群要求。

5.9.2.3 从生产单位获得的试验小鼠应做环境适应性喂养,在试验前2天,试验小鼠体重应有增加,试验时周龄应为(5～8)周,质量应为(21±3)g。

5.9.2.4 每个试验组试验小鼠为8只或10只。雌雄各半,随机编组。

5.9.2.5 试验小鼠饮用水应符合GB 5749的要求;饲料应符合GB 14924.3的要求;环境和设施应符合GB 14925的要求。

5.9.3 试验步骤

5.9.3.1 在试验前5 min,应将小鼠按编号称重、装笼,并安放到染毒试验箱的支架上,盖合染毒箱盖。

5.9.3.2 开启灭火剂和空气供给系统并分别调节流量,使灭火剂和空气的混合气体中灭火剂浓度达到

5.8 测试灭火浓度的 1.3 倍。

5.9.3.3 通过三通旋塞将初始 10 min 的混合气直接排放掉，然后旋转三通旋塞，让混合气进入染毒箱，试验开始。

5.9.3.4 试验进行 30 min，在此过程中观察和记录小鼠的行为变化。

5.9.3.5 30 min 试验结束，迅速打开染毒箱，取出小鼠。

5.9.4 试验现象观察

5.9.4.1 30 min 染毒期内观察小鼠运动情况：呼吸变化、昏迷、痉挛、惊跳、挣扎、不能翻身、欲跑不能等症状；小鼠眼区变化情况：闭目、流泪、肿胀、视力丧失等。记录上述现象的时间和死亡时间。

5.9.4.2 染毒刚结束及染毒后 1 h 内应观察小鼠行为的变化情况并记录。

5.9.4.3 染毒后的 3 天内，应观察小鼠各种症状的变化情况，每天记录各种现象及死亡情况。

5.9.5 毒性伤害性质的确定

5.9.5.1 实验小鼠出现下列症状和特征时，毒性判定为“麻醉”：

a) 在染毒期中，小鼠有昏迷、惊跳、痉挛、失去平衡、仰卧、欲跑不能等症状出现；

b) 小鼠运动图谱显示在染毒期中小鼠有较长时间停止运动或在某一时刻后不再运动的丧失逃离能力的特征图谱；

c) 小鼠在 30 min 染毒期或其后 1 h 内死亡。

5.9.5.2 实验小鼠出现下列症状和特征时，毒性判定为“刺激”：

a) 染毒期中小鼠寻求躲避，有明显的眼部和呼吸行为异常，口鼻黏液增多；轻度刺激表现为闭目、流泪、呼吸加快；中度和重度刺激表现为眼角膜变白、肿胀，甚至丧失视力、气紧促和咳嗽；

b) 小鼠运动图谱显示小鼠几乎一直跑动；

c) 小鼠染毒后 3 天内行动迟缓、虚弱厌食或出现死亡现象。

6 检验规则

6.1 检验类别与项目

6.1.1 出厂检验

纯度、酸度以及水分为出厂检验项目。

6.1.2 型式检验

第 4 章中表 1 规定的全部项目为型式检验项目。

有下列情况之一时，应进行产品型式检验：

a) 新产品鉴定或老产品转厂生产时；

b) 正式生产后，如原料、工艺有较大改变时；

c) 正式生产时每隔两年的定期检验；

d) 停产一年以上恢复生产时；

e) 国家质量监督机构提出进行型式检验要求时。

6.2 组、批

批：一次性投料于加工设备制得的均匀物质。

组：在相同环境条件下，用相同的原料和工艺生产的产品，包括一批或多批。

6.3 抽样

6.3.1 型式检验样品应从出厂检验合格的产品中抽取。

6.3.2 按“组”、“批”抽样，都应随机抽取不小于 2 kg 样品。

6.4 检验结果判定

6.4.1 出厂检验结果判定

出厂检验项目中，纯度、酸度以及水分任一项不合格，则判定出厂检验不合格。

6.4.2 型式检验结果判定

型式检验结果符合下列条件之一者，即判定该批产品合格，否则判该批产品不合格：

a) 各项指标均符合第4章的要求；

b) 只有一项B类不合格，其他项目均符合第4章的相应要求。

7 标志、包装、运输和贮存

7.1 本产品应采用钢瓶包装，钢瓶外表面应清晰、牢固地标明“六氟丙烷（HFC236fa）灭火剂”字样，每瓶产品都应附有产品合格证。合格证应标明产品名称、净重、批号、标准编号、生产日期、厂名等。

7.2 六氟丙烷（HFC236fa）灭火剂钢瓶的充装，按国家质量技术监督局[2000]250号文件《气瓶安全监察规程》中第七章“充装”的有关规定执行。最大充装比为1.235 kg/L。

7.3 盛装六氟丙烷（HFC236fa）灭火剂的钢瓶在运输过程中应轻装轻卸，不应抛、滚、滑、碰。

7.4 盛装六氟丙烷（HFC236fa）灭火剂的钢瓶应贮存于阴凉干燥的地方，不得靠近热源，严禁雨淋日晒和接触腐蚀性物质等。

7.5 空瓶或实瓶放置应整齐，佩戴好钢瓶帽。立放时，要妥善固定；横放时，头部朝一个方向，垛高不宜超过5层。

附 录 A
(资料性附录)
六氟丙烷两种同分异构体的色谱图例

六氟丙烷有两种同分异构体,一是本标准所涉及的1,1,1,3,3,3-hexafluoropropane(HFC236fa),另一种是毒性较强的1,1,2,3,3,3-hexafluoropropane(HFC236ea)。

本标准规定的纯度测定方法是通过大量试验确定的。按5.3规定的方法进行分析得到的色谱图如图A.1,其中停留时间2.281 min的色谱峰为1,1,1,3,3,3-hexafluoropropane(HFC236fa),停留时间2.632 min的色谱峰为1,1,2,3,3,3-hexafluoropropane(HFC236ea)。

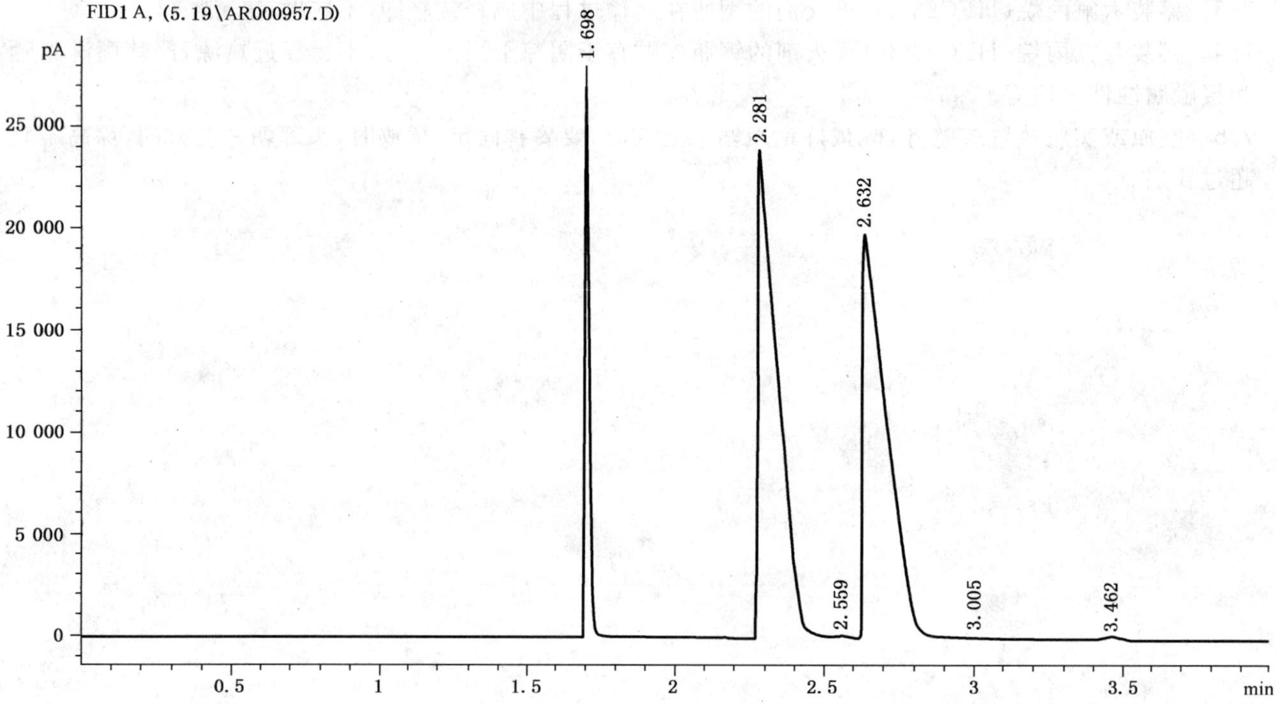

图 A.1 六氟丙烷两种同分异构体色谱图例

ICS 13.220.10
C 84

中华人民共和国国家标准

GB 25972—2010

气体灭火系统及部件

Gas fire extinguishing systems and components

2011-01-10 发布 2011-06-01 实施

中华人民共和国国家质量监督检验检疫总局
中国国家标准化管理委员会 发布

前　言

本标准的4.1、第5章(5.5.12、5.13.3.5除外)和第7章(7.2.1除外)为强制性的,其余为推荐性的。

本标准附录D～附录Z(无附录O和附录X)为规范性附录,附录A～附录C为资料性附录。

本标准由中华人民共和国公安部提出。

本标准由全国消防标准化技术委员会固定灭火系统分技术委员会(SAC/TC 113/SC 2)归口。

本标准负责起草单位:公安部天津消防研究所。

本标准参加起草单位:美国安素公司(北京)、深圳因特安全技术有限公司、南京消防器材股份有限公司、北京美力马消防设备有限公司、广东平安消防设备有限公司、西安核设备有限公司卫士消防设备分公司、上海金盾消防安全设备有限公司、四川威龙消防设备有限公司。

本标准主要起草人:刘连喜、陈泽民、杨震铭、宋波、董海斌、李毅、高云升、李习民、盛彦锋、啜凤英、许春元、张国壁、廖平、赵邦戟、冯松、杜增虎、张兆宪、汪映标。

气体灭火系统及部件

1 范围

本标准规定了气体灭火系统及构成部件的术语和定义、型号编制方法、要求、试验方法、检验规则、使用说明书编写要求、灭火剂充装要求。

本标准适用于七氟丙烷(HFC227ea)灭火系统、三氟甲烷(HFC23)灭火系统、惰性气体灭火系统[包括:IG01(氩气)灭火系统、IG100(氮气)灭火系统、IG55(氩气、氮气)灭火系统、IG541(氩气、氮气、二氧化碳)灭火系统]。

2 规范性引用文件

下列文件中的条款通过本标准的引用而成为本标准的条款。凡是注日期的引用文件,其随后所有的修改单(不包括勘误的内容)或修订版均不适用于本标准,然而,鼓励根据本标准达成协议的各方研究是否可使用这些文件的最新版本。凡是不注日期的引用文件,其最新版本适用于本标准。

GB 150 钢制压力容器

GB 5099 钢质无缝气瓶(GB 5099—1994,neq ISO 4705:1983)

GB 5100 钢质焊接气瓶(GB 5100—1994,neq ISO 4706:1989)

GB/T 8979 纯氮、高纯氮和超纯氮

GB/T 9969 工业产品使用说明书 总则

GB 18614 七氟丙烷(HFC227ea)灭火剂

GB 20128 惰性气体灭火剂(GB 20128—2006,ISO 14520:2005,NEQ)

GA 61 固定灭火系统驱动、控制装置通用技术条件

3 术语和定义

下列术语和定义适用于本标准。

3.1

系统工作压力 system working pressure

灭火剂瓶组容器阀出口处的压力。

注:灭火剂瓶组上的容器阀若不带减压功能,系统的工作压力即为瓶组的工作压力。

灭火剂瓶组上的容器阀若具有减压功能,系统的工作压力即为经减压后容器阀出口处的压力。

3.2

充装密度 filling density

贮存容器内灭火剂的质量与该容器容积之比,单位为千克每立方米(kg/m^3)。

3.3

自压式气体灭火系统 compressed inert gaseous fire extinguishing system

灭火剂瓶组中的灭火剂依靠自身压力进行输送的灭火系统。

3.4

内贮压式气体灭火系统 stored pressure gaseous fire extinguishing system

灭火剂在瓶组内用惰性气体进行加压贮存,系统动作时灭火剂靠瓶组内的充压气体进行输送的灭火系统。

3.5

贮存压力 storage pressure

对于自压式气体灭火系统是指贮存容器内按最大充装密度(或最大充装压力)灌装灭火剂,在

+20 ℃环境中的平衡压力。

对于内贮压式气体灭火系统是指贮存容器内按最大充装密度灌装灭火剂，充压后在+20 ℃环境中的平衡压力。

对于驱动气体瓶组是指贮存容器内按最大充装压力或充装密度灌装气体，在+20 ℃环境中的平衡压力。

3.6

最大工作压力　maximum working pressure

对于自压式气体灭火系统是指贮存容器内按最大充装密度（或最大充装压力）灌装灭火剂，置于工作温度范围上限时的平衡压力。

对于内贮压式气体灭火系统是指贮存容器内按最大充装密度灌装灭火剂，充压后置于工作温度范围上限时的平衡压力。

对于驱动气体瓶组是指贮存容器内按最大充装压力或充装密度灌装气体，置于工作温度范围上限时的平衡压力。

3.7

最小工作压力　minimum working pressure

对于自压式气体灭火系统是指贮存容器内按最大充装密度（或最大充装压力）灌装灭火剂，置于工作温度范围下限时的平衡压力。

对于内贮压式气体灭火系统是指贮存容器内按最大充装密度灌装灭火剂，充压后置于工作温度范围下限时的平衡压力。

对于驱动气体瓶组是指贮存容器内按最大充装压力或充装密度灌装气体，置于工作温度范围下限时的平衡压力。

3.8

喷射时间　discharge time

对于七氟丙烷灭火系统、三氟甲烷灭火系统指在+20 ℃环境条件下，喷嘴开始喷出灭火剂至喷出设计浓度所需灭火剂量95%时的时间。

对于惰性气体灭火系统指达到95%设计浓度所需的时间。

3.9

低泄高封阀　low venting high close valve

安装在系统启动管路上，正常情况下处于开启状态，用来排除由于气源泄漏积聚在启动管路内的气体，只有进口压力达到设定压力时才关闭的阀门。

4　型号编制方法

4.1　气体灭火系统型号按下列方式编制：

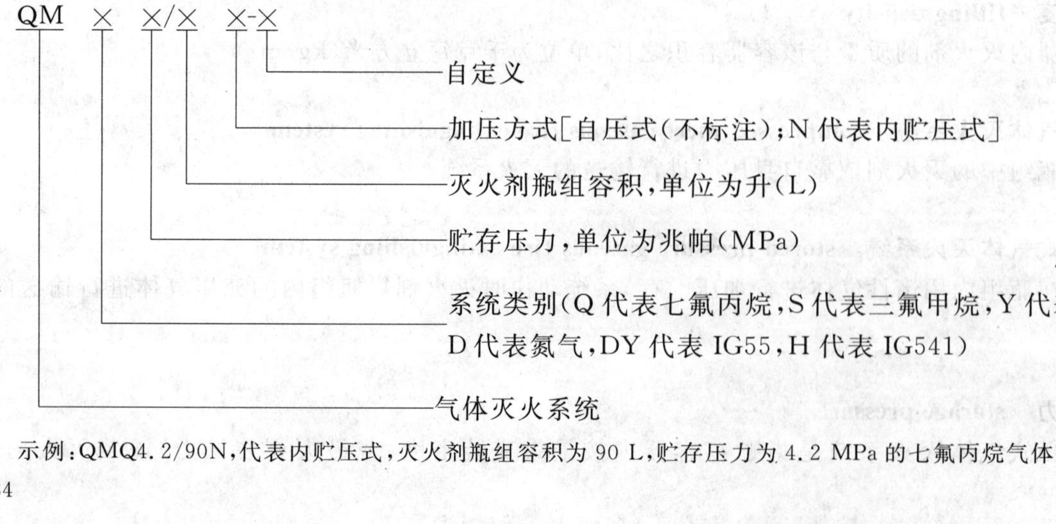

示例：QMQ4.2/90N，代表内贮压式，灭火剂瓶组容积为90 L，贮存压力为4.2 MPa的七氟丙烷气体灭火系统。

4.2 部件型号编制方法参见附录A。

5 要求

5.1 系统

5.1.1 基本要求

5.1.1.1 工作温度范围

系统的工作温度范围应符合下列要求：

a) 七氟丙烷灭火系统：0 ℃～+50 ℃；

b) 三氟甲烷灭火系统：−20 ℃～+50 ℃；

c) 惰性气体灭火系统：0 ℃～+50 ℃。

5.1.1.2 充装密度、充装压力

系统最大充装密度、充装压力应符合下列要求：

a) 内贮压式七氟丙烷灭火系统最大充装密度：

——2.5 MPa贮存压力时为1 120 kg/m³；

——4.2 MPa贮存压力时(焊接结构贮存容器)为950 kg/m³；

——4.2 MPa贮存压力时(无缝结构贮存容器)为1 120 kg/m³；

——5.6 MPa贮存压力时为1 080 kg/m³。

b) 三氟甲烷灭火系统最大充装密度：760 kg/m³。

c) 惰性气体灭火系统最大充装压力为表1规定的贮存压力。

表1 系统工作压力

单位为兆帕

系统类别	贮存压力	最大工作压力(+50 ℃时)	最小工作压力	
			0 ℃时	−20 ℃时
内贮压式七氟丙烷灭火系统	2.5	4.2	2.0	
	4.2	6.7[a]	3.6	—
	4.2	5.3[b]	3.6	—
	5.6	8.0	4.6	—
三氟甲烷灭火系统	4.2	13.7	—	1.4
IG01气体灭火系统	15.0	17.2	14.0	—
	20.0	23.2	18.0	—
IG100气体灭火系统	15.0	17.2	13.6	—
	20.0	23.2	18.0	—
IG55气体灭火系统(含：氩气50±5%，氮气50±5%)	15.0	17.2	14.0	—
	20.0	23.2	18.0	—
IG541气体灭火系统(含：氮气48.8%～55.2%，氩气37.2%～42.8%，二氧化碳7.6%～8.4%)	15.0	17.2	13.6	—
	20.0	23.2	18.0	—

a 指充装密度为1 120 kg/m³时。

b 指充装密度为950 kg/m³时。

5.1.1.3 系统喷射时间

灭火系统的最大喷射时间为：

a) 七氟丙烷灭火系统：10 s；

b) 三氟甲烷灭火系统：10 s；

c) 惰性气体灭火系统：60 s。

5.1.2 系统构成

5.1.2.1 内贮压式七氟丙烷灭火系统、三氟甲烷灭火系统至少应由灭火剂瓶组、驱动气体瓶组、单向阀、选择阀(适用于组合分配系统)、驱动装置、集流管、连接管、喷嘴、信号反馈装置、安全泄放装置、控制盘、检漏装置、低泄高封阀(适用于具有驱动气体瓶组的系统)、管路管件等部件构成。

5.1.2.2 惰性气体灭火系统至少应由灭火剂瓶组、驱动气体瓶组(不适用于直接驱动灭火剂瓶组的系统)、单向阀、选择阀(适用于组合分配系统)、减压装置、驱动装置、集流管、连接管、喷嘴、信号反馈装置、安全泄放装置、控制盘、检漏装置、低泄高封阀(适用于具有驱动气体瓶组的系统)、管路管件等部件构成。

5.1.2.3 同一系统各部件应固定牢固、连接可靠，部件安装位置正确，整体布局合理，便于操作、检查和维修。

5.1.2.4 系统中相同功能部件的规格应一致(选择阀、喷嘴除外)，各灭火剂贮存容器的容积、充装密度或充装压力应一致。

5.1.3 外观

5.1.3.1 系统各构成部件应无明显加工缺陷或机械损伤，部件外表面应进行防腐处理，防腐涂层、镀层应完整、均匀。

5.1.3.2 在灭火剂贮存容器上应标注灭火剂的名称，字迹应明显、清晰。在驱动气体贮存容器上应标注充装气体的名称。

5.1.3.3 系统每个手动操作部位均应以文字、图形符号标明操作方法。

5.1.3.4 系统铭牌应牢固地设置在系统明显部位，注明：系统名称、型号规格、执行标准代号、灭火剂充装总质量、工作温度范围、生产单位、产品编号、出厂日期等内容。

5.1.3.5 系统警示标志应牢固地设置在系统明显部位，对于惰性气体灭火系统警示标志的内容为“本系统动作时喷嘴会喷放出高压气体”；对于七氟丙烷灭火系统、三氟甲烷灭火系统警示标志的内容为“本系统灭火时会分解产生一定量的氟化氢气体”，警示标志的内容应在一般光线条件下距标志 3 m 处清晰可读。

5.1.4 系统准工作状态

系统各操作部件的工作位置、控制盘的控制、监视功能均应处于正常准工作状态；各瓶组的检漏装置应处于正常工作状态，瓶组内介质的充装质量(充装压力)应与瓶组上的标称值一致。

5.1.5 启动运行要求

5.1.5.1 启动方式

5.1.5.1.1 系统应具有自动启动、手动启动和机械应急启动功能。

5.1.5.1.2 手动启动和机械应急启动应有防止误动作的有效措施，并用文字或图形符号标明操作方法。

5.1.5.2 延时启动功能

系统的自动启动应具有延迟启动功能，延迟时间可在 0 s～30 s 范围内连续可调，分档可调时每档间隔不应大于 10 s。延迟时间设定误差应不大于设定时间的 20%。

5.1.5.3 组合分配系统的动作程序

组合分配系统的动作程序应在选择阀开启后或同时打开容器阀。

5.1.5.4 启动运行

5.1.5.4.1 系统采用不同方式启动，其动作应准确、可靠、无故障。

5.1.5.4.2　系统的喷射时间应符合5.1.1.3的要求，延迟启动时间应符合5.1.5.2的要求。

5.1.5.4.3　灭火剂喷射过程中和喷射后的显示、报警及输出端子动作情况应符合5.13的要求。

5.2　灭火剂瓶组

5.2.1　灭火剂瓶组组成

灭火剂瓶组应至少由灭火剂及容器、容器阀、安全泄放装置、灭火剂取样口、检漏装置等组成。

5.2.2　工作压力

灭火剂瓶组的工作压力应符合表1的规定。

5.2.3　充装密度、充装压力

灭火剂瓶组中灭火剂充装密度、充装压力应符合5.1.1.2的规定。

5.2.4　密封要求

按6.4.2规定的方法进行气密性试验，灭火剂瓶组应无气泡泄漏。

试验压力为系统最大工作压力，压力保持时间为5 min。

5.2.5　强度要求

按6.3规定的方法进行液压强度试验，灭火剂瓶组不应出现渗漏现象。

试验压力为1.5倍系统最大工作压力，压力保持时间为5 min。

5.2.6　抗震要求

按6.12.1规定的方法进行振动试验，灭火剂瓶组任何部件不应产生松动、脱落和结构损坏，七氟丙烷、三氟甲烷灭火剂的净重损失量不应大于灭火剂充装量的0.125 %，惰性气体灭火剂的净重损失量不应大于灭火剂充装量的0.25%。试验后自动启动容器阀，不应出现任何故障。

5.2.7　温度循环泄漏要求

按6.13规定的方法进行温度循环泄漏试验，七氟丙烷、三氟甲烷灭火剂的净重损失量不应大于灭火剂充装量的0.125%，惰性气体灭火剂的净重损失量不应大于灭火剂充装量的0.25%。试验后自动启动容器阀，不应出现任何故障。

5.2.8　耐倾倒冲击要求

按6.14规定的方法进行耐倾倒冲击试验，灭火剂瓶组零件不应松动、脱落或损坏。试验后灭火剂瓶组的气密性应符合5.2.4的规定，自动和手动启动容器阀应能正常开启。

5.2.9　虹吸管

具有虹吸管的灭火剂瓶组，虹吸管的材料应采用能抗灭火剂腐蚀的金属材料制造。

5.2.10　误喷射防护装置

灭火剂瓶组的容器阀出口应有防止在运输、装卸、储存过程中灭火剂误喷放的防护装置，防护装置上的开孔应使灭火剂均匀喷放而不产生过大的反冲力，且不应被冲出。

5.2.11　气体取样要求

灭火剂瓶组(容器或容器阀上)应设有灭火剂取样口，且应在不打开容器阀或不完全打开容器阀(灭火剂取样结束后仍能关闭)的条件下，能抽取瓶组内的灭火剂。

5.2.12　灭火剂释放时间

灭火剂瓶组在最大充装密度或充装压力下，灭火剂从容器阀喷出的时间不应大于5.1.1.3规定的系统喷射时间的80%。

5.2.13　灭火剂和充压气体要求

七氟丙烷灭火剂应符合GB 18614的要求。

惰性气体灭火剂应符合GB 20128的要求。

其他灭火剂应为国务院公安部门消防机构公布的产品。

充压气体应采用纯氮且应符合GB/T 8979的要求。

5.2.14　标志

在灭火剂瓶组的明显部位应永久性标出：灭火剂名称、工作压力、充装量、充装压力、充装日期、生产单位或商标等。

5.3 驱动气体瓶组

5.3.1 驱动气体瓶组组成

驱动气体瓶组应至少由充装的气体及贮存容器、容器阀、安全泄放装置等组成。

5.3.2 工作压力

驱动气体瓶组的工作压力应与瓶组上的标称值一致。

5.3.3 充装压力

驱动气体瓶组的充装压力应与瓶组上的标称值一致。

5.3.4 密封要求

按 6.4.2 规定的方法进行气密性试验，驱动气体瓶组应无气泡泄漏。

试验压力为驱动气体瓶组的最大工作压力，压力保持时间为 5 min。

5.3.5 强度要求

按 6.3 规定的方法进行液压强度试验，驱动气体瓶组不应出现渗漏现象。

试验压力为 1.5 倍驱动气体瓶组的最大工作压力，压力保持时间为 5 min。

5.3.6 抗震要求

按 6.12.1 规定的方法进行振动试验，驱动气体瓶组任何部件不应产生结构损坏，驱动气体瓶组内气体的净重损失量不应大于气体充装量的 0.25%，试验后自动启动容器阀，不应出现任何故障。

5.3.7 温度循环泄漏要求

按 6.13 规定的方法进行温度循环泄漏试验，驱动气体瓶组内气体的净重损失量不应大于气体充装量的 0.25%，试验后自动启动容器阀，不应出现任何故障。

5.3.8 耐倾倒冲击要求

按 6.14 规定的方法进行耐倾倒冲击试验，驱动气体瓶组零件不应损坏。试验后驱动气体瓶组的气密性应符合 5.3.4 的规定，自动和手动启动容器阀应能正常开启。

5.3.9 误喷射防护装置

误喷放防护装置的性能应符合 5.2.10 的要求。

5.3.10 标志

在驱动气体瓶组的明显部位应永久性标出：气体名称、工作压力、充装压力、充装日期、生产单位或商标等。

5.3.11 充压气体要求

充压气体应采用纯氮且应符合 GB/T 8979 的要求。

5.4 容器

5.4.1 容器的设计、制造、检验

容器的设计、制造、检验应符合 GB 5099、GB 5100、GB 150 的相关规定。

5.4.2 公称工作压力

贮存灭火剂容器的公称工作压力不应小于系统的最大工作压力；驱动气体贮存容器的公称工作压力不应小于驱动气体瓶组的最大工作压力。

5.4.3 容积和直径

容器的公称容积和外径(或内径)应符合 GB 5099、GB 5100 的相关规定。

5.4.4 材料

钢质无缝容器的材料应符合 GB 5099 的规定，钢质焊接容器的材料应符合 GB 5100 的规定。容器材料的耐腐蚀性能还应允许长期贮存所充装介质。

5.4.5 颜色和标志

容器的颜色应为红色。

容器钢印标记和铭牌应分别符合 GB 5099、GB 5100 的规定。

5.5 容器阀

5.5.1 标志

在容器阀明显部位应永久性标出：生产单位或商标、型号规格、工作压力。

5.5.2 材料

容器阀体及其内部机械零件应采用奥氏体不锈钢、铜合金制造，也可以用强度、耐腐蚀性能不低于上述材质的其他金属材料制造。

5.5.3 工作压力

贮存灭火剂容器上的容器阀的公称工作压力不应小于灭火剂瓶组的最大工作压力；驱动气体贮存容器的容器阀公称工作压力不应小于驱动气体瓶组的最大工作压力。

5.5.4 强度要求

按6.3规定的方法进行液压强度试验，容器阀及其附件不应渗漏、变形或损坏。

试验压力为1.5倍瓶组的最大工作压力，压力保持时间为5 min。

5.5.5 密封要求

按6.4.3规定的方法进行气密性试验，容器阀在关闭状态下应无气泡泄漏；容器阀在开启状态下各连接密封部位的气泡泄漏量不应超过每分钟20个。

试验压力为瓶组的最大工作压力，压力保持时间为5 min。

5.5.6 超压要求

按6.5.2规定的方法进行液压超压试验，容器阀及其附件不应有破裂现象。

试验压力为3倍瓶组的最大工作压力，压力保持时间为5 min。

5.5.7 最大和最小工作压力下动作要求

按6.7规定的方法进行最大和最小工作压力下动作试验，容器阀的动作应准确、可靠，并完全开启。

5.5.8 工作可靠性要求

按6.6.1规定的方法进行工作可靠性试验，容器阀及其辅助的控制驱动装置应动作灵活、可靠，不应出现任何故障或结构损坏（正常工作时允许损坏的零件除外，但这些零件不应与阀体脱离和从出口喷出），试验后容器阀的密封性能应符合5.5.5的规定。

5.5.9 局部阻力损失

七氟丙烷灭火系统、三氟甲烷灭火系统容器阀的局部阻力损失（包括虹吸管、容器阀及连接管接头的局部阻力损失）采用与其相连接的管路等效长度来表示。按6.8.1规定的试验方法测得的容器阀等效长度值与生产单位使用说明书上的公布值相比，其差值不应超过使用说明书上的公布值的10%。

惰性气体灭火系统容器阀的局部阻力损失（包括容器阀及连接管接头的局部阻力损失）采用压力损失曲线表示。按6.8.2规定的试验方法测得的压力损失曲线与生产单位使用说明书上的公布值相比，其差值不应超过使用说明书上的公布值的10%。

5.5.10 耐腐蚀性能

5.5.10.1 耐盐雾腐蚀性能

按6.9规定的方法进行盐雾腐蚀试验，容器阀及其附件不应有明显的腐蚀损坏。试验后容器阀的密封性能应符合5.5.5的规定，工作可靠性按6.6.1的规定试验时，应能准确、可靠地开启。

5.5.10.2 耐应力腐蚀性能

按6.11规定的方法进行应力腐蚀试验，容器阀及其附件不应有裂纹、损坏。试验后容器阀的强度应符合5.5.4的规定。

5.5.10.3 耐二氧化硫腐蚀性能

按6.10规定的方法进行二氧化硫腐蚀试验，容器阀及其附件不应有明显的腐蚀损坏。试验后容器阀的密封性能应符合5.5.5的规定，工作可靠性按6.6.1的规定试验时，应能准确、可靠地开启。

5.5.11 手动操作要求

容器阀应具有机械应急启动功能，按6.16规定的方法进行应急启动手动操作试验，应符合下列要求：

a） 手动操作力不应大于 150 N；

b） 指拉操作力不应大于 50 N；

c） 指推操作力不应大于 10 N；

d） 所有手动操作位移均不应大于 300 mm；

e） 旋转开启的容器阀其操作力矩不应大于 10 N·m，旋转角度不应大于 270°。

5.5.12 结构要求

装设压力显示器的容器阀，压力显示器安装口处宜设单向针阀。

5.6 喷嘴

5.6.1 标志

在喷嘴明显部位应永久性标出：生产单位或商标、喷嘴型号、代号或等效单孔直径。

5.6.2 结构、尺寸

5.6.2.1 七氟丙烷灭火系统、三氟甲烷灭火系统用喷嘴代号、等效孔口尺寸应符合表 2 的规定。

5.6.2.2 喷孔横截面积小于 7 mm^2 的喷嘴应安装过滤网，网孔边长不应大于喷孔直径的 60％，过滤网总面积应大于喷孔横截面积的 10 倍。

表 2 喷嘴代号及等效孔口尺寸

单位为毫米

喷嘴代号[a]	等效单孔直径	喷嘴代号[a]	等效单孔直径
1	0.79	9	7.14
1.5	1.19	9.5	7.54
2	1.59	10	7.94
2.5	1.98	11	8.73
3	2.38	12	9.53
3.5	2.78	13	10.32
4	3.18	14	11.11
4.5	3.57	15	11.91
5	3.97	16	12.70
5.5	4.37	18	14.29
6	4.76	20	15.88
6.5	5.16	22	17.46
7	5.56	24	19.05
7.5	5.95	32	25.40
8	6.33	48	38.10
8.5	6.75	64	50.80

[a] 喷嘴代号允许每增加 1 号，等效单孔直径增加 0.793 75 mm 的比例向系列外延伸。

5.6.2.3 防止喷孔被外界物质堵塞用的保护帽，按 6.40 规定的方法进行试验时，保护帽应在 0.01 MPa～0.3 MPa 压力范围内与喷嘴脱离，且不应影响喷嘴正常喷射并对人员不造成损伤。

5.6.3 材料

喷嘴各部件均应采用耐腐蚀的材料制造，并应符合本标准要求的机械强度和耐温度性能。

5.6.4 流量特性

按 6.17 规定的方法进行试验，喷嘴在不同喷射压力下单位孔口面积质量流量与对应代号标准喷嘴的流量特性相比，其差值不应超过 10％。

5.6.5 耐热和耐压要求

按 6.18 规定的方法进行耐热和耐压试验，喷嘴不应有变形、裂纹或损坏。试验压力为系统最大工作压力。当系统安装减压装置时，试验压力为减压装置后最大压力。

5.6.6 耐热和耐冷击要求

七氟丙烷、三氟甲烷喷嘴按 6.19 规定的方法进行耐热和耐冷击试验，喷嘴不应有变形、裂纹或损坏。

惰性气体灭火系统喷嘴无此项要求。

5.6.7 耐冲击性能

按 6.21 规定的方法进行机械冲击试验，喷嘴不应有变形、裂纹或损坏。

5.6.8 耐腐蚀性能

5.6.8.1 耐盐雾腐蚀性能

按 6.9 规定的方法进行喷嘴盐雾腐蚀试验，喷嘴不应有明显的腐蚀损坏。试验后喷嘴耐热和耐冷击性能应符合 5.6.6 的规定。

5.6.8.2 耐应力腐蚀性能

按 6.11 规定的方法进行喷嘴应力腐蚀试验，喷嘴不应有裂纹或损坏。试验后喷嘴耐热和耐压性能应符合 5.6.5 的规定。

5.6.8.3 耐二氧化硫腐蚀性能

按 6.10 规定的方法进行喷嘴二氧化硫腐蚀试验，喷嘴不应有明显的腐蚀损坏。试验后喷嘴耐热和耐冷击性能应符合 5.6.6 的规定。

5.6.9 全淹没喷嘴的喷射特性

按 6.20 规定的方法进行浓度分布试验，全淹没系统用喷嘴在最大安装高度和最小安装高度的试验空间中，均应在喷射结束后 30 s 内达到灭火浓度，并不应引起飞溅。

5.7 选择阀

5.7.1 标志

在选择阀明显部位应永久性标出：生产单位或商标、型号规格、工作压力、介质流动方向。

5.7.2 材料

选择阀阀体及其内部机械零件应采用奥氏体不锈钢、铜合金制造，也可以用强度、耐腐蚀性能不应低于上述材质的其他金属材料制造。

5.7.3 工作压力

选择阀的公称工作压力不应小于系统的最大工作压力。

5.7.4 强度要求

按 6.3 规定的方法进行液压强度试验，选择阀及其附件不应渗漏、变形或损坏。

试验压力为 1.5 倍系统的最大工作压力，压力保持时间为 5 min。

5.7.5 密封要求

按 6.4.3 规定的方法进行气密性试验，选择阀在关闭状态下应无气泡泄漏；选择阀在开启状态下各连接密封部位的气泡泄漏量不应超过每分钟 20 个。

试验压力为系统的最大工作压力，压力保持时间为 5 min。

5.7.6 工作可靠性要求

按 6.6.1 规定的方法进行工作可靠性试验，选择阀及其辅助的控制驱动装置应动作灵活、可靠，不应出现任何故障或结构损坏（正常工作时允许损坏的零件除外）。

5.7.7 局部阻力损失

七氟丙烷灭火系统、三氟甲烷灭火系统选择阀的局部阻力损失采用与其相连接的管路等效长度来表示。按 6.8.1 规定的试验方法测得的选择阀等效长度值与生产单位使用说明书上的公布值相比，其差值不应超过使用说明书上的公布值的 10%。

惰性气体灭火系统选择阀的局部阻力损失采用压力损失曲线表示。按 6.8.2 规定的试验方法测得的压力损失曲线与生产单位使用说明书上的公布值相比，其差值不应超过使用说明书上的公布值的 10%。

5.7.8 耐腐蚀性能

5.7.8.1 耐盐雾腐蚀性能

按 6.9 规定的方法进行盐雾腐蚀试验，选择阀及其附件不应有明显的腐蚀损坏。试验后选择阀的密封性能应符合 5.7.5 的规定，工作可靠性按 6.6.1 的规定试验时，应能准确、可靠地开启。

5.7.8.2 耐应力腐蚀性能

按 6.11 规定的方法进行应力腐蚀试验，选择阀及其附件不应有裂纹、损坏。试验后选择阀的强度应符合 5.7.4 的规定。

5.7.8.3 耐二氧化硫腐蚀性能

按 6.10 规定的方法进行二氧化硫腐蚀试验，选择阀及其附件不应有明显的腐蚀损坏。试验后选择阀的密封性能应符合 5.7.5 的规定，工作可靠性按 6.6.1 的规定试验时，应能准确、可靠地开启。

5.7.9 手动操作要求

选择阀应有机械应急启动功能，按 6.16 规定的方法进行应急启动手动操作试验，应符合下列要求：

a) 手动操作力不应大于 150 N；

b) 指拉操作力不应大于 50 N；

c) 指推操作力不应大于 10 N；

d) 所有手动操作位移均不应大于 300 mm；

e) 旋转开启的选择阀其操作力矩不应大于 10 N·m，旋转角度不应大于 270°。

5.8 单向阀

5.8.1 标志

在单向阀明显部位应永久性标出：生产单位或商标、型号规格、工作压力、介质流动方向 。

5.8.2 材料

单向阀及其内部机械零件应采用奥氏体不锈钢、铜合金制造，也可以用强度、耐腐蚀性能不应低于上述材质的其他金属材料制造。

5.8.3 工作压力

单向阀的公称工作压力不小于与其连接的瓶组的最大工作压力。

5.8.4 强度要求

按 6.3 规定的方法进行液压强度试验，单向阀及其附件不应渗漏、变形或损坏。

试验压力为 1.5 倍瓶组的最大工作压力，压力保持时间为 5 min。

单向阀正向和反向强度要求相同。

5.8.5 正向密封要求

按 6.4.3 规定的方法进行气密性试验，单向阀应无气泡泄漏。试验压力为瓶组的最大工作压力，压力保持时间为 5 min。

5.8.6 反向密封要求

用于灭火剂流通管路上的单向阀按 6.4.3 规定的方法进行反向气密性试验，在瓶组的最大工作压力下，气泡泄漏量不应超过每分钟 20 个。

用于驱动气体控制管路上的单向阀，在最大工作压力下不应产生气泡泄漏。

5.8.7 工作可靠性要求

按 6.6.2 规定的方法进行工作可靠性试验，单向阀应能承受 100 次“开启-关闭”动作试验，其开启、关闭动作应灵活、准确，不应出现任何故障或结构损坏。

5.8.8 开启压力要求

按 6.22 规定的方法进行试验，单向阀的开启压力不应超过生产单位使用说明书上的公布值。

5.8.9 局部阻力损失

七氟丙烷灭火系统、三氟甲烷灭火系统单向阀的局部阻力损失采用与其相连接的管路等效长度来表示。按6.8.1规定的试验方法测得的单向阀等效长度值与生产单位使用说明书上的公布值相比,其差值不应超过使用说明书上的公布值的10%。

惰性气体灭火系统单向阀的局部阻力损失采用压力损失曲线表示。按6.8.2规定的试验方法测得的压力损失曲线与生产单位使用说明书上的公布值相比,其差值不应超过使用说明书上的公布值的10%。

5.8.10 耐腐蚀性能

5.8.10.1 耐盐雾腐蚀性能

按6.9规定的方法进行盐雾腐蚀试验,单向阀及其附件不应有明显的腐蚀损坏。试验后单向阀的反向密封性能应符合5.8.6的规定,其工作可靠性按6.6的规定试验时,应能准确、可靠地动作。

5.8.10.2 耐应力腐蚀性能

按6.11规定的方法进行应力腐蚀试验,单向阀及其附件不应有裂纹、损坏。试验后单向阀的反向密封性能应符合5.8.6的规定,单向阀的强度性能应符合5.8.4的规定。

5.8.10.3 耐二氧化硫腐蚀性能

按6.10规定的方法进行二氧化硫腐蚀试验,单向阀及其附件不应有明显的腐蚀损坏。试验后单向阀的反向密封性能应符合5.8.6的规定,其工作可靠性按6.6的规定试验时,应能准确、可靠地动作。

5.9 集流管

5.9.1 材料

集流管应采用无缝管制造,材质应具有耐腐蚀性能或将其内外表面做防腐蚀镀层处理。

5.9.2 工作压力

灭火剂流通管路上的集流管的公称工作压力不小于系统的最大工作压力。

5.9.3 强度要求

按6.3规定的方法进行液压强度试验,集流管不应渗漏、变形或损坏。

试验压力为1.5倍系统的最大工作压力,压力保持时间为5 min。

5.9.4 密封要求

按6.4.5规定的方法进行气密性试验,集流管应无气泡泄漏。

试验压力为系统的最大工作压力,压力保持时间为5 min。

5.9.5 流量要求

按6.41规定的方法进行流量试验,集流管应保证在系统最大喷射时间内喷出汇集的气体,喷放期间集流管不应损坏。

5.10 连接管

5.10.1 材料

连接管应采用高压软管或采用耐压强度、抗冲击振动能力相当的金属管材。

连接管应选用耐使用介质腐蚀的材料制造。

5.10.2 工作压力

容器阀与集流管间连接管的公称工作压力不小于系统的最大工作压力。控制管路连接管的工作压力应不小于驱动气体瓶组的最大工作压力。

5.10.3 强度要求

按6.3规定的方法进行液压强度试验,连接管不应渗漏、变形或损坏。

试验压力为1.5倍系统的最大工作压力,压力保持时间为5 min。

5.10.4 密封要求

按6.4.5规定的方法进行气密性试验,连接管应无气泡泄漏。

试验压力为系统的最大工作压力,压力保持时间为5 min。

5.10.5 非金属连接管耐热空气老化性能

按6.24规定的方法进行热空气老化试验,非金属软管不应有裂纹等损坏。试验后非金属软管的强度和密封要求应满足5.10.3和5.10.4的规定。

试验温度+140 ℃,试验时间为240 h。

5.10.6 非金属连接管低温性能

按6.28规定的方法进行低温试验,非金属软管内、外胶层不应出现龟裂或破裂,试验后非金属软管的强度和密封要求应满足5.10.3和5.10.4的规定。

试验温度为系统最低工作温度,试验时间为24 h。

5.11 安全泄放装置

5.11.1 泄放动作压力

灭火剂瓶组、驱动气体瓶组上应设置安全泄放装置,其泄放动作压力设定值应不小于1.25倍的瓶组最大工作压力,但不大于其强度试验压力的95%。泄放动作压力为设定值的(1±5%)范围内。

组合分配系统集流管上应设置安全泄放装置,其泄放动作压力设定值应不小于1.25倍的系统最大工作压力,但不大于其强度试验压力的95%。泄放动作压力为设定值的(1±5%)范围内。

5.11.2 耐腐蚀性能

5.11.2.1 耐盐雾腐蚀性能

按6.9规定的方法进行盐雾腐蚀试验,安全泄放装置不应有明显的腐蚀损坏。试验后安全泄放装置的泄放压力范围应符合5.11.1的规定。

5.11.2.2 耐应力腐蚀性能

按6.11规定的方法进行应力腐蚀试验,安全泄放装置不应有裂纹、损坏。试验后安全泄放装置的泄放压力范围应符合5.11.1的规定。

5.11.2.3 耐二氧化硫腐蚀性能

按6.10规定的方法进行二氧化硫腐蚀试验,安全泄放装置不应有明显的腐蚀损坏。试验后安全泄放装置的泄放压力范围应符合5.11.1的规定。

5.11.3 耐温度循环性能

按6.13规定的方法进行温度循环试验后,安装在瓶组上的安全泄放装置的泄放压力范围应符合5.11.1的规定。

5.12 驱动装置

系统的驱动装置的性能应符合GA 61的规定,其中工作温度范围应符合5.1.1.1的要求。

5.13 控制盘

5.13.1 电源要求

电源应符合以下要求:

a) 当交流供电电压在187 V~242 V范围内变动且频率为50 Hz±1 Hz时,控制盘应能可靠工作;

b) 控制盘备用电源容量应满足正常监视状态下连续工作24 h,其间应保证系统可靠启动;

c) 主、备用电源均应有工作指示。

5.13.2 报警功能

控制盘应能接收火灾探测器和火警触发器件发来的火警信号,发出声光报警信号。在额定工作电压下,距离控制盘1 m处,内部和外部音响器件的声压级(A计权)应分别在65 dB(A)和85 dB(A)以上,115 dB(A)以下。

控制盘应具备自身(包括探测、控制回路)故障报警功能。

5.13.3 控制及显示功能

5.13.3.1 控制盘应有自动、手动启动灭火系统功能,自动状态、手动状态应有明显标志并可相互转换。无论控制盘处于自动或手动状态,手动操作启动应始终有效。

5.13.3.2 控制盘应有延迟启动功能，延迟时间 0 s～30 s 连续可调，如采用分档调节时每档间隔不应大于 10 s。延时状态应有明显的光信号显示。延时期间，应能手动停止后续动作。

5.13.3.3 在控制盘设置"紧急启动"按键时，该键应有避免人员误触及的保护措施，设置"紧急中断"按键时，按键应置于易操作部位。"紧急启动"和"紧急中断"的状态应有明显的光信号显示。

5.13.3.4 控制盘应有灭火系统启动后的灭火剂喷洒情况的反馈信号显示功能。

5.13.3.5 控制盘宜有灭火剂瓶组中灭火剂泄漏报警显示功能。

5.13.3.6 控制盘应提供控制外部设备的接线端子。

5.13.3.7 控制盘应设有保护接地端子。

5.13.3.8 控制盘应具有历史事件记录功能，且应能至少记录 999 条相关信息，在控制盘断电后能至少保持信息 14 d。

5.13.4 其他性能

控制盘的运行稳定性、耐气候环境、耐机械环境、抗电干扰、耐电压、绝缘电阻、部件性能等应符合 GA 61 的要求。

5.13.5 标志

在控制盘明显部位永久性标出：生产单位或商标、产品名称型号、产品编号、出厂日期等内容。

5.14 检漏装置

5.14.1 称重装置

5.14.1.1 报警功能

安装在灭火系统中的称重装置应有泄漏上限报警功能，当瓶组内充装介质的泄漏量达到充装质量的 5% 时，应能可靠报警。光报警信号应为黄色，在一般光线条件下，距离 3 m 远处应清晰可见；声报警信号在额定电压下，距离 1 m 远处的声压级（A 计权）不应低于 65 dB(A)。

5.14.1.2 耐高低温性能

称重装置在 5.1.1.1 规定的最高工作温度和最低工作温度环境中分别放置 8 h 后，其报警功能应符合 5.14.1.1 的规定。

5.14.1.3 过载要求

称重装置承受 2 倍的瓶组质量的静载荷（瓶组内介质按最大充装密度计算），保持 15 min，不应损坏。试验后报警功能应符合 5.14.1.1 的规定。

5.14.1.4 耐腐蚀性能

5.14.1.4.1 耐盐雾腐蚀性能

按 6.9 规定的方法进行盐雾腐蚀试验，称重装置不应有明显的腐蚀损坏。试验后报警功能应符合 5.14.1.1 的规定。

5.14.1.4.2 耐二氧化硫腐蚀性能

按 6.10 规定的方法进行二氧化硫腐蚀试验，称重装置不应有明显的腐蚀损坏。试验后报警功能应符合 5.14.1.1 的规定

5.14.1.5 标志

在装置的明显部位标出：生产单位或商标、产品型号规格、称重范围等内容。

5.14.2 压力显示器

5.14.2.1 基本性能

5.14.2.1.1 压力显示器工作环境温度应为系统工作温度范围。

5.14.2.1.2 压力显示器测量范围上限不应小于最大工作压力的 1.1 倍。

5.14.2.1.3 示值基本误差应符合以下要求：

a) 公称工作压力点示值误差不应大于贮存压力的 ±4%；

b) 最大工作压力点示值误差不应大于贮存压力的 ±8%；

c) 最小工作压力点示值误差不应大于贮存压力的 ±8%；

d) 零点和测量范围上限的示值误差不应大于贮存压力的±15%。

5.14.2.2 标度盘要求

5.14.2.2.1 标度盘的零位、贮存压力、最大工作压力、最小工作压力和测量范围上限的位置应有刻度和数字标志。

5.14.2.2.2 标度盘的最大工作压力与最小工作压力范围用绿色表示，零位至最小工作压力范围、最大工作压力至测量上限范围用红色表示。

5.14.2.2.3 标度盘上应标出生产单位或商标、产品适用介质、法定计量单位(MPa)、制造年月或产品编号、计量标志等。

5.14.2.3 强度密封要求

5.14.2.3.1 密封要求

按6.4.4规定的方法进行密封试验，压力显示器不应出现气泡泄漏。

5.14.2.3.2 液压强度要求

按6.3规定的方法进行液压强度试验，压力显示器承受2倍最大工作压力的试验压力，保持压力5 min，不应有渗漏或损坏现象。

5.14.2.3.3 超压要求

按6.5.2规定的方法进行超压试验，压力显示器承受4倍最大工作压力的试验压力，保持压力5 min，其任何零部件不应被冲出。

5.14.2.4 环境适应性能

5.14.2.4.1 抗震要求

按6.12.1规定的方法进行振动试验，压力显示器部件应无松动、变形或损坏，试验后压力显示器的示值基本误差应符合5.14.2.1的规定。

5.14.2.4.2 耐温度循环性能

按6.13规定的方法进行温度循环泄漏试验，压力显示器不应渗漏，试验后压力显示器的示值基本误差应符合5.14.2.1的规定。

5.14.2.4.3 耐盐雾腐蚀性能

按6.9规定的方法进行盐雾腐蚀试验，压力显示器不应产生影响性能的损坏，试验后压力显示器指针应升降平稳，压力显示器的示值基本误差应符合5.14.2.1的规定。

5.14.2.4.4 耐二氧化硫腐蚀性能

按6.10规定的方法进行二氧化硫腐蚀试验，压力显示器不应产生影响性能的损坏，试验后压力显示器指针应升降平稳，压力显示器的示值基本误差应符合5.14.2.1的规定。

5.14.2.5 耐交变负荷性能

按6.33规定的方法进行交变负荷试验，交变频率为0.1 Hz，交变幅度为贮存压力的40%至最大工作压力，交变次数为1 000次。试验后，压力显示器贮存压力的示值误差不应超过贮存压力的±4%。

5.14.2.6 报警功能

安装在灭火系统中具有泄漏报警功能的压力显示器，当瓶组内压力损失达到贮存温度条件下工作压力的10%或低于最小工作压力时，应能可靠报警。光报警信号应为黄色，在一般光线条件下，距离3 m远处应清晰可见；声报警信号在额定电压下，距离1 m远处的声压级(A计权)应不低于65 dB(A)。

5.14.3 液位测量装置

5.14.3.1 报警功能

安装在灭火系统中的液位测量装置应有泄漏上限报警功能，当灭火剂泄漏量达到充装质量的5%时，应能可靠报警。光报警信号应为黄色，在一般光线条件下，距离3 m远处应清晰可见；声报警信号在额定电压下，距离1 m远处的声压级(A计权)应不低于65 dB(A)。

5.14.3.2 耐高低温性能

液位测量装置在5.1.1.1规定的最高工作温度和最低工作温度环境中分别放置8 h后，其报警功能应符合 5.14.3.1 的规定。

5.14.3.3 耐腐蚀性能

5.14.3.3.1 耐盐雾腐蚀性能

按 6.9 规定的方法进行盐雾腐蚀试验，液位测量装置不应有明显的腐蚀损坏。试验后报警功能应符合 5.14.3.1 的规定。

5.14.3.3.2 耐二氧化硫腐蚀性能

按 6.10 规定的方法进行二氧化硫腐蚀试验，液位测量装置不应有明显的腐蚀损坏。试验后报警功能应符合 5.14.3.1 的规定。

5.14.3.4 标志

在装置的明显部位标出：生产单位或商标、产品型号规格、测量范围等内容。

5.15 信号反馈装置

5.15.1 工作压力

信号反馈装置的工作压力不应小于系统的最大工作压力。

5.15.2 动作压力

信号反馈装置的动作压力设定值不应大于 0.5 倍系统最小工作压力。当信号反馈装置安装在减压装置后时，其动作压力设定值不应大于减压装置后压力的 50%。信号反馈装置的动作压力偏差不应大于设定值的 10%。

信号反馈装置应具有自锁功能，动作后只能人工进行复位。

5.15.3 工作可靠性要求

按 6.36 规定的方法进行试验，信号反馈装置在大于等于动作压力下应可靠动作 100 次而不应出现任何故障和结构损坏，试验后信号反馈装置触点的接触电阻应符合 5.15.9 的规定。

5.15.4 强度要求

按 6.3 规定的方法进行液压强度试验，信号反馈装置不应损坏。

试验压力为 1.5 倍系统最大工作压力，压力保持时间 5 min。

5.15.5 密封要求

按 6.4.2 规定的方法进行气密性试验，信号反馈装置不应产生气泡泄漏。

试验压力为系统最大工作压力，压力保持时间为 5 min。

5.15.6 耐电压性能

信号反馈装置接线端子与外壳之间的耐电压性能，按 6.25 规定的方法进行试验，不应出现表面飞弧、扫掠放电、电晕或击穿现象。

额定工作电压大于 50 V 时，试验电压为 1 500 V(有效值)，50 Hz。

额定工作电压小于等于 50 V 时，试验电压为 500 V(有效值)，50 Hz。

5.15.7 绝缘要求

在正常的大气条件下，信号反馈装置的接线端子与外壳之间的绝缘电阻应大于 20 MΩ。

5.15.8 耐腐蚀性能

5.15.8.1 耐盐雾腐蚀性能

按 6.9 规定的方法进行盐雾腐蚀试验，信号反馈装置不应有明显的腐蚀损坏。试验后，信号反馈装置动作要求应符合 5.15.2 的规定；触点接触电阻应符合 5.15.9 的规定。

5.15.8.2 耐二氧化硫腐蚀性能

按 6.10 规定的方法进行二氧化硫腐蚀试验，信号反馈装置不应有明显的腐蚀损坏。试验后，信号反馈装置动作要求应符合 5.15.2 的规定；触点接触电阻应符合 5.15.9 的规定。

5.15.9 触点接触电阻

在正常大气条件下，信号反馈装置触点接触电阻不应大于 0.1 Ω，动作试验和腐蚀试验后不应大于 0.5 Ω。

5.15.10 标志

在信号反馈装置明显部位应永久性标出：生产单位或商标、型号规格、动作压力、工作电压、触点容量。

5.16 减压装置

5.16.1 工作压力

惰性气体灭火系统减压装置的工作压力应符合 5.1.1.2 的规定。

5.16.2 强度要求

按 6.3 规定的方法进行液压强度试验，减压装置不应渗漏、变形或损坏。

试验压力为 1.5 倍系统最大工作压力，压力保持时间为 5 min。

5.16.3 密封要求

按 6.4.5 规定的方法进行气密性试验，减压装置应无气泡泄漏。

试验压力为系统最大工作压力，压力保持时间为 5 min。

5.16.4 减压特性

按 6.38 规定的试验方法，减压装置在规定流量范围内测出的减压特性与生产单位使用说明书上的公布值相比，其差值不应大于使用说明书上的公布值的 10%。

5.16.5 标志

在减压装置的明显部位标出：生产单位或商标、型号规格、介质流动方向等。

5.17 低泄高封阀

5.17.1 设置要求

组合分配系统的集流管上应安装低泄高封阀。

驱动气体控制管路上应安装低泄高封阀。

5.17.2 材料

低泄高封阀及其内部机械零件应采用不锈钢、铜合金制造，也可以用强度、耐腐蚀性能不低于上述材质的其他金属材料制造。

5.17.3 工作压力

集流管上安装的低泄高封阀的公称工作压力不应小于系统的最大工作压力；驱动气体控制管路上安装的低泄高封阀的公称工作压力不应小于驱动气体瓶组的最大工作压力。

5.17.4 动作要求

低泄高封阀的设计应保证系统在准工作状态下始终处于开启位置，其关闭压力不应大于 0.5 倍被驱动阀门的最小开启压力且不应小于 0.1 MPa。

5.17.5 强度要求

按 6.3 规定的方法进行液压强度试验，阀门不应渗漏、变形或损坏。

试验压力为 1.5 倍最大工作压力，压力保持时间为 5 min。

5.17.6 密封要求

按 6.4.2 规定的方法进行气密性试验，阀门应无气泡泄漏。

试验压力为 1.1 倍的阀门关闭压力，压力保持时间为 5 min。

5.17.7 工作可靠性要求

按 6.6.4 规定的方法进行工作可靠性试验，低泄高封阀应能承受 100 次“开启-关闭”动作试验，其开启、关闭动作应灵活、准确，不应出现任何故障或结构损坏。

5.17.8 标志

在低泄高封阀的明显部位永久性标出：生产单位或商标、型号规格、关闭压力。

5.18 管路、管件

5.18.1 材料

管路应采用无缝管材，材质应具有耐腐蚀性能或将其内外表面做防腐镀层处理。

管件应采用耐腐蚀的金属材料制造，不应用铸铁件。

5.18.2 工作压力

管路、管件的公称工作压力不应小于系统最大工作压力。

5.18.3 强度要求

按6.3规定的方法进行液压强度试验，管路、管件不应渗漏、变形或损坏。

试验压力为1.5倍系统最大工作压力，压力保持时间为5 min。

5.18.4 密封要求

按6.4.5规定的方法进行气密性试验，管路、管件应无气泡泄漏。

试验压力为系统最大工作压力，压力保持时间为5 min。

5.18.5 局部阻力损失

七氟丙烷灭火系统、三氟甲烷灭火系统管件的局部阻力损失采用与其相连接的管路等效长度来表示。按6.8.1规定的试验方法测得的管件等效长度值与生产单位使用说明书上的公布值相比，其差值不应超过使用说明书上的公布值的10%。

惰性气体灭火系统管件的局部阻力损失采用压力损失曲线表示。按6.8.2规定的试验方法测得的压力损失曲线与生产单位使用说明书上的公布值相比，其差值不应超过使用说明书上的公布值的10%。

5.18.6 标志

在管件的明显部位永久性标出：生产单位或商标、公称尺寸、工作压力。

5.19 吊钩、支架

5.19.1 材料

吊钩、支架应采用碳钢制作。

5.19.2 承载能力

按6.37规定的方法进行承载能力试验，吊钩和支架在0.5倍拉伸试验载荷下持续1 min，其变形量不应大于5 mm。在拉伸试验载荷下持续1 min，不应破裂、脱离。

不同公称直径管路的拉伸试验载荷见表3。

表3 拉伸试验载荷

管道外径 D/mm	预加载荷/kg	规定试验载荷/kg
$D \leqslant 28$	10	345
$28 < D \leqslant 34$	15	345
$34 < D \leqslant 42$	20	345
$42 < D \leqslant 48$	25	345
$48 < D \leqslant 60$	35	465
$60 < D \leqslant 73$	55	573
$73 < D \leqslant 90$	80	724
$90 < D \leqslant 102$	90	837
$102 < D \leqslant 120$	115	1 016
$120 < D \leqslant 140$	160	1 229
$140 < D \leqslant 170$	215	1 575
$170 < D \leqslant 200$	340	1 953

6 试验方法

6.1 试验要求

参照被检样品的设计图样和相关技术条件对系统和部件的性能检验，按本标准规定的试验方法进行。

任何部件的气密性试验项目，均应在液压强度试验后进行。

除另行注明外，本章规定的试验应在下列条件下进行：

a) 环境温度：+15 ℃～+35 ℃；

b) 相对湿度：45%～75%；

c) 大气压力：86 kPa ～106 kPa。

6.2 外观、材料检查

6.2.1 对照设计图样和相关技术文件资料，目测或用通用量器具检查样品的结构、尺寸、灭火剂和充压气体、贮存容器的容积和直径、部件材料与第5章的规定是否相符。

6.2.2 采用目测检查部件标志的内容和固定方式、瓶组组成。

6.2.3 检查样品工艺一致性情况，目测有无加工缺陷、表面涂覆缺陷、机械损伤等现象，是否符合相应条款的规定和设计要求。

6.3 液压强度试验

6.3.1 液压强度试验装置用液压源应具备消除压力脉冲的稳压功能，压力测量仪表的精度不低于1.6级，试验装置的升压速率应在使用压力范围内可调。

压力显示器液压强度试验也可在活塞式压力试验仪上进行。

6.3.2 将被检样品进口与液压强度试验装置相连，排除连接管路和样品腔内空气后，封闭样品所有出口。以不大于0.5 MPa/s的速率缓慢升压至试验压力，保持压力5 min后泄压，检查样品并对试验结果进行记录。

连接管强度试验升压速率不低于0.5 MPa/s。

6.4 气密性试验

6.4.1 试验要求

气压密封试验装置用氮气或压缩空气，压力测量仪表的精度不低于1.6级，试验装置的气压源应满足升压速率在使用压力范围内可调。

检漏试验用水温度不应低于+5 ℃。

6.4.2 瓶组、信号反馈装置、低泄高封阀等部件气密性试验

将被检样品进口与气压源相联，以不大于0.5 MPa/s的升压速率缓慢升压至试验压力。将样品浸入水中，样品至液面深度不小于0.3 m，在规定的压力保持时间内检查样品渗漏情况。

6.4.3 容器阀、选择阀、单向阀气密性试验

试验条件和试验程序与6.4.2相同，容器阀、选择阀处于关闭状态，单向阀正向状态，检查样品并对试验结果进行记录。

将容器阀、选择阀置于开启状态，单向阀置于反向状态，重复上述试验，检查样品并对试验结果进行记录。

6.4.4 压力显示器气密性试验

将被检样品安装在试验管路上，充压至测量上限的2/3，保持7 d后浸入水中10 min，样品至液面深度不小于0.3 m。检查样品并对试验结果进行记录。

6.4.5 集流管、连接管、管路管件、减压装置等部件气密性试验

将被检样品进口与气压源相连，封闭样品其他出口，以不大于0.5 MPa/s的升压速率缓慢升压至

试验压力。将样品浸入水中，样品至液面深度不小于 0.3 m，在规定的压力保持时间内检查样品渗漏情况。

6.5 超压试验

6.5.1 试验设备与 6.3.1 的规定相同。

6.5.2 将被检样品进口与试验装置相连，容器阀处于开启状态，压力显示器应做防止内部零件冲出的保护措施，排除连接管路和样品腔内空气后，封闭样品所有出口。以不大于 0.5 MPa/s 的升压速率缓慢升压至试验压力，保持 5 min 后泄压，检查样品并对试验结果进行记录 。

6.6 工作可靠性试验

6.6.1 容器阀、选择阀的工作可靠性试验

6.6.1.1 容器阀、选择阀的工作可靠性试验在专用试验装置上进行。气源采用压缩空气或氮气；专用试验容器的容积和驱动器工作状态应满足被试阀门在启动后完全开启的需要，被试阀门出口应连接与出口公称直径相同、长度不超过 0.5 m 的直管和一个等效孔径不小于 3 mm 的喷嘴。

6.6.1.2 将被试阀门安装在专用试验容器上，连接好控制驱动部件，并使之在规定条件下工作，按下述程序进行：

a) 向被试阀门进口端充压至瓶组贮存压力 p，容器阀自身带有减压装置的气体灭火系统选择阀，则 p 值为容器阀出口侧压力，保压时间不小于 5 s；

b) 启动控制驱动部件，使被试阀门开启(驱动部件施加于被试阀门上的驱动力应为对应温度下的驱动部件的驱动力)；

c) 待专用试验容器内压力降至小于 0.5 MPa 时，关闭被试阀门；

d) 再向被试阀门充压，继续下一循环。

被试阀门在正常工作时允许破坏的零件，在每个循环试验后及时更换。

6.6.1.3 在常温(+20 ℃±5 ℃)下，上述循环试验重复进行 100 次，将试验装置和样品移入温度试验箱内，在最低和最高工作温度下各进行 10 次。试验前样品在试验环境中放置时间，首次试验不低于 2 h，其余试验应使样品自身温度与试验箱内温度充分平衡。

检查样品并对试验结果进行记录。

6.6.2 单向阀工作可靠性试验

6.6.2.1 单向阀的工作可靠性试验在专用试验装置上进行，试验装置气体流量应保证试验时单向阀达到全开。

6.6.2.2 试验在常温下进行，气源采用压缩空气或氮气，顺序给单向阀正、反向交变充压，压力为瓶组贮存压力 p(容器阀自身带有减压装置的气体灭火系统的单向阀，则 p 值为容器阀出口侧压力)，使阀门达到完全开启或关闭状态，正、反向切换频率不大于每分钟 30 次。完成 100 次开启-关闭循环试验后，检查样品并对试验结果进行记录。

6.6.3 驱动器工作可靠性试验

按 GA 61 的规定进行。

6.6.4 低泄高封阀工作可靠性试验

低泄高封阀的工作可靠性试验在专用试验装置上进行。试验在常温下进行，气源采用压缩空气或氮气，顺序给低泄高封阀充压至其关闭压力，之后泄压。完成 100 次开启-关闭循环试验后，检查样品并对试验结果进行记录。

6.7 最大和最小工作压力下动作试验

容器阀在最大和最小工作压力下动作试验的试验装置、气源与 6.6.1 相同。

将被试阀门安装在专用试验容器上，连接好控制驱动部件，使被试阀门处于正常工作状态，由气源

给专用试验容器充压至 0.5 倍最小工作压力，启动驱动器使阀门动作，检查阀门开启状况并对试验结果进行记录。

最大工作压力下的动作试验程序同上，试验压力为 1.1 倍最大工作压力。

6.8 局部阻力损失试验

6.8.1 等效长度试验

等效长度试验在图 1a）或图 1b）试验装置上进行，压差测量采用压差计或压力传感器，容器阀应配装所用的虹吸管，试验介质为清水，水温应不小于 +5 ℃。

试验管路中应建立雷诺数至少 1×10^5 的流态，可通过调整水流速实现。

雷诺数 Re 由式(1)计算得出：

$$Re = du\rho/\mu \qquad (1)$$

式中：

d——管道的实际内径，单位为米(m)；

u——管道中水的流速，单位为米每秒(m/s)；

ρ——水的密度，单位为千克每立方米(kg/m³)；

μ——水的动力黏度，单位为帕秒(Pa·s)。

调节进水口压力使流速满足雷诺数 Re 要求，开启排气阀排除容器腔内空气，流速稳定后，测取水流量 Q、压差 p、管道内径 d 等参数，按式(2)和式(3)计算等效长度 L。

$$L = L_X - (a + b) \qquad (2)$$

式中：

L——样品的等效长度，单位为米(m)；

L_X——样品和试验管道的等效长度，单位为米(m)；

a——见图 1a)、图 1b)，单位为米(m)；

b——见图 1a)、图 1b)，单位为米(m)。

$$L_X = \frac{p \times c^{1.85} \times (d \times 10^3)^{4.87}}{6.05 \times 10^{10} \times Q^{1.85}} \qquad (3)$$

式中：

p——压差值，单位为帕(Pa)；

c——测量管路粗糙度系数，镀锌管取 120；

d——管道的实际内径，单位为米(m)；

Q——水流量，单位为升每分(L/min)。

当采用图 1a）试验装置时，压差值 p 应减去液柱 H 的静压力。

6.8.2 压力损失试验

压力损失试验在图 1c）或图 1d）试验装置上进行，压差测量采用压差计或压力传感器。试验介质采用相对应的惰性气体灭火剂或压缩空气，试验介质起始压力为 20 ℃时对应相应系统的贮存压力。

容器阀的压力损失在图 1c）所示试验装置上进行，容器的容积不小于 90 L，容器阀进口侧和出口侧设取压点，出口侧取样点的位置为容器阀出口所接直管上至少为管内径 10 倍长度处，位置见图 1c）。直管段末端接喷嘴（个数应与实际应用所接喷嘴数一致）或接等效于所接喷嘴孔径的孔板。试验时测取压力损失曲线并与生产单位值进行比较。

选择阀、单向阀、管件的压力损失在图 1d）所示试验装置上进行，气源的气量应至少能保证 1 min 的试验用气量，在被测样品的进出口端各连接一直管，在直管上至少为管内径 10 倍长度处设测压点，位置见图 1d）。出口侧直管段末端接喷嘴（个数应与实际应用所接喷嘴数一致）或接等效于所接喷嘴孔径的孔板。试验时测取压力损失曲线并与生产单位值进行比较。

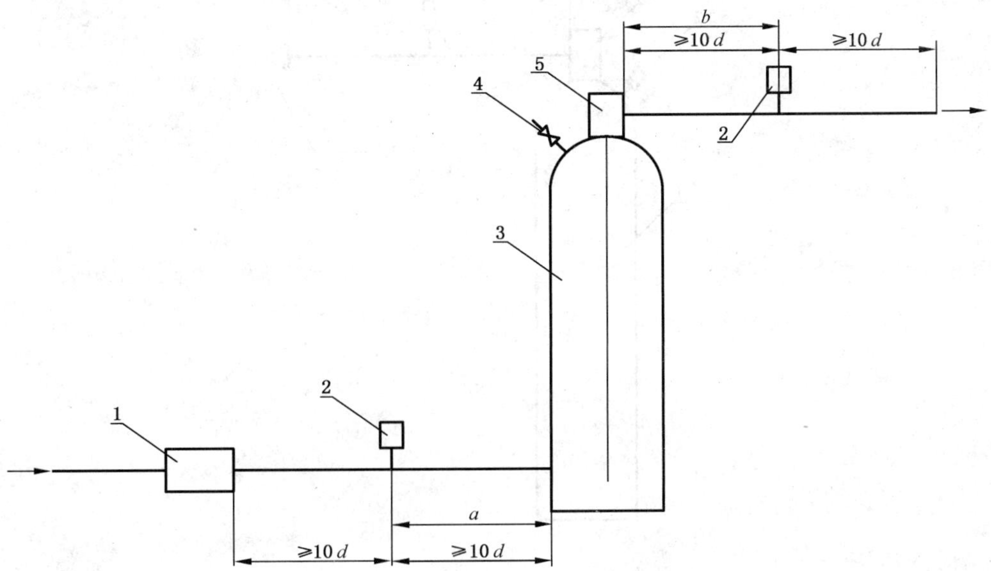

1——流量计；
2——差压测量点；
3——模拟容器；
4——排气阀；
5——容器阀(被测样品)。

a) 等效长度试验装置(一)

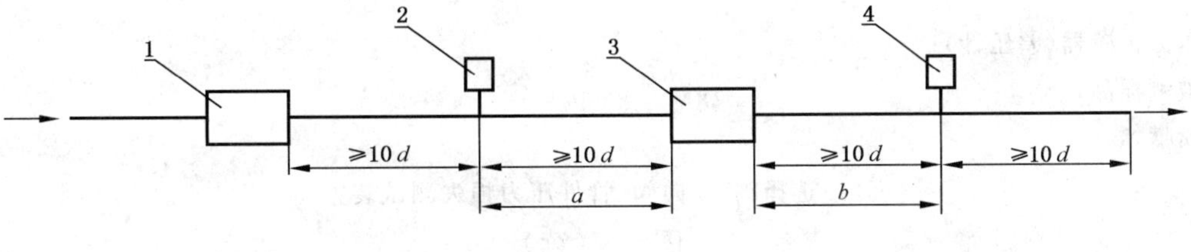

1——流量计；
2,4——差压测量点；
3——被测样品。

b) 等效长度试验装置(二)

图 1 局部阻力损失试验装置示意图

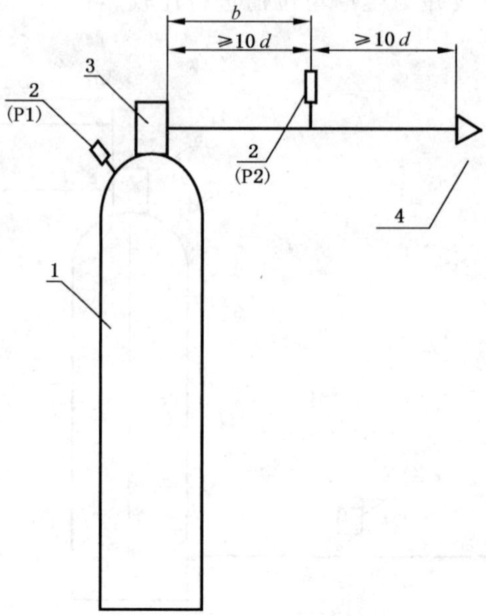

1——容器；

2——压力传感器(差压计)；

3——被测样品；

4——喷嘴。

c) 容器阀压力损失测试装置

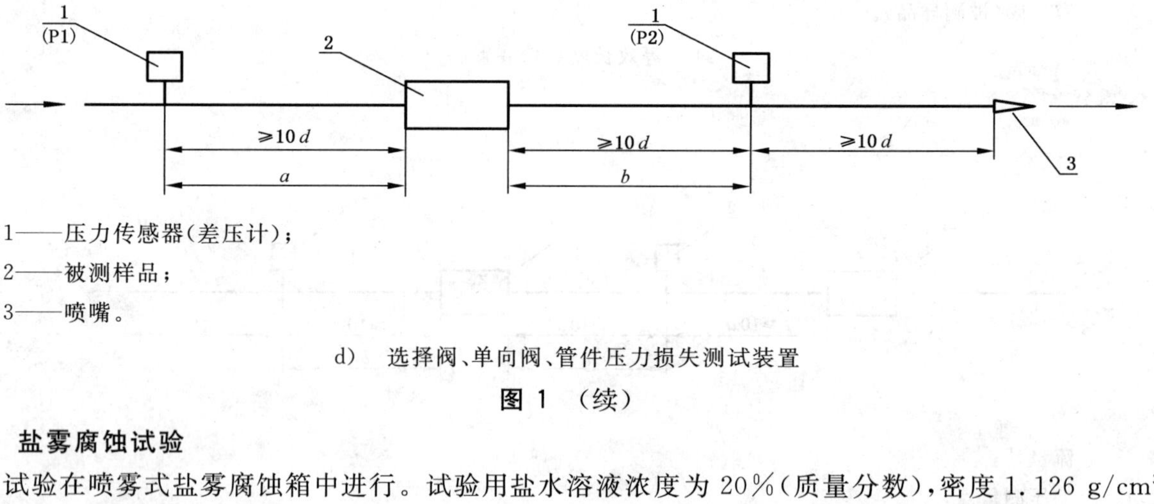

1——压力传感器(差压计)；

2——被测样品；

3——喷嘴。

d) 选择阀、单向阀、管件压力损失测试装置

图 1 (续)

6.9 盐雾腐蚀试验

试验在喷雾式盐雾腐蚀箱中进行。试验用盐水溶液浓度为20%(质量分数)，密度1.126 g/cm^3～1.157 g/cm^3。

将样品清除油渍，封堵阀类部件的进出口，以防止试验盐雾进入内腔。按正常使用位置悬挂在试验箱工作室中间部位。工作室温度控制在+35 ℃±2 ℃。从被测样品上滴下的溶液不能循环使用。在工作室内至少应从两处收集盐雾，以调节试验过程中的喷雾速率和试验用盐水溶液的浓度，每80 cm^2 的收集面积，连续收集16 h，每小时应收集1.0 mL～2.0 mL盐水溶液，其浓度应为19%～21%(质量分数)。

试验周期10 d，连续喷雾。试验结束后，将样品用清水清洗并置于温度+20 ℃±5 ℃ 、相对湿度不超过70%的环境中自然干燥7 d，检查样品的腐蚀情况并记录。

6.10 二氧化硫腐蚀试验

试验在化工气体腐蚀试验装置中进行。工作室内按体积分数每24 h加入1%的二氧化硫气体。放置在工作室底部的平底大口器皿中注入足够的蒸馏水，靠自然挥发形成潮湿的环境，工作室内温度保持在+45 ℃± 2℃。

将样品清除油渍后,按正常使用位置悬挂在工作室的中间部位,工作室顶部凝聚的液滴不应滴在样品上。

试验周期 16 d,试验进行 8 d 时将样品取出,清水冲洗后重新放回工作室,继续试验 8 d。试验结束后,将样品置于温度+20 ℃±5 ℃、相对湿度不超过 70%的环境中自然干燥 7 d,检查样品的腐蚀情况并记录。

试验所用的二氧化硫气体也可每天在工作室内由 $Na_2S_2O_3 \cdot 5H_2O$ 溶液和稀硫酸反应制取。

6.11 应力腐蚀试验

6.11.1 应力腐蚀试验方法选择

采用含锌量超过 15%的铜合金为材质的部件进行 6.11.2 规定的氨应力腐蚀试验。

采用奥氏体不锈钢为材质的部件进行 6.11.3 规定的氯化镁应力腐蚀试验。

6.11.2 氨应力腐蚀试验

试验在化工气体腐蚀试验装置中进行。工作室底部放置一平底大口器皿,按 1 cm^3 试验容积加氨水 0.01 mL 的比例,将密度为 0.94 g/cm^3 的氨水注入到大口器皿中,靠自然挥发使工作室内形成潮湿的氨和空气混合气体。混合气体的构成约为:氨 35%、水蒸气 5%、空气 60%。

将样品入口端充满去离子水,并用非活性材料(如塑料)将其密封,以防止氨气进入组件内部。样品表面不应有任何非永久性保护层。如必须有保护层,应对样品进行除油污处理。样品应按生产单位规定的螺纹连接力矩和法兰连接力矩进行安装,模拟一个安装的负载。

将样品经如上处理后,按正常使用位置悬挂在工作室的中间部位,工作室温度控制在+34 ℃±2 ℃,试验周期 10 d。

试验结束后,样品经水冲洗并自然风干,干燥时间至少 2 d,干燥后检查腐蚀情况。

6.11.3 氯化镁腐蚀试验

将样品经过除油污处理后,放置在装有湿式冷凝器的瓶子中。瓶中加入约一半的浓度为 42%的氯化镁溶液。将瓶子放置在一个恒温控制电加热器上,并保持在+150 ℃±2 ℃的沸腾温度,试验周期为 500 h。

试验后,取出样品用去离子水冲洗并自然风干,干燥时间至少 2 d,干燥后检查腐蚀情况。

6.12 振动试验

6.12.1 瓶组和压力显示器的振动试验

灭火剂瓶组按设计的最大充装密度(或充装压力)充装灭火剂,并充压至贮存压力。驱动气体瓶组按设计的最大充装压力充装驱动气体。压力显示器按工作位置安装在灭火剂瓶组(或驱动气体瓶组)上,使其处于正常工作状态。

称重设备的最小分度值应不大于 2/10 000。

采用压力损失作判断时,样品上应安装(或更换)检验用精密压力测量仪表。将被检样品置于恒温室中,温度控制在+25 ℃±1 ℃,放置 24 h 后读取被检瓶组压力值。采用质量损失作判断的样品只记录称重值,无恒温要求。

试验在振动台上进行,振幅为 0.8 mm,频率为 20 Hz,在样品 X、Y、Z 三个相互垂直的轴线上每个方向依次振动 2 h。

振动试验后,读取瓶组压力值和称重的要求与振动前的要求相同。以自动方式启动瓶组,并对瓶组进行称重,计算出灭火剂的充装量。

6.12.2 控制盘振动试验

试验在振动台上进行,将样品按工作位置固定在台面上,按下列程序进行试验:

a) 在 5 Hz ~ 60 Hz ~ 5 Hz 频率范围内,以每分钟 1 倍频程的速率、0.19 mm 振幅进行一次扫频循环,观察并记录发现的共振频率;

b) 未发现共振频率时,在 60 Hz 频率上,进行振幅为 0.19 mm、持续时间为 10 min±0.5 min 的定频振动试验；

c) 发现共振频率不超过四个时，在每一个共振频率上，进行振幅为 0.19 mm、持续时间为 10 min±0.5 min的定频振动试验；

d) 发现共振频率超过四个时，在 5 Hz ～60 Hz ～ 5 Hz 频率范围内，进行振幅为 0.19 mm、扫频速率为每分钟 1 倍频程，两次扫频循环试验。

上述试验在样品 X、Y、Z 三个轴线上依次进行。

6.13 温度循环泄漏试验

试验在温度试验箱中进行。试验前瓶组压力值读取和称重的要求与 6.12.1 相同。

按下列顺序在每个温度下放置 24 h：

a) 最高工作温度±2 ℃；

b) 最低工作温度±2 ℃；

c) 最高工作温度±2 ℃；

d) 最低工作温度±2 ℃；

e) 最高工作温度±2 ℃；

f) 最低工作温度±2 ℃。

上述循环试验后，将被检样品置于+25 ℃±5 ℃环境中放置 24 d，然后重复上述温度循环试验，再将被检样品置于+25 ℃±5 ℃环境中放置 24 d后结束该试验。

试验后，被检瓶组压力值读取和称重的要求与试验前相同。以自动方式启动瓶组，并对瓶组进行称重，计算出灭火剂的充装量。

试验后，安装在瓶组上的安全泄放装置泄放压力试验按 6.15 规定的方法进行。压力显示器示值误差试验和密封试验分别按 6.32.2 和 6.4.4 规定的方法进行。

6.14 瓶组倾倒冲击试验

试验示意图如图 2。七氟丙烷、三氟甲烷瓶组内充满清水，惰性气体灭火剂瓶组和驱动气体瓶组为空瓶，瓶组允许加戴保护罩，低碳钢棒直径约为 50 mm，垫起的高度使瓶组轴线与地平面成 10°角。

将一个水平力 F 缓慢作用在被检瓶组的容器阀上，使瓶组在没有任何阻力的条件下倾倒，容器阀撞击到低碳钢棒上，试验按任意方向进行。

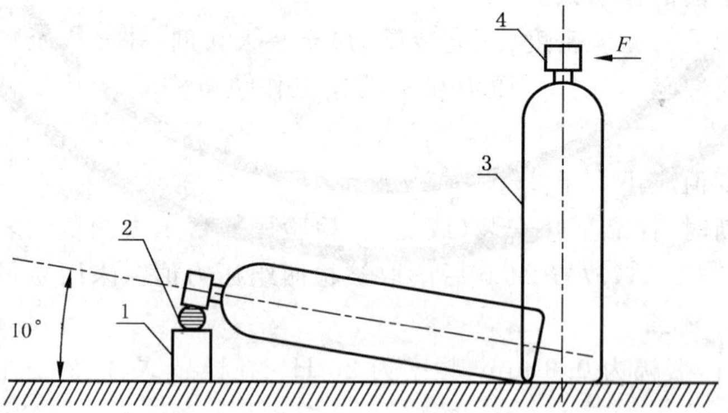

1——刚性垫；

2——低碳钢棒；

3——瓶组；

4——容器阀。

图 2 倾倒冲击试验示意图

6.15 安全泄放装置动作试验

6.15.1 安全泄放装置动作试验用设备与 6.3.1 液压强度试验设备相同，其中压力测量仪表应有瞬时记录功能，如选用压力表应带有停针机构。

6.15.2　将被检样品进口与试验装置相连，排除连接管路和样品内腔的空气后，封闭样品的所有出口。以不大于 0.5 MPa/s 的速率缓慢升压至安全泄压装置动作，记录此时压力。

6.16　手动操作试验

被检阀门处于最大工作压力状态，测力计的精度应不低于 2.5 级。

将被测阀门的手动操作机构与测力计相连，通过测力计启动被检阀门。记录最大操作力，测量并记录最大操作行程。

6.17　喷嘴流量特性试验

喷嘴流量特性试验装置如图 3 a)和图 3 b)所示，容器阀至喷嘴间连接管直径 d 不应小于喷嘴入口公称直径，荷重传感器的最小分度值应不大于 2/10 000。

喷嘴孔口尺寸与灭火剂贮存容器容积应协调，使喷射在合理的时间内完成。

按设计给定的充装密度灌装灭火剂并充压至贮存压力，放置 2 h 后安装在试验装置上。安装好喷嘴，自动启动容器阀，记录喷嘴前压力和灭火剂质量对时间的变化曲线。根据喷嘴公称实际孔口面积，计算出不同喷射压力下喷嘴单位孔口面积的质量流量。

6.18　喷嘴耐热和耐压试验

喷嘴耐热和耐压试验在图 4 所示试验装置上进行，喷嘴位于温度试验箱工作室中部，试验用气体为氮气或压缩空气，连接管横截面不应小于 3 倍喷嘴喷孔面积。

将喷嘴安装在试验系统中，调整减压阀至工作位置，开启温度试验箱升温至＋600 ℃±20 ℃，恒温 5 min，打开温度试验箱箱门，启动快速开启阀使气体喷出，在喷射时间 10 s 内保持喷嘴前压力为规定值。

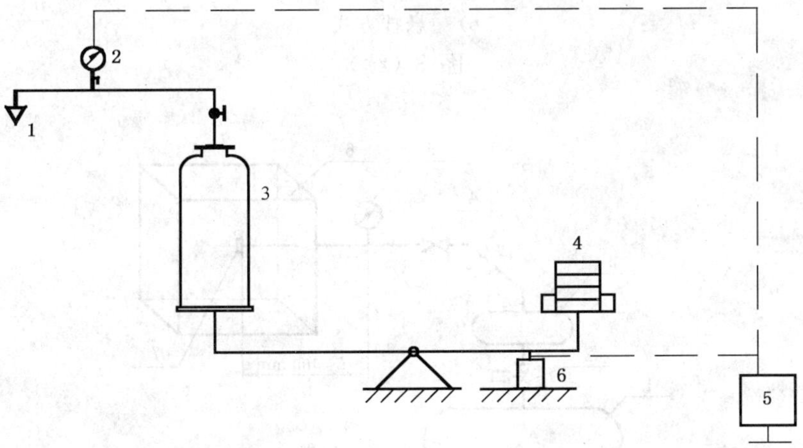

1——被测喷嘴；
2——压力传感器；
3——灭火剂瓶组；
4——配重；
5——数据采集处理系统；
6——荷重传感器。

a)　质量平衡方式

图 3　喷嘴流量特性试验装置原理示意图

单位为毫米

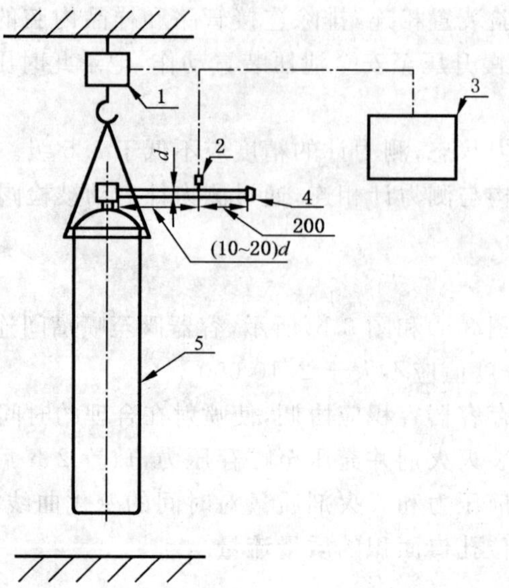

1——荷重传感器；
2——压力传感器；
3——数据采集处理系统；
4——被测喷嘴；
5——灭火剂瓶组。

b） 悬挂方式

图 3（续）

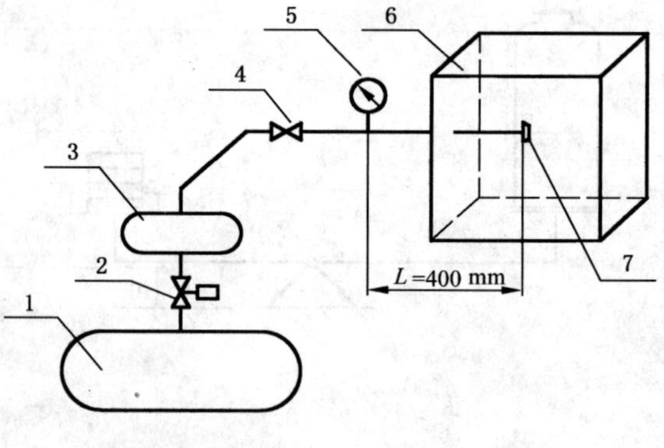

1——试验气体贮存容器；
2——减压阀；
3——缓冲容器；
4——快速开启阀；
5——压力表；
6——温度试验箱；
7——喷嘴。

图 4 喷嘴耐热和耐压试验装置

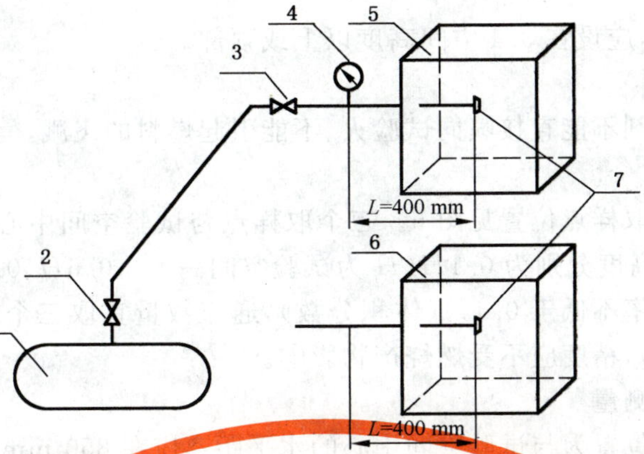

1——低压二氧化碳储罐；

2——总控阀；

3——快速开启阀；

4——压力表；

5——低温试验箱；

6——温度试验箱；

7——喷嘴。

图 5　喷嘴耐热和耐冷击试验装置

6.19　喷嘴耐热和耐冷击试验

喷嘴耐热和耐冷击试验在图5所示试验装置上进行，喷嘴位于温度试验箱工作室中部，试验用气体为液态二氧化碳，连接管横截面不应小于3倍喷嘴喷孔面积。

将喷嘴置于温度试验箱中，升温至＋600 ℃±20 ℃，恒温5 min，然后迅速将喷嘴移至恒温在－20 ℃的低温温度试验箱中，开启箱门启动快速开启阀使液态二氧化碳由喷嘴喷出。喷射压力2 MPa，喷射时间1 min。

6.20　全淹没喷嘴喷射特性试验

6.20.1　灭火系统要求

灭火系统应符合下列要求：

a)　灭火剂瓶组应放置在最低工作温度下16 h以上；

b)　管路布置应保证喷嘴处产生最低喷嘴压力(＋20 ℃～＋22 ℃时)；

c)　灭火剂喷放量按实际试验空间和＋20 ℃时最低设计浓度的76.92%计算(灭火浓度参见附录B或通过附录C确定)，当试验空间有实际泄漏，灭火剂瓶组喷射剩余率不为0时，灭火剂充装量应做适当修正；

d)　灭火剂喷放时间：七氟丙烷灭火系统、三氟甲烷灭火系统为8 s～10 s；惰性气体灭火系统为50 s～60 s。

6.20.2　燃料要求

燃料为正庚烷，其馏分：

a)　初馏点：＋90 ℃；

b)　50%：＋93 ℃；

c)　干点：＋96.5 ℃；

d)　密度(＋15.6 ℃)：700 kg/m^3±50 kg/m^3。

6.20.3　最大高度试验空间浓度分布试验

6.20.3.1　试验空间

试验空间的体积不应小于100 m^3，高度至少为3.5 m。地面尺寸至少为4 m×4 m。空间的最大高度为喷嘴的最大保护高度。

试验空间若设泄压口,应设在3/4空间高度以上或顶部。

6.20.3.2 喷嘴布置

喷嘴的位置应使灭火剂不能直接喷向试验火、不能引起燃料的飞溅。

6.20.3.3 氧浓度测量

试验空间氧浓度测量取样点位置见图6。三个取样点与试验空间中心的水平距离应在850 mm~1 250 mm之间,距离地面高度分别为0.1H(H为试验空间高度)、0.5H、0.9H。

氧浓度分析仪的分辨率不低于0.1%(体积分数),通道数量宜取三个,应能连续测量,试验使用范围:17%~21%(体积分数),精度应不受燃烧产物影响。

6.20.3.4 试验空间温度测量

试验空间温度测量点位置为与试验空间中心的水平距离应在850 mm~1 250 mm之间,距离地面高度为0.5H。

采用1 mm的K型热电偶(Ni-CrNi),测温仪表时间常数不大于1 s,应能连续测量。

6.20.3.5 喷嘴压力测量

系统喷放过程中喷嘴的压力应通过设置在管道上的压力传感器来测得,压力传感器距离喷嘴不超过1 m,传感器的精度不低于0.5%。

6.20.3.6 燃料罐

燃料罐为钢质圆形,内径80 mm±5 mm,高不小于100 mm,壁厚5 mm~6 mm,燃料罐底部垫水,正庚烷深度至少为50 mm,液面距燃料罐口至少40 mm。

在喷嘴与燃料罐之间应设置一个与试验空间同高的挡板,挡板的位置见图7a)、图7b),挡板宽度为试验空间宽度的20%。

燃料罐共九个,其中八个燃料罐置于试验空间四墙面对角位置,四上四下交错放置,下角燃料罐置于地面上,距墙50 mm,上角燃料罐口距吊顶300 mm,距墙50 mm;另外一只燃料罐放置在挡板后面的地面上。

6.20.3.7 试验

点燃燃料罐,预燃30 s后,启动系统。

6.20.3.8 试验记录

试验时应记录以下内容:

a) 灭火系统有效喷射时间,喷嘴前压力;

b) 释放到空间内的灭火剂总量;

c) 达到灭火浓度时间;

d) 观测燃料罐灭火时间宜采用红外线摄像仪或测温法。

6.20.4 最小高度试验空间浓度分布试验

6.20.4.1 试验空间

试验空间的面积、高度由喷嘴生产单位给出。

6.20.4.2 喷嘴布置

对于360°喷嘴,喷嘴的位置应安装在试验空间中间位置。

对于180°喷嘴,喷嘴的位置应安装在试验空间一侧壁的中间位置。试验空间的面积、高度和喷嘴布置由喷嘴生产单位给出。

6.20.4.3 氧浓度、试验空间温度、喷嘴压力的测量

氧浓度、试验空间温度、喷嘴压力的测量同6.20.3。

如果试验空间的高度小于0.6 m,氧浓度取样点应放置在两个或三个垂直的轴线上。

6.20.4.4 燃料罐

燃料罐尺寸按6.20.3中的规定。

将五个燃料罐置于试验空间地面上，地面对角位置各一个，距墙 50 mm，挡板后面的地面上放置一个。

燃料罐位置上方设可关闭的开口，预燃期间保持燃料罐上方开口开启。

在喷嘴与燃料罐之间应设置一个与试验空间同高的挡板，挡板的位置见图 7a)、图 7b)，挡板宽度为试验空间宽度的 20%。

6.20.4.5 试验

点燃燃料罐，预燃 30 s，启动系统。

6.20.4.6 试验记录

试验记录要求同 6.20.3。

单位为毫米

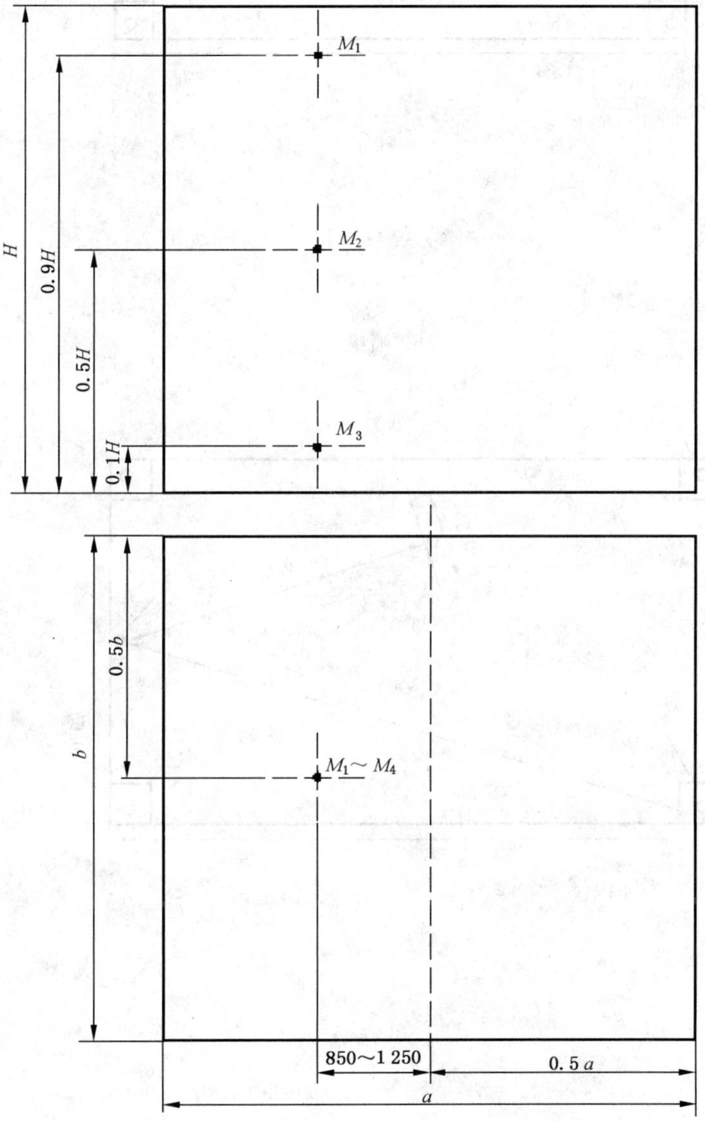

$M_1 \sim M_3$——氧浓度测量取样点；

M_4——测温点；

a——试验空间长度；

b——试验空间宽度；

H——试验空间高度。

图 6 喷嘴最大安装高度试验测量点布置示意图

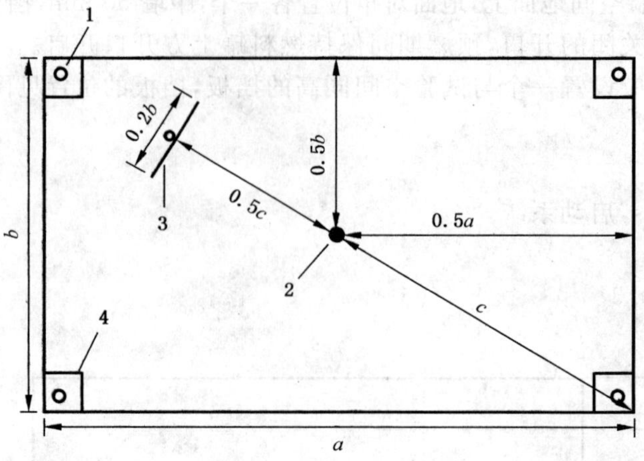

1——燃料罐；
2——360°喷嘴；
3——挡板；
4——通风口；
a——试验空间长度；
b——试验空间宽度。

a) 360°喷嘴

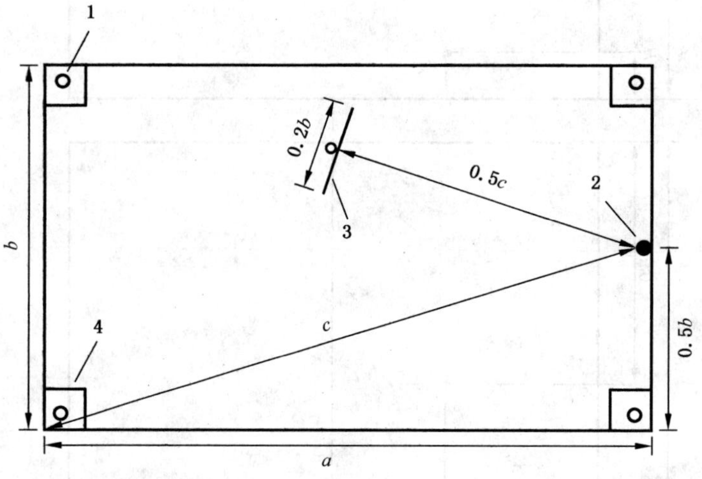

1——燃料罐；
2——180°喷嘴；
3——挡板；
4——通风口；
a——试验空间长度；
b——试验空间宽度。

b) 180°喷嘴

图 7 浓度分布试验布置示意图

6.21 喷嘴耐冲击试验

喷嘴耐冲击试验装置如图 8 所示，锤头、摆杆、钢轮毂和配重块通过滚动轴承、转动轴安装在固定架上。锤头材质为铝合金，锤头打击面应有足够的硬度以防止打击时造成损伤，锤头打击面与水平成 60°角。

将被试喷嘴按图示位置安装在试验装置上，调整喷嘴高度使冲击在锤头打击面的中心线上形成，此时锤头运动速度为 1.8 m/s±0.15 m/s，冲击能量为 2.7 J。

单位为毫米

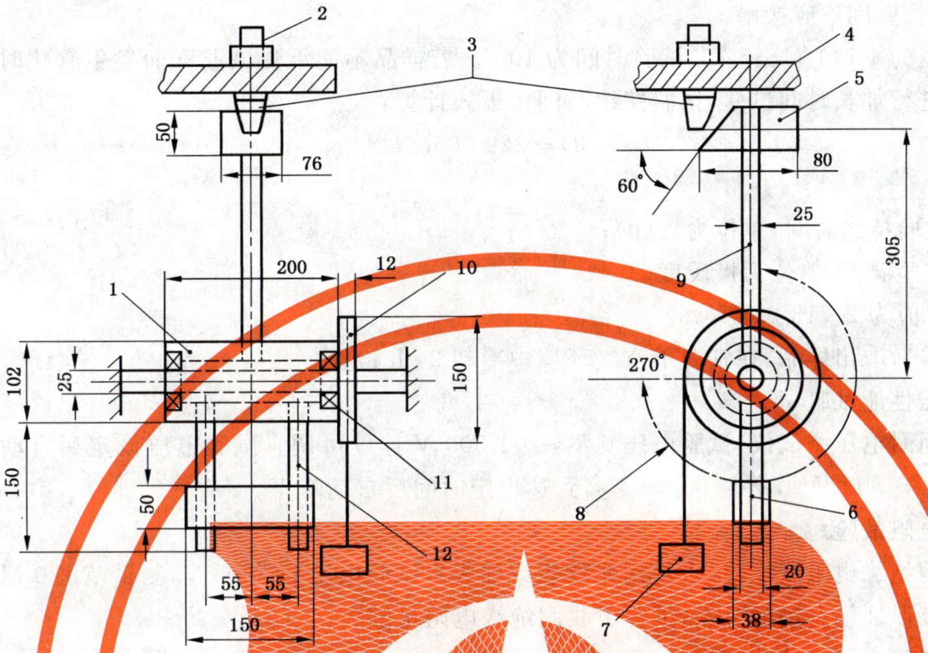

1——钢轮毂；
2——调节杆；
3——被试喷嘴；
4——安装板；
5——锤头；
6——配重块；
7——工作重锤；
8——转动 270°；
9——摆杆；
10——滑轮；
11——球轴承；
12——配重臂。

图 8　喷嘴耐冲击试验装置

6.22　单向阀开启压力试验

单向阀开启压力试验采用 6.4 规定的气密性试验装置，压力表的精度不低于 0.4 级。

将被测阀门的进口与试验装置相连，阀门处于正向关闭状态。控制装置缓慢升压，记录气体喷出时的压力，即为开启压力值，试验次数不少于三次。

6.23　低泄高封阀关闭压力试验

低泄高封阀关闭压力试验采用 6.4 规定的气密性试验装置，压力表的精度不低于 0.4 级。

将被试阀门进口与试验装置相连，阀门处于工作位置正常开启状态。控制试验装置缓慢升压，记录阀门关闭时的压力，试验次数不少于三次。

6.24 热空气老化试验

非金属连接管热空气老化试验在热空气老化试验箱内进行。

按生产单位提供的弯曲半径将被试非金属连接管弯成90°，置于热空气老化试验箱工作室中，样品之间、样品与箱壁间不应接触。

试验温度为＋140 ℃±5 ℃，试验时间为10 d。若样品不能承受该温度而发生软化时，允许在较低温度条件下进行加长时间试验，试验持续时间按下式计算：

$$D = 229\,000e^{-0.069\,3t} \quad \cdots\cdots(4)$$

式中：

D——试验持续时间，单位为天(d)；

t——试验温度，单位为摄氏度(℃)；

e——取值为2.718 28。

老化试验后取出样品，在常温下空气环境中冷却24 h检查。

6.25 耐电压性能试验

试验采用耐电压测试仪，试验电压0 V～＋1 500 V连续可调。试验电压设定后自动升压，升压速率为100 V/s ～500 V/s，定时60 s±5 s，到达设定时间后自动降压。

6.26 绝缘电阻试验

试验采用绝缘电阻测试仪(也可用兆欧表或摇表)，试验电压DC 500 V，测量范围0 MΩ～500 MΩ。

测试时应保证触点接触可靠，试验引线间绝缘电阻足够大。

6.27 电源试验

使被检控制盘处于正常监视状态，接入可调电源，备用电源充电至正常工作状态。

调整电源电压为187 V～242 V，50 Hz。使控制盘所有回路处于报警和驱动喷洒状态，检查工作状况。断开主电源，备用电源处于正常监视状态24 h后，使控制盘一回路处于报警和驱动喷洒状态，检查工作状况。

6.28 连接管低温试验

非金属连接管低温试验在低温试验箱内进行。

在处理试样时应戴上手套以减低对试样的热传导影响。

试验芯轴的外径应等于软管公称内径的12倍。软管长度除能够围绕芯轴的圆周弯曲一段外还应在每一端有足够夹持长度。

将连接管固定在试验芯轴上并放入试验箱内，试验温度为系统最低温度，试验时间24 h。

试验后，在试验箱中将整个连接管在10 s±2 s内将其弯曲到制造商规定的最小弯曲半径。观察软管内胶层或外胶层是否出现龟裂或破裂。取出连接管使其恢复到室温(＋20 ℃±5 ℃)温度后再进行强度和密封试验。

6.29 控制、报警功能检查

6.29.1 控制盘控制、报警功能检查

使被检控制盘处于正常监视状态，对照设计图样和技术文件，使用通用量具、目测控制盘的控制、报警功能。

声响测量采用手持式声级计。

6.29.2 称重装置报警功能试验

采用重物或砝码模拟灭火剂瓶组质量，逐步缓慢减少质量直至报警，记录质量减少数值。

6.29.3 压力显示器报警功能试验

将压力显示器进口与气压供给系统连接，压力显示器的输出端与报警器连接，将气压调至贮存压力后，缓慢降压至报警器报警，记录此时的压力值。

6.29.4 液位测量装置报警功能试验

将液位测量装置与模拟容器相连，液位测量装置的输出端与报警器连接，将容器内液位充至正常水平后，缓慢泄放容器内液体至报警器报警，记录此时的液位值，之后将液位差值换算成灭火剂质量。

6.30 高低温试验

控制盘、称重装置和液位测量装置的高低温试验分别在高温试验箱和低温试验箱中进行，试验箱温度控制精度为±2 ℃，达到设定温度后计算试验时间。试验结束后立即进行功能检查并记录。

6.31 湿热试验

控制盘湿热试验在湿热试验箱中进行。控制盘工作在正常监视状态。使湿热试验箱缓慢升温至＋40 ℃±2 ℃，被检样品温度平衡后，加湿至规定相对湿度，试验时间 24 h，试验结束后立即进行功能检查并记录。

6.32 压力显示器基本性能试验

6.32.1 标度盘检查

对照设计图样和技术文件，目测检查压力显示器标度盘的刻度、颜色、标志等。

6.32.2 示值基本误差检验

检验用压力源采用活塞压力计，当油压造成示值滞后过大时应采用气体压力源。作为检验用压力表精度不应低于 0.4 级。

被检压力显示器处于正常工作位置，示值检验在升压过程和降压过程各进行两次。

6.33 压力显示器交变负荷试验

将压力显示器安装在交变负荷试验台上。调整交变频率、交变幅度，然后进行 1 000 次的交变试验。

6.34 信号反馈装置触点接触电阻试验

可用数字毫欧表直接测出信号反馈装置触点接触电阻，也可以测取触点间电流和电压降，计算出触点的接触电阻。所用电工仪表的精度不低于 1.5 级，取连续五次测量平均值。

6.35 称重装置过载试验

将称重装置按工作位置安装在支架上，使其承受相当于 2 倍灭火剂瓶组（含灭火剂）质量的重物或拉力，保持 15 min，除去载荷后检查样品状况和报警功能。

6.36 信号反馈装置动作试验

6.36.1 将被检样品按工作位置安装在试验装置上，接通气压源，连好动作指示灯。缓慢升压至信号反馈装置动作，记录压力值。反复测试五次，其平均值为动作压力。

6.36.2 调整供气压力使其大于或等于信号反馈装置动作压力，重复动作试验 100 次，检查样品动作状况。调整供气压力为 0.8 倍信号反馈装置动作压力，持续 3 min，检查样品动作状况。

6.37 吊钩、支架承载能力试验

试验在具备拉伸、压缩功能的材料试验机上进行，试验机的拉伸速度应满足样品产生不小于 1.27 mm/min的拉伸变形。

将被检样品按使用状态安装在试验台（架）上，工作状态需预加载荷的样品按表 3 给出的数值预加载荷。选取适宜的加载速率，启动试验机加载至 0.5 倍规定试验载荷（见表 3），保持 1 min，记录样品变形量。继续加载至规定试验载荷，保持 1 min，检查样品状况。

6.38 减压装置减压特性试验

试验介质采用氮气或压缩空气，流量测量采用标准喷嘴，减压装置入口压力、出口压力和标准喷嘴前的压力均采用自动测量。记录仪表的精度不低于 1.5 级。气压源的容量应满足测取参数所需的喷射时间。标准喷嘴的孔口直径应与减压装置的设计流量相符。

将减压装置按工作位置安装在试验系统中，见图 9。减压稳压阀调压至灭火系统贮存压力。自动开启控制阀，测取各点压力值。

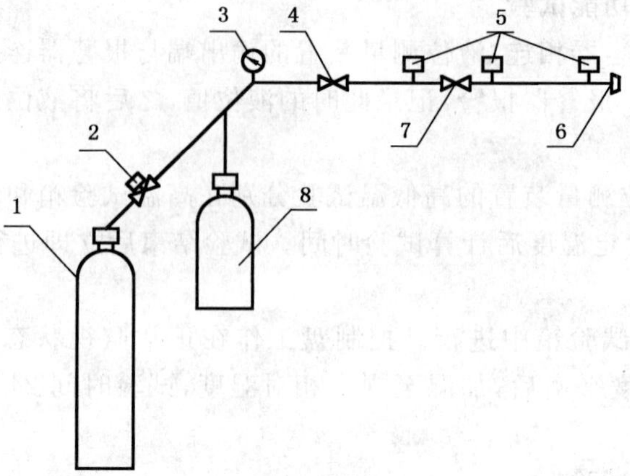

1——气源；
2——减压稳压阀；
3——压力表；
4——控制阀；
5——压力传感器；
6——喷嘴；
7——被试阀；
8——稳压气源。

图 9 减压特性试验装置

6.39 系统试验

6.39.1 系统的构成、外观、标志和系统的准工作状态

对照系统构成图样，目测检查系统的构成、外观、标志和系统的准工作状态。

6.39.2 系统启动运行试验

6.39.2.1 组装一个包括全部构成部件的灭火系统，可以用氮气或压缩空气代替灭火剂。自动启动系统，记录试验结果。

6.39.2.2 手动启动系统和机械应急启动系统试验，可与 6.20 试验同时进行。

6.40 喷嘴保护帽试验

将带有保护帽的喷嘴安装在配有压力表的试验管路上。以 0.1 MPa/min 的升压速率升压，记录保护帽脱落的压力，试验次数不少于三次。

6.41 集油管流量试验

此试验为实际模拟试验，集流管进口侧所接的容器、连接管、单向阀应与实际使用时的一致，集流管出口侧设有减压装置的应配装减压装置，出口侧还应安装与实际应用时等数量的喷嘴或模拟的流量控制阀。出口侧配接的管路长度不小于 5 m。容器内的压力应为 20 ℃时瓶组的贮存压力。

试验时应采用手动启动，确保所有容器同时释放灭火剂。

7 检验规则

7.1 检验分类、检验项目和试验程序

7.1.1 检验分类

检验分为型式检验和出厂检验。

有下列情况之一时，应进行型式检验：

a) 新产品试制定型鉴定时；

b) 正式投产后，如产品结构、材料、工艺、关键工序的加工方法有重大改变，可能影响产品的性能时；

c) 发生重大质量事故时；

d) 产品停产一年以上，恢复生产时；

e) 质量监督机构提出要求时。

7.1.2 检验项目

产品型式检验项目应按表4的规定进行。产品出厂检验项目不应少于表4的规定项目。

7.1.3 试验程序

试验程序按附录D～附录Z(无附录O和附录X)的规定。

7.2 抽样方法和样品数量

7.2.1 出厂检验抽样方法和样品数量

出厂检验部件的抽样基数由生产单位根据实际生产量自定，系统由随机抽取的部件样品组装构成。样品数量结合表4和附录D～附录Z(无附录O和附录X)的要求确定。

7.2.2 型式检验抽样方法和样品数量

型式检验部件的抽样基数不应少于附录D～附录Z(无附录O和附录X)规定的样品数量的5倍。部件采用一次性随机抽样，系统由随机抽取的部件样品组装构成。

7.3 检验结果判定

7.3.1 型式检验的检验结果判定

系统和部件全部合格，该产品为合格；系统和部件若出现不合格，则该产品为不合格。

系统或部件的型式检验项目全部合格，该系统或部件为合格。出现A类项目不合格，则该系统或部件为不合格。B类项目不合格数大于等于2，该系统或部件为不合格。C类项目不合格数大于等于4，该系统或部件为不合格。若已有一项B类项目不合格时，C类项目不合格数大于等于2，该系统或部件判为不合格。

7.3.2 出厂检验

系统和部件全部合格，该产品为合格；系统和部件若出现不合格，则该产品为不合格。

系统或部件出厂检验项目全部合格，该系统或部件为合格。有一项A类项目不合格，则该系统或部件为不合格。若有B类项目或C类项目不合格，允许加倍抽样检验，仍有不合格项，即判该系统或部件不合格。

表4 型式检验项目、出厂检验项目及不合格类别

部件名称	检验项目	型式检验项目	出厂检验项目		不合格类别		
			全检	抽检	A类	B类	C类
系统	基本要求	★	—	★	★	★	—
	系统构成	★	★	—	—	★	—
	外观	★	★	—	—	—	★
	系统准工作状态	★	—	—	—	—	★
	启动运行要求	★	—	★	—	★	—
	基本参数	★	—	—	★	—	—

表 4（续）

部件名称	检验项目	型式检验项目	出厂检验项目		不合格类别		
			全检	抽检	A类	B类	C类
灭火剂瓶组	瓶组组成	★	★	—	★	—	—
	工作压力	★	★	—	★	—	—
	充装密度、充装压力	★	★	—	★	—	—
	密封要求	★	★	—	★	—	—
	强度要求	★	—	★	★	—	—
	抗震要求	★	—	—	—	★	—
	温度循环泄漏要求	★	—	★	—	★	—
	耐倾倒冲击要求	★	—	★	—	★	—
	虹吸管	★	—	★	—	★	—
	误喷射防护装置	★	—	★	—	★	—
	灭火剂释放时间	★	—	★	—	★	—
	气体取样要求	★	—	★	—	—	★
	灭火剂和充压气体	★	—	★	★	—	—
	标志	★	★	—	★	—	—
驱动气体瓶组	瓶组组成	★	★	—	★	—	—
	工作压力	★	★	—	★	—	—
	充装压力	★	★	—	★	—	—
	密封要求	★	★	—	★	—	—
	强度要求	★	—	★	★	—	—
	抗震要求	★	—	—	—	★	—
	温度循环泄漏要求	★	—	★	—	★	—
	耐倾倒冲击要求	★	—	★	—	★	—
	误喷射防护装置	★	—	★	—	★	—
	充压气体	★	—	★	★	—	—
	标志	★	★	—	★	—	—
容器	容器的设计、制造、检验	★	—	★	★	—	—
	公称工作压力	★	★	—	★	—	—
	容积和直径	★	—	★	—	★	—
	材料	★	—	★	—	★	—
	颜色和标志	★	★	—	★	—	—
容器阀	标志	★	★	—	—	—	★
	材料	★	—	★	—	—	★
	工作压力	★	—	★	★	—	—
	强度要求	★	★	—	★	—	—

表 4（续）

部件名称	检验项目	型式检验项目	出厂检验项目		不合格类别		
			全检	抽检	A类	B类	C类
容器阀	密封要求	★	★	—	★	—	—
	超压要求	★	—	—	—	★	—
	最大和最小工作压力下动作要求	★	—	★	—	★	—
	工作可靠性要求	★	—	★	★	—	—
	局部阻力损失	★	—	—	—	—	★
	耐腐蚀性能	★	—	—	—	—	★
	手动操作要求	★	—	★	—	—	★
	结构要求	★	—	★	—	—	★
喷嘴	标志	★	★	—	—	—	★
	结构、尺寸	★	★	—	—	—	★
	材料	★	—	★	—	—	★
	流量特性	★	—	—	★	—	—
	耐热和耐压要求	★	—	—	—	★	—
	耐热和耐冷击要求	★	—	—	—	★	—
	耐冲击性能	★	—	—	—	—	★
	耐腐蚀性能	★	—	—	—	—	★
	喷射特性	★	—	—	—	★	—
选择阀	标志	★	★	—	—	★	—
	材料	★	—	★	—	—	★
	工作压力	★	★	—	★	—	—
	强度要求	★	★	—	★	—	—
	密封要求	★	★	—	—	★	—
	工作可靠性要求	★	—	★	★	—	—
	局部阻力损失	★	—	★	—	—	★
	耐腐蚀性能	★	—	—	—	—	★
	手动操作要求	★	—	★	—	—	★
单向阀	标志	★	★	—	★	—	—
	材料	★	—	★	—	—	★
	工作压力	★	★	—	★	—	—
	强度要求	★	★	—	★	—	—
	正向密封要求	★	★	—	—	★	—
	反向密封要求	★	★	—	★	—	—
	工作可靠性要求	★	—	★	—	★	—
	开启压力要求	★	—	★	—	—	★
	局部阻力损失	★	—	★	—	—	★
	耐腐蚀性能	★	—	—	—	—	★

表 4（续）

部件名称		检验项目	型式检验项目	出厂检验项目		不合格类别		
				全检	抽检	A类	B类	C类
集流管		材料	★	—	★	—	—	★
		工作压力	★	★	—	★	—	—
		强度要求	★	★	—	★	—	—
		密封要求	★	★	—	—	★	—
		流量要求	★	—	★	★	—	—
连接管		材料	★	—	★	—	—	★
		工作压力	★	★	—	★	—	—
		强度要求	★	★	—	★	—	—
		密封要求	★	★	—	—	★	—
		非金属连接管耐热空气老化性能	★	—	—	—	—	★
		非金属连接管低温试验	★	—	—	—	—	★
安全泄放装置		泄放动作压力	★	—	★	★	—	—
		耐腐蚀性能	★	—	—	—	—	★
		耐温度循环性能	★	—	★	—	★	—
驱动装置		按 GA 61 的规定						
控制盘		电源要求	★	—	★	—	★	—
		报警功能	★	★	—	★	—	—
		控制功能	★	★	—	★	—	—
		其他性能	按 GA 61 的规定					
		标志	★	★	—	—	—	★
检漏装置	称重装置	报警功能	★	★	—	—	★	—
		耐高低温性能	★	—	—	—	—	★
		过载要求	★	—	★	—	—	★
		耐腐蚀性能	★	—	—	—	—	★
		标志	★	★	—	—	—	★
	压力显示器	基本性能	★	★	—	★	—	—
		标度盘要求	★	★	—	—	★	—
		强度密封要求	★	—	★	—	★	—
		抗震性能	★	—	—	—	—	★
		温度循环泄漏要求	★	—	—	—	★	—
		耐腐蚀性能	★	—	—	—	—	★
		耐交变负荷性能	★	—	★	—	—	★
		报警功能	★	—	★	—	★	—
	液位测量装置	报警功能	★	—	★	—	★	—
		耐高低温性能	★	—	—	—	—	★
		耐腐蚀性能	★	—	—	—	—	★
		标志	★	★	—	—	—	★

表 4（续）

部件名称	检验项目	型式检验项目	出厂检验项目		不合格类别		
			全检	抽检	A类	B类	C类
信号反馈装置	工作压力	★	★	—	★	—	—
	动作压力	★	★	—	—	★	—
	工作可靠性要求	★	—	★	★	—	—
	强度要求	★	★	—	—	★	—
	密封要求	★	★	—	—	—	★
	耐电压性能	★	—	★	—	—	★
	绝缘要求	★	—	★	—	—	★
	耐腐蚀性能	★	—	—	—	—	★
	触点接触电阻	★	—	★	—	—	★
	标志	★	★	—	—	—	★
减压装置	工作压力	★	★	—	★	—	—
	强度要求	★	★	—	—	★	—
	密封要求	★	★	—	—	★	—
	减压特性	★	—	★	★	—	—
	标志	★	★	—	—	—	★
低泄高封阀	设置要求	★	★	—	★	—	—
	材料	★	★	—	—	★	—
	工作压力	★	★	—	★	—	—
	动作要求	★	★	—	—	★	—
	强度要求	★	—	★	—	★	—
	密封要求	★	★	—	—	—	★
	工作可靠性要求	★	—	★	★	—	—
	标志	★	★	—	—	—	★
管路、管件	材料	★	—	★	—	★	—
	工作压力	★	★	—	★	—	—
	强度要求	★	★	—	★	—	—
	密封要求	★	★	—	—	★	—
	局部阻力损失	★	—	—	—	—	★
	标志	★	★	—	—	—	★
吊钩、支架	材料	★	—	★	—	★	—
	承载能力	★	—	★	—	★	—

8 使用说明书编写要求

使用说明书应按 GB/T 9969 进行编写，使用说明书应至少包括下列内容：

a) 系统简介（主要是工作原理）；

b） 系统安全使用警示，对于惰性气体灭火系统至少应说明“灭火剂瓶组内的贮存压力为____MPa，系统动作时喷嘴会喷放出高压气体，可能对喷嘴附近人员或物体造成损害”等；对于七氟丙烷灭火系统、三氟甲烷灭火系统应至少应说明“本系统充装的灭火剂在灭火时会分解产生一定量的氟化氢气体，高浓度氟化氢气体能对人员造成伤害”；

c） 系统主要性能参数；

d） 系统示意图；

e） 系统操作程序；

f） 部件的名称、型号规格、主要性能参数（应包含本标准所述的公布值）、安装使用及维护说明、注意事项；

g） 灭火剂充装方法；

h） 售后服务；

i） 制造单位名称、详细地址、邮编和电话。

9 灭火剂充装

惰性气体灭火剂的充装应由国家授权的有气体充装资质的单位进行。气体系统生产单位应保存充装记录，保存期至少应到下次充装。

七氟丙烷、三氟甲烷灭火剂的充装宜由专业气体厂充装。气体系统生产单位应保存充装记录，保存期至少应到下次充装。

气体系统生产单位自充装的，应制定相应的气体充装操作规程和灭火剂检验规程，除保存充装记录外还应从此批灭火剂中抽取适量的灭火剂进行留样封存，充装记录和灭火剂留样的保存期至少到下次充装日止。

附 录 A
(资料性附录)
部件型号的编制方法

气体灭火系统中部件的型号编制,依次由系统类别代号、部件代号、主参数、生产单位自定义四部分组成。主参数分主参数1和主参数2。

型号中的系统类别代号见4.1。

部件代号和主参数见表A.1。

示例:QMP70/4.2表示贮存压力为4.2 MPa,容积为70 L的七氟丙烷灭火剂瓶组。

表 A.1 部件代号和主参数

部件名称		部件代号	主参数1		主参数2	
			名称	单位	名称	单位
灭火剂瓶组		MP	容积	L	贮存压力	MPa
驱动气体瓶组		QP	容积	L	贮存压力	MPa
容器		R	容积	L	公称工作压力	MPa
容器阀		RF	公称通径	mm	公称工作压力	MPa
全淹没喷嘴		PT	喷嘴代号	—	进口公称通径	mm
局部应用喷嘴		PTJ	喷嘴代号	—	进口公称通径	mm
选择阀		XZ	公称通径	mm	公称工作压力	MPa
灭火剂流通管路单向阀		YD	公称通径	mm	公称工作压力	MPa
驱动气体流通管路单向阀		QD	公称通径	mm	公称工作压力	MPa
集流管		JG	公称通径	mm	公称工作压力	MPa
连接管		RG	公称通径	mm	公称工作压力	MPa
安全泄放装置		AX	泄放压力	MPa		
驱动装置	气动型	QQ	驱动力	N		
	电磁型	DQ	驱动力	N		
	引爆型	YQ	驱动力	N		
	机械型	JQ	驱动力	N		
	燃气型	RQ	产气量	L		
检漏装置	称重型	CZ	最大称量质量	kg		
	液位型	YW	最大测量高度	mm		
	压力型	YJ	最大测量压力	MPa		
信号反馈装置		XF	动作压力	MPa	公称工作压力	MPa
减压装置	孔板型	JYB	孔口直径	mm	公称通径	mm
	减压阀型	JYF	进口压力	MPa	出口压力	MPa
低泄高封阀		DG	关闭压力	MPa	公称工作压力	MPa

附 录 B
（资料性附录）
灭 B 类正庚烷火和 A 类木垛表面火的灭火浓度

各类灭火剂灭正庚烷火和 A 类表面火的灭火浓度见表 B.1。

表 B.1 各类灭火剂灭正庚烷火和 A 类表面火的灭火浓度

灭火剂名称	B 类正庚烷火		A 类木垛表面火		蒸气比容 s/(m^3/kg)
	灭火浓度/%	最低设计浓度/%	灭火浓度/%	最低设计浓度/%	+20 ℃
HFC227ea	6.6	8.6	5.8	7.5	0.137 3
HFC23	12	15.6	15	19.5	0.340 9
IG01	37.5	48.8	29.2	38.0	0.602 3
IG100	33.6	43.7	31.0	40.3	0.858 3
IG55	32.3	42.0	29.1	37.8	0.708 1
IG541	33.8	43.9	28.1	36.5	0.705 8

附　录　C
（资料性附录）
灭B类正庚烷火和A类木垛表面火的灭火浓度确定试验方法

C.1　试验空间

试验空间的体积不应小于100 m^3，其长、宽不小于4 m，高度3.5 m～4 m。试验空间若设泄压口，应设在3/4空间高度以上或顶部。

C.2　测量参数

C.2.1　氧浓度测量

试验空间氧浓度测量点位置见图C.1。氧浓度测量设备的分辨率不低于0.1%（体积分数），应能连续采集和记录试验时试验空间内的氧浓度。测量设备的精度不应受燃烧产物影响。试验使用范围为17%～21%（体积分数）。数据存储的频率至少为4 Hz。

C.2.2　喷嘴压力测量

应采用压力传感器监测喷嘴压力，传感器精度不低于0.5%，传感器距喷嘴的距离不超过1 m。

C.2.3　试验空间温度测量

试验空间温度测点位置见图C.1。测温仪表时间常数不大于1 s，通道数量宜取三个。采用连续测量，测量范围：0 ℃～+1 200 ℃。采用1 mm的K型热电偶（Ni-CrNi）。

C.2.4　喷嘴附近温度测量

对于液化灭火剂，应记录喷口位置的温度。

C.3　试验用灭火系统

灭火系统设计由生产单位提供。

灭火剂瓶组应在+20 ℃±2 ℃温度下放置16 h以上。

灭火系统灭火剂喷放应满足以下要求：

a)　对于液化灭火剂，液相及气液两相的喷射时间应为8 s～10 s；

b)　对于非液化灭火剂，喷射时间应为50 s～60 s，可以通过安装在靠近喷嘴位置能够截断灭火剂喷射的装置控制；

c)　试验中，灭火剂的喷放不应影响试验火的燃烧。

C.4　灭火浓度确定条件

对于A类木垛火，灭火系统应在喷射结束后60 s内扑灭所有明火，在喷射结束后10 min不复燃。

对于B类正庚烷火，灭火系统应在喷射结束后30 s灭火。

灭火浓度是试验室连续三次成功灭火的浓度。

C.5　B类正庚烷火灭火试验

C.5.1　燃料要求

使用的燃料应符合6.20.2的要求。

C.5.2　试验模型与布置

油盘为正方形，面积0.25 m^2±0.02 m^2，高度100 mm，油盘壁厚6 mm。

油盘固定在试验空间正中心，底部距地面600 mm。

单位为毫米

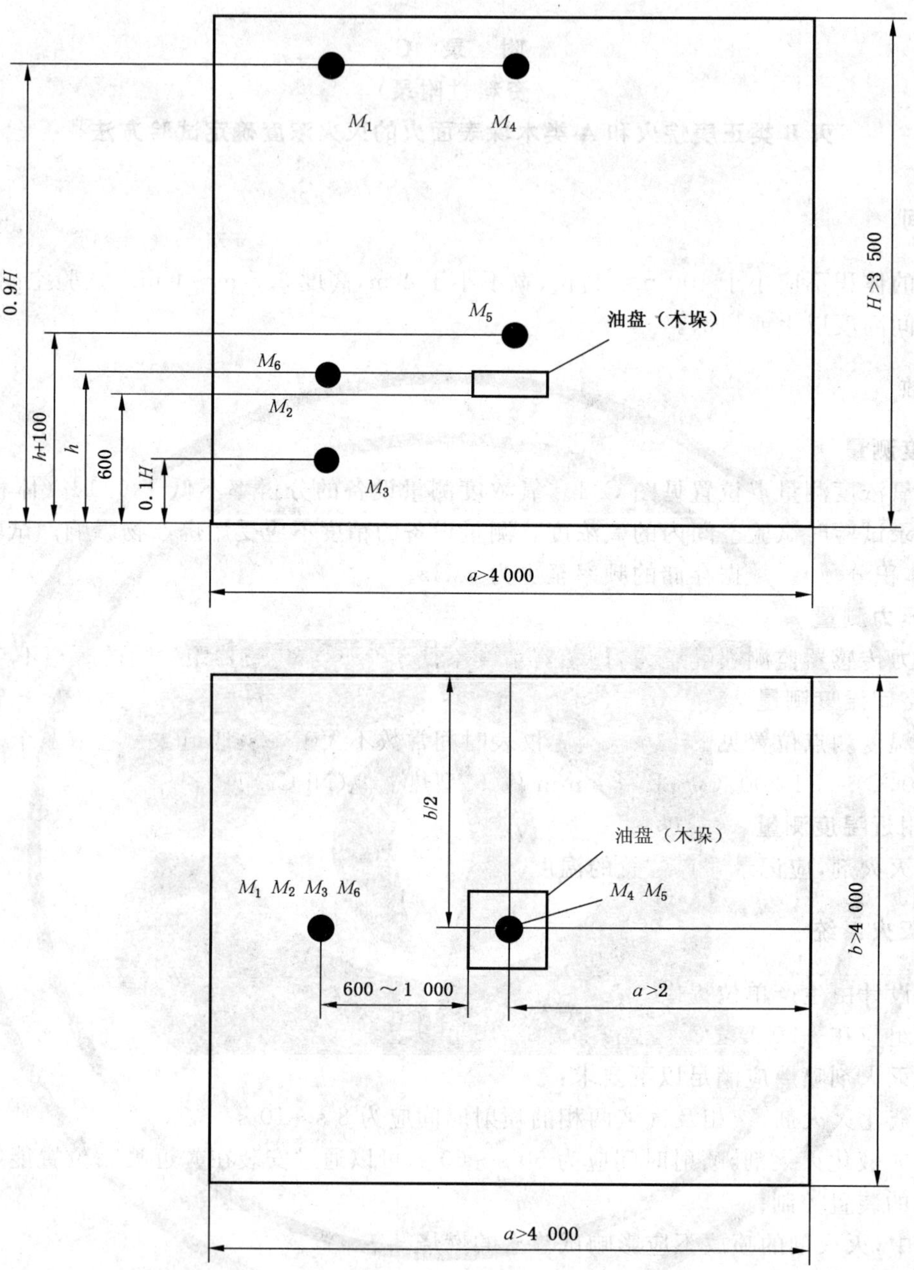

$M_1 \sim M_3$——氧浓度测量样品点；

$M_4 \sim M_6$——测温点；

a——试验空间长度；

b——试验空间宽度；

H——试验空间高度；

h——油盘和木垛距地面高度。

图 C.1 A类和B类火灭火试验布置示意图

C.5.3 试验程序

油盘内加入12.5 L正庚烷，油盘底部垫水，液面距油盘上沿50 mm，开启氧浓度分析仪和测温仪表，使之处于正常工作状态。点燃油盘，预燃30 s，关闭试验空间所有开口，手动启动灭火系统灭火。

试验空间内的空气中氧含量不应低于正常大气条件下空气中氧含量的0.5%（体积分数）。试验期间由燃烧产物引起氧浓度降低不应超过1.5%（体积分数）。该数值通过与冷喷的参数相比较获得。

C.5.4 试验记录

试验应记录以下内容：

a) 试验空间内各测氧点的氧浓度变化；

b) 试验空间内各测温点的温度变化；

c) 灭火系统喷射延迟时间和喷射时间，喷嘴前压力；

d) 灭火时间；

e) 释放到试验空间内的灭火剂总量。

C.6 A类木垛火灭火试验

C.6.1 燃料要求

木材采用云杉、冷杉或密度相当的松木，含水率9%～13%。

木垛由四层构成，每层六根方木。方木横截面为40 mm×40 mm，长450 mm±50 mm。木垛层间呈直角交错放置，每层的方木之间间隔均匀摆成正方形，将方木及层间钉起来形成木垛。

油盘采用C.5.2灭火试验用油盘。

C.6.2 试验模型与布置

木垛的布置见图C.1。木垛底部距地面600 mm。

引燃木垛用燃料采用C.5.1灭火试验用正庚烷。

将木垛放在钢质试验架上，油盘置于木垛正下方，油盘上沿距木垛底部约300 mm，试验架的结构应使木垛底部充分暴露在大气中。

C.6.3 试验程序

在试验空间外引燃木垛，但不应受阳光、雨雪等天气条件影响，风速不大于3 m/s，必要时可采取适当防风措施。如在室内引燃木垛时，室内空间体积应大于6倍试验空间体积。

将1.6 L正庚烷注入油盘，点燃后引燃木垛自由燃烧3 min，正庚烷耗尽后，木垛继续燃烧3 min。

在试验空间外总预燃时间为6 min$^{+10}_{0}$s，预燃结束后将木垛移入试验空间，移入木垛至启动灭火系统用时不应大于15 s。关闭试验空间所有开口，手动启动灭火系统灭火。

试验空间内的空气中氧含量不应低于正常大气条件下空气中氧含量的0.5%(体积分数)。试验期间由燃烧产物引起氧浓度降低不应超过1.5%(体积分数)。该数值通过与冷喷的参数相比较获得。

灭火剂喷射结束后，试验空间维持密封10 min浸渍期。10 min后将木垛移出试验空间，观察是否复燃。

C.6.4 试验记录

试验应记录以下内容：

a) 10 min浸渍期内有无余火或复燃，浸渍时间内观测记录木垛表面温度，余火、复燃状况宜采用红外摄像仪；

b) 木垛试验前后的质量损失；

c) 试验空间内各测氧点的氧浓度变化；

d) 试验空间内各测温点的温度变化；

e) 灭火系统喷射延迟时间和喷射时间，喷嘴前压力；

f) 灭火时间；

g) 释放到试验空间内的灭火剂总量。

附 录 D
(规范性附录)
系统试验程序及样品数量

D.1 试验程序

试验程序见图 D.1。

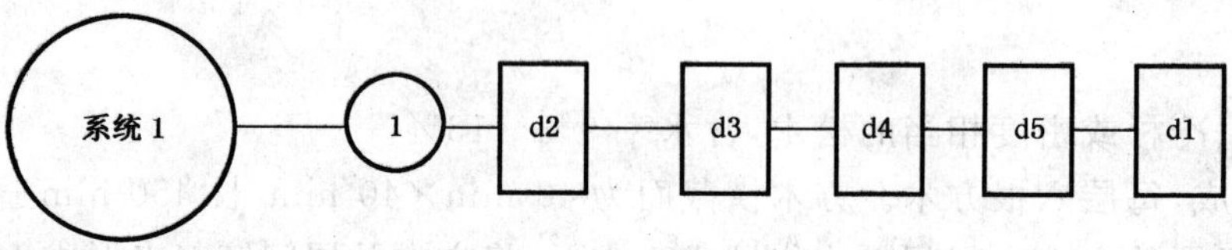

d1——基本要求(参见 6.39.1);

d2——系统构成(参见 6.39.1);

d3——外观标志(参见 6.39.1);

d4——系统准工作状态(参见 6.39.1);

d5——启动运行试验(参见 6.39.2)。

注:图中试验序号用方框中的数字表示,试验所需的样品数用圆圈中的数字表示。

图 D.1 系统试验程序图

D.2 样品数量

样品数量为一套。

附 录 E
（规范性附录）
灭火剂瓶组试验程序及样品数量

E.1 试验程序

试验程序见图 E.1。

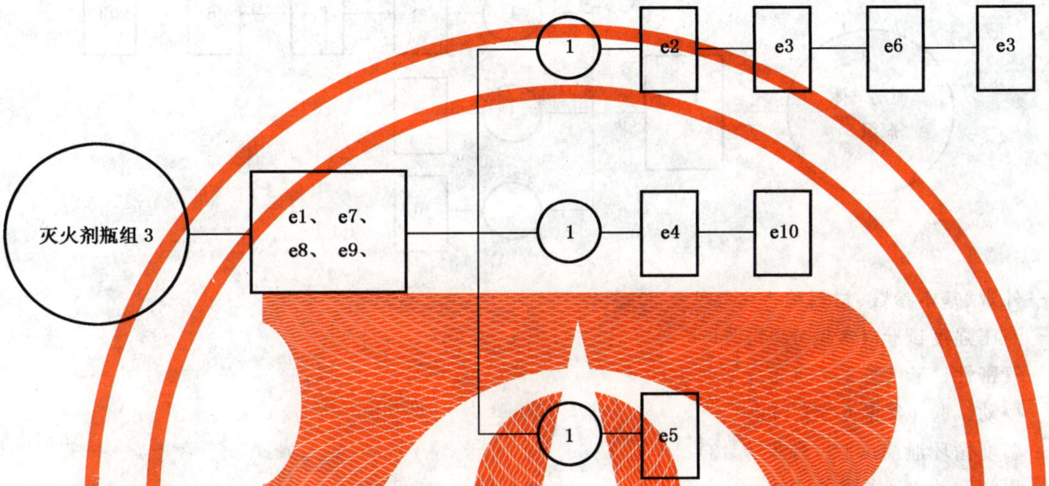

e1——外观、基本参数、材料检查(参见 6.2)；
e2——液压强度试验(参见 6.3)；
e3——气密性试验(参见 6.4.2)；
e4——振动试验(参见 6.12.1)；
e5——温度循环泄漏试验(参见 6.13)；
e6——灭火剂瓶组倾倒冲击试验(参见 6.14)；
e7——虹吸管(参见 5.2.9)；
e8——误喷射防护装置(参见 5.2.10)；
e9——气体取样要求(参见 5.2.11)；
e10——灭火剂释放时间(参见 5.2.12)。

注：图中试验序号用方框中的数字表示，试验所需的样品数用圆圈中的数字表示。

图 E.1 灭火剂瓶组试验程序图

E.2 样品数量

样品数量为三套。

附 录 F
（规范性附录）
驱动气体瓶组试验程序及样品数量

F.1 试验程序

试验程序见图 F.1。

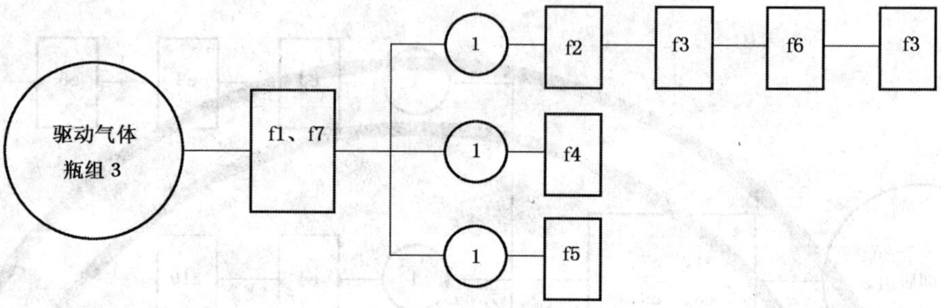

f1——外观、基本参数、材料检查（参见 6.2）；
f2——液压强度试验（参见 6.3）；
f3——气密性试验（参见 6.4.2）；
f4——振动试验（参见 6.12.1）；
f5——温度循环泄漏试验（参见 6.13）；
f6——耐倾倒冲击（参见 6.14）；
f7——误喷射防护装置（参见 5.3.9）。

注：图中试验序号用方框中的数字表示，试验所需的样品数用圆圈中的数字表示。

图 F.1 驱动气体瓶组试验程序图

F.2 样品数量

样品数量为三套。

附 录 G
（规范性附录）
容器试验程序及样品数量

G.1 试验程序

试验程序见图 G.1。

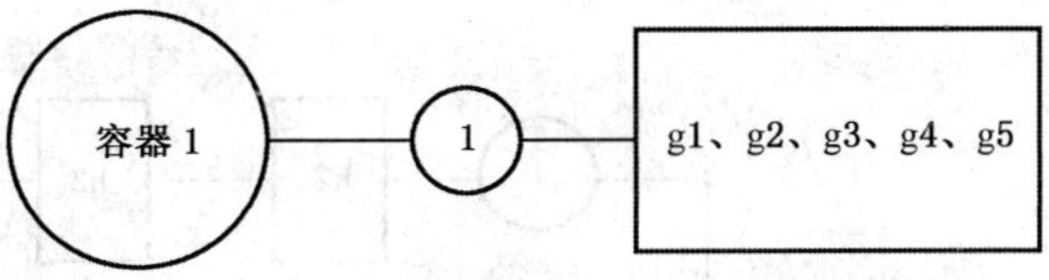

g1——外观、基本参数、材料检查(参见 6.2)；
g2——容器的设计、制造、检验(参见 5.4.1)；
g3——公称工作压力(参见 5.4.2)；
g4——容积和直径(参见 5.4.3)；
g5——材料(参见 5.4.4)。
注：图中试验序号用方框中的数字表示，试验所需的样品数用圆圈中的数字表示。

图 G.1 容器试验程序图

G.2 样品数量

样品数量为一套。

附 录 H
（规范性附录）
容器阀试验程序及样品数量

H.1 试验程序

试验程序见图 H.1。

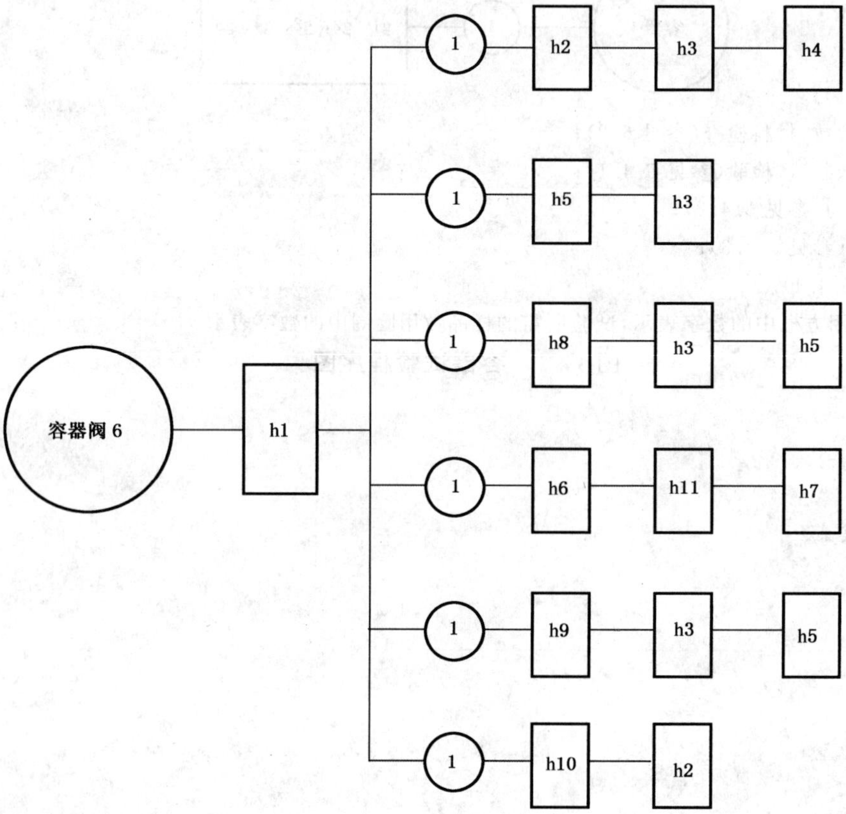

h1——外观、基本参数、材料检查(参见 6.2)；
h2——强度试验(参见 6.3)；
h3——气密性试验(参见 6.4.3)；
h4——超压试验(参见 6.5.2)；
h5——工作可靠性试验(参见 6.6.1)；
h6——最大和最小工作压力动作试验(参见 6.7)；
h7——局部阻力损失试验(参见 6.8)；
h8——盐雾腐蚀试验(参见 6.9)；
h9——二氧化硫腐蚀试验(参见 6.10)；
h10——应力腐蚀试验(参见 6.11)；
h11——手动操作试验 (参见 6.16)。

注：图中试验序号用方框中的数字表示，试验所需的样品数用圆圈中的数字表示。

图 H.1 容器阀试验程序图

H.2 样品数量

样品数量为六只。

附 录 I
（规范性附录）
喷嘴试验程序及样品数量

I.1 试验程序

试验程序见图 I.1。

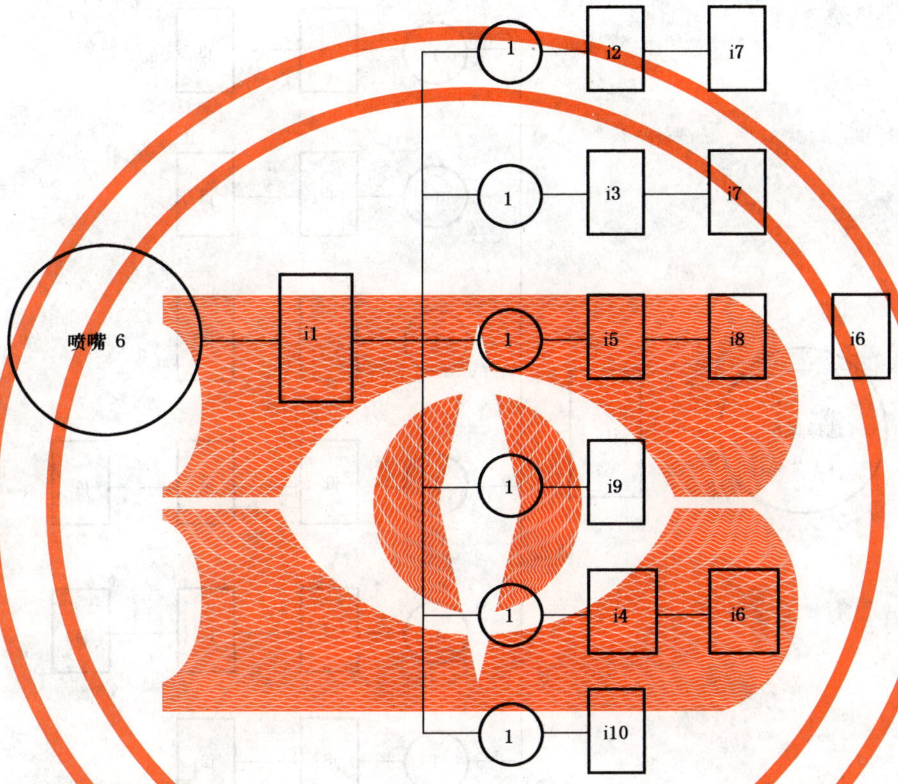

i1——外观、基本参数、材料检查(参见 6.2)；
i2——盐雾腐蚀试验(参见 6.9)；
i3——二氧化硫腐蚀试验(参见 6.10)；
i4——应力腐蚀试验(参见 6.11)；
i5——喷嘴流量特性试验(参见 6.17)；
i6——喷嘴耐热和耐压试验(参见 6.18)；
i7——喷嘴耐热和耐冷击试验(参见 6.19)；
i8——全淹没喷嘴喷射特性试验(参见 6.20)；
i9——喷嘴耐冲击试验(参见 6.21)；
i10——喷嘴保护帽试验(参见 6.40)。

注：图中试验序号用方框中的数字表示，试验所需的样品数用圆圈中的数字表示。

图 I.1 喷嘴试验程序图

I.2 样品数量

样品数量为六只。

附 录 J
（规范性附录）
选择阀试验程序及样品数量

J.1 试验程序

试验程序见图 J.1。

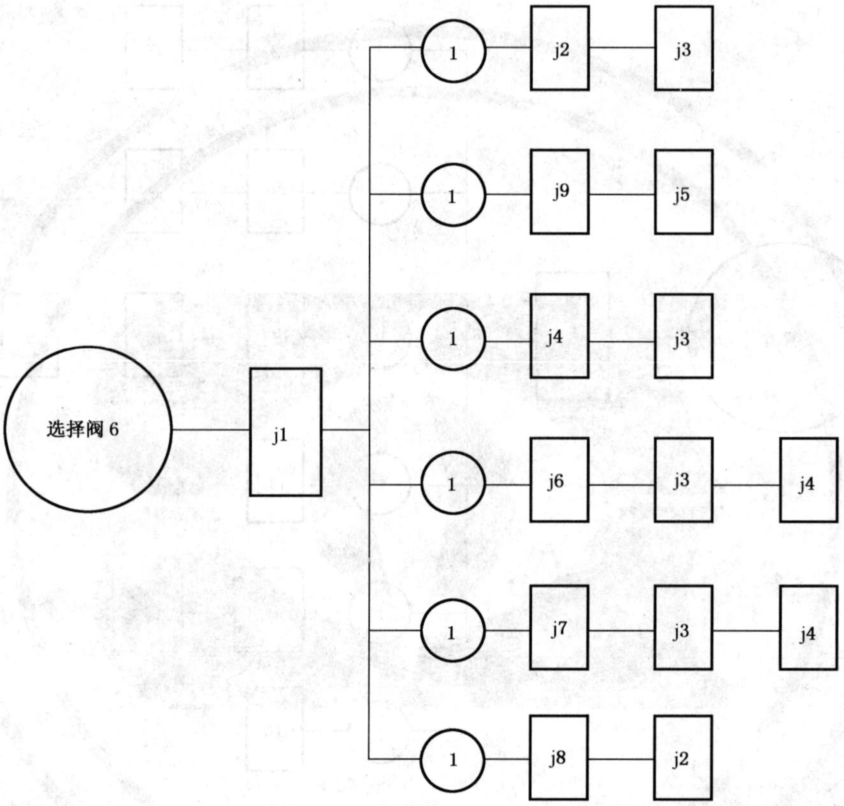

j1——外观、基本参数、材料检查(参见 6.2)；
j2——强度试验(参见 6.3)；
j3——气密性试验(参见 6.4.3)；
j4——工作可靠性试验(参见 6.6.1)；
j5——局部阻力损失试验(参见 6.8)；
j6——盐雾腐蚀试验(参见 6.9)；
j7——二氧化硫腐蚀试验(参见 6.10)；
j8——应力腐蚀试验(参见 6.11)；
j9——手动操作试验(参见 6.16)。
注：图中试验序号用方框中的数字表示，试验所需的样品数用圆圈中的数字表示。

图 J.1 选择阀试验程序图

J.2 样品数量

样品数量为六只。

附　录　K
（规范性附录）
单向阀试验程序及样品数量

K.1　试验程序

试验程序见图 K.1。

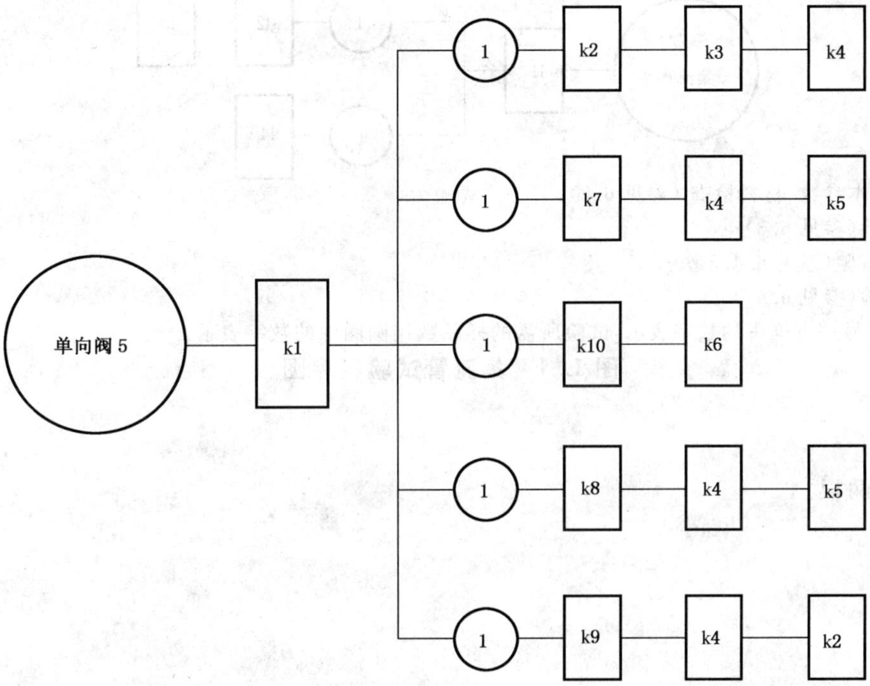

k1——外观、基本参数、材料检查(参见 6.2)；
k2——强度试验(参见 6.3)；
k3——正向气密性试验(参见 6.4.3)；
k4——反向气密性试验(参见 6.4.3)；
k5——工作可靠性试验(参见 6.6.2)；
k6——局部阻力损失试验(参见 6.8)；
k7——盐雾腐蚀试验(参见 6.9)；
k8——二氧化硫腐蚀试验(参见 6.10)；
k9——应力腐蚀试验(参见 6.11)；
k10——开启压力试验(参见 6.22)。

注：图中试验序号用方框中的数字表示，试验所需的样品数用圆圈中的数字表示。

图 K.1　单向阀试验程序图

K.2　样品数量

样品数量为五只。

附 录 L
（规范性附录）
集流管试验程序及样品数量

L.1 试验程序

试验程序见图 L.1。

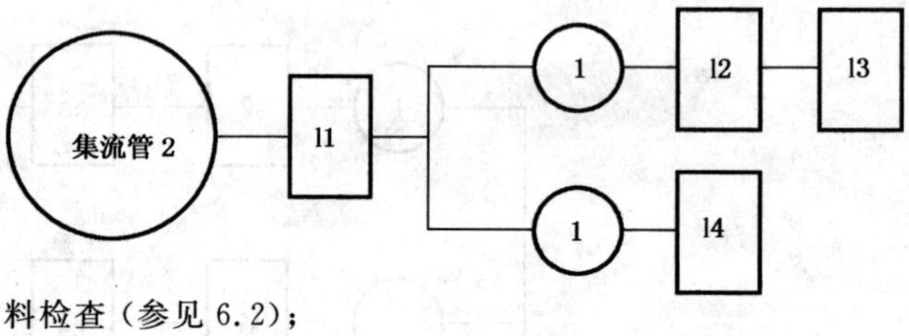

l1——外观、基本参数、材料检查（参见 6.2）；
l2——强度试验(参见 6.3)；
l3——气密性试验(参见 6.4.5)；
l4——流量试验(参见 6.41）。
注:图中试验序号用方框中的数字表示,试验所需的样品数用圆圈中的数字表示。

图 L.1 集流管试验程序图

L.2 样品数量

样品数量为两根。

附　录　M
（规范性附录）
连接管试验程序及样品数量

M.1　试验程序

试验程序见图 M.1。

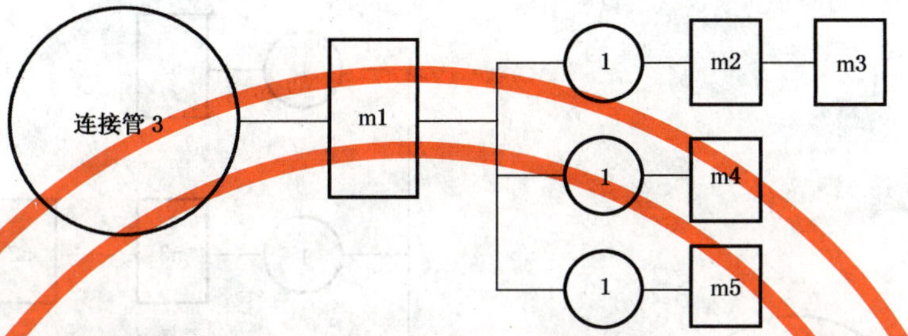

m1——外观、基本参数、材料检查（参见 6.2）；
m2——强度试验（参见 6.3）；
m3——气密性试验（参见 6.4.5）；
m4——热空气老化试验（参见 6.24）；
m5——非金属连接管低温试验（参见 6.28）。
注：图中试验序号用方框中的数字表示，试验所需的样品数用圆圈中的数字表示。

图 M.1　连接管试验程序图

M.2　样品数量

样品数量为三根。

附　录　N
（规范性附录）
安全泄放装置试验程序及样品数量

N.1　试验程序

试验程序见图 N.1。

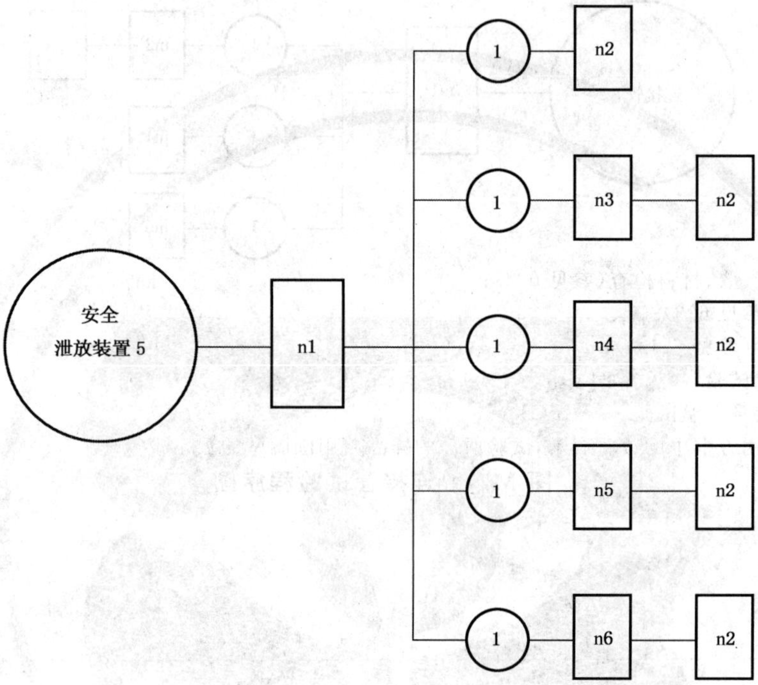

n1——外观、基本参数、材料检查(参见 6.2)；
n2——安全泄放装置动作试验(参见 6.15)；
n3——盐雾腐蚀试验(参见 6.9)；
n4——二氧化硫腐蚀试验(参见 6.10)；
n5——应力腐蚀试验(参见 6.11)；
n6——温度循环泄漏试验(参见 6.13)。
注：图中试验序号用方框中的数字表示，试验所需的样品数用圆圈中的数字表示。

图 N.1　安全泄放装置试验程序图

N.2　样品数量

样品数量为五套。

附 录 P
（规范性附录）
驱动装置试验程序及样品数量

驱动装置试验程序及样品数量按 GA 61 的规定。

附 录 Q
（规范性附录）
控制盘试验程序及样品数量

Q.1 试验程序

试验程序见图 Q.1。

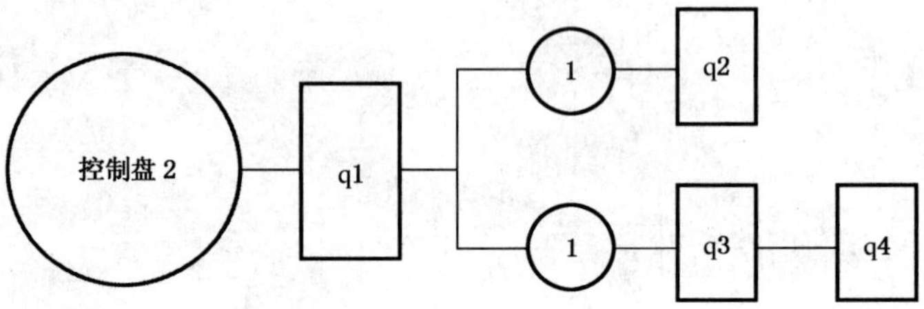

q1——外观、基本参数、材料检查(参见 6.2)；
q2——电源试验(参见 6.27)；
q3——报警功能检查(参见 6.29.1)；
q4——控制功能检查(参见 6.29.1)。
注：图中试验序号用方框中的数字表示，试验所需的样品数用圆圈中的数字表示。

图 Q.1 控制盘试验程序图

Q.2 样品数量

样品数量为两套。

附 录 R
（规范性附录）
称重装置试验程序及样品数量

R.1 试验程序

试验程序见图R.1。

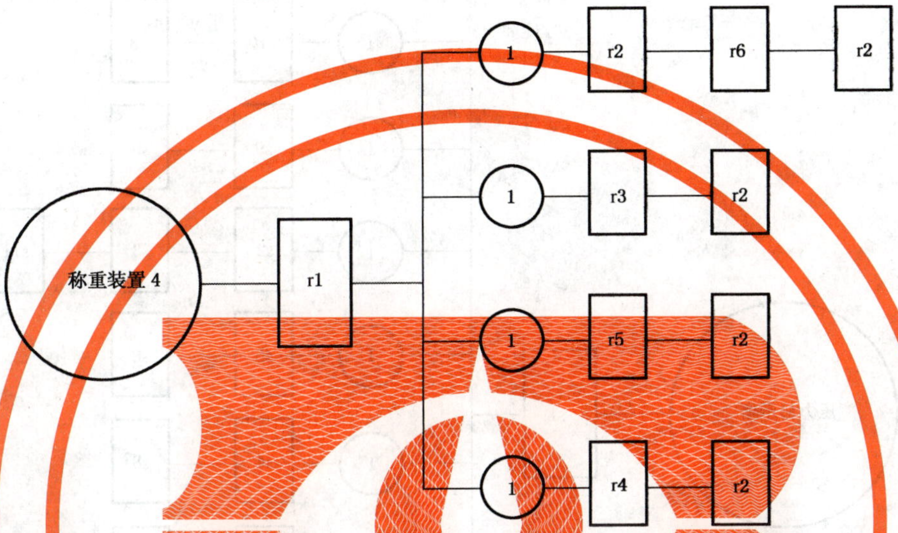

r1——外观、基本参数、材料检查（参见6.2）；
r2——报警功能检查（参见6.29.2）；
r3——高低温试验（参见6.30）；
r4——称重装置过载试验（参见6.35）；
r5——盐雾腐蚀试验（参见6.9）；
r6——二氧化硫腐蚀试验（参见6.10）。
注：图中试验序号用方框中的数字表示，试验所需的样品数用圆圈中的数字表示。

图 R.1 称重装置试验程序图

R.2 样品数量

样品数量为四套。

附　录　S
（规范性附录）
压力显示器试验程序及样品数量

S.1　试验程序

试验程序见图 S.1。

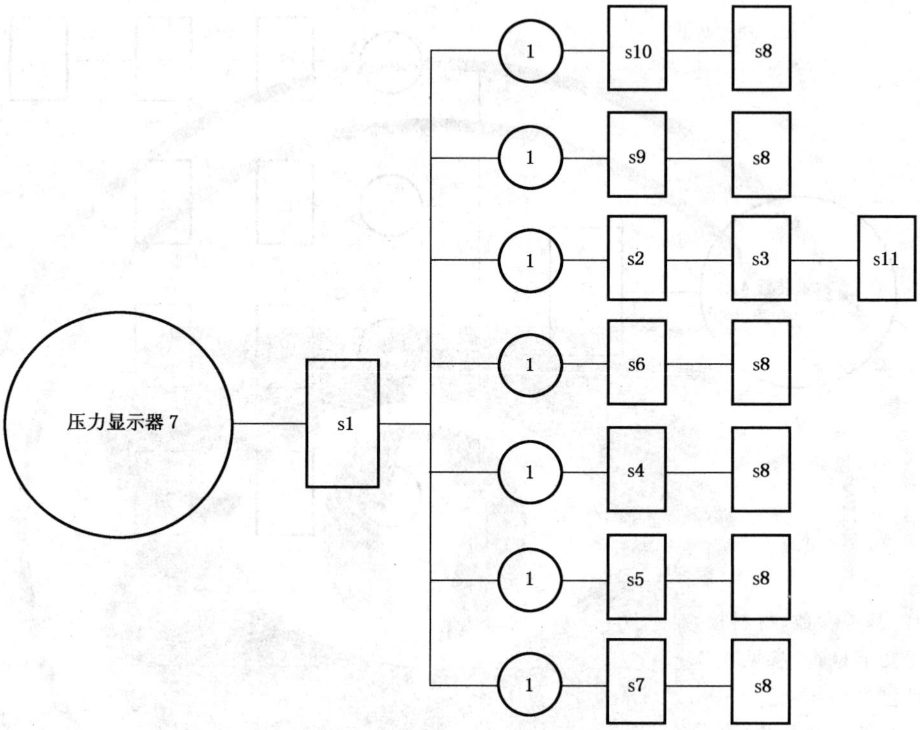

s1——外观、基本参数、材料检查(参见 6.2)；
s2——强度试验(参见 6.3)；
s3——气密性试验(参见 6.4.4)；
s4——盐雾腐蚀试验(参见 6.9)；
s5——二氧化硫腐蚀试验(参见 6.10)；
s6——温度循环泄漏试验(参见 6.13)；
s7——振动试验(参见 6.12.1)；
s8——基本性能试验(参见 6.32)；
s9——报警功能试验(参见 6.29.3)；
s10——交变负荷试验(参见 6.33)；
s11——超压试验(参见 6.5)。

注：图中试验序号用方框中的数字表示，试验所需的样品数用圆圈中的数字表示。

图 S.1　压力显示器试验程序图

S.2　样品数量

样品数量为七套。

附　录　T
（规范性附录）
液位测量装置试验程序及样品数量

T.1　试验程序

试验程序见图 T.1。

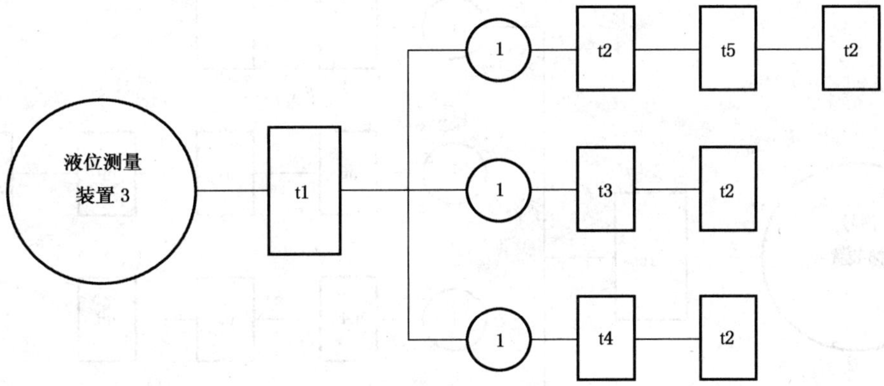

t1——外观、基本参数、材料检查(参见 6.2)；
t2——报警功能检查(参见 6.29.4)；
t3——高低温试验(参见 6.30)；
t4——盐雾腐蚀试验(参见 6.9)；
t5——二氧化硫腐蚀试验(参见 6.10)。
注：图中试验序号用方框中的数字表示，试验所需的样品数用圆圈中的数字表示。

图 T.1　液位测量装置试验程序图

T.2　样品数量

样品数量为三套。

附 录 U
（规范性附录）
信号反馈装置试验程序及样品数量

U.1 试验程序

试验程序见图 U.1。

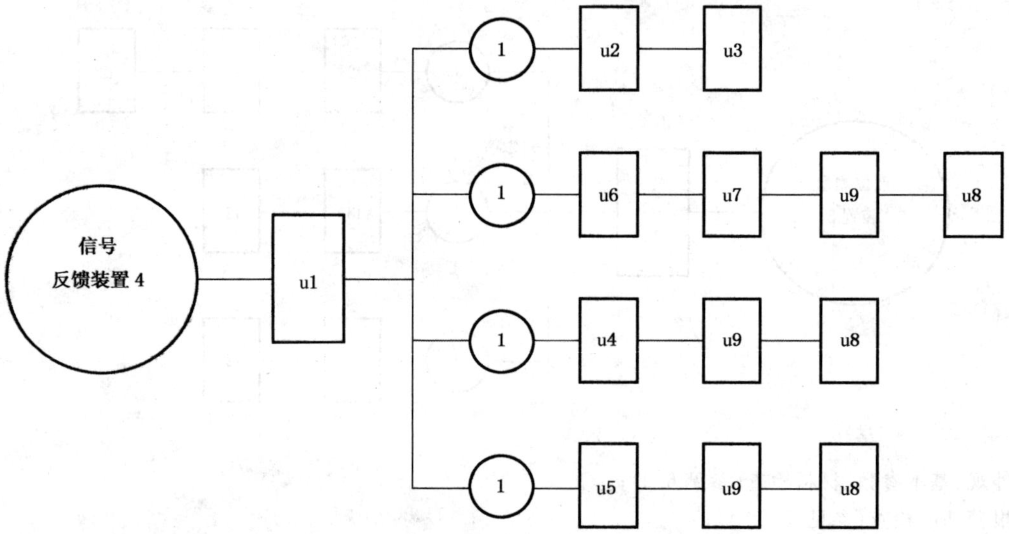

u1——外观、基本参数、材料检查(参见 6.2)；
u2——强度试验(参见 6.3)；
u3——气密性试验(参见 6.4.2)；
u4——盐雾腐蚀试验(参见 6.9)；
u5——二氧化硫腐蚀试验(参见 6.10)；
u6——耐电压性能试验(参见 6.25)；
u7——绝缘电阻试验(参见 6.26)；
u8——信号反馈装置触点接触电阻试验(参见 6.34)；
u9——信号反馈装置工作可靠性试验(参见 6.36)。
注：图中试验序号用方框中的数字表示，试验所需的样品数用圆圈中的数字表示。

图 U.1 信号反馈装置试验程序图

U.2 样品数量

样品数量为四套。

附 录 V
（规范性附录）
管路、管件试验程序及样品数量

V.1 试验程序

试验程序见图 V.1。

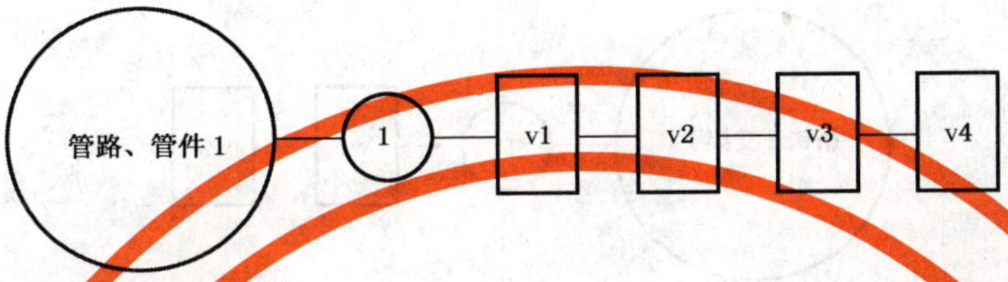

v1——外观、基本参数、材料检查(参见 6.2)；
v2——强度试验(参见 6.3)；
v3——气密性试验(参见 6.4.5)；
v4——局部阻力损失试验(参见 6.8)。
注：图中试验序号用方框中的数字表示，试验所需的样品数用圆圈中的数字表示。

图 V.1 管路、管件试验程序图

V.2 样品数量

样品数量为一套。

附 录 W
（规范性附录）
吊钩、支架试验程序及样品数量

W.1 试验程序

试验程序见图 W.1。

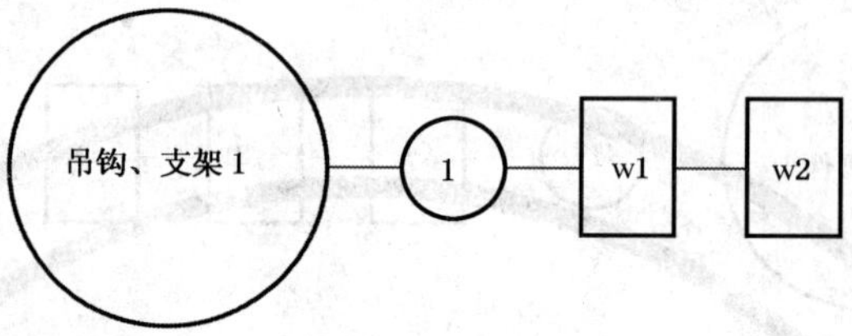

w1——外观、基本参数、材料检查(参见 6.2)；
w2——吊钩、支架承载能力试验(参见 6.37)。
注：图中试验序号用方框中的数字表示，试验所需的样品数用圆圈中的数字表示。

图 W.1 吊钩、支架试验程序图

W.2 样品数量

样品数量为一套。

附 录 Y
（规范性附录）
减压装置试验程序及样品数量

Y.1 试验程序

试验程序见图 Y.1。

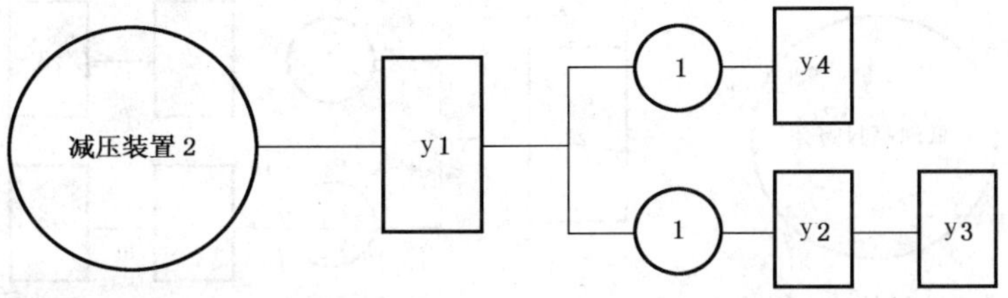

y1——外观、基本参数、材料检查(参见 6.2)；
y2——强度试验(参见 6.3)；
y3——气密性试验(参见 6.4.2)；
y4——减压特性试验(参见 6.38)。
注：图中试验序号用方框中的数字表示，试验所需的样品数用圆圈中的数字表示。

图 Y.1 减压装置试验程序图

Y.2 样品数量

样品数量为两套。

附 录 Z
（规范性附录）
低泄高封阀试验程序及样品数量

Z.1 试验程序

试验程序见图 Z.1。

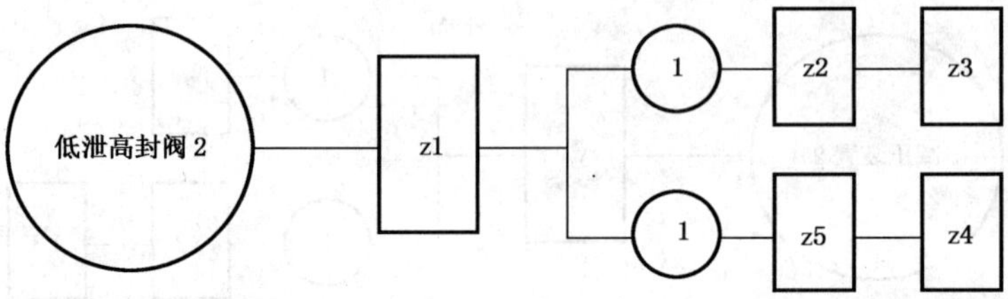

z1——外观、基本参数、材料检查(参见 6.2)；
z2——强度试验(参见 6.3)；
z3——气密性试验(参见 6.4.2)；
z4——工作可靠性试验(参见 6.6.4)；
z5——低泄高封阀关闭压力试验(参见 6.23)。
注：图中试验序号用方框中的数字表示，试验所需的样品数用圆圈中的数字表示。

图 Z.1 低泄高封阀试验程序图

Z.2 样品数量

样品数量为两套。

ICS 13.020.01
Z 04

中华人民共和国国家标准

GB/T 25973—2010

工业企业清洁生产审核 技术导则

Cleaner production audit in industrial enterprises—Technical guidance

2011-01-10 发布　　　　2011-05-01 实施

中华人民共和国国家质量监督检验检疫总局
中国国家标准化管理委员会　发布

前　言

本标准的附录 A、附录 B 为资料性附录。

本标准由中华人民共和国工业和信息化部节能与综合利用司提出。

本标准由全国环境管理标准化技术委员会(SAC/TC 207)归口。

本标准起草单位:中国标准化研究院、北京工商大学、南昌航空大学、北京中荷比科环境能源科技有限公司、环境保护部环境与经济政策研究中心、北京京诚嘉宇环境科技有限公司冶金清洁生产技术中心、北京节能环保中心、中国石油化工股份有限公司北京化工研究院、中国轻工业清洁生产中心。

本标准主要起草人:刘玫、陈亮、李汉平、魏立安、刘一男、赵毅红、杨晓东、薛捍平、齐红卫、朱益丹、宋云。

工业企业清洁生产审核　技术导则

1　范围

本标准规定了工业企业开展清洁生产审核的术语和定义、基本原则、程序、技术要点、审核报告的编写。

本标准适用于工业企业清洁生产审核工作。

2　规范性引用文件

下列文件中的条款通过本标准的引用而成为本标准的条款。凡是注日期的引用文件，其随后所有的修改单(不包括勘误的内容)或修订版均不适用于本标准，然而，鼓励根据本标准达成协议的各方研究是否可使用这些文件的最新版本。凡是不注日期的引用文件，其最新版本适用于本标准。

GB/T 3484　企业能量平衡通则

GB/T 12452　企业水平衡测试通则

GB 17167　用能单位能源计量器具配备和管理通则

3　术语和定义

GB/T 3484 和 GB/T 12452 确立的以及下列术语和定义适用于本标准。

3.1

清洁生产审核　cleaner production audit

按照一定程序和方法，对生产过程进行调查和诊断，鉴别确定物料和能量流失的特征、部位与环节，找出能耗高、物耗高、效率低、污染重的原因，提出减少有毒有害物料的使用、产生，提高效率、降低能耗、物耗以及废物产生的方案，进而选定和实施技术、环境及经济可行的清洁生产方案的过程。

注：参考《清洁生产审核暂行办法》。

3.2

清洁生产备选方案　cleaner production option

针对每一个能耗高、物耗高、效率低、污染重的原因，从资源和能源、工艺技术、设备、过程控制、产品、废物、管理及人员八个方面进行分析并提出的预防、解决措施。

注：企业可根据自身情况，将清洁生产备选方案按照所需投资费用的高低划分为无/低费备选方案、中/高费备选方案。

3.3

清洁生产方案　cleaner production solution

从清洁生产备选方案中筛选出明显易行的无/低费方案，及经过可行性分析论证后可行的中/高费方案。

注：企业可根据自身情况，将清洁生产方案按照所需投资费用的高低划分为无/低费方案、中/高费方案。

4　基本原则

4.1　真实性

清洁生产审核应以客观的信息和真实有效的数据为基础。

4.2　整体性

应分别从资源和能源、工艺技术、设备、过程控制、产品、废物、管理和人员八个方面开展清洁生产审核。

4.3 预防性

在清洁生产审核中应识别出潜在的能耗高、物耗高、效率低、污染重的环节，并提出预防措施。

4.4 持续性

为持续提高资源、能源利用效率、减少污染物的产生与排放，企业应在完成本轮审核之后，继续开展清洁生产活动。

5 企业清洁生产审核的程序

企业清洁生产审核包括以下六个阶段，各阶段主要内容和产出见图1。

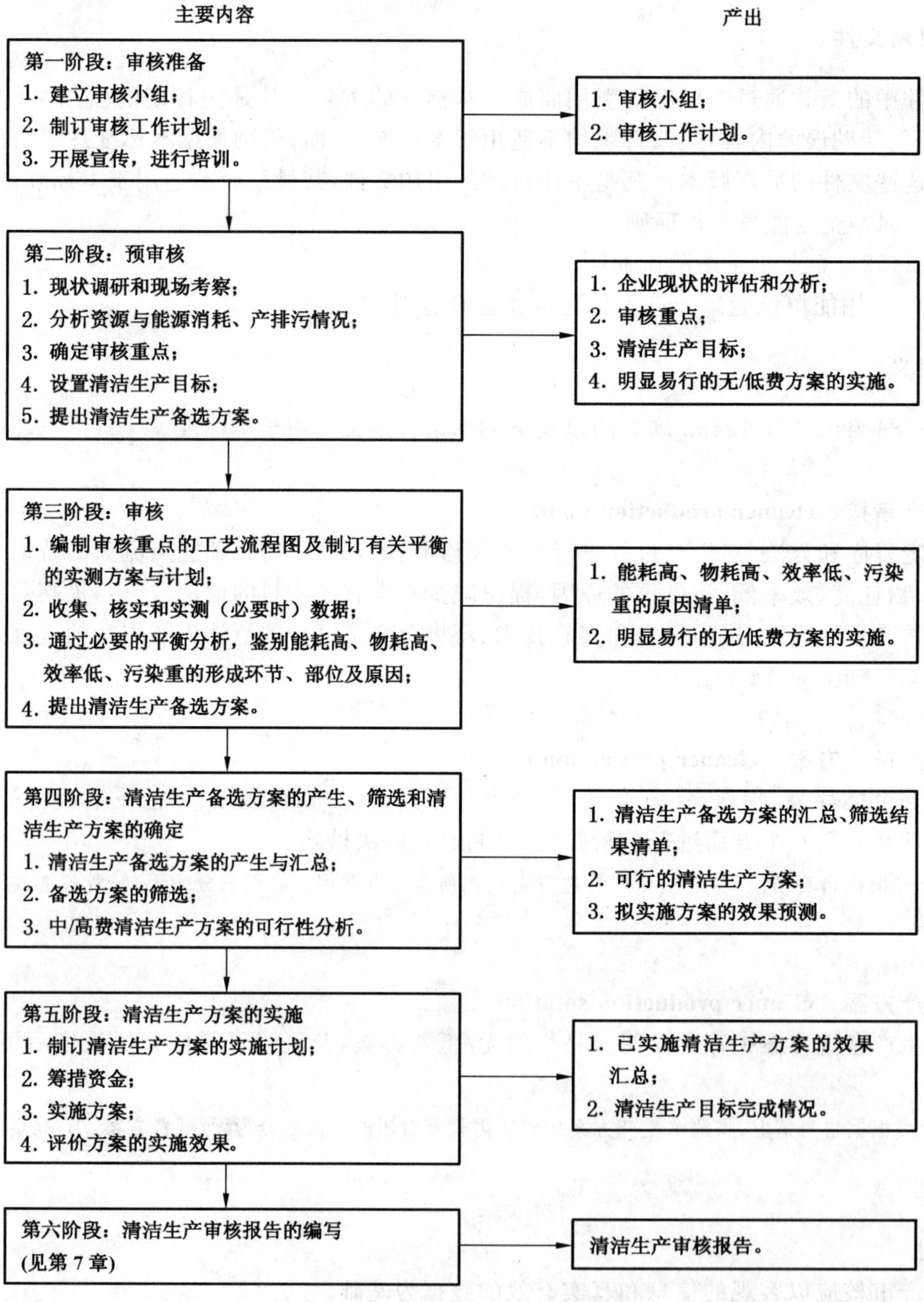

图1 清洁生产审核程序框架图

a) 第一阶段：审核准备；

b) 第二阶段：预审核；

c) 第三阶段：审核；

d) 第四阶段：清洁生产备选方案的产生、筛选和清洁生产方案的确定；

e) 第五阶段：清洁生产方案的实施；

f) 第六阶段：清洁生产审核报告的编写。

6 企业清洁生产审核的技术要点

6.1 现有资料的收集及数据分析

6.1.1 现有资料的收集应包括但不限于以下内容：

a) 生产状况资料，包括工艺流程与设备、主要资源、能源消耗情况及产品产量等；

b) 环保状况资料，包括环保技术与设备、执行标准及其达标情况、污染物产生和排放数量和组成、资源综合利用情况、废物处理与处置情况等；

c) 管理状况资料，包括从原料采购和库存、生产及操作、直到产品出厂的全面管理状态。

6.1.2 审核工作中应对所收集资料中的各种数据进行分析。数据分析方法可选用但不限于对标法、类比法、回归分析法。

6.1.3 必要时，应对缺少的数据和重要数据进行实测核实。

6.2 现场考察的要求

6.2.1 现场考察宜在企业正常生产工况下进行。其目的包括但不限于以下几个方面：发现企业生产过程中存在的问题，提供清洁生产审核总体思路，为确定审核重点、拟定相关平衡实测方案、分析能耗高、物耗高、效率低、污染重的原因、提出各种可能的清洁生产备选方案提供支撑。

6.2.2 现场考察重点应包括但不限于下列内容：

a) 能耗、水耗、物耗大的部位；

b) 污染物产生与排放量多、毒性大、处理处置难的部位；

c) 操作困难、易引起生产波动的部位；

d) 物料的储存和输送；

e) 设备陈旧、技术落后的部位；

f) 事故多发处；

g) 设备故障多发处及设备维护情况。

6.2.3 现场考察方法包括但不限于以下方面：

a) 查阅：查阅有关记录，如：生产报表、原料购置与消耗表、资源和能源消耗情况、环保设备运行情况记录、污染物治理和达标排放情况、财务报表、事故记录与报告表、设备运行维护记录、检修记录和利益相关方反应的情况。

b) 对照：分析核对有关参数和信息。

c) 检查：检查岗位操作规程的执行情况、生产运行台账和计量器具配备、运行和校准情况（按照 GB 17167 的有关规定）。

d) 交流：与管理人员、技术人员、操作工人座谈，以了解生产运行的实际情况，识别关键部位、关键问题。

6.3 审核重点的确定

6.3.1 备选审核重点应包括但不限于以下方面：

a) 污染物产生量或排放量较多、毒性较大、处理处置较难的部位；

b) 物料和能源消耗较高的部位；

c) 工艺技术落后、设备陈旧的环节；

d) 事故多发和设备维修较多的部位；

e) 对工人身体健康危害大、公众反映强烈的部位。

6.3.2 筛选、确定审核重点时，视具体情况可选用但不限于简单对比法、权重总和计分排序法：

a) 简单对比法：审核小组根据备选审核重点的生产管理指标、资源和能源消耗指标、污染物产生与排放指标及清洁生产潜力等情况，通过对比、分析和讨论，确定审核重点。

b) 权重总和计分排序法：审核小组宜根据资源和能源消耗、废物产生、环境影响、废物毒性、清洁生产潜力等因素的重要程度设定权重，对各备选审核重点的每个因素进行打分，计算得到权重总和值，按照其高低排序，确定审核重点。

6.4 清洁生产目标的设置

6.4.1 企业可根据自身情况，设置清洁生产近期、中期和远期目标。

注：近期指完成审核报告时为止。

6.4.2 清洁生产目标设置的原则应包括但不限于以下内容：

a) 实事求是，符合企业实际情况，经过努力可以实现；

b) 定量化，具有可操作性并有激励作用；

c) 可比较，具有减污、降耗或节能的绝对量和相对量指标，并与现状对照。

6.4.3 设置清洁生产目标应考虑但不限于以下内容：

a) 环境保护法规和环境标准；

b) 国家、行业和地方的产业发展政策及规划要求；

c) 污染物总量控制及主要污染物减排情况；

d) 行业清洁生产评价体系(如果有)；

e) 国内外同行业类似规模、工艺技术、设备的厂家的先进水平；

f) 审核重点生产工艺技术和设备能力的可能性。

6.5 平衡分析

6.5.1 清洁生产审核的平衡分析一般包括物料平衡、能量平衡、水平衡及其他平衡(如必要)。

注：平衡是指质量平衡、能量平衡。质量平衡包括总物料平衡、成分平衡和元素平衡；成分平衡包括单成分平衡、多成分平衡；单成分平衡包括水平衡、其他任一成分平衡。

6.5.2 应根据平衡的需要测试有关数据。测试方法应执行相关标准。

6.5.3 物料平衡分析应量化掌握审核重点的物流特征及其平衡关系；分析与评估生产过程(如资源的利用效率、消耗强度与负荷)、废物产生状况(如废物产生强度与负荷)；排查废物产生原因；估算废物产生量削减潜力。

6.5.4 能量平衡分析应量化掌握审核重点的能流特征及其平衡关系；分析与评估能源的利用效率、消耗强度与负荷、能量流失部位及能耗高的原因、节能潜力。能量平衡分析可参照GB/T 3484的有关规定进行。

6.5.5 水平衡分析可参照GB/T 12452的有关规定进行。

6.6 物耗高、能耗高、效率低和污染重的原因分析

原因分析应从资源和能源、工艺技术、设备、过程控制、产品、废物、管理和人员八个方面进行。具体内容示例参见附录A。

6.7 清洁生产备选方案的产生、筛选和清洁生产方案的确定

6.7.1 清洁生产备选方案的产生

清洁生产备选方案产生的途径宜包括但不限于以下几种：

a) 全员参与提出合理化建议；

b) 根据相关平衡和问题原因的分析结果，提出解决措施；

c) 参照国内外同行业先进技术和有关指标；

d) 组织专家进行技术咨询。

6.7.2 清洁生产备选方案的筛选

6.7.2.1 利用简易筛选法对已产生的所有清洁生产备选方案进行评估，筛选出可行的无/低费方案、初步可行的中/高费备选方案和不可行方案。其步骤如下：

a) 从技术可行性、环境效果、经济效果、实施的难易程度、对生产和产品的影响方面来考虑，结合实际情况，确定筛选因素；

b) 确定每个方案与各筛选因素之间的关系；

c) 综合评价，得出结论。

6.7.2.2 从初步可行的中/高费备选方案中筛选、确定进入可行性分析的备选方案时，采用权重总和计分排序法或根据实际情况确定。

权重总和计分排序法是根据环境效果、经济效果、技术可行性、可实施性的重要程度设定权重，对各备选方案的每个因素进行打分，得出每个因素的加权得分值，然后将这些加权得分值进行加和，以求出每一方案的权重总和值，再比较各方案的权重总和值来做出选择。

6.7.3 中/高费清洁生产方案的确定

应根据可行性分析的结论确定中/高费清洁生产方案。可行性分析应包括但不限于如下内容：

a) 调研并确定方案的内容；

b) 技术评估；

c) 环境评估；

d) 财务评估；

e) 给出结论、确定并推荐实施的中/高费清洁生产方案。

7 企业清洁生产审核报告的编写

7.1 企业清洁生产审核报告的结构

企业清洁生产审核报告分前言、正文、结论三部分。报告目录示例参见附录B。

7.2 企业清洁生产审核报告的前言

应包括但不限于以下内容：

a) 开展清洁生产工作的背景；

b) 审核的要求、范围、过程、时段；

c) 法律法规、标准规范等依据。

7.3 企业清洁生产审核报告的正文

应包括但不限于以下内容：

a) 企业基本情况；

b) 清洁生产审核程序及其结果；

c) 清洁生产方案汇总和效益预测分析；

d) 清洁生产方案实施计划；

e) 持续清洁生产计划。

7.4 企业清洁生产审核报告的结论

应包括但不限于以下内容：

a) 企业清洁生产水平现状评价(包括生产工艺、管理水平、技术水平)；

b) 企业产污、排污现状所处水平及其真实性、合理性评价；

c) 企业通过本轮清洁生产审核目标指标的完成情况；

d) 已实施清洁生产方案成果总结；

e) 拟实施清洁生产方案效益预测。

附 录 A
（资料性附录）
能耗高、物耗高、效率低、污染重的原因分析内容示例

A.1 资源和能源

有关资源和能源方面的原因，如：

a） 物料不纯或（和）未净化；

b） 物料储存、发放、运输的流失；

c） 物料的投入量和（或）配比的不合理；

d） 物料及能源的超定额消耗；

e） 有毒、有害物料的使用；

f） 未利用清洁能源和二次资源。

A.2 工艺技术

有关工艺技术方面的原因，如：

a） 工艺技术相对落后，原料转化率较低；

b） 设备布置不合理，无效传输线路过长；

c） 反应及转化步骤过长；

d） 连续生产能力差；

e） 工艺条件要求过严或过松；

f） 生产稳定性差；

g） 使用对环境有害的物料。

A.3 设备

有关设备方面的原因，如：

a） 设备破旧、漏损；

b） 设备自动化控制水平低；

c） 有关设备之间配置不合理；

d） 主体设备和公用设施不匹配；

e） 设备缺乏有效维护和保养；

f） 设备的功能不能满足工艺要求。

A.4 过程控制

有关过程控制方面的原因，如：

a） 计量检测、分析仪表不齐全或监测精度达不到要求；

b） 某些工艺参数（例如温度、压力、流量、浓度等）未能得到有效控制；

c） 过程控制水平不能满足技术工艺要求；

d） 工艺参数调整不及时。

A.5 产品

有关产品方面的原因，如：

a） 产品储存和搬运中的破损、漏失；

b） 产品的成品率低于国内外先进水平；

c） 不利于环境的产品规格和包装。

A.6 废物

有关废物方面的原因，如：

a） 对可利用废物未进行再利用和再循环；

b） 废物的物理化学性状不利于后续的处理和处置；

c） 单位产品废物产生量与国内或国外同行业先进水平存在较大差距。

A.7 管理

有关管理方面的原因，如：

a） 有利于清洁生产的管理条例、岗位操作规程等未能得到有效执行；

b） 现行的管理制度不能满足清洁生产的需要，如：岗位操作规程不够严格；生产记录（包括原料、产品和废物）不完整；信息交换不畅；缺乏有效的奖惩办法。

A.8 人员

有关人员方面的原因，如：

a） 员工意识不足；

b） 员工的技能不能满足本岗位的要求；

c） 员工缺乏责任心；

d） 员工缺乏敬业和团队合作精神。

附 录 B
（资料性附录）
清洁生产审核报告目录示例

前言
第1章 审核准备
1.1 审核小组
1.2 审核工作计划
1.3 宣传和培训
第2章 预审核
2.1 企业概况
2.2 现场考察
2.3 资源与能源消耗分析
2.4 产污和排污现状分析
2.5 确定审核重点
2.6 清洁生产目标
2.7 清洁生产备选方案的提出与实施
第3章 审核
3.1 审核重点概况
3.2 输入输出的测定
3.3 平衡分析
3.4 物耗高、能耗高、效率低和污染重产生原因的分析
第4章 备选方案的产生、筛选和清洁生产方案的确定
4.1 备选方案的产生与汇总
4.2 备选方案筛选
4.3 已实施无/低费方案的效果分析
4.4 中/高费清洁生产备选方案的可行性分析
4.4.1 方案内容
4.4.2 技术评估
4.4.3 环境评估
4.4.4 财务评估
4.4.5 评估结论、确定并推荐可行的方案
第5章 清洁生产方案的实施
5.1 方案实施情况简述
5.2 已实施的方案成果汇总
5.3 已实施方案对企业的影响分析
5.4 拟实施方案的效益预测分析
第6章 持续清洁生产
6.1 健全完善清洁生产的组织机构
6.2 健全完善清洁生产的管理制度
6.3 持续清洁生产计划
第7章 本轮清洁生产审核结论

参 考 文 献

清洁生产审核暂行办法，2004年中华人民共和国国家发展和改革委员会、中华人民共和国国家环境保护总局令第16号

ICS 73.100
D 97

中华人民共和国国家标准

GB 25974.1—2010

煤矿用液压支架 第1部分:通用技术条件

**Powered support for coal mine—
Part 1:General specification**

2011-01-10 发布　　2011-06-01 实施

中华人民共和国国家质量监督检验检疫总局
中国国家标准化管理委员会　发布

前　言

本部分的4.3.1、4.4～4.6.2、4.8和4.9为强制性的，其余为推荐性的。

GB 25974《煤矿用液压支架》分为以下4个部分：

——第1部分：通用技术条件；

——第2部分：立柱和千斤顶技术条件；

——第3部分：液压控制系统及阀；

——第4部分：电液控制系统技术条件。

本部分为GB 25974的第1部分，对应于欧洲标准EN 1804-1:2001《液压支架安全性要求　第1部分：液压支架的一般要求》。本部分与EN 1804-1:2001的一致性程度为非等效，主要差异如下：

——增加了液压支架分类(见3.1)；

——增加了整架性能的要求(见4.3、4.5、4.6)；

——增加了整架检验和非主体结构件加载检验内容(见5.4、5.6、5.7、5.10.3)；

——增加了检验规则(见第6章)。

本部分的附录A、附录B、附录C为资料性附录。

本部分由中国煤炭工业协会提出并归口。

本部分负责起草单位：煤炭科学研究总院开采设计研究分院。

本部分参加起草单位：煤炭科学研究总院检测研究分院。

本部分主要起草人：王国法、赵志礼、王晓东、宋智鹰、傅京昱、姜金球、朱军、孟二存、杜忠孝、刘欣科。

引　言

液压支架是保证煤矿安全生产的重要设备，我国自1984年开始实施MT 86—1984《液压支架型式试验规范》，1992年制定了MT 312—1992《液压支架通用技术条件》，2000年修订为MT 312—2000《液压支架通用技术条件》，并于2001年5月1日实施。该标准经过两次修订，技术要求逐次提高，从而促进了液压支架技术水平的进步和煤矿高产高效综合机械化开采技术的发展。在加入WTO后，为了促进国际贸易和技术交流，制定煤矿用液压支架国家标准，本标准的结构如前言所述。本标准的制定以我国液压支架设计、试验和使用研究成果为基础，并广泛参考世界各主要产煤国家和国际组织的相关标准。

本部分指明并考虑了以下情况：

——由于液压支架运行而可能发生的危险情况；

——发生危险情况的危险部分和工作条件；

——可能发生使人受伤和损害健康的情况。

本部分对以下情况未规定专门的要求：

——特别腐蚀性的环境；

——在制造、运输和停止使用期间；

——地震。

执行本部分时的前提条件：

——只有经过培训取得岗位资格的人员才能操作和使用液压支架；

——对于未提出特殊要求的一些元部件，应符合以下要求：

- 经过良好的机械加工；
- 无缺陷；

——元部件都保持良好的工作状态；

——在制造厂和用户之间对液压支架的使用进行了充分协商；

——采用经工程实践证实和公认的计算方法设计。

煤矿用液压支架
第1部分:通用技术条件

1 范围

GB 25974 的本部分规定了煤矿用液压支架(以下简称支架)的术语和定义、要求、试验方法、检验规则、标志、包装、运输和贮存。

本部分适用于在(0～60)℃之间的环境温度时使用的支架。

2 规范性引用文件

下列文件中的条款通过 GB 25974 的本部分的引用而成为本部分的条款。凡是注日期的引用文件,其随后所有的修改单(不包括勘误的内容)或修订版均不适用于本部分,然而,鼓励根据本部分达成协议的各方研究是否可使用这些文件的最新版本。凡是不注日期的引用文件,其最新版本适用于本部分。

GB/T 228 金属材料 室温拉伸试验方法(GB/T 228—2002,eqv ISO 6892:1998)

GB/T 229 金属材料 夏比摆锤冲击试验方法(GB/T 229—2007,ISO 148-1:2006,MOD)

GB 3836.1—2000 爆炸性气体环境用电气设备 第1部分:通用要求(eqv IEC 60079-0:1998)

GB 9969.1 工业产品使用说明书 总则

GB/T 11352 一般工程用铸造碳钢件(GB/T 11352—2009,ISO 3755:1991;ISO 4990:2003,MOD)

GB/T 12361 钢质模锻件 通用技术条件

GB/T 12467(所有部分) 金属材料熔焊质量要求(GB/T 12467.1～12467.5—2009,ISO 3834-1～3834-4:2005,IDT)

GB/T 13264—2008 不合格品百分数的小批计数抽样检验程序及抽样表

GB/T 13306 标牌

GB 25974.2 煤矿用液压支架 第2部分:立柱和千斤顶技术条件

GB 25974.3 煤矿用液压支架 第3部分:液压控制系统及阀

MT 76 液压支架(柱)用乳化油、浓缩物及其高含水液压液

MT/T 98 液压支架用软管及软管总成检验规范

MT/T 587 液压支架结构件制造技术条件

MT/T 986 矿用U形销式快速接头及附件

3 术语和定义

下列术语和定义适用于 GB 25974 的本部分。

3.1 支架

3.1.1

支架 powered support

以液压为动力实现升降、前移等运动,进行顶板支护的设备。

3.1.2

二柱掩护式支架 2-legs shield powered support

在顶梁和底座之间通过两根立柱支撑并且具有掩护梁的支架。

3.1.3

四柱支撑掩护式支架　4-legs shield powered support

在顶梁和底座之间通过四根立柱支撑并且具有掩护梁的支架。

3.1.4

支撑式支架　chock support

在顶梁和底座之间通过立柱支撑而没有掩护梁的支架。

3.1.5

A 类支架　powered support in A class

用于年产 500 万吨以上工作面或用户要求按高可靠性设计的支架。

3.1.6

B 类支架　powered support in B class

A 类之外的其他支架及放顶煤工作面支架。

3.2　主体结构件

3.2.1

主体结构件　support components

承受和传递顶板压力的支架主要组成部件,包括顶梁、掩护梁、连杆或摆杆和底座。

3.2.2

顶梁　canopy

支架的一个单的或组合的部件,它直接与顶板接触,传递支撑力。

3.2.3

底座　base

支架的一个单的或组合的部件,它直接与底板接触,把支架的支撑力传递到底板。

3.2.4

掩护梁　goaf shield

支架的一个部件,它全部或部分地吸收和传递支架的支撑力、水平力和扭转力,直接或通过连杆与顶梁和底座连接,掩护工作面与老塘隔离,同时承受冒落矸石的载荷。

3.2.5

连杆　linkage

连接掩护梁与底座形成四连杆机构的部件,其中底座上的铰点低的连杆为后连杆,铰点高的连杆为前连杆。

3.3　非主体结构件

3.3.1

非主体结构件　support accessories

不承受支架的支撑力,但对于保证支架功能应有的部件。

3.3.2

推移机构　advancing mechanism

用于推移工作面输送机和拉移支架的装置。

3.3.3

护帮板　sprag

铰接在支架顶梁前端,用于支撑工作面煤帮,防止支架前部冒落矸石和煤进入工作面空间的装置。

3.3.4

超前支护装置　forepoling device

用以支护由煤壁片帮或采煤机切割后形成的新裸露顶板(支架尚不能及时前移)的装置。

3.3.5

锚固装置　anchoring device

用于防止工作面支架、输送机和采煤机非控制移动的装置。

3.4　力

3.4.1

额定工作阻力　yield force

支架立柱在其安全阀设定开启压力时产生的工作力之和(忽略摩擦力)。

3.4.2

设计力　rated force

支架或支架部件设计的最大受力,由支架的几何尺寸和额定工作阻力来决定的计算值(忽略摩擦力)。

3.4.3

支撑力　support bearing force

支架达到额定工作阻力时垂直作用于顶板的力,它与支撑高度有关。

3.4.4

附加力　additional force

在额定工作阻力作用下由支架机构产生的力,它与支撑高度有关。

3.5　其他

3.5.1

外渗漏　exosmic leakge

液压元件的外渗漏处,平均每5 min内工作液渗出多于一滴的渗漏。

3.5.2

相对残余变形量　value of relative remaining distortion

当顶梁和底座弯曲时,为最大残余变形量与两垫块间距离之比;当顶梁和底座扭转时,为最大残余变形量与其测点到长垫块距离之比。

4　要求

4.1　一般要求

4.1.1　行人通道

4.1.1.1　支架内的行人通道的宽度应不小于0.6 m,高度应不小于0.4 m,在拐角处允许有如图1所示的倾斜。

单位为毫米

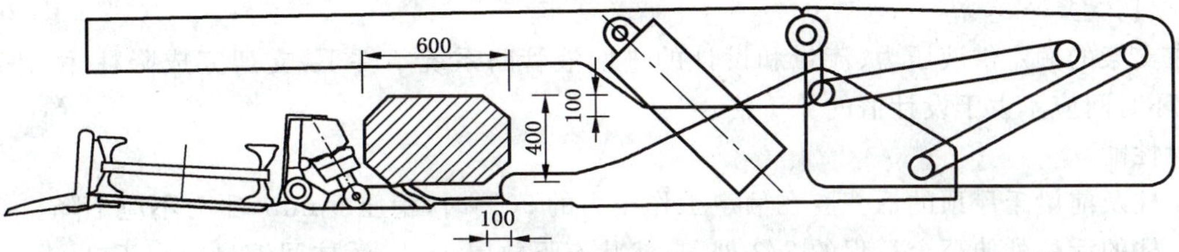

图1　最小行人通道

4.1.1.2　支架使用时应有足够的行人空间,并且在行人范围内不应有妨碍行走的突出部件。

4.1.1.3　踩踏面应采取防滑措施,例如用花纹钢板、塑性耐磨防滑垫等。

4.1.1.4　在倾斜煤层工作时应有合适的装置以保证行人安全。

4.1.2 灭尘和防漏矸装置

4.1.2.1 支架的结构应能安装灭尘装置，灭尘装置的种类和安装位置应协商确定。

4.1.2.2 支架的结构应使行人通道得到安全防护，防止矸石从顶板和采空区进入工作面空间。

4.1.3 液压元件防护

支架的结构应使其按规定工作时不损坏液压元件。

4.1.4 防片帮装置

支架最大高度大于或等于3.5 m时，应安设护帮板装置，护帮板在护帮和收回时要闭锁，护帮千斤顶应安装安全阀。

4.1.5 起吊点

支架整架和主要部件应设有起吊点，起吊点结构应能承受4倍起吊重量的力。起吊点应有永久(例如通过焊接)醒目标记，并在产品使用说明书中标明设计承载能力。

4.1.6 超前支护装置

用于采高大于3 m、破碎顶板工作面时应设置超前支护装置。

4.1.7 单体支柱限位座

支架顶梁宜设有用于单体支柱支撑的限位座。

4.1.8 装配性能

支架应有良好的装配性能，支架的所有部件应满足互换性要求，不应通过选配组装。

4.1.9 结构尺寸

4.1.9.1 支架最小高度和最大高度的高度偏差为±50 mm。

4.1.9.2 支架最小宽度和最大宽度的宽度偏差为±20 mm。

4.1.10 危险情况评估

支架应进行危险评估，应采取措施消除或减少各种危险隐患。支架运行、安装和维护过程中易发生的危险和危险情况参见附录A。

4.2 外观质量

4.2.1 支架的零部件和管路系统应按图样规定的位置安装，连接可靠，排列整齐、美观。支架上应装有明显表示支架各种动作操作的指示标牌。

4.2.2 支架外表面应涂漆，漆层应均匀，无漏涂、起泡、脱皮、裂纹等缺陷。

4.2.3 外露焊缝应符合MT/T 587的规定。

4.2.4 铸件外观应符合GB/T 11352的规定。

4.2.5 锻件外观应符合GB/T 12361的规定。

4.2.6 外露镀铬层应符合GB 25974.2的规定。

4.3 操作性能

4.3.1 支架应操作方便，各运动部件动作准确、灵活、无滞涩、别卡、干涉等现象，各运动部件达到极限状态时无损伤。

4.3.2 在支架的额定供液压力、流量和设计的进回液管路系统条件下，支架完成降柱-移架-升柱动作的最长循环时间应不大于设计值的1.1倍。

4.4 密封性能

4.4.1 立柱及前梁千斤顶的活塞腔在额定工作压力的90%时，稳压5 min，压力不应下降。

4.4.2 立柱的活柱外伸至全行程的2/3处，自然状态下放置16 h，活柱回缩量应小于2 mm(排除温度的影响)。

4.4.3 前梁千斤顶活塞杆外伸至全行程的2/3处，自然状态下放置16 h，活塞杆回缩量应小于2 mm(排除温度的影响)。

4.4.4 在额定供液压力下，按支架规定动作操作，各液压元件不应出现外渗漏。

4.5 支护性能

4.5.1 在额定供液压力下，支架初撑力应不小于其试验高度时额定初撑力的95%（或测立柱下腔压力，应不小于额定供液压力的95%）。

4.5.2 支架工作压力应不大于额定开启压力的110%，不小于额定开启压力的90%。

4.5.3 前梁千斤顶和平衡千斤顶工作腔压力应不大于其额定工作压力的110%，关闭压力应不小于额定工作压力的90%。

4.6 适应性能

4.6.1 移架机构在收回位置，连接头与配套输送机的连接孔向上抬起量应不小于200 mm（薄煤层支架或带提底座装置的支架应不小于100 mm），下落量应不小于60 mm。

4.6.2 支架在最大高度时，顶梁摆动俯角应不小于15°。支架在最小高度升高300 mm时，顶梁摆动仰角应不小于10°。

4.6.3 底座对底板比压有特殊要求的支架，应进行比压测定，其值应小于底板允许抗压强度要求。

4.7 让缩性能

支架应有让缩性以承受顶板下沉，当顶板下沉支架下缩时，支撑力最大应不超过额定工作阻力的110%。支架结构应不因冒落矸石而妨碍支架下缩时的动作。

4.8 结构强度

4.8.1 主体结构件强度

支架主体结构件按5.9.1和5.9.2试验，进行各种加载试验后，主体结构件不应有焊缝和母材开裂。顶梁和底座相对残余变形量应不大于0.4%；顶梁中心线相对底座中心线偏移角度变化量应不大于3°，其他部件不应损坏和有影响使用的变形。

4.8.2 非主体结构件强度

4.8.2.1 顶梁侧护板

按5.9.1和5.9.3.1试验后，主要受力部件不应损坏和焊缝开裂，残余变形不应影响侧护板自由伸出。

4.8.2.2 平衡千斤顶连接结构件

按5.9.1和5.9.3.2试验后，平衡千斤顶及其连接结构件不应有损坏和有影响使用的变形。

4.8.2.3 护帮板

按5.9.1和5.9.3.3试验后，其结构件不应有损坏和有影响使用的变形。

4.8.2.4 前梁

按5.9.1和5.9.3.4试验后，前梁及各连接结构件不应有损坏和有影响使用的变形。

4.8.2.5 伸缩梁

按5.9.1和5.9.3.5试验后，伸缩梁不应有损坏和有影响伸缩的残余变形。

4.8.2.6 推移机构

按5.9.1和5.9.3.6试验后，推移机构不应有损坏和有影响使用的变形。

4.8.2.7 立柱连接件

按5.9.1和5.9.3.7试验后，以额定供液压力的1.2倍收缩单根立柱后，各连接销轴不应有残余变形。以额定供液压力的1.5倍收缩立柱后，立柱柱底销允许断裂，但其余连接件不应有影响拆装的变形。

4.8.2.8 底座底调机构

按5.9.1和5.9.3.8试验后，底调机构不应损坏和有影响使用的变形。

4.9 耐久性能

耐久性能试验按5.10进行，试验后不应出现母材开裂，同一部件的焊缝裂纹应不多于2处，焊缝不应有大于50 mm长的裂纹；残余变形应不大于相应支点距离的0.5%；扭翘变形应不大于部件最大方向长度的0.5%;顶梁中心线相对底座中心线偏移角度变化量应不大于3°;各部件不应损坏和有影响使用的变形。

4.10 液压元部件

4.10.1 立柱和千斤顶

立柱和千斤顶应符合GB 25974.2的规定。

4.10.2 液压控制系统及阀

支架液压控制系统及阀应符合GB 25974.3的规定。

4.10.3 软管总成与接头附件

软管总成应符合MT/T 98的规定。U形销式快速接头及附件应符合MT/T 986的规定。

4.11 材料

4.11.1 钢材

4.11.1.1 一般要求

支架零部件的材料要满足设计图纸所要求的性能。当计算应力达到许用应力的90%,所用钢种的抗拉强度应大于屈服极限的1.08倍以上。

材料伸长率 A 应不小于10%;销轴的延伸率应不小于9%。

4.11.1.2 焊接部件用钢

应选用杂质分布均匀、晶粒稳定,适用于焊接的镇静钢,并应满足:

a) 铁素体晶粒度级别大于或等于6;

b) 温度−20 ℃时至少应有如下的缺口冲击功(应与试样轧制方向无关):

   1) 屈服极限小于或等于620 N/mm^2 的钢,为20 J;

   2) 屈服极限大于620 N/mm^2 的钢,为25 J。

4.11.1.3 非焊接部件用钢

钢材应脱氧,在温度20 ℃时的缺口冲击功应不小于25 J。

4.11.2 轻金属

支架零部件和附件的外表面(包括涂、刷或镀层)不应使用轻金属或轻金属合金材料,应符合GB 3836.1—2000第8章的规定。

4.11.3 其他材料

其他所用材料应符合设计要求。非金属材料应符合GB 3836.1—2000第7章的规定。

4.12 焊接

焊接作业应符合GB/T 12467(所有部分)的规定。

4.13 许用应力和静力计算

支架部件的许用应力和静力计算参见附录B。

5 试验方法

5.1 试验条件

5.1.1 试验要求

5.1.1.1 试验应在一个完整的支架上进行,也允许在支架部件上或联合作用的部件组上进行试验。

5.1.1.2 加载试验结束后支架部件的基体材料不应有损坏和有影响使用的变形或焊缝裂纹。

5.1.1.3 试验的所有测试值和结果应有完整记录。

5.1.1.4 加载方式除5.8外均为内加载。

5.1.2 试验装置和条件

5.1.2.1 试验装置有外加载试验台和内加载试验台,其加载能力和高度应满足被试支架要求。

5.1.2.2 工作液源的流量和压力应等于或大于被试支架的设计流量和压力。

5.1.2.3 供液系统中应有增压功能，可增压到被试支架额定工作压力的1.5倍。

5.1.2.4 连接被试支架的进、回液管的管径应与设计进、回液管的管径相一致或不小于设计管径。

5.1.2.5 供液系统可辅有自动循环加载功能。

5.1.2.6 测试仪器和仪表应符合有关计量规程，并要溯源到国家级的计量基准。

5.1.2.7 工作液采用MT 76所规定的乳化油或浓缩物与中性软水按5∶95质量比配制的高含水液压液。

5.1.2.8 试验过程中工作液温度控制在(10～50)℃，工作液采用40 μm精度的过滤器，并应设有磁性过滤装置。

5.1.2.9 测量准确度采用C级，测量系统的允许误差应符合表1的规定。

表1 测量系统的允许系统误差

测量项目	A级	B级	C级
流量误差/%	±0.5	±1.5	±2.5
压力误差(表压力≥0.2 MPa)/%	±0.5	±1.5	±2.5
温度误差/℃	±0.5	±1.0	±2.0

5.1.3 加载垫块

用于传递对称的弯曲载荷的垫块应使平均比压不大于25 MPa，宽度应为150 mm，长度应达到部件的全宽。若试验时的比压超过25 MPa，垫块应相应加大。传递扭转载荷的垫块应使比压不大于25 MPa，宽度应为200 mm，长度应达到部件宽度的1/4；若是可分底座，在此种载荷时垫块的长度应达到单个分底座的全宽。垫块应放在传递力的中心处以及被试支架部件的端部，如有必要也可以与这些位置不同，以便达到稳定的载荷。

垫块结构应不妨碍部件自由灵活地运动，并且不让边棱受挤压。其高度应保证在试验时不妨碍支架部件的变形。

若顶梁和底座的端部有斜角或圆弧，加载垫块见图2。

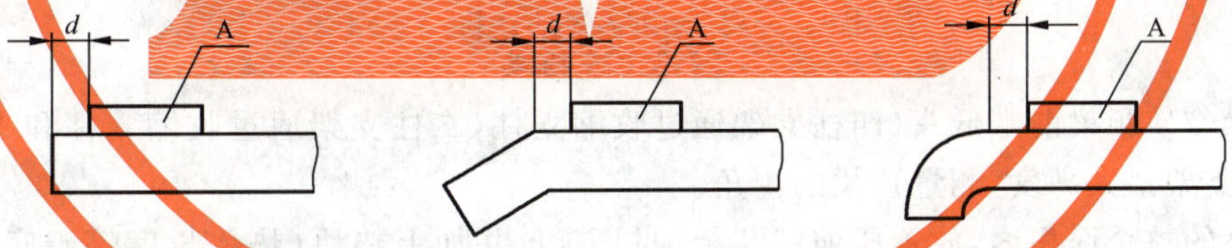

A——垫块；

d——垫块与结构件边缘的距离，其值为(20～50)mm。

图2 垫块位置

5.2 起吊点

支架或支架部件的起吊点应进行起吊载荷试验。在达到4倍设计力之前不应产生损坏。该试验也允许按一次性检验方式进行，例如在一个可比较的试件体上进行。

5.3 外观质量

在日光下或正常光照下使用普通量具和专用测量仪进行检查。

5.4 操作性能

5.4.1 操作换向阀使各运动部件按设计规定的动作各动作3次，每次均达到其极限位置。

5.4.2 将支架推移杆伸出移架步距，端部固定。以额定流量和额定供液压力操作，降架100 mm，然后支架前移设计移架步距，再升架100 mm，测量完成上述操作所用时间。

5.5 密封性能

5.5.1 支架放置在试验台内，试验台测试高度调整到支架最大高度减去支架行程的1/3处。操作换向阀向立柱及有关动作油缸供液，使支架在试验台内撑紧，并使活塞腔内压力达到额定工作压力的90%，稳压5 min，测定3次。

5.5.2 空载升架，使立柱活柱(活塞杆)外伸至全行程的2/3处，然后静止停放16 h，测量活柱(活塞杆)回缩量。

5.5.3 装有前梁的支架，空载升前梁，使前梁千斤顶活塞杆外伸至全行程的2/3处，然后静止停放16 h，测量活塞杆的回缩量。

5.5.4 操作换向阀使各运动部件往复动作并达到极限位置，分别操作5次，其中一次在额定供液压力下保持5 min，检查液压元部件(包括立柱、千斤顶、阀类、软管与接头)。

5.6 支护性能

支架放置在外加载或内加载试验台内进行试验。

5.6.1 操作换向阀使支架立柱下腔压力达到额定供液压力，切断供液，稳压5 min，测量立柱下腔压力值，测量3次。

5.6.2 支架升柱达到额定供液压力后，以缓慢速度外加载或内加载使安全阀溢流(2～3)次，测量立柱下腔压力值。当安全阀停止泄液5 min后，再测立柱下腔压力值，测量3次。

5.6.3 对前梁千斤顶和平衡千斤顶以缓慢速度外加载或内加载使安全阀溢流(2～3)次，测量其压力值。当安全阀停止泄液5 min后，再测千斤顶压力值，测量3次。

5.7 适应性能

5.7.1 按图3所示，移架机构在收回位置，推杆在水平状态时，连接头抬起和下落，测量连接头的连接孔的中心抬起量 L_1 和下落量 L_2。

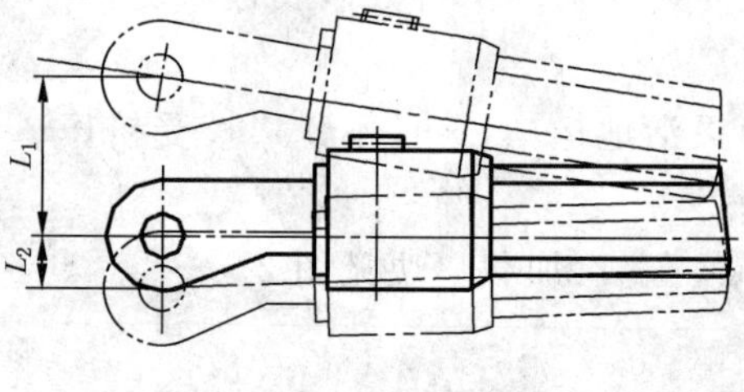

图3 连接头

5.7.2 通过操作使顶梁前端低头(四柱支架通过收缩立柱，二柱支架通过收缩立柱和平衡千斤顶)，顶梁后端保持在支架最大高度，测量顶梁的俯角。

5.7.3 在底座的整个面积内，放置压缩刨花板(见图4)，并加上垫块(垫块长度等于底座长度，垫块宽度尺寸以压缩刨花板压出压痕为限，垫块厚为30 mm～50 mm)。支架均匀加载到额定工作压力，保压1 min，撤出刨花板，1 h后测量垫块的压入深度，与样块进行对比，计算底座各处的比压。

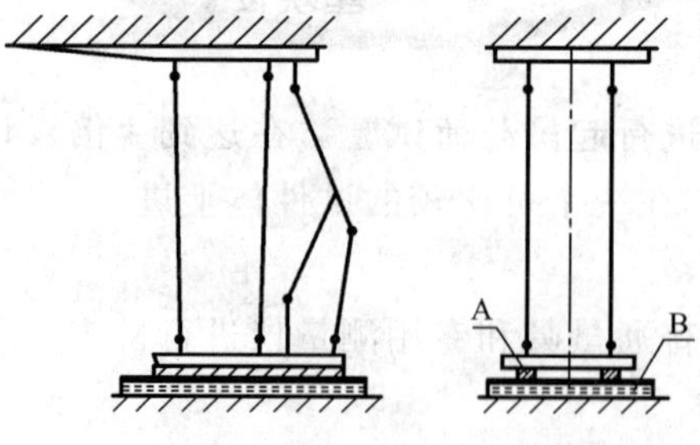

A——垫块；

B——刨花板。

图4 底座

5.8 让缩性能

支架顶梁具有强制导向时(如掩护式支架)，应在额定工作压力下进行下沉试验。试验高度分别为支架调高范围的高、中、低三处，下沉量大于 100 mm，下沉速度不超过 100 mm/min。在支架最高和最低 50 mm 范围内不做该项试验。

支架作用于试验台的水平载荷限制为 0.3 倍的工作阻力。

试验时，立柱和千斤顶安全阀都调到规定的额定工作压力。

5.9 结构强度

5.9.1 一般规定

支架放置在内加载试验台内，试验台调整到支架试验高度。顶梁偏载试验时，支架高度为支架最低高度加 300 mm；其余项目试验时，支架高度为支架最大高度减去支架行程 1/3，每次试验均保压 5 min，每变换 1 次垫块位置，加载 3 次。

试验前，测量顶梁上平面、底座侧面的下边缘的原始挠曲度，以及顶梁中心线相对底座中心线在水平方向上的偏离量（支架处于自由状态在底座前端处测量）。

试验后，用 5 倍放大镜观察焊缝和母材是否有裂纹。测量顶梁和底座的相对残余变形量和偏移角度。

5.9.2 主体结构件强度

二柱掩护式和四柱支撑掩护式支架按表 2 中图 5a)～图 15 逐项进行支架主体结构件强度试验；除对柱窝加载按 1.3 倍额定工作压力进行试验外，其他加载按 1.2 倍额定工作压力进行试验。

无稳定机构的支撑式支架的水平加载试验按表 2 中图 12a)～图 12c) 进行时，作用于顶梁上的力的方向指向老塘，加载水平力等于移架机构的推移力，或对于每米支架高度而言，给顶梁施加向着老塘方向相对于底座产生至少 80 mm 的相对运动所需的力。试验时取其中较大者。此外还要进行一项试验，按每米支架高度 40 mm 计算使顶梁向煤壁方向和两侧方向产生水平运动。

重复进行该试验，直到有 5 个连续的测试结果，表明加载力保持稳定。

表 2 支架主体结构件加载试验图例

图号	加载方式	加载简图和垫块位置	说　明
5a)	顶梁两端加载		
5b)	顶梁纵向中间加载	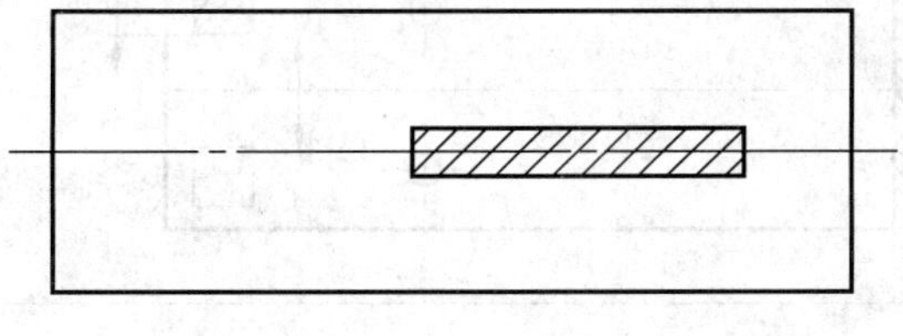	
5c)	顶梁横向中间加载	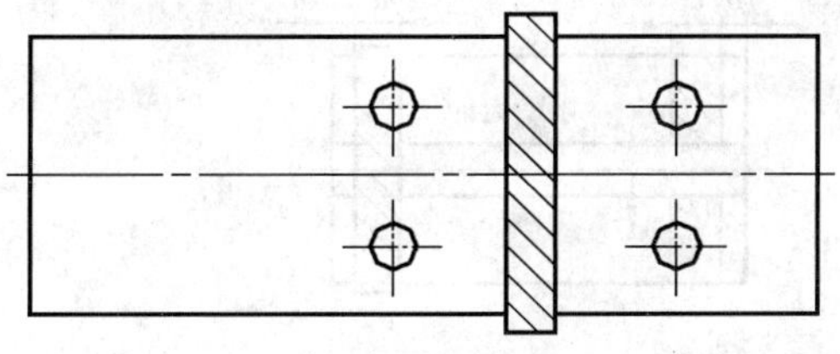	

表 2（续）

图号	加载方式	加载简图和垫块位置	说 明
5d)	顶梁对角加载	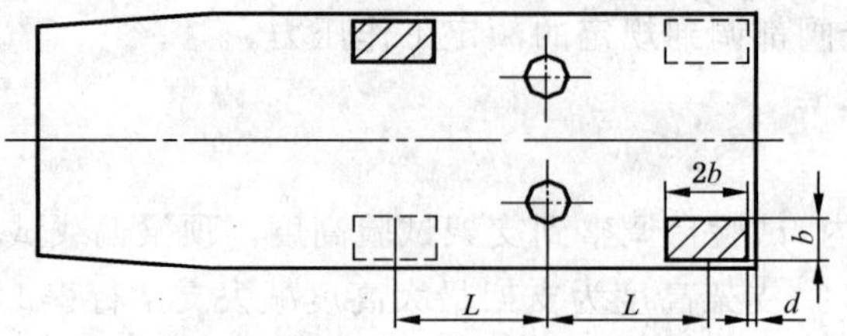	分体式顶梁、底座的支架不做此项试验
6a)	底座两端加载	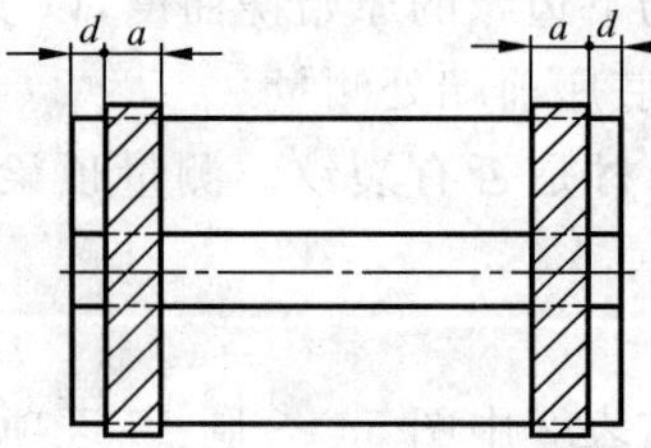	
6b)	底座横向中间加载	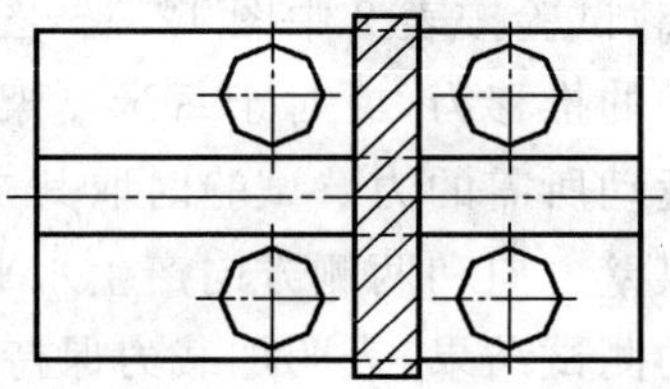	
7a)	顶梁扭转加载	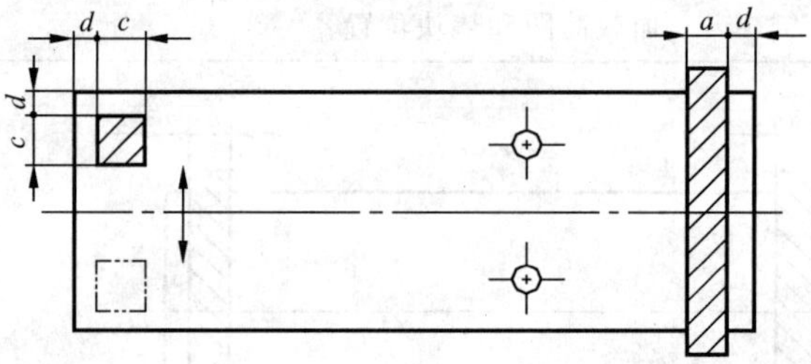	分体式顶梁、底座的支架不做此项试验
7b)	顶梁扭转加载	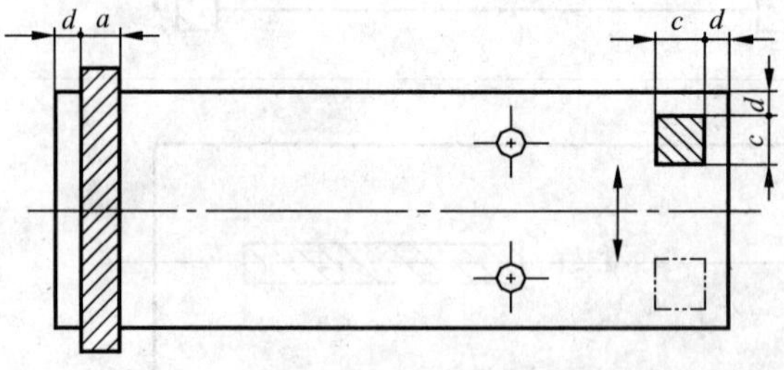	分体式顶梁、底座的支架不做此项试验
8a)	底座扭转加载	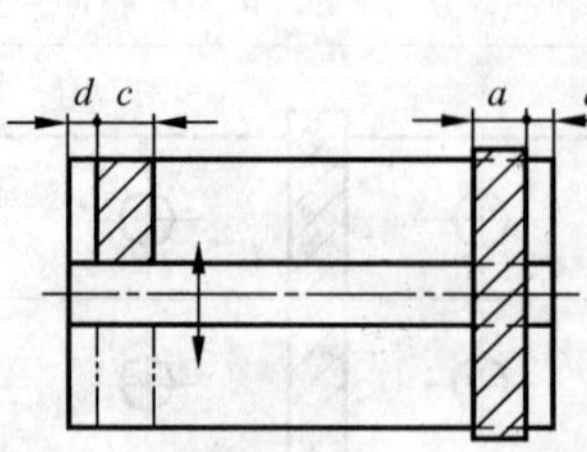	分体式底座的两半底座相互可活动偏转角大于 6°时，不做此项试验

表 2（续）

图号	加载方式	加载简图和垫块位置	说　明
8b)	底座扭转加载	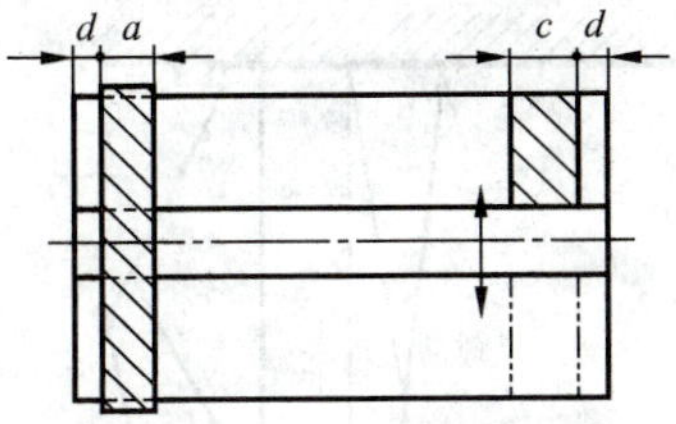	分体式底座的两半底座相互可活动偏转角大于 6°时，不做此项试验
9	顶梁偏心加载	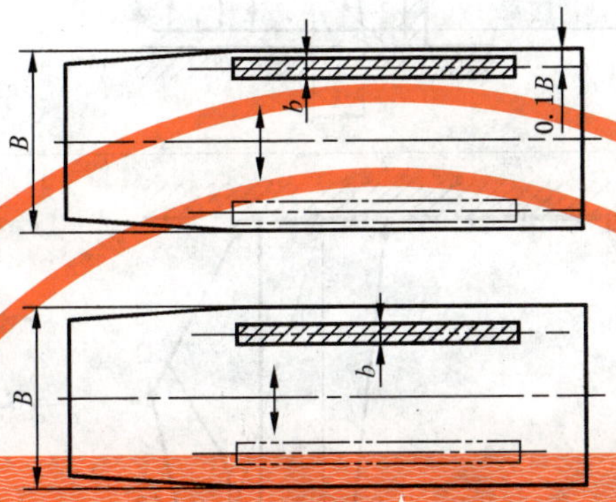	对于在 10%试验载荷时，顶梁和底座之间的横向倾斜角大于 10°时不做此项试验； 顶梁横向自由旋转角度大于 8°时，按 8°时的压力加载； 对于放顶煤支架垫块中心线与一侧立柱纵向中心线一致
10	柱窝加载	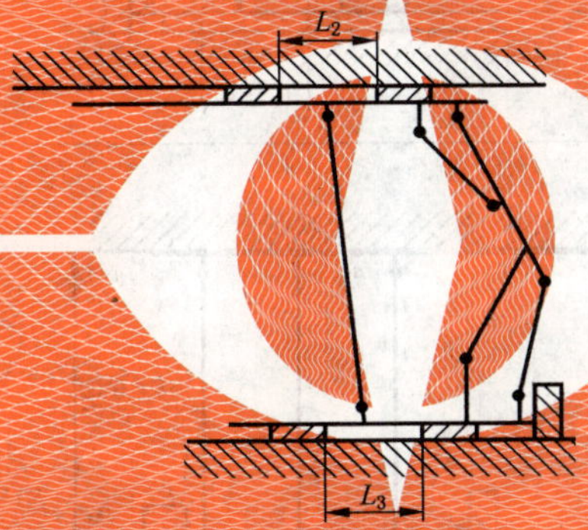	L_2、L_3 值应大于柱窝长度，垫块内缘距柱窝外缘距离为(40～60)mm
11a)	水平加载	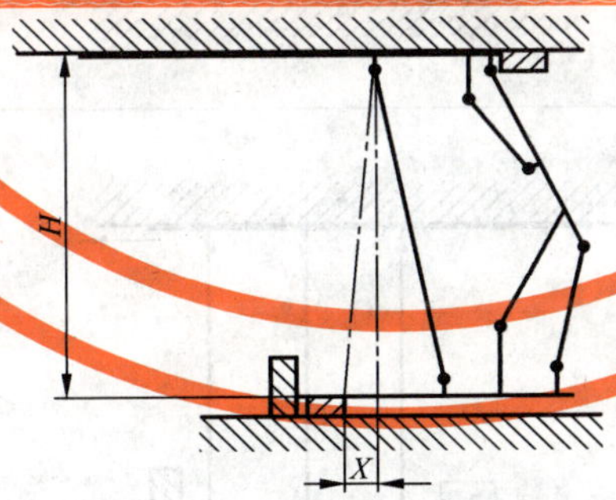	$X=0.3H$ X 是支架合力的垂直分力到底座下垫块内缘水平距离。 二柱掩护式支架合力垂直分力取上铰点距离点
11b)	水平加载	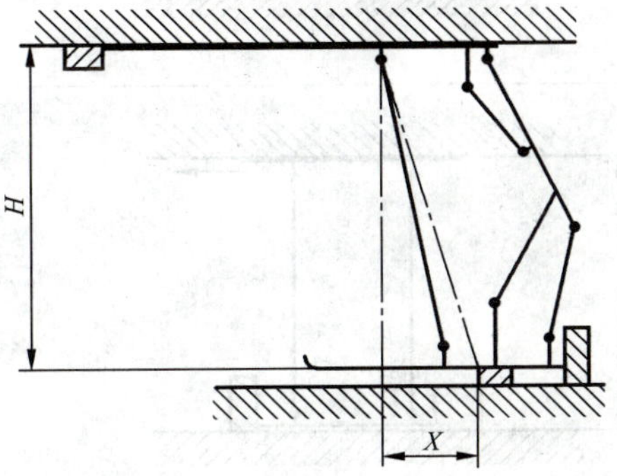	$X=0.3H$

表 2（续）

图号	加载方式	加载简图和垫块位置	说　明
11c)	水平加载	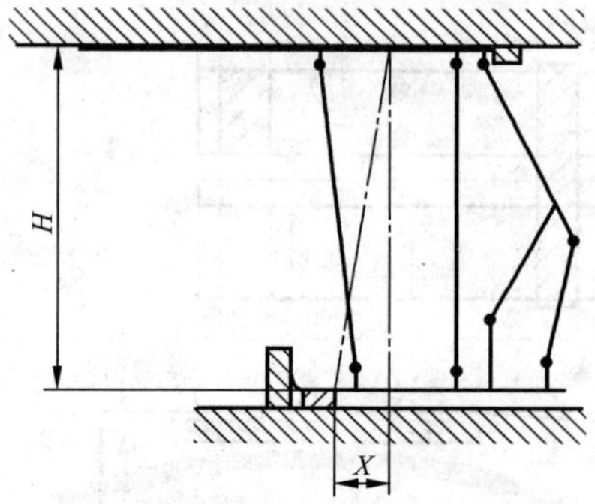	$X=0.3H$ 四柱支撑掩护式支架合力垂直分力取前后排立柱上铰点距离的中点
11d)	水平加载	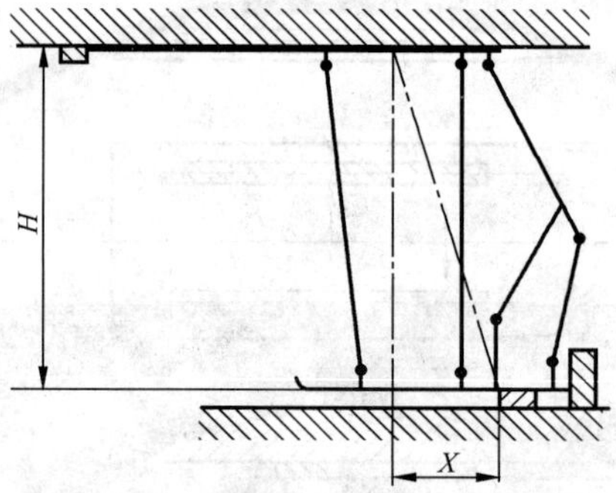	$X=0.3H$
12a)	支撑式支架水平加载	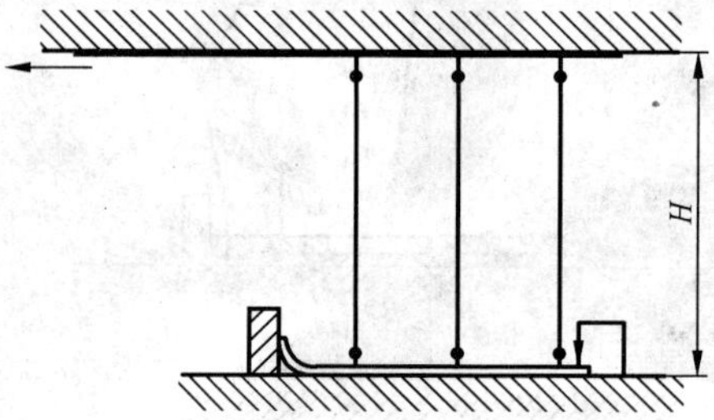	向煤壁运动 $0.04H$
12b)	支撑式支架水平加载	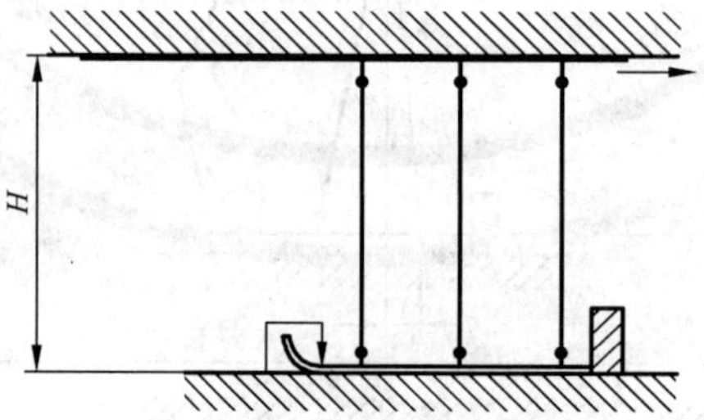	向老塘运动 $0.08H$
12c)	支撑式支架水平加载	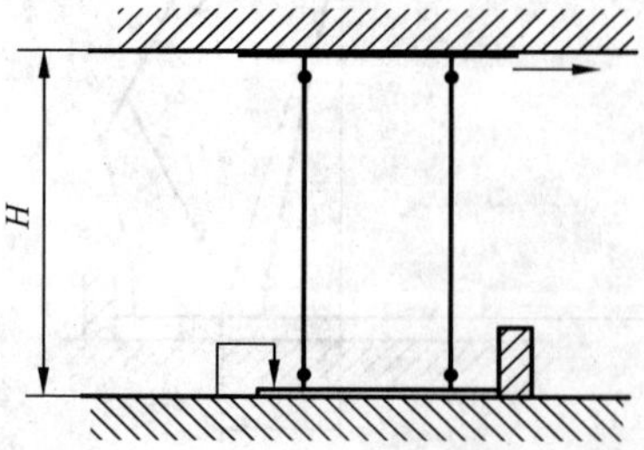	向侧面运动 $0.04H$

表 2（续）

图号	加载方式	加载简图和垫块位置	说　明
13	底座四角（翘曲和弯曲）加载	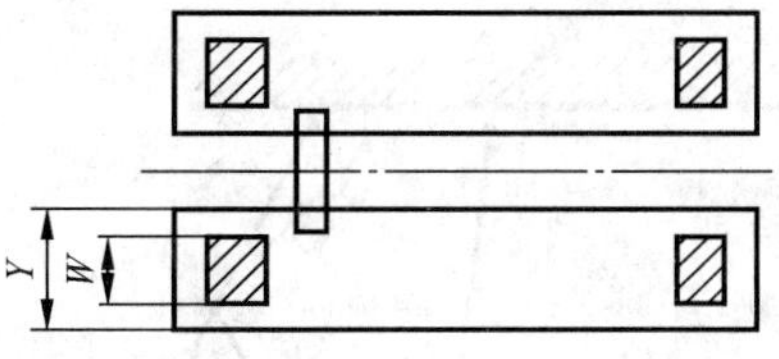	Y——主筋内缘尺寸 W=Y−100
14	底座（整体）对角加载	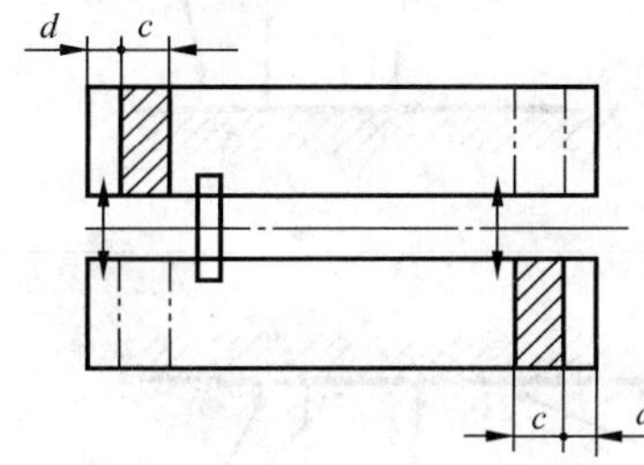	分体式底座的两半底座相互可活动偏转角大于6°时，不做此项试验
15	底座侧边对称加载	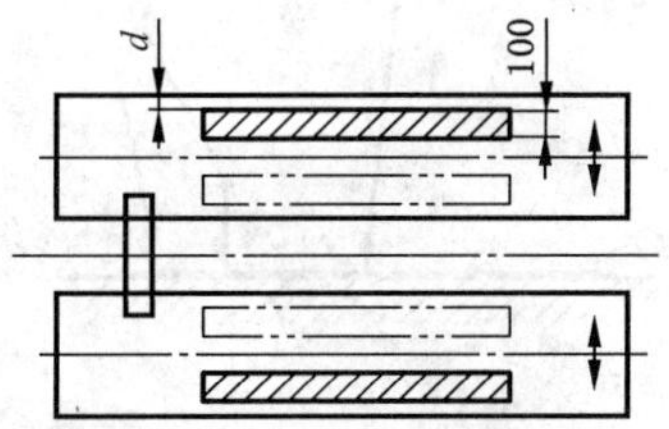	
注：a=150 mm；b=200 mm；c=300 mm；d=(20～50)mm。			

5.9.3　**非主体结构件强度**

5.9.3.1　顶梁侧护板按表 3 中图 16 试验。

5.9.3.2　平衡千斤顶连接结构件按表 3 中图 17 试验。

5.9.3.3　护帮板按表 3 中图 18a）在垂直状态加偏载试验；可翻转护帮板按表 3 中图 18a）和图 18b）试验。

5.9.3.4　前梁按表 3 中图 19 试验。

5.9.3.5　伸缩梁按表 3 中图 20 试验。

5.9.3.6　推移机构按表 3 中图 21a）、图 21b）和图 21c）试验。

5.9.3.7　立柱连接件按表 3 中图 22 试验。

5.9.3.8　底座底调机构按表 3 中图 23 试验。

表 3　支架非主体结构件加载检验图例

图号	加载方式	加载简图和垫块位置	说　明
16	可活动侧护板加载	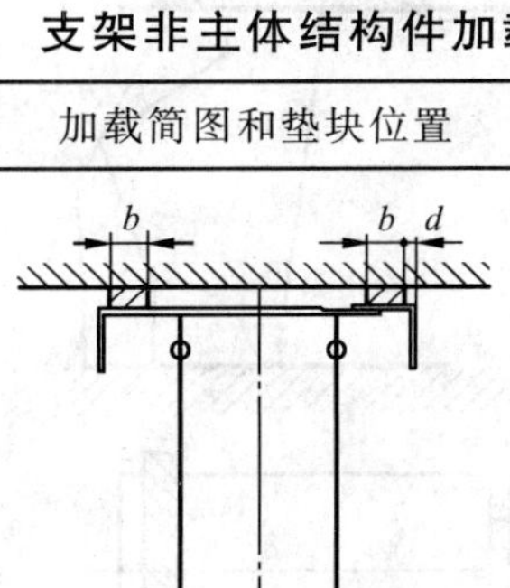	顶梁可活动侧护板全部伸出。顶梁两侧各加一长度(1 800～2 000)mm 的垫块。对立柱加载，试验压力为支架额定工作压力的 1.2 倍

表 3（续）

图号	加载方式	加载简图和垫块位置	说　明
17	平衡千斤顶推拉加载	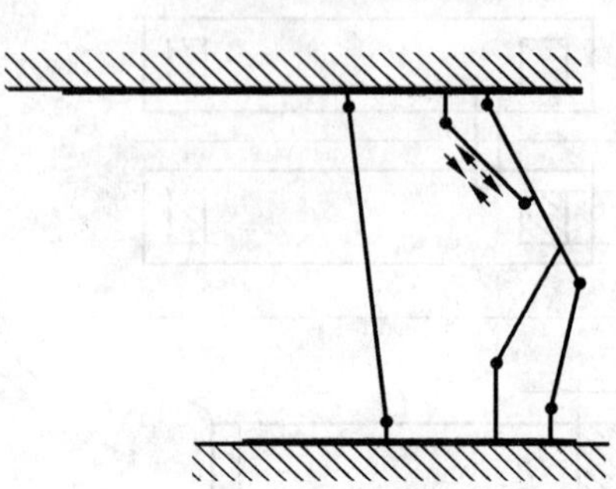	支架在试验台内撑紧，对平衡千斤顶上、下腔加载，试验压力为额定工作压力的 1.3 倍
18a)	护帮板扭转加载	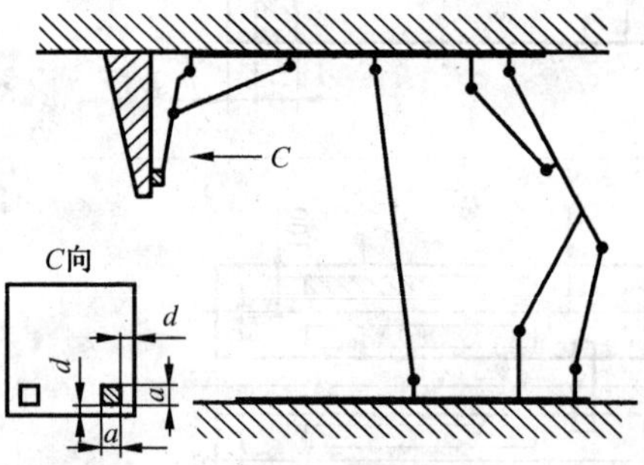	支架在试验台内撑紧，在护帮板左、右两侧下方分别加垫块，对护帮千斤顶活塞腔加载，试验压力为额定工作压力的 1.3 倍
18b)	可翻转护帮板集中加载	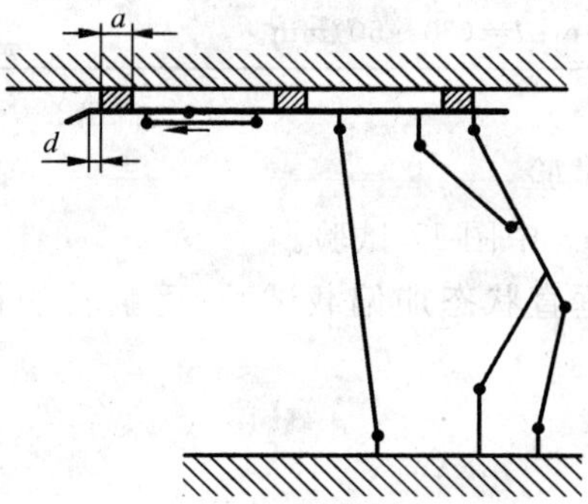	支架在试验台内撑紧，在翻转护帮板上方加一长条垫块。对翻转护帮千斤顶活塞腔加载，试验压力为额定工作压力的 1.3 倍
19	前梁加偏载	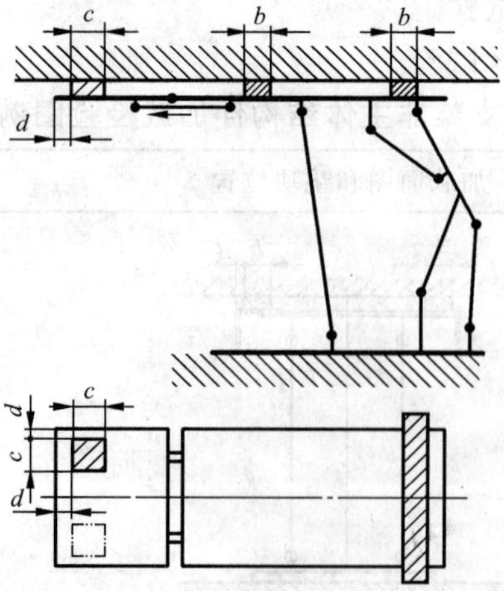	支架在试验台内撑紧，在前梁左右两侧分别加垫块，对前梁千斤顶活塞腔加载，试验压力为额定工作压力的 1.3 倍

表 3（续）

图号	加载方式	加载简图和垫块位置	说　明
20	伸缩梁集中载荷及偏载	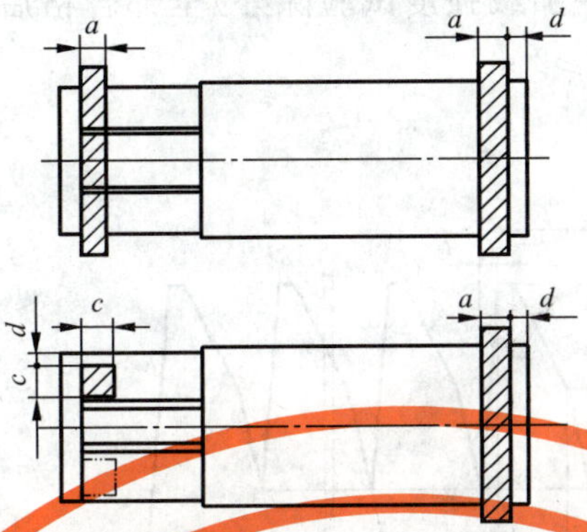	伸缩梁千斤顶伸出行程的2/3，对立柱加载，试验压力为1.1倍额定工作压力。 当顶梁为铰接式分体顶梁时，对前梁千斤顶加载，试验压力为1.2倍额定工作压力
21a)	推移机构偏载	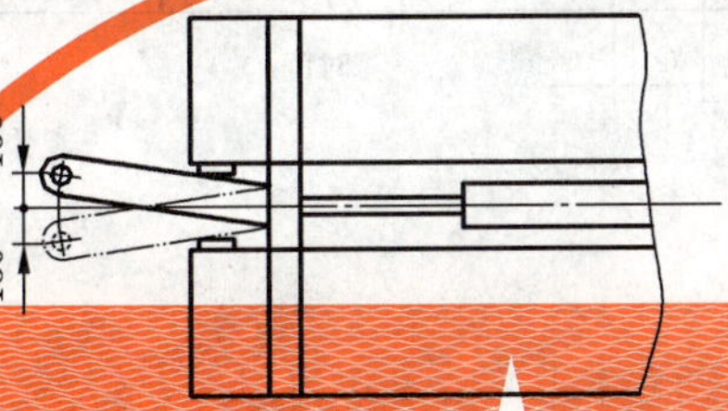	支架在试验台内撑紧，推杆推出行程的3/4长度，使推杆孔中心相对支架中心偏置150 mm进行推拉试验。试验压力为额定供液压力的1.5倍
21b)	推移机构侧向加载	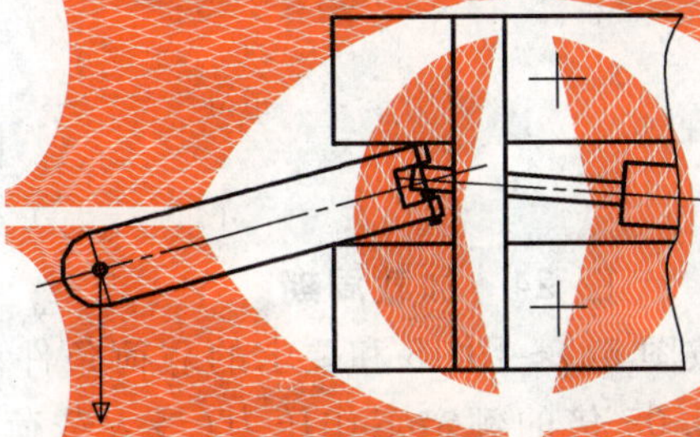	支架在试验台内撑紧，推杆（长、短推杆）推出全行程，侧向加载，加载载荷为本架额定推溜力的1/2，但不小于100 kN
21c)	推移机构垂直加载	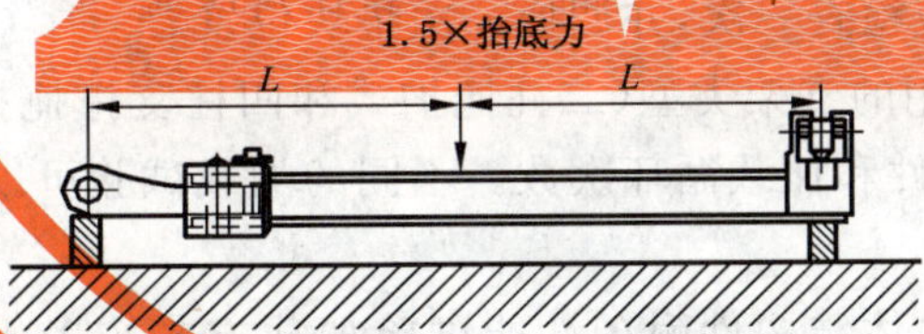	有抬底机构的推移装置
22	立柱连接件加载	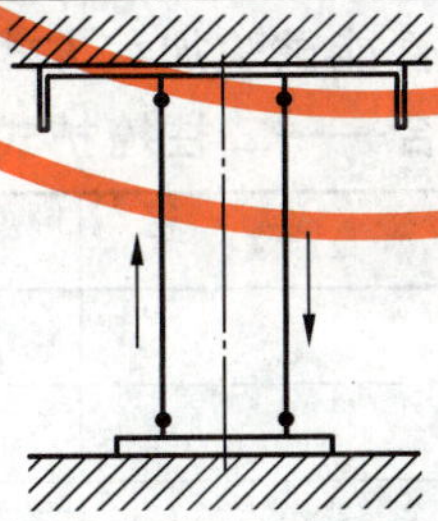	支架在试验台内撑紧，分别以1.2倍和1.5倍试验压力收缩单根立柱
23	底座底调机构端部加载	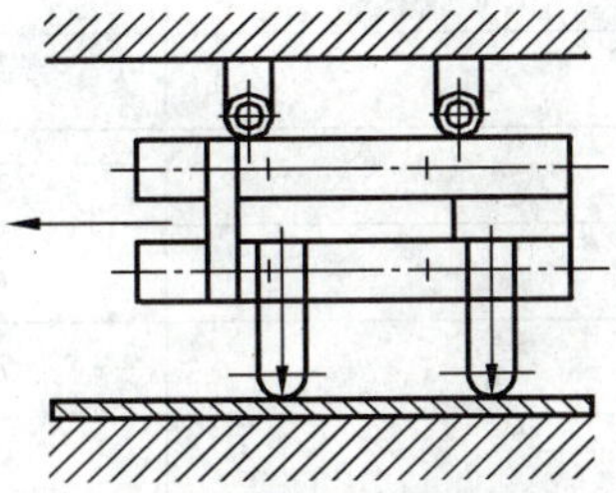	将支架放置在试验台内两个固定导向横梁中，底座一侧靠住导向梁上两个支点。另一侧底调千斤顶伸出2/3行程，以额定供液压力的1.2倍顶住另一横梁。然后支架前移
注：a=150 mm；b=200 mm；c=300 mm；d=(20～50)mm。			

5.10 耐久性能

5.10.1 一般要求

耐久性能试验应在其他试验(水平加载强度试验除外)全部合格后进行。循环加载采用内加载方式,其过程按图24曲线进行。其中 $t_3 \geqslant 2$ s。

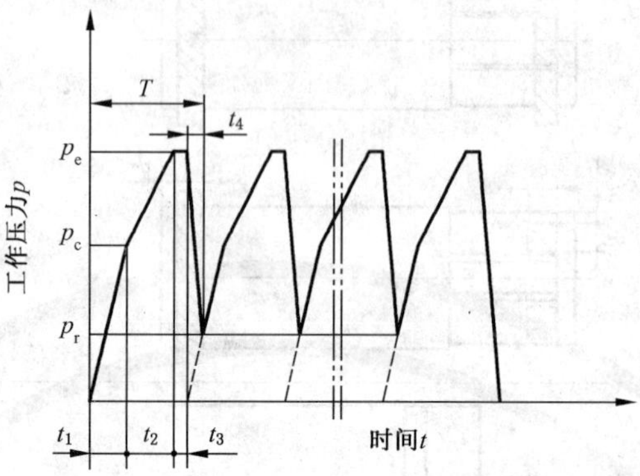

T——循环周期;

p_e——试验压力;

p_c——供液压力;

p_r——卸载压力($\leqslant 0.25\ p_e$);

t_1——初撑加压期;

t_2——增压期;

t_3——稳压期;

t_4——卸载期。

图24 加载周期

支架或支架部件的耐久性能试验按图5a)~图15和要求的载荷条件及相应的循环加载次数进行。耐久性能试验的加载压力分别交替为1.05倍的额定工作压力(最大载荷)和0.25倍的额定工作压力(最小载荷)。每500次循环加载应检查一次,并调换一次垫块位置。

图5a)~图15包括了主要应用的支架类型(二柱掩护式和四柱支撑掩护式支架)。对其他架型(如支撑式支架)应类似地规定加载条件和加载循环次数。不同的加载试验可以部分地组合进行。

5.10.2 主体结构件耐久性能

5.10.2.1 A类二柱掩护式支架主体结构件耐久性能试验加载方式按表4,加载次数不小于表4中数值;A类四柱支撑掩护式支架主体结构件耐久性能试验加载方式按表5,加载次数不小于表5中数值。

表4 循环加载组合——二柱掩护式支架(A类)

序号	加载方式	图号	加载次数
1	顶梁两端加载+水平加载	5a)+11a)	5 000
2	顶梁两端加载+水平加载	5a)+11b)	5 000
3	顶梁两端加载+底座对角加载	5a)+14	2 000
4	顶梁两端加载+底座侧边对称加载	5a)+15	2 000
5	顶梁纵向中间加载+底座两端加载	5b)+6a)	2 000
6	顶梁扭转加载+底座两端加载	7a)+6a)	2 000
7	顶梁扭转加载+底座两端加载	7b)+6a)	2 000
8	顶梁偏心加载	9	2 000
9	底座扭转加载	8a)	1 000

表 4（续）

序号	加　载　方　式	图　　号	加载次数
10	底座扭转加载	8b)	1 000
11	顶梁对角加载＋底座对角加载	5d)＋14	2 000
12	柱窝加载	10	1 000
		总计	27 000

表 5　循环加载组合——四柱支撑掩护式支架(A 类)

序号	加　载　方　式	图　　号	加载次数
1	顶梁两端加载＋水平加载	5a)＋11c)	3 000
2	顶梁两端加载＋水平加载	5a)＋11d)	7 000
3	顶梁两端加载＋底座对角加载	5a)＋14	2 000
4	顶梁两端加载＋底座侧边对称加载	5a)＋15	2 000
5	顶梁纵向中间加载＋底座两端加载	5b)＋6a)	2 000
6	顶梁扭转加载＋底座两端加载	7a)＋6a)	2 000
7	顶梁扭转加载＋底座两端加载	7b)＋6a)	2 000
8	顶梁偏心加载	9	2 000
9	底座扭转加载	8a)	1 000
10	底座扭转加载	8b)	1 000
11	底座四角加载	13	2 000
12	顶梁横向中间加载	5c)	2 000
13	底座横向中间加载	6b)	2 000
14	柱窝加载	10	1 000
		总计	31 000

5.10.2.2　B 类二柱掩护式支架主体结构件耐久性能试验加载方式按表 6，加载次数不小于表 6 中数值；B 类四柱支撑掩护式支架主体结构件耐久性能试验加载方式按表 7，加载次数不小于表 7 中数值。

表 6　循环加载组合——二柱掩护式支架(B 类)

序号	加　载　方　式	图　　号	加载次数
1	顶梁两端加载＋水平加载	5a)＋11a)	1 000
2	顶梁两端加载＋水平加载	5a)＋11b)	1 000
3	顶梁两端加载＋底座对角加载	5a)＋14	1 000
4	顶梁两端加载＋底座侧边对称加载	5a)＋15	1 000
5	顶梁纵向中间加载＋底座两端加载	5b)＋6a)	1 000
6	顶梁扭转加载＋底座两端加载	7a)＋6a)	1 000
7	顶梁扭转加载＋底座两端加载	7b)＋6a)	1 000
8	顶梁偏心加载	9	2 000
9	底座扭转加载	8a)	1 000
10	底座扭转加载	8b)	1 000
11	顶梁对角加载＋底座四角加载	5d)＋13	1 000
12	柱窝加载	10	1 000
		总计	13 000

表 7　循环加载组合——四柱支撑掩护式支架(B 类)

序号	加载方式	图号	加载次数
1	顶梁两端加载＋水平加载	5a)＋11c)	1 000
2	顶梁两端加载＋水平加载	5a)＋11d)	1 000
3	顶梁两端加载＋底座对角加载	5a)＋14	1 000
4	顶梁两端加载＋底座侧边对称加载	5a)＋15	1 000
5	顶梁纵向中间加载＋底座两端加载	5b)＋6a)	1 000
6	顶梁扭转加载＋底座两端加载	7a)＋6a)	1 000
7	顶梁扭转加载＋底座两端加载	7b)＋6a)	1 000
8	顶梁偏心加载	9	2 000
9	底座扭转加载	8a)	1 000
10	底座扭转加载	8b)	1 000
11	底座四角加载	13	1 000
12	顶梁横向中间加载	5c)	1 000
13	底座横向中间加载	6b)	1 000
14	柱窝加载	10	1 000
		总计	15 000

5.10.2.3　具有横向分体式顶梁和底座的支架的耐久性能

对于具有横向分体式顶梁和底座的支架,不适于按 5.10.2.1 和 5.10.2.2 进行耐久性能试验,应按如下项目进行：

a)　按表 2 中图 5a)和图 6a)方式组合循环加载 3 000 次；

b)　按表 2 中图 5c)和图 6a)方式组合循环加载 3 000 次。

5.10.2.4　水平加载

按表 2 中图 11a)～图 11d)水平加载试验时,应使作用在顶梁上的水平力限制到垂直力的 0.3 倍。若支架结构参数不允许,按最大可能的水平力来试验。对于二柱掩护式支架、四柱支撑掩护式支架,水平力既指向煤壁,也指向老塘。若经验证,水平力的作用相对于没有水平力时反而使支架受力减小了,那么也可以不做此项试验。

5.10.3　非主体结构件耐久性能

A 类、B 类支架非主体结构件耐久性能试验加载方式和加载次数均按表 8。除表 8 中注明试验压力的项目外,其余项目的试验压力均为 1.05 倍的额定工作压力。

表 8　支架非主体结构件耐久性能试验加载方式和加载次数

序号	加载部位	加载方式	图号	加载次数	备注
1	顶梁可活动侧护板	可活动侧护板加载	16	1 000 次	
2	平衡千斤顶连接件	平衡千斤顶推拉加载	17	推、拉各 500 次,共 1 000 次	试验压力为 1.2 倍额定工作压力
3	护帮板	护帮板扭转加载 可翻转护帮板集中加载	18a) 18b)	左、右垫块各循环加载 500 次； 500 次；共 1 500 次	试验压力为 1.2 倍额定工作压力

表 8（续）

序号	加载部位	加载方式	图号	加载次数	备注
4	铰接式顶梁的前梁	前梁加偏载	19	左、右垫块各循环加载 500 次；共 1 000 次	
5	顶梁伸缩梁	伸缩梁集中载荷及偏载	20	集中循环加载 500 次，偏载左、右垫块循环加载各 250 次，共 1 000 次	
6	推移机构	推移机构偏载和垂直加载	21a)和21c)	推杆左、右偏置加载各 500 次，垂直加载 500 次，共加载 1 500 次	试验压力为 1.2 倍额定工作压力
7	立柱连接件	立柱连接件加载	22	立柱受拉 500 次	试验压力为立柱额定供液压力

5.11 液压系统和支架集成

液压系统（工作油缸、阀门、软管和接头）与支架的集成通过动作来验证：支架上的液压缸通过压力液体的加载可以使其伸缩到机构的极限位置。

5.12 材料

5.12.1 一般要求

材料性能通过力学工艺检验和冶炼分析检验来求得。在取自检验件或其原材料的样品上进行试验，所求得的值应对应于支架厂家资料中的说明并符合 4.11 的要求。

5.12.2 屈服极限、抗拉强度、延伸率

材料的屈服极限、抗拉强度、延伸率应符合 GB/T 228 的规定。

5.12.3 冲击功

在 4.11.1.2 和 4.11.1.3 给定的温度下，按 GB/T 229 测试缺口冲击功。

以三个试件的平均值为测量值，同时单个值不应低于 4.11 中规定值的 70%。

6 检验规则

6.1 检验分类

6.1.1 支架产品检验分出厂检验和型式检验。

6.1.2 产品出厂应进行出厂检验，检验由制造厂的质检部门进行，检验结果应记录归档备查，用户验收按出厂检验项目进行。

6.1.3 型式检验由国家授权的监督检验部门进行。

6.1.4 凡属下列情况之一，应进行型式检验：

a) 新产品鉴定定型或老产品转厂试制时；

b) 正式生产后，如产品设计、结构、材料或工艺有较大改变，可能影响产品性能时；

c) 产品停产三年以上再次生产时；

d) 用户对产品质量提出重大异议时；

e) 出厂检验结果与上次型式检验有较大差异时；

f) 国家质量监督机构或国家煤矿安全监察部门提出要求时。

6.1.5 型式检验应提供以下资料：

——产品使用说明书（参见附录 C）；

——支架总装配图（包括支架主要技术参数）；

——支架液压系统原理图、布置图；
——前梁、顶梁、掩护梁、连杆、底座等部件结构图；
——配套件明细表。

6.2 检验项目

出厂检验和型式检验项目和要求见表9。

表9 检验项目和要求

序号	检验项目	要求	试验方法	出厂检验	型式检验
1	外观质量	4.2	5.3	√	√
2	行人通道	4.1.1	测量	○	√
3	灭尘和防漏矸装置	4.1.2	按图纸进行目测/比较	○	√
4	液压元件防护	4.1.3	按图纸	√	√
5	防片帮装置	4.1.4	按图纸进行目测/比较	√	√
6	起吊点	4.1.5	5.2	×	√
7	超前支护装置	4.1.6	按图纸	√	√
8	单体支柱限位座	4.1.7	按图纸进行目测/比较	√	√
9	装配性能	4.1.8	与检验资料比较	○	×
10	操作性能	4.3.1	5.4.1	√	√
		4.3.2	5.4.2	○	√
11	密封性能	4.4.1	5.5.1	○	√
		4.4.2	5.5.2	√	√
		4.4.3	5.5.3	√	√
		4.4.4	5.5.4	√	√
12	支护性能	4.5	5.6	○	√
13	适应性能	4.6	5.7	√	√
14	让缩性能	4.7	5.8	×	√
15	结构强度	4.8	5.9	○	√
16	耐久性能	4.9	5.10	×	√
17	材料	4.11	5.12 与厂家的材料说明比较	√	×
18	焊接	4.12	获授权机构的认证	√	×
注："√"表示该项目为检验项目;"○"表示该项目为抽检项目;"×"表示该项目为非检验项目。					

6.3 出厂检验

6.3.1 出厂检验项目分全检和抽检两类，其中液压系统及元部件按GB 25974.3的规定进行。

6.3.2 抽样检验采用GB/T 13264—2008二次抽样方案 $N=100$，$n=2$，判定数组为 $\begin{pmatrix} 0 & 2 \\ 1 & 2 \end{pmatrix}$；若判定批不合格，则实行全检。

6.3.3 全检项目若出现不合格项，则进行修复后重新提交检验。

6.4 型式检验

6.4.1 型式检验项目和要求

支架样机检验项目和要求按表9进行。

在试验方法里没有专门的试验用于验证第4章要求的，采用目检或操作动作来检查验证。

6.4.2 型式检验判定规则

6.4.2.1 对6.1.4中a)、b)、c)三种情况的型式检验，如有不合格项目，允许对样机进行处理，处理后对该项进行复验，复验后若仍不合格，则判为不合格。

6.4.2.2 在4.1～4.7及4.8中4.8.1～4.8.2出现不合格时，复试次数不应超过1次。其中，强度试验不合格时，对主体结构件应复试4.8.1的全部项目；对非主体结构件，对该项目进行复验。

6.4.2.3 耐久性能试验出现不合格时，复验次数不应超过2次。对主体结构件如出现不合格，对该项处理后，应按4.9中的规定，继续做完全部项目的试验，然后再重试已试相关子项目，重试过程中允许出现其他项目不合格；对非主体结构件，仅对该子项进行复验。

6.4.2.4 对6.1.4中d)、e)、f)三种情况的型式检验，如有不合格项目，再抽检一架，如仍有不合格项，则判为不合格。

6.4.2.5 型式检验中如液压元部件发生故障，允许更换和进行处理，但同一元部件只允许更换处理一次，否则按不合格处理。

7 标志、包装、运输和贮存

7.1 标志

7.1.1 每个支架应有持久的标志，标牌的型式和尺寸应符合GB/T 13306规定；材质应符合GB 3836.1—2000规定。

7.1.2 产品标牌应包括下列内容：

a) 产品名称；

b) 产品类别(A或B)；

c) 产品型号；

d) 工作阻力；

e) 最小/最大高度；

f) 整架质量；

g) 外形尺寸：长×宽×高(运输状态)；

h) 出厂编号；

i) 出厂日期；

j) 厂家名称；

k) 安全标志标识。

每个支架的主体结构件均应有一个标记，表明与支架的对应关系。

7.2 包装、运输和贮存

7.2.1 产品验收合格后，各接头开口处应加装封闭堵(帽)，支架降到最低高度，管路应整齐束紧，不应挤压，以免损伤。

7.2.2 支架产品在国内一般采用裸装整体运输。气温低于0 ℃运输时，各液压元件和液压系统内均应更换液压支架专用防冻液，并根据用户地理位置选择防冻液牌号。

7.2.3 支架产品的包装有特殊要求时，应按要求包装。

7.2.4 随机备件、易损件应装箱(或装袋)，对不能装箱(或装袋)的零部件，应捆扎牢固，不应造成脱落、挤压、漏失和损坏等。

7.2.5 发运前，应对支架液压系统和液压元件进行防锈处理，更换防锈液或防冻液。一般运往东北、西北、内蒙地区的产品宜注入凝点不高于－40 ℃防冻液；运往华北地区的宜注入凝点不高于－25 ℃防冻液；其他地区宜注入凝点不高于－15 ℃防冻液。

7.2.6 支架应在库房或有遮盖物的条件下贮存，凡存放三个月以上者，重新更换液压系统和液压缸中的工作液。

7.2.7 其他

应对支架或其部件能可靠有效地装载、运输和贮存进行必要的说明：

a) 对拆卸和在运输中对零部件的保护进行说明；

b) 对可能必需单独起吊和运输的支架部件和组件列出目录，并说明起吊点和重心的位置；

c) 整个支架以及按上述 b)的支架部件和组件的质量和外形尺寸；

d) 指出运输时的特殊安全注意事项以及可能出现的损坏；

e) 对供货内容中并未包括，但又是可靠保证起吊或装配所应有的附加受力件(如吊钩，运输吊环)的数量和受力大小加以说明。

附 录 A
（资料性附录）
危险情况表

支架运行、安装和维护过程中易发生的危险和危险情况见表 A.1。

表 A.1 对应于安全性要求的支架危险情况表

序号	危 险 情 况	要 求
1	挤伤，划破和割裂	4.1.1
2	在支架中打滑、绊住和跌倒	4.1.1
3	不正确的姿势或用力过度意外失稳	4.1.1
4	吸入有害粉尘	4.1.2
5	液体喷出	4.1.3
6	安全保护装置的缺失或装错	4.1.3;4.1.4
7	零件抛出	4.1.4
8	在重力影响下可能会运动的支架零部件的势能	4.1.4;4.1.7
9	安装和维护用装置和辅助工具的缺失或装错	4.1.5;4.1.7
10	装配错误	4.1.8
11	操作错误	4.2.1
12	疲劳或过载	4.7;4.8.1;4.8.2;4.9
13	由于静电过程产生的电能	4.11.2;4.11.3
14	火或爆炸	4.11.2;4.11.3

附 录 B
（资料性附录）
许用应力和静力计算

B.1 许用应力

B.1.1 一般要求

支架按静力载荷计算，但应考虑支架部件所承受的附加力。计算求得的支架部件内的应力应不超过B.1.2～B.1.5所列的许用应力。

B.1.2 法向应力

顶梁和底座的计算法向应力应不大于材料所保证的屈服极限的最小值；其他部件的法向应力应不大于该屈服极限的85％。

B.1.3 剪切应力

剪切应力应不大于支架各部件和不同载荷工况时允许剪切应力值的80％。

B.1.4 主应力

主应力应不大于材料所保证的屈服极限的最小值。

B.1.5 焊缝许用应力

焊缝应力应不超过相邻母体材料许用应力比例值如表B.1所列。

表 B.1 焊缝许用应力

焊 缝	法向应力比例	剪切应力比例	主应力比例
角焊缝	65％	65％	100％
对接焊缝	100％	65％	100％

B.2 静力计算

B.2.1 计算原则

静力计算以许用应力为基础，不考虑三向负荷或循环负荷的影响，支架按二维杆系计算。支架部件的截面受力（弯矩、法向力、切向力）是由立柱作用力和支架结构及垫块不同设定位置决定的。

垫块位置按表2和表3中图5a)～图23的规定。当支架的多个部件作为系统起作用时，可以在支架的整个调高范围内每隔100 mm求取截面受力。

若根据支架结构可能产生水平外力时，其大小限制在支架支撑力的0.3倍以内。

计算应力时，应考虑部件的整个横断面。

B.2.2 载荷工况

B.2.2.1 中心加载

按B.2.1所要考虑的力均匀地分配在支点长度上，并求出其应力。

B.2.2.2 偏心加载

对形状稳定的支架在顶梁和底座之间的所有因偏心加载而引起的应力可按表2中图9的规定求得。

B.2.2.3 水平加载

对顶梁和底座之间的所有部件，因水平加载而产生的应力可按表2中图11a)～图11d)的规定求得。

B.2.2.4 叠加

计算某个部件应力时，应将中心加载和偏心加载时的应力以最不利的组合进行叠加。

附　录　C
（资料性附录）
产品使用说明书

C.1　一般要求

支架厂家应提供包括使用维护、操作指示、零件图表和安全信息等有关内容的产品使用说明书。

产品使用说明书的内容和编排应符合 GB/T 9969.1 的规定。用户在得到支架时应得到该产品的使用说明书。

C.2　性能参数和使用范围

说明整个支架外形尺寸、质量和重心位置以及必要说明部件的性能参数，必要时采用通常的装配图和功能图表。特别应说明：

a）支架支撑力、高度范围等性能参数；

b）需配套设备和附属装置有关的性能参数；

c）使用范围及限制（如煤层的最大和最小采高、在走向和倾斜方向上的最大和最小倾角和垂直于推进方向的工作面最大和最小伪斜角），此外要说明适应支架的开采方法，如垮落法长壁开采或风力充填短壁开采等；

d）支护和控制的方式（如即时支护、滞后支护；邻架控制、程序控制）；

e）在使用现场具体的作业方法（如自动化作业）和与工作面其他设备配套时的危险情况及必要的安全措施。

C.3　安装和投入使用

C.3.1　安装

详细地说明安装步骤和方法并指出必要的专用工具。

C.3.2　投入运行

应对投入运行的程序和检查内容进行说明：

a）在接通供液系统之前对安装进行核查，并说明必要的清洁和冲洗方法；

b）接通供液系统；

c）支架投入运行并检查试验各项功能。

C.4　使用、操作和运行说明

应对使用方法、操作方法和运行注意事项等保证支架可靠和正常运行的有关内容进行说明：

a）规定正确使用的范围及不应使用的场合；

b）控制方式；

c）所有便于操作的控制装置的用途、功能和所在位置；

d）监控装置的安装位置、用途和使用。

C.5　现场维护

C.5.1　技术性说明

应全面说明支架及其部件的功能。

说明可采用原理图、示意图、施工图和逻辑关系图等加以补充，必要时也可说明结构细节和试验装置，以便于现场维护。

C.5.2 故障诊断和排除

应提供故障类型、诊断和排除故障的方法。

C.5.3 维护

应说明现场需要进行的具体维护工作，必要时配以插图，并应指明：

a) 拆卸和重新组装的内容和方法；

b) 更换、调定、校验的内容和方法；

c) 引用的备件表；

d) 使用的专用工具、检验装置和附加装置；

e) 可能出现的危险情况和相应的安全措施。

C.6 维修计划

应指明正常的维护程序，使支架处于可靠和正常运行状态。说明支架进行检查、试验和维修的内容、周期和次数，并指出更换件及易损件的试验和检查周期，必要时指出其极限值。

C.7 备件表

备件表包括：

a) 厂家规定要在现场直接更换的零件；

b) 厂家推荐的备件。

备件表应提供备件的使用位置以及与部件的隶属关系，必要时提供图和照片等。

备件应有制造零件的图号，并描述其特征，如技术参数、外形尺寸等。

C.8 其余风险

向用户说明使用支架时的其余(如由于岩层运动)风险。

C.9 附加图纸和资料的列表

所有图纸、图表和其他资料要有完整的表格，并与产品使用说明书分开提供。

ICS 73.100
D 97

中华人民共和国国家标准

GB 25974.2—2010

煤矿用液压支架
第2部分:立柱和千斤顶技术条件

**Powered support for coal mine—
Part 2:Specification for power set legs and rams**

2011-01-10 发布　　2011-06-01 实施

中华人民共和国国家质量监督检验检疫总局
中国国家标准化管理委员会　发布

前　言

本部分的4.2、4.5和4.6为强制性的，其余为推荐性的。

GB 25974《煤矿用液压支架》分为以下4个部分：

——第1部分：通用技术条件；

——第2部分：立柱和千斤顶技术条件；

——第3部分：液压控制系统及阀；

——第4部分：电液控制系统技术条件。

本部分为GB 25974的第2部分，对应于欧洲标准EN 1804-2:2001《液压支架安全性要求　第2部分：立柱和千斤顶》。本部分与EN 1804-2:2001的一致性程度为非等效，主要差异如下：

——增加了装配质量要求、主要零部件要求、电镀要求、缸体爆破性能(见4.2、4.3、4.4、4.5.12)；

——增加了检验规则(见第6章)。

本部分的附录A为规范性附录，附录B为资料性附录。

本部分由中国煤炭工业协会提出并归口。

本部分负责起草单位：煤炭科学研究总院开采设计研究分院。

本部分参加起草单位：煤炭科学研究总院检测研究分院。

本部分主要起草人：王国法、赵志礼、傅京昱、姜金球、孙桂英、杜忠孝、王晓东。

引　言

MT 313—1992《液压支架立柱技术条件》和 MT 97—1992《液压支架千斤顶技术条件》已实施 10 多年，在我国的液压支架立柱和千斤顶设计、生产和检验过程中发挥了重要的指导作用。随着科学技术的进步和世界范围内的技术交流及市场竞争的加剧，MT 313—1992 和 MT 97—1992 已很难适应市场的需求，与目前的国外先进标准(如 EN 标准)存在一定的差距，特制定国家标准以与国际先进标准接轨。

在标准的制定过程中，考虑到目前我国立柱和千斤顶的生产制造、试验特点和技术水平的实际情况，同时考虑到与国外标准接轨及发展的需要，本标准的制定以我国立柱和千斤顶设计、试验和使用研究成果为基础，并广泛参考世界各主要产煤国家和国际组织的相关标准。

煤矿用液压支架
第2部分:立柱和千斤顶技术条件

1 范围

GB 25974的本部分规定了煤矿用液压支架立柱和千斤顶的术语和定义、要求、试验方法、检验规则、标志、包装、运输和贮存。

本部分适用于煤矿用液压支架立柱和千斤顶。

2 规范性引用文件

下列文件中的条款通过GB 25974的本部分的引用而成为本部分的条款。凡是注日期的引用文件,其随后所有的修改单(不包括勘误的内容)或修订版均不适用于本部分,然而,鼓励根据本部分达成协议的各方研究是否可使用这些文件的最新版本。凡是不注日期的引用文件,其最新版本适用于本部分。

GB/T 197—2003 普通螺纹 公差(ISO 965-1:1998,MOD)

GB/T 228 金属材料 室温拉伸试验方法(GB/T 228—2002,eqv ISO 6892:1998)

GB/T 229 金属材料 夏比摆锤冲击试验方法(GB/T 229—2007,ISO 148-1:2006,MOD)

GB/T 1184—1996 形状和位置公差 未注公差值(eqv ISO 2768-2:1989)

GB/T 1804—2000 一般公差 未注公差的线性和角度尺寸的公差(eqv ISO 2768-1:1989)

GB/T 2649 焊接接头机械性能试验取样方法

GB/T 2650 焊接接头冲击试验方法(GB/T 2650—2008,ISO 9016:2001,IDT)

GB/T 2651 焊接接头拉伸试验方法(GB/T 2651—2008,ISO 4136:2001,IDT)

GB/T 2652 焊缝及熔敷金属拉伸试验方法(GB/T 2652—2008,ISO 5178:2001,IDT)

GB/T 2653 焊接接头弯曲试验方法(GB/T 2653—2008,ISO 5173:2000,IDT)

GB/T 2828.1—2003 计数抽样检验程序 第1部分:按接收质量限(AQL)检索的逐批检验抽样计划(ISO 2859-1:1999,IDT)

GB/T 2829—2002 周期检验计数抽样程序及表(适用于对过程稳定性的检验)

GB/T 3452.1 液压气动用O形橡胶密封圈 第1部分:尺寸系列及公差(GB/T 3452.1—2005,ISO 3601-1:2002,MOD)

GB/T 3452.3 液压气动用O形橡胶密封圈 沟槽尺寸(GB/T 3452.3—2005,ISO 3601-2:1999,MOD)

GB 3836.1—2000 爆炸性气体环境用电气设备 第1部分:通用要求(eqv IEC 60079-0:1998)

GB/T 6394—2002 金属平均晶粒度测定法

GB/T 11352 一般工程用铸造碳钢件(GB/T 11352—2009,ISO 3755:1991;ISO 4990:2003,MOD)

GB/T 12361 钢质模锻件 通用技术条件

GB/T 12467(所有部分) 金属材料熔焊质量要求(GB/T 12467.1～12467.5—2009,ISO 3834-1～3834-5:2005,IDT)

GB/T 13306 标牌

JB/T 3338.1 液压件圆柱螺旋压缩弹簧 技术条件

MT 76 液压支架(柱)用乳化油、浓缩物及其高含水液压液

3 术语和定义

下列术语和定义适用于 GB 25974 的本部分。

3.1

液压缸 actuator

由液压驱动往复直线运动的装置。

3.2

立柱 legs

近于垂直布置,使支架产生支撑力的液压缸。

3.3

多伸缩立柱 multi telescopic legs

多于一级伸缩行程的立柱。

3.4

千斤顶 rams

用于使支架实现其功能,不使支架产生支撑力的液压缸。

3.5

支撑千斤顶 support rams

用于使支架产生辅助支撑力的平衡千斤顶或有球铰的液压缸。

3.6

供液压力 setting pressure

液压系统提供给液压缸的压力。

3.7

额定工作压力 maximum permissible working pressure

液压缸能正常工作的最大设计压力。

3.8

额定力 rated force

在忽略摩擦的条件下,液压缸按额定工作压力计算所得的力。

3.9

让压 yielding

外力引起压力超过安全阀开启压力,液压缸长度变化的过程。

4 要求

4.1 一般要求

4.1.1 未注公差

金属切削加工零件图样未注公差应满足以下要求：

a) 金属切削加工零件图样未注公差尺寸的极限偏差应符合 GB/T 1804—2000 m 级的规定,无装配关系的应符合 GB/T 1804—2000 c 级的规定；

b) 金属切削加工零件图样未注角度公差的极限偏差应符合 GB/T 1804—2000 c 级的规定；

c) 金属切削加工零件图样未注形位公差的极限偏差应符合 GB/T 1184—1996 K 级的规定。

4.1.2 承压焊缝

承受液体压力的焊缝应能承受液压缸 200%的额定工作压力,试验 5 min 不应渗漏。

4.1.3 铸锻件

铸钢件应符合 GB/T 11352 的规定。

锻件应符合 GB/T 12361 的规定。

4.1.4 其他元件

液压件圆柱螺旋弹簧应符合 JB/T 3338.1 的规定。

普通螺纹应符合 GB/T 197—2003 中 6、7 级(外螺纹为 6 级,内螺纹为 7 级)的规定。

活塞杆镀层质量在无特殊要求时应符合附录 A 的规定。

O 形密封圈和沟槽尺寸应符合 GB/T 3452.1、GB/T 3452.3 的规定。

4.1.5 起吊点

液压缸宜设有起吊点,所设的起吊点应能承受 4 倍起吊重量的力而不损坏。

4.1.6 阀和安全装置

立柱和支撑千斤顶应装有防止压力超过允许值的安全装置,固定装入的阀和安全装置应不发生意外动作。

4.1.7 工作液

液压缸工作液应符合 MT 76 的规定。

4.1.8 焊接

焊接作业及质量要求应符合 GB/T 12467(所有部分)的规定。

4.1.9 许用应力和静力计算

零件的许用应力和静力计算参见附录 B。

4.2 装配质量要求

4.2.1 装配及外观

装配及外观质量应满足以下要求:

a) 装配前,各零部件所有表面的毛刺、切屑、油污等应清除干净;

b) 装配时,零件配合表面不应损伤,所有螺纹应涂螺纹防锈脂;应仔细检查液压缸密封件有无老化、咬边、压痕等缺陷,并严格注意密封圈在液压缸沟槽内有无挤出和撕裂等现象,如有上述现象,应立即更换;

c) 液压缸装配完毕,应将其缩至最短状态,并应将所有进、回液口用塑料堵封严;

d) 装配后,液压缸外表面(活塞杆外表面除外)应按图样要求喷或涂防锈底漆和面漆。漆层应均匀、结合牢固、不应有起皮脱落现象。

4.2.2 清洁度

试验合格后的液压缸应拆卸清洗,清洗后杂质含量应不大于表 1、表 2 或表 3 所列值。

表 1 单伸缩(包括机械加长段)立柱杂质含量表

缸径/mm	立柱长度/mm	杂质含量/mg
<200	最大长度<2 000	40
	2 000≤最大长度<4 000	45
	最大长度≥4 000	50
≥200	最大长度<2 000	45
	2 000≤最大长度<4 000	50
	最大长度≥4 000	55

表 2 双伸缩立柱杂质含量表

缸径/mm	立柱长度/mm	杂质含量/mg
<200	最大长度<2 000	60
	2 000≤最大长度<4 000	65
	最大长度≥4 000	70
≥200	最大长度<2 000	65
	2 000≤最大长度<4 000	70
	最大长度≥4 000	75

表 3 千斤顶和支撑千斤顶杂质含量

缸径/mm	千斤顶长度/mm	杂质含量/mg
≤100	最大长度≤1 000	25
	1 000<最大长度≤4 000	30
>100	最大长度≤1 000	30
	1 000<最大长度≤4 000	40

4.3 主要零部件要求

4.3.1 缸筒

缸筒内壁密封配合面的尺寸基本偏差为 H,公差等级应不低于 IT9。

缸筒内壁密封配合面的表面粗糙度 $Ra \leqslant 0.4\ \mu m$。

4.3.2 活塞杆

活塞杆密封配合面的尺寸基本偏差为 f,公差等级应不低于 IT8。

活塞杆密封配合面的表面粗糙度 $Ra \leqslant 0.4\ \mu m$。

4.3.3 底阀(仅对立柱)

阀芯、阀体应采用不锈钢材质制造。

密封配合面的表面粗糙度 $Ra \leqslant 0.4\ \mu m$。

底阀开启时,立柱不应出现哨声、震动或爬行现象。

4.4 电镀要求

4.4.1 电镀零件

下列零件应进行电镀:

a) 活塞杆外表面;

b) 与工作液接触易生锈而影响液压缸性能的零件。如:半环、压盘、导向套、挡套、活塞、卡键等。

4.4.2 电镀层

无特殊要求的电镀层质量应符合附录 A 的规定。

所有镀锌件镀后应钝化处理。

4.5 性能要求

4.5.1 密封性能

液压缸加载密封试验时,闭锁压力腔,压力腔压力在最初 1 min 内下降不应超过 10%或液压缸长度变化小于 1%,之后的 5 min 内压力或长度不变,接下来的 5 min 内压力下降不应超过 0.5%或长度变化不超过 0.05%。

4.5.2 空载行程

液压缸空载,全行程伸缩不应有涩滞、爬行和外渗漏。

4.5.3 最低启动压力

立柱在空载无背压工况下，活塞腔启动压力应小于 3.5 MPa，活塞杆腔启动压力应小于 7.5 MPa。

千斤顶在空载无背压工况下，活塞腔和活塞杆腔的启动压力应小于 3.5 MPa。

4.5.4 活塞杆腔密封性能

液压缸活塞杆腔在 2 MPa 和 1.1 倍供液压力下，不应外渗漏。

4.5.5 让压性能

立柱和支撑千斤顶应在运动的同时具有支撑能力，具有让压特性：

——中心让压测得的力应小于 1.1 倍的额定力，且不低于额定力；

——偏心让压测得的力应不大于中心让压测得力中最大值的 110%，且不低于额定力。

4.5.6 中心过载性能

中心过载性能包括：

——立柱(包括加长段)和支撑千斤顶应在承受 1.5 倍的额定力的静载荷和由机械冲击动载荷达到 1.5 倍的额定工作压力时，不出现功能失效，缸筒扩径残余变形量小于缸径 0.02%；

——未经受机械冲击动载荷作用的立柱和支撑千斤顶应能承受 2 倍额定力的静载压力。加载试验之后，不再考虑立柱和支撑千斤顶的功能，但基体材料不应产生裂纹，也不应产生焊缝裂纹；

——未经受机械冲击动载荷作用的支撑千斤顶应能承受 2 倍的额定力的静载拉力；

——完全缩回状态的立柱和支撑千斤顶应能够承受 2 倍的额定力，试验后应无塑性变形；

——千斤顶用 1.5 倍的额定拉力或额定工作压力加载时不应出现功能失效。

4.5.7 偏心加载性能

立柱(包括加长段)和支撑千斤顶在偏心力和(或)侧向力作用后，不应出现功能失效，级间过渡处的挠度值应小于试验长度的 0.1%。

4.5.8 耐久性能

立柱(包括加长段)和支撑千斤顶在 21 000 次加载循环之后，不应出现功能失效。

千斤顶在 10 000 次加载循环之后，不应出现功能失效。

4.5.9 外伸限位

立柱和支撑千斤顶以额定工作压力向内部挡块伸出 1 次，停留至少 3 min，内部挡块不应损坏。

立柱和支撑千斤顶用至少 0.8 倍额定工作压力向内部挡块伸出 100 次，内部挡块不应损坏。若液压系统出现比 0.8 倍额定工作压力更高的压力，立柱和支撑千斤顶应在较高压力下伸出 100 次，内部挡块不应损坏。

工况受拉的支撑千斤顶以 1.5 倍的额定拉力对着内部挡块拉出时，支撑千斤顶不应损坏。

千斤顶的活塞向外伸出与内部挡块接触，千斤顶能够承受 1.25 倍额定工作压力，试验后不应出现功能失效。

注：内部挡块是指导向套等的限位部分。

4.5.10 功能

立柱和支撑千斤顶在做完以上性能试验后，从全伸出开始外加载使其全行程缩回，测得力应不小于额定力且不大于 4.5.5 中心让压测得力的 1.1 倍；能用 0.8 倍额定工作压力完全缩回，并通过 4.5.1 的密封性能要求。

4.5.11 液压缸连接点

液压缸(包括其加长段)与传力部件的连接应能够承受 1.5 倍的额定力，不应出现功能失效。

4.5.12 缸体爆破性能

4.5.12.1 凡属下列情况之一，应进行缸体爆破试验：

a) 缸体采用新材料；

b) 首次采用的缸径系列。

爆破试件的材质、缸筒壁厚、内外径公称尺寸应与被试液压缸缸筒的要求相同，其长度允许缩短，但不应低于表4要求。

表4 缸筒试件长度

单位为毫米

试验液压缸的缸筒长度	>1 000	≤1 000
试件最短长度	1 000	500

4.5.12.2 缸体爆破后，不应出现脆性破坏。

4.6 材料性能

4.6.1 钢材

4.6.1.1 一般性能

当计算应力达到许用应力的90%时，液压缸所用钢材的抗拉强度应不小于1.08倍的材料屈服极限或0.2%残余变形极限。

所用钢材的断裂延伸率δ_5应不小于10%。

4.6.1.2 焊接零件用钢材

钢材按GB/T 6394—2002测定的晶粒度等级应不低于6级；在－20 ℃时其缺口冲击功应不小于27J。

4.6.1.3 非焊接零件用钢材

非焊接的液压缸缸筒用钢材应满足4.6.1.1和4.6.1.2的规定。

其他非焊接零件用钢材在20 ℃时缺口冲击功应不小于25J。

4.6.2 轻金属

在有瓦斯危险的矿井里使用的液压缸的外表面，不应使用GB 3836.1—2000第8章所述的轻金属或轻金属合金——包括涂层和镀层。

4.6.3 其他材料

制造液压缸零件的其他材料应满足4.6.1.1的要求；非金属材料应符合GB 3836.1—2000第7章的要求。

5 试验方法

5.1 试验条件

5.1.1 工作液

工作液采用MT 76所规定的乳化油或浓缩物与中性软水按5：95质量比配制的高含水液压液。

5.1.2 工作液温度

试验过程中工作液温度控制在(10～50)℃，工作液采用40 μm精度的过滤器，并应设有磁性过滤装置。

5.1.3 测量准确度等级及测量系统误差

测量准确度采用C级，测量系统的允许误差应符合表5的规定。

表5 测量系统的允许系统误差

测量项目	A级	B级	C级
压力误差(表压力≥0.2 MPa)/%	±0.5	±1.5	±2.5
流量误差/%	±0.5	±1.5	±2.5
温度误差/℃	±0.5	±1.0	±2.0

5.2 一般要求

5.2.1 承压焊缝

液压缸缸筒的承压焊缝全部焊完后，用工装将缸筒密封两端顶紧，缸筒内加压到200％额定工作压力，保压5 min。该项试验允许在装配的液压缸上进行。

5.2.2 起吊点

用4倍起吊重量的拉伸载荷垂直拉伸起吊点。该试验也允许按一次性检验方式进行，例如在一个可比较的试件体上进行。

5.3 装配及外观

5.3.1 装配质量及外观

装配质量及外观在日光下或正常光照下使用普通量具和专用测量仪进行检查。

5.3.2 清洁度

把试验合格后的液压缸拆卸清洗，收集清洗后的溶液以相当于40 μm精度的过滤器过滤，所得网上物品经烘干称量，其质量为杂质质量。

5.4 主要零部件

对立柱的底阀进行试验时，将立柱伸至底阀开启之前，以供液压力使底阀连续开启，活柱全部伸出，立柱活塞杆腔进液，立柱缩到最短。循环3次，通过耳闻和触感检查；其他采用常规方法进行。

5.5 电镀

常规方法进行。

5.6 性能试验

5.6.1 密封性能

试验应在固定装入阀、安全装置、密封件和液压接头及其加长杆的液压缸上进行。

密封试验在液压缸加载时(后)压力腔闭锁，在11 min内连续测压力腔压力和行程，记录液压缸的行程或压力并用图线表示其随时间的变化。若进行3 min试验时取前1 min和之后5 min中的前2 min。

注：密封压力为各种加载情况时的压力值。

5.6.2 空载行程

液压缸空载，在运动速度不大于200 mm/min的工况下，全行程往复动作3次。

5.6.3 最低启动压力

立柱空载无背压工况下，分别对活塞腔和活塞杆腔逐渐升压至活柱全行程移动，记录各级缸的上腔和下腔的启动压力。

立柱活柱全缩回，中缸活塞杆腔保持供液压力，大缸活塞杆腔逐渐升压使中缸运动，记录当中缸中部通过大缸导向套时，大缸活塞杆腔的启动压力。

千斤顶和支撑千斤顶在空载无背压工况下，分别对活塞腔和活塞杆腔逐渐升压至活塞杆在全行程移动，记录活塞腔和活塞杆腔的启动压力。

5.6.4 活塞杆腔密封性能

立柱缩至最小高度对活塞杆腔加2 MPa和1.1倍供液压力，闭锁密封腔稳压5 min。

千斤顶缩至最小高度对活塞杆腔加2 MPa和1.1倍供液压力，闭锁密封腔稳压5 min。

5.6.5 让压性能

5.6.5.1 中心让压性能

5.6.5.1.1 压缩让压

立柱或支撑千斤顶全部外伸，将安全阀开启压力调至额定工作压力，在以下条件下进行试验：

a) 用(10±2)mm/min速度，进行2次行程100 mm的让压试验；

b) 用(2±1)mm/min速度，进行2次行程20 mm的让压试验；

c) 多级立柱级间转换处用(10±2)mm/min速度,进行2次行程100 mm的让压试验。

5.6.5.1.2 **拉伸让压**

受拉伸的支撑千斤顶要按压缩让压方法进行拉伸让压试验。

5.6.5.1.3 **高速度让压**

当支撑千斤顶工作中有较高运动速度时,以较高速度进行让压试验。

记录中心让压过程中力和压力随时间的变化。

5.6.5.2 **偏心让压**

按图1或图2的偏心量,采用与5.6.5.1相同的试验方法,仅是偏心加载,记录偏心让压过程中力和压力随时间的变化。

注:仅对立柱和支撑千斤顶进行让压试验。

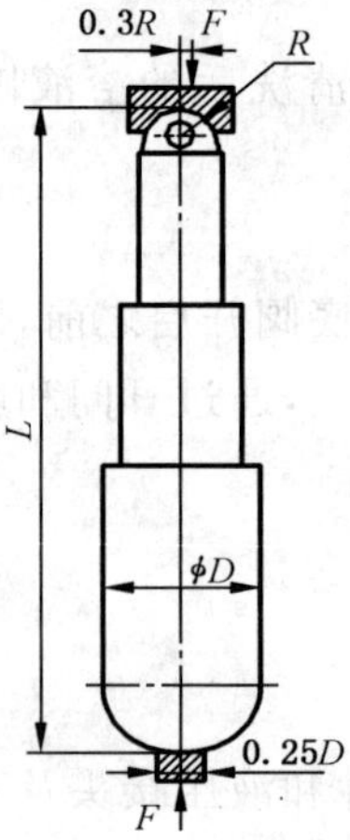

图1 立柱偏心加载

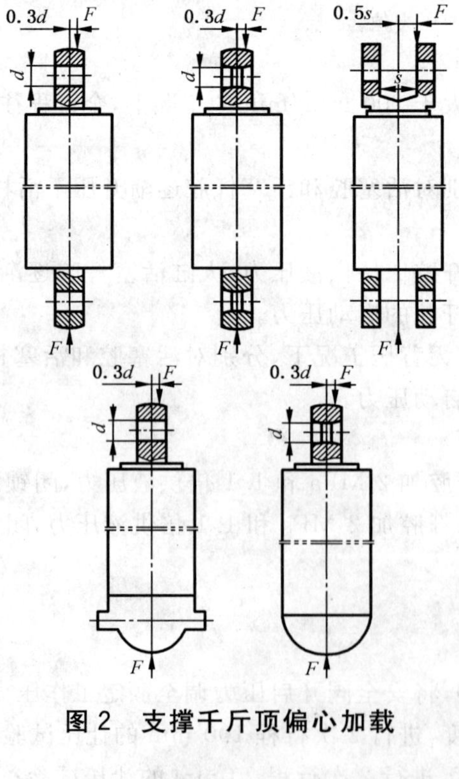

图2 支撑千斤顶偏心加载

5.6.6 中心过载性能

5.6.6.1 1.5倍额定载荷压缩

试验用外加载或内加载：

a) 外加载步骤：

1) 用0.8倍的额定工作压力使液压缸全部外伸；

2) 压力腔闭锁；

3) 用1.5倍额定力外加压载1次3 min，在3 min内做密封检查；

4) 卸载后测量缸筒扩径残余变形。

b) 内加载步骤：

1) 用0.8倍的额定工作压力使液压缸外伸至全长的(95±3)%；

2) 千斤顶两端固定，用1.5倍额定工作压力向压力腔加压；

3) 压力腔闭锁1次3 min，在3 min内做密封检查；

4) 卸载后测量缸筒扩径残余变形。

密封检查应能通过5.6.1密封性能试验。

5.6.6.2 1.5倍额定载荷拉伸

采用与5.6.6.1相同的试验方法，仅是对活塞杆腔加载。

5.6.6.3 全缩回2倍额定载荷压缩

立柱或支撑千斤顶全缩回，在外部施加2倍额定力1次3 min。

5.6.6.4 动载过载

将立柱或支撑千斤顶外伸至全长的(75±5)%（每段剩余行程：立柱至少100 mm；千斤顶至少30 mm），用0.6倍额定工作压力撑紧，并闭锁压力腔，立柱用不小于10 000 kg，千斤顶用不小于1 000 kg下落冲击质量轴向冲击2次，冲击使压力腔压力达(1.5±5%)倍额定工作压力，压力从初始值到要求的最大值的升压时间应在30 ms内实现。

冲击后进行5.6.5.1.1压缩让压试验，并进行密封试验。

5.6.7 偏心加载性能

用0.1倍额定工作压力使立柱和支撑千斤顶全伸出，闭锁压力腔，按图1或图2偏心量外加额定力1次3 min（如有横向载荷应叠加）做密封检查，然后卸载至0.1倍额定工作压力测量级间过渡处的挠度。

5.6.8 耐久性能

5.6.8.1 立柱和支撑千斤顶

5.6.8.1.1 偏心加载

将立柱或支撑千斤顶伸出至(90±5)%的全行程，顶侧偏心量为图1或图2的一半加载循环：

a) 加(1.1±0.05)倍额定力，让压加载速度(100±10)mm/min，运动距离(50±2.5)mm；

b) 加压完毕，以额定供液压力对活塞杆腔加压缩回(50±2.5) mm；

c) 用额定供液压力使液压缸伸出至原位；循环次数大于6 000次，循环完毕进行5.6.1密封性能试验。

5.6.8.1.2 中心加载

将立柱或支撑千斤顶伸出至(90±5)%的全行程，中心加载循环：

a) 用1.1倍的额定工作压力中心加载；

b) 卸载0.1倍的额定工作压力。

循环15 000次，循环完毕进行5.6.1密封性能试验。

5.6.8.2 千斤顶

在供液压力和配套泵站额定流量下，施加额定力，全行程往复运动循环10 000次，循环完毕进行

5.6.1密封性能试验。

5.6.9 外伸限位

5.6.9.1 千斤顶外伸限位

千斤顶空载伸出，当活塞与导向套接触后，向活塞腔加1.25倍额定工作压力1次，停留3 min。

5.6.9.2 立柱和支撑千斤顶外伸限位

立柱或支撑千斤顶外伸限位：

a） 用额定工作压力使活塞向内部挡块伸出，至活塞和内部挡块接触后停留3 min；

b） 在额定工作压力的(80±5)%和(10±5)%之间对着内部挡块外伸100次；

c） 支撑千斤顶向外拉出至活塞与内部挡块接触，施加1.5倍额定拉力1次3 min。

5.6.10 功能

立柱和支撑千斤顶在完成以上全部试验之后，将立柱和支撑千斤顶的安全阀调到额定工作压力，从全伸出开始以(10±2)mm/min的速度外加载使其全行程缩回。

5.6.11 全伸出2倍中心载荷

试验用外加载或用内加载：

a） 外加载：用0.8倍的额定工作压力使立柱或支撑千斤顶全部外伸，将压力腔闭锁，外加2倍额定力的压载1次3 min，在3 min内做密封性能试验；

b） 内加载：用0.8倍的额定工作压力使立柱和支撑千斤顶外伸至全长的(95±3)%，将其两端固定，向压力腔加2倍的额定工作压力，然后压力腔闭锁1次3 min，在3 min内做密封性能试验。

受拉的支撑千斤顶要做拉伸试验。

经过5.6.6.4项试验的立柱或支撑千斤顶可不进行本项试验。

5.6.12 缸体爆破性能

将缸体两端密封，用加压泵逐渐加压直至缸体爆破，记录破坏压力。

5.6.13 材料性能

5.6.13.1 一般要求

材料性能应通过机械-工艺检验和熔化分析来检验。检验应用试样进行，试样取自试验零件或者其原始材料。所得的值应与液压缸生产厂家提供资料中的参数一致，并满足4.6的要求。

5.6.13.2 焊接特性

对于钢材所选焊接方法的焊接特性，应满足GB/T 2649、GB/T 2650、GB/T 2651、GB/T 2652、GB/T 2653的规定。

5.6.13.3 机械性能

材料的屈服极限或延伸强度($R_{p0.2}$)、抗拉强度和延伸率应按GB/T 228的规定做拉伸试验。

5.6.13.4 缺口冲击功

缺口冲击功应分别用3个具有V型缺口的试件按GB/T 229的规定在4.6.1.2和4.6.1.3中要求的温度时试验求得。三个试件的平均值作为试验值，单个值不应低于平均值的70%。

6 检验规则

6.1 检验分类

6.1.1 产品检验分出厂检验和型式检验。

6.1.2 产品出厂应进行出厂检验，检验由制造厂的质检部门进行，检验结果应记录归档备查，用户验收按出厂检验项目进行。

6.1.3 型式检验由国家授权的监督检验部门进行。

6.1.4 凡属下列情况之一，应进行型式检验：

a） 新产品鉴定定型或老产品转厂试制时；

b） 正式生产后，如产品设计、结构、材料或工艺有较大改变，可能影响产品性能时；

c） 产品停产三年以上再次生产时；

d） 用户对产品质量提出重大异议时；

e） 国家质量监督机构或国家煤矿安全监察部门提出要求时。

6.1.5 型式检验应提供以下资料：

——设计总图；

——静力计算结果；

——试样出厂检验记录；

——材料特性的说明；

——采用密封的说明。

6.2 检验项目

出厂检验和型式检验项目和要求见表6。经型式检验的液压缸试样不应再投放市场。

表6 检验项目和要求

序号	检验项目	要求	试验方法	出厂检验	型式检验
1	装配及外观	4.2.1	5.3.1	√	×
2	起吊点	4.1.5	5.2.2	×	√
3	阀和安全装置	4.1.6	设计图纸	√	√
4	承压焊缝	4.1.2	5.2.1	√	×
5	清洁度	4.2.2	5.3.2	√	×
6	主要零部件要求	4.3	5.4	√	√
7	电镀要求	4.4	5.5、附录A	√	×
8	空载行程	4.5.2	5.6.2	√	√
9	最低启动压力	4.5.3	5.6.3	√	√
10	活塞杆腔密封性能	4.5.4	5.6.4	√	√
11	让压性能	4.5.5	5.6.5	×	√
12	中心过载性能	4.5.6	5.6.6、5.6.11	√	√
13	偏心加载性能	4.5.7	5.6.7	×	√
14	耐久性能	4.5.8	5.6.8	×	√
15	外伸限位	4.5.9	5.6.9	×	√
16	功能	4.5.10	5.6.10	×	√
17	液压缸连接点	4.5.11	5.6.6	×	√
18	缸体爆破性能	4.5.12	5.6.12	×	√
19	材料性能	4.6	5.6.13 与厂家的材料说明比较	√	×
注："√"表示检验；"×"表示不检验。					

6.3 组批规则和抽样方案

6.3.1 组批规则

抽检的样品应从交验的成品中抽取，交验的成品每280个为一批，不足280个时单独划为一批。

6.3.2 抽样方案

6.3.2.1 出厂检验抽样方案

出厂检验抽样方案采用 GB/T 2828.1—2003 中正常检验的二次抽样方案(模式 B),见表 7。

表 7 出厂检验抽样方案

序号	检验项目	检验水平	接收质量限 AQL	抽样方案 n_1; A_{c1}, R_{e1} n_2; A_{c2}, R_{e2}
1	装配及外观	Ⅰ	6.5	8;0,3 8;3,4
2	阀和安全装置	Ⅰ	6.5	8;0,3 8;3,4
3	承压焊缝	Ⅰ	4.0	8;0,2 8;1,2
4	清洁度	Ⅰ	6.5	8;0,3 8;3,4
5	主要零部件要求	Ⅰ	4.0	8;0,2 8;1,2
6	电镀要求	Ⅰ	4.0	8;0,2 8;1,2
7	空载行程	Ⅰ	6.5	8;0,3 8;3,4
8	最低启动压力	Ⅰ	6.5	8;0,3 8;3,4
9	活塞杆腔密封性能	Ⅰ	4.0	8;0,2 8;1,2
10	中心过载性能(1.5 倍中心加载)	Ⅰ	4.0	8;0,2 8;1,2
11	材料性能	—	—	—

6.3.2.2 型式检验抽样方案

型式检验抽样方案采用 GB/T 2829—2002 中的一次抽样方案,见表 8。

表 8 型式检验抽样方案

序号	检验项目	不合格分类	不合格质量水平 RQL	判别水平 DL	抽样方案类型	样本量 n	判定数组 (Ac,Re)
1	起吊点	B	40	Ⅰ	一次抽样	1	(0,1)
2	阀和安全装置	B	40	Ⅰ	一次抽样	3	(0,1)
3	主要零部件要求	B	40	Ⅰ	一次抽样	3	(0,1)
4	空行程	B	40	Ⅰ	一次抽样	3	(0,1)
5	最低启动压力	B	40	Ⅰ	一次抽样	3	(0,1)
6	活塞杆腔密封性能	B	40	Ⅰ	一次抽样	3	(0,1)
7	让压性能	A	—	Ⅰ	一次抽样	1	(0,1)

表 8（续）

序号	检验项目	不合格分类	不合格质量水平 RQL	判别水平 DL	抽样方案类型	样本量 n	判定数组 (Ac,Re)
8	中心过载性能	A	30	Ⅰ	一次抽样	3	(0,1)
9	偏心加载性能	A	30	Ⅰ	一次抽样	3	(0,1)
10	耐久性能	A	—	Ⅰ	一次抽样	1	(0,1)
11	外伸限位	A	—	Ⅰ	一次抽样	1	(0,1)
12	功能	A	—	Ⅰ	一次抽样	1	(0,1)
13	液压缸连接点	B	30	Ⅰ	一次抽样	3	(0,1)
14	缸体爆破性能	B	40	Ⅰ	一次抽样	2	(0,1)

6.4 判定规则

6.4.1 出厂检验

出厂检验项目全部检验合格，判出厂检验合格，否则判出厂检验不合格。

6.4.2 型式检验

型式检验项目全部检验合格，判型式检验合格，否则判型式检验不合格。

7 标志、包装、运输和贮存

7.1 标志

7.1.1 每个液压缸应有持久的标志，标牌的型式和尺寸应符合 GB/T 13306 的规定，材质应符合 GB 3836.1—2000的规定。

7.1.2 产品标牌应包括下列内容：

a) 产品型号；

b) 额定工作压力；

c) 额定力(拉伸和压缩)；

d) 制造厂名称及地址；

e) 制造日期；

f) 出厂编号；

g) 安全标志标识。

7.2 包装

液压缸检验合格后，应缩至最小长度，各进液口应加堵封严。

液压缸应用托架或装箱发运，应采取措施避免脱落、碰撞损坏等。

液压缸的备件、易损件应用专用包装箱发运。

随同产品出厂的技术文件应包括：

a) 装箱单；

b) 产品合格证；

c) 产品维护、使用说明书；

d) 产品备件、易损件明细表。

7.3 运输

在冬季运输时，应根据使用地区和运输路程的最低温度注入支架专用防冻液，一般运往东北、西北、内蒙地区的产品宜注入凝点不高于－40 ℃防冻液；运往华北地区的宜注入凝点不高于－25 ℃防冻液；其他地区宜注入凝点不高于－15 ℃防冻液。

在其他季节运输时，应将液压缸活塞腔和活塞杆腔中工作液排空，但应保证排液后，液压缸在运输、贮存过程中内部不应产生锈蚀现象。

7.4 贮存

液压缸应放入干燥的库房中或有遮盖的条件下贮存，环境温度应在 0 ℃以上。

液压缸存放三个月以上者，要检查内腔的液压液是否变质，如变质，应更换。当采用排空法时，应检查锈蚀情况。

附　录　A
（规范性附录）
液压缸零件电镀层技术要求

A.1　基本要求

电镀前应对被镀件进行材质、尺寸精度及表面缺陷的检查，不合格件不应进入电镀工序。

A.2　镀层种类

A.2.1　活塞杆

活塞杆应采用以下复合镀层中的一种：

a)　铜锡合金和硬铬；

b)　铜锡合金和乳白铬；

c)　乳白铬和硬铬。

A.2.2　其他零件

其他零件电镀一般采用镀锌，允许采用有效保护零件表面的其他镀种。

A.3　镀层厚度

A.3.1　复合镀层

复合镀层厚度：

a)　铜锡合金(20～35)μm；硬铬(30～45)μm；

b)　铜锡合金(20～35)μm；乳白铬(30～55)μm；

c)　乳白铬(20～35)μm；硬铬(30～45)μm。

A.3.2　镀锌或其他镀层

镀锌或其他镀层厚度：

a)　(7～15)μm；

b)　(15～25)μm。

A.3.3　特殊镀层

镀层厚度有特殊要求时，按图样文件的规定执行。

A.4　镀层硬度

镀层硬度为：

a)　铜锡合金与乳白铬　　≥500HV；

b)　乳白铬与硬铬　　≥800HV；

c)　铜锡合金与硬铬　　≥800HV。

A.5　镀层外观质量

A.5.1　检验环境

外观质量检验应在天然散射光或无反射光的白光透射光线下进行。

A.5.2　外观质量

镀层结晶应细致、均匀、不允许有下列缺陷：

a)　表面粗糙、粒子、烧焦、裂纹、起泡、起皮、脱落；

b) 树枝状结晶；

c) 局部无镀层或暴露中间层。

A.5.3 允许缺陷

镀层允许存在的缺陷：

a) 在倒角处有不影响装配的轻微粗糙表面；

b) 焊缝处镀层发暗；

c) 由于基体金属的缺陷、砂眼以及电镀工艺过程所导致的麻点或针孔，其直径和数量应符合下述要求：

1) 镀锌件少于 5 点/dm^2，孔隙直径不大于 0.2 mm；

2) 镀铬件少于 5 点/dm^2，孔隙直径不大于 0.2 mm；

3) 镀铜件少于 5 点/dm^2，孔隙直径不大于 0.2 mm。

A.5.4 不考核的表面

因焊接允许缺陷而引起镀层缺陷不考核；退刀槽表面的镀层质量不考核。

A.5.5 活塞杆行程表面落砂痕迹

活塞杆行程表面落砂痕迹规定：

a) 活塞杆行程表面的同一圆周线上不应超过两条；

b) 落砂痕迹长度不超过 6 mm，其深度不大于 0.02 mm；

c) 两条痕迹的间隔应不大于 20 mm；

d) 落砂痕迹的条数不多于 10 条/m^2。

附 录 B
（资料性附录）
液压缸的许用应力及静力计算

B.1 许用应力

B.1.1 液压缸受中心额定力时的许用应力

液压缸单个零件的法向应力不应超过材料的屈服极限或0.2%残余变形极限的70%（同样适用于因液体压力造成的切向应力）；剪切应力不应超过材料的屈服极限的65%。

液压缸的高压底部的法向应力不应超过材料的屈服极限的80%。

B.1.2 立柱和支撑千斤顶受2倍中心额定力时的许用应力

立柱和支撑千斤顶在完全缩回状态，受2倍中心额定力作用时，应力应不超过材料的屈服极限。

注：此项要求仅包含机械载荷，没有液体压力。

B.1.3 立柱和支撑千斤顶受偏心额定力时的许用应力

在偏心额定力作用时，立柱和支撑千斤顶受弯零件的法向应力（边界应力）应不超过材料的屈服极限。

在偏心额定力同时有侧向载荷作用时（例如用于使支架稳定），立柱和支撑千斤顶受弯零件的法向应力不应超过材料的屈服极限。

B.1.4 焊缝许用应力

在B.1.1～B.1.3载荷情况时，焊缝应力应不超过表B.1所列母体材料许用应力的比例值。

表 B.1 焊缝许用应力

焊缝类型	法向应力比例/%	剪切应力比例/%	合成应力比例/%
角焊缝	65	65	100
对接焊缝	80	80	100

B.2 静力计算

B.2.1 总则

液压缸的静力计算按本部分所列的计算方法进行。

在B.2.2～B.2.5中计算出的应力不应大于B.1所述的许用应力。

注：计算所用的符号列于B.2.6。

B.2.2 轴向应力

B.2.2.1 液压缸受中心额定力作用

计算对象为完全伸出的液压缸（包含其最大的加长段）。

内（柱）段、外（柱）段，支承的中间段和加长段所有横断面的计算按式（B.1）进行：

$$\sigma_{xa}=F_n/A \qquad \cdots\cdots\text{(B.1)}$$

B.2.2.2 立柱和支撑千斤顶受2倍额定力作用

计算对象为完全缩回的立柱和支撑千斤顶（包含加长段）。

受2倍额定力加载作用的零件按式（B.2）计算：

$$\sigma_{xa}=2F_n/A \qquad \cdots\cdots\text{(B.2)}$$

B.2.2.3 受偏心额定力作用

按式（B.3）～式（B.6）求得力矩，见图B.1。

点 1(e_1 处)：　$M_1 = F_n \times e_1$ ……………………………（B. 3）

点 2(e_2 处)：　$M_2 = F_n \times e_2$ ……………………………（B. 4）

点 3(e_3 处)：　$M_3 = F_n \times e_3$ ……………………………（B. 5）

最大点(e_{max}处)：　$M_{max} = F_n \times e_{max}$ ……………………………（B. 6）

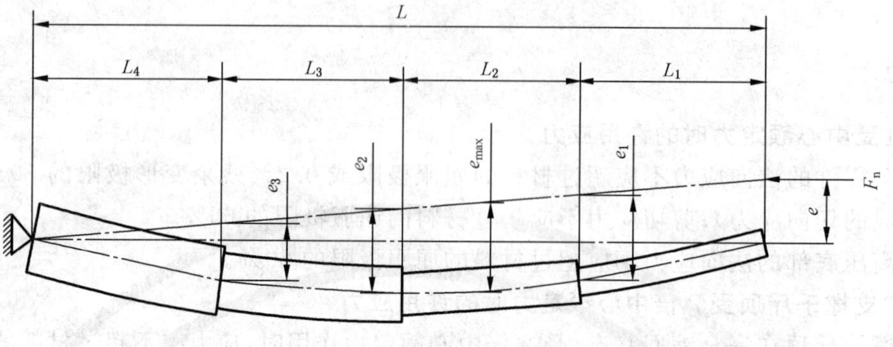

图 B.1　受额定偏心力作用下的液压缸

挠度值可以是计算值或是 5.6.7 所测得的值。其中各自最大的值应作为下面应力计算的基础。

单由偏心力产生的弯曲应力按式(B.7)～式(B.10)求得，见图 B.1。

点 1(e_1 处)：　$\sigma_{xb1} = \pm M_1 / W_1$ ……………………………（B. 7）

点 2(e_2 处)：　$\sigma_{xb2} = \pm M_2 / W_2$ ……………………………（B. 8）

点 3(e_3 处)：　$\sigma_{xb3} = \pm M_3 / W_3$ ……………………………（B. 9）

最大点(e_{max}处)：　$\sigma_{xbmax} = \pm M_{max} / W$ ……………………………（B. 10）

B.2.2.4　兼有侧向力

液压缸兼有侧向力加载，应以图 B.2 为基础进行计算，按式(B.11)求得此载荷情况下的最大弯矩：

$$M_{hmax} = F_h \cdot a \cdot b / L \quad \text{（B. 11）}$$

在点 1 至点 3 和最大弯曲处的弯曲应力按式(B.12)～式(B.15)求得：

点 1(M_{h1}处)：　$\sigma_{xh1} = \pm M_{h1} / W_1$ ……………………………（B. 12）

点 2(M_{h2}处)：　$\sigma_{xh2} = \pm M_{h2} / W_2$ ……………………………（B. 13）

点 3(M_{h3}处)：　$\sigma_{xh3} = \pm M_{h3} / W_3$ ……………………………（B. 14）

最大点(M_{max}处)：　$\sigma_{xhmax} = \pm M_{hmax} / W$ ……………………………（B. 15）

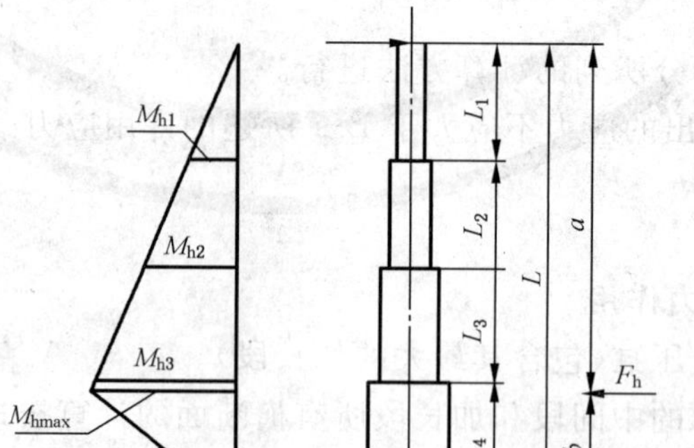

图 B.2　受许可侧向力作用下的液压缸

B.2.2.5　轴向应力的叠加

总应力为各分应力之和，由式(B.16)求得：

$$\sigma_x = \sigma_{xa} \pm \sigma_{xb} \pm \sigma_{xh} \quad \text{（B. 16）}$$

其中分应力都应是在液压缸相同位置上按图 B.1 或图 B.2 计算，对于没有分应力的情况不需计入。

B.2.3 切向正应力

液压缸由液体内压产生的切向正应力由式(B.17)～式(B.20)求得，见图B.3。

$$p = F_n / A \qquad \cdots\cdots (B.17)$$

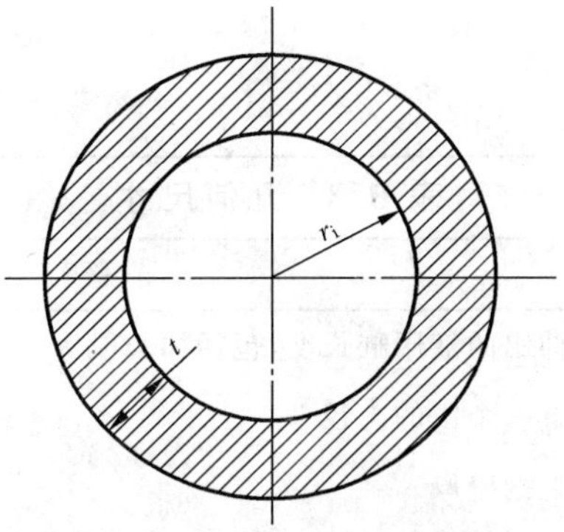

图B.3 液压缸切向应力

平均切向正应力(按图B.3)

$$\sigma_{ym} = -\frac{p \cdot r_i}{t} \qquad \cdots\cdots (B.18)$$

在内边缘和外边缘的切向正应力：

$$\sigma_{yi} = -\frac{p \cdot r_i}{t}\left[1 + \frac{t}{2(r_i + t/2)}\right] \qquad \cdots\cdots (B.19)$$

$$\sigma_{ya} = -\frac{p \cdot r_i}{t}\left[1 - \frac{t}{2(r_i + t/2)}\right] \qquad \cdots\cdots (B.20)$$

此处应对液压缸的所有受液压作用的(柱)段计算。

B.2.4 径向正应力

径向正应力应在液压缸受液体压力的内表面上按 $\sigma_z = p$，在外表面上按 $\sigma_z = 0$ 计算。

B.2.5 合成应力

在无剪切应力的情况下，合成应力按式(B.21)求得，见图B.4。

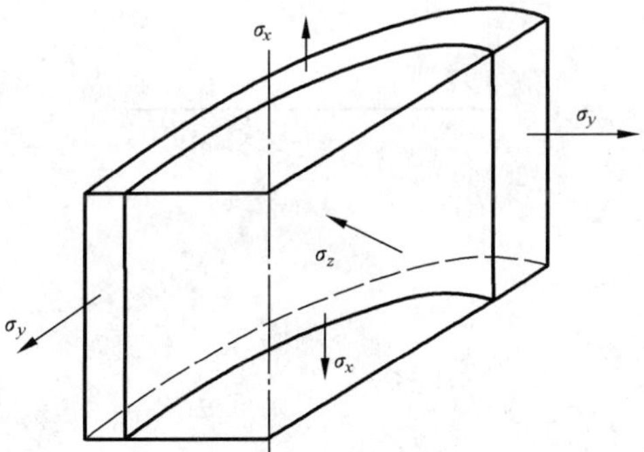

图B.4 合成应力

$$\sigma_v = \sqrt{\frac{1}{2}\left[(\sigma_x - \sigma_y)^2 + (\sigma_y - \sigma_z)^2 + (\sigma_z - \sigma_x)^2\right]} \qquad \cdots\cdots (B.21)$$

合成应力应逐段计算；并要计算图B.1中最大弯曲处的应力。

对于管状横断面而言，合成应力应在内直径和外直径上计算。

B.2.6 使用的符号和意义

使用的符号和意义见表B.2～表B.4。

表 B.2 力

符　号	意　　义
F_n	额定力
F_h	侧向力
p	液体压力
M	弯矩

表 B.3 几何尺寸

符　号	意　　义
L	全部伸出的液压缸长度，包括加长段
r	液压缸一个段的内径
t	液压缸的壁厚
e	相对于液压缸中心线偏心作用的额定力的偏心值
e_{max}	变形后的液压缸中心轴线与力作用线的最大距离(变形＋偏心值)
A	液压缸横断面积
W	液压缸横断面的抗弯截面模数

表 B.4 应力和材料特性

符　号	意　　义
σ_s	材料屈服极限(最小值)
$\sigma_{x(a,b,h)}$	轴向正应力(a 压力，b 弯曲，h 侧向力)
σ_y	切向正应力
σ_z	径向正应力
σ_v	合成应力

ICS 73.100
D 97

中华人民共和国国家标准

GB 25974.3—2010

煤矿用液压支架 第3部分：液压控制系统及阀

Powered support for coal mine—
Part 3: The hydraulic control system and valves

2011-01-10 发布 2011-06-01 实施

中华人民共和国国家质量监督检验检疫总局
中国国家标准化管理委员会 发布

前　言

本部分的 5.3.2.1～5.3.2.7、5.3.2.9、5.3.2.10、5.3.3、5.3.4.1、5.3.4.3～5.3.4.7、5.3.5 为强制性的，其余为推荐性的。

GB 25974《煤矿用液压支架》分为以下 4 个部分：

——第 1 部分：通用技术条件；

——第 2 部分：立柱和千斤顶技术条件；

——第 3 部分：液压控制系统及阀；

——第 4 部分：电液控制系统技术条件。

本部分为 GB 25974 的第 3 部分，对应于欧洲标准 EN 1804-3:2001《液压支架安全性要求　第 3 部分：液压控制系统》。本部分与 EN 1804-3:2001 的一致性程度为非等效，主要差异如下：

——增加了液压支架用阀的试验方法(见第 6 章)；

——增加了检验规则(见第 7 章)。

本部分的附录 A 为规范性附录。

本部分由中国煤炭工业协会提出并归口。

本部分负责起草单位：煤炭科学研究总院北京天地玛珂电液控制系统有限公司、煤炭科学研究总院开采设计研究分院和煤炭科学研究总院检测研究分院。

本部分主要起草人：韩伟、王国法、罗跃勇、傅京昱、韦文术、翟京。

引　言

液压支架是保证煤矿安全生产的重要设备，液压控制系统及阀是液压支架重要组成部分，我国自1985年开始实施MT 119—1985《矿用液压支架阀类型式试验规范》，1995年制定了MT 419—1995《液压支架用阀》并开始实施。该标准经过修订，技术要求有了重大提高，从而促进了液压支架液压技术的进步和煤矿综合机械化开采技术的发展。

随着液压支架的液压技术的发展，尤其是我国加入世界贸易组织之后，随着大量进口设备的引进，煤炭行业标准MT 419—1995《液压支架用阀》已不能指导设备的检验、验收工作。为适应我国加入世界贸易组织后对标准化工作要求，促进国际贸易和交流，提高我国液压支架液压技术水平，特制定《煤矿用液压支架　第3部分：液压控制系统及阀》国家标准。本部分以我国液压支架液压控制系统及阀的设计、试验和使用研究成果为基础，参考了世界各主要产煤国家和国际组织的相关标准，实用性和先进性相结合，本部分标准的实施将有力推动我国液压支架的液压控制技术的发展。

煤矿用液压支架
第3部分:液压控制系统及阀

1 范围

GB 25974 的本部分规定了煤矿用液压支架(以下简称支架)液压控制系统及阀的术语和定义、分类、要求、试验方法、检验规则、标志、包装和贮存。

本部分适用于各种煤矿用支架和其他具有支护功能设备的液压控制系统及阀,包括各种液压控制系统、安全阀类、液控单向阀类、换向阀类、截止阀类等。

本部分不适用于增压器、立柱和千斤顶内部的阀(如立柱底阀)。

2 规范性引用文件

下列文件中的条款通过 GB 25974 的本部分的引用而成为本部分的条款。凡是注日期的引用文件,其随后所有的修改单(不包括勘误的内容)或修订版均不适用于本部分,然而,鼓励根据本部分达成协议的各方研究是否可使用这些文件的最新版本。凡是不注日期的引用文件,其最新版本适用于本部分。

GB/T 197—2003 普通螺纹 公差(ISO 965-1:1998,MOD)

GB/T 321—2005 优先数和优先数系(ISO 3:1973,IDT)

GB/T 699 优质碳素结构钢

GB/T 1184—1996 形状和位置公差 未注公差值(eqv ISO 2768-2:1989)

GB/T 1220 不锈钢棒

GB/T 1239.1 冷卷圆柱螺旋弹簧技术条件 第1部分:拉伸弹簧

GB/T 1239.2 冷卷圆柱螺旋弹簧技术条件 第2部分:压缩弹簧

GB/T 1239.3 冷卷圆柱螺旋弹簧技术条件 第3部分:扭转弹簧

GB/T 1239.4 热卷圆柱螺旋弹簧技术条件

GB/T 1800.1—2009 产品几何技术规范(GPS) 极限与配合 第1部分:公差、偏差和配合的基础(ISO 286-1:1988,MOD)

GB/T 1804—2000 一般公差 未注公差的线性和角度尺寸的公差(eqv ISO 2768-1:1989)

GB/T 2828.1—2003 计数抽样检验程序 第1部分:按接收质量限(AQL)检索的逐批检验抽样计划(ISO 2859-1:1999,IDT)

GB/T 2829—2002 周期检验计数抽样程序及表(适用于对过程稳定性的检验)

GB/T 3452.1 液压气动用O形橡胶密封圈 第1部分:尺寸系列及公差(GB/T 3452.1—2005,ISO 3601-1:2002,MOD)

GB/T 3452.2 液压气动用O形橡胶密封圈 第2部分:外观质量检验规范(GB/T 3452.2—2007,ISO 3601-3:2005,IDT)

GB/T 3452.3 液压气动用O形橡胶密封圈 沟槽尺寸

GB/T 9439 灰铸铁件

GB/T 9799 金属覆盖层 钢铁上的锌电镀层(GB/T 9799—1997,eqv ISO 2081:1986)

GB/T 11352 一般工程用铸造碳钢件(GB/T 11352—2009,ISO 3755:1991;ISO 4990:2003,

MOD)

GB/T 13306 标牌

GB/T 13319 产品几何量技术规范(GPS) 几何公差 位置度公差注法(GB/T 13319—2003,ISO 5458:1998,IDT)

JB/T 3338.1 液压件圆柱螺旋压缩弹簧 技术条件

MT 76 液压支架(柱)用乳化油、浓缩物及其高含水液压液

MT/T 98 液压支架用软管及软管总成检验规范

MT/T 986 矿用U形销式快速接头及附件

3 术语和定义

下列术语和定义适用于GB 25974的本部分。

3.1

公称压力 nominal pressure

阀按基本参数所确定的名义压力。

3.2

公称流量 nominal flow-rate

阀按基本参数所确定的名义流量。

3.3

安全阀的工作压力 open pressure of yield valve

安全阀在使用时确定的开启压力。

3.4

安全阀关闭压力 close pressure of yield valve

安全阀停止溢流后所保持的稳定压力。

3.5

单向阀关闭压力 close pressure of check valve

系统通过单向阀向其他元件供液后,系统减压,单向阀关闭后所能保持的稳定压力。

3.6

开启压力 open pressure

系统增压,阀开始通过液体时的压力。

3.7

控制压力 control pressure

液控阀的工作腔在公称压力下,控制腔内使液控阀改变工作状态的最小压力。

3.8

压力损失 pressure drop

液体通过阀时所造成的进出口压力差值。

3.9

冲击压力 impact pressure

阀在开启或关闭过程中所产生的压力波动的最大峰值。

3.10

单向阀 check valve

只允许液体一个方向流动的阀。

3.11

安全阀类　yield valves

用来限制液压系统或系统局部液腔压力的阀类(如安全阀)。

3.12

液控单向阀类　pilot check valve

用压力来控制开启或关闭的单向阀类(如液控单向阀)。

3.13

换向阀类　directional valves

在使用中频繁用手动、液压能或电能接通或切断流道的三个通道以上的阀类(如换向阀),控制方式可以是多者兼有。

3.14

截止阀类　shut-off valves

可允许或阻止液体流动的二通道阀类。

3.15

其他阀类　other valves

所有不能用安全阀类、液控单向阀类、换向阀类和截止阀类的规定分类的阀。

3.16

A 类阀　valves in A class

用于 A 类支架的换向阀、立柱安全阀和立柱液控单向阀。

3.17

本架控制系统　master control system

在本架支架上操纵本架支架所有动作的控制系统。

3.18

邻架控制系统　neighbour control system

在一架支架上可以操纵相邻支架动作的控制系统。

3.19

初撑压力　setting pressure

在初撑过程结束时,立柱活塞腔的液体压力,这个压力是由液压系统提供的。

3.20

初撑力保证系统　assurance system for setting pressure

可以实现立柱的自动初撑,一直达到支架立柱额定的初撑压力并保持该压力的系统。

4　分类

4.1　产品分类

阀根据使用要求分为安全阀类、液控单向阀类、换向阀类、截止阀类和其他阀类。

4.2　产品型号

4.2.1　产品型号主要由“产品类型代号”、“第一特征代号”、“第二特征代号”、“第三特征代号”和“主参数”表示,如按此划分仍不能区分不同产品时,允许增加“补充特征代号”和“设计修改序号”以示区别。

4.2.2　产品型号的组成和排列方式如下:

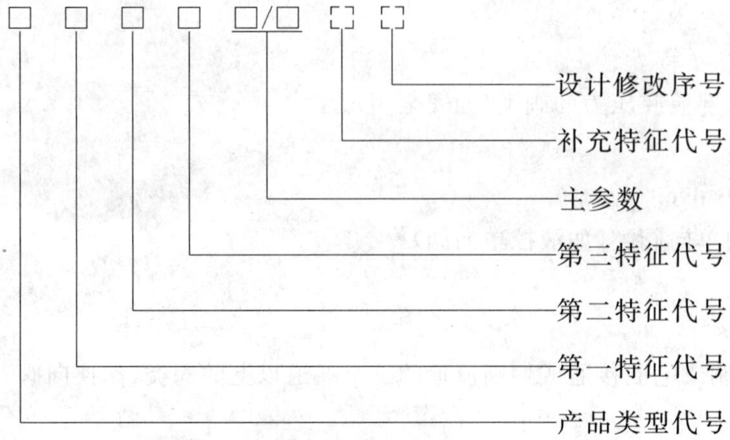

4.2.3 产品型号组成和排列方式的说明：

a) “产品类型代号”表明产品类别，阀用汉语拼音大写字母 F 表示；

b) “第一特征代号”表明阀按用途和功能不同的分类；“第二特征代号”表明阀按性能特征、结构特征不同的分类，以及对“第一特征代号”的进一步补充等；“第三特征代号”表明阀是否为 A 类阀；

c) “主参数”依次用阀的公称流量和公称压力两个参数表明，两个参数均用阿拉伯数字表示，参数之间用“/”符号隔开，公称流量的单位为升每分(L/min)，公称压力的单位为兆帕(MPa)；

d) 如果产品型号用“产品类型代号”、“第一特征代号”、“第二特征代号”、“第三特征代号”、“主参数”仍难以区分和识别时，使用“补充特征代号”，用汉语拼音大写字母表示；

e) “修改序号”表明产品结构有重大修改时作为识别之用，用带括号的大写英文字母(A)、(B)……依次表示；

f) 当几个单位同时设计出基本相同的产品需要区分时，应由负责具体产品的标准化技术归口单位决定以示区别。

4.2.4 常用阀类的特征代号及说明见表 1。

表 1 特征代号及说明

产品类型代号	第一特征代号	第二特征代号	第三特征代号	补充特征代号
F(阀)	A(安全阀)	T(弹簧式)	A/—	—
		C(充气式)	A/—	—
	D(单向阀)	—	—	—
		Y(液控)	A/—	K(阻尼孔)
			A/—	S(双液控)
		J(交替)	—	—
		S(双向)	—	—
	H(换向阀)	S(手控)	A/—	Z(自锁)
		Y(液控)	A/—	—
		D(电控)	A/—	—
	J(截止阀)	Q(球形)	—	—
		P(平面)	—	—
		Z(锥面)	—	—

4.2.5 对于组合阀和表 1 中没有给定代号的新阀，可按照 4.2.2 规定的方法编制，字母不应与表 1

重复。

4.2.6　型号编制示例：

示例 1：FATA32/40 表示公称流量为 32 L/min、公称压力为 40 MPa 的 A 类弹簧式安全阀；

示例 2：FDYA125/40K 表示公称流量为 125 L/min、公称压力为 40 MPa 的带阻尼孔的 A 类液控单向阀；

示例 3：FHS80/31.5Z 表示公称流量为 80 L/min、公称压力为 31.5 MPa 的带自锁的手控换向阀；

示例 4：FJP200/40 表示公称流量为 200 L/min、公称压力为 40 MPa 的平面截止阀。

4.2.7　公称流量系列应符合表 2 的规定。

表 2　公称流量系列

单位为升每分

流　量					
0.1	1	10	100	1 000	10 000
—	—	—	125	1 250	—
—	1.6	16	160	1 600	—
0.2	—	—	200	2 000	—
—	2.5	—	250	2 500	—
—	3.15	31.5	315	—	—
0.4	4	40	400	4 000	—
—	—	—	500	—	—
—	—	63	630	6 300	—
0.8	8	80	800	8 000	—

4.2.8　公称流量超出本系列 10 000 L/min 时，应按 GB/T 321—2005 中 R10 系列选用。

4.2.9　公称压力系列应符合表 3 的规定。

表 3　公称压力系列

单位为兆帕

压　力			
—	1.0	—	100
—	—	16	—
—	—	20	—
—	2.5	—	—
—	—	31.5	—
—	4.0	40	—
—	—	(45)	—
—	—	50	—
0.63	—	63	—
—	—	80	—
注：()内的值为非优先选用值。			

4.2.10　公称压力超出本系列 100 MPa 时，应按 GB/T 321—2005 中 R10 系列选用。

5　要求

5.1　一般要求

5.1.1　公称流量参数应满足 4.2.7、4.2.8 的要求，公称压力参数应满足 4.2.9、4.2.10 的要求。

5.1.2 工作液应符合 MT 76 的规定。

5.1.3 工作液的温度应在(10～50)℃范围内。

5.2 液压控制系统的要求

5.2.1 完整性

液压控制系统应按设计图纸要求进行安装,不应缺少零部件,不应装错零部件。

5.2.2 密封性能

液压控制系统在正常工作时不应有异常渗液。

5.2.3 动作控制

本架控制系统或邻架控制系统对支架动作的控制及受控支架降架、移架和升架的速度应满足设计要求,不应产生任何误动作。

5.2.4 初撑压力及初撑力保证系统

支架的初撑压力应大于泵站压力的90%。当立柱活塞腔压力大于8 MPa以后,初撑力保证系统才开始执行初撑力保证功能,该功能应能随时终止。

5.2.5 供液截止

液压控制系统应能在支架上操作停止供液。

5.2.6 压力显示

支架上应安装能显示立柱活塞腔压力的装置。

5.2.7 系统过滤

工作面供液系统应安装过滤装置,每架支架液压控制系统供液入口处应安装过滤器。过滤精度应满足设计要求。

5.2.8 喷射液体的防护

当液压控制系统中存在喷射液体的装置时,应对喷射出的液体进行防护,不应造成危害。

5.2.9 过载保护

当支架受到较大外载荷作用时,应在液压控制系统中被封闭的液腔或液路中安装安全阀,予以过载保护。

5.2.10 供液的通断

液压控制系统在切断供液和重新供液时不应引起支架误动作和异常渗液。

5.2.11 运动速度

在支架正常工作时,在操作者身体能够触及到的范围内,支架任何部件的运动速度应小于300 mm/s。

5.2.12 操作力

手动操作装置的操作力应大于10 N且小于130 N。

5.2.13 背压

液压控制系统的主回液管路中的压力不应超过4 MPa,正常的背压情况下液压控制系统应正常工作。

5.2.14 可调装置

液压控制系统可调装置的调整机构应有防护措施。

5.2.15 元件拆卸

当液压控制系统元件拆卸时不应有大量液体流失,不应要求油箱排净液体。

5.2.16 起吊点

液压控制系统中质量超过40 kg的零部件,应设置起吊点。

5.2.17 软管总成

液压控制系统中的软管总成应符合MT/T 98的规定。

5.2.18 管路附件

液压控制系统中的管路附件应符合 MT/T 986 的规定。

5.3 阀的要求

5.3.1 技术要求

5.3.1.1 阀连接型式有管式连接型式、螺纹连接型式、板式连接型式和混合连接型式。

5.3.1.2 阀的零件材料应符合 GB/T 699、GB/T 1220、GB/T 9439、GB/T 11352 的规定。在不降低产品质量的前提下，经设计单位同意可以代料加工。但不应采用轻金属。

5.3.1.3 阀表层(包括涂层和镀层)不应采用轻金属。

5.3.1.4 在规定的压力范围、工作液条件及温度范围时，密封性能应可靠。

5.3.1.5 阀零件动密封副的表面粗糙度 Ra 值应小于 1.6 μm。

5.3.1.6 阀零件静密封副的表面粗糙度 Ra 值应小于 3.2 μm。

5.3.1.7 阀零件动密封副的尺寸精度等级应不低于 GB/T 1800.1—2009 中的 IT9 级。

5.3.1.8 阀零件静密封副的尺寸精度等级应不低于 GB/T 1800.1—2009 中的 IT9 级。

5.3.1.9 O 形密封圈应符合 GB/T 3452.1、GB/T 3452.2 的规定。

5.3.1.10 O 形密封圈沟槽尺寸应符合 GB/T 3452.3 的规定。

5.3.1.11 普通螺纹配合采用 GB/T 197—2003 中 6 H/6 g，有镀层螺纹配合应符合 GB/T 197—2003 的规定。

5.3.1.12 普通弹簧应符合 GB/T 1239.1～1239.4 的规定，压力阀中调压弹簧应符合 JB/T 3338.1 的规定。

5.3.1.13 图样中位置度公差应符合 GB/T 13319 的规定。

5.3.1.14 图样中未注明公差的机加工尺寸应符合 GB/T 1804—2000 中 m 级的规定。

5.3.1.15 图样中未注明公差的机加工形位公差应符合 GB/T 1184—1996 中 K 级的规定。

5.3.1.16 阀所有铸件应分别符合 GB/T 9439、GB/T 11352 的规定。

5.3.1.17 阀零件涂层的技术要求见附录 A。

5.3.1.18 阀中的非金属零件应满足阀的设计要求。

5.3.1.19 标准件、外购件应满足阀的设计要求，应有合格证。

5.3.1.20 阀零件表面应光滑、无毛刺、清洁、无磕碰、无锈斑。

5.3.1.21 在洁净的环境下，用煤油先清洗成品阀的外部，然后将一组阀(换向阀为两套阀芯、一个阀体)解体清洗各个零件，清洗后的煤油用 40 μm 精度的网过滤，网上杂质烘干称重，其质量应小于 10 mg。

5.3.1.22 阀零件的硬度应满足设计要求。

5.3.2 安全阀类性能要求

5.3.2.1 密封性能

安全阀类在 2 MPa 压力到调定压力的 90%范围内，不应有渗液。

5.3.2.2 实际调定压力

安全阀类的实际调定压力值允许存在误差，在工作压力大于或等于 40 MPa 时，差值范围应在工作压力的±2.5%之间；在工作压力小于 40 MPa 时，差值范围应在±1 MPa 之间。

5.3.2.3 压力波动

安全阀类在流量为 0.04 L/min 的情况下，开启的安全阀压力波动范围应不超过工作压力的 10%；压力波动最大值应不大于工作压力的 110%；最小值应不小于工作压力的 90%。

5.3.2.4 关闭压力

安全阀类关闭压力应不小于工作压力的 90%。

5.3.2.5 冲击压力安全性

当液压控制系统产生冲击压力时，冲击压力在不大于安全阀工作压力150%的情况下，安全阀不应失效。

5.3.2.6 强度

安全阀类在将弹簧调至完全并紧的情况下，承受1.5倍公称压力3 min，不应有渗液和零件损坏。

5.3.2.7 压力流量特性

当安全阀类流过公称流量时，压力流量特性应满足下列要求：

a) 公称流量小于或等于16 L/min的安全阀类，启溢压力最大值应不大于工作压力的115%，最小值应不小于工作压力的90%；

b) 公称流量大于16 L/min而小于或等于100 L/min的安全阀类，启溢压力最大值应不大于工作压力的120%，最小值应不小于工作压力的90%；

c) 公称流量大于100 L/min的安全阀类，启溢压力最大值应不大于工作压力的125%，最小值应不小于工作压力的90%。

5.3.2.8 温度

温度对于充气式安全阀类功能的影响由设计单位或制造厂在技术文件中说明。

5.3.2.9 耐久性能

安全阀类在经过开启、关闭6 200次循环后，应满足5.3.2.1～5.3.2.7的要求。

属A类阀的安全阀类在经过开启、关闭10 500次循环后，应满足5.3.2.1～5.3.2.7的要求。

5.3.2.10 撞击安全性

安全阀类在小于或等于1.6 N·s冲量的机械撞击下不应失效。

5.3.3 液控单向阀类性能要求

5.3.3.1 密封性能

液控单向阀类的关闭腔内，压力值在2 MPa到其公称压力范围内，不应有渗液。

5.3.3.2 强度

液控单向阀类在关闭腔承受载荷压力达公称压力的1.5倍时，不应有渗液和损坏。

5.3.3.3 冲击压力

液控单向阀类在开启或关闭时产生的瞬间冲击压力应不大于工作压力的1.15倍。

5.3.3.4 压力流量特性

当液控单向阀类流过公称流量时，压力流量特性应满足下列要求：

a) 公称流量小于或等于125 L/min的液控单向阀类，进回液压力损失应小于5 MPa；

b) 公称流量大于125 L/min而小于或等于250 L/min的液控单向阀类，进回液压力损失应小于6 MPa；

c) 公称流量大于250 L/min的液控单向阀类，进回液压力损失应小于7 MPa。

5.3.3.5 开启压力

液控单向阀类的开启压力应不大于1 MPa。

5.3.3.6 关闭压力

液控单向阀类的关闭压力应不小于进液压力的95%。

5.3.3.7 背压安全性

液控单向阀类在正常的背压情况不应产生误动作。

5.3.3.8 控制压力

液控单向阀类控制压力应为泵站公称压力的(30～65)%。液控单向阀类在供液有故障情况下应能卸载。

5.3.3.9 耐久性能

液控单向阀类在经过15 000次动作循环后,应满足5.3.3.1~5.3.3.8的要求。

属A类阀的液控单向阀类在经过30 000次动作循环后,应满足5.3.3.1~5.3.3.8的要求。

5.3.4 换向阀类性能要求

5.3.4.1 换向性能

操作换向时应动作灵活、换向准确、无别卡现象。

5.3.4.2 操作力(控制压力、控制电压)

手动换向阀类的操作力应大于10 N且小于130 N;液控换向阀类在公称压力下,控制压力应满足设计要求;电控换向阀的控制电压或电流应满足设计要求。

5.3.4.3 密封性能

换向阀类在中间位置,压力值在6 MPa到其公称压力范围内,不应有渗漏;换向阀类在工作位置,压力值在10 MPa到其公称压力范围内,不应有渗漏。

5.3.4.4 强度

换向阀类在中间位置和工作位置承受载荷压力达工作压力的1.5倍时,不应有渗液和损坏。

5.3.4.5 压力流量特性

当换向阀类流过公称流量时,压力流量特性应满足下列要求:

a) 公称流量小于或等于125 L/min的换向阀类,进回液压力损失应不大于5 MPa;

b) 公称流量大于125 L/min而小于或等于250 L/min的换向阀类,进回液压力损失应不大于6 MPa;

c) 公称流量大于250 L/min的换向阀类,进回液压力损失应不大于7 MPa。

5.3.4.6 背压安全性

换向阀类在正常的背压情况下不应产生误动作。

5.3.4.7 耐久性能

换向阀类在经过15 000次动作循环后,应满足5.3.4.1、5.3.4.2、5.3.4.4~5.3.4.6的要求。

属A类阀的换向阀类在经过30 000次动作循环后,应满足5.3.4.1、5.3.4.2、5.3.4.4~5.3.4.6的要求。

5.3.5 截止阀类性能要求

5.3.5.1 开关

操作开关时应动作灵活、无别卡现象。

5.3.5.2 操作力矩

通径小于或等于25 mm的截止阀类操作力矩应不大于30 N·m;通径大于25 mm的截止阀类操作力矩应不大于45 N·m。

5.3.5.3 密封性能

截止阀类在截止状态和打开状态时,压力在2 MPa到其公称压力范围内,不应有渗液。

5.3.5.4 强度

截止阀类在截止状态和打开状态承受载荷压力达工作压力的1.5倍时,不应渗液和损坏。

5.3.5.5 压力流量特性

当截止阀类流过公称流量时,压力流量特性应满足下列要求:

a) 公称流量小于或等于125 L/min的截止阀类,进出液压力损失应不大于1 MPa;

b) 公称流量大于125 L/min而小于或等于320 L/min的截止阀类,进出液压力损失应不大于2 MPa;

c) 公称流量大于320 L/min的截止阀类,进出液压力损失应不大于3 MPa。

5.3.5.6 耐久性能

截止阀类在经过1 500次开关动作循环后，应满足5.3.5.1～5.3.5.5的要求。

5.3.6 其他阀类

若其他阀类中含有安全阀类、液控单向阀类、换向阀类或截止阀类中类似功能的元件，应分别满足5.3.2、5.3.3、5.3.4、5.3.5的要求，其他应满足设计要求。

6 试验方法

6.1 试验条件

6.1.1 试验用工作液应满足5.1.2的要求。

6.1.2 试验全过程中，工作液的温度应保持在(10～50)℃范围内。

6.1.3 试验用工作液应通过精度高于25 μm的过滤器和磁性过滤装置过滤。

6.1.4 试验所用供液系统及检验设备应满足被试件的试验要求。

6.1.5 测压点应靠近被试阀的进、出液口，距离均不大于10 d(d为进、出液口直径)，测压点与测量仪表之间连接管道的直径应不小于3 mm，测压点与测量仪表连接时应排除连接管道中的空气。

6.1.6 测压孔应满足以下条件：

a) 测压孔直径应不小于1 mm，不大于5 mm；

b) 测压孔长度应不小于2倍测压孔直径；

c) 测压孔中心和管道中心应垂直，管道内表面与孔的交角处应保持锐边，但不应有毛刺。

6.1.7 测量准确度采用C级，测量系统的允许误差应符合表4中的规定。

表4 测量系统的允许系统误差

测量项目	A级	B级	C级
压力误差(表压力≥0.2 MPa)/%	±0.5	±1.5	±2.5
流量误差/%	±0.5	±1.5	±2.5
温度误差/℃	±0.5	±1.0	±2.0
转矩误差/%	±0.5	±1.0	±2.0

6.1.8 对于试验的仪器、仪表、测量工具应周期检定，其误差应符合规定。

6.2 液压控制系统试验方法

6.2.1 完整性

按图纸要求检验液压控制系统的组装，应满足设计技术要求，零部件应齐全、正确。

6.2.2 性能试验

检验液压控制系统的性能，应满足5.2.2～5.2.18和设计的各项要求。

6.3 零件制造质量

零件制造质量的检验应依照设计图纸要求采用下列方法：

a) 零件的尺寸及形位公差检查采用卡尺、千分尺等量具检测；

b) 零件表面粗糙度检查采用标准块进行目视比较；

c) 零件的外观质量检查采用目测方式；

d) 清洁度检查按照5.3.1.21执行；

e) 零件的硬度检查采用硬度计检测。

6.4 安全阀试验方法

安全阀(安全阀类)试验方法应符合表5的规定。型式检验时安全阀的工作压力应为公称压力。

表5 安全阀试验方法

试验类别	序号	试验项目	基本检验回路	性能要求	试验方法	备注
特性试验	1	小流量启溢闭特性	图1	压力波动范围应不大于工作压力的10%,压力波动最大值应不大于工作压力的110%,最小值应不小于工作压力的90%,关闭压力值应不小于工作压力的90%	调节油源,使系统压力能够高于被试阀工作压力的1.2倍以上,流量为0.04 L/min。调定安全阀压力至工作压力(工作压力小于或等于40 MPa的阀,实际调定压力偏差为±1 MPa;工作压力大于40 MPa的阀,实际调定压力偏差为工作压力的±2.5%)。试验时使系统压力逐渐升高至被试阀开启,溢流3 min后,切断供液,至压力计值稳定为止为试验全过程。将全过程的压力变化用曲线记录,每个阀进行3次	稳压罐容积2 L～5 L
	2	公称流量启溢闭特性	图1	1) 公称流量≤16 L/min的阀,启溢闭压力最大值应不大于工作压力的115%,最小值应不小于工作压力的90%; 2) 16 L/min<公称流量≤100 L/min的阀,启溢闭压力最大值应不大于工作压力的120%,最小值应不小于工作压力的90%; 3) 公称流量>100 L/min的阀,启溢闭压力最大值应不大于工作压力的125%,最小值应不小于工作压力的90%	调节油源,使系统压力能够高于被试阀工作压力的1.5倍以上,系统流量为被试阀的公称流量。试验时系统压力上升梯度为120 MPa/s以上,使阀开启,公称流量溢流持续0.5 s以上,然后迅速切断供液,至压力计值稳定为止为试验全过程。将全过程的压力变化用曲线记录,每个阀进行3次	稳压罐容积2 L～5 L
耐久性能试验	3	应力循环	图1	试验完毕后,密封试验和小流量启溢闭特性试验合格	对被试阀加载,压力由零增加到阀的工作压力使阀溢流,然后卸载,使压力为零,为一次应力循环,进行4 000次,A类阀进行5 000次	—
	4	小流量溢流	图1	试验完毕后,密封试验和小流量启溢闭特性试验合格	以0.4 L/min的流量对被试阀加载至溢流,溢流至5 s为一次,进行2 000次,A类阀进行5 000次	
	5	大流量溢流	图1	试验完毕后,密封试验和小流量启溢闭特性试验合格	公称流量≤160 L/min的阀,以公称流量对被试阀加载至溢流;公称流量>160 L/min的阀,以160 L/min的流量对被试阀加载至溢流。溢流5 s为一次,每次之间的停顿时间应大于5 s,进行200次,A类阀进行500次	

表 5（续）

试验类别	序号	试验项目	基本检验回路	性能要求	试验方法	备注
密封试验	6	密封性能	图 1	1）不做耐久性能试验的阀，高、低压密封各稳压 2 h，不应有压降； 2）做耐久性能试验的阀，耐久性能试验前各稳压 2 min，不应有压降；耐久性能试验后各稳压 4 h，不应有压降； 3）出厂检验时，高低压密封各进行 2 min，不应有压降	1）高压密封：向被试阀供液至工作压力的 90%，切断供液，待压力计稳定后记录压力值； 2）低压密封：向被试阀供液 2 MPa 压力，切断供液，待压力计稳定后记录压力值	1）稳压罐容积 2 L～5 L； 2）排除温度变化对压力的影响
强度试验	7	冲击压力安全性	图 1	1）在 25 ms 内，阀前压力到达规定的冲击压力前，被试阀应开启； 2）试验完毕后，密封试验和小流量启溢闭特性试验合格	先使被试阀前的压力为公称压力的 60%，调节油源，使系统压力大于公称压力的1.5倍，向被试阀突然供液，使阀前的压力在 25 ms 内达到规定的冲击压力，冲击压力的值分别如下： 公称流量≤160 L/min 的阀，为 1.5 倍公称压力；160 L/min＜公称流量≤400 L/min 的阀，为 1.4 倍公称压力；400 L/min＜公称流量≤1 000 L/min 的阀，为 1.3 倍公称压力；公称流量＞1 000 L/min 的阀，为 1.2 倍公称压力。记录压力时间特性曲线，每个阀进行 3 次	稳压罐容积≤2 L
	8	撞击安全性	图 2	启溢闭特性满足要求，试验完毕后，密封试验和小流量启溢闭特性试验合格	安全阀在 0.04 L/min 流量溢流过程中，用 1 kg 的金属块（尺寸约为：45 mm×50 mm×60 mm）吊挂在 500 mm 长的钢丝绳上，上摆 45°后自由下摆，使其正好撞在被试阀上，连续撞击 3 次	—
	9	强度	图 1	无渗液及零件损坏	将被试阀调死，使之不能溢流，再以 1.5 倍公称压力对阀加载，稳压 3 min	—

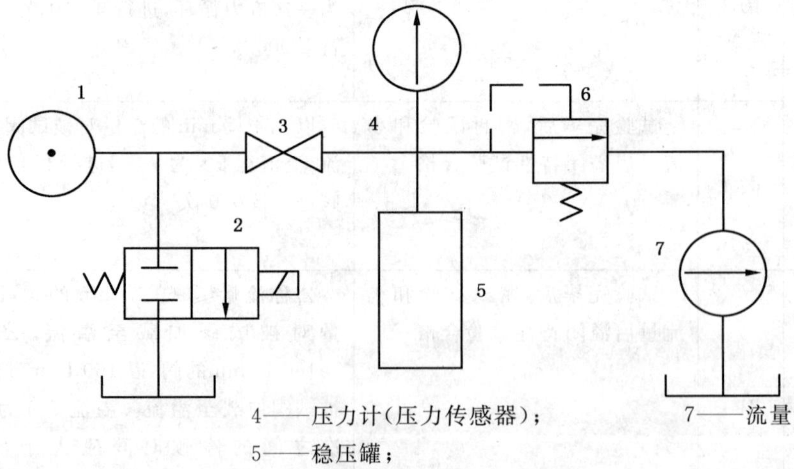

1——油源；
2——换向阀；
3——截止阀；
4——压力计（压力传感器）；
5——稳压罐；
6——被试阀；
7——流量计（流量传感器）。

图 1　安全阀试验原理图

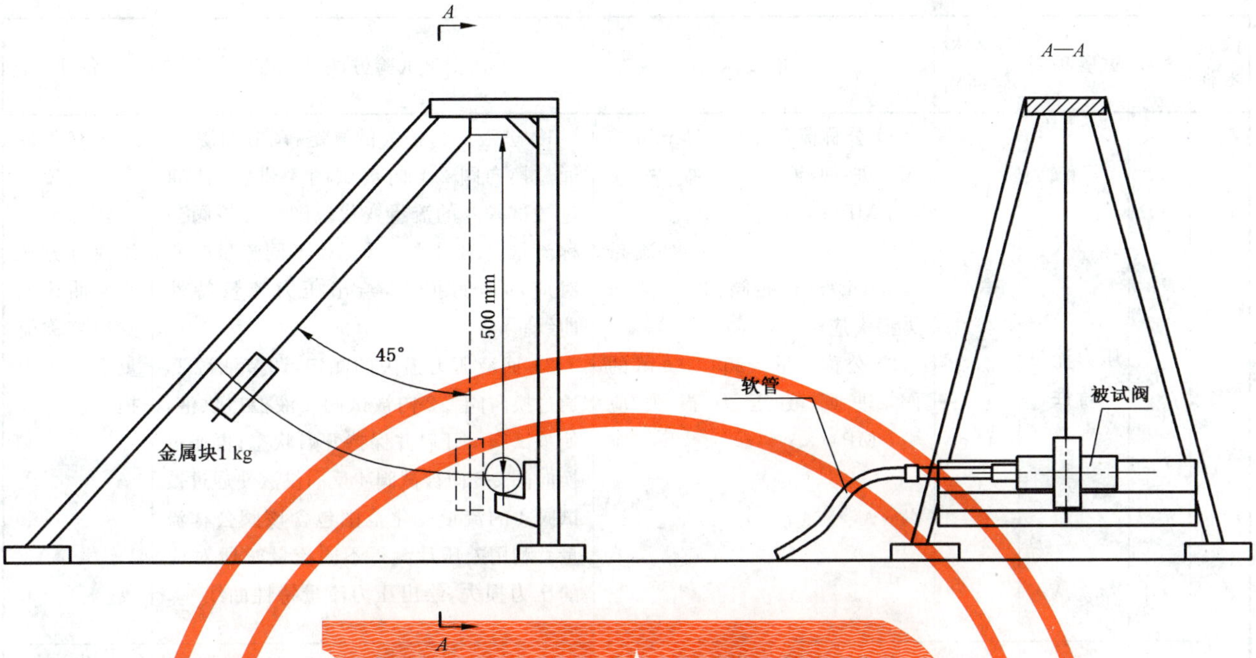

图 2 安全阀撞击安全性试验示意图

6.5 液控单向阀试验方法

液控单向阀(液控单向阀类)试验方法应符合表 6 的规定。

表 6 液控单向阀试验方法

试验类别	序号	试验项目	基本检验回路	性能要求	试验方法	备注
特性试验	1	开启压力测定	图 3	开启压力应≤1 MPa	调节油源 1,通过换向阀 2-1 向被试阀 4 供液,使压力逐渐升高至被试阀开启,记录被试阀开启瞬时压力计的最高读数。每个阀进行 3 次	—
	2	关闭压力测定	图 4	立柱用阀的关闭压力应不小于进液压力的 95%,非立柱用阀按设计要求	调节油源 1-1 压力为被试阀 3 的公称压力,通过换向阀 2-1 向被试阀 3 供液。当压力计 5-1 稳定后,迅速停止供液,被试阀 3 进液压力降为零,记录压力计 5-1 稳定后的压力值。每个阀进行 3 次	稳压罐容积 2 L～5 L
	3	控制压力测定	图 4	1) 一般情况控制压力应为泵公称压力的(30～65)%; 2) 特殊情况按设计要求	调节油源 1-2 压力为被试阀 3 公称压力,向被试阀反向供液,当压力计 5-1 稳定后切断供液。调节油源 1-1,通过换向阀 2-2 向被试阀 3 液控口供液,压力缓慢上升到被试阀卸载,记录被试阀卸载瞬时压力计 5-3 数值。每个阀进行 3 次	—
	4	背压安全性	图 4	压力计 5-1 的下降值应不大于保持压力的 2%	调节油源 1-2 压力为 15 MPa 向被试阀 3 反向供液,当压力计 5-1 稳定后切断供液。调节油源 1-1,通过换向阀 2-1、2-2 向被试阀 3 的进液口和控制口同时供液,压力缓慢上升至 8 MPa,保持 3 min。每个阀进行 3 次	—

表 6（续）

试验类别	序号	试验项目	基本检验回路	性能要求	试验方法	备注
特性试验	5	压力流量特性	图 3	1）公称流量≤125 L/min 的阀，进回液压力损失应≤5 MPa； 2）125 L/min＜公称流量≤250 L/min 的阀，进回液压力损失应≤6 MPa； 3）公称流量＞250 L/min 的阀，进回液压力损失应≤7 MPa	1）进液压力损失的测定：调节油源 1，通过换向阀 2-1 向被试阀 4 供液，使通过被试阀 4 的流量变化范围包含该阀公称流量。利用差压计测得不同流量时所对应的压力损失，绘出压力流量特性曲线； 2）回液压力损失的测定：调节油源 1，通过换向阀 2-2 向被试阀 4 液控口供液，使被试阀 4 开启并保持开启状态；再通过换向阀 2-3 向被试阀 4 反向供液使通过被试阀 4 的流量变化范围包含该阀公称流量。利用差压计测得不同流量时所对应的压力损失，绘出压力流量特性曲线	没有条件实现流量变化时，允许用找点方式绘制曲线或测出公称流量下的压力损失值
	6	冲击压力	图 5	卸载过程最大冲击压力值应不大于公称压力的 115%，画出液压冲击曲线，卸载时间不应大于 2 s	调节油源 1-2 压力为被试阀 3 公称压力，向被试阀 3 供液。当压力计 4-2 达到规定值并稳定后，切断供液。然后，调节油源 1-1 压力为 31.5 MPa，迅速操作换向阀 2，使被试阀 3 卸载释放封闭腔的高压液体。用压力传感器、示波器记录液压冲击曲线。每个阀试验 3 次	定量液压缸内径为 280 mm，总行程为(800～1 000)mm。活柱伸出长度为液压缸总行程的 2/3。被试阀与液压缸间采用刚性连接，管道与连接件的通径应一致，长度为(1～2)m
耐久性能试验	7	耐久性能	图 5	试验后，密封试验合格	调节油源 1-1 压力为泵的公称压力，流量为被试阀 3 公称流量，向被试阀 3 供液，定量液压缸 5 活柱升起，当通过流量达 3 L 后，活柱限位，压力计 4-2 达到压力值并稳定后，停止供液，使阀关闭。再由油源 1-2 向被试阀 3 反向供液，当压力计 4-2 达到被试阀 3 公称压力后切断供液，再使被试阀 3 卸载并向液压缸 5 上腔供液，下腔液体经被试阀 3 反向流出，其过液量为 3 L。以上过程为一个工作循环，进行 15 000 次工作循环，A 类阀进行 30 000 次工作循环	—

表 6（续）

试验类别	序号	试验项目	基本检验回路	性能要求	试验方法	备注
密封试验	8	密封性能	图 4	1）不做耐久性能试验的阀，高压、低压密封各稳压 2 h，不应有压降； 2）做耐久性能试验的阀耐久性能试验前，各稳压 2 min，不能有压降，耐久性能试验后稳压 4 h，不应有压降； 3）出厂检验时，高压、低压密封各进行 2 min，不应有压降	1）高压密封：调节油源 1-2，向被试阀 3 反向供液，使压力逐渐升高至被试阀 3 公称压力，待压力计稳定后切断供液，记录压力值； 2）低压密封：向被试阀 3 反向供液至 2 MPa 压力，待压力计 5-1 稳定后切断供液，记录压力值	1）稳压罐容积 2 L～5 L； 2）排除温度变化对压力的影响
强度试验	9	强度	图 4	无渗液及零件损坏	以被试阀 3 公称压力的 1.5 倍对阀加载，稳压 3 min	—

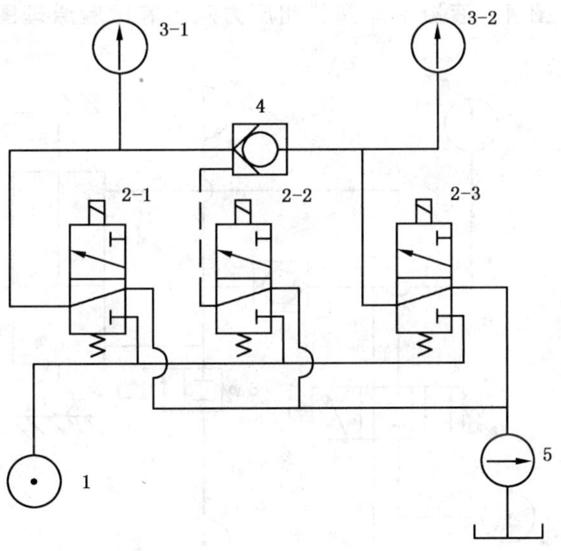

1——油源；
2-1、2-2、2-3——换向阀；
3-1、3-2——压力计（压力传感器）；
4——被试阀；
5——流量计（流量传感器）。

图 3　液控单向阀开启压力测定等试验原理图

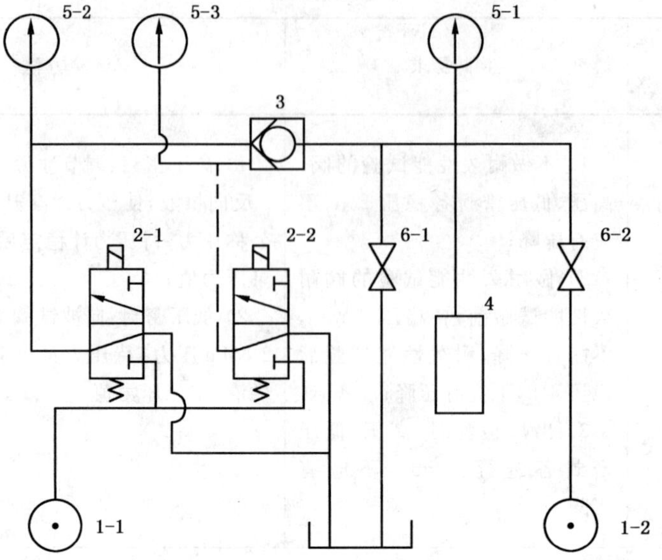

1-1、1-2——油源；
2-1、2-2——换向阀；
3——被试阀；
4——稳压罐；
5-1、5-2、5-3——压力计(压力传感器)；
6-1、6-2——截止阀。

图 4 液控单向阀关闭压力测定等试验原理图

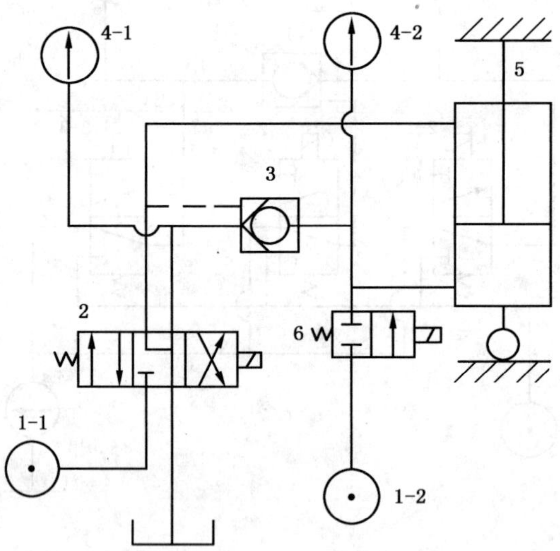

1-1、1-2——油源；
2——换向阀；
3——被试阀；
4-1、4-2——压力计(压力传感器)；
5——定量液压缸；
6——换向阀。

图 5 液控单向阀冲击压力测定等试验原理图

6.6 换向阀试验方法

换向阀(换向阀类)试验方法应符合表 7 的规定。

表 7 换向阀试验方法

试验类别	序号	试验项目	基本试验回路	性能要求	试验方法	备注
特性试验	1	换向性能	图 6	动作灵活，无卡滞现象，换向准确（有自锁要求的应能自锁），换向过程中的冲击压力不应超过公称压力的 150%	调节油源 1，流量为被试阀 3 公称流量，压力分别调至 10 MPa 和被试阀 3 的公称压力向被试阀供液。使被试阀换向，定量油缸运动到极限位置后应再重复做一次该工作口的换向动作；用同样的方法作另一工作口的换向试验。观察记录被试阀动作是否灵活和开启、关闭时的冲击压力，被试阀的每个工作口在 10 MPa和公称压力下各做 3 次试验	定量油缸的容积 2 L～5 L
	2	操作力(控制压力、启动电压)测定	图 6	1) 操作力应在(10～130)N 之间； 2) 液控换向阀的控制压力应满足设计要求； 3) 电控换向阀启动电压应满足设计要求	调节油源 1 的压力和流量为被试阀的公称压力和公称流量，向被试阀供液。通过测力计操作被试阀 3 换向，记录测力计读数。对液控换向阀，则记录换向时液控口的控制压力，电控换向阀则记录换向时的电压，每个阀测量 3 次	—
	3	压力流量特性	图 7	1) 公称流量≤125 L/min 的阀，进回液压力损失应≤5 MPa； 2) 125 L/min<公称流量≤250 L/min 的阀，进回液压力损失应≤6 MPa； 3) 公称流量>250 L/min 的阀，进回液压力损失应≤7 MPa	截止阀 6-2 打开，截止阀 6-1 关闭，调节油源 1，使通过被试阀 3 的流量变化范围包含被试阀 3 的公称流量。利用差压计测得不同流量时所对应的进液和回液压力损失，分别画出进液和回液压力流量特性曲线	在没有条件实现流量变化时，允许用找点方式绘制曲线或测出公称流量下的压力损失值
	4	背压安全性	图 8	压力计 2-1 压力不应有压降	1) 被试阀 3 处于中间位置，调节油源 1 向被试阀 3 供液 15 MPa，然后调节油源 4 向被试阀 3 供液 6 MPa，保压 3 min。每个阀测量 3 次； 2) 被试阀 3 处于中间位置，调节油源 1 向被试阀 3 供液至公称压力，然后调节油源 4 向被试阀 3 供液 6 MPa，保压 3 min。每个阀测量 3 次	—
耐久性能试验	5	耐久性能	图 6	试验后，密封性能试验合格	调节油源 1 以被试阀 3 的公称流量和公称压力向其供液，定量缸 5 的容积为 3 L，被试阀 3 换向至工作位，通过 3 L 液体后，压力计 2-3 达到公称压力，操纵被试阀 3 返回中间位置并换向至另一工作位，通过 3 L 液体后，压力计 2-4 达到公称压力，操纵被试阀 3 返回中间位置。以上为一次工作循环，进行 15 000 次工作循环，A 类阀进行 30 000 次工作循环	—

表 7（续）

试验类别	序号	试验项目	基本试验回路	性能要求	试验方法	备注
密封试验	6	密封性能	图 7	1）不做耐久性能试验的阀，中间位置、工作位置密封试验压力下降不应超过 2%； 2）做完耐久性能试验的阀，中间位置、工作位置密封试验允许有压降，5 min 压力下降不应超过 3%	1）被试阀 3 处于中间位置，调节油源 1 向被试阀 3 供液，压力分别逐渐升至被试阀 3 的公称压力和 6 MPa，其他各通液口敞开，各保压 2 min。记录压力值； 2）将工作口堵死，利用操作力（单独的控制压力、电能）使被试阀 3 处于某一工作位，保持该状态。调节油源 1 向被试阀 3 供液，压力分别逐渐升至被试阀 3 的公称压力和 10 MPa，其他各通液口敞开，各保压 2 min。记录压力值	稳压罐容积 2 L～5 L
强度试验	7	强度	图 7	各通液口不应渗液，阀零件不应损坏	同密封试验方法 1、2。供液压力为被试阀 3 公称压力的 1.5 倍，稳压 3 min	—

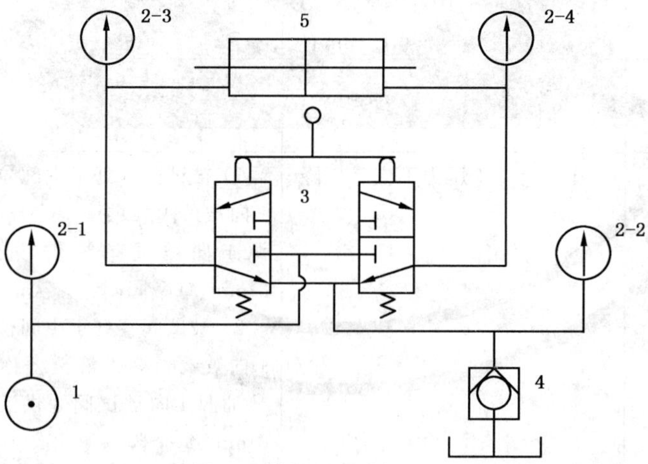

1——油源；
2-1、2-2、2-3、2-4——压力计（压力传感器）；
3——被试阀；
4——背压阀；
5——定量油缸（容积为 3 L）。

图 6　换向阀换向性能等试验原理图

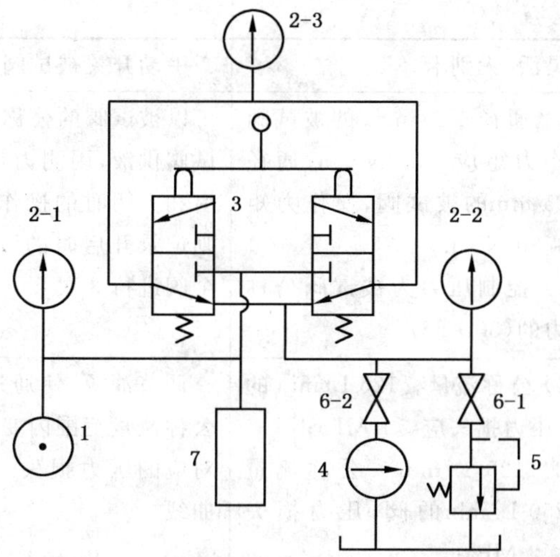

1——油源；
2-1、2-2、2-3——压力计(压力传感器)；
3——被试阀；
4——流量计(流量传感器)；
5——安全阀；
6-1、6-2——截止阀；
7——稳压罐。

图 7　换向阀压力流量特性等试验原理图

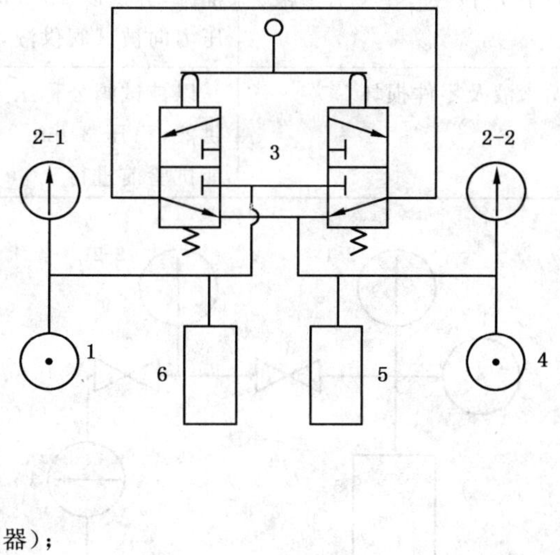

1、4——油源；
2-1、2-2——压力计(压力传感器)；
3——被试阀；
5、6——稳压罐。

图 8　换向阀背压安全性试验原理图

6.7　截止阀试验方法

截止阀(截止阀类)试验方法应符合表 8 的规定。

表 8　截止阀试验方法

试验类别	序号	试验项目	基本试验回路	性能要求	试验方法	备注
特性试验	1	开关	图 9	灵活、无别卡	手动开关被试阀各 3 次	
	2	操作力矩	图 9	1）通径≤25 mm 的被试阀操作力矩应≤30 N·m；通径>25 mm的被试阀，操作力矩应≤80 N·m； 2）控制压力为被试阀公称压力的(30～65)％	以被试阀的公称压力和公称流量向被试阀供液，用测力计分别测出被试阀开启和关闭时的操作力矩（对液控截止阀则记录开启时的液控口控制压力）。每个阀进行 3 次	—
	3	压力流量特性	图 9	1）公称流量≤125 L/min 的阀，压力损失应≤1 MPa； 2）125 L/min＜公称流量≤250 L/min的阀，压力损失应≤2 MPa； 3）公称流量>250 L/min 的阀，压力损失应≤3 MPa	调节油源，使通过被试阀的流量在其公称流量范围内变化。测得不同流量所对应的压力损失。画出压力流量特性曲线	在没有条件实现流量变化时，允许用找点方式绘制曲线或测出公称流量下的压力损失值
耐久性能试验	4	耐久性能	图 9	试验后，密封试验合格	以被试阀的公称压力和公称流量向被试阀供液。以开启、关闭为一次工作循环，每次开启的供液时间为 5 s，进行 1 500 次工作循环	—
密封试验	5	密封性能	图 9	1）不做耐久性能试验的阀，不应有渗液； 2）做耐久性能试验的阀，保压 5 min 渗液量应≤20 mL； 3）出厂检验时不应有渗液	1）关闭被试阀 3 打开截止阀 6，调节油源，分别以 2 MPa 压力和被试阀公称压力向被试阀供液，连续供液 2 min； 2）打开被试阀 3 关闭截止阀 6，调节油源，分别以 2 MPa 压力和被试阀公称压力向被试阀供液，连续供液 2 min	—
强度试验	6	强度	图 9	无渗液及零件损坏	以被试阀公称压力的 1.5 倍向被试阀供液，稳压 3 min。此项试验在耐久性能试验前进行	—

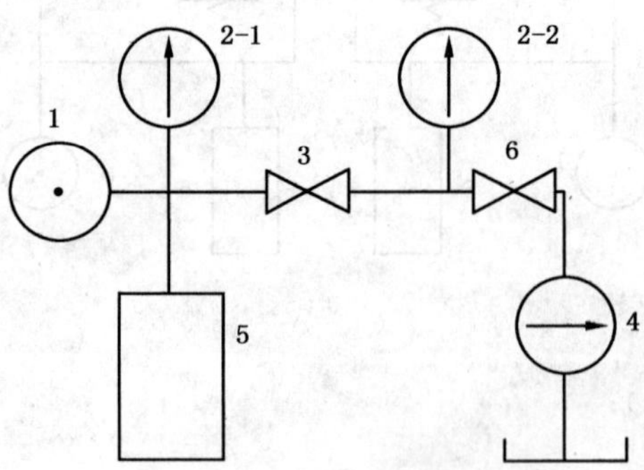

1——油源；
2-1、2-2——压力计（压力传感器）；
3——被试阀；
4——流量计（流量传感器）；
5——稳压罐；
6——截止阀。

图 9　截止阀试验原理图

6.8 其他阀类试验方法

其他阀类如果有与安全阀类、液控单向阀类、换向阀类和截止阀类类似结构或相近性能的阀应参照6.4、6.5、6.6和6.7执行。

7 检验规则

7.1 检验分类

7.1.1 产品检验分为出厂检验和型式检验。

7.1.2 产品出厂应进行出厂检验，检验由制造厂的质检部门进行，检验结果应记录归档备查；用户验收按出厂检验项目进行。

7.1.3 型式检验由国家授权的监督检验部门进行。

7.1.4 凡属下列情况之一，应进行型式检验：

a) 新产品鉴定定型时或老产品转厂试制时；

b) 正式生产后，如产品设计、结构、材料或工艺有较大改变，可能影响产品性能时；

c) 产品停产三年以上再次生产时；

d) 用户对产品质量提出重大异议时；

e) 产品正常生产每四年定期进行检验；

f) 出厂检验结果与上次型式检验有较大差异时；

g) 国家质量监督机构或国家煤矿安全监察部门提出要求时。

7.2 检验项目

出厂检验和型式检验的项目和要求见表9。经型式检验的样品阀不应再投放市场。

表9 检验项目和要求

序号	种类	检验项目		要求	试验方法	出厂检验	型式检验
1	液压控制系统	1	完整性	5.2.1	6.2.1	√	×
		2	性能	5.2.2～5.2.18	6.2.2	√	×
2	零件制造质量	1	粗糙度	5.3.1.5、5.3.1.6	6.3	√	×
		2	尺寸及形位公差	5.3.1.7、5.3.1.8		√	×
		3	硬度	5.3.1.22		√	×
3	安全阀类	1	外观质量	5.3.1.20	6.3	√	√
		2	清洁度	5.3.1.21		√	×
		3	小流量启溢闭特性	5.3.2.3、5.3.2.4	6.4	√(不要求绘制曲线)	√
		4	公称流量启溢闭特性	5.3.2.7		√	√
		5	应力循环	5.3.2.9		×	√
		6	小流量溢流耐久性能	5.3.2.9		×	√
		7	公称流量溢流耐久性能	5.3.2.9		×	√
		8	密封性能	5.3.2.1		√	√
		9	冲击压力安全性	5.3.2.5		√	√
		10	撞击安全性	5.3.2.10		√	√
		11	强度	5.3.2.6		√	√
4	液控单向阀类	1	外观质量	5.3.1.20	6.3	√	√
		2	清洁度	5.3.1.21		√	×

表 9（续）

序号	种类	检验项目		要求	试验方法	出厂检验	型式检验
4	液控单向阀类	3	开启压力	5.3.3.5	6.5	√	√
		4	关闭压力	5.3.3.6		√	√
		5	控制压力	5.3.3.8		√	√
		6	背压安全性	5.3.3.7		√	√
		7	压力流量特性	5.3.3.4		×	√
		8	冲击压力	5.3.3.3		×	√
		9	耐久性能	5.3.3.9		×	√
		10	密封性能	5.3.3.1		√	√
		11	强度	5.3.3.2		√	√
5	换向阀类	1	外观质量	5.3.1.20	6.3	√	√
		2	清洁度	5.3.1.21		√	×
		3	换向性能	5.3.4.1	6.6	√	√
		4	操作力(控制压力、启动电压和电流)	5.3.4.2		√	√
		5	背压安全性	5.3.4.6		√	√
		6	压力流量特性	5.3.4.5		×	√
		7	耐久性能	5.3.4.7		×	√
		8	密封性能	5.3.4.3		√	√
		9	强度	5.3.4.4		√	√
6	截止阀类	1	外观质量	5.3.1.20	6.3	√	√
		2	清洁度	5.3.1.21		√	×
		3	开关	5.3.5.1	6.7	√	√
		4	操作力矩(控制压力)	5.3.5.2		√	√
		5	压力流量特性	5.3.5.5		×	√
		6	耐久性能	5.3.5.6		×	√
		7	密封性能	5.3.5.3		√	√
		8	强度	5.3.5.4		√	√
注：“√”表示该项目为检验项目；“×”表示该项目为非检验项目。							

7.3 组批规则和抽样方案

7.3.1 组批规则

液压控制系统和阀应成批提交检验，每批产品由同厂家同一生产批的产品组成。每 200 个划为一批，不足 200 个时单独划为一批。

7.3.2 抽样方案

在试制定型鉴定时，样品为样本。在批量生产时，应从出厂检验合格的产品中随机抽取样本。

7.3.2.1 出厂检验抽样方案采用 GB/T 2828.1—2003 中正常检验的二次抽样方案，见表 10。

表 10 出厂检验抽样方案

序号	种类	检验项目		检验水平	接收质量限 AQL	抽样方案 n_1;Ac_1,Re_1 n_2;Ac_2,Re_2
1	液压控制系统	1	完整性	Ⅰ	2.5	13;0,2 13;1,2
		2	性能	Ⅰ	2.5	13;0,2 13;1,2
2	零件制造质量	1	粗糙度	Ⅰ	4.0	8;0,2 8;1,2
		2	尺寸及形位公差	Ⅰ	4.0	8;0,2 8;1,2
		3	硬度	Ⅰ	2.5	13;0,2 13;1,2
3	安全阀类	1	外观质量	Ⅰ	4.0	8;0,2 8;1,2
		2	清洁度	Ⅰ	4.0	8;0,2 8;1,2
		3	小流量启溢闭特性	Ⅰ	2.5	13;0,2 13;1,2
		4	公称流量启溢闭特性	Ⅰ	2.5	13;0,2 13;1,2
		5	密封性能	Ⅰ	2.5	13;0,2 13;1,2
		6	冲击压力安全性	Ⅰ	2.5	13;0,2 13;1,2
		7	撞击安全性	Ⅰ	4.0	8;0,2 8;1,2
		8	强度	Ⅰ	2.5	13;0,2 13;1,2
4	液控单向阀类	1	外观质量	Ⅰ	4.0	8;0,2 8;1,2
		2	清洁度	Ⅰ	4.0	8;0,2 8;1,2
		3	开启压力	Ⅰ	4.0	8;0,2 8;1,2
		4	关闭压力	Ⅰ	2.5	13;0,2 13;1,2
		5	控制压力	Ⅰ	2.5	13;0,2 13;1,2
		6	背压安全性	Ⅰ	4.0	8;0,2 8;1,2

表 10（续）

序号	种类	检验项目		检验水平	接收质量限 AQL	抽样方案 n_1;Ac_1,Re_1 n_2;Ac_2,Re_2
4	液控单向阀类	7	密封性能	Ⅰ	2.5	13;0,2 13;1,2
		8	强度	Ⅰ	2.5	13;0,2 13;1,2
5	换向阀类	1	外观质量	Ⅰ	4.0	8;0,2 8;1,2
		2	清洁度	Ⅰ	4.0	8;0,2 8;1,2
		3	换向性能	Ⅰ	2.5	13;0,2 13;1,2
		4	操作力(控制压力)	Ⅰ	4.0	8;0,2 8;1,2
		5	背压安全性	Ⅰ	4.0	8;0,2 8;1,2
		6	密封性能	Ⅰ	2.5	13;0,2 13;1,2
		7	强度	Ⅰ	2.5	13;0,2 13;1,2
6	截止阀类	1	外观质量	Ⅰ	4.0	8;0,2 8;1,2
		2	清洁度	Ⅰ	4.0	8;0,2 8;1,2
		3	开关	Ⅰ	2.5	13;0,2 13;1,2
		4	操作力矩(控制压力)	Ⅰ	4.0	8;0,2 8;1,2
		5	密封性能	Ⅰ	2.5	13;0,2 13;1,2
		6	强度	Ⅰ	2.5	13;0,2 13;1,2

7.3.2.2　型式检验抽样方案采用 GB/T 2829—2002 中判别水平为Ⅰ的一次抽样方案，见表 11。

表 11　型式检验抽样方案

序号	种类	检验项目		不合格 分类	不合格质量水平 RQL	判别水平 DL	抽样方案 类型	样本量 n	判定数组 Ac,Re
1	安全阀类	1	外观质量	B	40	Ⅰ	一次抽样	5	1,2
		2	小流量启溢闭特性	A	20	Ⅰ	一次抽样	5	0,1
		3	公称流量启溢闭特性	A	20	Ⅰ	一次抽样	5	0,1
		4	应力循环	B	30	Ⅰ	一次抽样	3	0,1

表 11（续）

序号	种类	检验项目		不合格分类	不合格质量水平 RQL	判别水平 DL	抽样方案类型	样本量 n	判定数组 Ac,Re
1	安全阀类	5	小流量溢流耐久性能	B	30	Ⅰ	一次抽样	3	0,1
		6	公称流量溢流耐久性能	B	30	Ⅰ	一次抽样	3	0,1
		7	密封性能	A	20	Ⅰ	一次抽样	5	0,1
		8	冲击压力安全性	A	20	Ⅰ	一次抽样	5	0,1
		9	撞击安全性	A	20	Ⅰ	一次抽样	5	0,1
		10	强度	A	20	Ⅰ	一次抽样	5	0,1
2	液控单向阀类	1	外观质量	B	40	Ⅰ	一次抽样	5	1,2
		2	开启压力	B	40	Ⅰ	一次抽样	5	1,2
		3	关闭压力	A	20	Ⅰ	一次抽样	5	0,1
		4	控制压力	B	40	Ⅰ	一次抽样	5	1,2
		5	背压安全性	A	20	Ⅰ	一次抽样	5	0,1
		6	压力流量特性	B	40	Ⅰ	一次抽样	5	1,2
		7	冲击压力	B	40	Ⅰ	一次抽样	5	1,2
		8	耐久性能	B	30	Ⅰ	一次抽样	3	0,1
		9	密封性能	A	20	Ⅰ	一次抽样	5	0,1
		10	强度	A	20	Ⅰ	一次抽样	5	0,1
3	换向阀类	1	外观质量	B	40	Ⅰ	一次抽样	5	1,2
		2	换向性能	A	20	Ⅰ	一次抽样	5	0,1
		3	操作力(控制压力)	B	40	Ⅰ	一次抽样	5	1,2
		4	背压安全性	A	20	Ⅰ	一次抽样	5	0,1
		5	压力流量特性	B	40	Ⅰ	一次抽样	5	1,2
		6	耐久性能	B	30	Ⅰ	一次抽样	3	0,1
		7	密封性能	A	20	Ⅰ	一次抽样	5	0,1
		8	强度	A	20	Ⅰ	一次抽样	5	0,1
4	截止阀类	1	外观质量	B	40	Ⅰ	一次抽样	5	1,2
		2	开关	A	20	Ⅰ	一次抽样	5	0,1
		3	操作力矩(控制压力)	B	40	Ⅰ	一次抽样	5	1,2
		4	压力流量特性	B	40	Ⅰ	一次抽样	5	1,2
		5	耐久性能	B	30	Ⅰ	一次抽样	3	0,1
		6	密封性能	A	20	Ⅰ	一次抽样	5	0,1
		7	强度	A	20	Ⅰ	一次抽样	5	0,1

7.4 抽样方式

出厂检验和型式检验均采用简单随机抽样方式。

7.5 判定规则

7.5.1 出厂检验项目全部检验合格，判出厂检验合格，否则判出厂检验不合格。

7.5.2 型式检验项目全部检验合格，判型式检验合格，否则判型式检验不合格。

8 标志、包装和贮存

8.1 阀标牌应符合 GB/T 13306 的规定，牢固地固定在产品明显部位并标明安全标志标识。

8.2 包装应有防潮、防锈措施，结实可靠。出厂装箱时，应附带下列文件：

a) 产品合格证；

b) 使用说明书(当产品批量较大时，可以通过协商，不必每箱都带)；

c) 安全标志证书复印件；

d) 装箱单。

8.3 阀检验合格后，应排尽工作液，所有通内腔的孔应加塑料堵或帽封好，外部加工表面涂抹防锈油。

8.4 阀应放在空气流通、干燥的库房内，存放温度应在(0～40)℃之间。

附　录　A
（规范性附录）
阀零件涂层的技术要求

A.1　一般要求

涂前应对被涂件进行材质、尺寸、精度及表面缺陷的检查，不合格者不应进行涂层工序。

A.2　涂层的选择

阀件的涂层一般采用电镀工艺、化学镀工艺和喷涂工艺。

A.3　涂层厚度

涂层厚度应满足设计图纸要求。

A.4　结合力要求

涂层不应有起皮、脱落或起泡现象。

A.5　涂层外观质量要求

涂层应细致、均匀。不应有下列缺陷：

a）　表面粗糙、烧焦、裂纹、起泡、脱落；

b）　局部无涂层；

c）　密集的麻点。

涂层允许缺陷如下：

a）　在棱角处有不影响装配的轻微粗糙涂层；

b）　退刀槽内表面是否有涂层及涂层质量不作考核。

A.6　涂层检验

锌电镀层的检验应符合 GB/T 9799 的规定，其他材料涂层依照金属覆盖层相关标准或图纸技术要求执行。

ICS 91.100.60
Q 25

中华人民共和国国家标准

GB/T 25975—2010

建筑外墙外保温用岩棉制品

Rock wool products for exterior insulation and finish systems（EIFS）

2011-01-10 发布　　2011-10-01 实施

中华人民共和国国家质量监督检验检疫总局
中国国家标准化管理委员会　发布

前　言

本标准按照 GB/T 1.1—2009 给出的规则起草。

本标准使用重新起草法参考 EN 13162:2001《建筑绝热制品　工厂生产矿物棉(MW)制品　规范》和 EN 13500:2003《建筑绝热制品　矿物棉基外保温复合系统-规范》编制，与 EN 13162:2001 和 EN 13500:2003 的一致性程度为非等效。

请注意本文件的某些内容可能涉及专利，本文件的发布机构不应承担识别这些专利的责任。

本标准由中国建筑材料联合会提出。

本标准由全国绝热材料标准化技术委员会(SAC/TC 191)归口。

本标准负责起草单位：南京玻璃纤维研究设计院、北新集团建材股份有限公司、上海新型建材矿棉厂、山东鲁阳股份有限公司、南京恒翔保温材料制造有限公司。

本标准参加起草单位：上海申得欧有限公司、西斯尔(广州)建材有限公司、贵州新型保温材料厂。

本标准主要起草人：张剑红、陈尚、王玉梅、王佳庆、葛敦世、张文俊、滕伟广、倪建华、张成田、陈万林、张碧茹、郑松青、高钊、方允伟、张游、崔军、陈丽华。

建筑外墙外保温用岩棉制品

1 范围

本标准规定了建筑外墙外保温用岩棉板和岩棉带的分类和标记、要求、试验方法、检验规则、标志、包装、运输及贮存。

本标准适用于薄抹灰外墙外保温系统用岩棉板和岩棉带。

2 规范性引用文件

下列文件对于本文件的应用是必不可少的。凡是注日期的引用文件,仅所注日期的版本适用于本文件。凡是不注日期的引用文件,其最新版本(包括所有的修改单)适用于本文件。

GB/T 191 包装储运图示标志

GB/T 3947—1996 声学名词术语

GB/T 4132—1996 绝热材料及相关术语

GB/T 5480 矿物棉及其制品试验方法

GB 8624—1997 建筑材料燃烧性能分级方法

GB/T 8811 硬质泡沫塑料尺寸稳定性试验方法

GB/T 10294 绝热材料稳态热阻及有关特性的测定 防护热板法

GB/T 10295 绝热材料稳态热阻及有关特性的测定 热流计法

GB/T 10299 保温材料憎水性试验方法

GB/T 11835 绝热用岩棉、矿渣棉及其制品

GB/T 13480 矿物棉制品压缩性能试验方法

GB/T 17146 建筑材料水蒸气透过性能试验方法

GB/T 17794—2008 柔性泡沫橡塑绝热制品

GB/T 18696.1 声学 阻抗管中吸声系数和声阻抗的测量 第1部分:驻波比法

GB/T 18696.2 声学 阻抗管中吸声系数和声阻抗的测量 第2部分:传递函数法

GB/T 19686 建筑用岩棉、矿渣棉绝热制品

JG 149—2003 膨胀聚苯板薄抹灰外墙外保温系统

ISO 12491 建筑材料和部件的质量控制统计方法

3 术语和定义、符号与物理量

3.1 术语和定义

GB/T 3947—1996、GB/T 4132—1996、GB/T 5480 和 GB/T 11835 界定的术语和定义适用于本文件。

3.2 符号与物理量

符号与物理量见表1。

表 1 符号与物理量

符号	物理量	单位
A	吸水量试验中试样下表面面积	m^2
$CS(10\backslash Y)$	变形 10%或屈服时的压缩强度(取小者)标称水平的符号	—
M_1	吸水前试样质量	kg
M_2	吸水 24 h 后试样质量	kg
M_3	吸水 28 d 后试样质量	kg
NRC	降噪系数	—
S_{max}	平整度偏差	mm
TR	垂直于表面的抗拉强度标称水平的符号	—
W_p	短期吸水量(部分浸入)	kg/m^2
W_{lp}	长期吸水量(部分浸入)	kg/m^2
k	与试验次数有关的因子	—
S_λ	导热系数的标准偏差	W/(m·K)
λ_{mean}	导热系数的平均值	W/(m·K)
λ_i	第 i 个导热系数	W/(m·K)
$\lambda_{90/90}$	导热系数的统计值:90%的置信水平下 90%的产品其导热系数测定值不大于该统计值	W/(m·K)
λ_D	平均温度 25 ℃时的标称导热系数	W/(m·K)
μ	湿阻因子	—

4 分类和标记

4.1 分类

产品按垂直于表面的抗拉强度水平分级:带:TR80;板:TR15、TR10 和 TR7.5。

4.2 产品标记

产品标记由三部分组成:产品名称、标准号和产品技术特征(垂直于表面的抗拉强度水平和尺寸等),商业代号也可列于其后。对于有透湿或吸声要求的产品,应在产品技术特征中说明其湿阻因子或降噪系数。有标称导热系数的产品,宜在产品技术特征中说明其标称值。

4.3 标记示例

示例 1:

垂直于表面的抗拉强度水平为 7.5 kPa,长度×宽度×厚度为 1 200 mm×600 mm×60 mm 的岩棉板,其标记为:

岩棉板 GB/T 25975-TR7.5-1200×600×60

示例 2:

垂直于表面的抗拉强度水平为 80 kPa,标称导热系数为 0.045 W/(m·K),降噪系数为 0.70,湿阻因子为 10,长度×宽度×厚度为 300 mm×100 mm×100 mm 的岩棉带,其标记为:

岩棉带 GB/T 25975-TR80λ_D 0.045NRC0.70μ10-300×100×100

5 要求

5.1 纤维平均直径和渣球含量

应符合 GB/T 19686 中规定的要求。

5.2 外观

外观质量要求：表面平整，不应有妨碍使用的伤痕、污迹、破损。

5.3 尺寸及允许偏差

板的尺寸及允许偏差应符合表 2 的规定。其他尺寸的由供需双方商定。

表 2 板的尺寸及允许偏差

单位为毫米

长 度	长度允许偏差	宽度	宽度允许偏差	厚度	厚度允许偏差
910 1 000 1 200 1 500	+10 −3	500 600 630 910	+5 −3	30～200	+3 −3

带的尺寸允许偏差应符合表 3 的规定。

表 3 带的尺寸允许偏差

单位为毫米

长度允许偏差	宽度允许偏差	厚度允许偏差
+10 −3	+3 −3	+2 −2

5.4 直角偏离度

应不大于 5 mm/m。

5.5 平整度偏差

应不超过 6 mm。

5.6 酸度系数

应不小于 1.6。

5.7 尺寸稳定性

长度、宽度和厚度的相对变化率均不大于 1.0%。

5.8 质量吸湿率

应不大于 1.0%。

5.9 憎水率

应不小于98.0%。

5.10 短期吸水量(部分浸入)

应不大于1.0 kg/m²。

5.11 导热系数

5.11.1 板的导热系数(平均温度25 ℃)应不大于0.040 W/(m·K),有标称值时还应不大于其标称值。

5.11.2 带的导热系数(平均温度25 ℃)应不大于0.048 W/(m·K),有标称值时还应不大于其标称值。

5.12 垂直于表面的抗拉强度

应不小于其标称水平,且在实际应用中应符合表4要求。

表4 垂直于表面的抗拉强度水平及应用情况

抗拉强度水平	抗拉强度	应用情况
TR80	≥80 kPa	岩棉带:采用粘结剂固定,可不附加锚栓
TR15	≥15 kPa	岩棉板:粘结的同时需附加锚栓固定,也可采用型材法固定
TR10	≥10 kPa	岩棉板:粘结的同时需附加锚栓固定
TR7.5	≥7.5 kPa	岩棉板:粘结的同时需附加锚栓固定,锚栓应锚固在带有玻纤网布的增强防护层上

5.13 压缩强度

应不小于其标称水平且不小于40 kPa。

5.14 燃烧性能

应符合GB 8624—1997中4.1 A级均质材料不燃性的要求。

5.15 特殊要求

5.15.1 有要求时,湿阻因子应不大于10,有标称值时还应不大于其标称值。

5.15.2 有要求时,降噪系数NRC(刚性壁)应不小于0.60,有标称值时还应不小于其标称值。

5.15.3 有要求时,长期吸水量(部分浸入)应不大于3.0 kg/m²。

6 试验方法

6.1 状态调节

试验环境和试验状态的调节,除有特殊规定外,按GB/T 5480的规定。

6.2 外观质量

按GB/T 19686进行。

6.3 尺寸

按 GB/T 5480 进行。

6.4 直角偏离度

按 GB/T 5480 进行。

6.5 平整度

按附录 A 进行。

6.6 酸度系数

按 GB/T 5480 进行。

6.7 尺寸稳定性

按 GB/T 8811 规定进行，试验条件：温度(70±2)℃，时间 48 h，试样尺寸(200±1)mm×(200±1)mm，厚度为样品原厚，试样数量 3 块。

6.8 质量吸湿率

按 GB/T 5480 进行。

6.9 憎水率

按 GB/T 10299 进行。

6.10 短期吸水量(部分浸入)

按附录 B 进行。

6.11 导热系数

按 GB/T 10295 进行，仲裁试验按 GB/T 10294 进行。

标称导热系数按附录 C 进行确定。示例见附录 D。

6.12 垂直于表面的抗拉强度

按 JG 149—2003 附录 D 的规定进行，试样尺寸(200±1)mm×(200±1)mm，厚度为样品原厚，试样数量 5 块。

6.13 压缩强度

按 GB/T 13480 进行，试样尺寸(200±1)mm×(200±1)mm，厚度为样品原厚，试样数量 5 块。

6.14 燃烧性能

按 GB 8624—1997 规定的方法进行。

6.15 水蒸气透过性能

按 GB/T 17146 中的干燥剂法进行，试验条件：温度(23±1)℃，相对湿度(50±3)%。湿阻因子按 GB/T 17794 中附录 B 计算。

6.16 吸声性能

按 GB/T 18696.1 或 GB/T 18696.2 进行。

6.17 长期吸水量(部分浸入)

按附录 B 进行。

7 检验规则

7.1 检验分为出厂检验和型式检验。

7.1.1 出厂检验

产品出厂时，应进行出厂检验。出厂检验的检验项目为：外观、尺寸、直角偏离度、平整度、短期吸水量(部分浸入)、垂直于表面的抗拉强度和压缩强度。

7.1.2 型式检验

有下列情况之一时，应进行型式检验。检验项目为标准中除特殊要求外的全部要求。

a) 新产品定型鉴定；

b) 正式生产后，原材料，工艺有较大的改变，可能影响产品性能时；

c) 正常生产时，每年至少进行一次；

d) 出厂检验结果与上次型式检验有较大差异时；

e) 国家质量监督机构提出进行型式检验要求时。

7.2 抽样

7.2.1 单位产品应从检查批中随机抽取，样本可以由一个或多个单位产品构成。所有的单位产品被认为是质量相同的，所需的试样可以从单位产品上切取。

7.2.2 抽样方案

型式检验和出厂检验的批量大小和样本大小的二次抽样方案见表 5。

表 5 二次抽样方案

型式检验			出厂检验		
批量大小	样本大小		批量大小	样本大小	
板、带/m^2	第一样本	总样本	板、带/m^2	第一样本	总样本
≤1 500	2	4	≤3 000	2	4
2 500	3	6	5 000	3	6
5 000	5	10	10 000	5	10
9 000	8	16	18 000	8	16
15 000	13	26	>18 000	13	26
28 000	20	40			
>28 000	32	64			

7.2.3 判定规则

7.2.3.1 所有的性能应看作独立的。产品品质以测定结果的修约值进行判定。

7.2.3.2 外观、长度、宽度、厚度、直角偏离度和平整度等性能采用计数判定，一项性能不符合技术要求，计一个缺陷。其判定规则见表6。

表6 计数检查的判定规则

样本大小		第一样本		总样本	
第一样本	总样本	*Ac*	*Re*	*Ac*	*Re*
Ⅰ	Ⅱ	Ⅲ	Ⅳ	Ⅴ	Ⅵ
2	4	0	2	1	2
3	6	0	3	3	4
5	10	1	3	4	5
8	16	2	5	6	7
13	26	3	6	9	10
20	40	5	9	12	13
32	64	7	11	18	19
注：*Ac*——接收数，*Re*——拒收数。					

检查开始的样本数，应等于表6中的第一样本大小。根据样本检查结果，若第一样本中相关性能的缺陷数小于或等于第一接收数 *Ac*(表6中第Ⅲ栏)，则该批的计数检查可接收。若第一样本中的缺陷数大于或等于第一拒收数 *Re*(表6中第Ⅳ栏)，则判该批不合格。

若第一样本中相关性能的缺陷数在第一样本接受数 *Ac* 和拒收数 *Re* 之间，则样本数应增至总样本数，并以总样本检查结果去判定。

若总样本中的缺陷数小于或等于总样本接收数 *Ac*(表6中第Ⅴ栏)，则判该批计数检查可接收。若总样本中的缺陷数大于或等于总样本拒收数 *Re*(表6中第Ⅵ栏)，则判该批不合格。

7.2.3.3 短期吸水量(部分浸入)、长期吸水量(部分浸入)、垂直于表面的抗拉强度、压缩强度和燃烧性能按第一样本的测定值判定。若第一样本的测定值不合格，则判该批产品上述性能单项不合格。

7.2.3.4 其他性能按测定试样的平均值判定。若第一样本的测定值合格，则判该批产品上述性能单项合格。若不合格，应再测量第二样本，并以两个样本测定结果的平均值作为批质量各单项合格与否的判定。

7.2.3.5 批质量的综合判定规则是：合格批的所有品质指标，应同时符合7.2.3.2、7.2.3.3和7.2.3.4规定的可接收的合格要求，否则判该批产品不合格。

8 标志

在标志、标签和使用说明书上应标明：

a) 产品标记和商标；

b) 生产企业或经销商名称、详细地址；

c) 产品的净重或数量；

d) 生产日期或批号；

e) 按GB/T 191的规定，标明“怕雨”等标志；

f) 注明产品使用的范围、不适用的场合等指导安全使用的警语。

9 包装、运输及贮存

9.1 包装

包装材料应具有防潮性能,每一包装中应放入同一规格的产品,特殊包装由供需双方商定。

9.2 运输

应用干燥防雨的工具运输,运输时应轻拿轻放。

9.3 贮存

应在干燥通风的库房里贮存,避免重压。

附 录 A
（规范性附录）
平整度偏差的测定

A.1 试样

全尺寸样品。

A.2 仪器

A.2.1 测量平台。
A.2.2 钢直尺或钢卷尺，精确到 0.5 mm。

A.3 试验步骤

A.3.1 将试样放于测量平台上，使其凹面朝下(如图 A.1)。
A.3.2 用钢直尺或卷尺测量从试样下边缘到测量平台的最大距离，即 S_{max}，精确到 0.5 mm。

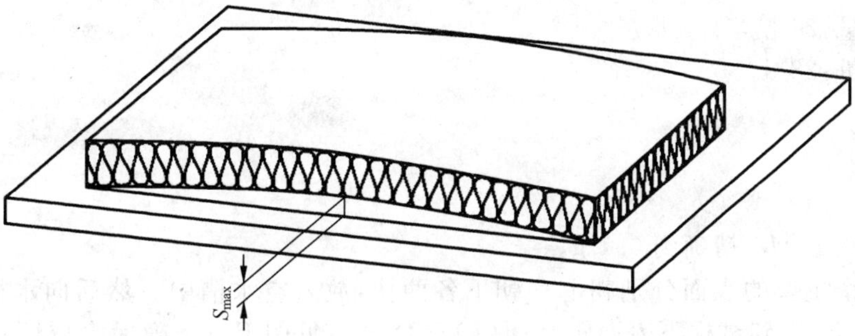

a) 长度方向的平整度偏差测定

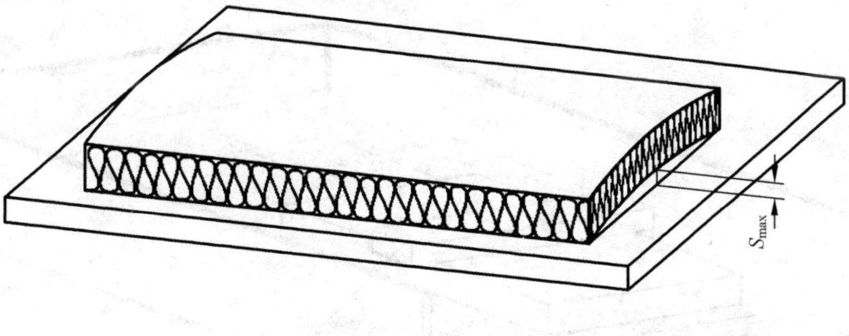

b) 宽度方向的平整度偏差测定

图 A.1 平整度偏差的测定

A.4 试验结果

S_{max}，单位为毫米。

附　录　B
（规范性附录）
吸水量（部分浸入）的测定

B.1　试样

尺寸与数量：(200±1)mm×(200±1)mm，厚度为试样原厚，4块。

B.2　仪器

B.2.1　天平，精确到0.1 g。
B.2.2　水槽，带有能够保持水位在±2 mm范围内的设备和保持试样在某个位置不变的设备。固定位置的设备不能覆盖超过试样下表面面积的15%。
B.2.3　自来水，水温(23±5)℃。
B.2.4　沥水装置，见图B.2。

B.3　浸水时间

B.3.1　短期吸水量：24 h。
B.3.2　长期吸水量：28 d。

B.4　试验步骤

B.4.1　称取试样质量 M_1，精确到0.1 g。
B.4.2　将试样两个主要的表面分别朝上和朝下各两块，放入空水槽中。然后向水槽中注入自来水，使每个试样都深入水下，直到试样下表面距水面(10±2)mm，见图B.1。确保水位恒定，在规定的浸水时间后取出沥水(10±0.5)min，称取试样质量 M_2 或 M_3。

单位为毫米

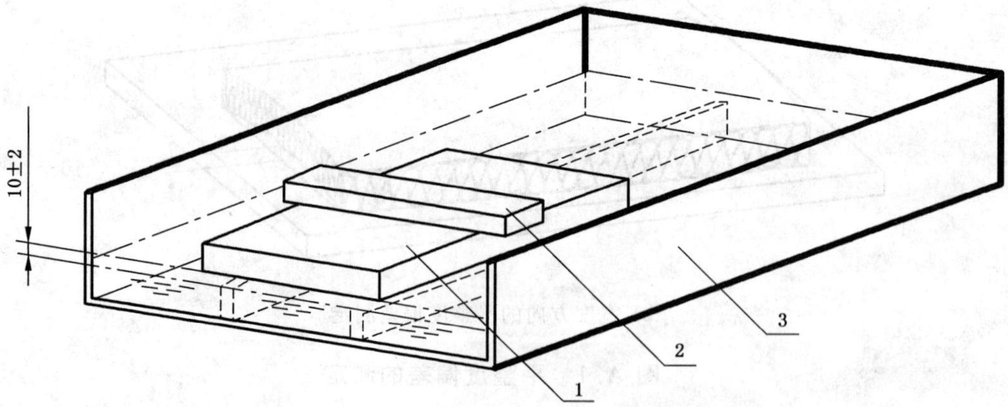

说明：
1——试样；
2——压块；
3——水槽。

图B.1　试样浸水装置示意图

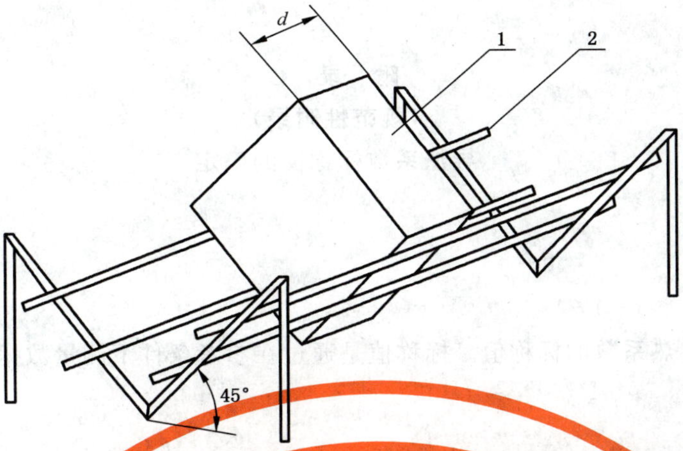

说明：
1——试样；
2——不锈钢水架。

图 B.2 试样沥水装置示意图

B.5 试验结果

B.5.1 短期吸水量按式(B.1)计算：

$$W_p = \frac{M_2 - M_1}{A} \qquad \cdots\cdots(B.1)$$

式中：
W_p ——短期吸水量，单位为千克每平方米(kg/m^2)；
M_1 ——浸水前试样质量，单位为千克(kg)；
M_2 ——浸水 24 h 后试样质量，单位为千克(kg)；
A ——试样的下表面面积，单位为平方米(m^2)。
结果取四个试样的算术平均值，精确到 0.1 kg/m^2。

B.5.2 长期吸水量按式(B.2)计算：

$$W_{lp} = \frac{M_3 - M_1}{A} \qquad \cdots\cdots(B.2)$$

式中：
W_{lp}——长期吸水量，单位为千克每平方米(kg/m^2)；
M_1——浸水前试样质量，单位为千克(kg)；
M_3 ——浸水 28 d 后试样质量，单位为千克(kg)；
A ——试样的下表面面积，单位为平方米(m^2)。
结果取四个试样的算术平均值，精确到 0.1 kg/m^2。

附　录　C
（规范性附录）
导热系数标称值的确定

C.1　概述

生产商负责确定导热系数的标称值。标称值是通过在参考条件下测量数据统计出来的。

C.2　输入数据

为了计算标称值，至少应该有导热系数的10个测试结果，这些结果可以从内部或外部直接测量获得。导热系数的测量应该尽量均匀地分布在最近的12个月内完成。假如可以利用的结果小于10个，那么时间周期可以延长，直到完成10个测试结果，但是最长不能超过3年，且在此期间产品和生产条件不能有改变。

对于新产品10个导热系数的测试结果应该在不少于10天内完成。

标称值按C.3进行计算。

C.3　标称值

标称值λ_D的推导来自$\lambda_{90/90}$，$\lambda_{90/90}$值应精确到0.001 W/(m·K)，λ_D的水平按0.001 W/(m·K)逐级声称。

C.3.1　导热系数被标称的情况

λ_D是来自计算值$\lambda_{90/90}$，$\lambda_{90/90}$是由式(C.1)和式(C.2)确定。

$$\lambda_{90/90}=\lambda_{mean}+k\times S_\lambda \qquad \text{(C.1)}$$

k的取值见表C.1。

$$S_\lambda=\sqrt{\frac{\sum_{i=1}^{n}(\lambda_i-\lambda_{mean})^2}{n-1}} \qquad \text{(C.2)}$$

表C.1　90%置信水平下单边90%容忍区间的k值

测试结果数	k
10	2.07
11	2.01
12	1.97
13	1.93
14	1.90
15	1.87
16	1.84

表 C.1（续）

测试结果数	k
17	1.82
18	1.80
19	1.78
20	1.77
22	1.74
24	1.71
25	1.70
30	1.66
35	1.62
40	1.60
45	1.58
50	1.56
100	1.47
300	1.39
500	1.36
2 000	1.32
其他的测试结果数其 k 值按 ISO 12491 或线性内差法确定。	

附 录 D
（资料性附录）
产品导热系数标称值的确定举例

D.1 导热系数被标称的情况

假定一个产品的导热系数有14个直接测量的结果，见表D.1。

表D.1 λ的试验结果

试验数目	λ/ [W/(m·K)]
1	0.036 6
2	0.039 0
3	0.038 2
4	0.037 8
5	0.041 0
6	0.041 2
7	0.039 7
8	0.041 7
9	0.041 5
10	0.040 2
11	0.041 7
12	0.040 6
13	0.040 8
14	0.042 1

根据上述14个试验结果，导热系数的平均值$\lambda_{mean}=0.040\ 1$ W/(m·K)，

按附录C中式(C.2)，导热系数的标准偏差$S_{\lambda}=\sqrt{\dfrac{\sum_{i=1}^{14}(\lambda_i-0.040\ 1)^2}{14-1}}=0.001\ 66$，

按附录C中式(C.1)，在此$k=1.90$，计算导热系数$\lambda_{90/90}=0.040\ 1+1.90\times0.001\ 66=0.043\ 3$ W/(m·K)，结果修约为0.044 W/(m·K)（取大值）。

ICS 47.020.70
U 63

中华人民共和国国家标准

GB/T 25976—2010/ISO 24408:2005

船舶和海上技术 救生设备示位灯 产品的试验、检查和标志

Ships and marine technology—Position-indicating lights for life-saving appliances—Testing, inspection and marking of production units

(ISO 24408:2005,IDT)

2011-01-10 发布　　　　2011-05-01 实施

中华人民共和国国家质量监督检验检疫总局
中国国家标准化管理委员会　发布

前　言

本标准等同采用 ISO 24408:2005《船舶和海上技术　救生设备示位灯　产品的试验、检查和标志》(英文版)。

本标准等同翻译 ISO 24408:2005。

为便于使用，本标准做了下列编辑性修改：

——“本国际标准”一词改为“本标准”；

——用小数点“.”代替作为小数点的逗号“,”；

——用逗号“,”代替补充说明符号“—”；

——删除国际标准的前言；

——表述方式按照 GB/T 1.1—2000 的规定也做了修改。

本标准的附录 A 为资料性附录。

本标准由中国船舶工业集团公司提出。

本标准由全国海洋船标准化技术委员会船舶电气设备分技术委员会(SAC/TC 12/SC 6)归口。

本标准起草单位：中国船舶工业综合技术经济研究院。

本标准主要起草人：严苹、巩志祥、杨洪峰。

引　言

本标准将与国际海事组织(IMO)“救生设备(LSA)规则”以及相关的 IMO 文件共同使用,以评估经认可的各种示位灯产品与 IMO 有关要求的一致性。

本标准的部分规定超过了 IMO 的要求,见 IMO 的救生设备试验建议[经 MSC.81(70)决议修正的 A.689(17)决议],其内容对于产品部件的试验和检查不作任何特殊的要求。但是,该文件的第 2 部分要求制造商制定质量控制程序,以确保所生产的救生设备与海上安全管理机关认可的定型产品达到相同的标准,并保留所有已完成的产品试验记录。

本标准规定了符合上述要求的程序。按本标准的规定,制造商将能验证生产的产品与 IMO 建议的一致性。

船舶和海上技术 救生设备示位灯 产品的试验、检查和标志

1 范围

本标准规定了与各种救生设备一起使用的示位灯的产品试验和检查以及标志要求,包括救生艇上的灯。特定地适用于符合经修正的1974国际海上人命安全公约(SOLAS)要求的船舶所使用的、符合IMO的LSA规则,并且通过了国家海上安全管理机关或代理机构型式认可的示位灯。示位灯的制造除了应符合IMO要求,也可考虑其他适合于示位灯的基本规则。

2 规范性引用文件

下列文件中的条款通过本标准的引用而成为本标准的条款。凡是注日期的引用文件,其随后所有的修改单(不包括勘误的内容)或修订版均不适用于本标准,然而,鼓励根据本标准达成协议的各方研究是否可使用这些文件的最新版本。凡是不注日期的引用文件,其最新版本适用于本标准。

IMO A.689(17)决议,经IMO MSC.81(70)决议修正 救生设备试验的修改建议 国际海事组织

3 术语和定义

下列术语和定义适用于本标准。

3.1

批 lot

在相同的条件下和基本相同的时间内制造的产品的件,产品尽可能地具有同一类型、等级、规格和组成。

3.2

环境温度 ambient temperature

20 ℃±5 ℃的温度。

3.3

淡水 fresh water

电导率不大于1 800 μS的水。

3.4

海水 seawater

按3.5%的溶解比,用淡水稀释氯化钠所配制而成的人造海水。

4 通则

4.1 制造准则

4.1.1 制造商应具有适当的制造质量控制体系,以确保系列产品的生产采用同样的生产方法、使用同样的材料制造,并符合与国家海上安全管理机关或代理机构认可的定型试验同样的质量准则。

注1:第4章将不限制制造过程的改进,该改进不应对最终产品造成有害影响。

注2:推荐符合ISO 9001:2000要求的质量管理体系。

4.1.2 推荐的产品试验和检查程序包括在有效的制造质量控制体系内,内容参见附录A。

4.1.3 在一个生产批中产品生产的最大值应为1 000件,或一周所生产的产品数量,取数值小者。在制造过程/系统符合ISO 9001:2000的情况下,最大生产批的数值可以达到5 000件,或是一周所生产的产品数量,取数值小者。

4.2 外观与工艺

救生设备示位灯的外观应完好无损,且不影响使用性能。

4.3 标志

4.3.1 一般要求

制造商应在每个产品单元上清楚地标记以下信息:

a) 类型或型号标识,包括用途;

b) 标识和认可机关相关的认可标志,以及任何操作的限制;

c) 生产日期;

d) 失效日期;

e) 制造商名称或商标;

f) 批号,或其他可以鉴别示位灯出自哪个生产批的标识;

g) 以文字和图例的方式给出的使用说明;

h) 如果示位灯使用锂电池供电,应以大写黑体字标注"锂电池",并一同标出:"不许火烧/不许充电/不许损毁"。

注:若含有锂电池或其他电池的灯没有经过"无危险"设计的专门试验,可要求附加指定的运输标志。

4.3.2 失效日期的标识

4.3.2.1 应根据制造商获得认可的证明或文件上的使用寿命确定产品上标记的失效日期,失效日期不应超过安装在产品上的电池的失效日期。对于可以更换电池的灯,电池上应标明失效日期,而示位灯上应在标识部分留有空间,以便使用者在安装电池的时候标注电池的失效日期。

4.3.2.2 用于示位灯上的电池失效日期不应超过电池使用寿命的50%。电池的使用寿命应由电池制造商确定,并应考虑在环境温度条件下的下列降低寿命的情况:

a) 由制造商推荐或管理机构要求的试验,取更严酷者;

b) 电池组的自放电;

c) 任何条件下的备用负荷。

4.4 文档

制造商应保留每批产品完整的产品文档至少10年,文档至少应包括产品所有的定型报告和试验报告以及生产图纸资料。

5 性能

5.1 一般要求

当根据第6章中指定的试验程序进行试验时,示位灯和/或其组件的典型样品应符合第5章的要求。附录A中包含有规格和样品选择的指南。

5.2 救生衣灯

5.2.1 水密性

当按6.1.1进行试验时,每个示位灯在淡水水深300 mm处浸泡24 h后均应保持水密性能。

5.2.2 开关操作或拔出力

当按6.1.2进行试验时,用于拔动手动开关到开或关位置的力,或在海水电池组的情况下从电池盒中拔出按钮的力应在制造商所设计的允许范围内。

5.2.3 工作寿命

5.2.3.1 分别在−1 ℃的海水、30 ℃的海水,以及环境温度下的淡水中,按6.1.3进行试验,所有示位灯均应在 2 min 内发光,并在 5 min 内达到所要求的最小电压,并应继续产生充足的电压,以在灯上半球的各个方向产生大于 0.75 cd 的发光强度,并维持 8 h。

5.2.3.2 如果干式有源电源接触不到水,则不需要进行在环境温度下淡水的试验。

5.2.3.3 对于海水电池组,环境温度淡水条件下允许样品在 10 min 内达到满额电压。

5.2.3.4 如果示位灯是闪光灯,闪光频率在整个试验期间应为每分钟 50 次～70 次。

5.2.4 发光强度

按 6.1.4 进行试验时,在工作寿命试验中示位灯最低电压显示的发光强度在灯上半球的各个方向上应不小于 0.75 cd。

5.3 救生艇灯

5.3.1 水密性

当按 6.2.1 进行试验时,每个示位灯在淡水水深 300 mm 处浸泡 24 h 后均应保持水密性能。

5.3.2 开关操作或拔出力

当按 6.2.2 进行试验时,用于拔动手动开关到开或关位置的力,或在海水电池组的情况下从电池盒中拔出按钮的力应在制造商所设计的允许范围内。

5.3.3 工作寿命

5.3.3.1 在空气温度分别为 −30 ℃和 +65 ℃,以及在环境温度下,按 6.2.3 进行试验时,所有示位灯应在 2 min 内发光,并在 5 min 内达到所要求的最小电压,并应继续产生充足的电压,以在灯上半球的各个方向产生大于 4.3 cd 的发光强度,并维持 12 h。

5.3.3.2 对于海水电池装置,应分别浸泡在 −1 ℃的海水和 +30 ℃的海水中,以及环境温度下的淡水中进行试验。环境温度淡水条件下允许样品在 10 min 内达到满额电压。

5.3.3.3 如果示位灯是闪光灯,闪光频率在整个试验期间应为每分钟 50 次～70 次。

5.3.4 发光强度

对于外部示位灯,按 6.2.4 进行试验时,在工作寿命试验中示位灯最低电压显示的发光强度在灯上半球的各个方向上不应小于 4.3 cd。对于内部示位灯,按 6.2.5 进行试验时,在整个要求的工作周期内在灯上半球的各个方向上所测量的平均发光强度至少为 0.5 cd。

5.4 救生圈自亮灯

5.4.1 水密性

按 6.3.1 进行试验时,每个示位灯在淡水水深 300 mm 处浸泡 24 h 后均应保持水密性能。

5.4.2 开关操作或拔出力

当按 6.3.2 进行试验时,用于拔动手动开关到开或关位置的力,或在海水电池组的情况下从电池盒中拔出按钮的力应在制造商所设计的允许范围内。

5.4.3 工作寿命

5.4.3.1 分别在 −1 ℃的海水和 30 ℃的海水中,按 6.3.3 进行试验时,所有示位灯应在 2 min 内发光,并在 5 min 内达到所要求的最小电压,并应继续产生充足的电压,以在灯上半球的各个方向产生大于 2.0 cd 的发光强度,并维持 2 h。

5.4.3.2 对于海水电池装置,环境温度淡水条件下允许样品在 10 min 内达到满额电压。

5.4.3.3 如果示位灯是闪光灯,闪光频率在整个试验期间应为每分钟 50 次～70 次。

5.4.4 发光强度

按 6.3.4 进行试验时,在工作寿命试验中示位灯最低电压显示的发光强度在灯上半球的各个方向上不应小于 2.0 cd。

6 试验程序

6.1 救生衣灯

6.1.1 水密试验

6.1.1.1 每个示位灯应在环境温度下水深 300 mm 处的淡水中浸泡 24 h。浸泡后，接通示位灯电源，检查工作是否正常。然后该示位灯应继续进行 6.1.3 的工作寿命试验。

如果认证机关同意，也可使用其他替代方法进行试验。

6.1.1.2 如果用于单体示位灯工作寿命试验的监视电线破坏了水密性，应采用同批的标准产品作为代替品进行上述试验。

6.1.1.3 在本试验中，应防止接通自动激活式示位灯。

6.1.2 开关操作或拔出力试验

拔动开关到开或关的位置的力，或在海水电池组的情况下，从电池盒中拔出按钮的力，应用校准的拉力表或专用仪表确定，并记录结果。

6.1.3 工作寿命试验

6.1.3.1 将试验样品平均分成 3 份，分别在 5.2.3 中所指定的三个温度值下进行试验。连接监视电线到灯的引线(非电池接线端)，以监视电压。

注：如果样品是单体结构，则有必要在样品的生产过程中连接监视电线。

6.1.3.2 连接监视电线到已校准的电压记录仪表上。开始记录并接通所有试验的示位灯，每个示位灯均应被浸泡在相关的水池中。

6.1.3.3 淡水试验时，在浸泡在水里之前，应将一个受试示位灯从 2 m 的高处跌落到坚硬的钢板上或水泥面上。如果配上监视电线，电缆的布置不应对示位灯产生严重的碰撞影响。

6.1.3.4 应在试验中监视每个样品的电压 5 min～8 h。在完成一个 8 h 的试验时，应检验所有记录的电压探查结果，并且在试验期间显示最低电压的示位灯的灯和圆顶组合件可用于 6.1.4 中的发光强度试验。应按 4.4 的要求保留电压探查结果记录。

6.1.3.5 由监视电线连接所造成的漏水不应认为是试验失败。但应另增加样品进行试验。

6.1.3.6 如果示位灯是闪光灯，应测量并记录闪光的频率，应至少在试验开始和结束时进行。

6.1.3.7 如果记录的最低电压发生在 5 min 以内(淡水中的海水电池组件为 10 min)，发光强度试验也可以使用按照同一标准制造的同一批中的一个新灯。

6.1.4 发光强度试验

6.1.4.1 在工作寿命的试验中，将性能最低示位灯的灯与圆顶组合件放在校准光度计上，并提供一个与 6.1.3 要求的记录中完全一样的校准电压。测量并记录在灯上半球的最小发光强度值。如果在所给定的设计中已知最小发光强度点，仅在该位置测量发光强度。

6.1.4.2 闪光灯试验应按 6.1.4.2.1 或 6.1.4.2.2 的要求进行。

6.1.4.2.1 在每个工作循环内，对于持续闪光时间大于 0.3 s，闪光强度大于 0.75 cd 的闪光灯，应按 6.1.4.1 进行发光强度试验。

6.1.4.2.2 对于持续闪光时间大于 0.3 s，闪光强度不大于 0.75 cd 的闪光灯，应按 6.1.4.1 进行发光强度试验，并应按 Blondel-Rey 公式确定有效的发光强度，公式见 IMO A. 689(17)决议[经 IMO MSC. 81(70)决议修正]。

6.2 救生艇灯

6.2.1 水密试验

6.2.1.1 每个示位灯应在环境温度下的淡水水深 300 mm 处浸泡 24 h。浸泡后，接通示位灯电源，检查工作是否正常。然后该示位灯应进行 6.2.3 规定的工作寿命试验。

如果认证机关同意，也可使用其他替代方法进行试验。

6.2.1.2 如果用于单体示位灯工作寿命试验的监视电线破坏了水密性，应采用同批的标准示位灯作为代替品进行上述试验。

6.2.1.3 在本试验中，应防止接通自动激活式示位灯。

6.2.2 开关操作或拔出力试验

拔动开关到开或关位置的力，或在海水电池组的情况下从电池盒中拔出按钮的力，应用校准的拉力表或是专用仪表确定，并记录结果。

6.2.3 工作寿命试验

6.2.3.1 将试验样品平均分成 2 份，分别在 5.3.3 中所指定的空气温度下进行试验。连接监视电线到灯的引线（非电池接线端），以监视电压。

注：如果样品是单体结构，则有必要在样品的生产过程中连接监视电线。

6.2.3.2 连接监视电线到已校准的电压记录仪表上。开始记录并接通所有试验的示位灯，每个示位灯均应在适宜的空气温度下进行试验。对于海水电池组装置，电池组应按 5.3.3.2 的规定浸泡在水中。

6.2.3.3 应在试验中监视每个样品的电压 5 min～12 h。在完成一个 12 h 的试验时，应检验所有记录的电压探查结果，并且在试验期间显示最低电压的示位灯的灯和圆顶组合件可用于 6.2.4 中的发光强度试验。应按 4.4 的要求保留电压探查结果记录。

6.2.3.4 如果示位灯是闪光灯，应测量并记录闪光的频率，应至少在试验的开始与结束时进行。

6.2.3.5 如果记录的最低电压发生在 5 min 以内（淡水中的海水电池组件为 10 min），发光强度试验也可使用按照同一标准制造的同一批中的一个新灯。

6.2.4 发光强度试验（外部灯）

6.2.4.1 在工作寿命的试验中，将性能最低示位灯的灯与圆顶组合件放在校准光度计上，并提供一个与在 6.2.3 要求的记录中完全一样的校准电压。在灯上半球的最小发光强度值应被测量并记录下来。如果已知最小发光强度值在所给定的设计中，仅在该位置测量发光强度。

6.2.4.2 闪光灯试验应按 6.2.4.2.1 或 6.2.4.2.2 的要求进行。

6.2.4.2.1 在每个工作循环内，对于持续闪光时间大于 0.3 s，闪光强度大于 4.3 cd 的闪光灯，应按 6.2.4.1 进行发光强度试验。

6.2.4.2.2 对于持续闪光时间大于 0.3 s，闪光强度不大于 4.3 cd 的闪光灯，应按 6.2.4.1 进行发光强度试验，并应按 Blondel-Rey 公式确定有效的发光强度，公式见 IMO A.689(17)决议[经 IMO MSC.81(70)决议修正]。

6.2.5 发光强度试验（内部灯）

在工作寿命试验中，将性能最低示位灯的灯与圆顶组合件放在校准光度计上，并提供一个与在 6.2.3 要求的记录中完全一样的校准电压。测量并记录灯的上半球的发光强度平均值。

6.3 救生圈自亮灯

6.3.1 水密试验

6.3.1.1 每个示位灯在环境温度下的淡水水深 300 mm 处浸泡 24 h。浸泡后，接通示位灯电源，检查工作是否正常。然后该示位灯应进行 6.3.3 规定的工作寿命试验。

如果认证机关同意，也可使用其他替代方法进行试验。

6.3.1.2 如果用于单体示位灯工作寿命试验的监视电线破坏了水密性，应采用同批的标准示位灯作为代替品进行上述试验。

6.3.2 开关操作或拔出力试验

拔动开关到开或关的位置的力，或在海水电池组的情况下，从电池盒中拔出按钮的力，应用校准的拉力表或专用仪表确定，并记录结果。

6.3.3 性能试验

6.3.3.1 将试验样品平均分成 2 份，分别在 5.4.3 中规定的温度下进行试验。连接监视电线到灯的引线(非电池接线端)以监视电压。

注：如果样品是单体结构,那么有必要在样品的生产过程中连接监视电线。

6.3.3.2 连接监视电线到已校准的电压记录仪表上。开始记录并接通所有试验的示位灯,每个示位灯均应浸泡在相关的水池中。

6.3.3.3 应在试验中监视每个样品的电压 5 min～2 h。在完成一个 2 h 的试验时,应检验所有记录的电压探查结果,并且在试验期间显示最低电压的示位灯的灯和圆顶组合件可用于 6.3.4 中的发光强度试验。应按 4.4 的要求保留电压探查结果记录。

6.3.3.4 如果用于单体示位灯上的监视电线破坏了水密性,应在空气温度为－1 ℃,＋30 ℃和环境温度下进行试验。

6.3.3.5 如果示位灯是闪光灯,应测量并记录闪光的频率,应至少在试验的开始与结束时进行。

6.3.3.6 如果记录的最低电压发生在 5 min 以内(淡水中的海水电池组件为 10 min),发光强度试验也可使用按照同一标准制造的同一批中的一个新灯。

6.3.4 发光强度试验

6.3.4.1 在工作寿命的试验中,将性能最低示位灯的灯与圆顶组合件放在校准光度计上,并提供一个与在 6.3.3 要求的记录中完全一样的校准电压。在灯上半球的最小发光强度值应被测量与记录下来。如果已知最小发光强度值在所给定的设计中,仅在该位置测量发光强度。

6.3.4.2 闪光灯试验应按 6.3.4.2.1 或 6.3.4.2.2 的要求进行。

6.3.4.2.1 在每个工作循环内,对于持续闪光时间大于 0.3 s,闪光强度不大于 2.0 cd 的闪光灯,应按 6.3.4.1 进行发光强度试验。

6.3.4.2.2 对于持续闪光时间大于 0.3 s,闪光强度不大于 2.0 cd 的闪光灯,发光强度测试应按 6.3.4.1 进行发光强度试验,并应按 Blondel-Rey 公式确定有效的发光强度,公式见 IMO A.689(17)决议[经 IMO MSC.81(70)决议修正]。

附　录　A
（资料性附录）
产品试验和检验程序

A.1　抽样程序

在组成一个生产批的示位灯全部装配后，或在批生产期间可以进行抽样。任何情况下，样品的选取均应是随机的。

A.2　采购材料和零部件

制造商应制定一个质量计划，详细说明用于制造每一种示位灯的采购材料、零部件和整套组件的检验过程。质量计划应经过认证机关同意。采购的材料、零部件，以及专用灯具和电源的存贮和搬运应有防止损坏和降低性能的保护措施。

A.3　过程处理和试验

A.3.1　制造商的质量计划应能适用于所有示位灯的制造过程。质量计划应包括相适用的非破坏性试验，以证明每一过程或示位灯的正确操作和装配。

A.3.2　无论什么情况下，闪光电路使用静态敏感元件等应采用识别抗静电设备和措施加以保护。

A.4　示位灯成品的试验和检查

A.4.1　通常，应从每个生产批中随机选取9件示位灯成品，除非批量小于150件的情况下，可选3件样品。

A.4.2　无预先进行温度循环或达到预定的环境条件，选取的样品应经过适当的水密试验、工作寿命试验、开关操作和拔出力试验。在工作寿命试验中出现最低性能的灯还应进行发光强度试验。9件产品中至少有8件灯符合试验要求。如果符合试验要求的产品少于8件，应从同一批中再随机抽取9件灯进行试验。如果有要求，应向认证机关报告不合格批。

A.4.3　对于3件的样品数量，如果任何一个受试的示位灯不符合要求，则该批产品为不合格。

A.4.4　包装前，批中的每个示位灯样品应通过操作检查。检查包括开关在开关位置上至少3次的机械动作。对于水激活式开关，应激活开关传感器使示位灯开和关。

A.4.5　对于海水电池，应检查工作连续性、绝缘电阻和容量，并确认其在可接收的设计范围内。

A.4.6　应对批中的每个示位灯样品进行水密试验并合格。水密试验可按6.1.1、6.2.1或6.3.1，或经认证机关同意的替代试验要求进行。

A.5　使用高内阻电池的氙气闪光灯发光强度试验中的预防

若电路中有高内阻电池（如碱性电池）和氙气闪光灯，在测量灯的发光强度期间应关注电压波动（每次闪光时的电压降）。对此，应评估和证明电池电压波动的影响。

参 考 文 献

[1] 联合国关于危险品运输的建议.
[2] CIE15.2 号出版物 比色法,国际照明委员会(CIE),1986.
[3] ISO 9001:2000 质量管理体系 要求.

ICS 43.160
T 51

中华人民共和国国家标准

GB/T 25977—2010

除雪车

Snow blower

2011-01-10 发布　　2011-05-01 实施

中华人民共和国国家质量监督检验检疫总局
中国国家标准化管理委员会　发布

前　言

本标准修改采用日本工业标准 JIS D 6509:1992《旋转式除雪车　性能试验方法》。

本标准根据 JIS D 6509:1992 重新起草，与 JIS D 6509:1992 的主要差异如下：

——在测量尺寸上，JIS 要求使用 JIS B 7512 规定的卷尺或者 JIS B 7516 规定的直尺，本标准使用我国生产的皮尺、直尺。

——在作业速度测量上，JIS 用“试验距离÷试验时间”计算作业速度，由于目前有 GPS 和五轮仪等测速设备，本标准直接采用试验用测速仪记录的车速。

——JIS 中只规定了抛雪功能的除雪车，本标准根据国内产品的实际情况规定了包括推雪、扫雪、吹雪、抛雪、撒布融雪料、破冰等功能的除雪车。

——JIS 中规定的除雪能力是指在规定的工作时间内清除雪的体积或质量。为了符合我国目前的产品状况和试验条件，本标准中规定的除雪能力是指在规定的工作距离内除雪前雪的质量和除雪后残余雪的质量的比值。

——考虑到我国目前的产品状况和试验条件，本标准删除了 JIS 中规定的抛雪筒装载试验。

本标准附录 A、附录 B 为资料性附录。

本标准由全国汽车标准化技术委员会(SAC/TC 114)提出并归口。

本标准起草单位：北京三兴汽车厂、重庆市迪马实业股份有限公司、长沙中联重工科技发展股份有限公司。

本标准主要起草人：任满堂、刘忠山、彭南兴、吴红、赵强、靳宝生。

除 雪 车

1 范围

本标准规定了除雪车的术语和定义、要求、试验方法、检验规则、标志、运输、贮存。

本标准适用于全新设计的或在整车及定型汽车底盘基础上改装的用于城市道路、高速公路和机场路面的除雪车及除雪半挂车。使用其他底盘改装的除雪车参照执行。

2 规范性引用文件

下列文件中的条款通过本标准的引用而成为本标准的条款。凡是注日期的引用文件，其随后所有的修改单(不包括勘误的内容)或修订版均不适用于本标准，然而，鼓励根据本标准达成协议的各方研究是否可使用这些文件的最新版本。凡是不注日期的引用文件，其最新版本适用于本标准。

GB 1495 汽车加速行驶车外噪声限值及测量方法

GB 1589 道路车辆外廓尺寸、轴荷及质量限值

GB/T 3766 液压系统通用技术条件

GB 4785 汽车及挂车外部照明和光信号装置的安装规定

GB 7258 机动车运行安全技术条件

GB 10396 农林拖拉机和机械、草坪和园艺动力机械 安全标志和危险图形 总则

GB 11567.1 汽车和挂车侧面防护要求

GB 11567.2 汽车和挂车后下部防护要求

GB/T 12467.3 焊接质量要求 金属材料的熔化焊 第3部分:一般质量要求

GB/T 12534 汽车道路试验方法通则

GB/T 18411 道路车辆 产品标牌

GB 20891 非道路移动机械用柴油机排气污染物排放限值及测量方法(中国Ⅰ、Ⅱ阶段)

CJJ/T 108 城市道路除雪作业技术规程

JB/T 4185 半挂车通用技术条件

QC/T 34 汽车故障模式及分类

QC/T 252 专用汽车定型试验规程

QC/T 256 液化石油气汽车定型试验规程

QC/T 257 压缩天然气汽车定型试验规程

QC/T 484 汽车 油漆涂层

QC/T 518 汽车用螺纹紧固件紧固扭矩

QC/T 29104 专用汽车液压系统液压油固体污染度限值

QC/T 29105.1～29105.4 专用汽车液压系统液压油固体污染度测试方法

3 术语和定义

下列术语和定义适用于本标准。

3.1

推雪 pushing snow

将路面的积雪推向路边的作业。

3.2

扫雪 sweeping snow

将路面积雪扫向路边的作业。

3.3

融雪 melting snow

融化路面积雪的作业。

3.4

抛雪 throwing snow

将路面积雪抛出路面的作业。

3.5

吹雪 blowing snow

利用高压气流将路面积雪吹出路面的作业。

3.6

破冰 breaking ice

对路面的冰层进行破碎的作业。

3.7

偏角 defleceive angle

对直线型除雪机具,是指除雪机具偏转后,除雪机具轴线或铲刃在车辆支承平面上的投影与车辆纵向中心线垂线的夹角。对“人”字形和“八”字形推雪铲,是指作业面铲刃在车辆支承平面上的投影与车辆纵向中心线的夹角变化值。

3.8

除雪作业角 snow removal operations declination

对直线型除雪机具,是指设计规定的、进行正常除雪作业时除雪机具的偏角。对“人”字形和“八”字形推雪铲,是指偏角为零时,作业面铲刃在车辆支承平面上的投影与车辆纵向中心线的夹角的和。

3.9

推雪宽度 width of pushing snow

除雪车直线行进,推雪铲在规定的除雪作业角进行除雪作业时能推除的雪的最大有效宽度。

3.10

推雪铲避障能力 yoad-block avoidance capacity of snow-pushed board

推雪铲推雪时能越过路面障碍物而又不发生推雪铲损坏的最大高度。

3.11

撒布宽度 bestrewing width

撒布料的最远落点在与车辆纵向中心线垂直方向上的最大距离。

3.12

撒布密度 bestrewing density

撒布作业时,单位面积内撒布的撒布料质量。

3.13

扫雪宽度 sweeping snow width

滚刷以规定的除雪作业角进行除雪作业时,能清除的最大有效作业面的宽度。

3.14

破冰宽度 width of ice breaking

破冰机破冰时,能破除的冰的最大有效作业面的宽度。

3.15

抛雪距离　distance of throwing snow

从车体中心面至被抛积雪的最高处之间的距离(见图 1)。

3.16

抛雪机除雪宽度　the width of snow removal vehicles

抛雪机进行一次抛雪作业可以除雪的最大宽度(见图 1)。

3.17

作业速度　work speed

除雪车在进行除雪/破冰/撒布作业时车辆的行驶速度。

3.18

吹雪宽度　the width of blowing snow

除雪车在进行吹雪作业时,从出风口延长线与地面的交线到吹除面最远端的距离。

3.19

残雪高度　remain snow thickness

除雪作业后,未除净的雪高出路面的高度。

3.20

除雪率　snow removal rate

在规定的试验条件下所测得的被清除的路面积雪质量与作业前路面积雪质量之比。以百分数表示。

3.21

除冰率　ice breaking rate

在规定的试验条件下所测得的清除冰层后露出路面的面积与作业前路面冰层面积之比。以百分数表示。

3.22

标准级配料　the standard compound material

与融雪剂堆积容积相同、直径为 3 mm～5 mm 且颗粒均匀的固态撒布料。

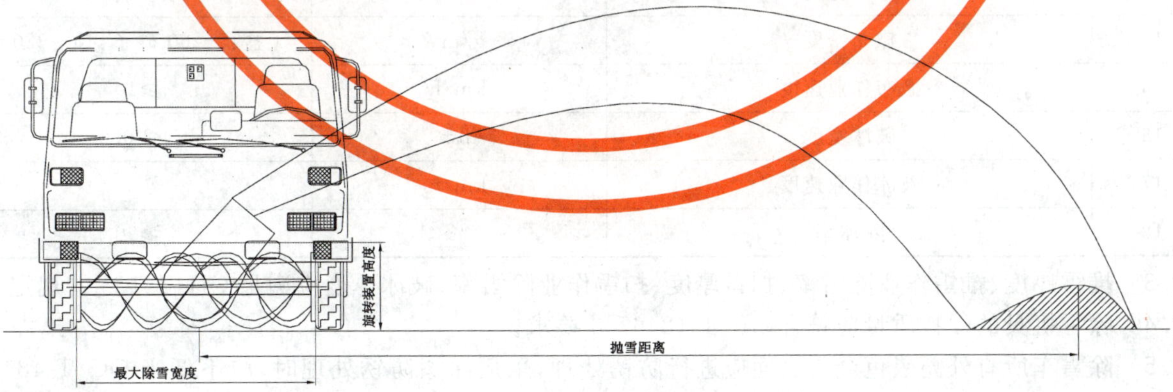

图 1　抛雪定义示意图

4　要求

4.1　总则

4.1.1　除雪车应按经规定程序批准的技术文件制造并应符合本标准的规定。

4.1.2　除雪车的外购件、外协件应符合相关标准的规定,所有零部件应经除雪车生产企业质量检验部门检验合格后方可装配。

4.2 一般要求

4.2.1 除雪车应具有以下一种或几种功能：

a) 推雪；

b) 扫雪；

c) 吹雪；

d) 抛雪；

e) 撒布融雪料；

f) 破冰。

4.2.2 除雪车基本性能参数应符合表1规定。

表1 除雪车基本性能参数

序号	名称	单位符号	基本参数
1	推雪宽度	mm	>2 000
2	推雪铲避障能力	mm	≥120
3	推雪作业速度	km/h	≥20
4	扫雪宽度	mm	>2 000
5	扫雪作业速度	km/h	≥20
6	抛雪距离	m	≥7
7	抛雪机除雪宽度	mm	>2 000
8	抛雪作业速度	km/h	≥4
9	吹雪宽度	m	≥3.5
10	吹雪作业速度	km/h	≥4
11	吹雪厚度(浮雪)	mm	≥20
12	吹雪作业除雪率	%	≥95
13	撒布宽度	m	≥4
14	撒布密度	g/m^2	盐:5～60 砂子:40～320
15	撒布作业速度	km/h	≥10
16	破冰宽度	mm	>2 000
17	破冰作业速度	km/h	≥5
18	除冰率	%	≥90

4.2.3 推雪厚度、推雪作业除雪率、扫雪厚度、扫雪作业除雪率、破冰厚度应满足CJJ/T 108的规定。

4.2.4 除雪机具的焊接质量应符合GB/T 12467.3要求。

4.2.5 除雪车所有外露黑色金属表面应进行防锈处理，采用涂漆防锈处理时，应不低于QC/T 484中的TQ3甲级的规定。

4.2.6 一般联接件、紧固件的紧固扭矩按QC/T 518的规定执行。

4.2.7 各主要操纵机构应有明显的标识固定在其上或附近明显的位置，其最大操纵力应符合设计规定，所有自动回位的操纵手柄、踏板应操纵灵活、轻便、可靠，在操纵力去除后，应能自动复位。

4.2.8 油、气、电路系统的管路、线路应排列整齐、夹持牢固，不应与运动件发生摩擦或干涉。

4.2.9 除雪车应具有良好保养方便性。操作、保养部位应有足够的操作空间，除雪机具应便于拆装更换，易损件应便于更换。

4.2.10 除雪车应安装作业警示装置和夜间作业照明装置。

4.2.11 气体燃料除雪车,燃气系统应严格密封,无渗漏。

4.2.12 除雪车宜采用多轴驱动机构,并宜采用轴间和轮间差速锁止机构,以提高除雪能力。

4.2.13 除雪半挂车除应符合本标准的规定外,还应符合JB/T 4185的要求。

4.2.14 除雪机具电器控制系统应有防水、防腐蚀保护。

4.2.15 除雪车所有外露的回转运动部件均应粘贴警示标牌,并符合GB 10396的规定。

4.2.16 除雪作业功能装置工业性试验累计里程除雪车不少于1 000 km,且不允许出现QC/T 34中规定的致命故障和两次严重故障。

4.3 安全要求

4.3.1 除雪车的外廓尺寸、轴荷及质量参数应符合GB 1589规定。

4.3.2 除雪车照明及光信号装置应符合GB 4785的规定。

4.3.3 除雪车侧面防护应符合GB 11567.1的规定,后下部防护应符合GB 11567.2的规定。

4.3.4 除雪车侧倾稳定角应符合GB 7258的规定。

4.3.5 除雪车制动性能应符合GB 7258的规定。

4.3.6 除雪车粘贴的车身反光标识应符合GB 7258的规定。

4.4 环保要求

4.4.1 除雪车副发动机(柴油机)的排放应符合GB 20891的规定。

4.4.2 除雪车加速行驶时,车外最大允许噪声应符合GB 1495的规定。

4.4.3 除雪车驾驶员耳旁噪声应符合GB 7258的规定。

4.4.4 除雪车除雪作业时车外噪声应不大于89 dB(A),应用于特殊城市的除雪车应符合特殊城市噪声标准要求。

4.5 专用部分

4.5.1 推雪铲

4.5.1.1 推雪铲应具有调节离地间隙的功能,且在推雪作业时保持间隙稳定,不能损坏作业路面。

4.5.1.2 推雪铲应有避障保护装置。

4.5.1.3 推雪铲应有偏转装置,推雪铲除雪作业角应符合设计规定。

4.5.1.4 推雪铲非作业行驶时具有安全锁止功能,刃口离地间隙应≥200 mm。

4.5.1.5 推雪铲应安装挡雪帘。

4.5.1.6 应安装标杆或示宽灯。

4.5.1.7 具有部分折叠功能的推雪铲在推雪时,不允许发生折叠部分自动折回现象。

4.5.2 前置滚刷

4.5.2.1 前置滚刷应有偏转装置,除雪作业角应符合设计规定。

4.5.2.2 前置滚刷应安装挡雪帘。

4.5.2.3 前置滚刷作业时不能损坏作业路面。

4.5.2.4 前置滚刷应安装标杆或示宽灯。

4.5.2.5 前置滚刷在非作业行驶时应具有安全锁止功能,其刚性部件最小离地间隙应≥200 mm。

4.5.3 中置滚刷

4.5.3.1 中置滚刷应有偏转装置,除雪作业角应符合设计规定。

4.5.3.2 中置滚刷应安装挡雪帘。

4.5.3.3 中置滚刷在非作业行驶时应具有安全锁止功能,其刚性部件最小离地间隙应≥200 mm。

4.5.3.4 应安装标杆或示宽灯。

4.5.3.5 滚刷作业时不能损坏作业路面。

4.5.4 撒布机

4.5.4.1 撒布机的撒布密度、撒布宽度、撒布车速应能设定和自动调整;撒布方向应能调整。

4.5.4.2 撒布料容器不应有撒布料漏出的现象。

4.5.4.3 撒布机实际的撒布密度与设定的撒布密度误差应≤±10%,进行撒布作业时若车速发生变化,设定路段内的单位面积内的撒布密度应保持不变,且能持续稳定撒布。

4.5.4.4 撒布机实际的撒布宽度与设定的撒布宽度误差应≤±10%,进行撒布作业时若车速发生变化,设定路段内的撒布宽度不变,应能持续稳定撒布。

4.5.5 抛雪机

4.5.5.1 应对抛雪距离、方向、高度等进行调整和控制。

4.5.5.2 抛雪机作业时不应损伤路面。

4.5.5.3 在非作业行驶时应具有安全锁止功能,最小离地间隙应≥200 mm。

4.5.5.4 抛雪筒能升降的抛雪机,在抛雪机进行抛雪作业时,抛雪筒的高度应能保持在设定的高度不变,抛雪作业结束后抛雪筒的实际高度与试验前设定的高度之差应小于 3 mm。

4.5.5.5 抛雪机应安装标杆或示宽灯。

4.5.6 破冰机

4.5.6.1 破冰机作业时刀片与地面间的间隙应保持稳定,不应损坏作业路面。

4.5.6.2 破冰机在非作业行驶时应具有安全锁止功能,刃口最小离地间隙应≥200 mm。

4.5.6.3 破冰机应安装标杆或示宽灯。

4.5.7 吹雪机具

4.5.7.1 吹雪风道应具有提升、下降功能。吹雪方向应能向左或向右。

4.5.7.2 吹雪风道在非作业行驶时,应具有安全锁止功能,最小离地间隙应≥200 mm。

4.5.7.3 除雪车风机的风量、风压应能满足除雪车吹雪作业性能要求。风机的叶轮在安装前应经过动平衡试验,达到 3 级以上要求。

4.5.8 液压系统

4.5.8.1 液压系统管路的安装应符合 GB/T 3766 的规定。

4.5.8.2 液压油的固体污染度限值应符合 QC/T 29104 的规定。

4.5.8.3 液压阀工作时,不允许有卡滞及不动作现象。

4.5.8.4 液压系统在额定压力下应无渗漏。

4.5.8.5 液压系统应有防水、防腐蚀保护。

5 试验方法

5.1 整车试验

5.1.1 试验条件

除雪车的试验条件和准备应符合 GB/T 12534 的规定。对于装备有用以驱动工作装置的副发动机,应按使用说明书的规定对其进行磨合。满载时,撒布机按规定容量装载融雪剂。

5.1.2 技术参数测量和基本性能试验

除雪车主要技术参数测量,基本性能和可靠性试验按 QC/T 252 的规定进行。使用气体燃料的除雪车还应按 QC/T 256 、QC/T 257 的规定进行相关的试验。除雪机具尺寸的测量以刚性部件的最外端为测量基准,测量结果记录在附录 A 的表 A.1。

5.2 专用功能试验

5.2.1 推雪功能试验

5.2.1.1 推雪铲离地间隙及作业角测量

5.2.1.1.1 直形推雪铲离地间隙及作业角测量方法

5.2.1.1.1.1 推雪铲非作业时铲刃最小离地间隙的测量

试验车停在平坦、宽阔的试验场地上,将直形推雪铲摆在与车辆纵向中心线垂直并升到最高位置,然后放下至最低位置，再升到最高位置，重复 3 次，每次在最高位置测量最低刚性部件与地面的距离，测量结果记录在附录 A 的表 A.2 中，其平均值作为试验值。

5.2.1.1.1.2 作业角测量

推雪铲非作业时刚性部件最小离地间隙测量后，将推雪铲降至工作位置，在地面上画出推雪铲作业面铲刃的投影线，然后向左、向右各 3 次转动推雪铲至设计规定的角度，每次在地面上画出推雪铲作业面铲刃的投影线，测量偏转前后投影线间的夹角，测量结果记录在附录 A 的表 A.2 中，其平均值作为试验值。

5.2.1.1.1.3 推雪铲作业时铲刃最小离地间隙的测量

在进行作业角测量时，每次将推雪铲转到设计规定的角度时，测量铲刃离地间隙，左、右各 3 次，测量结果记录在附录 A 的表 A.2 中，其平均值作为试验值。

5.2.1.1.2 "人"字形和"八"字形推雪铲离地间隙及作业角测量方法

5.2.1.1.2.1 推雪铲非作业时刚性部件最小离地间隙的测量

方法同 5.2.1.1.1。

5.2.1.1.2.2 作业角测量

试验车停在平坦、宽阔的试验场地上，将"人"字形和"八"字形推雪铲的中心线摆在与车辆纵向中心线重合并降至工作位置，在地面上画出推雪铲作业面铲刃的投影线，测量两铲刃间的夹角，即为其作业角，测量 3 次，测量结果记录在附录 A 的表 A.2 中，其平均值作为试验值。

5.2.1.1.2.3 推雪铲作业时最小离地间隙的测量

将推雪铲升到最高位置，然后放下至最低位置，再升到最高位置，重复 3 次，每次在最低位置测量铲刃与地面的距离，测量结果记录在附录 A 的表 A.2 中，其平均值作为试验值。

5.2.1.2 推雪铲避障能力试验

选择一宽阔平整的场地为试验场地，在试验场地上设置 120 mm 高的刚性障碍物，推雪铲处于工作状态，推雪铲 3 次越过障碍物，观察推雪铲越过障碍物的情况并检查推雪铲越过障碍物后有无损伤，试验结果记录在附录 A 表 A.3 中。

5.2.1.3 推雪作业除雪率、推雪宽度及作业速度试验

5.2.1.3.1 试验条件

试验条件如下：

a) 环境温度：<-5 ℃；

b) 风力：≤2 级；

c) 场地：雪后寻找一宽阔、平坦、背风的积雪地带，该地带的长度应大于 15 m，宽度应大于 6 m，积雪厚度应大于 50 mm；

d) 仪器：大于 30 m 的皮尺；直尺；测速仪；精度为 1 kg 的衡器；

e) 车辆：按 5.1.1 的规定。

5.2.1.3.2 推雪铲除雪试验（以推雪铲向右偏转为例说明）

在雪地上按图 2 布置标记点 1～12 和测量点 C_1～C_{12}。见图 2 所示。

单位为毫米

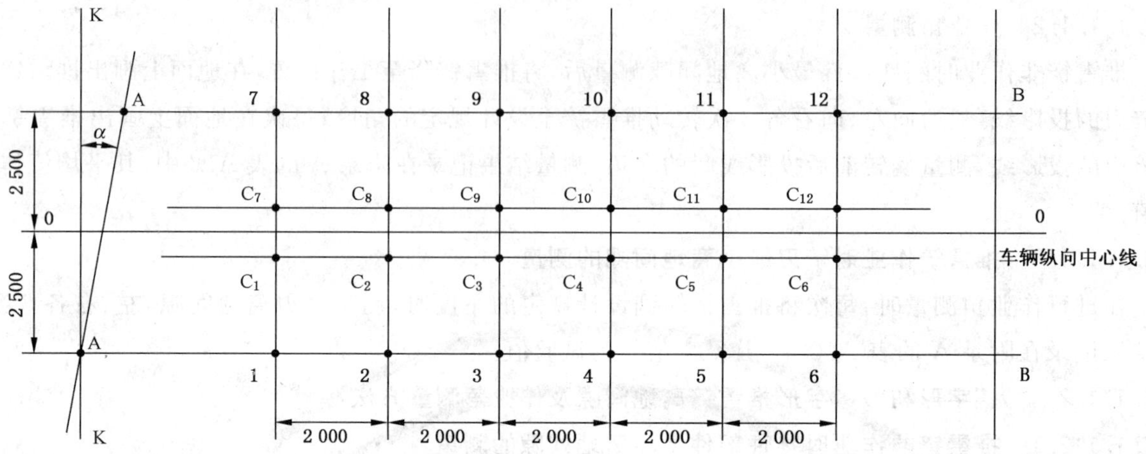

图 2　除雪试验标记点、测量点布置示意图

测量 C_1～C_{12}点的雪的厚度，计算其平均值，测量和计算结果记录在附录 A 表 A.4 中。

除雪车推雪铲向右偏转至规定的作业角度(α)，放下推雪铲至规定的推雪高度，除雪车加速到设计规定速度并保持该速度匀速行驶，当推雪铲到达 A—A 线时，除雪车纵向中心线沿 0—0 线开始进行推雪作业。当车辆后部完全驶出 B—B 线后，停止推雪作业。

5.2.1.3.3　推雪作业除雪率计算

测量点 C_1～C_{12}点残余的雪的厚度，记录在附录 A 表 A.4 中并计算平均厚度。按 5.2.1.3.4 确定推雪宽度。计算推雪前雪的质量和推雪后残余雪的质量，用式(1)计算除雪率。

$$W = \frac{H - h}{H} \times 100\% \qquad \cdots\cdots(1)$$

式中：

W——除雪率，%；

H——推雪前雪的质量，单位为千克(kg)；

h——推雪后残余雪的质量，单位为千克(kg)。

5.2.1.3.4　推雪宽度

在标记点 1～12 处测量实际推雪宽度，记录在附录 A 表 A.4 中。

5.2.1.3.5　推雪作业速度

将测速仪记录的推雪作业行驶车速作为作业速度记录在附录 A 表 A.4 中。

5.2.2　中置滚刷性能试验(以向右偏转为例说明)

5.2.2.1　中置滚刷离地间隙及作业角测量方法

5.2.2.1.1　非作业时刚性部件最小离地间隙的测量

方法同 5.2.1.1.1，测量结果记录在附录 A 的表 A.5 中。

5.2.2.1.2　作业角测量

试验车停在平坦、宽阔的试验场地上，将中置滚刷摆在与车辆纵向中心线垂直并降低至工作位置，在地面上画出中置滚刷轴线的投影线，然后向左、向右各 3 次转动中置滚刷至设计规定的角度，在地面上画出中置滚刷轴线的投影线，测量偏转前后投影线间的夹角，测量结果记录在附录 A 的表 A.5 中，其平均值作为试验值。

5.2.2.2 中置滚刷除雪率、作业宽度及作业速度试验

5.2.2.2.1 试验条件

同 5.2.1.3.1。

5.2.2.2.2 试验方法

同 5.2.1.3.2。

5.2.2.2.3 中置滚刷扫雪作业除雪率计算

试验前，在测量点测量雪的厚度，计算其质量，记录在附录 A 表 A.6 中。试验结束后，按5.2.2.2.4确定的中置滚刷扫雪作业宽度计算扫雪前雪的质量和残余雪的质量，记录在附录 A 表 A.6 中，按式(2)计算除雪率。

$$W = \frac{H-h}{H} \times 100\% \quad \cdots\cdots(2)$$

式中：

W——除雪率，%；

H——推雪前雪的质量，单位为千克(kg)；

h——推雪后残余雪的质量，单位为千克(kg)。

5.2.2.2.4 中置滚刷扫雪作业宽度

在标记点测量扫雪宽度，并记录在附录 A 表 A.6 中。

5.2.2.2.5 中置滚刷扫雪作业速度

将测速仪记录的扫雪作业行驶车速作为作业速度记录在附录 A 表 A.6 中。

5.2.3 前置滚刷性能试验(以向右偏转为例)

5.2.3.1 前置滚刷离地间隙及作业角测量方法

5.2.3.1.1 非作业时刚性部件最小离地间隙的测量

方法同 5.2.1.1.1，试验结果记录在附录 A 表 A.7 中。

5.2.3.1.2 作业角测量

试验方法同 5.2.2.1，试验结果记录在附录 A 表 A.7 中。

5.2.3.2 前置滚刷除雪率、作业宽度及作业速度试验

5.2.3.2.1 试验条件

雪的厚度≤50 mm，其他同 5.2.1.3.1。

5.2.3.2.2 试验方法

同 5.2.1.3.2。

5.2.3.2.3 前置滚刷扫雪作业除雪率计算

测量和计算同 5.2.2.2.3 并记录在附录 A 表 A.8 中。

5.2.3.2.4 前置滚刷扫雪作业宽度

测量扫雪宽度，并记录在附录 A 表 A.8 中。

5.2.3.2.5 前置滚刷扫雪作业速度

将测速仪记录的扫雪作业行驶车速作为作业速度记录在附录 A 表 A.8 中。

5.2.4 撒布功能试验

5.2.4.1 试验条件

试验条件如下：

a) 风力:≤2级;

b) 撒布料:本试验可用实际撒布料或用标准级配料代替实际撒布料,试验用的撒布料应便于与地面上铺设的防弹跳物质分开;

c) 仪器:精度为0.1 g的衡器,100 m长的皮尺;

d) 场地:选择一宽阔、平坦的场地,长为100 m,宽为20 m,在场地上按图3画出中心线和1 m×1 m的方格。方格的宽度应与试验的撒布机试验设定的撒布宽度相同,在长度方向上应划出预撒区、设定撒布宽度和密度试验区、车辆速度变化时撒布宽度和密度变化测量区(分为加速段和减速段)及标记线。在撒布宽度线的内、外侧标出±10%的误差线。再在撒布宽度的两侧竖立标杆或参照物。按试验要求设定取样方框,取样方框的设定应符合以下要求:

1) 在整个试验长度上,沿车辆行驶方向的最大撒布宽度取样方框不得有断档;

2) 在整个试验长度上,与车辆行驶方向相垂直的各个宽度上的撒布宽度取样方框不得有断档;

3) 在加速段和减速段的前部、中部、后部都应有取样方框。然后在选定的取样方框内场地上铺洒2 mm厚的防止撒布料弹跳物质(液体撒布可不铺);

4) 液体撒布可在方框下铺设塑料布,让开车轮位置,其他条件同5.2.4.1 a)、b)、c)。

5.2.4.2 试验方法

设定撒布宽度(以8 m为例)、撒布密度和撒布速度(以10 km/h为例)。撒布车加速到10 km/h并保持该速度匀速行驶,当撒布机与K—K线重合后沿0—0线开始进行撒布作业。车辆后部的撒布机达到加速标线时,车辆开始加速,车辆后部的撒布机达到减速标线时,车辆开始怠速减速,车辆后部的撒布机完全驶出撒布结束区的E—E线后,停止撒布作业。如图3所示。

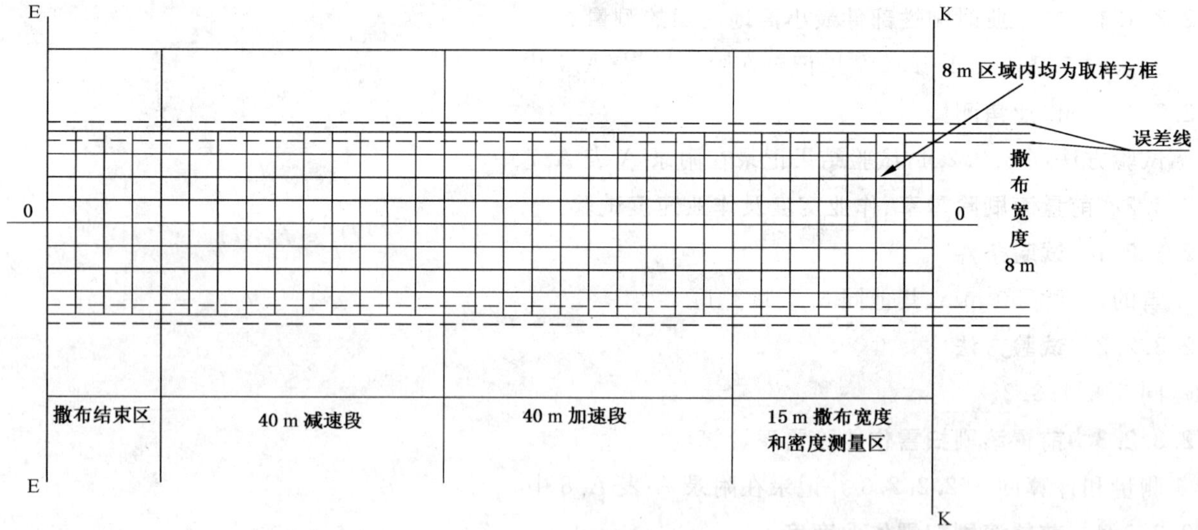

图3 试验区布置示意图

5.2.4.3 撒布宽度计算

在撒布试验区内,用皮卷尺测量左、右设定取样点内的撒布料最远点间的距离(即撒布宽度),并将结果记录在附录A表A.9中。撒布宽度测量平均值按公式(3)计算,实际撒布宽度与设定撒布宽度的误差按公式(4)计算。

$$L=\frac{\sum_{i=1}^{n}(L_i)}{N} \quad \cdots\cdots(3)$$

$$\Delta T=\frac{|L-L_b|}{L_b}\times 100\% \quad \cdots\cdots(4)$$

式中：

L——撒布宽度的测量平均值，单位为米(m)；

L_i——实测的撒布宽度值，单位为米(m)；

N——测量样本数，$N\geqslant 3$；

ΔT——撒布宽度误差，单位为米(m)；

L_b——设定的撒布宽度，单位为米(m)。

5.2.4.4 撒布密度试验

在撒布试验区内，称量左、右设定取样点内的撒布料的质量(即撒布密度)，并编号登记在附录 A 表 A.10 中。撒布密度测量平均值按公式(5)计算，实际撒布密度与设定撒布密度的误差按公式(6)计算。

$$G=\frac{\sum_{i=1}^{n}(G_i)}{N} \quad \cdots\cdots(5)$$

$$\Delta G=\frac{|G-G_b|}{G_b}\times 100\% \quad \cdots\cdots(6)$$

式中：

G——撒布密度的测量平均值，单位为克每平方米(g/m^2)；

G_i——第 i 个方框内撒布料的质量，单位为克(g)；

N——取样数量，$N\geqslant 10$；

ΔG——撒布密度误差，%；

G_b——设定的撒布密度，单位为克每平方米(g/m^2)。

5.2.4.5 速度变化时撒布宽度变化的测量

5.2.4.5.1 加速段撒布宽度变化的测量方法

加速段撒布宽度变化的测量方法如下：

a) 检查加速段所有最大宽度上的方格；

b) 若在加速段所有最大宽度上的方格±10%偏差线内有撒布料存在，说明速度增加时，撒布宽度无变化或变化在允许的误差范围内；

c) 若在上述方格±10%偏差线内没有撒布物的方格数量超过 6 个或有连续两个方格没有撒布物，说明速度增加时，撒布宽度变化超出允许的误差范围内并有断续撒布发生，应判为不合格。

5.2.4.5.2 减速段最大宽度变化的测量

减速段按 5.2.4.5.1 的方法进行分析判断。

5.2.4.6 速度变化时撒布密度变化的测量

5.2.4.6.1 加速段撒布密度变化的测量

在加速段的样本中，每米在两边各选择一个样本，样本的选择应保证在加速试验段内，每个宽度上和加速的前、中、后段都有样本选上，样本的选择应是连续的。对选中的样本，测量其撒布密度，与设定的撒布密度相比较，其值相同或其差值在允许的误差范围内，则判定合格。若其值超出误差允许值且超差的样本数超过取样数的10%,则判定其不合格。

5.2.4.6.2 减速段撒布密度变化的测量

减速段按5.2.4.6.1的方法进行取样、检测、分析和判断。以20 km/h、30 km/h作为试验撒布车速,设定不同的撒布宽度、撒布密度,重复上述试验和计算。每次计算误差都不应超过本标准的规定。

5.2.5 吹雪功能试验

5.2.5.1 风道口最大离地间隙

除雪车停放在一水平地面上,将风道口升直最高位置,测量其与地面的距离,测量结果记录在附录A表A.11中。

5.2.5.2 吹雪作业吹雪率、吹雪宽度及吹雪作业速度试验

5.2.5.2.1 试验条件

试验条件如下:

a) 温度:≤-10 ℃;

b) 风力:无风;

c) 试验场地:雪地长度超过50 m,雪的宽度应大于20 m,积雪厚度20 mm左右(应为浮雪)且厚度均匀的空旷平整路段或场地。应有足够的车辆加速和减速路段;

d) 试验仪器:30 m皮尺、直尺、测速仪、精度为1 kg的衡器;

e) 车辆:按5.1.1的规定。

5.2.5.2.2 吹雪试验

在雪地长度方向上距边缘2 m处划定一边界线S—S,以S—S为边界,设定一长30 m,宽16 m的试验区。在试验区内设定长20 m,宽16 m的测试区。在测试区每隔4 m在左、中、右取3个测量点,如图4所示。

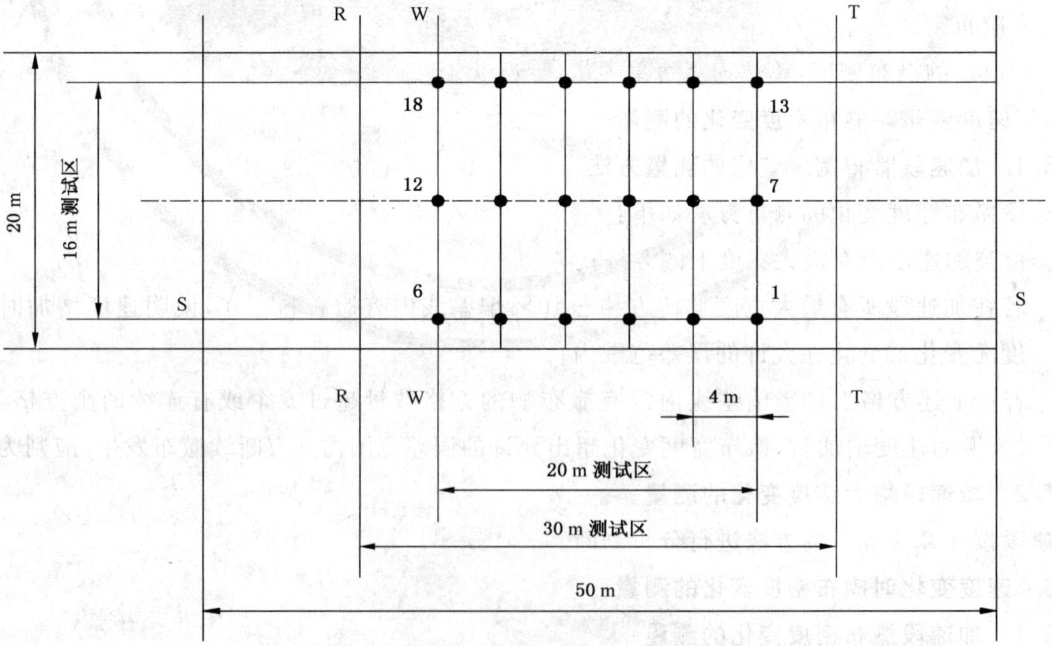

图4 吹雪试验测点布置示意图

试验前,在测量点1~18测量雪的厚度并计算雪的平均厚度,测量和计算结果记录在附录A表A.11中。

吹雪车按照设计参数值进行试验。开启上装发动机,当上装发动机带动鼓风机达到额定转速后,除雪车以设计规定的速度使吹雪机的吹风口沿 S—S 线自右向左匀速驶入试验区,当吹雪机的吹风口行驶到试验区 T—T 线时开始吹雪作业,吹雪机的吹风口过试验区 R—R 线后,停止吹雪作业。

5.2.5.2.3 吹雪宽度测量

在测量标记点 1～6 处测量吹雪宽度,计算平均值,取平均值为试验值。测量和计算结果记入附录 A 表 A.11 中。

5.2.5.2.4 吹雪作业除雪率

根据试验前在测量点 1～18 测量雪的厚度计算结果,计算 5.2.5.2.3 所得平均宽度内试验前雪的质量。计算结果记入附录 A 表 A.11 中。将 5.2.5.2.3 所得平均宽度内未吹净的雪收集起来,称其质量。按公式(1)计算吹雪作业除雪率并记录在附录 A 表 A.11 中。

5.2.5.2.5 吹雪作业速度

将测速仪记录的吹雪作业行驶车速作为作业速度记录在附录 A 表 A.11 中。

5.2.6 除冰功能试验

5.2.6.1 除冰机最大离地间隙测量

同 5.2.1.1.1。

5.2.6.2 除冰率、除冰宽度及作业速度试验

5.2.6.2.1 试验条件

试验条件如下:

a) 温度:－20 ℃～－15 ℃;

b) 场地:长度大于 50 m,积冰(或压实雪)厚度在 10 mm～50 mm 范围内的平整路段或平坦开阔地带;

c) 试验仪器:100 m 长的皮尺、直尺、测速仪;

d) 车辆:按 5.1.1 的规定。

5.2.6.2.2 除冰试验

参照图 3,布置测量点。除雪车加速到设计规定速度并保持该速度匀速行驶。当破冰机与 K—K 线重合后沿 0—0 开始进行破冰作业。当车辆尾部完全驶出 E—E 后,停止破冰作业。

5.2.6.2.3 除冰率计算

试验结束后,将破碎掉的冰层碎块清理出试验场地,按 5.2.6.2.2 确定的除冰宽度测量计算除冰总面积和清除掉冰层并露出路面的面积。按公式(7)计算其除冰率。记录在附录 A 表 A.12 中。

$$W = \frac{a}{A} \times 100\% \quad \cdots\cdots(7)$$

式中:

W——除冰率,%;

A——破冰前冰层面积,单位为平方米(m^2);

a——清除掉冰层并露出路面的面积,单位为平方米(m^2)。

5.2.6.2.4 除冰宽度测量

破冰作业后,在测量点测量其最大有效作业面的宽度并记录在附录 A 表 A.13 中。

5.2.6.2.5 除冰作业速度测量

将测速仪记录的除冰作业行驶车速作为作业速度记录在附录 A 表 A.13 中。

5.2.7 抛雪功能试验

5.2.7.1 抛雪机离地间隙测量

同5.2.1.1.1。

5.2.7.2 最大抛雪距离、作业速度及除雪宽度试验

5.2.7.2.1 试验条件

试验条件如下：

a) 风力：尽可能在风速小的时候进行试验；
b) 场地：平坦、没有斜度的地方；
c) 距离：测量区间的距离应大于20 m，应是试验时间应超过30 s以上，测量区间前后分别设置适当的加速和减速区间，设置易见的标志物；
d) 测量点：测量区间内应等间隔设置10个以上的测量点；
e) 雪质：尽可能选择雪质均匀的地方作为测量区间和加速、减速区间；
f) 积雪深度：尽可能选择积雪深度均匀的地方作为测量区间和加速、减速区间；
g) 仪器：大于50 m的皮尺、直尺、测速仪；
h) 车辆：整备质量，已预热至工作状态。

5.2.7.2.2 抛雪距离试验

除雪车按设计速度进行抛雪作业，抛雪机应在额定转速工作，抛雪桶升致最大抛雪距离的高度，设定抛雪方向，在测量区间的测量点上测量向左、向右抛雪距离，求其平均值和最大抛雪距离，测量和计算结果记录在附录A表A.14中。

5.2.7.2.3 抛雪作业速度测量

进行5.2.7.2.2试验时，将测速仪记录的抛雪作业行驶车速作为作业速度记录在附录A表A.14中。

5.2.7.2.4 抛雪作业除雪宽度测量

进行5.2.7.2.2试验后，在测量区间的测量点测量其除雪宽度，取平均值。测量计算结果记录在附录A表A.15中。

5.2.7.2.5 抛雪筒抛雪方向的检查

进行5.2.7.2.2试验时，进行如下检查：

a) 检查抛雪筒抛雪的方向与设定的方向应无变化；
b) 操纵抛雪筒控制装置，使抛雪筒转动，转动应灵活。在任意位置停止时，应锁止可靠。将检查结果记录在附录A表A.14中。

5.2.7.2.6 抛雪筒升降量的检查

进行5.2.7.2.2试验时，进行如下检查：

a) 检查抛雪筒的高度与设定的高度应无变化；
b) 试验结束后，测量抛雪筒的实际高度，实际高度与试验前设定的高度之差应小于3 mm，将检查和测量的结果记录在附录A表A.14中。

5.2.8 液压系统检测

5.2.8.1 在上述的所有试验过程中，按照4.5.8要求，检查液压系统，不应出现除雪机具转动不灵活、升降不到位、管路及接头泄漏等现象。检查的结果记录在附录A表A.16中。

5.2.8.2 液压油固体污染物的测量方法按QC/T 29105.1～29105.4的规定进行。

5.3 噪声测量

5.3.1 测量条件

5.3.1.1 测量场地应平坦空旷，在测试中心以 25 m 为半径的范围内，不应有大的反射物，如建筑物，玻璃等。

5.3.1.2 测试场地跑道应有 20 m 以上的平直、干燥的沥青路面或混凝土路面。路面坡度不超过 0.5%。

5.3.1.3 环境噪声应该比所测车辆噪声至少低 10 dB，并且保证测量不被偶然的其他声源所干扰。

5.3.1.4 声级计附近除测量者外，不应有其他人员，如不可缺少时，应在测量者背后。

5.3.2 测量场地及测点位置

测试话筒位于 20 m 跑道中心点两侧，各距中线 7.5 m，距地面高度 1.2 m，用三角架固定，话筒平行于路面，其轴线垂直于车辆行驶方向。如图 5 所示：

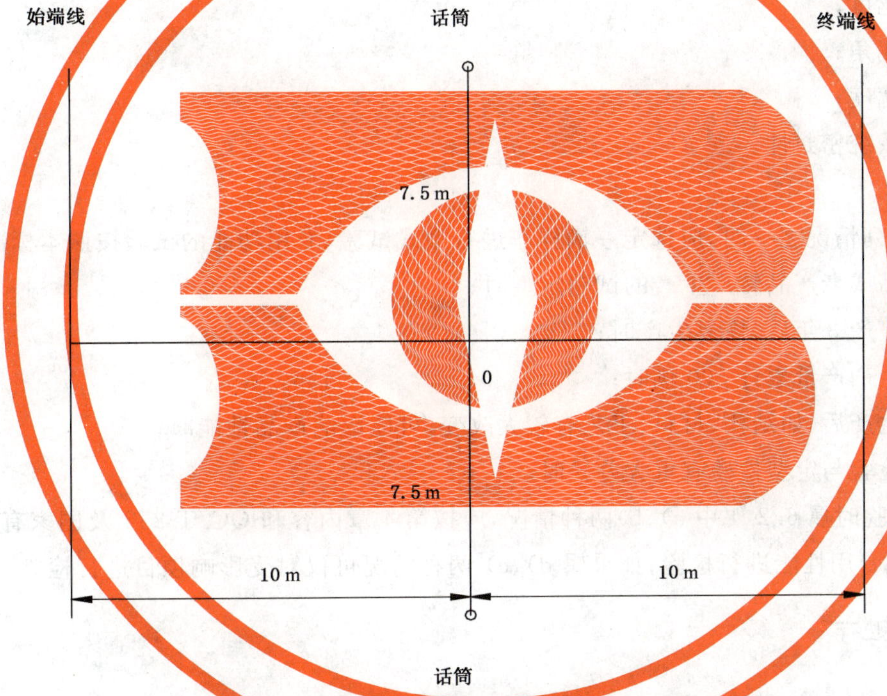

图 5 除雪作业时车外噪声测量布置示意图

5.3.3 除雪作业时车外噪声的测量

车辆主、副发动机都处于额定状态，除雪机具处于工作状态，油门保持稳定，以作业的设计速度匀速通过测量区域。声级计用“A”计权网络，“快”档进行测量，读取车辆驶过时声级计表头的最大读数。同样的测量往返进行两次，车辆同侧两次测量结果之差不应大于 2 dB(A)。并将测量结果记入附录 A 表 A.17 中。以两侧平均值中最大值作为除雪作业时车外噪声值。

5.4 燃气系统密闭性试验

5.4.1 试验条件

试验条件如下：

a) 场地：平坦、没有斜度的地方；

b) 仪器：检漏仪或精度不低于 25×10^{-6} 的气体检测仪。

5.4.2 密闭性检验

除雪车燃气系统在额定工作压力条件下工作，用检漏仪检测燃气系统每个连接点，检漏仪应看不出气体和液体渗漏；或用测量精度不低于 25×10^{-6} 的气体检测仪，检测燃气系统各连接点，检漏仪不报警。将测量结果记入附录 A 表 A.18 中。

6 检验规则

6.1 出厂检验

按规定的项目对每辆除雪车实施检验。检验合格并附有产品质量合格证方可出厂。

出厂检验项目：

a) 外观质量；

b) 作业、警示标志；

c) 推雪铲宽度；

d) 扫刷宽度；

e) 扫刷偏角；

f) 破冰宽度；

g) 液压系统密封性。

6.2 型式试验

6.2.1 凡属下列情况之一时，应选定一辆样车进行型式试验，专用功能的试验按照本标准执行：

a) 新产品或老产品转厂生产的试制定型时；

b) 产品停产 3 年后，恢复生产时；

c) 正常生产产量累计 500 辆时；

d) 正式生产后，如结构、材料、工艺有较大改变，可能影响产品性能时；

e) 出厂检验与定型检验有重大差异时。

6.2.2 型式检验时属 6.2.1 中 a)、b)两种情况，应按第 4 章内容和 QC/T 252 及国家有关规定进行检验；属 c)时应对专用性能进行检验；如果属 d)、e) 两种情况可仅对受影响项目进行检验。

7 标志、运输、贮存

7.1 标志

除雪车应在明显部位固定产品标牌，标牌的固定、位置及型式应符合 GB/T 18411，标牌的内容应符合 GB 7258 的规定，产品标牌的位置应在使用说明书中指明。

7.2 运输

7.2.1 除雪车的运输以公路自驶为主，在铁路、水路运输时应以自驶或拖曳的方法上、下车(船)，若应使用吊装方式装卸时，应用专用吊具，防止损坏产品。

7.2.2 除雪车在运输过程中，除雪机具应可靠固定在整车上或卸下单独运输。

7.2.3 除雪车在运输工况时，其刚性部分最小离地间隙≥100 mm。

7.3 贮存

除雪车长期存放时，应将冷却液和燃油放尽，切断电源，锁闭车门、窗，放置于通风、防潮及有消防设施的场所，并按产品使用说明书的规定进行定期保养。

附 录 A
（资料性附录）
试验记录表

表 A.1 整车外形尺寸参数测量记录表

试验车型号________________ 出厂编号________________

底盘型号________________ 试验地点________________

试验时间________________ 试验人员________________

<table>
<tr><th colspan="3">项 目</th><th>测定结果</th><th>备注</th></tr>
<tr><td rowspan="8">行驶状态</td><td colspan="2">长/mm</td><td></td><td></td></tr>
<tr><td colspan="2">宽/mm</td><td></td><td></td></tr>
<tr><td colspan="2">高/mm</td><td></td><td></td></tr>
<tr><td colspan="2">前悬/mm</td><td></td><td></td></tr>
<tr><td colspan="2">后悬/mm</td><td></td><td></td></tr>
<tr><td colspan="2">接近角/(°)</td><td></td><td></td></tr>
<tr><td colspan="2">离去角/(°)</td><td></td><td></td></tr>
<tr><td colspan="2">最小离地间隙/mm</td><td></td><td></td></tr>
<tr><td rowspan="7">作业状态</td><td rowspan="2">正摆</td><td>长/mm</td><td></td><td></td></tr>
<tr><td>宽/mm</td><td></td><td></td></tr>
<tr><td rowspan="2">左摆</td><td>长/mm</td><td></td><td></td></tr>
<tr><td>宽/mm</td><td></td><td></td></tr>
<tr><td rowspan="2">右摆</td><td>长/mm</td><td></td><td></td></tr>
<tr><td>宽/mm</td><td></td><td></td></tr>
<tr><td colspan="2">高/mm</td><td></td><td></td></tr>
<tr><td colspan="3">轴距/mm</td><td></td><td></td></tr>
<tr><td colspan="3">前轮轮距/mm</td><td></td><td></td></tr>
<tr><td colspan="3">后轮轮距/mm</td><td></td><td></td></tr>
<tr><td colspan="3">扫刷宽度/mm</td><td></td><td></td></tr>
<tr><td colspan="3">推雪铲宽度/mm</td><td></td><td></td></tr>
<tr><td colspan="3">抛雪机宽度/mm</td><td></td><td></td></tr>
<tr><td colspan="3">破冰机宽度/mm</td><td></td><td></td></tr>
</table>

表 A.2 推雪铲离地间隙及偏角试验记录表

试验车型号______ 出厂编号______

底盘型号______ 试验地点______

试验时间______ 试验人员______

次数	最大离地间隙 mm	最低离地间隙及偏角测量值 α			
		右偏		左偏	
		最小离地间隙/mm	偏角 α_1	最小离地间隙/mm	偏角 α_2
1					
2					
3					
平均值					

表 A.3 推雪铲避障能力试验记录表

试验车型号______ 出厂编号______

底盘型号______ 试验地点______

试验时间______ 试验人员______

次数	避障高度	越过障碍后检查推雪铲情况
1		
2		
3		
平均值		

表 A.4 推雪铲除雪率、作业速度及推雪宽度试验记录表

试验车型号______ 出厂编号______

底盘型号______ 试验地点______

试验时间______ 试验人员______

设计速度______

雪厚	测量点												
	C_1	C_2	C_3	C_4	C_5	C_6	C_7	C_8	C_9	C_{10}	C_{11}	C_{12}	平均雪厚
推雪前雪厚													
推雪后残雪厚													

推雪除雪率计算值______

推雪宽度测量值______

作业速度记录______

表 A.5　中置滚刷最大离地间隙及偏角试验记录表

试验车型号＿＿＿＿＿＿＿＿　出厂编号＿＿＿＿＿＿＿＿

底盘型号＿＿＿＿＿＿＿＿　试验地点＿＿＿＿＿＿＿＿

试验时间＿＿＿＿＿＿＿＿　试验人员＿＿＿＿＿＿＿＿

次数	最大离地间隙/mm	偏角测量值 L_i	
		左偏 α	右偏 α
1			
2			
3			
平均值			

表 A.6　中置扫刷除雪率、扫雪宽度及作业速度试验记录表

试验车型号＿＿＿＿＿＿＿＿　出厂编号＿＿＿＿＿＿＿＿

底盘型号＿＿＿＿＿＿＿＿　试验地点＿＿＿＿＿＿＿＿

试验时间＿＿＿＿＿＿＿＿　试验人员＿＿＿＿＿＿＿＿

设计速度＿＿＿＿＿＿＿＿

雪厚	测量点												
	C_1	C_2	C_3	C_4	C_5	C_6	C_7	C_8	C_9	C_{10}	C_{11}	C_{12}	平均雪厚
推雪前雪厚													
推雪后残雪厚													

中置扫刷除雪率计算值＿＿＿＿＿＿＿＿

中置扫刷扫雪宽度测量值＿＿＿＿＿＿＿＿

作业速度记录＿＿＿＿＿＿＿＿

表 A.7　前置滚刷最大离地间隙及偏角试验记录表

试验车型号＿＿＿＿＿＿＿＿　出厂编号＿＿＿＿＿＿＿＿

底盘型号＿＿＿＿＿＿＿＿　试验地点＿＿＿＿＿＿＿＿

试验时间＿＿＿＿＿＿＿＿　试验人员＿＿＿＿＿＿＿＿

次数	最大离地间隙/mm	前置滚刷偏角测量值 L_i	
		左偏 α	右偏 α
1			
2			
3			
平均值			

表 A.8　前置扫刷除雪率、扫雪宽度及作业速度试验记录表

试验车型号______________________　出厂编号______________________

底盘型号______________________　试验地点______________________

试验时间______________________　试验人员______________________

设计速度______________________

雪厚	测量点												
	C_1	C_2	C_3	C_4	C_5	C_6	C_7	C_8	C_9	C_{10}	C_{11}	C_{12}	平均雪厚
推雪前雪厚													
推雪后残雪厚													

前置扫刷除雪率计算值______________________

前置扫刷扫雪宽度测量值______________________

作业速度记录______________________

表 A.9　撒布宽度试验记录表

试验车型号______________________　出厂编号______________________

底盘型号______________________　试验地点______________________

试验时间______________________　试验人员______________________

次数	设计值				
	L_b	L_b	L_b	试验速度	备注
1					
2					
3					
撒布宽度测量平均值					公式(3)
撒布宽度误差					公式(4)

表 A.10　撒布密度试验记录表

试验车型号______________________　出厂编号______________________

底盘型号______________________　试验地点______________________

试验时间______________________　试验人员______________________

次数	设计值				
	G_b	G_b	G_b	试验速度	备注
1					$L_b=$
2					$L_b=$
3					$L_b=$
4					$L_b=$
5					$L_b=$
6					$L_b=$
7					$L_b=$
8					$L_b=$
9					$L_b=$
10					$L_b=$
撒布密度测量平均值					公式(5)
撒布密度误差					公式(6)

表 A.11 风道口最大离地间隙、吹雪宽度、吹雪率及作业速度试验记录表

试验车型号________________　　出厂编号________________

底盘型号________________　　试验地点________________

试验时间________________　　试验人员________________

设计速度________________

测量点	吹雪宽度测量值 L_i	试验前雪质量/kg	试验后残雪质量/kg	吹雪率/%	风道口最大离地间隙/mm	风道口上升、下降、转动检查
1						
2						
3						
平均值						

表 A.12 破冰率试验记录表

试验车型号________________　　出厂编号________________

底盘型号________________　　试验地点________________

试验时间________________　　试验人员________________

设计速度________________

测量次数	破冰区域面积/m^2	作业后未清除的冰层面积/m^2	破冰率/%	作业速度/(km/h)
1				
2				
3				
平均值				

表 A.13 破冰宽度、作业速度试验记录表

试验车型号________________　　出厂编号________________

底盘型号________________　　试验地点________________

试验时间________________　　试验人员________________

设计速度________________

测量点	破冰宽度测量值 L_i	作业速度/(km/h)
1		
2		
3		
平均值		

表 A.14 抛雪机抛雪距离、作业速度、抛雪筒抛雪方向、抛雪筒升降量检查记录表

试验车型号________________ 出厂编号________________

底盘型号________________ 试验地点________________

试验时间________________ 试验人员________________

设计速度________________

测量点	抛雪距离测量值 L_i		抛雪筒抛雪方向的检查	抛雪筒升降量的检查	作业速度
	向左	向右			
1					
2					
3					
平均值					

表 A.15 抛雪机抛雪作业除雪宽度试验记录表

试验车型号________________ 出厂编号________________

底盘型号________________ 试验地点________________

试验时间________________ 试验人员________________

测量点	抛雪机除雪宽度测量值 L_i
1	
2	
3	
平均值	

表 A.16 除雪机具液压系统检查记录表

试验车型号________________ 出厂编号________________

底盘型号________________ 试验地点________________

试验时间________________ 试验人员________________

试验速度________________

项　　目	液压系统检查
推雪铲液压系统	
前置滚刷液压系统	
中置滚刷液压系统	
破冰机液压系统	
抛雪机液压系统	
吹雪机液压系统	

表 A.17　作业噪声试验记录表

试验车型号__________________　　出场编号__________________

底盘型号__________________　　试验地点__________________

试验日期__________________　　前进挡位__________________

发动机额定转速__________________　　测量仪器__________________

环境噪声__________________　　设计速度__________________

作业行驶速度__________________　　风速__________________

	测量位置	次数	噪声级/dB(A)	平均值/dB(A)
匀速行驶	左侧	1		
		2		
	右侧	1		
		2		

车辆最大行驶噪声级__________________dB(A)

测量人员__________________　　驾驶人员__________________

表 A.18　燃气系统密闭性试验

试验车型号__________________　　出厂编号__________________

底盘型号__________________　　试验地点__________________

试验时间__________________　　试验人员__________________

检测点	密闭性检查结果
1	
2	
3	
4	
5	

附　录　B
（资料性附录）
雪的分类与密度

如果需要计算雪的质量，可按照表 B.1 选取雪的密度。

表 B.1　雪的分类与密度

分类	雪的性状	密度/(t/m^3)
干雪	基本不含水分的粉状积雪	0.05～0.20
湿雪	含水分的积雪，或者水分增加的干雪	0.08～0.30
干结雪	因上层的压力或者机械外力等，干雪被压迫而硬化的积雪	0.10～0.55
湿结雪	湿雪坚固了，或者干结雪被淋湿，结冰不太明显的积雪	0.20～0.55
砂糖雪	雪粒重复再结晶，肉眼可以看见冰粒的积雪	0.25～0.55
冰雪	湿雪、湿结雪或者砂糖雪结冰后的积雪	0.40 以上

ICS 43.020
T 04

中华人民共和国国家标准

GB/T 25978—2010

道路车辆　标牌和标签

Road vehicle—Plate and label

2011-01-10 发布　　2011-05-01 实施

中华人民共和国国家质量监督检验检疫总局
中国国家标准化管理委员会　发布

前言

本标准由中华人民共和国国家发展和改革委员会提出。

本标准由全国汽车标准化技术委员会(SAC/TC 114)归口。

本标准负责起草单位:中国汽车技术研究中心、3M中国有限公司、德莎胶带(上海)有限公司。

本标准参加起草单位:公安部交通管理科学研究所、泛亚汽车技术中心有限公司、东风汽车有限公司、广州丰田汽车有限公司、江铃汽车股份有限公司、一汽集团技术中心、上海大众汽车有限公司、上海汽车工业(集团)总公司、奇瑞汽车股份有限公司、长安汽车集团有限责任公司。

本标准主要起草人:朱彤、耿磊、王新、方潇湧、徐昌曦、郭淼、王军华、孙红芬、郭琛健、张家民、孙大兴、梅南、苏玉萍、周毅、姚洪华、秦义勇、封渝英。

道路车辆　标牌和标签

1　范围

本标准规定了道路车辆上使用的用于说明车辆信息的标牌和标签的定义、性能要求及试验方法。

本标准适用于道路车辆上使用的用于说明车辆制造信息、警告性信息、操纵及指示性信息等内容的各类标牌和标签。

本标准不适用于在车辆或车辆部件本体上通过打刻、蚀刻、铸造、喷涂、印制，或者缝制在部件本体上等方式直接形成的车辆标识。

本标准不适用于车辆非信息类标牌和标签。

本标准不适用于在车辆生产、运输、交接中使用的(车辆正常使用前可去除的)车辆或部件的标识。

用于车辆零部件及总成的各类标牌和标签可参照采用。

2　规范性引用文件

下列文件中的条款通过本标准的引用而成为本标准的条款。凡是注日期的引用文件，其随后所有的修改单(不包括勘误的内容)或修订版均不适用于本标准，然而，鼓励根据本标准达成协议的各方研究是否可使用这些文件的最新版本。凡是不注日期的引用文件，其最新版本适用于本标准。

GB/T 250—2008　纺织品　色牢度试验　评定变色用灰色样卡(idt ISO 105-A02:1993)

GB/T 3280—2007　不锈钢冷轧钢板和钢带

GB 8410—2006　汽车内饰材料的燃烧特性

GB/T 13306—1991　标牌

3　术语和定义

下列术语和定义适用于本标准。

3.1

标牌　plate

刚性结构的、载有车辆信息的通过铆接、焊接、胶带粘贴等方式安装在车辆上的牌子。标牌分为金属标牌和非金属标牌。

3.2

标签　label

柔性结构的、载有车辆信息的通过粘贴等方式安装在车辆上的牌子。按照标签在车辆上的使用位置，标签可分为发动机舱标签、暴露的外部标签、非暴露的外部标签、暴露的内部标签、非暴露的内部标签。

3.2.1

发动机舱标签(A 类)　engine compartment labels (A type)

位于发动机舱内、粘贴在除发动机本体之外的标签。

例如：粘贴在发动机舱内喷涂过的钣金件上、塑料饰盖、蓄电池或容器上的标签等。

3.2.2

暴露的外部标签(B 类)　exposed exterior labels (B type)

位于车身外部、粘贴的位置可见的标签。

例如：挂车栓钩标签、行李架或滑雪橇架载荷标签等。

3.2.3

非暴露的外部标签(C 类)　non-exposed exterior labels (C type)

位于车身活动部件的接合部,在开启车身活动部件后方可见的标签。

例如:贴在门柱上或门柱内侧的标签、油箱加注口盖标签等。

3.2.4

暴露的内部标签(D 类)　exposed interior labels (D type)

位于车辆内部、在部件正常使用(折叠部件处于收起状态)状态可见的、暴露在日光照射下的标签,以及位于遮阳板外表面(可见表面)的标签。

例如:遮阳板上的安全气囊标签、安全带标签、VIN 标签等。

3.2.5

非暴露的内部标签(E 类)　non-exposed interior labels (E type)

位于车辆内部可见的(对于折叠部件,当其处于打开状态时可见的),不暴露在日光照射下的标签;以及只有放下遮阳板或打开门时方暴露的标签。

例如:粘贴在遮阳板内表面的标签、粘贴在可折叠部件内表面的标签、行李舱标签等。

4　标牌和标签的性能要求

4.1　标牌的性能要求

标牌的涂层附着力、颜色的耐晒牢度、耐磨性能、耐盐雾性能、耐湿热性能、耐霉菌性能应满足 GB/T 13306—1991 的相关要求。标牌的性能要求亦可由供需双方协商确定。

4.2　标牌胶带粘贴的性能要求

4.2.1　剥离强度

经供需双方协商,可通过 180°剥离强度或 90°剥离强度(任选其一)对胶带的剥离强度性能进行评价。

4.2.1.1　初粘时剥离强度

经 5.2.3.3 试验后,180°剥离强度应大于等于 5 N/cm,90°剥离强度应大于等于 4 N/cm。

4.2.1.2　标准环境下剥离强度

经 5.2.3.4 试验后,180°剥离强度应大于等于 10 N/cm,90°剥离强度应大于等于 8 N/cm。

4.2.1.3　高温下剥离强度

经 5.2.3.5 试验后,180°剥离强度应大于等于 4 N/cm,90°剥离强度应大于等于 3 N/cm。

4.2.1.4　热老化后剥离强度

经 5.2.3.6 试验后,180°剥离强度应大于等于 8 N/cm,90°剥离强度应大于等于 8 N/cm。

4.2.1.5　温水老化后剥离强度

经 5.2.3.7 试验后,180°剥离强度应大于等于 8 N/cm,90°剥离强度应大于等于 8 N/cm。

4.2.1.6　循环老化后剥离强度

经 5.2.3.8 试验后,180°剥离强度应大于等于 10 N/cm,90°剥离强度应大于等于 8 N/cm。

4.2.1.7　耐湿老化后剥离强度

经 5.2.3.9 试验后,180°剥离强度应满足大于等于 8 N/cm,90°剥离强度应大于等于 8 N/cm。

4.2.2　拉拔力性能

经 5.2.4 试验后,拉拔力应大于等于 125 N。

4.2.3　动态剪切强度

4.2.3.1　初粘时动态剪切强度

经 5.2.5.1 试验后,动态剪切强度应大于等于 20 N/cm^2。

4.2.3.2 标准环境下动态剪切强度

经 5.2.5.2 试验后，动态剪切强度应大于等于 30 N/cm^2。

4.2.3.3 高温下动态剪切强度

经 5.2.5.3 试验后，动态剪切强度应大于等于 20 N/cm^2。

4.2.3.4 热老化后动态剪切强度

经 5.2.5.4 试验后，动态剪切强度应大于等于 40 N/cm^2。

4.2.3.5 温水老化后动态剪切强度

经 5.2.5.5 试验后，动态剪切强度应大于等于 30 N/cm^2。

4.2.3.6 循环老化后动态剪切强度

经 5.2.5.6 试验后，动态剪切强度应大于等于 30 N/cm^2。

4.2.3.7 挡风玻璃洗涤剂老化后动态剪切强度

经 5.2.5.7 试验后，动态剪切强度应大于等于 40 N/cm^2。

4.2.4 静态剪切强度

经 5.2.6 试验后，静态保持时间应大于等于 10 000 min。

4.3 标签的性能要求

4.3.1 一般要求

4.3.1.1 180°剥离强度

经 5.3.2 试验后，180°剥离强度均应大于等于 4.4 N/cm。

4.3.1.2 耐磨损性能

经 5.3.3 试验后，标签应外观完好；无粘接分离现象；无磨损；与试验前样品相比表面没有变化；经供需双方协商，允许有轻微的色彩变化；如果标签上有条形码，试验后条形码应可读。

4.3.1.3 耐液体性能

经 5.3.4 试验后，标签应外观完好；无粘接分离现象；与试验前样品相比表面没有变化；经供需双方协商，允许有轻微的色彩变化；如果标签上有条形码，试验后条形码应可读。

4.3.1.4 耐湿性能

经 5.3.5 试验后，标签应外观完好；无粘接分离现象；与试验前样品相比表面没有变化；经供需双方协商，允许有轻微的色彩变化；如果标签上有条形码，试验后条形码应可读。

4.3.1.5 热循环性能

经 5.3.6 试验后，标签应外观完好；无粘接分离现象；与试验前样品相比表面没有变化；经供需双方协商，允许有轻微的色彩变化；如果标签上有条形码，试验后条形码应可读。

4.3.1.6 热老化性能

经 5.3.7 试验后，标签应外观完好；无粘接分离现象；与试验前样品相比表面没有变化；经供需双方协商，允许有轻微的色彩变化；如果标签上有条形码，试验后条形码应可读。

4.3.1.7 色牢度性能

经 5.3.8 试验后，标签产生的色差至少应达到 GB/T 250—2008 规定的灰色样卡 4 级的要求。

4.3.1.8 人工气候加速老化性能

经 5.3.9 试验后，标签应外观完好；无粘接分离现象；与试验前样品相比表面没有变化；经供需双方协商，允许有轻微的色彩变化；如果标签上有条形码，试验后条形码应可读。

4.3.1.9 阻燃特性

经 5.3.10 试验后，燃烧速度应小于 100 mm/min。

4.3.2 附加要求

对于需要具有防篡改性能的标签应满足 4.3.2.1 的要求，对于需要具有防伪性能的标签应满足 4.3.2.2 的要求。

4.3.2.1 防篡改性能

4.3.2.1.1 标签的清除应采用如下方式：

a) 通过撕毁标签或使标签上的信息不可辨认，导致标签的自毁；

b) 可辨认地改变粘贴标签的部件区域的外观，保留标签的残余部分或粘合剂，以便于检查者得到原先存在标签的证据。

4.3.2.1.2 标签信息的更改必须留下原始信息的痕迹，或者标签材料的外观有明显的改变。

4.3.2.2 防伪性能

4.3.2.2.1 标签应防伪造。

4.3.2.2.2 标签材料应包含有制造商的标识或一些其他独特标识，该标识的更改或消除应能可辨认地改变标签的外观。

5 标牌和标签的试验方法

5.1 标牌的试验方法

按照 GB/T 13306—1991 的规定进行试验。

5.2 标牌胶带粘贴的试验方法

5.2.1 试验环境

在未特殊定义的情况下，所有试验需在标准环境(23 ℃±2 ℃，50%±5% RH)下进行，同时试验胶带和测试板在标准环境下放置 4 h 后再进行粘贴。

5.2.2 样品制备

测试板：长度为 125 mm±1 mm，宽度为 50 mm±1 mm，厚度 1.5 mm～2.0 mm，测试板材质为 GB/T 3280—2007 规定的 1Cr18Ni9Ti(SUS304)。供需双方协商亦可选取标牌实际粘贴的车辆部位外侧油漆板或电镀板作为测试板。在胶带粘贴在测试板之前，需要用脱脂纱布和清洁剂清洁测试板表面。

胶带：胶带尺寸参照不同试验的具体要求，每个试验需要至少制作 3 个样品，试验结果为各样品试验结果的平均值。测试用的胶带是一侧覆有隔离纸的成卷的双面胶带，没有隔离纸的一侧称为敞开面，敞开面是粘贴到标牌上的一侧。而把覆有隔离纸另一侧称为覆盖面，覆盖面是贴到车体或电镀件表面的一侧。

5.2.3 剥离强度试验

5.2.3.1 180°剥离强度试验

在标准环境下，制备宽 25 mm，长 200 mm 的胶带样品。为保证胶带在剥离时不被拉伸变形，需在胶带的敞开面上贴附厚度为 20 μm～60 μm 聚酯薄膜。同时为确保聚酯薄膜与胶带的粘贴强度，在贴附聚酯薄膜前，先把底涂剂涂布在聚酯薄膜的粘接表面，并在底涂剂干燥后再在胶带上贴附聚酯薄膜。

将贴附有聚酯薄膜的胶带的覆盖面粘附在测试板上，然后用 2 kg 的压辊以 300 mm/min 的速度在其表面辊压一个往复，确保胶带粘贴完全。

在 5.2.3.3 至 5.2.3.9 的不同试验条件下，将试验样品的自由端对折 180°，并从测试板上剥离 25 mm 的试验样品，把试验样品的自由端和测试板分别夹在拉力试验机的上、下夹持器上，应使剥离面与拉力试验机力线保持一致。拉力试验机以 300 mm/min 的剥离速度连续剥离胶带，通过自动记录仪绘出剥离曲线，剥离曲线的前 20 mm 的测量数值不计，记录剥离曲线的 20 mm～80 mm 间的测量数值，(见图 1)。

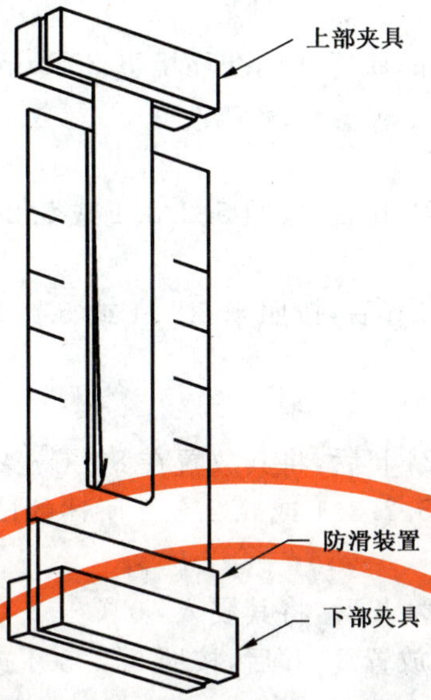

图 1 180°剥离强度试验示意图

5.2.3.2 90°剥离强度试验

在标准环境下，制备宽 25 mm，长 200 mm 的胶带样品。为保证胶带在剥离时不被拉伸变形，需在胶带的敞开面上贴附厚度为 20 μm～60 μm 聚酯薄膜。同时为确保聚酯薄膜与胶带的粘贴强度，在贴附聚酯薄膜前，先把底涂剂涂布在聚酯薄膜的粘接表面，并在底涂剂干燥后再在胶带上贴附聚酯薄膜。

将贴附有聚酯薄膜的胶带的覆盖面粘附在测试板上，然后用 2 kg 的压辊以 300 mm/min 的速度在其表面辊压一个往复，确保胶带粘贴完全。

在 5.2.3.3 至 5.2.3.9 的不同试验条件下，将试验样品的自由端对折 90°，并从测试板上剥离覆盖面 25 mm，把试验样品的自由端和测试板分别夹在拉力试验机的上、下夹持器上。应使剥离面与拉力试验机力线保持一致。拉力试验机以 300 mm/min 的剥离速度连续剥离胶带，通过自动记录仪绘出剥离曲线，剥离曲线的前 20 mm 的测量数值不计，记录剥离曲线的 20 mm～80 mm 间的测量数值。（见图 2）。

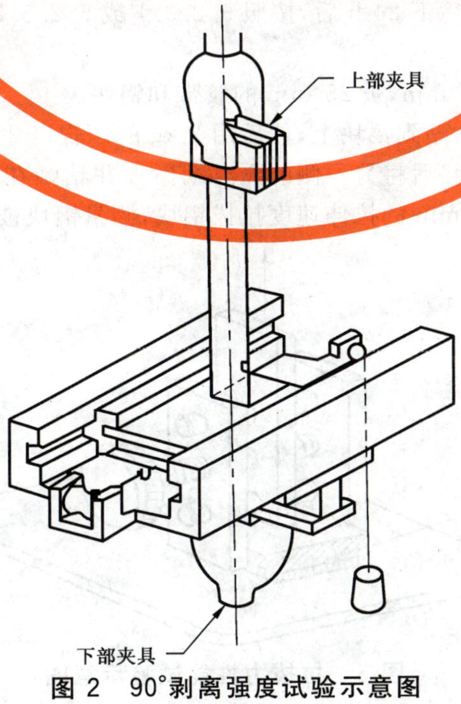

图 2 90°剥离强度试验示意图

5.2.3.3 初粘时剥离强度试验

样品制备粘贴完成后，将试验样品放置在标准环境下 20 min 后，按照 5.2.3.1 或 5.2.3.2 所述的试验方法进行试验。

5.2.3.4 标准环境下剥离强度试验

将试验样品放置在标准环境下 72 h 后，按照 5.2.3.1 或 5.2.3.2 所述的试验方法进行试验。

5.2.3.5 高温下剥离强度试验

将试验样品放置在标准环境下 24 h 后，按照 5.2.3.1 或 5.2.3.2 所述的试验方法在温度为 80 ℃±2 ℃ 的条件下进行试验。

5.2.3.6 热老化后剥离强度试验

将试验样品放置在标准环境下 24 h 后，将其放置在 80 ℃±2 ℃的老化箱内 240 h，老化完成后，将样品放置在标准环境下 24 h。按照 5.2.3.1 或 5.2.3.2 所述的试验方法进行试验。

5.2.3.7 温水老化后剥离强度试验

将试验样品放置在标准环境下 24 h 后，将其浸入 40 ℃±2 ℃的水浴槽中 240 h，在老化结束后，将表面水分彻底擦除，并在标准环境下放置 24 h 后，按照 5.2.3.1 或 5.2.3.2 所述的试验方法进行试验。

5.2.3.8 循环老化后剥离强度试验

将试验样品放置在标准环境下 24 h 后，将试验样品放置在循环老化箱内，按如下温度循环进行老化试验：

a) 在−30 ℃的条件下，放置 17 h；

b) 在 70 ℃的条件下，放置 72 h；

c) 在 38 ℃、100% RH 的条件下，放置 24 h；

d) 在−30 ℃的条件下，放置 7 h；

e) 在 38 ℃、100% RH 的条件下，放置 17 h；

f) 在 70 ℃的条件下，放置 7 h。

在老化完成后，将试验样品放置在标准环境下 24 h 后，按照 5.2.3.1 或 5.2.3.2 所述的试验方法进行试验。

5.2.3.9 耐湿老化后剥离强度试验

将试验样品放置在标准环境下 24 h 后，将试验样品放入 38 ℃±2 ℃、95% RH 老化箱内 240 h，老化结束后，将样品放置在标准环境下 24 h 后，按照 5.2.3.1 或 5.2.3.2 所述的试验方法进行试验。

5.2.4 拉拔力性能试验

在标准环境下，制备宽 12.5 mm，长 25 mm 的胶带和铝块。

将胶带不带隔离纸的一侧粘贴到铝块上，然后用 2 kg 的压辊以 300 mm/min 的速度在其表面辊压一个往复，确保胶带粘贴完全。然后将另一侧的隔离纸撕去并粘贴在测试板上（见图 3）。在标准环境下放置 72 h 后，然后以 60 mm/min 的拉伸速度拉拔铝块，测量铝块被拔落时最大的拉力。

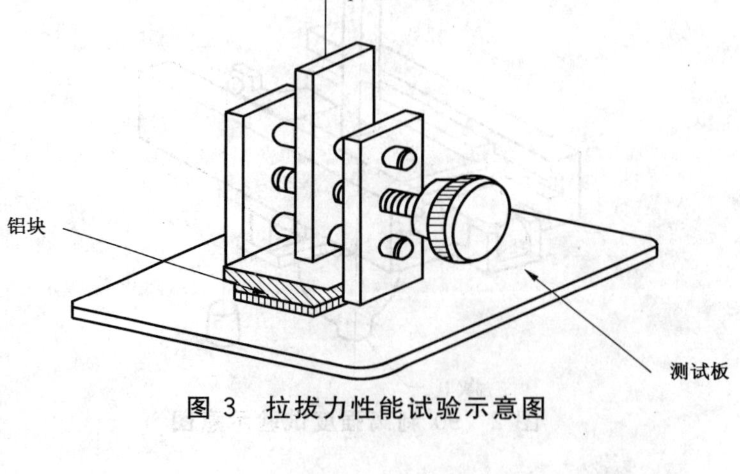

图 3 拉拔力性能试验示意图

5.2.5 动态剪切强度试验

在标准环境下，制备宽 25 mm，长 25 mm 的胶带样品。

将胶带粘贴到测试板上，然后用 2 kg 的压辊以 300 mm/min 的速度在其表面辊压一个往复，确保胶带粘贴完全。在 5.2.5.1 至 5.2.5.7 的不同试验条件下，以 50 mm/min 的拉伸速度拉伸测试板，测量两板在脱离时的粘贴强度(见图 4)。

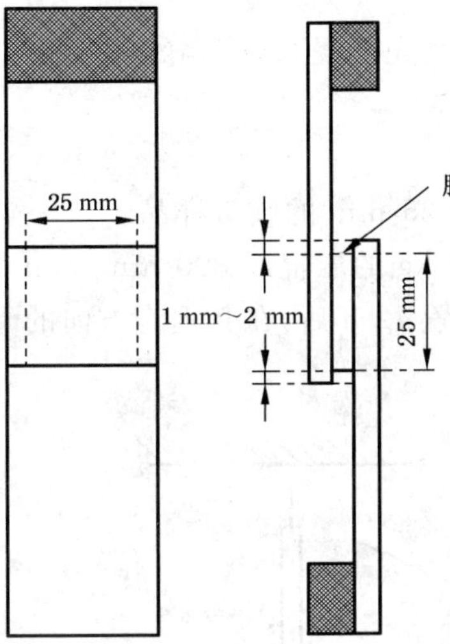

图 4 动态剪切强度试验示意图

5.2.5.1 初粘时动态剪切强度试验

样品制备粘贴完成后，将试验样品放置在标准环境下 20 min 后，按照 5.2.5 所述的试验方法进行试验。

5.2.5.2 标准环境下动态剪切强度

将试验样品放置在标准环境下 72 h 后，按照 5.2.5 所述的试验方法进行试验。

5.2.5.3 高温下动态剪切强度

将试验样品放置在标准环境下 24 h 后，按照 5.2.5 所述的试验方法在温度为 80 ℃±2 ℃的条件下进行试验。

5.2.5.4 热老化后动态剪切强度试验

将试验样品放置在标准环境下 24 h 后，将其放置在 80 ℃±2 ℃的老化箱内 240 h，老化完成后，将样品放置在标准环境下 24 h。然后按照 5.2.5 所述的试验方法进行试验。

5.2.5.5 温水老化后动态剪切强度试验

将试验样品放置在标准环境下 24 h 后，将其浸入 40 ℃±2 ℃的水浴槽中 240 h，在老化结束后，将表面水分彻底擦除，并在标准环境下放置 24 h 后，按照 5.2.5 所述的试验方法进行试验。

5.2.5.6 循环老化后动态剪切强度试验

将试验样品放置在标准环境下 24 h 后，将试验样品放置在循环老化箱内，按如下温度循环进行老化试验：

a) 在－30 ℃的条件下，放置 17 h；

b) 在 70 ℃的条件下，放置 72 h；

c) 在 38 ℃、100% RH 的条件下，放置 24 h；

d) 在－30 ℃的条件下，放置 7 h；

e) 在 38 ℃、100% RH 的条件下，放置 17 h；

f) 在 70 ℃的条件下，放置 7 h。

在老化完成后，将试验样品放置在标准环境下 24 h 后，按照 5.2.5 所述的试验方法进行试验。

5.2.5.7 挡风玻璃洗涤剂老化后动态剪切强度试验

在清水中加入如下试剂：

a) 20%(体积比)的乙醇(纯度为95%,含1%的丁醇)；

b) 10%(体积比)的异丙醇(纯度>98%)；

c) 0.09%(质量比)的十二烷基硫酸钠(SDS,纯度为95%)；

d) 0.6%(质量比)的乙二醇(纯度>98%)。

在标准环境下把制备好的试验样品完全浸入以上溶液中,浸泡30 min后在标准环境下放置2 h,按照5.2.5所述的试验方法进行试验。

5.2.6 静态剪切强度试验

在标准环境下,制备宽25 mm,长25 mm的胶带样品。

将胶带粘贴到测试板上,然后用2 kg的压辊以300 mm/min的速度在其表面辊压一个往复,确保胶带粘贴完全。然后在标准环境下放置72 h后,在其垂直方向的下端施加2 kg的重物,测量两测试板的脱离时间(见图5)。

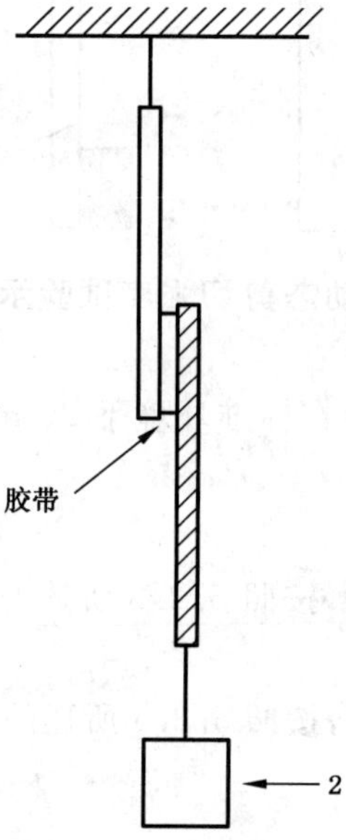

图5 静态剪切强度试验示意图

5.3 标签的试验方法

5.3.1 试验准备

除耐磨损试验外,所有的标签都应粘贴在测试板(测试板材质为GB/T 3280规定的1Cr18Ni9Ti)或实际使用表面上进行试验。在标签粘贴之前,需要用脱脂纱布和清洁剂清洁测试板表面。

在未特殊定义的情况下,试验用标签应选用车辆上实际使用的标签,测试板的尺寸应与试验用标签相匹配。

将标签粘贴在测试板上,然后用2 kg的压辊以300 mm/min的速度在其表面辊压一个往复,确保标签粘贴完全。在进行试验之前,准备好的试验样品应在标准环境(23 ℃±2 ℃、50%±5% RH)条件下存放至少24 h。每个试验需要至少制作3个试验样品,试验结果为各样品试验结果的平均值。

5.3.2 180°剥离强度试验

在标准环境下,制备宽25 mm,长200 mm的标签样品。将标签粘贴在测试板(长度为125 mm±1 mm,宽度为50 mm±1 mm,厚度1.5 mm~2.0 mm)上,然后用2 kg的压辊以300 mm/min的速度在其表面辊压一个往复,确保标签粘贴完全。

在下述试验条件下：

a) 标准环境下存放 24 h；

b) 在耐湿试验(5.3.5)后，在标准环境下存放 1 h；

c) 在热循环测试(5.3.6)以后，在标准环境下存放 1 h。

将试验样品的自由端对折 180°，并从测试板上剥离 25 mm 的试验样品，把试验样品的自由端和测试板分别夹在拉力试验机的上、下夹持器上，应使剥离面与拉力试验机力线保持一致。拉力试验机以 300 mm/min 的剥离速度连续剥离胶带，通过自动记录仪绘出剥离曲线，剥离曲线的前 20 mm 的测量数值不计，记录剥离曲线的 20 mm～80 mm 间的测量数值。

180°剥离强度试验不适用于具有 4.3.2.1.1 中 a)的特性的标签。

5.3.3 耐磨损试验

使用 CS-10 号砂轮，通过 Taber 磨损试验机，在 500 g 负载下，进行下述磨损循环：

a) A、C、D、E 类标签应进行 100 个磨损循环；

b) B 类标签应进行 300 个磨损循环。

所有参与磨损试验的标签均应被粘接到由 Taber 磨损试验机的制造者所提供的共同的纸板基体上。

5.3.4 耐液体试验

5.3.4.1 耐清洁剂试验

在标准环境下，将试验样品垂直浸没在 2%的清洁剂水溶液中，保持 4 h±0.5 h，取出试验样品，用棉布擦净，目测。

5.3.4.2 耐发动机油试验

在标准环境下，将试验样品垂直浸没在 120 ℃发动机油中，保持 4 h±0.5 h，取出试验样品，用棉布擦净，目测。

耐发动机油试验仅适用于 A 类标签。

5.3.4.3 耐风挡玻璃清洗液试验

在标准环境下，将试验样品垂直浸没在风挡玻璃清洗液中，保持 4 h±0.5 h，取出试验样品，用棉布擦净，目测。

耐风挡玻璃清洗液试验仅适用于 A 类、B 类、C 类标签。

5.3.4.4 耐制动液试验

在标准环境下，将试验样品垂直浸没在制动液中，保持 4 h±0.5 h，取出试验样品，用棉布擦净，目测。

耐制动液试验仅适用于 A 类标签。

5.3.4.5 耐燃料试验

在标准环境下，将试验样品垂直浸没在燃料(汽油、柴油、乙醇汽油 E85——85%乙醇及 15%的汽油)中保持 10 s±1 s，取出干燥 20 s±1 s，上述为一循环，共进行 10 个循环。10 个循环后，在标准环境下垂直放置 1 h，目测。

耐燃料试验仅适用于 A 类、B 类标签和 C 类标签中粘贴在燃料容器上的标签。

5.3.4.6 耐酸试验

在标准环境下放置 72 h 后，使用滴管用电池硫酸溶液(比重为 1.28)将全部标签与被粘贴测试板间边缘和标签部分表面浸湿，以 24 h 为时间间隔重复此浸湿程序 7 天，目测。

耐酸试验仅适用于 A 类标签中粘贴在蓄电池的标签。

5.3.5 耐湿试验

将试验样品放置于 40 ℃±2 ℃、100% RH 的老化箱内 144 h。

试验后，在标准环境下存放 1 h，目测。

5.3.6 热循环试验

持续暴露在下述5个循环[从a)至d)代表1个循环]:

a) 对于A类和粘贴在仪表板和后窗台板的D类标签,在120 ℃条件下暴露30 min;对于粘贴在除仪表板和后窗台板以外的D类标签、B类、C类、E类标签,在80 ℃条件下暴露30 min;

b) 在23 ℃±2 ℃、50%±5% RH的条件下,暴露15 min;

c) 在−30 ℃条件下,暴露30 min;

d) 在23 ℃±2 ℃、50%±5% RH的条件下,暴露15 min。

试验后,在标准环境下存放1 h,目测。

5.3.7 热老化试验

暴露在下述温度条件的老化箱7天:

a) 对于A类和粘贴在仪表板和后窗台板的D类标签,温度为120 ℃;

b) 对于粘贴在除仪表板和后窗台板以外的D类标签、B类、C类、E类标签,温度为80 ℃。

试验后,在标准环境下存放1 h,目测。

5.3.8 色牢度试验

将试验样品放入老化箱内,老化箱采用氙灯作为光源,试验样品正面受到波长为300 nm～400 nm光线的辐射,其辐射强度为45 W/m^2～60 W/m^2。测试样品所受累积辐射能量应达到28 MJ/m^2。在试验过程中,老化箱湿度为0～20% RH,黑板温度为100 ℃±3 ℃。

色牢度试验仅适用于D类标签。

5.3.9 人工气候加速老化试验

将试验样品放入老化箱内,老化箱采用氙灯作为光源,试验样品正面受到波长为340 nm光线的辐射,其辐射强度为0.27 W/m^2,测试样品所受累积辐射能量应达到1 944 kJ/m^2。在试验过程中,按照光照17 min、光照并且喷水3 min的循环,采用连续光照,黑板温度为63 ℃±3 ℃。

试验后,在标准环境下存放1 h,目测。

人工气候加速老化试验仅适用于B类标签。

5.3.10 阻燃特性试验

将标签粘贴在实际使用表面上,按照GB 8410—2006的规定进行试验。

阻燃特性试验仅适用于D类和E类标签中粘贴在GB 8410—2006规定的汽车内饰件上的标签。

ICS 43.080
T 47

中华人民共和国国家标准

GB/T 25979—2010/ISO 14791:2000

道路车辆 重型商用汽车列车和铰接客车 横向稳定性试验方法

Road vehicles—
Heavy commercial vehicle combinations and articulated buses—
Lateral stability test methods

(ISO 14791:2000,IDT)

2011-01-10 发布 2011-05-01 实施

中华人民共和国国家质量监督检验检疫总局
中国国家标准化管理委员会 发布

前　　言

本标准等同采用 ISO 14791:2000《道路车辆　重型商用汽车列车和铰接客车　横向稳定性试验方法》(英文版)。

本标准等同翻译 ISO 14791:2000。

为了便于使用，本标准做了下列编辑性修改：

a) “本国际标准”一词改为“本标准”；

b) 用小数点“.”代替国际标准中作为小数点的逗号“，”；

c) 删除了国际标准的前言；

d) 删除了目次第 5 章、第 6 章、第 7 章、第 8 章中的下一级目录；

e) 部分规范性引用的标准：ISO 3833:1977、EC Council Directive No. 92/53/EEC. Annex Ⅱ, Definition of vehicle categories and vehicle types. 修改为国家标准 GB/T 3730.1—2001、GB/T 15089—2001，引用内容与国际标准无差异；

f) 对本标准中公式的格式进行了调整。

本标准附录 A、附录 B 为规范性附录，附录 C、附录 D 为资料性附录。

本标准由中华人民共和国国家发展和改革委员会提出。

本标准由全国汽车标准化技术委员会(SAC/TC 114)归口。

本标准主要起草单位：中国公路车辆机械有限公司、交通部公路科学研究院、北京航空航天大学、吉林大学交通学院、常熟华东汽车有限公司。

本标准主要起草人：史书义、赵侃、刘献栋、裴志浩、王维、张红卫、李永福、董金松、宋尚斌、金明新、马知才。

引　言

重型商用汽车列车和铰接客车的行驶稳定性是汽车主动安全中非常重要的一部分。任一重型商用汽车列车、驾驶员以及主要环境因素组成的闭环系统都是唯一的。由于驾驶员、汽车、挂车和道路因素间的复杂相互作用,以及各因素自身的复杂性,因此评价重型商用汽车列车的行驶稳定性非常困难。对重型汽车列车行驶特性完整准确的描述必须包含由大量不同类型试验所得到的信息。

由于本标准只对汽车操控性领域中的小部分内容进行了量化,因此本标准规定的试验结果只对重型商用汽车列车和铰接客车操控性能的一小部分有意义。

另外,试验结果仅适用于同一型式车辆单元组成的列车,而不能用以描述各车辆单元的行驶特性。

最后,由于重型货车列车的变型数量很大,任一货车列车都是唯一的,因此试验结果仅对试验车辆或列车有效,不能将其转移到类似的汽车列车上,特别是重型货车列车。

道路车辆 重型商用汽车列车和铰接客车 横向稳定性试验方法

1 范围

本标准规定了重型商用汽车列车、货车与中置轴挂车组成的列车以及铰接客车的横向稳定性试验方法。本标准适用于总质量超过 3.5 t 的货车和挂车，以及总质量超过 5 t 的铰接客车，即依据 GB/T 15089划分的 N_2、N_3、O_3、O_4 和 M_3 类汽车。

试验方法中规定的驾驶操作不完全代表真实的行驶状况，但有助于评定重型汽车列车的横向稳定性。

2 规范性引用文件

下列文件中的条款通过本标准的引用而成为本标准的条款。凡是注日期的引用文件，其随后所有的修改单(不包括勘误的内容)或修订版均不适用于本标准，然而，鼓励根据本标准达成协议的各方研究是否可使用这些文件的最新版本。凡是不注日期的引用文件，其最新版本适用于本标准。

GB/T 3730.1—2001 汽车和挂车类型的术语和定义(ISO/WD 3833:1999,MOD)

GB/T 3730.2—1996 道路车辆 质量 词汇和代码(idt ISO 1176:1990)

GB/T 15089—2001 机动车辆及挂车分类

ISO 8855:1991 道路车辆 汽车动力学和行驶稳定性 词汇

ISO 9815:1992 乘用车列车 横向稳定性试验

3 术语和定义

ISO 8855、GB/T 3730.1 中确立的以及下列术语和定义适用于本标准。

3.1

车辆单元 vehicle unit

单独运行的刚性(非铰接)车辆元素，或刚性(非铰接)车辆元素与一辆或多辆刚性元素铰接的组合。例如牵引车、半挂车、半挂车联接架等。

3.2

后部放大系数 rearward amplification

在规定的驾驶操作过程中，随动车辆单元运动变量的峰值与第一车辆单元运动变量的峰值之比。

3.3

轨迹偏移量 offtracking

车辆前轴中线点轨迹与车辆其他部分中线点轨迹间的横向偏移量。

注 1：见 8.3 中关于轨迹偏移量的确定方法。

注 2：在单车道变换驾驶操作过程中，车辆部分结构的轨迹与车辆原预定轨迹的偏移量大于前轴轨迹与原预定轨迹的偏移量时，则称“在该点，车辆部分结构的轨迹‘过冲’前轴轨迹”；反之，则称“在该点，车辆部分结构的轨迹‘欠冲’前轴轨迹”。

3.4

零阻尼车速 zero-damping speed

汽车列车自由横摆运动阻尼系数为零时的速度。

3.5

参考阻尼车速　reference-damping speed

汽车列车自由横摆运动阻尼系数为0.05时的速度。

3.6

中线点　centreline point

水平面与研究对象 *X-Z* 对称平面交线上的点，该点垂直位于研究对象的纵向参考位置下方。

注：对于车轴，纵向参考位置为车轮的旋转轴线。其他研究对象，应说明纵向参考位置。

3.7

横摆铰接角　yaw-articulation angle

在随动车辆单元坐标系中，前部车辆单元坐标系中 *X* 轴的横摆角，即两车辆单元坐标系中 *X* 轴间具有极性的夹角，其极性取决于在随动车辆单元坐标系中前部车辆单元的旋转方向。

注：横摆铰接角通常为相邻车辆单元间的夹角，但也可为不相邻车辆单元间的夹角。

4　试验目的

试验的主要目的是测定重型商用汽车列车和铰接客车的横向稳定性。

横向稳定性的特征参数为：

——侧向加速度后部放大系数和横摆角速度后部放大系数；

——动态轨迹偏移量；

——零阻尼车速；

——横摆阻尼，包括模态信息。

以上4个参数中，2个后部放大系数和动态轨迹偏移量与受迫响应特性相关；零阻尼车速和横摆阻尼，与自由响应特性相关。

试验应测量的参数包括：

——转向盘转角；

——纵向车速；

——第一车辆单元的横摆角速度和最后车辆单元的横摆角速度；

——位于或低于前轮中心高度处的第一车辆单元前轴的侧向加速度，最后车辆单元质心处的侧向加速度；

——车辆单元间的铰接角度或铰接角速度；

——汽车列车轨迹偏移最大的车轴的轨迹偏移量。

为了深入理解汽车列车的行驶特性，还希望测量如下参数：

——各车辆单元质心处的侧向加速度；

——各车辆单元的横摆角速度；

——各车辆单元的侧倾角，尤其是最后轴上方的侧倾角；

——各车辆单元最后轴的侧向速度或侧偏角；

——各车辆单元的动态轮荷；

——汽车列车各轴的侧向速度；

——汽车列车轨迹偏移最大点（车轴除外）的轨迹偏移量；

汽车列车的横向稳定性特征参数依据以下试验方法测定：

——伪随机输入；

——单车道变换；

——脉冲输入。

伪随机输入试验用以测定最大后部放大系数，该试验方法可以测定基于频率的后部放大系数的完整信息。

通过单车道变换试验可以确定在规定的驾驶操作条件下的后部放大系数和动态轨迹偏移量。单车道变换可以通过单一正弦转向盘转角输入或沿特定线路(该路线可以产生单一正弦侧向加速度输入)行驶实现。

注:通过伪随机输入方法和单车道变换方法测得的后部放大系数是不同的,两种测量方法有本质的区别。伪随机输入方法旨在得到频域范围内系统增益的全部表现,而单车道变换方法仅测定试验中由特定车道变换产生的分布频率造成的系统复合增益。

而且,两种车道变换方法所测得的结果应有所不同,因为两种情况下转向输入的频率内容不同。对于转向盘转角输入车道变换方法,转向角输入是确定的;而对于路线跟踪变换车道方法,侧向加速度输入是确定的。第一种方法中,侧向加速度取决于汽车列车的动态特性和转向系统特性,例如甩尾和随动性;第二种方法中,转向盘转角同样也取决于汽车列车的动态特性和转向系统特性。这样导致两种方法测得的系统复合增益是不同的。

脉冲输入试验用以测定零阻尼车速、横摆阻尼、横摆角速度比。

伪随机输入试验数据分析应在频域内进行,其他所有数据分析应在时域内进行。

选取的试验方法应在基本参数表(见附录 A)和试验结果的表述(见附录 B)中注明。

5 仪器设备

5.1 概述

采用适合的传感器对第 4 章中所列变量进行测量,并采用具有时基的多通道数据记录设备记录测量数据。表 1 列出了传感器和记录设备的典型工作范围和推荐的最大误差。

表 1 测量变量、典型工作范围和推荐的最大误差

变量	典型工作范围	推荐的系统最大误差
转向盘转角	±180°	±2°
纵向车速	0~35 m/s	±0.3 m/s
侧向加速度	±15 m/s²	±0.15 m/s²
车辆单元间的铰接角	±30°	±0.3°
铰接角速度	±50°/s	±0.5°/s
横摆角速度	±50°/s	±0.5°/s
相对前轴中线点轨迹的各车轴中线点的侧向位移	±10 m	±0.05 m
轮荷	0 至额定轴荷	总量程值的±2%
侧倾角	±15°	±0.2°
侧向速度	±10 m/s	±0.2 m/s
侧偏角	±10°	±0.5°

表 1 中所列的某些测量变量的传感器既不易获得又不常用,许多试验设备需要使用者自己开发。对于开发的非标仪器,如果系统误差超过了推荐的最大值,则实际情况和系统误差应在基本参数表中注明。

5.2 传感器的安装

试验所需变量即可直接测量也可间接测量。若传感器不能直接测量所需变量,可对传感器信号进行适当的线位移和角位移修正以达到所需的精度水平。

测量侧向加速度的传感器应安装在簧载质量上。

此外,若第一车辆单元的前轴是实心轴,则测量该轴侧向加速度的传感器可安装在此轴上。在这种情况下,传感器将被安装在位于或低于车轮中心的位置,并且对于该传感器发出的信号不需修正与侧倾相关的误差。

5.3 信号处理

5.3.1 概述

试验相关的频率范围为:0 Hz 至最大使用频率 f_{max} Hz($f_{max}=2$ Hz)。依据所选择的信号处理方法,即模拟或数字处理,信号处理应符合以下要求。

5.3.2 模拟信号处理

由全部传感器和记录设备组成的系统带宽应不小于 8 Hz。

为了进行必要的信号滤波,应使用 4 阶或以上的低通滤波器。通带宽(f_0 处为 −3 dB)应不小于 8 Hz。0 Hz～2 Hz 频率范围内的幅值误差应小于±0.5%。所有模拟信号应经滤波器处理,滤波器应具有足够相似的相位特性,确保在时间测量时由滤波器造成的延时差异在精度范围内。

注:不同频率内容的模拟信号在滤波时可能引起相移,因此适宜采用 5.3.2 所述的信号处理方法。

5.3.3 数字信号处理

5.3.3.1 模拟信号预处理

为了避免混淆,模拟信号数字化之前应进行滤波。因此采用 4 阶或以上低通滤波器进行滤波。通带宽(f_0 处为 −3 dB)应满足:$f_0>5f_{max}$。

抗混滤波器在使用频率 0 Hz 至 f_{max} Hz 范围内的幅值误差应不大于±0.5%。全部模拟信号应采用具有足够相似相位特性的抗混滤波器进行处理,确保在时间测量时由滤波器造成的延时差异在精度范围内。

在数据采集系统中应避免使用附加的滤波器。

信号的幅值与其数字化处理有关,幅值误差应小于 0.2%。

5.3.3.2 数字化

采样频率 f_s 应满足:在所有大于 f_s-f_{max} 的频率范围内,抗混滤波器的衰减应至少为 60 dB。

为了在相关 0 Hz 至 f_{max} Hz 频率范围内不超过 0.5%的幅值误差,采样频率 f_s 应至少为 $30f_{max}$。

5.3.3.3 数字滤波

为了对采样后的信号进行滤波,应采用无相移(零相位移动)并符合以下特性要求(见图 1)的数字滤波器:

——通带宽范围为 0 Hz～2 Hz;

——阻带起始频率小于 6 Hz;

——在通带上的滤波增益为 1±0.005(100%±0.5%);

——在阻带上的滤波增益应小于 0.01(<1%);

——在通带和阻带间的滤波增益应尽可能快速降低。

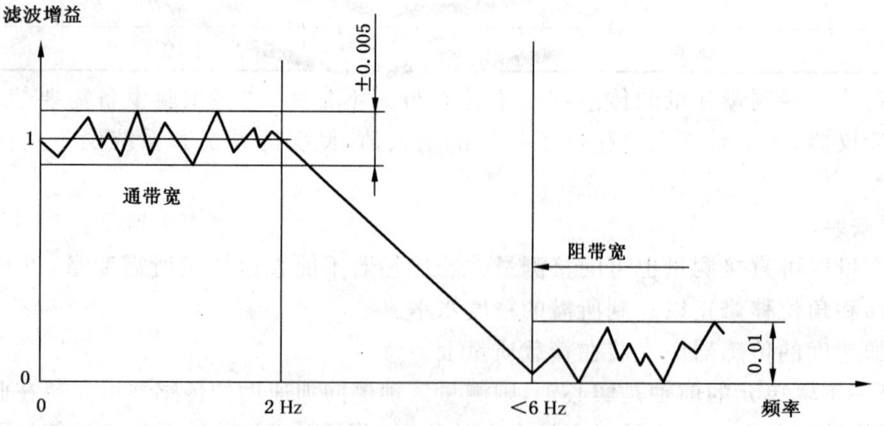

图 1 数字滤波器特性

6 试验条件

6.1 试验道路

所有的试验都应在统一的硬路面上进行，路面应干净整洁，且在任意方向5 m以内或大于5 m以内的坡度不超过2%，车辆行驶轨迹方向25 m以内或大于25 m以内的坡度不超过1%。作为标准试验条件，推荐采用平整干燥的沥青路面、水泥混凝土路面或高摩擦系数路面。

风速不超过5 m/s，记录风速和风向。

试验路面宽度应不小于8 m。在伪随机输入试验中，道路长度应满足能以试验车速行驶至少30 s，试验道路还应包括加速和停车所需路段。

汽车列车的横摆阻尼对试验路面的纵向坡度敏感。当路面坡度达到最大允许值(1%)时，推荐试验在往返两方向进行，试验结果应按8.4.2中所述方法取平均值。

6.2 轮胎

作为标准试验条件，试验车辆的轮胎应至少磨合行驶200 km，而且整个轮胎宽度上圆周面的轮胎花纹深度不应小于初始值的90%。轮胎要按照生产企业的要求存储，且轮胎生产日期距试验时间应不超过两年。试验报告中应注明所有轮胎的生产日期。

试验过程中，任一轮胎花纹深度磨损量应不大于2 mm，花纹深度和磨损情况应在试验报告中注明。

轮胎气压应符合生产企业按照试验车辆配置和环境温度所规定的气压值。冷态气压值允许误差范围不超过规定值的2%。

由于轮胎花纹深度对试验结果有明显影响，故在进行车辆对比或轮胎对比试验时，应充分考虑轮胎花纹深度的影响。

6.3 车辆运行系统部件

检查所有可能影响到试验结果的车辆运行系统部件(如减震器、弹簧以及悬架)是否符合车辆使用说明书的要求，并进行正确调整和紧固。记录检查结果，尤其是与车辆使用说明书存在偏差的数据应记录在基本参数表中。

6.4 载荷

6.4.1 一般要求

试验车辆载荷不允许超过车辆生产企业的最大设计总质量和最大设计轴荷。

车辆的轴荷、质心高度、总质量以及横摆转动惯量都影响试验结果。所有的这些参数都应在试验报告中说明。

试验时的车辆质心位置和转动惯量应尽可能代表车辆正常使用时的载荷条件。

6.4.2 最大载荷

最大载荷质量由车辆整车整备质量加上其最大装载质量组成，载荷分配应保证任一轴荷不超过其最大允许值。装载载荷的质心高度和载荷分布应能反映所研究车辆的使用状况，且记录并确定质心位置三维坐标及横摆转动惯量。最大载荷是标准试验条件。

6.4.3 最小载荷

最小载荷质量由各车辆单元整车整备质量加上仪器设备的质量组成。第一车辆单元质量还应包括驾驶员质量、仪器操作员和观测员的质量。最小载荷是可选试验条件。

6.4.4 其他载荷

鼓励采用代表特殊运输条件下的其他载荷。

7 试验方法

7.1 预热

试验前试验车辆应以试验车速预热行驶至少10 km。

7.2 试验车速

除了7.6中的脉冲输入外，根据车辆的用途，全部试验都应在80 km/h、90 km/h或100 km/h车速下进行，对最高车速低于80 km/h的车辆以最高车速作为试验车速。鼓励在更高车速下进行试验。

每次试验时，试验车辆的平均车速相对于目标车速的误差为±2 km/h，瞬时车速相对于目标车速的误差为±3 km/h。

7.3 侧向加速度

在所有试验驾驶操作中，推荐第一车辆单元侧向加速度的最大值为2 m/s^2，但为了防止最后车辆单元的响应不超过估计倾翻极限的75%，以及不超过轮胎摩擦极限的75%，可以适当降低该侧向加速度值。对于伪随机输入试验，为了确保所有车辆单元的响应为线性模式，可进一步降低该值。

推荐逐渐增加侧向加速度，并且在最后车辆单元安装支架以防止侧翻。

7.4 伪随机输入

以试验车速驾驶试验车辆，并对转向盘施加连续转角输入，直至预先确定的转向盘转角限值。此限值由侧向加速度决定，在该侧向加速度范围内汽车列车各单元具有线性特性。

转角输入时，不允许使用任何转向盘转角机械限位装置，因为这会影响转角输入的谐波。转角输入的连续性也很重要，否则转角输入的相对静态时段会严重降低信噪比。

转角输入的频率范围应从0.1 Hz到实际可行的较高频率(至少应达到1.0 Hz)。为了确保输入信号包含足够的高频成分，转角输入应剧烈。输入频率和振幅应随机多样。

为了确保采集足够多的试验数据，数据采集应至少在12 min以上(置信区间明显需要较长或较短数据采集时间的情况除外)。理想条件下，试验应连续进行，但考虑到两个实际原因难以实现该操作：首先，试验道路长度不允许连续行驶；第二，用来分析数据的计算机存储容量不足，难以一次处理全部数据，因此允许采用一系列较短数据采集时间(至少30 s)进行试验。

7.5 单车道变换

7.5.1 概述

在进行车道变换前，试验车辆以试验车速直线行驶，横摆角速度应在0±0.5°/s范围内。

试验应在最少三个频率下进行，最大频率间隔为0.1 Hz，试验频率的选择应满足：任一频率下的后部放大系数均未达到最大值。

在任一车速和频率组合条件下，应至少进行三组有效试验。根据需要可进行附加试验。

推荐左转、右转都进行试验。

7.5.2 单一正弦转角输入

以预先确定的转向盘转角幅值，对试验车辆施加一个完整的转向盘转角正弦输入，然后保持转向盘在中间位置5秒。允许幅值误差为标准正弦波第一波峰值的5%。为了得到准确和重复性好的试验结果，推荐使用转向机器人，并应高度注意试验安全。

7.5.3 单一正弦侧向加速度输入

试验车辆跟踪标记好的试验路线行驶，确保前轴所选参考点与试验路线所确定的行驶轨迹的偏移量不超过±0.15 m。第一车辆单元前轴侧向加速度平均峰值的样本标准偏差应不大于0.2 m/s^2，且峰值偏差应不超过目标侧向加速度值的10%。

试验路线由以下部分组成：预备直线路段、初始直线路段、试验路段以及驶出路段，如图2所示。试验路面上应标记出预定的试验路线以便进行路线跟踪和轨迹偏移量的测量。路线跟踪的驾驶技术和路线跟踪的校对方法以及轨迹偏移量的测量方法见附录C。

在x-y坐标系(单位：m)中，试验路段所确定的最大侧向加速度a_y(单位：m/s^2)、试验车速v(单位：m/s)以及频率f(单位：Hz)的关系如以下公式所示：

$$y=\frac{a_y}{(2\pi f)^2}\left[2\pi f\frac{x}{v}-\sin(2\pi f\frac{x}{v})\right]$$

注：与目标轨迹的偏差可能导致试验结果与理想轨迹试验结果有很大不同，尤其在高频条件下。因此，如果使用转向机器人，单车道变换试验推荐采用单一正弦转角输入。

单位为米

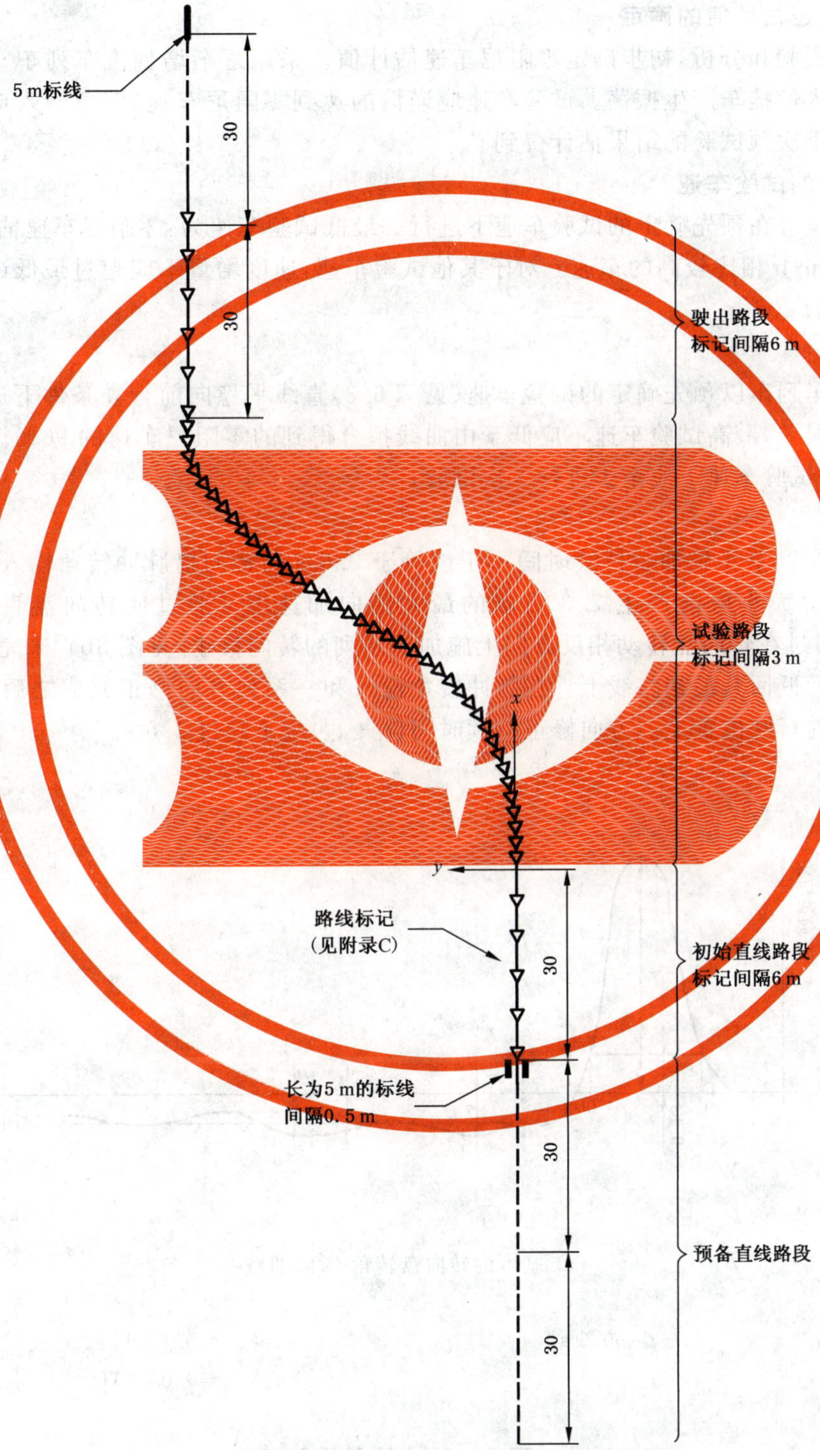

图2　试验路线示意图

7.6 脉冲输入

7.6.1 概述

通过进行预试验和分析,确定试验车辆对脉冲转角输入的响应品质。脉冲输入试验适用于小阻尼车辆,该种车辆对脉冲输入表现出持续的振荡响应。大阻尼车辆的响应时间历程快速衰减,不适用于8.4所述数据处理方法。

7.6.2 零阻尼车速估计值的确定

通过进行预试验和分析,初步确定零阻尼车速估计值。采用逐渐增加汽车列车车速并施加一个转向盘脉冲转角输入使挂车产生振荡。试验车速应谨慎的达到零阻尼车速,转角输入应缓和。零阻尼车速也可以通过若干次预试验的结果估计得到。

7.6.3 预先确定的试验车速

脉冲输入试验应在预先确定的试验车速下进行。最低试验车速为:零阻尼车速估计值减去40 km/h后的速度与40 km/h相比较高的车速。对于其他试验车速,速度增量不应超过最低试验车速和零阻尼车速估计值差值的20%。

7.6.4 试验

试验应在汽车列车以预先确定的试验车速(见7.6.3)直线平稳向前行驶条件下进行。为减小由于线性拟合产生的误差,最高试验车速不应低于由曲线拟合得到的零阻尼车速的90%。为了提高试验的准确程度,在每一试验车速下应至少进行3次试验。

7.6.5 转角脉冲

通过对第一车辆单元施加一持续时间小于或等于0.6 s的转向盘脉冲转角输入来激发挂车振荡。转向盘转角的幅值大小应能产生7.3要求的最大侧向加速度。通过使转向盘直接回到初始位置[见图3a)]或者通过在转向盘转动相反方向上施加一系列的转向修正[见图3b)]来完成脉冲转角输入,确保第一车辆单元返回其最初路线上。在脉冲转角输入和一系列方向修正完成之后,转向盘应固定在试验车辆直线向前行驶位置上。方向修正持续时间(t_1-t_2)应不超过1.5 s。

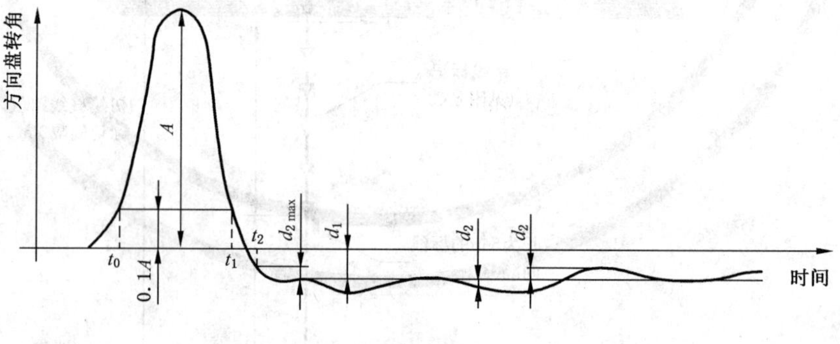

a) 基本的转向盘转角-时间曲线

$t_1-t_0<0.6$ s　　　　$|d_1|_{max}=0.1\ |A|$

$t_2-t_1<1.5$ s　　　　$|d_2|_{max}=0.05\ |A|$

图3 脉冲转角输入

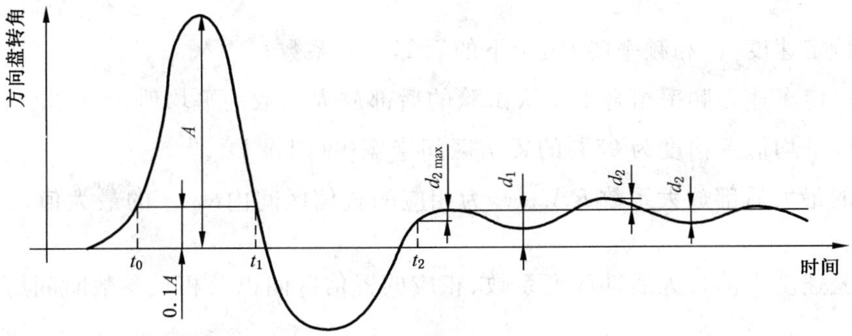

b）带修正的转向盘转角-时间曲线

图 3（续）

t_2 时刻的确定：t_2 时刻后，转向盘转角保持在允许限值范围（即 $\pm d_{2\max}$）之内。

t_2 时刻后，转向盘转角与向前直线行驶位置的平均偏差 d_1 不超过初始脉冲转角幅值的 10%，d_2 不超过初始脉冲转角幅值的 5%。

8 数据分析及表述

8.1 初步分析

显示并检查所记录的时域信号。剔除不满足纵向车速、侧向加速度或认为不具有代表性的数据。因为数据的零点偏差难以剔除，故应仔细选取信号的零值。

8.2 后部放大系数

8.2.1 概述

在标准试验条件下，确定第一车辆单元与最后车辆单元间侧向加速度和横摆角速度的后部放大系数。伪随机输入试验和单车道变换方法得到试验结果会存在差异。两种单车道变换方法得到的结果之间也会存在差异。

8.2.2 伪随机输入

对转向盘转角时间历程进行频谱分析。频率成分应足够多。频谱中最大转向盘转角与最小转向盘转角的比值推荐应不大于 4∶1。

建立相干函数。如果汽车列车在某一范围内运行，在该范围内车辆表现出线性特性并且信号中无外部噪声出现，则说明相干系数近似等于 1。如果在最大后部放大系数附近频率下的相干系数大于等于 0.95，则试验结果可以接受。

计算最后车辆单元与第一车辆单元信号间的频率响应函数的增益。如果用一系列较短时间试验代替长时间行驶试验，则计算结果取平均值。

最大后部放大系数是最大增益，并确定最大增益发生时的频率。

绘制增益、相干系数、转向盘的振幅与频率的关系曲线。在报告中应注明频率分辨率 B_e、测量时间 t_{tot} 和记录长度，见附录 B。

8.2.3 单车道变换

采用符合 5.3.3.3 特性要求的数字滤波器对采样后的信号进行滤波。

在信号的时间历程中确定信号的最大值。每一车辆单元的最大值是峰值绝对值的最大值。

后部放大系数是最后车辆单元与第一车辆单元最大值的比值。每次可接受的试验都应计算和存储后部放大系数。分别对每一试验车速和频率组合的后部放大系数确定置信度为 95% 的置信区间。结果按以下形式。

$$RA_{f,v} = \overline{RA}_{f,v} \pm HI(\overline{RA}_{f,v}) \text{（95\%置信度）}$$

式中：

$RA_{f,v}$——特定速度(v)和频率(f)组合下的后部放大系数；

$\overline{RA}_{f,v}$——特定车速和频率组合下每次试验的后部放大系数的平均值；

$HI(\overline{RA}_{f,v})$——该平均值置信度为95%的置信区间半宽(见附录D)。

特定车速下的最大后部放大系数 $RA_{\max,v}$，为相应的置信区间内 $\overline{RA}_{f,v}$ 的最大值，由该车速下所有频率试验结果确定。

确定所有试验速度下的最大后部放大系数、相应的置信区间以及相关参数时间历程，并在报告中注明(见附录B)。

8.3 轨迹偏移

在单车道变换试验中，测定前轴中线点轨迹与最后车辆单元轨迹偏移最大的车轴中线点轨迹间的侧向位移(y_E 方向)，用以确定瞬时轨迹偏移量和最大轨迹偏移量。若最后车辆单元轨迹未“过冲”第一车辆单元轨迹，则记录最大“欠冲”量。

8.4 零阻尼车速和横摆阻尼

8.4.1 铰接角振动阻尼

采用符合5.3.3.3特性要求的数字滤波器对采样后的信号进行滤波。

在铰接角或铰接角速度时间历程中确定第三个(包括第三个)振幅以后的所有振幅(见图4)，如果第三个振幅前的过零点出现在 t_2(见7.6.5)时刻以前，则取下一峰值为 A_1。

应用下式分别计算每一铰接点的振幅比平均值 r：

$$r=\frac{1}{n-2}\left(\frac{A_1+A_2}{A_2+A_3}+\frac{A_2+A_3}{A_3+A_4}+\frac{A_3+A_4}{A_4+A_5}+\cdots\cdots\frac{A_{n-2}+A_{n-1}}{A_{n-1}+A_n}\right)$$

$A_{n-1}+A_n$ 值至少为 A_1+A_2 值的10%。

r 值的计算应根据至少7个振幅，但在第7个振幅之前达到10%的限值要求的情况除外。

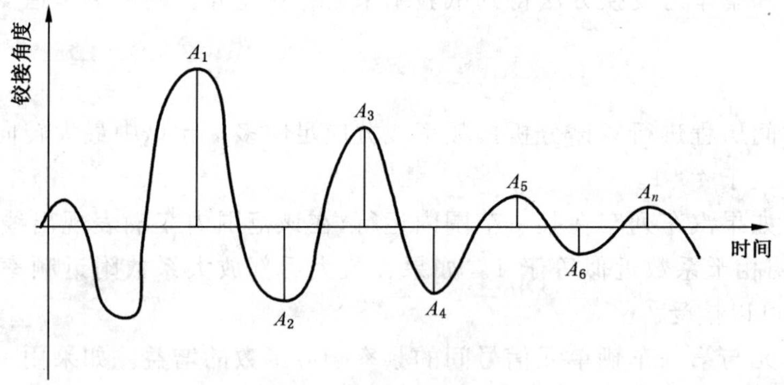

图4 幅值的确定

通过下式计算阻尼系数 D：

$$D=\frac{\ln(r)}{\sqrt{\pi^2+[\ln(r)]^2}}$$

绘制阻尼系数与车速的函数关系曲线，见附录B。

汽车列车的阻尼系数取各铰接点阻尼系数的最小值。

8.4.2 零阻尼车速

零阻尼车速 v_{zd} 可由阻尼系数与试验车速线性拟合曲线确定，线性拟合公式如下：

$$D=C_1+C_2v_{zd}=0$$

式中：

v_{zd}——零阻尼车速，单位为千米每小时(km/h)；

C_1、C_2——拟合系数。

则零阻尼车速 v_{zd} 按下式计算：

$$v_{zd} = -\frac{C_1}{C_2}$$

应以曲线拟合所得零阻尼车速的 90% 的速度至少进行三次试验(见 7.6.4)。如果不满足条件或由于安全原因，以 90% 零阻尼车速行驶是不可行的，则在试验结果的表述中不应出现零阻尼车速。

如果由于试验道路纵向坡度的影响，试验在两个方向上进行，则取两个方向阻尼系数的平均值进行线性曲线拟合。

8.4.3 参考阻尼车速

参考阻尼车速为横摆阻尼系数等于 0.05 时的车速，参照零阻尼车速的确定方法，按下式计算：

$$v_{0.05} = \frac{0.05 - C_1}{C_2}$$

8.4.4 参考车速阻尼

参考车速阻尼为车速为 80 km/h 时的阻尼系数。按下式计算：

$$D_{80} = C_1 + 80C_2$$

8.5 横摆角速度比

测量汽车列车各单元的横摆角速度，按下式计算车辆单元间的横摆角速度比：

$$R_{t/k} = \frac{1}{n-1}\left(\frac{\boldsymbol{\Psi}_{k,1} + \boldsymbol{\Psi}_{k,2}}{\boldsymbol{\Psi}_{t,1} + \boldsymbol{\Psi}_{t,2}} + \frac{\boldsymbol{\Psi}_{k,2} + \boldsymbol{\Psi}_{k,3}}{\boldsymbol{\Psi}_{t,2} + \boldsymbol{\Psi}_{t,3}} + \cdots + \frac{\boldsymbol{\Psi}_{k,n} + \boldsymbol{\Psi}_{k,n}}{\boldsymbol{\Psi}_{t,n} + \boldsymbol{\Psi}_{t,n}}\right)$$

式中：

$R_{t/k}$——第 t 车辆单元与第 k 车辆单元间的横摆角速度比；

$\boldsymbol{\Psi}_k$——第 k 车辆单元的横摆角速度；

$\boldsymbol{\Psi}_t$——第 t 车辆单元的横摆角速度。

横摆角速度振幅的确定参见 8.4.1 和图 4。

附 录 A
（规范性附录）
基本参数表

汽车列车类型：______

车辆单元编号：______

汽车类型：______

车辆识别代码：______

生产企业、年份、车型、类型：______

里程表读数：______

1 轴（前轴）：

悬架类型：______

轮胎：

生产企业：______

生产日期：______

尺寸：______

花纹深度：______

初始花纹深度：______

车轮数量：______

轮距：______ m

轮辋尺寸：______

转向类型(传动比)：______

驱动类型：______

n 轴：

悬架类型：______

轮胎：

生产企业：______

生产日期：______

尺寸：______

花纹深度：______

初始花纹深度：______

车轮数量：______

轮距：______ m

轮辋尺寸：______

转向类型(传动比)：______

驱动类型：______

轮胎充气压力(kPa)：

冷态	1 轴：	*n* 轴：
热态，预热后	1 轴：	*n* 轴：
热态，试验后	1 轴：	*n* 轴：

轴距：

1 轴—2 轴：________ m

（*n*—1）轴—*n* 轴：________ m

1 轴至后部连接装置的距离：________ m

1 轴至前部连接装置的距离：________ m

连接装置离地高度（装载状态下）：________ m

其他参数（尤其与悬架相关参数）：________

____

____

____

车辆载荷：

整备质量：

1 轴：左轮：________ kg　右轮：________ kg

n 轴：左轮：________ kg　右轮：________ kg

试验时质量：

1 轴：左轮：________ kg　右轮：________ kg

n 轴：左轮：________ kg　右轮：________ kg

前部连接装置静态载荷：________ N

后部连接装置静态载荷：________ N

质心离地高度：________ m

横摆转动惯量：________ $kg \cdot m^2$

侧向加速计安装位置：

高度：________ m

1 轴以下的距离/与前部连接装置的距离：________ m

装载载荷的描述：________

试验条件：

试验道路：________

路面描述：________

横向坡度：________ %

纵向坡度：________ %

天气条件：

温度：________ ℃

风速：________ m/s

风向（与试验车辆行驶方向夹角）：________ °

侧偏角和侧向车速的参考点：________

试验方法：

时域：________

频域：________

试验人员：

驾驶员：________________________________

观察员：________________________________

数据分析员：________________________________

备注：________________________________

____

____

____

____

附 录 B
（规范性附录）
试验结果的表述

B.1 后部放大系数

B.1.1 伪随机输入

纵向车速＝______________km/h

分辨率带宽＝______________Hz

总测量时间＝______________s 记录长度＝______________s

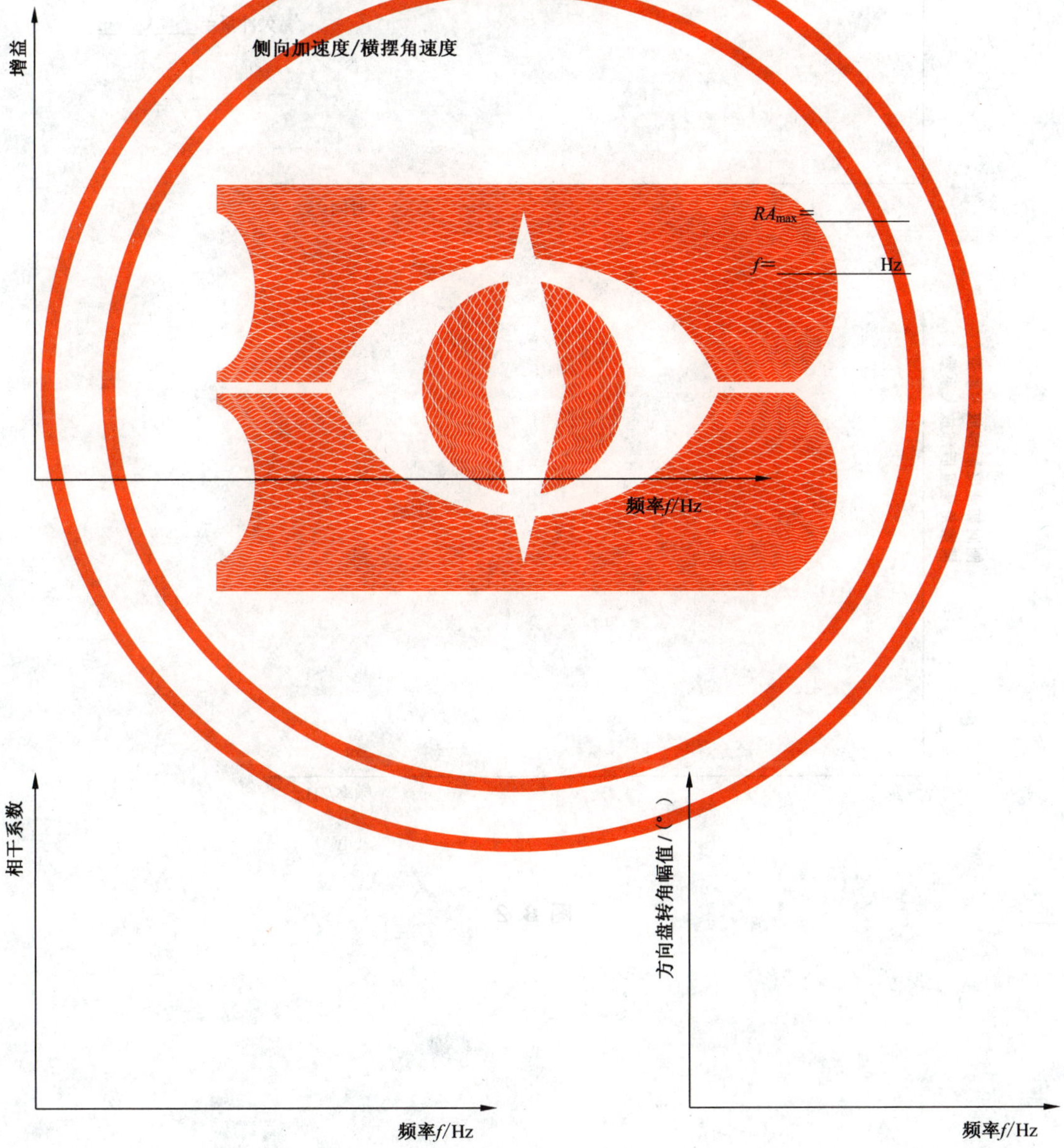

图 B.1

B.1.2 单车道变换

单一正弦转角输入/轨迹跟踪侧向加速度输入

纵向车速＝____________ km/h

$RA_{\max,v}$＝________

$HI(\overline{RA_{f,v}})$＝________

f＝________ Hz

过冲量＝______ m

欠冲量＝______ m

图 B.2

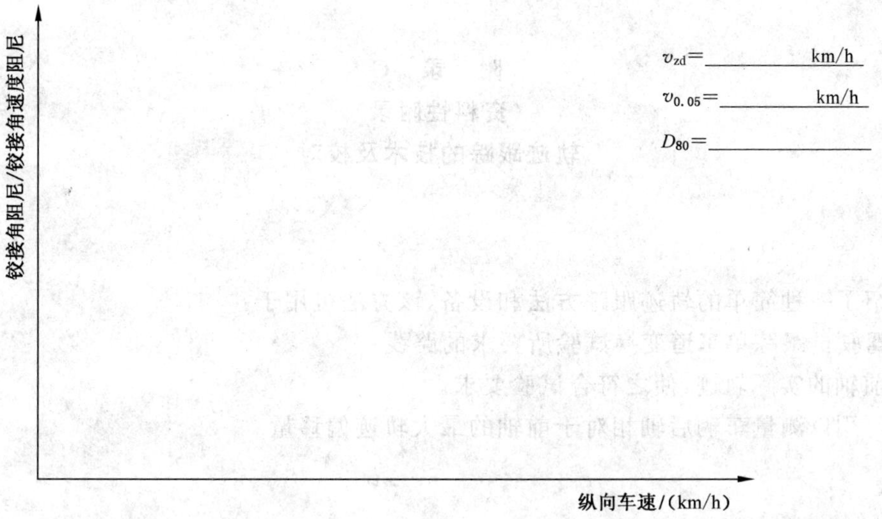

图 B.3

附　录　C
（资料性附录）
轨迹跟踪的技术及校对

C.1　概述

本附录介绍了一种简单的轨迹跟踪方法和设备，该方法可用于：

a)　辅助驾驶员跟踪单车道变换试验所要求的路线；

b)　校对前轴的实际轨迹，使之符合试验要求。

该系统还可用以测量车辆后轴相对于前轴的最大轨迹偏移量。

C.2　驾驶技术

本标准7.5.3给出了试验路线的定义。试验路线可以采用图C.1所示薄板进行标记。标记形成的线形可辅助驾驶员保持按规定试验路线驾驶试验车辆时的侧向位移误差在限值范围内。标记的侧向尺寸等于试验车辆第一轴所允许的侧向位移误差。

驾驶员可以在挡风玻璃或其他位置设置标记（例如胶带），辅助驾驶员将试验车辆与规定的试验线路始终对准。驾驶员可在试验道路上进行必要的练习，熟练掌握路线跟踪驾驶技能。

C.3　校对

试验过程中，采用简单的喷水系统标记出车辆第一轴和最后一轴的运行轨迹。该系统通过安装在车轴上的喷嘴直接将水柱喷射到试验路面上，并可在路面上留下标明车轴运行轨迹的清晰的水印。通过安装在第一轴和最后一轴的喷嘴，可以确定第一轴运动轨迹以及最后一轴相对第一轴的轨迹偏差。该系统的喷水量可调，保证水印持续足够长的时间以便进行测量，但水印也应能迅速蒸发，以便重复使用相同试验路线时不与先前的水印混淆。

C.4　系统硬件

系统在一个车轴上布置的示意图如图C.2所示，系统基于便携式手动气泵喷水装置的硬件改装而成。

喷水装置的储液筒经改装后在水面上部设置压缩空气的入口和安全泄压阀，调压后的压力由入口输入。

输出管路可以设置电磁阀，在驾驶室里通过开关按钮控制安装在前、后轴输出管路中的电磁阀。

C.5　前轴喷水系统的校正

在试验路面上按直线布置一系列的路线标记。驾驶员以较低车速驾驶试验车辆在标记上方直线行驶，驾驶员感觉车辆完全对准路线标记后在某一标记垂直上方停车，调整喷嘴的侧向位置使之对准该标记的中心位置。

然后，试验车辆以试验车速在标记好的路线上直线行驶，同时开启喷水装置。如果需要，可调整喷嘴的侧向位置使水印的位置在路线标记的中心。

校正完毕后，如果前轴水印通过每个试验路线标记的一部分则认为试验是有效的。

C.6　后轴喷水系统的校正

在车辆直线行驶时，确定第一轴水印与最后一轴水印间的偏移量，目的并不是要求两水印完全重合，而是以此偏移量作为参考零点漂移，用以修正动态条件下的偏移量。方法如下：

前轴喷嘴位置校正完毕后，调整后轴喷嘴的侧向位置使之与前轴喷嘴的侧向位置大体一致。驾驶员以试验车速驾驶试验车辆直线行驶，同时开启两个喷嘴。每次试验车辆通过后，沿直线试验路线不同位置测量后轴水印相对于前轴水印的侧向偏移量。经过若干次试验后，取其平均值作为后轴水印的参考"零点漂移"。

在连续的动态试验过程中，每次车辆通过后应立即测量两水印间最大侧向位移。而且为了确定最大侧向位移点的位置，需要测量该点到试验路线参考点的纵向尺寸。

单位为厘米

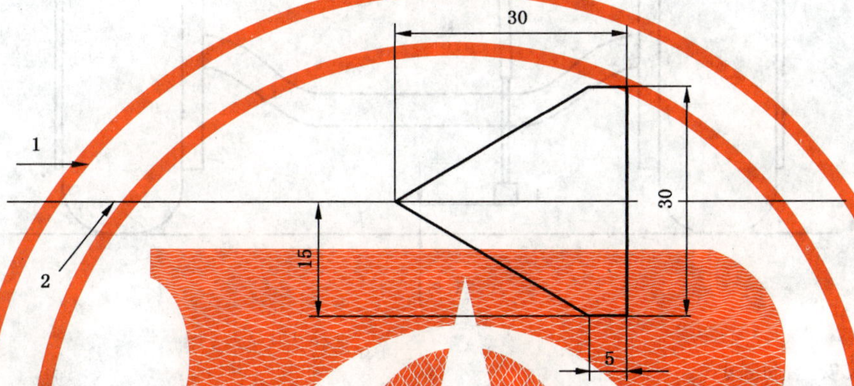

1——行驶方向；
2——试验路线。

图 C.1　标记试验路线用的薄板

单位为毫米

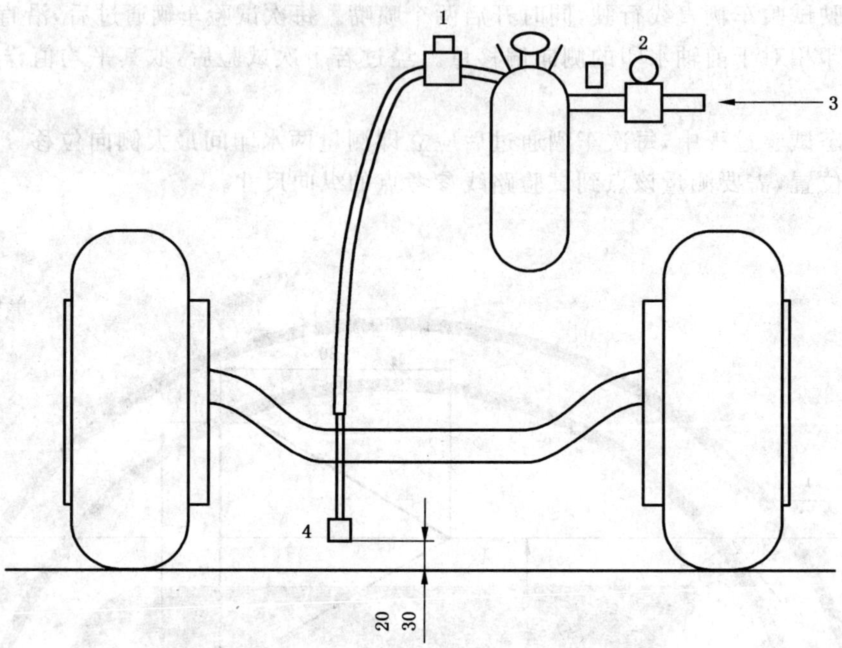

1——电磁阀；

2——调压器及安全泄压阀；

3——压缩空气；

4——喷嘴。

图 C.2 车轴轨迹标记系统

附　录　D
（资料性附录）
后部放大系数置信区间的计算

特定车速和频率组合下的后部放大系数的平均值按式(D.1)计算：

$$\overline{RA}_{f,v}=\frac{1}{n}\sum_{i=1}^{n}RA_{f,v,i} \quad \cdots\cdots(\text{D.1})$$

标准差由式(D.2)计算：

$$S_{f,v}=\left[\frac{1}{n-1}\sum_{i=1}^{n}(RA_{f,v,i}-\overline{RA}_{f,v})^2\right]^{\frac{1}{2}} \quad \cdots\cdots(\text{D.2})$$

平均值置信度为95％的置信区间的半宽由式(D.3)计算：

$$HI(\overline{RA}_{f,v})=t_{95}\cdot S_{f,v} \quad \cdots\cdots(\text{D.3})$$

式中：

n——特定速度 v 和频率 f 下的试验次数；

$RA_{f,v,i}$——速度 v 和频率 f 下第 i 次试验得到的后部放大系数；

t_{95}——n 由 3 到 10 所对应的 t_{95} 值如表 D.1 所示：

表 D.1

n	3	4	5	6	7	8	9	10
t_{95}	4.303	3.182	2.776	2.571	2.477	2.365	2.306	2.262

ICS 43.080.10
T 72

中华人民共和国国家标准

GB/T 25980—2010/ISO 1103:2007

道路车辆 旅居挂车和轻型挂车的连接球 尺寸

Road vehicles—Coupling balls for caravans and light trailers—Dimensions

(ISO 1103:2007,IDT)

2011-01-10 发布 2011-05-01 实施

中华人民共和国国家质量监督检验检疫总局
中国国家标准化管理委员会 发布

前　言

本标准使用翻译法等同采用 ISO 1103:2007《道路车辆　旅居挂车和轻型挂车的连接球　尺寸》(英文版)。

本标准 4.1a)中引用的 GB 11551—2003 附录 C,与 ECE R94:1995 附录 6 的内容完全一致。

本标准 4.3.2 中引用的 GB 11566—2009,修改采用 ECE R26:2007,删除了其中的认证申请、认证等内容,其技术要求与 ECE R26:2007 完全一致。

为便于使用,本标准还对 ISO 1103 做了下列编辑性修改:

a) “本国际标准”一词改为“本标准”;

b) 用小数点“.”代替作为小数点的“,”;

c) 删除 ISO 1103:2007 的前言。

本标准由中华人民共和国国家发展和改革委员会提出。

本标准由全国汽车标准化技术委员会(SAC/TC 114)归口。

本标准起草单位:中国公路车辆机械有限公司、江苏省公路学会、交通部公路科学研究院、常熟华东汽车有限公司、航天晨光股份有限公司。

本标准主要起草人:金明新、裴志浩、赵侃、史书义、王维、王传妹、孙军、李永福、马知才。

道路车辆
旅居挂车和轻型挂车的连接球　尺寸

1　范围

本标准规定了旅居挂车和轻型挂车与牵引车之间采用连接球牵引时机械连接装置的尺寸。连接球周围的净空间应能满足与牵引车的连接和脱开，以及机械装置连接和脱开时的操作安全。

本标准适用于M类、N类汽车与旅居挂车及轻型挂车（O_1、O_2类）连接的连接球，不适用于专用汽车与专用挂车的连接。

2　规范性引用文件

下列文件中的条款通过本标准的引用而成为本标准的条款。凡是注日期的引用文件，其随后所有的修改单（不包括勘误的内容）或修订版均不适用于本标准，然而，鼓励根据本标准达成协议的各方研究是否可使用这些文件的最新版本。凡是不注日期的引用文件，其最新版本适用于本标准。

GB/T 1031　表面粗糙度　参数及其数值（GB/T 1031—2001，idt ISO 468:1982）

GB/T 3730.2—1996　道路车辆　质量　词汇和代码（idt ISO 1176:1990）

GB 11551—2003　乘用车正面碰撞的乘员保护

GB 11566　乘用车外部凸出物

GB/T 25988　道路车辆　牵引旅居挂车或轻型挂车的牵引连接装置　机械强度试验（GB/T 25988—2010，ISO 3853:1994，IDT）

ECE R55:2001　关于批准汽车列车机械连接件的统一规定

3　术语和定义

GB/T 3730.2和GB/T 25988中确立的以及下列术语和定义适用于本标准。

3.1

连接球　coupling ball

由两个部分组成，一个为球形表面，一个为圆柱形表面，两部分既可为单件，也可为组合件。

3.2

球形表面　spherical surface

球体的上部和下部分别与两水平面相交，位于两水平面之间的球体表面，其上、下表面均为圆形表面。

3.3

圆柱形表面　cylindrical surface

由上下两个端面确定的圆柱体的表面，其上端面为与球形表面相交的圆形表面，下端面为与水平面相交的圆形平面。

3.4

整备质量　kerb mass

车辆在GB/T 3730.2—1996中4.6规定的装载条件下的质量。

3.5

设计质量　design mass

整备质量加上乘客质量（每位乘客68 kg）及随身行李质量（每位乘客7 kg）。

4 要求

4.1 载荷条件——设计载荷的分布

载荷条件及载荷分布应符合 ECE R55:2001 中附件 7 附录 1 的规定。

对于 M_1 类车辆，测量连接球位置时的车辆质量应为牵引车制造厂确定的轴间分配的最大允许质量；或者为 3.4 规定的整备质量，另附加：

a) 两个各为 68 kg 的质量分别置于每排座椅的外侧乘坐位置，座椅正常驾驶和乘坐的位置应为最终调节的位置。其他质量的位置确定：

——牵引车制造厂提供的原厂设备、连接装置和零部件，对于可调座椅可在“R”点前 100 mm，其他座椅在“R”点前 50 mm；“R”点的确定依据 GB 11551—2003 附录 C 的规定；

——制造厂提供的、供维修更换使用的连接装置和零部件，可置于乘员乘坐位置。

b) 另外，除每人 68 kg 质量外，还应附加每人 7 kg 行李质量，均布在车辆行李区。

对于 N_1 类车辆，测量连接球高度时的牵引车质量应为牵引车制造厂确定的轴间分配的最大允许质量。

4.2 尺寸特性

4.2.1 总则

连接球的尺寸应符合图 1 和 4.2.2、4.2.3 的规定，包括相关使用条件。

4.2.2 连接表面

连接球球形表面与圆柱形表面的连接面应与圆柱形表面、球体水平下表面这二个表面相切。

当连接球由两部分组成时，3.2 所定义的球形表面可为圆环。

4.2.3 球颈

位于球体中心下部不低于 32 mm 位置的水平面以下的球颈直径应为 27 mm～29 mm。

4.3 安装尺寸

单位为毫米

表面粗糙度单位为微米

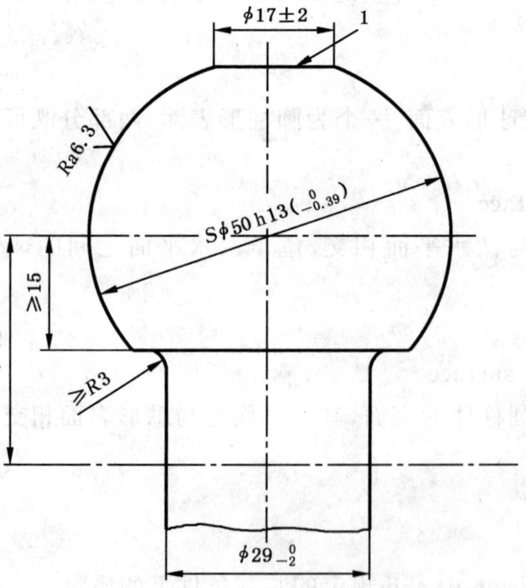

1——GB/T 25980 标记。

图 1 连接球尺寸

4.3.1 定位

球颈轴线应通过球体中心，并垂直于距连接球中心下部不低于 32 mm 的水平面。连接球中心的理论几何位置应处于半径为 5 mm 的球体范围内。此球体的中心由车辆制造厂或与牵引装置固定点相关的车身制造厂定义，详见 GB/T 25988—2010 中 7.2。

按照第 5 章规定的检测条件进行测量，连接球球体中心应距地面 350 mm～420 mm，N_2、N_3 类车辆除外。

4.3.2 连接球周围的净空间

a) 连接球周围的净空间如图 2 所示，当 $\alpha<10°$、$\beta<60°$时，该净空间应确保能够满足正常连结和脱开操作；在图 2a)和图 2b)所示的净空间中，应能对连接头或与连接球配套的任何装置进行操作，并使连接头的活动范围达到 $\alpha=25°$、$\beta=60°$。

b) 该净空间允许被可拆卸的装置(如备胎)占用，该装置可安装在连接器的一侧，应保证有足够的空间，以减少使用者用手进行连结或脱开操作时受到伤害的危险。

c) 当挂车不与牵引车连接时，已安装的牵引支架和连接球不应影响后车牌的安装空间，也不应影响牵引车后车牌的可见性，否则应将其拆除或重新定位。拆除或重新定位作业不应使用工具，或使用随车携带的简易拆卸工具(所施力矩不应超过 20 N·m)。

当这些部件拆除后，仍安装在车上的部分连接装置应符合 GB 11566 有关外部凸出物的规定。

单位为毫米

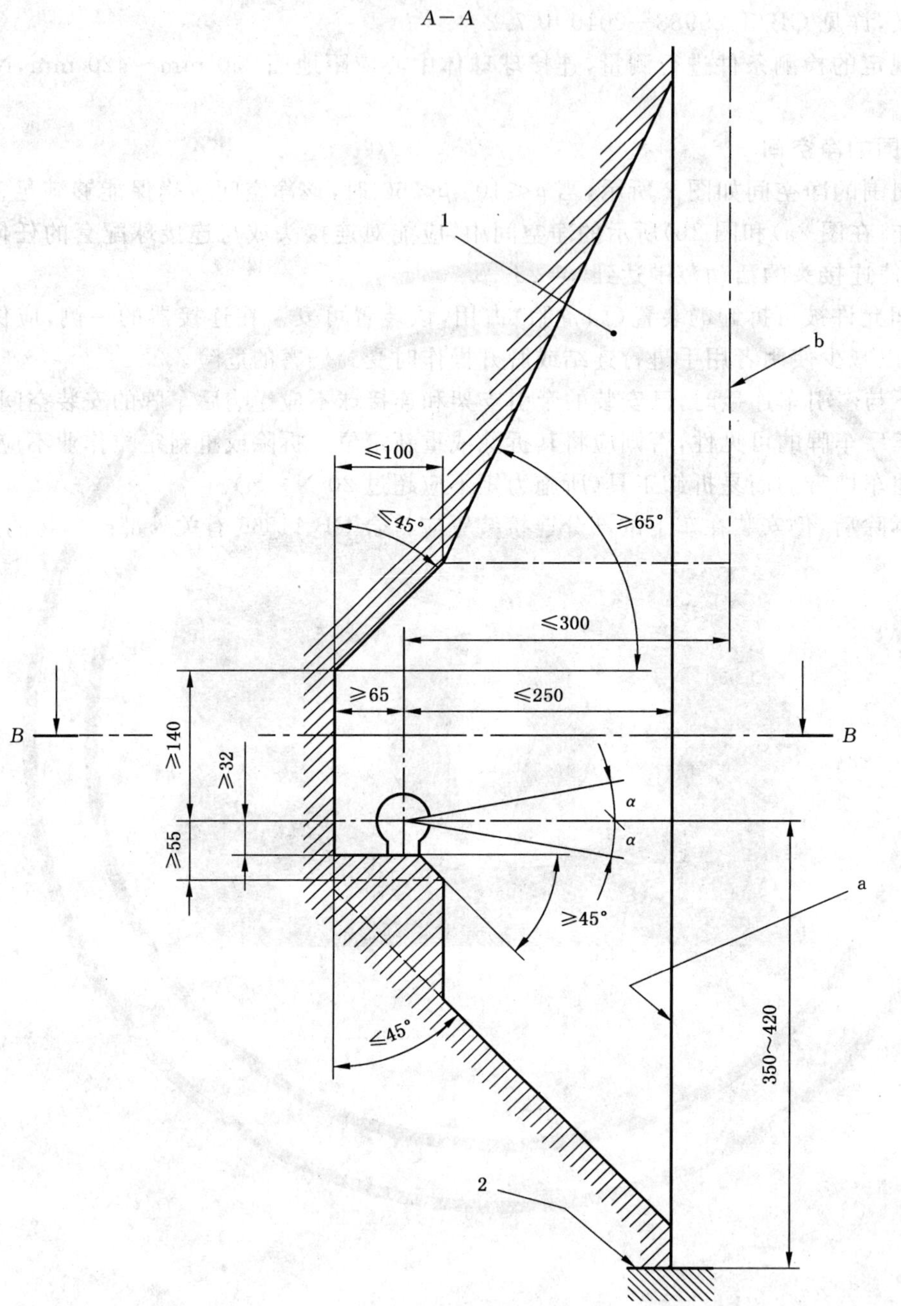

a) 侧视图(*A*—*A* 剖面)

图 2 连接球周围的净空间

单位为毫米

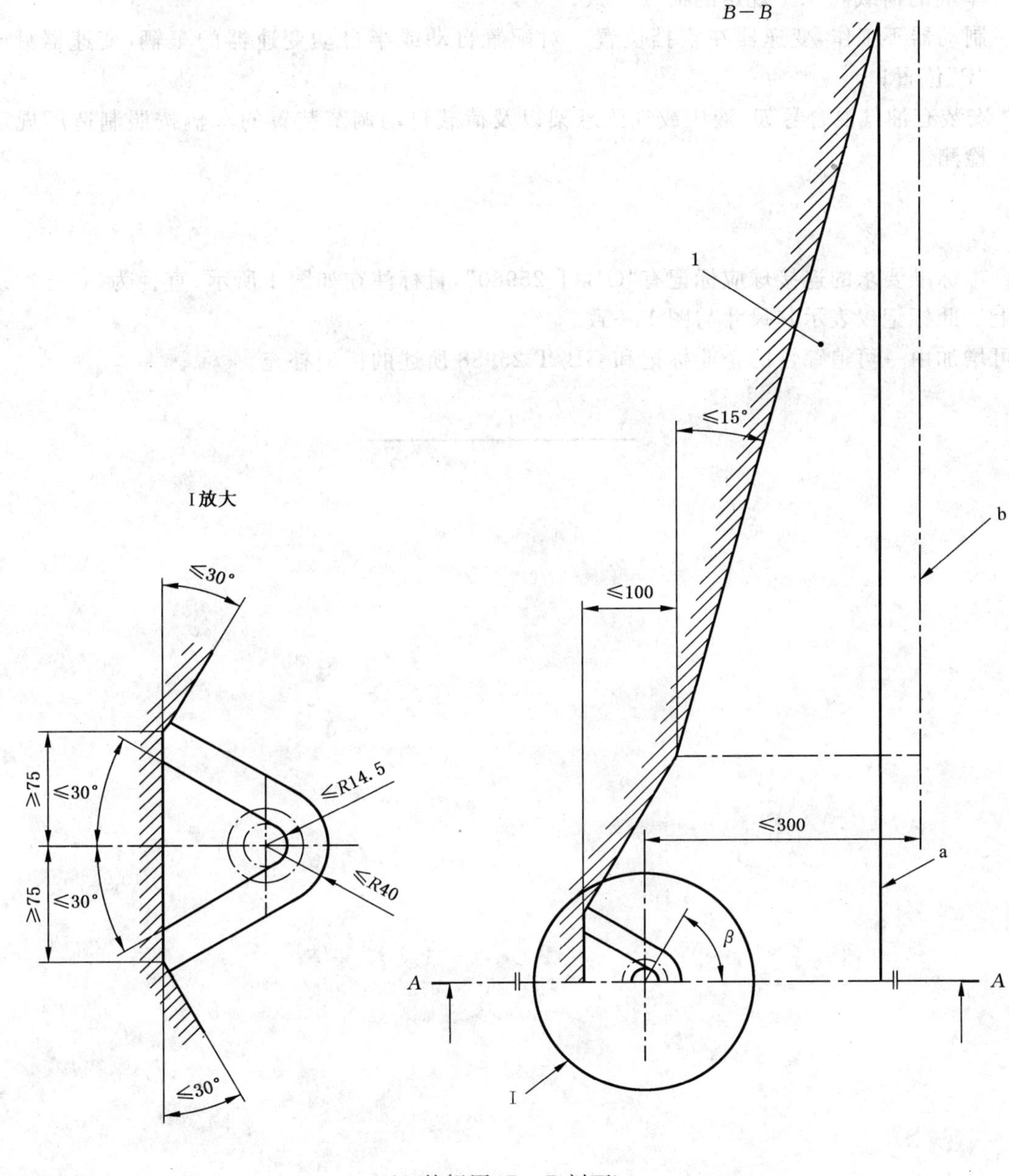

b) 俯视图(*B*—*B* 剖面)

1——净空间；

2——地面；

α——连接头的移动范围；

β——连接头的移动范围；

[a] 受车辆高度和宽度限制的垂面；

[b] 见 4.3.2。

图 2（续）

5 球体位置检测的准备条件

检测 4.3.1 规定的球体中心至地面距离时应符合下述条件：

a) 车辆停在水平、平坦和坚硬的路面上；

b） 转向轮平行于车辆的纵向中心面；

c） 轮胎压力调整到制造厂推荐的规定荷载条件下的压力；

d） 车辆的荷载同 4.1 规定的荷载一致；

e） 制动器不工作，变速器在空挡位置。对配置自动或半自动变速器的车辆，变速器处于“N”或“P”位置；

f） 安装有油气混合悬架、液压或气压悬架以及荷载自动调节装置的车辆按照制造厂规定的条件检测。

6 标记

符合本标准要求的连接球应标记有“GB/T 25980”，且标注在如图 1 所示、直径为(17±2)mm 的圆形平面上。此标记仅表示其尺寸与图 1 一致。

也可增加由一可追踪性的企业标记和 GB/T 25988 所述的标记补充。

ICS 43.160
T 51

中华人民共和国国家标准

GB/T 25981—2010

护栏清洗车

Guardrail cleanout vehicle

2011-01-10 发布　　2011-05-01 实施

中华人民共和国国家质量监督检验检疫总局
中国国家标准化管理委员会　发布

前　言

本标准的附录A为规范性附录、附录B为资料性附录。

本标准由中华人民共和国国家发展和改革委员会提出。

本标准由全国汽车标准化技术委员会(SAC/TC 114)归口。

本标准起草单位:北京科力威清洁机械厂、北京市汽车标准化技术委员会、汉阳专用汽车研究所。

本标准主要起草人:张永江、刘儒明、李秧妮、肖谦、胡钢。

护 栏 清 洗 车

1 范围

本标准规定了护栏清洗车的术语和定义、要求、试验方法、检验规则、标志、运输及贮存。

本标准适用于采用定型汽车底盘改装的,用于清洗道路护栏的护栏清洗车。选用其他底盘改装的护栏清洗车参照执行。

2 规范性引用文件

下列文件中的条款通过本标准的引用而成为本标准的条款。凡是注日期的引用文件,其随后所有的修改单(不包括勘误的内容)或修订版均不适用于本标准,然而,鼓励根据本标准达成协议的各方研究是否可使用这些文件的最新版本。凡是不注日期的引用文件,其最新版本适用于本标准。

GB 1495 汽车加速行驶车外噪声限值及测量方法

GB 1589 道路车辆外廓尺寸、轴荷及质量限值

GB/T 3766 液压系统通用技术条件

GB 4785 汽车及挂车外部照明和光信号装置的安装规定

GB 7258 机动车运行安全技术条件

GB 8108 车用电子警报器

GB 11567.1 汽车和挂车侧面防护要求

GB 11567.2 汽车和挂车后下部防护要求

GB/T 12467.3 焊接质量要求 金属材料的熔化焊 第3部分:一般质量要求

GB/T 12534 汽车道路试验方法通则

GB 13954 特种车辆标志灯具

GB 14023 车辆、船和由内燃机驱动的装置的无线电骚扰特性 限值和测量方法

GB 15741 汽车和挂车号牌板(架)及其位置

GB/T 18411 道路车辆 产品标牌

GB 18655 用于保护车载接收机的无线电骚扰特性的限值和测量方法

GB 20891 非道路移动机械用柴油机排气污染物排放限值及测量方法(中国Ⅰ、Ⅱ阶段)

QC/T 252 专用汽车定型试验规程

QC/T 484 汽车 油漆涂层

QC/T 518 汽车用螺纹紧固件紧固扭矩

QC/T 29104 专用汽车液压系统液压油固体污染度限值

QC/T 29105.1～29105.4 专用汽车液压系统液压油固体污染度测试方法

3 术语和定义

下列术语和定义适用于本标准。

3.1

护栏 guard rail

用于隔离往返车道、机动车与非机动车道、车辆道路与人行道路的栏杆(包括高速公路外侧的

护栏)。

3.2

护栏清洗车　guard rail cleanout vehicle

装备有液压系统和护栏清洗工作装置,用于道路护栏清洗作业的罐式专用作业车。

3.3

清洗高度　cleaning high

护栏清洗车所能清洗的护栏的高度(见图1)。

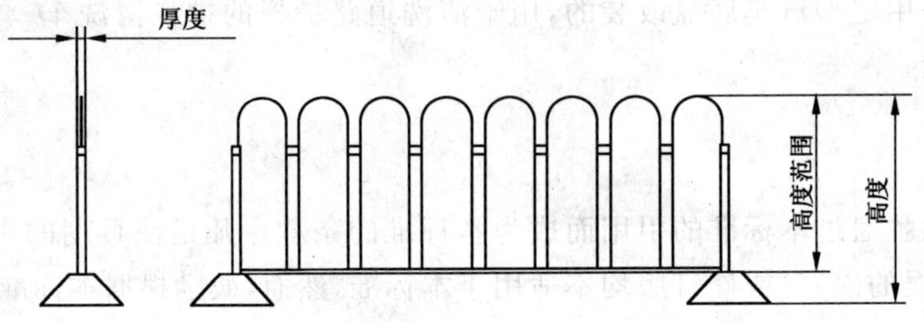

图1　高度、高度范围、厚度示意图

3.4

清洗宽度　cleaning width

护栏清洗车所能清洗的护栏的厚度(见图1)。

3.5

清洁度　clean liness

在规定的试验条件下,护栏清洗车作业后,护栏被清除的污染物的质量与未清洗前护栏表面污染物的质量之比,用%表示。

3.6

作业速度　washing speed

护栏清洗车进行清洗作业且达到规定的清洁度时的行驶车速。

3.7

双面清洗装置　single-faced cleaning feature

能清洗护栏的正面、侧面和后面的清洗装置。

3.8

单面清洗装置　double-faced cleaning feature

只能清洗护栏的正面、侧面的清洗装置。

4　要求

4.1　总则

4.1.1　护栏清洗车应符合本标准的规定,并按经规定程序批准的图样和技术文件制造。

4.1.2　护栏清洗车的所有零部件需经生产企业质量检验部门检验合格后方可装配。

4.2　一般要求

4.2.1　护栏清洗车的表面应进行防锈处理,采用油漆涂层处理时应不低于 QC/T 484 中的 T03 甲级的规定。

4.2.2　护栏清洗车的焊接质量应符合 GB/T 12467.3 的要求。

4.2.3　护栏清洗车的一般联接件、紧固件的紧固扭矩按 QC/T 518 的规定执行,重要部位的紧固扭矩应符合设计要求。

4.2.4　油路、气路、水路及电路等管线应夹持牢固,管路应不与运动部件发生摩擦或干涉,同时应与发动机高温零件保持安全距离。

4.2.5　护栏清洗车应安装夜间工作照明灯。

4.2.6　护栏清洗车在清洗速度范围内作业，清洁度应大于90%。

4.2.7　护栏清洗车在达到规定的清洁度条件下，清洗1 km护栏耗水量应<200 L。

4.2.8　护栏清洗车专用装置150 h工作试验不应出现致命故障，故障分类和统计见附录A。

4.2.9　护栏清洗车的基本参数应符合表1的规定。

表1　护栏清洗车基本参数

序号	项　目	单位	参　数　值
1	最低作业速度	km/h	>4
2	清洗高度范围	mm	≥120～1 400
3	清洗宽度范围(厚度)	mm	>0～200
4	清洗作业时，车辆最外侧与护栏中心线的距离	mm	≥500

4.3　安全要求

4.3.1　护栏清洗车的外廓尺寸、轴荷及质量参数应符合GB 1589的规定。

4.3.2　护栏清洗车照明及光信号装置应符合GB 4785规定。护栏清洗车应安装警示灯光和音响。警示灯光和音响应符合GB 13954及GB 8108的规定。

4.3.3　护栏清洗车侧面防护应符合GB 11567.1的规定，后下部防护应符合GB 11567.2的规定。

4.3.4　护栏清洗车侧倾稳定角应符合GB 7258的规定。

4.3.5　护栏清洗车制动性能应符合GB 7258的规定。

4.3.6　护栏清洗车粘贴的车身反光标识应符合GB 7258的规定。

4.4　环保要求

4.4.1　护栏清洗车副发动机(柴油机)的排放应符合GB 20891的规定。

4.4.2　护栏清洗车加速行驶时，车外最大允许噪声应符合GB 1495的规定。

4.4.3　护栏清洗车驾驶员耳旁噪声应符合GB 7258的规定。

4.4.4　护栏清洗车作业时车外噪声≤88 dB(A)。

4.5　专用装置

4.5.1　清洗装置

4.5.1.1　清洗装置的上下调整量应≥100 mm。

4.5.1.2　清洗装置的横向调节量应≥100 mm。

4.5.1.3　清洗装置在平行于车辆纵向平面的平面内，在垂直于车辆纵向平面的方向的摆角应≥±5°。

4.5.1.4　转场工况时，清洗装置离地间隙应≥200 mm。

4.5.1.5　转场工况清洗装置被锁止后，在外力作用下，其位移量应≤1 mm。

4.5.1.6　双面清洗装置的内外侧清洗机构的调整距离应≥100 mm。

4.5.2　副发动机

4.5.2.1　副发动机应安装转速、水温、油压、电流等显示发动机工作状况的仪表，仪表及副发动机控制装置应方便驾驶员观察和操作。

4.5.2.2　副发动机应能在规定的工作转速下连续可靠地驱动液压油泵及水泵等工作。

4.5.3　水罐

4.5.3.1　水罐内应设置隔板，隔板应能承受罐内水的冲击并减小水的晃动。

4.5.3.2　用普通钢板制造的水罐内外表面均应作防腐处理。

4.5.3.3　水罐应设置溢流及液位显示装置。

4.5.3.4　水罐应无渗漏现象。

4.5.4 液压系统

4.5.4.1 液压系统的设计安装应符合 GB/T 3766 的规定。

4.5.4.2 液压系统在额定压力下应无渗漏。

4.5.4.3 液压系统应安装安全阀等过载保护装置。

4.5.4.4 液压系统应有液压油散热装置。

4.5.4.5 清洗装置上安装的动作油缸应能在任何位置上停留，油缸杆在任何位置停留 30 min，其长度变化应≤5 mm。

4.5.4.6 液压油的固体污染度限值应符合 QC/T 29104 的规定。

4.5.5 水路系统

4.5.5.1 水路系统在额定的工作压力下应无渗漏。

4.5.5.2 水泵进水口应有过滤装置。

4.5.5.3 水路系统应设置喷水与停止喷水控制阀门。

4.5.5.4 水路系统最低处应有放水阀门。

4.5.5.5 喷嘴应通畅，喷水规则均匀。安装位置及数量合理，部分喷嘴喷水方向应可调。

5 试验方法

5.1 整车试验

5.1.1 试验条件及试验准备

护栏清洗车的试验条件及试验准备按 GB/T 12534 的规定进行。按使用说明书的规定向试验车水罐加水，副发动机应按其使用说明书的要求进行磨合。

5.1.2 外观质量检验

护栏清洗车外观质量检查采用目测的方法，结果记入附录 B 表 B.1。

5.1.3 护栏清洗车整车性能试验和可靠性试验的项目、试验方法按 QC/T 252 的规定进行。

5.1.4 护栏清洗车最外侧与护栏中心线间的距离测量试验

5.1.4.1 试验条件

试验条件如下：

a) 温度：>10 ℃；

b) 风力：≤3 m/s；

c) 场地：平整、宽阔；

d) 车辆：预热完毕，正常工作状态。

5.1.4.2 试验方法

5.1.4.2.1 将试验车停在试验场地上，在车辆前进方向的左侧放一单元清洗护栏，护栏的规格见图 4。此护栏应平行于车辆的纵向中心平面且垂直于地面，启动副发动机。

5.1.4.2.2 将清洗装置升至最高，然后将清洗装置外伸/回转与护栏接触并处于清洗工作状态(以新清洗刷毛被压 1/3 为准)，自车辆靠近护栏侧的最外侧作一垂直于地面且与车辆最外侧相切的切面，画出该切面与地面的交线，然后画出护栏中心线在地面的投影线，测量此二线间的垂直距离。测量结果记录在附录 B 表 B.2 中。

5.1.5 护栏清洗车清洗高度范围试验

5.1.5.1 试验条件同 5.2.4.1。

5.1.5.2 试验车停在试验场地上，将清洗装置升至最高，然后将清洗装置外伸/回转至车外并处于清洗工作状态，测量清洗刷上端面与地面的距离 H_1(mm)；再将清洗装置降低到最低位置，测量清洗刷下端面到地面的距离 H_2(mm)，H_1 和 H_2 即是清洗高度范围。

5.1.6 护栏清洗车清洗最大厚度试验

5.1.6.1 试验条件同5.2.4.1。

5.1.6.2 将试验车停在试验场地上，然后将试验车的双面清洗装置移至车外并处于工作状态，松开内、外侧清洗机构的固定装置，将内、外侧清洗机构调至最外端，测量内、外侧清洗机构中心轴线之间的距离 L_1，按式(1)计算最大清洗宽度(厚度)，测量计算结果记录在附录B表B.2中。

$$\delta = L_1 - D \qquad \cdots\cdots(1)$$

式中：

δ——最大清洗宽度(厚度)，单位为毫米(mm)；

L_1——内、外侧滚刷轴中心线之间的距离，单位为毫米(mm)；

D——滚刷直径设计磨损失效值，单位为毫米(mm)。

5.1.7 护栏清洗车转场工况清洗装置最小离地间隙试验

在转场工况时，将清洗装置回收至车内/或车前且处于离地最高位置并锁止。测量此时清洗装置刚性部分最低点距地高度，此高度即为转场工况清洗机构最小离地间隙，测量计算结果记录在附录B表B.2中。

5.2 护栏清洗车清洗装置基本参数的试验

5.2.1 试验条件

试验条件如下：

a) 温度：>10 ℃；

b) 风力：≤3 m/s；

c) 场地：平整、宽阔；

d) 车辆：预热完毕，正常工作状态。

5.2.2 清洗装置高度调节试验

在5.2.5的试验状态下，测量将清洗装置降低到最低位置时，清洗刷上端面到地面的距离 H_3，将 H_3 和5.2.5测得的 H_1 按式(2)计算装置调节高度，测量计算结果记录在附录B表B.2中。

$$\Delta H = H_1 - H_3 \qquad \cdots\cdots(2)$$

式中：

ΔH——清洗装置调节高度，单位为毫米(mm)；

H_1——清洗刷上端面与地面的最大距离，单位为毫米(mm)；

H_3——清洗刷上端面与地面的最小距离，单位为毫米(mm)。

5.2.3 清洗装置横向调节量试验

5.2.3.1 在试验场地上画一直线，沿直线成"S"形放置6单元污染护栏，护栏偏离直线的距离应为50 mm。再画一条与第一条直线平行且相距500 mm的直线，见图2。护栏的结构见图4，污染护栏的制作见5.5.2。

单位为毫米

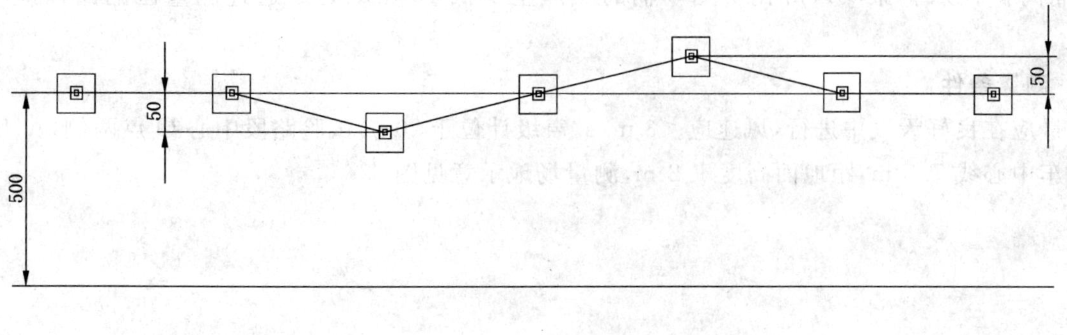

图2 试验护栏放置示意图(俯视图)

5.2.3.2 试验车自左向右以 4 km/h 的作业速度沿护栏进行清洗作业（以新清洗刷被压 1/3 为清洗状态），作业时，试验车的左最外侧应始终沿着 500 mm 线行驶，应细致观察清洗装置的工作情况，出现以下情况判定横向调节不合格：

1） 清洗装置与护栏脱离；

2） 护栏底座出现被拉、推离开地面而侧倒现象；

3） 污染护栏出现未清洗到的地方。

试验结果记录在附录 B 表 B.2 中。

5.2.4 清洗装置在平行于车辆纵向平面的平面内，在垂直于车辆纵向平面的方向的摆角试验

试验车停在试验场地上，将试验车的清洗装置移至或回转至车外并处于清洗工作状态，以清洗装置上平面为原始平面，清洗装置在垂直于车辆纵向平面的方向，向车外侧或车内侧摆动至最大角度，测量此时清洗装置上平面与原始平面的夹角变化值，此夹角变化值即为清洗装置在垂直于车辆纵向平面的方向的摆角，测量结果记录在附录 B 表 B.2 中。

5.2.5 双面清洗装置内外侧清洗机构调整距离试验

试验车停在试验场地上，将试验车的双面清洗装置移至车外并处于工作状态，在清洗装置的内外侧清洗机构上各取一点为标记点，松开内外侧清洗机构的固定装置，先将内外侧清洗机构调至最小距离，测量此两标记点间的距离 L_2，然后将内外侧清洗机构向外调整到最大距离，测量两标记点间的距离 L_3，调整量按式(3)计算，测量计算结果记录在附录 B 表 B.2 中。

$$\Delta L = L_3 - L_2 \quad \cdots\cdots(3)$$

式中：

ΔL——清洗装置内外侧滚刷调整量，单位为毫米(mm)；

L_2——工作状态下，将清洗机构向内调至最小时，其两标记点之间的距离，单位为毫米(mm)；

L_3——将清洗机构向外调至最大时原两标记点之间的距离，单位为毫米(mm)。

5.2.6 护栏清洗车转场工况锁止装置的锁止试验

试验车停在试验场地上，按转场工况要求，将清洗装置回收至车内或车前并处于离地最高位置，将清洗装置锁止。对处于锁止状态的清洗装置在任意方向施加 20 kg 的力，在外力的作用下，位移及摆动应≤1 mm。然后连续进行 50 次解锁及锁止操作，锁具开闭应灵敏有效，行程准确到位。50 次解锁及锁止操作后，在任意方向施加 20 kg 的力，仍应满足位移及摆动≤1 mm 的要求，将试验结果记录在附录 B 表 B.2 中。

5.3 护栏清洗车清洗作业噪声试验

5.3.1 测量场地

测量场地应平坦、空旷，以测量场地中心为基点，半径为 25 m 的范围内应没有大的声反射物（不含隔离护栏），背景噪声应比所测车辆的噪声至少低 10 dB(A)。通过测量区的路面应平直，且足够长。

5.3.2 测量条件

测量应在良好天气中进行，风速应＜3 m/s，声级计位于 20 m 试验路段中心 O 点两侧，A、B 两点各距试验车中心线 7.5 m，距地面高度 1.2 m，测量场地示意见图 3。

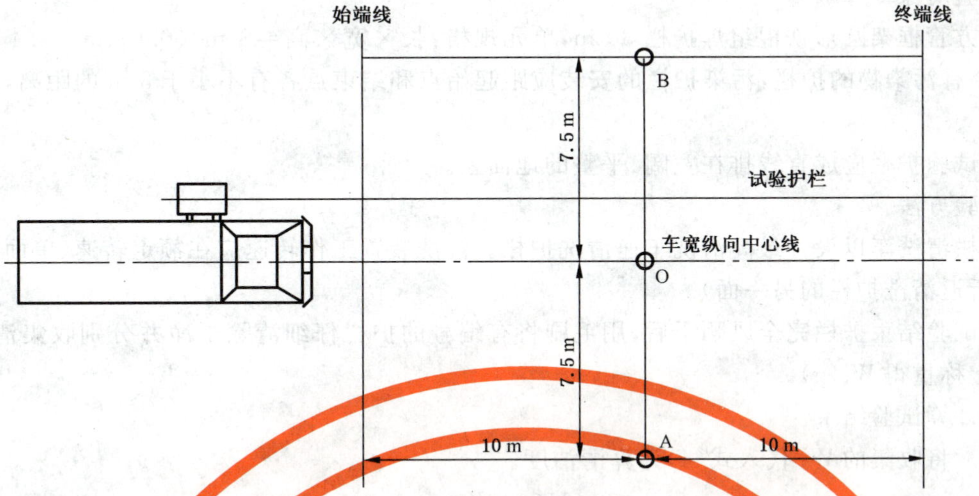

图 3　测量场地示意图

5.3.3　**试验用护栏**

护栏连续长度应≥30 m，安装高度 1.4 m，厚度 0.07 m。结构为钢方管框架圆截面铁棍组焊结构，结构见图 4。

5.3.4　**测量方法**

副发动机及各工作装置处于额定工作状态，以设计的最高清洗速度经过测试区，声级计用“A”计权网络“快”档进行测量，读取车辆驶过时的声级计表头最大读数。测量应进行 2 次，第 2 次应从反方向进入清洗，测量条件不变。取两次试验中声级计最大读数的平均值作为清洗车作业噪声。并把数据记入附录 B 表 B.3 中。

5.4　**清洗作业清洁度试验**

5.4.1　试验条件

试验条件如下：

a)　环境温度>15 ℃；

b)　天气晴朗，相对湿度<20%；

c)　风力：≤3 m/s；

d)　场地：宽阔、平整的地面；

e)　仪器：精度为 0.1 g 的电子秤；

f)　车辆：预热完成，处于可工作状态。

5.4.2　污染护栏配制方法

用 6 份黏土 4 份细沙，共 150 g，加 300 g 的水在容器内充分搅拌，取 1 单元护栏(3 m)，用毛刷将全部泥水均匀地刷抹在试验护栏上。风干后组装在 30 m 试验护栏中(见图 4)。

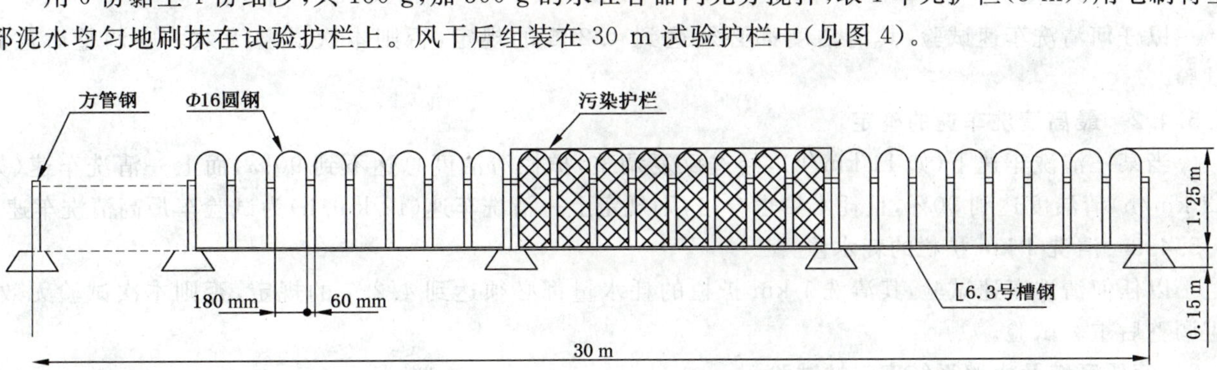

图 4　护栏结构与取样示意图

5.4.3 试验对象

5.4.3.1 方管框架圆形铁棍组焊护栏 30 m,单元规格:长×宽×高=3 m×0.07 m×1.4 m。其中有不少于 3 个有污染物的护栏,污染护栏的安装应距起始点和结束点各有不小于 3 m 的距离,污染护栏应编号。

5.4.3.2 试验护栏应成直线排在宽阔、平整的地面上。

5.4.4 试验方法

5.4.5 护栏清洗车以设计最高清洗车速清洗护栏。清洗装置工作转速应在额定转速(单面清洗的护栏清洗车应折返清洗护栏的另一面)。

5.4.6 待试验结束护栏完全风晒干后,用毛刷将有编号的护栏仔细清除干净并分别收集清除的污物,在电子秤上称重得 W_i(g)。

5.4.6.1 计算试验结果

5.4.6.1.1 将收集的 W_i 代入式(4)计算清洁度。

$$\mu=\frac{150-W_i}{100}\times 100\% \qquad \cdots\cdots(4)$$

式中:

μ——第 i 个护栏的清洁度,(%);

W_i——第 i 个护栏毛刷清除后收集残留污物质量,单位为克(g)。

5.4.6.1.2 将有编号的每个护栏的计算结果记入附录 B 表 B.4 中,取 i 个护栏清洁度的算术平均值,作为清洁度的试验结果,分别以设计平均清洗车速、设计最低清洗车速重复上述试验和计算。

5.5 最高清洗车速、清洗作业水消耗试验

5.5.1 试验条件

5.5.1.1 道路应符合 GB/T 12534 的规定。

5.5.1.2 护栏长 1 km,高 1.4 m,厚 0.07 m。护栏安装连续,整齐,适于连续作业,护栏中间应安装污染护栏 3 个～5 个。

5.5.2 试验用车

试验用车应加满燃油及规定的清洗用水。采用非接触式速度计,水流量计串接在水泵出水口上。

5.5.3 试验方法

5.5.3.1 副发动机应在设计的额定转速下工作;清洗装置也应在额定转速工作。

5.5.3.2 护栏清洗车分别以 4 km/h、6 km/h、8 km/h、10 km/h、12 km/h、……(km/h)的速度清洗试验护栏(单面清洗的护栏清洗车应折返清洗护栏的另一面)。

5.5.3.3 分别记录每种车速下清洗 1 km 护栏耗水量,并计算清洁度结果记入附录 B 的表 B.5。

5.5.4 试验结果的计算与判断

5.5.4.1 清洁度

以任何清洗车速试验,其清洁度都必须达到 4.2.6 的规定,否则本次试验无效。应调整后重新试验。

5.5.4.2 最高清洗车速的确定

当某一清洗车速下(如 14 km/h),经过反复调整,护栏清洁度总达不到 90%,而上一清洗车速(如 12 km/h)清洁度达到 90%,且耗水量也合格,则规定上一清洗车速(12 km/h)为试验车最高清洗车速。

5.5.4.3 清洗 1 km 护栏的耗水量

以任何清洗车速试验,其清洗 1 km 护栏的耗水量都必须达到 4.2.7 的规定,否则本次试验无效,应调整后重新试验。

5.6 液压系统及水路系统密封性试验

5.6.1 将护栏清洗车置于 5.3.1 的试验场地中,启动主、副发动机使各机构处于额定工作状态,关闭喷水阀门，30 min 后观察地面是否有油水滴漏。

5.6.2 连续做清洗装置各项专项动作 50 次，观察地面是否有液压油滴漏，检查结果记入附录 B 的表 B.6 中。

5.6.3 将清洗装置上安装的动作油缸分别升至行程的 2/3 高度，测量各油缸长度，然后停留 30 min 再分别测量油缸长度，长度的变化应符合 4.5.4.5 的规定。

5.6.4 在本标准规定的所有试验过程中，应仔细观察和检查所有油路、水路系统，不应出现漏水、漏油、额定油压不足、移动不到位、清洗装置工作转速达不到额定转速的现象。

5.6.5 液压系统液压油固体污染度测试方法按 QC/T 29105.1～29105.4 的规定执行，将上述各项试验和观察结果记录在附录 B 表 B.6 中。

5.7 水箱容积的测定

水箱容积的测定方法如下：

a) 在地秤上称出护栏清洗车注水前的整车质量；
b) 向水箱内加注清水至溢流管溢流，在地秤上称出护栏清洗车加水后的整车质量，按式(5)计算水箱容积，结果记录于附录 B 表 B.7 中。

$$V = \frac{M_p - M_o}{1\ 000} \qquad \cdots\cdots (5)$$

式中：

V——水箱容积，单位为立方米(m^3)；
M_p——水箱加水后护栏清洗车的质量，单位为千克(kg)；
M_o——水箱加水前护栏清洗车的质量，单位为千克(kg)。

6 检验规则

6.1 出厂检验

6.1.1 质检部门应按规定的项目对每辆护栏清洗车实施出厂检验，检验合格并附有产品质量合格证后方可出厂。

6.1.2 出厂检验项目：

a) 外观质量检查；
b) 清洗装置清洗动作检查；
c) 水路系统密封性检验；
d) 液压系统密封性检验。

6.2 型式检验

6.2.1 凡属下列情况之一时，应进行型式检验：

a) 新产品或老产品转厂生产试制定型时；
b) 产品停产 3 年后，恢复生产时；
c) 正常生产产量累计 150 台时；
d) 正式生产后，如结构、材料、工艺有较大改变，可能影响产品性能时；
e) 出厂检验与定型检验有重大差异时。

6.2.2 型式检验时，如属 6.2.1 中 a)、b)两种情况，应按本标准的内容和 QC/T 252 有关规定进行检验；如属 c)，应对专用性能进行检验；如属 d)、e)两种情况，可仅对受影响项目进行检验。

7 标志、运输、贮存

7.1 标志

护栏清洗车应在已备案指定的位置安装标牌，产品标牌的内容、形式、安装位置、固定方法应符合

GB 7258 及 GB/T 18411 的规定。产品标牌的位置应在使用说明书中指明。

7.2 运输

7.2.1 护栏清洗车在铁路、公路或水路运输时,应以自驶或拖曳的方法上、下车(船),若必须使用吊装方式装卸时,需用专用吊具装卸,防止损伤产品。

7.2.2 长途运输前应将清洗装置捆绑固定牢固。放尽水罐清洗用水,备胎、随车工具放置可靠。

7.3 贮存

护栏清洗车长期停放时,应放尽水路系统存水,并将冷却液和燃油放尽,切断电源,锁闭车门、窗,放置于通风防潮及有消防设施的场所,并按产品使用说明书的规定进行定期保养。

附 录 A
（规范性附录）
故障分类和统计

A.1 故障分类

护栏清洗车的故障根据其故障的性质和所造成的危害程度分为致命故障、严重故障、一般故障、轻微故障，其内容见表.1。

表 A.1 故障分类

故障类别		划分原则
1	致命故障	涉及人身安全，可能导致人身伤亡；引起主要总成报废，造成重大经济损失，不符合制动、排放、噪声等法规要求；专用部分 60 min 内不能修复
2	严重故障	导致整车主要性能显著下降；造成主要零部件损坏，且不能用随车工具和易损备件在短时（约 30 min）内修复
3	一般故障	造成停驶，但不会导致主要零部件损坏，并可用随车工具和易损备件或价值很低的零件在短时间（约 30 min）内修复；虽未造成停驶，但已影响正常使用，需调整和修复
4	轻微故障	不会导致停驶，尚不影响正常使用，亦不需要更换零部件，可用随车工具在短时间（5 min）内轻易排除

A.2 故障统计原则

原则如下：

a) 同一机构同时发生的故障只作为一次故障，其故障类别按严重者确定。发生两次严重故障算致命故障；

b) 在排除故障期间所发生的同一部件的另一种故障，与在排除的故障一起被认为是一次故障，不单独统计，但应以其中严重一类故障确定；

c) 对于意外事故（不是该护栏清洗车本身质量问题所引起的）而发生的故障不作为护栏清洗车故障处理，但应作详细记录；

d) 在试验期间不必停车或稍加处理（如非主要部件紧固松动等）而可排除的故障，不作故障处理；

e) 按例行保养制度正常保养，不作为故障处理。

附 录 B
（资料性附录）
试验记录表

表 B.1 外观质量检查记录表

试验车型号______________ 出厂编号______________

VIN______________ 发动机号______________

试验人员______________ 试验日期______________

序号	检 查 项 目	检 查 结 果
1	驾驶室及箱体油漆涂层	
2	焊接质量	
3	紧固件连接	
4	外露金属件处理	
5	管、线路夹持固定	
6	管、线路与运动部件	
7	管、线路与高温零件距离	

表 B.2 清洗装置基本参数记录表

试验车型号______________ 出厂编号______________

VIN______________ 发动机号______________

试验人员______________ 试验日期______________

<table>
<tr><th>序号</th><th>检 验 项 目</th><th>单位</th><th colspan="2">技术要求</th><th>测量值</th></tr>
<tr><td>1</td><td>清洗作业时，车辆最外侧与护栏中心线的距离</td><td>mm</td><td colspan="2">≥500</td><td></td></tr>
<tr><td>2</td><td>清洗高度范围</td><td>mm</td><td colspan="2">≥120～1 400</td><td></td></tr>
<tr><td>3</td><td>装置高度调节量</td><td>mm</td><td colspan="2">≥100</td><td></td></tr>
<tr><td>4</td><td>清洗厚度范围</td><td>mm</td><td colspan="2">>0～200</td><td></td></tr>
<tr><td>5</td><td>装置横向调节量</td><td>mm</td><td colspan="2">≥100</td><td></td></tr>
<tr><td rowspan="2">6</td><td rowspan="2">清洗装置在平行于车辆纵向平面的平面内，在垂直于车辆纵向平面的方向的摆角</td><td rowspan="2">(°)</td><td>向车内侧摆动</td><td>5</td><td></td></tr>
<tr><td>向车外侧摆动</td><td>5</td><td></td></tr>
<tr><td>7</td><td>清洗装置内外侧机构调整距离</td><td>mm</td><td colspan="2">≥100</td><td></td></tr>
<tr><td rowspan="3">8</td><td>转场工况装置锁止位移量</td><td>mm</td><td colspan="2">≤1</td><td></td></tr>
<tr><td>装置锁止、打开，连续试验可靠无故障</td><td>次</td><td colspan="2">50</td><td></td></tr>
<tr><td>锁止、打开，连续 50 次试验后锁止位移量检查</td><td>mm</td><td colspan="2">≤1</td><td></td></tr>
<tr><td>9</td><td>转场工况清洗装置最低点距地间隙 h_3</td><td>mm</td><td colspan="2">≥200</td><td></td></tr>
<tr><td>10</td><td>清洗最大厚度</td><td>mm</td><td colspan="2">>0～200</td><td></td></tr>
</table>

表 B.3 作业噪声测量记录表

试验车型号________ 出厂编号________
VIN________ 发动机号________
试验人员________ 试验日期________

测量次数	清洗速度/(km/h)	测点 A 噪声值/dB(A)	测点 B 噪声值/dB(A)
1			
2			
最大平均值/dB(A)			
试验结果			

表 B.4 清洗作业清洁度试验记录表

试验车型号________ 出厂编号________
VIN________ 发动机号________
试验人员________ 试验日期________

次数	清洗速度/(km/h)	W_i/g				清洁度/%(平均)
		样本 1	样本 2	样本 3	样本 4	
1						
2						
3						

表 B.5 清洗速度、清洗作业及水耗试验记录表

试验车型号________ 出厂编号________
VIN________ 发动机号________
试验人员________ 试验日期________

清洗速度/(km/h)	清洁度/%	耗水量/(L/km)	油耗/(L/100 km)
4			
6			
8			
10			
12			
14			
16			
18			
20			
22			
试验结果			

表 B.6　水路系统、液压系统密封试验记录表

试验车型号____________　出厂编号____________

VIN____________　发动机号____________

试验人员____________　试验日期____________

项　目	技术要求	试验结果
各机构额定状态下原地工作 30 r/min	关闭喷水阀门，地面无油水滴漏	
连续专项动作 50 次		
油缸和阀的内泄试验	油缸在伸长(或缩短)2/3 位置停止 30 r/min，长度变化≤5 mm	
各项试验中水路和油路系统检查和观察		
液压油固体污染物检查		

表 B.7　水箱容积测定记录表

试验车型号____________　出厂编号____________

VIN____________　发动机号____________

试验人员____________　试验日期____________

项　目	测量值	备　注
水箱加水前护栏清洗车质量 M_o/kg		
水箱加水后护栏清洗车质量 M_p/kg		
水箱容积 V/m^3		

ICS 43.040.60
T 42

中华人民共和国国家标准

GB/T 25982—2010

客车车内噪声限值及测量方法

Permissible levels and test methods of bus internal noise

2011-01-10 发布　　2011-05-01 实施

中华人民共和国国家质量监督检验检疫总局
中国国家标准化管理委员会　发布

前　言

本标准附录A为规范性附录,附录B为资料性附录。

本标准由中华人民共和国国家发展和改革委员会提出。

本标准由全国汽车标准化技术委员会(SAC/TC 114)归口。

本标准主要起草单位:国家客车质量监督检验中心、郑州宇通客车股份有限公司、厦门金龙联合汽车工业有限公司、中通客车控股股份有限公司、沈阳华晨金杯汽车有限公司、南京依维柯汽车有限公司。

本标准主要起草人:曹飞、张雄、刘兆贤、郭松、陈德兵、胡芳芳、赵登峰、陈卫强、李明涛、王辉、苏家竹。

客车车内噪声限值及测量方法

1 范围

本标准规定了新生产客车车内噪声的限值和测量方法。

本标准适用于 M_2 和 M_3 类车辆。

2 规范性引用文件

下列文件中的条款通过本标准的引用而成为本标准的条款。凡是注日期的引用文件，其随后所有的修改单(不包括勘误的内容)或修订版均不适用于本标准，然而，鼓励根据本标准达成协议的各方研究是否可使用这些文件的最新版本。凡是不注日期的引用文件，其最新版本适用于本标准。

GB/T 3785 声级计的电、声性能及测试方法

GB/T 3730.1—2001 汽车和挂车类型的术语和定义

GB/T 3730.2—1996 道路车辆 质量 词汇和代码

GB/T 15173 声校准器

3 术语

GB/T 3730.1—2001 中确立的以及下列术语和定义适用于本标准。

3.1

稳态噪声 steady noise

客车以稳定的工作状态运行时，由轮胎噪声、气流噪声、车体振动噪声，以及发动机等总成或零部件工作噪声混合而成的连续性噪声。

3.2

间歇噪声 intermittent noise

稳态噪声以外的间断性噪声。

3.3

车内背景噪声 background noise

被测客车静止，发动机及车上所有附属装置不工作，车门、车窗关闭时车厢内的环境噪声。

4 噪声限值

客车车内噪声声压级不应超过表1规定的数值。

表 1 各类客车车内噪声声压级限值

车辆种类			车内噪声声压级限值/dB(A)
城市客车	前置发动机	驾驶区	86
		乘客区	86
	后(中)置发动机	驾驶区	78
		乘客区	84
其他客车	前置发动机	驾驶区	82
		乘客区	82
	后(中)置发动机	驾驶区	72
		乘客区	76

5 测量仪器

5.1 声学测量

5.1.1 测量用声级计或其他等效的测量系统应不低于 GB 3785 规定的Ⅰ型声级计的要求。测量时应使用“A”频率计权特性和“F”时间计权特性。当使用能自动采样测量 A 计权声级的系统时，其读数时间间隔应不大于 30 ms。测量设备的传声器宜优先采用全指向传声器。

5.1.2 测量前后，应使用符合 GB/T 15173 规定的 1 级声校准器按制造厂规定对声级计进行校准。在没有再作任何调整的条件下，如果后一次校准读数相对前一次校准读数的差值超过 0.5 dB，则认为前一次校准后的测量结果无效。

5.2 转速、车速测量

应选用准确度优于±2%的发动机转速表或车速测量仪器来监测转速或车速，不应使用客车上的同类仪表。

5.3 气象参数测量

温度计的准确度应在±1 ℃以内。风速仪的准确度应在±1.0 m/s 以内。

5.4 测量仪器检验

所有测量仪器均应按国家有关计量仪器的规定进行定期检验。

6 测量条件

6.1 测量地点应具备如下条件：从客车辐射的噪声只能通过道路表面的反射成为车内噪声的一部分，而不能通过建筑物、墙壁或客车外的类似大型物体的反射成为车内噪声。测量时，客车与这类大型物体之间的距离应大于 20 m。

6.2 沿着测量路线在约 1.2 m 高度的风速不应超过 5 m/s，其他的气象条件不应影响测量结果。

6.3 对于所有 A 声级测量，由背景噪声和仪器内部电噪声而确定的测量动态范围下限应至少低于所测声级 15 dB(A)，否则试验结果无效。

7 道路条件

试验路段应为清洁、干燥平坦无冻结的硬路面，且不应有接缝、凸凹不平或类似的表面结构；试验区间路线应平直；且测量时应避免通过隧道、桥梁、道岔、车站及会车。

8 车辆条件

8.1 发动机

8.1.1 测量前，发动机的所有运行条件，如燃料、润滑油、点火正时或喷油时间等都应符合制造厂家的规定，发动机应稳定在正常的工作温度范围内。

8.1.2 如果发动机冷却散热器装有挡风门，则应在两种条件下进行测量（打开和关闭），每一组测量的挡风门位置应在试验报告中加以说明，发动机冷却风扇应正常运转。

8.2 轮胎

8.2.1 所采用的轮胎应与制造厂家规定的型号一致。

8.2.2 轮胎任意部位花纹深度应不小于 1.6 mm，轮胎的压力应符合制造厂家的规定要求。

8.2.3 轮胎型号和充气压力应在试验报告中加以说明。

8.3 车辆的质量状态

8.3.1 车辆载荷的基本条件应符合 GB/T 3730.2—1996 中 4.6 规定的整车整备质量。

8.3.2 车辆在测试噪声时应空载，即除驾驶员、测量人员和测试装备外，不应有其他载荷。

8.4 窗户、进(出)风口、辅助装置、可调节的座椅

8.4.1 天窗、所有的车窗、进风口及出风口,如有可能都应关上。

8.4.2 辅助装置,如刮雨器、暖风装置、风扇以及空调等,在测量试验过程中不应工作。如果某一辅助装置自动工作,则应将工作条件在试验报告中加以说明。

8.4.3 可调节的座椅应调节到制造厂规定的设计位置。

9 测量方法

9.1 传声器位置

9.1.1 测量点的选择

9.1.1.1 一个测量点应选在驾驶员耳旁。

9.1.1.2 对于城市客车,乘客区按照车内尺寸取测量点,每节车厢分别取中心线上的前中后3个点来测量。对于其他客车,在乘客区的前部、中间和后部也应各布置一个测量点。沿着汽车的纵向轴线附近(不算轴线上的),前排、中间排(如果是偶数排,排数为 n,对中后置发动机客车则取 $n/2+1$ 排;对前置发动机客车则取 $n/2-1$ 排)和最后排左侧的第一个座位位置作为测量点。对于卧铺客车,中间列卧铺的前部、中部和最后部的下铺作为测量点(对于2列卧铺客车,测量纵向轴线左侧的铺位)。对于双层客车,应增加上层乘客区的后排中间座位作为测量点。

9.1.1.3 测量点的确切位置分别表示在附录A的图A.1~A.4中。在测试过程中,除驾驶员位置外,所选的测量位置上不应坐人。

9.1.2 传声器的指向

传声器应指向客车行驶方向。

9.2 座位处的传声器位置

9.2.1 传声器的垂直坐标是无人座椅的表面与靠背表面的交线以上(0.70±0.05)m 处(见图A.5)。水平坐标应在座椅的中心面(或对称面)上向右距离为(0.20±0.02)m。

9.2.2 在驾驶员座位上,水平横坐标向右(右置方向盘的汽车则向左)到座位中心面的距离为(0.20±0.02)m。可调节的座位应按8.4.3进行调节。

9.3 卧姿的传声器位置

卧姿指处于客车的卧铺状态。传声器应放在无人枕头的中部向右距离为(0.20±0.02)m 以上(0.15±0.02)m 处。

9.4 车辆运行条件

9.4.1 城市客车

车辆分别在Ⅱ挡15 km/h 和Ⅲ挡35 km/h(如Ⅱ挡15 km/h 和Ⅲ挡35 km/h 车速下对应的发动机转速超过额定转速的90%,则取前一挡位下90%额定转速对应的车速)时全油门加速两种运行工况下进行测试。当客车达到稳定的上述测试车速时,启动记录装置开始记录,同时尽可能快的使油门全开,直到发动机转速达到制造厂规定额定转速的90%,记录停止。变速器挡位在噪声测试过程中不应改动。

对于自动变速器(含手自一体的变速器)的客车,测试工况为10 km/h~50 km/h 全油门加速过程。

9.4.2 其他客车

车辆以90 km/h 或设计最高车速的80%(两者取较小值)的车速匀速行驶,机械式变速器客车的挡位应处于最高挡,自动变速器(含手自一体的)的客车应使选挡器处于制造厂为正常行驶而推荐的位置。

9.5 测量步骤

9.5.1 对于城市客车,分别在相应车速进行Ⅱ挡、Ⅲ挡油门全开加速试验,每个测量点进行往返各1次测量并记录在所规定的加速范围内出现的A计权声级最大值,并应在试验报告中加以说明。分别计算驾驶员耳旁和乘客区各测点在Ⅱ挡和Ⅲ挡时的4次测量的算术平均值作为中间结果。

9.5.2 对于其他客车，按相应车速匀速行驶试验，每个测量点进行往返各1次测量，每次测量时间至少5 s，读取稳态噪声测量读数，并记录A计权等效声压值。分别计算驾驶员耳旁和乘客区各测点2次测量的算术平均值作为中间结果。

9.5.3 不符合一般声级特性的异常读数应予忽略。测量过程中，如果遇间歇噪声，则应重新开始该次测量。

9.5.4 如果A计权声级在任何一种运转工况下，2次测量最大值与最小值之差超过2 dB(A)，则应继续测试，一直到2次连续的测量最大读数差值在2 dB(A)范围内为止，这2次测量的算术平均值便可作为测量结果。

9.5.5 分别取驾驶员耳旁和乘客区各中间结果的最大值，作为驾驶区和乘客区噪声的最终测量结果。

10 试验报告

测量完毕，应编写试验报告。其内容应包括下列项目：

a) 试验的类型；
b) 试验地点、道路状况、气象条件、风速和风向；
c) 试验仪器；
d) 车内背景噪声；
e) 客车在测量过程中所使用的变速器挡位和速度，轮胎花纹设计和磨损程度、轮胎压力、散热器和风扇的状态；
f) 辅助装置及其工作条件，天窗、车窗、进风口、出风口和可调节座椅的位置；
g) 客车的质量状态；
h) 传声器位置；
i) 在规定的测量点所测得的A计权声级。

附　录　A
（规范性附录）
各类客车的测量位置及传声器的安装说明

A.1　各类客车测量点的位置

A.1.1　城市客车

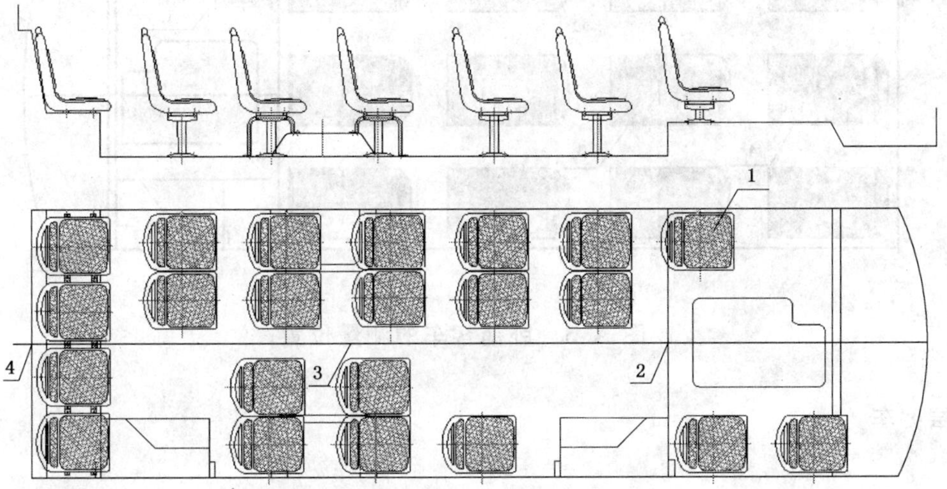

图 A.1　城市客车的测量位置

A.1.2　其他客车

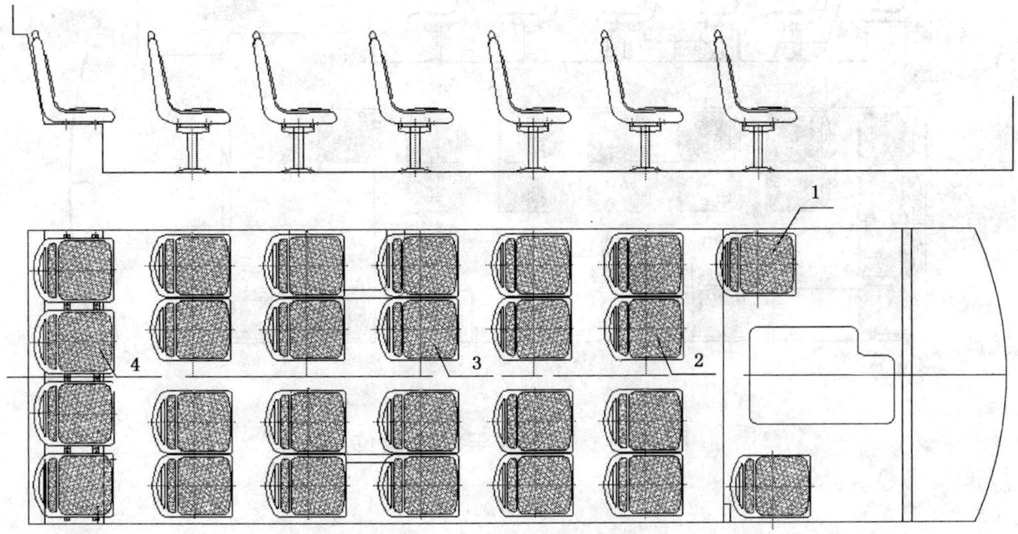

图 A.2　其他客车的测量位置

A.1.3 卧铺客车

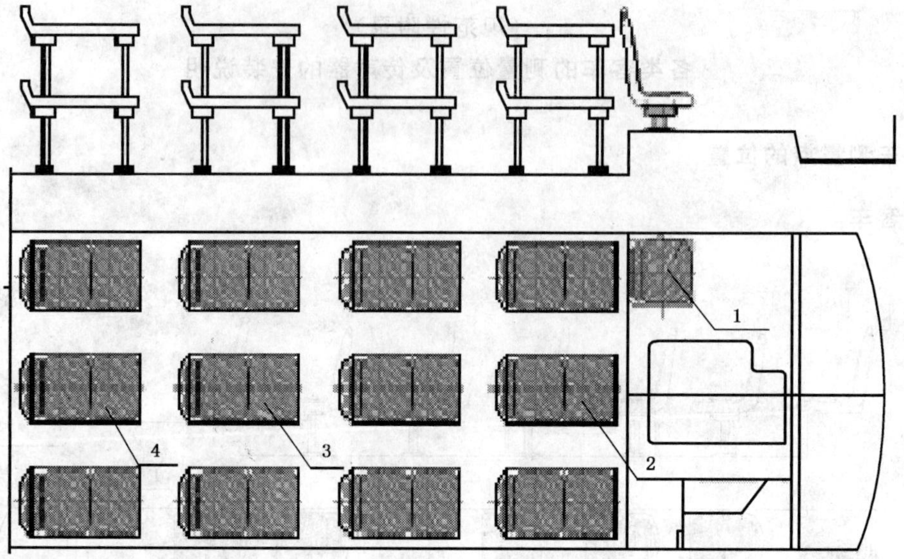

图 A.3 卧铺客车的测量位置

A.1.4 双层客车

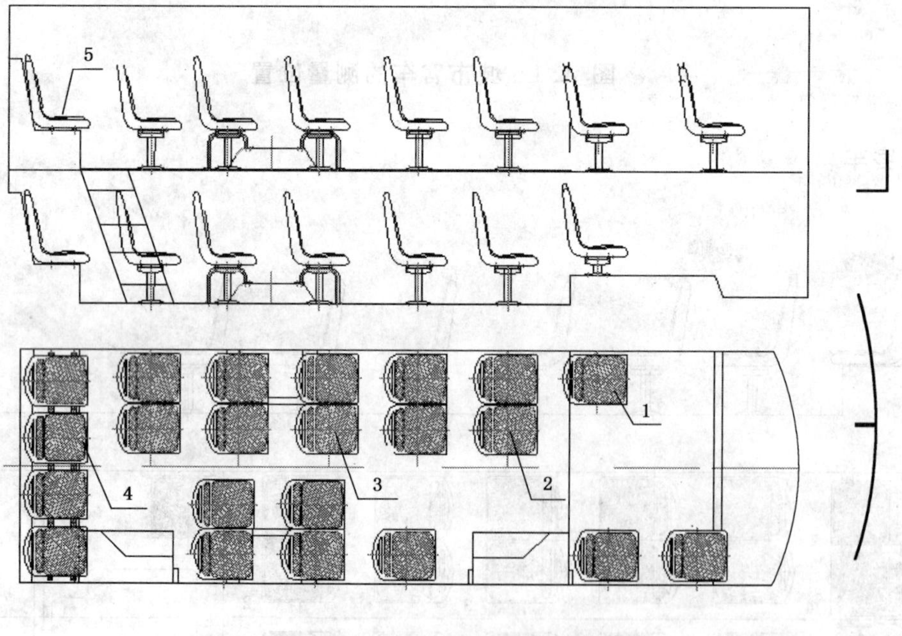

图 A.4 双层客车的测量位置

A.2 传声器相对座椅的位置

A.2.1 传声器的位置

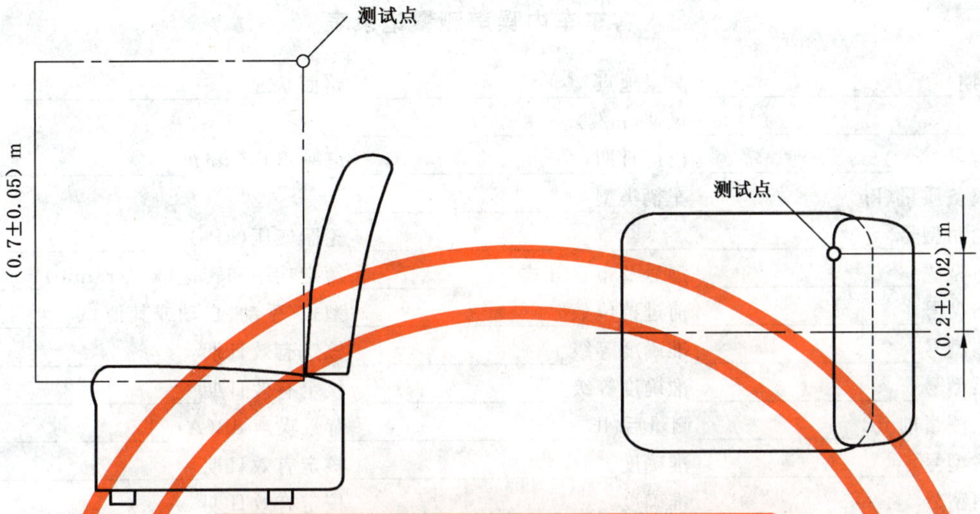

图 A.5 传声器相对于座椅的位置

A.2.2 传声器的安装说明

为保证测试数据的准确性，推荐所采用的传声器在测量噪声过程中按一定形式安装，使其不会受到客车振动的影响。传声器安装应能防止其与客车之间产生过大(振幅约为 20 mm)的相对运动。

附　录　B
（资料性附录）
客车车内噪声测量记录表

测量日期________　测量地点________　路面状况________

天气________　风速(m/s)________

汽车：型号________　出厂日期________　已驶里程(km)________

　　整备质量(kg)________　车辆类型________

　　轮胎型号________　轮胎气压(kPa)________

发动机：型式________　型号及布置方式________　额定功率和转速(kW/r/min)________

变速器：型号________　前进挡位数________　型式(手动、自动或其他)________

声级计：型号________　准确度等级________　核定有效日期________

校准器：型号________　准确度等级________　核定有效日期________

校准值：测量前 dB________　测量后 dB________　背景噪声 dB(A)________

转速仪：型号________　准确度________　核定有效日期________

车速仪：型号________　准确度________　核定有效日期________

温度计：型号________　准确度________　核定有效日期________

风速计：型号________　准确度________　核定有效日期________

<table>
<tr><th rowspan="2">车辆类型</th><th rowspan="2">试验工况</th><th rowspan="2">测量次数</th><th colspan="5" rowspan="2">变速器挡位、车速或发动机转速
(km/h 或 r/min)</th><th colspan="5">测量点的声压级/dB(A)</th></tr>
<tr><th>1</th><th>2</th><th>3</th><th>4</th><th>5</th></tr>
<tr><td rowspan="6">城市客车</td><td rowspan="6">加速行驶</td><td>1</td><td rowspan="2">2 挡</td><td rowspan="2">初始速度</td><td></td><td rowspan="2">最终速度</td><td></td><td></td><td></td><td></td><td></td><td></td></tr>
<tr><td>2</td><td></td><td></td><td></td><td></td><td></td><td></td><td></td></tr>
<tr><td>1</td><td rowspan="2">3 挡</td><td rowspan="2">初始速度</td><td></td><td rowspan="2">最终速度</td><td></td><td></td><td></td><td></td><td></td><td></td></tr>
<tr><td>2</td><td></td><td></td><td></td><td></td><td></td><td></td><td></td></tr>
<tr><td>1</td><td rowspan="2">自动变速器</td><td rowspan="2">初始速度</td><td></td><td rowspan="2">最终速度</td><td></td><td></td><td></td><td></td><td></td><td></td></tr>
<tr><td>2</td><td></td><td></td><td></td><td></td><td></td><td></td><td></td></tr>
<tr><td rowspan="2">其他客车</td><td rowspan="2">匀速行驶</td><td>1</td><td rowspan="2">车速</td><td colspan="4"></td><td></td><td></td><td></td><td></td><td></td></tr>
<tr><td>2</td><td colspan="4"></td><td></td><td></td><td></td><td></td><td></td></tr>
</table>

客车车内最大噪声级 dB(A)：驾驶员区________　乘客区________

测量人员：________　驾驶人员________

其他说明：________

ICS 43.060.20
T 13

中华人民共和国国家标准

GB/T 25983—2010

歧管式催化转化器

Manifold catalytic converter

2011-01-10 发布　　2011-05-01 实施

中华人民共和国国家质量监督检验检疫总局
中国国家标准化管理委员会　发布

前　言

本标准附录 A 和附录 B 为规范性附录;附录 C 为资料性附录。

本标准由中华人民共和国国家发展和改革委员会提出。

本标准由全国汽车标准化技术委员会(SAC/TC 114)归口。

本标准为首次制定。

本标准主要起草单位:中国汽车技术研究中心、无锡威孚力达催化净化器有限责任公司、天津索克汽车试验有限公司、康宁(上海)有限公司、3M(中国)有限公司、埃姆康净化技术(上海)有限公司、巴斯夫催化剂(上海)有限公司、佛吉亚(中国)排气系统有限公司。

本标准主要起草人:李军、欧建斌、戈平亮、张峻、陈勇、王许华、张毅。

歧管式催化转化器

1 范围

本标准规定了轻型汽油车用歧管式催化转化器的术语和定义、要求、试验方法、检验规则、标志、包装、运输和贮存。

本标准适用于轻型汽油车用歧管式催化转化器，也适用于燃用液化石油气(LPG)车辆的歧管式催化转化器。

2 规范性引用文件

下列文件中的条款通过本标准的引用而成为本标准的条款。凡是注日期的引用文件，其随后所有的修改单(不包括勘误的内容)或修订版均不适用于本标准，然而，鼓励根据本标准达成协议的各方研究是否可使用这些文件的最新版本。凡是不注日期的引用文件，其最新版本适用于本标准。

GB 18352.3—2005　轻型汽车污染物排放限值及测量方法(中国Ⅲ、Ⅳ阶段)

GB/T 18377—2001　汽油车用催化转化器的技术要求和试验方法

3 术语和定义

下列术语和定义适用于本标准。

3.1

催化转化器　catalytic converter

安装在汽车排气系统中，通过催化剂进行氧化和(或)还原反应，降低排气中 CO、HC、NO_x 的排放量的装置。

3.2

歧管式催化转化器　manifold catalytic converter

指安装在发动机舱内，由发动机排气歧管与催化转化器组成，且发动机歧管各支管交汇处到催化器入口端的连续连接长度不大于 500 mm 的催化器总成部件。

3.3

歧管式催化转化器转化效率　manifold catalytic converter efficiency

试验车辆或发动机按照某种指定工况运行，歧管式催化转化器前后某种污染物排放量的变化率。

$$歧管式催化转化器转化效率=\frac{催化器入口污染物\,i\,测量数值-催化器出口污染物\,i\,测量数值}{催化器入口污染物\,i\,测量数值}\times 100\%$$

式中：

i——分别代表污染物 CO、HC、NO_x。

3.4

歧管式催化转化器起燃温度　manifold catalytic converter light-off temperature

歧管式催化转化器对某种污染物的转化效率达到50%时所对应的催化转化器入口气体温度。

3.5

歧管式催化转化器入口温度　manifold catalytic converter inlet temperature

指位于载体中心延长线、距催化剂载体入口端面 50 mm 处所测的温度。

4 要求

4.1 一般要求

4.1.1 歧管式催化转化器应使用永久性的标记标明生产厂名称或商标以及型号。

4.1.2 歧管式催化转化器应按经规定程序批准的图纸和技术文件制造，安装后应保证车辆和(或)发动机符合国家标准的各项规定。

4.1.3 歧管式催化转化器的设计、制造应按5.2.1进行密封性试验时，其压力降不得大于5 kPa。

4.1.4 歧管式催化转化器应采取隔热防护措施，以保证使用安全。

4.1.5 歧管式催化转化器应按5.2.3进行起燃温度和空燃比特性试验。

4.2 密封性要求

4.2.1 歧管式催化转化器分别进行5.2.5.3.2低温热振动试验、5.2.5.3.3高温热振动试验、5.2.5.4耐久性试验后，再按5.2.1分别进行密封性能试验时，其压力降均不得大于5 kPa。

4.2.2 歧管式催化转化器中的催化转化器进行5.2.5.2水急冷试验，再按5.2.1进行密封性能试验时，其压力降不得大于5 kPa。

4.3 机械性能要求

4.3.1 轴向位移要求

4.3.1.1 歧管式催化转化器按5.2.5.3进行热振动试验后，再按5.2.5.5测量载体相对位移均不得大于3 mm，载体相对于原始位置的轴向位移累积不大于6 mm。

4.3.1.2 歧管式催化转化器中的催化转化器分别进行5.2.5.1轴向推力试验、5.2.5.2水急冷试验后，按5.2.5.5测量载体相对位移均不得大于3 mm，载体相对于原始位置的轴向位移累积不大于6 mm。

4.3.2 外观与内部结构要求

4.3.2.1 歧管式催化转化器进行5.2.5.3热振动试验后，部件及焊缝不得出现开裂、裂纹或脱焊；催化剂载体网格不得有明显堵塞、开裂。

4.3.2.2 歧管式催化转化器中的催化转化器进行5.2.5.2水急冷试验，试验后催化剂载体网格不得开裂。

4.4 耐久性要求

4.4.1 歧管式催化转化器按5.2.5.4进行耐久性试验后，各连接处及焊缝不得出现开裂、裂纹或脱焊；催化剂载体网格不得有明显堵塞、开裂。

4.4.2 歧管式催化转化器在车辆正常配置安装，并在正常使用和维护保养条件下，其耐久性里程应符合GB 18352.3要求。

5 试验程序和方法

5.1 试验程序

对抽取或送样的歧管式催化转化器或其中的催化转化器样件，在进行外观和密封性检查后，根据需要进行机械性能试验、起燃温度与空燃比试验、快速老化试验，试验程序见附录A。

5.2 试验方法

5.2.1 密封性检验

密封性检验方法按GB/T 18377相关规定执行。

5.2.2 歧管式催化转化器预处理

试验前，歧管式催化转化器应进行预处理。预处理试验条件按GB/T 18377相关规定执行。

5.2.3 起燃温度和空燃比特性试验

试验前，歧管式催化转化器应按照5.2.2进行预处理。试验用分析仪器和测量仪器、取样探头应符合附录B的有关规定;试验后,应按附录C填写试验结果。

5.2.3.1 起燃温度试验

5.2.3.1.1 试验时过量空气系数为1±0.02,歧管式催化转化器空速为(40 000±400)h^{-1}。

5.2.3.1.2 入口温度在200 ℃～500 ℃的范围内,以不大于20 ℃的间隔逐步改变,待歧管式催化转化器入口温度稳定5 min后,测量歧管式催化转化器前后的排放浓度值。以入口温度为横坐标,转化效率为纵坐标绘制起燃温度特性曲线。

5.2.3.1.3 按照直线插值法分别求出歧管式催化转化器对各种污染物的起燃温度(T_{50})。

5.2.3.2 空燃比特性试验

5.2.3.2.1 试验时歧管式催化转化器空速为(40 000±400)h^{-1};歧管式催化转化器入口温度为(450±10)℃。

5.2.3.2.2 空燃比(A/F)从14.00开始,到15.00结束,在不少于7个空燃比测量点的情况下,实时测量歧管式催化转化器前后的排放浓度值,空燃比的波动幅度为±0.05且波动频率为1 Hz。在理论空燃比附近,适当增加测量点。以空燃比为横坐标,转化效率为纵坐标绘制空燃比特性曲线。

5.2.3.2.3 求出歧管式催化转化器在理论空燃比(λ=1)时对各种污染物的转化效率。

5.2.4 快速老化试验

5.2.4.1 快速老化试验在发动机台架或模拟装置上进行。

5.2.4.2 快速老化试验按表1实施。工况1与工况2交替循环运行,直至累计100 h。歧管式催化转化器入口温度测量点与载体前端面的距离应小于50 mm。

表1 快速老化试验

工况号	工况描述	工况时间/s	入口温度/℃	过量空气系数 λ	空速/h^{-1}
1	稳定	60	840±10	1±0.02	60 000
2	断油或补气	5	—	1.3±0.1(补气)	

5.2.5 机械性能试验

5.2.5.1 轴向推力试验

歧管式催化转化器中的催化转化器按5.2.2进行预处理,冷却至室温后,按表2所规定的轴向力,通过ϕ30 mm的推杆均匀施加在载体端面中心位置上进行试验,检测轴向位移。

表2 轴向推力表

载体质量 W/g	最小推力/N
$W \leqslant 100$	150
$100 < W \leqslant 200$	300
$200 < W \leqslant 300$	450
$300 < W \leqslant 400$	600
$400 < W \leqslant 500$	750
$500 < W \leqslant 600$	900
$600 < W \leqslant 700$	1 050
$700 < W \leqslant 800$	1 200
$800 < W \leqslant 900$	1 350
$900 < W \leqslant 1\,000$	1 500

5.2.5.2　水急冷试验

5.2.5.2.1　将歧管式催化转化器中的催化转化器安装在水急冷固定架上，使其与发动机相连，并使喷头处于催化转化器长度中部(见图1)。

5.2.5.2.2　试验时发动机过量空气系数为1±0.02；歧管式催化转化器中的催化转化器入口排气温度为(800±10)℃；试验用水温度、空气温度均为室温。

5.2.5.2.3　调节水压调节器使得水急冷用水在水流动情况下水压为(172±14)kPa，按a)～d)循环进行试验，共进行20个循环。试验结束后，检查位移和密封情况。

试验循环如下：

a)　2 min排气关，空气开、水关(冷却)，催化转化器空速(48 000±480)h^{-1}；

b)　5 min排气开，空气关、水关(加热)，催化转化器空速(60 000±600)h^{-1}；

c)　28 min排气开，空气关、水开(急冷)，水量为(10±0.1)L/min；

d)　10 min排气开，空气关、水关(加热)，催化转化器空速(60 000±600)h^{-1}。

单位为毫米

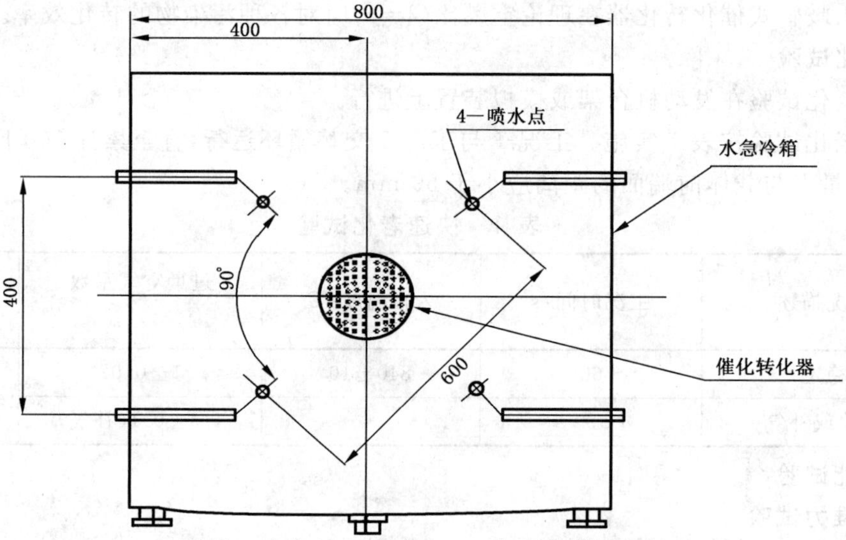

图1　水急冷固定架——喷头处截面图

5.2.5.3　热振动试验

歧管式催化转化器按5.2.2进行预处理，冷却至室温后按以下方法进行：

5.2.5.3.1　将歧管式催化转化器按实车安装方式安装在热振动试验台上，并使歧管式催化转化器与发动机或模拟装置相连(见图2)。试验时，按5.2.5.3.2进行低温热振动试验后，并按5.2.5.3.4检查完毕后方可进行5.2.5.3.3高温热振动试验。

5.2.5.3.2　低温热振动试验

试验时发动机过量空气系数为1±0.02，歧管式催化转化器空速为(48 000±480)h^{-1}；歧管式催化转化器入口排气温度为(300±10)℃；振动加速度为(35±3)g、振动频率为(150±5)Hz；试验时间为10 h。

5.2.5.3.3　高温热振动试验

试验时发动机过量空气系数为1±0.02，歧管式催化转化器空速为(48 000±480)h^{-1}；歧管式催化转化器入口排气温度为(800±10)℃；振动加速度为(35±3)g、振动频率为(150±5)Hz；试验时间为15 h。

5.2.5.3.4　试验结束后，检查载体完好情况和位移、密封情况。

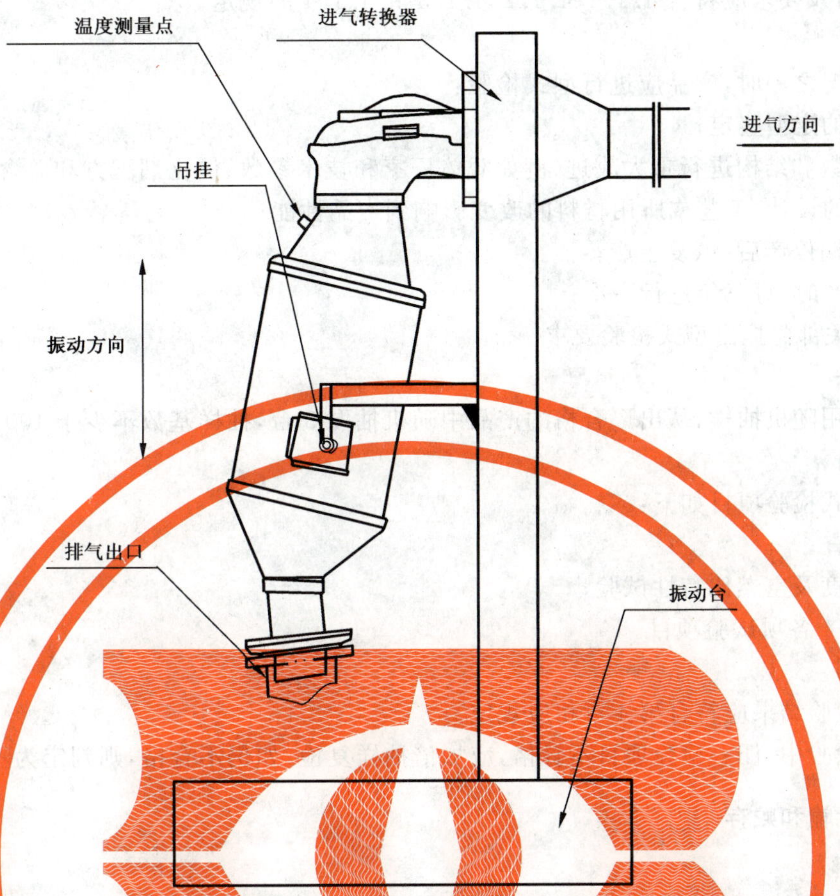

图 2　热振动试验示意图

5.2.5.4　**耐久性试验**

5.2.5.4.1　将歧管式催化转化器安装在发动机或模拟装置上。

5.2.5.4.2　试验进行 250 个循环，试验循环见表 3。

表 3　耐久性试验循环

序号	温度/℃	持续时间/min
1	175±25	5
2	175±25 升高到 800±25	3
3	800±25	5
4	800±25 降低到 175±25	3

5.2.5.4.3　试验结束后检查载体完好情况及密封情况。

5.2.5.5　**位移检验**

沿样品的轴心方向探及样品载体的一端面，测量出该端面距某一固定位置的距离。

6　检验规则

6.1　检验分类

催化转化器的检验分为出厂检验和型式检验两类。

6.2　出厂检验

6.2.1　每台产品出厂前均应进行出厂检验，由厂质检部门检验合格，并出具合格证明。

6.2.2 检验项目及要求应符合4.1.1、4.1.2、4.1.3和4.1.4的规定。

6.3 型式检验

符合下列情况之一时，产品应进行型式检验：

a) 新产品的定型鉴定；

b) 产品参数和结构进行重大改进(例如载体厂家和技术参数、催化剂配方和总含量等)；

c) 当产品的设计、工艺或所用材料的改变影响到产品性能；

d) 产品长期停产后，恢复生产；

e) 正常生产时，每三年进行一次；

f) 国家有关部门提出型式检验要求。

6.3.1 抽样方法

型式检验采用随机抽样，从出厂合格的产品中随机抽取3台，抽样基数不少于100台。

6.3.2 检验项目

应进行的型式检验项目如下：

a) 外观检查；

b) 起燃温度及空燃比特性试验；

c) 4.2～4.4各项试验项目。

6.3.3 判定规则

6.3.3.1 型式检验结果应符合第4章相应规定。

6.3.3.2 型式检验中，任一检验项目不合格，应加倍抽样复检，如仍不合格，则判定为不合格品。

7 标志、包装、运输和贮存

7.1 标志

产品应有名称、型号、制造厂名和生产日期等钢印标识。

7.2 包装

7.2.1 包装应保证产品在运输和贮存期内不受损害。

7.2.2 包装箱内应随同产品附以下文件：

a) 产品合格证；

b) 产品安装使用说明书；

c) 产品保修卡。

7.3 运输

由供需双方商定。

7.4 贮存

产品应贮存于干燥、通风、无腐蚀的仓库内，不得直接接触地面。

附 录 A
（规范性附录）
歧管式催化转化器试验程序图

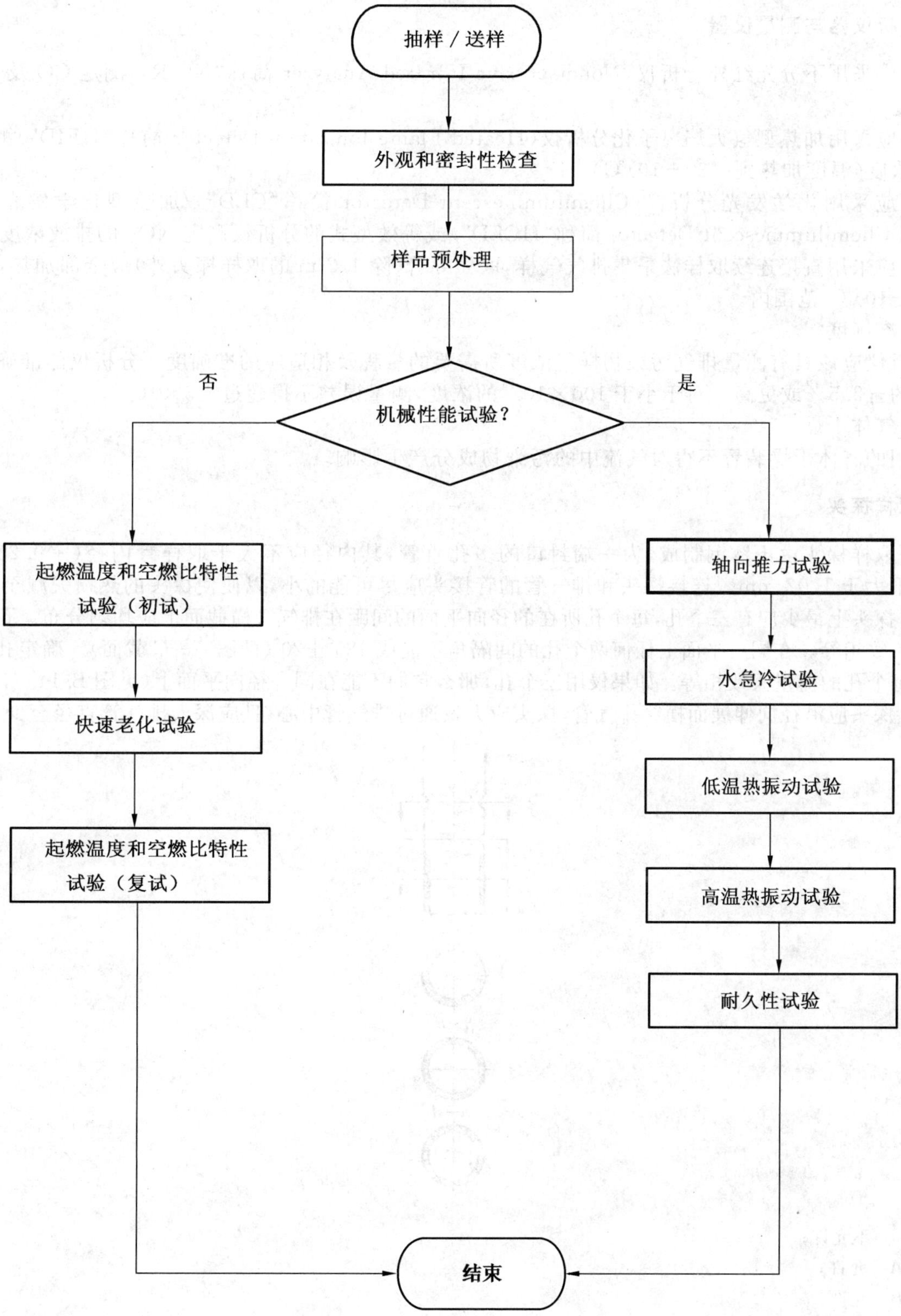

附 录 B
（规范性附录）
起燃温度和空燃比特性试验用分析、测量仪器和取样探头规定

B.1 分析仪器与测量仪器

B.1.1 应采用不分光红外分析仪（Nondispersive Infrared Analyzer 简称“NDIR”）测定 CO 及 CO_2 的排放浓度。

B.1.2 应采用加热型氢火焰离子化分析仪（Heated Flame Ionization Detector 简称“HFID”）测定 HC 的排放浓度（温度加热到（130±10）℃）。

B.1.3 应采用化学发光分析仪（Chemiluminescent Detector 简称“CLD”）/加热型化学发光分析仪（Heated Chemiluminescent Detector 简称“HCLD”）或等效型式的分析仪测定 NO_x 的排放浓度。

B.1.4 应采用直接连续取样法采集排气气样，取样导管（除 1.2 m 的取样探头外）应全部加热，并保持在（130±10）℃ 范围内。

B.1.5 准确度

分析仪应该具有测量排气污染物样气浓度所需要的量程及相适应的准确度。分析仪的准确度应为满量程的±2.5%或更高。对于小于 100×10^{-6} 的浓度，测量误差不得超过 $\pm3\times10^{-6}$。

B.1.6 气体干燥

选用的气体干燥装置不得对气流中的污染物成分产生影响。

B.2 取样探头

B.2.1 取样探头由不锈钢制成，为一端封口的多孔直管，其内径应不大于取样管内径（+0.25 mm），壁厚应不大于 1.02 mm。连接探头和排气管的管接头应尽可能的小，以便使探头的热损失减至最小。

B.2.2 探头上最少应有三个孔，每个孔所在的径向平面的间距在排气管横截面上应均匀分布。孔的间隔角也应大致相等。在同一平面上任何两个孔的间隔角不能成 180°±20°（即图 *C*—*C* 截面）。确定孔的尺寸时应使每个孔的流量大致相等。如果仅用三个孔，那么它们不能在同一径向平面上（见图 B.1）。

B.2.3 探头应沿径向伸展而横穿排气管，探头应大致通过排气管中心，且应深入排气管直径至少 80%。

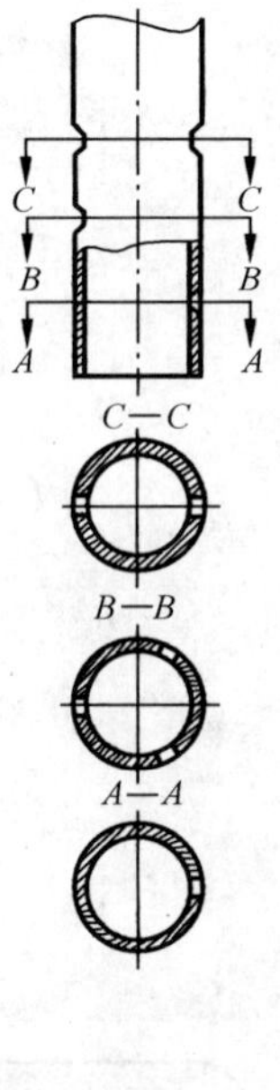

C—*C* 不允许；
A—*A* 允许；
B—*B* 允许。

图 B.1 取样探头和孔的典型配置

附 录 C
(资料性附录)
歧管式催化转化器起燃温度、空燃比试验记录表

表 C.1 歧管式催化转化器起燃温度试验记录表

<table>
<tr><td rowspan="10">样品有关情况</td><td>名称</td><td colspan="2"></td><td>型号</td><td colspan="2"></td></tr>
<tr><td rowspan="2">生产厂家</td><td colspan="2" rowspan="2"></td><td>状况</td><td colspan="2"></td></tr>
<tr><td>容积</td><td colspan="2"></td></tr>
<tr><td rowspan="5">载体</td><td>型号</td><td></td><td rowspan="5">垫层</td><td>型式</td><td></td></tr>
<tr><td>生产厂</td><td></td><td>生产厂</td><td></td></tr>
<tr><td>目数</td><td></td><td>厚度/mm</td><td></td></tr>
<tr><td>网内壁厚/mm</td><td></td><td rowspan="2">重度/(g/m²)</td><td rowspan="2"></td></tr>
<tr><td>网外壁厚/mm</td><td></td></tr>
<tr><td rowspan="2">壳体</td><td>材料</td><td></td><td rowspan="2">催化剂</td><td>类型</td><td></td></tr>
<tr><td>生产厂</td><td></td><td>贵金属含量</td><td></td></tr>
<tr><td colspan="2">检验依据</td><td colspan="5"></td></tr>
<tr><td colspan="2">必要的检验情况说明</td><td colspan="5"></td></tr>
<tr><td colspan="2">检验地点</td><td colspan="2"></td><td>检验时间</td><td colspan="2"></td></tr>
<tr><td colspan="2">检验人员</td><td colspan="2"></td><td>检验负责人</td><td colspan="2"></td></tr>
</table>

<table>
<tr><td rowspan="2">序号</td><td rowspan="2">入口温度/℃</td><td colspan="2">CO/%</td><td colspan="2">HC/10⁻⁶</td><td colspan="2">NO_x/10⁻⁶</td></tr>
<tr><td>入口</td><td>出口</td><td>入口</td><td>出口</td><td>入口</td><td>出口</td></tr>
<tr><td></td><td></td><td colspan="2"></td><td colspan="2"></td><td colspan="2"></td></tr>
<tr><td></td><td></td><td colspan="2"></td><td colspan="2"></td><td colspan="2"></td></tr>
<tr><td></td><td></td><td colspan="2"></td><td colspan="2"></td><td colspan="2"></td></tr>
<tr><td></td><td></td><td colspan="2"></td><td colspan="2"></td><td colspan="2"></td></tr>
<tr><td></td><td></td><td colspan="2"></td><td colspan="2"></td><td colspan="2"></td></tr>
<tr><td></td><td></td><td colspan="2"></td><td colspan="2"></td><td colspan="2"></td></tr>
<tr><td></td><td></td><td colspan="2"></td><td colspan="2"></td><td colspan="2"></td></tr>
<tr><td></td><td></td><td colspan="2"></td><td colspan="2"></td><td colspan="2"></td></tr>
<tr><td></td><td></td><td colspan="2"></td><td colspan="2"></td><td colspan="2"></td></tr>
<tr><td></td><td></td><td colspan="2"></td><td colspan="2"></td><td colspan="2"></td></tr>
<tr><td></td><td></td><td colspan="2"></td><td colspan="2"></td><td colspan="2"></td></tr>
<tr><td></td><td></td><td colspan="2"></td><td colspan="2"></td><td colspan="2"></td></tr>
<tr><td></td><td></td><td colspan="2"></td><td colspan="2"></td><td colspan="2"></td></tr>
</table>

ICS 43.040.10
T 36

中华人民共和国国家标准

GB/T 25984.1—2010

汽车电动燃油泵
第1部分:有刷电动燃油泵

Automobiles electric fuel pump—
Part 1:Brush's electric fuel pump

2011-01-10 发布　　　　2011-05-01 实施

中华人民共和国国家质量监督检验检疫总局
中国国家标准化管理委员会　发布

前　言

GB/T 25984《汽车电动燃油泵》包括二个部分：

——第1部分：有刷电动燃油泵；

——第2部分：无刷电动燃油泵。

本部分为GB/T 25984的第1部分。

本部分由中华人民共和国国家发展与改革委员会提出。

本部分由全国汽车标准化技术委员会(SAC/TC 114)归口。

本部分起草单位：温州华润电机有限公司、长沙汽车电器研究所、汇润机电有限公司。

本部分起草人：薛肇江、翟光远、胡梦蛟、李伟阳。

汽车电动燃油泵
第1部分:有刷电动燃油泵

1 范围

GB/T 25984的本部分规定了汽车用汽油或柴油发动机供油系统的有刷电动燃油泵(以下简称:燃油泵)的分类、要求、试验方法等。

本部分适用于有刷电动燃油泵。

2 规范性引用文件

下列文件中的条款通过GB/T 25984的本部分的引用而成为本部分的条款。凡是注日期的引用文件,其随后所有的修改单(不包括勘误的内容)或修订版均不适用于本部分,然而,鼓励根据本部分达成协议的各方研究是否可使用这些文件的最新版本。凡是不注日期的引用文件,其最新版本适用于本部分。

GB/T 191 包装储运图示标志

GB/T 16539 声学 振速法测定噪声源功率级 用于封闭机器的测量

GB 17930 车用汽油

GB 18351 车用乙醇汽油

GB/T 19147 车用柴油

QC/T 238 汽车零部件的储存和保管

QC/T 413—2002 汽车电气设备基本技术条件

QC/T 414 汽车用低压电线的颜色

3 术语和定义

下列术语和定义适用于本部分。

3.1

电动燃油泵 electric fuel pump

由微特电机直接内连一个微型油泵,并经外壳及辅助零件封装组成的机电一体化部件装置。用于汽油或柴油发动机供油系统中将燃油箱中的燃油输往发动机。

3.2

冷磁冲击性能 cold magnet knockdown

燃油泵电机和其磁性材料在低温下因冲击电流导致的性能变化。

3.3

进、出油接口部抗挠曲力 anti-flexure force on the inlet and outlet

燃油泵进油管或出油管抗形变性能。

3.4

自由流量 free flow

对燃油泵施加标称电压,将输出流量调节阀置于全开时的燃油泵输出流量值。

3.5

截流压力 shut off pressure

对燃油泵施加标称电压,将输出流量调节阀完全关闭时的燃油泵输出压力值。

4 分类

4.1 按安装方式分类

燃油泵按安装方式可分为：

——外置泵：装在油箱外供油管道上的燃油泵；

——内置泵：装在油箱内的燃油泵。

5 要求

5.1 一般要求

5.1.1 常态工作条件

环境按 QC/T 413—2002 中 3.1.2 的规定。过滤器应配置进油口滤网，网孔小于等于 60 μm，在额定流量下滤网压损小于 0.01 MPa。内置泵产品轴向长度 1/2 以上部分浸沉于油液中才能工作，外置泵内有油液才能工作。

除非特别规定，试验按电机轴垂直于水平面进行。

5.1.2 温度范围

工作温度为－30 ℃～＋65 ℃；储存温度为－40 ℃～＋75 ℃。

5.1.3 工作电压

燃油泵在表 1 最小和最大电压下应能使发动机启动运行。

表 1 工作电压

标称电压 V	工作电压 V	
	最小	最大
12	9	16
24	18	32

5.1.4 输油方向

除能明显判别外，燃油泵上应有进、出油流向的标记。

5.1.5 工作制式

燃油泵的工作特性为连续定额制。

5.1.6 外观、安装尺寸和标志

燃油泵应无明显损伤、裂痕、缩孔、变形、锈蚀及其他有碍燃油泵工作及性能的缺陷，表面和内部应小于 10 g 残留油液。安装尺寸和标志应符合产品技术文件的规定。

5.1.7 机械紧固件拧紧力矩

应在产品技术文件中规定。

5.1.8 低压电线束

燃油泵使用的低压电线束应符合 QC/T 413—2002 中的 3.2.3 规定。

5.1.9 进、出油接口部抗挠曲力

进、出油接口部抗挠曲力，应符合产品技术文件的规定。

5.2 性能

5.2.1 主要性能参数

额定电流、额定压力、额定流量、自由流量和截流压力，应符合产品技术文件的规定。

5.2.2 止回阀性能

5.2.2.1 止回阀泄漏量

止回阀在 0.23 MPa 压力下，试验液泄漏量应小于 3 mL/h。

5.2.2.2 止回阀寿命

止回阀开、关工作10万次后，止回阀性能应符合5.2.2.1规定。

5.2.3 泄压阀动作范围

若额定压力值为 p_n，泄压阀开启的下限值为 p_n+0.1 MPa，泄压阀全开的上限值为 p_n+0.5 MPa；若额定压力值 p_n 小于0.1 MPa，泄压阀全开的上限值为 p_n+0.2 MPa。泄压阀的关闭值应大于 p_n。

5.3 噪声

燃油泵噪声应小于70 dB(A)。

5.4 耐异常电源电压性能

5.4.1 耐电源极性反接性能

燃油泵应能承受1 min的电源极性反接试验而不损坏，反接电压值为7/6倍的标称电压。试验后，产品应符合5.2.1规定。

5.4.2 耐电源过电压性能

燃油泵应能承受10 min、1.5倍标称电压的电源过电压试验，试验后，产品应符合5.2.1规定。

5.5 耐压（p_{max}）

在 p_{max} 下外置泵应无泄漏及变形损坏；内置泵允许有不影响性能的泄漏，但不允许有变形和损坏。p_{max} 按如下规定：

——若额定压力 p_n 为(0.1～0.6)MPa，p_{max} 应不小于 p_n+0.5 MPa；

——若额定压力 p_n 小于0.1 MPa，p_{max} 应不小于 p_n+0.3 MPa。

5.6 冷磁冲击性能

燃油泵经冷磁冲击试验恢复到常温状态后，燃油泵的电流增加量应不超过在标称电压下电流值的10%。

5.7 低温低电压性能

在−30 ℃时，加载75%标称电压，在80%额定压力下运行15 s后，燃油泵流量应大于额定流量的10%。

5.8 防爆性能

燃油泵不能点燃易燃的空气/燃料混合物。

5.9 电磁骚扰

燃油泵的电磁骚扰性，由供需双方商定。

5.10 耐温度性能

5.10.1 耐低温储存性能

燃油泵在−40 ℃下进行8 h的低温试验，产品恢复常温后其性能应符合5.2.1规定。

5.10.2 耐高温性能

5.10.2.1 耐高温储存性能

燃油泵在+75 ℃下进行8 h的高温试验，产品恢复常温后其性能应符合5.2.1规定。

5.10.2.2 耐高温工作性能

当油温从室温上升到最大工作温度值后，在标称电压和额定压力下运行60 min，燃油泵流量应在额定值75%以上，产品恢复常温后其性能应符合5.2.1规定。

5.10.3 耐温度变化性能

燃油泵应按QC/T 413—2002中3.10.3的规定进行温度变化试验，产品在非工作状态下经受试验，试验时的低温、高温值选为−30 ℃～+65 ℃，在每一种温度中的暴露时间选为2 h。试验后，产品恢复到常温状态，应符合5.2.1规定。

5.11 耐温度/湿度循环变化性能（适于外置泵）

外置泵应按QC/T 413—2002中3.11的规定，在−10 ℃～+65 ℃之间非工作状态下经受试验，当试验结束、产品恢复常温状态后，产品应符合 5.1.9 和 5.2.1 的规定。

5.12 耐振动性能

燃油泵在非工作的正常安装状态下经受试验，扫频振动试验的严酷度等级应按 QC/T 413—2002 表 3“其他部位”的规定，频率范围选为(25～500)Hz。经振动试验后，产品应无损坏、紧固件应无松动现象，应符合 5.2.1 规定。

5.13 耐盐雾性能

燃油泵应进行耐盐雾试验，外置泵试验时间为 144 h，内置泵试验时间为 48 h，试验后不应产生大于金属外表面积 5%的锈蚀。

5.14 耐燃油兼容性

燃油泵分别采用发动机对应的 3 种油液，在不工作状态下经受全产品浸泡试验，常温下浸没(内部完全充液)持续 30 天。试验后，产品应在技术文件要求的油液中复测并符合技术文件规定。

5.15 表面防护性能

除特别注明外，产品表面防护性能应符合 QC/T 413—2002 中 3.15 规定。

5.16 耐久性能

燃油泵在标称电压和额定压力下，经受 3 000 h 耐久性试验后，产品应符合 5.2.1 规定(但电流允许增加 10%以内，流量允许下降 15%以内)。

6 试验方法

6.1 试验条件

6.1.1 试验的常态工作条件

除非特别规定，产品试验均应在 5.1.1 规定的常态工作条件下进行。试验前，燃油泵应经过30 min 以上磨合性能稳定。具体磨合时间、方法应标注在技术文件中。

6.1.2 温度偏差

试验中无特定温度偏差规定时宜采用±2 ℃。

6.1.3 试验电源

在未特别注明时试验电源电压可调范围为：12 V 电系为(5～20)V，允许具有±10%的相对误差；24 V 电系为(10～40)V，允许具有±10%的相对误差。电源的输出功率大于等于 5 倍的燃油泵输入功率。试验用直流电源采用汽车电池或波纹系数不大于 0.1% 的直流可调稳压电源。

6.1.4 试验用仪表

试验时所用电压表、电流表应不低于 0.5 级，压力表应不低于 1.5 级，流量计应不低于±2%，允许使用相当于上述精度的数字式仪表。

6.1.5 试验液

采用等同于发动机对应燃油主要物理性质(密度、黏度)的液体。本部分推荐采用其中的 D60 特种煤油型溶剂油，能确保安全试验条件的企业允许使用汽油，并不少于 10 L/泵。

6.1.6 管道

推荐采用内径不小于 8 mm、壁厚不小于 1 mm 的金属管道，不使用一般织物非加强的橡胶、塑料管，尽量缩短长度、减少弯曲。

6.2 一般要求试验

6.2.1 外形测试

产品外形用通用或专用量具检测，外观和标志用目视法检查。

6.2.2　拧紧力矩测试

机械紧固件的拧紧力矩采用扭力扳手测量。

6.2.3　低压电线束试验

低压电线束的性能试验方法应按 QC/T 413—2002 中 4.2.3 规定进行。

6.2.4　进、出油接口部抗挠曲力试验

按图 1 装置，以出油管根部端为支点，按要求在离出油端口 5 mm 处加力，历时 2 min，出油管不应断、裂。

6.2.5　工作电压试验

在常态工作条件下，燃油泵应在发动机台架试验设备上进行，满足 5.1.3 要求。

6.3　性能试验

6.3.1　主要性能

额定电流、额定压力、额定流量、自由流量、截流压力应在标称电压下在如图 2 所示专业检测台上进行。

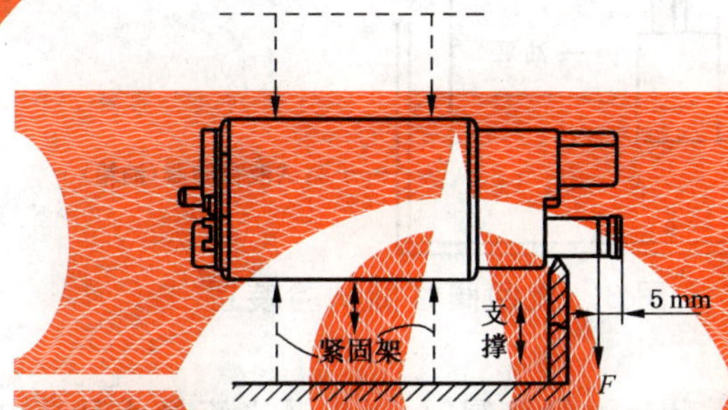

图 1　进、出油接口部抗挠曲力试验装置

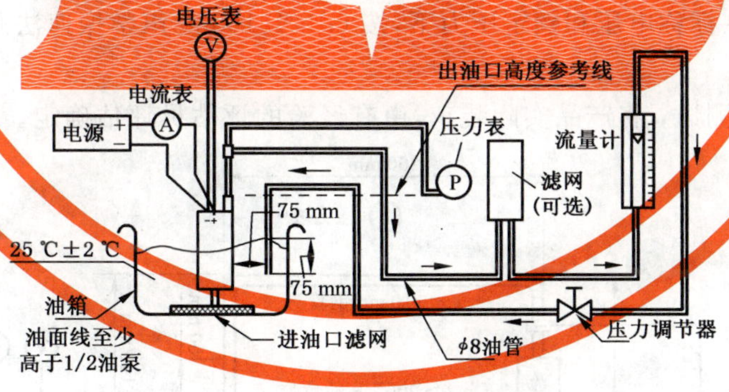

图 2　主要性能试验装置

6.3.2　止回阀性能试验

6.3.2.1　止回阀泄漏量试验

用如图 3 装置，关闭阀 1，关闭阀 3，关闭泄放阀，打开阀 2，调节压力调节阀，产品工作 10 min 后停止；然后关闭阀 2，打开阀 3，调节泄放阀，泄放油液于目测管的“零”位，关闭泄放阀；再关闭阀 3，打开阀 1，在出油管路上加 0.23 MPa 压力，观察每小时液位下降的毫升数。

6.3.2.2　止回阀寿命试验

在图 3 的专用试验设备上，关闭阀 1，关闭阀 3，关闭泄放阀，打开阀 2，调节压力调节阀，使产品在标称电压和额定压力下工作，然后电源按 3 s 开，3 s 关，循环 10 万次。

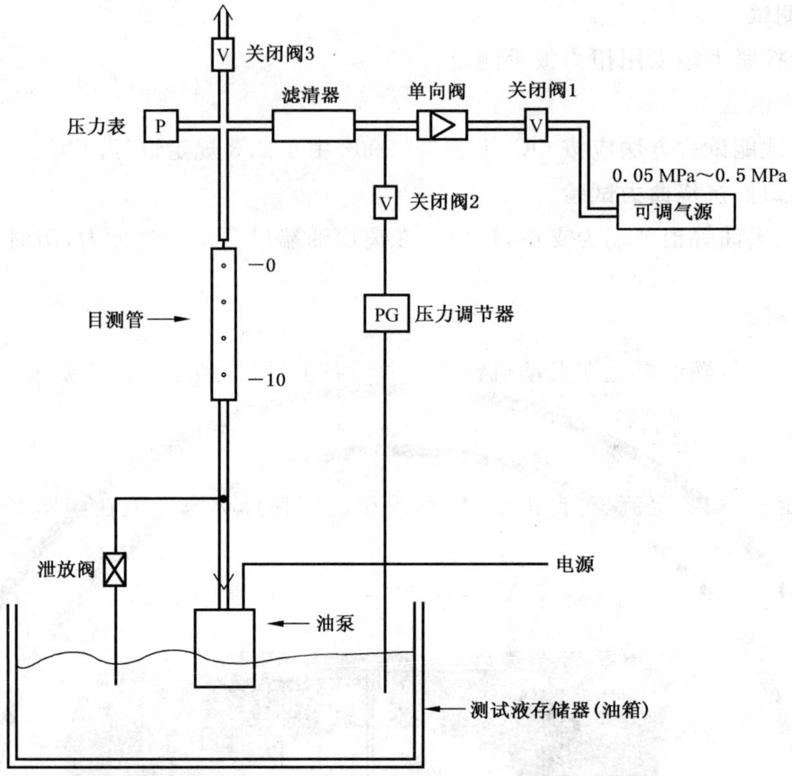

图 3　止回阀性能试验装置

6.3.3　泄压阀动作范围试验

如图 2 装置的专用试验台上，关闭出油管路阀门，逐步调小流量或升高电压使泵内压力增加，观察泄压阀开始泄流时的泵输出压力值。

6.4　噪声试验

用图 4 装置，产品在标称电压和额定压力下，按 GB/T 16539 声学振速法测定噪声源功率级用于封闭机器的测量规定进行。

允许采用客观评估测试，将产品实际装车，由有经验的评估员评估确定。

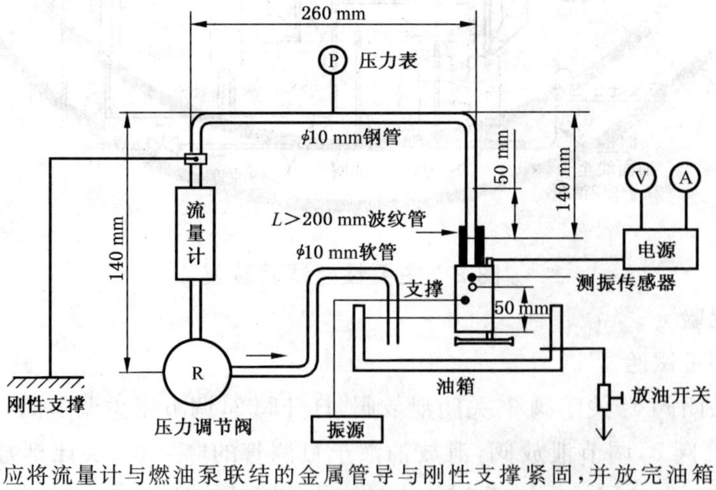

注 1：测耐振动性时应将流量计与燃油泵联结的金属管导与刚性支撑紧固，并放完油箱中的油液，除去测振传感器，将振源的振动通过支撑传导至燃油泵；

注 2：测噪声时应除去振源与燃油泵的支撑连接。

图 4　噪声、振动试验装置

6.5 耐异常电源电压试验

6.5.1 电源极性反接试验

用图 2 装置，产品浸在试验液中，先调试到标称电压和额定压力状态，然后将 7/6 倍标称电压值电源正、负极与泵的电极正、负标志相反连接，历时 1 min。

6.5.2 耐电源过电压试验

用图 2 装置，产品浸在试验液中，先调试到标称电压和额定压力状态，然后使产品承受 10 min、1.5 倍标称电压的电源过电压试验。

6.6 耐压试验

封闭出油管路，封闭泄压阀(外置泵不需要)，通过进油口逐步调节施加于泵内的压力(允许用压缩空气)，所加的压力按 5.5 规定，历时 2 min。本试验允许用气泡观察法。

6.7 冷磁冲击试验

在−30 ℃下，用图 2 装置将油泵浸泡在试验液中 2 h 后，使用 2 个完全充足电的 12 V 蓄电池(24 V DC)，用至少 1.5 mm^2，全长 5 m 以内的导线连接一个闸刀开关并连接油泵，加载电压 2 次各 5 s。

6.8 低温低电压性能试验

使用图 5 装置，产品在−30 ℃状态下保持 2 h 后工作，加载 75%标称电压，在 80%额定压力下运行 15 s。

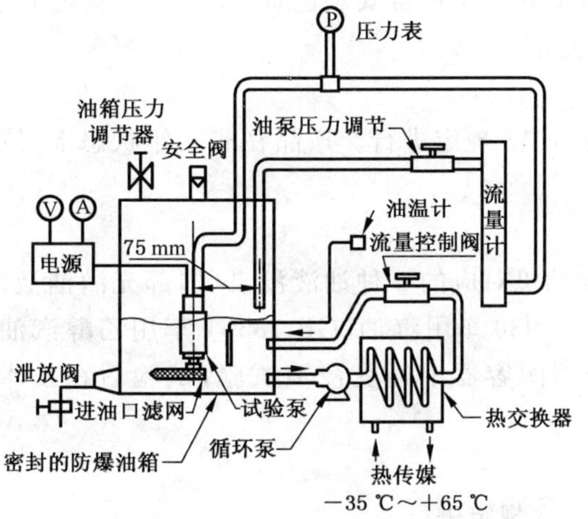

图 5 高温工作、低温低电压试验装置

6.9 防爆试验

试验顺序如下：

a) 把泵安装在如图 6 装置的防爆室内，并引入燃料，以达到均匀化学当量的空气/燃料混合物。

b) 分别以 1 倍、1.5 倍和 2 倍标称电压值通电，每种电压值按开 5 s，停 5 s，重复 5 次。确保通电时，没有燃爆现象出现。

c) 最后通过火花塞点燃防爆室里的空气/燃料混合物来证明它是可燃的。

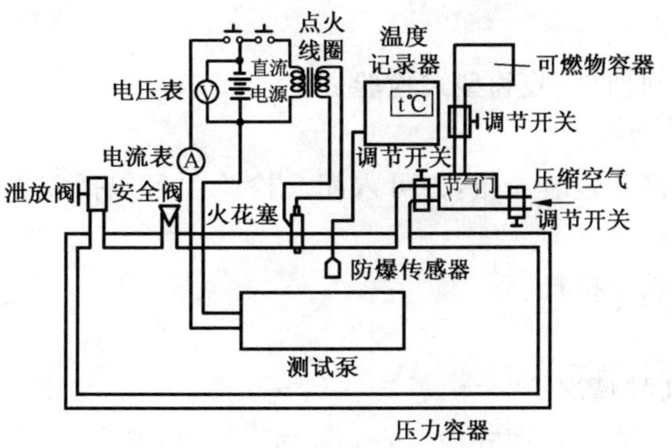

图 6 防爆试验装置

6.10 电磁骚扰试验

将产品实际装车，由有经验的评估员进行评估确定。

6.11 耐温度试验

6.11.1 耐低温储存试验

按 QC/T 413—2002 中 4.10.1 规定进行。

6.11.2 耐高温试验

6.11.2.1 耐高温储存试验按 QC/T 413—2002 中 4.10.2 规定进行。

6.11.2.2 耐高温工作试验按图 5 进行，加热试验液，在上限工作温度、标称电压和额定压力下运行 60 min。

6.11.3 耐温度变化试验

按 QC/T 413—2002 中 4.10.3 规定进行温度变化试验。

6.12 耐温度/湿度循环变化试验

外置泵内应充有油液，按 QC/T 413—2002 中 4.11 规定进行。

6.13 耐振动试验

将产品固定在振动试验台上并处于正常安装位置，在非工作状态下进行试验，同时应将与产品连接的软管、插接器或其他附件安装并固定好。

6.14 耐盐雾试验

应按 QC/T 413—2002 中 4.13 规定进行。产品在非工作状态下，按正常使用状态安装，必须封闭进、出油口后进行此试验。

6.15 耐燃油兼容性试验

产品在常温下分别采用发动机对应的 3 种油液浸没（内部充满油液），持续时间为各 30 天，推荐采用 GB/T 19147 车用柴油、GB 17930 车用汽油、GB 18351 车用乙醇汽油及 M10（含 10%甲醇的汽油）等，产品在非工作状态下置于密闭容器中经受浸泡试验，试验后在技术文件规定的油液中复测主要性能。

6.16 表面防护检验

按 QC/T 413—2002 中 4.15 规定进行。

6.17 耐久性试验

在专用台架上（n 个图 2 装置组合）进行试验，压力应按产品额定值设置，台架试验每次连续工作时间不少于 4 h，累计时间达到 5.16 规定要求。试验设备应每周进行一次换油、维护保养及调整。

7 检验规则

7.1 合格文件和标识

每台产品经检验合格后方能出厂，并应附有产品质量合格证或标记。

7.2 产品检验的类别

产品检验分为出厂检验、验收检验和型式检验。

7.3 出厂检验

每台燃油泵须经检验合格并包装成箱，方可入库。检验项目包括 5.1.9 及 5.2.1。

7.4 验收检验

按 QC/T 413—2002 中 5.4 执行。

7.5 型式检验

7.5.1 应进行型式检验的几种情况

有下列情况之一者制造厂应进行型式检验：

a) 新产品或老产品异地生产的试制定型鉴定；

b) 正式生产后如结构材料工艺有较大改变而可能影响产品性能时；

c) 成批或大量生产的产品每两年不少于一次；

d) 产品停产一年以上恢复生产时；

e) 出厂试验结果与上次型式检验结果有较大差异时；

f) 国家监督机构提出进行型式检验的要求时。

7.5.2 抽样和分组

7.5.2.1 样品数量

做型式检验的产品应从出厂检验合格的同一批产品中抽取，数量不得少于15台。

7.5.2.2 样品分组

先按出厂检验项目进行复验，复验合格后将产品平均分成5组，宜按表2分组及项目顺序进行型式检验。

表2 型式检验分组表

组别	序号	章条号	检验内容
1	1	6.2.2	拧紧力矩测试
	2	6.14	耐盐雾试验
	3	6.2.3	低压电线束试验
	4	6.4	噪声试验
	5	6.8	低温低电压性能试验
	6	6.10	电磁骚扰试验
	7	6.2.4	进、出油接口部抗挠曲力试验
2	1	6.5	耐异常电源电压试验
	2	6.11	耐温度试验
	3	6.12	耐温度/湿度循环变化试验
	4	6.9	防爆试验
3	1	6.2.1	外形测试
	2	6.7	冷磁冲击试验
	3	6.13	耐振动试验
	4	6.16	表面防护检验
	5	6.3.2	止回阀性能试验
4	1	6.15	耐燃油兼容性试验
	2	6.3.3	泄压阀动作范围试验
	3	6.6	耐压试验
	4	6.2.5	工作电压试验
5	1	6.17	耐久性试验

7.5.2.3 合格判定

产品的型式检验应全部符合规定的要求，如有一个项目不合格时，可重新抽取加倍数量的产品就该不合格项目进行复查，如仍有不合格时，则该批产品判为不合格；但对耐久性试验不合格时不应重新抽取，应直接判为不合格。

8 标志、包装、储存和保管

8.1 标志

8.1.1 产品标志

每台产品应在其明显的部位做出标记和附使用说明书、合格证，其基本内容包括：

a) 产品商标；

b) 产品型号、标称电压(12 V 可省略)、电压极性或按 QC/T 414 标准配置有色电线；

c) 生产日期(或编号)或生产批号；

d) 产品的主要技术参数及适用车型；

e) 生产企业名称、地址；

f) 执行的产品标准编号、使用警示标志或中文警示说明。

本产品上允许只标出商标及型号，但在其包装或使用说明书上应注明包括以上全部内容及质检员印章。

8.1.2 包装标志

包装标志的基本内容包括：

a) 与发运有关的标志内容：产品名称及商标、产品型号、规格、适用车型；

b) 生产企业名称、详细地址、邮政编码及电话号码(或网址代替)；

c) 生产日期(或编号)或生产批号；

d) 执行的产品标准编号；

e) 包装储运图示标志为怕湿、叠层、轻放，并符合 GB/T 191 的有关规定；

f) 运输作业的文字：包装箱的体积(长、宽、高)尺寸，每箱内装产品数量，每箱产品总质量。

8.2 包装

8.2.1 产品包装应考虑事项：

——包装时应加装进、出油口防护装置(产品内已含过滤器的可除外)；

——有防潮、防振、防尘包装措施；

——适应运输及装卸的有关要求；

——包装前产品应有防锈保护措施。

8.2.2 包装箱应牢固，产品在箱内不应窜动，以免运输途中损伤。

8.2.3 包装箱中随同产品供应的技术文件应包括：

——装箱单；

——产品出厂合格证；

——产品使用说明书。

8.3 储存和保管

产品的储存和保管应符合 QC/T 238 中有关规定。

产品在湿度小于 80%，通风良好，无腐蚀性气体的仓库内，储存期为 2 年；从制造厂入库日期算起，在储存期满 2 年内，产品仍应符合本部分的规定。

ICS 43.040.60
T 26

GB

中华人民共和国国家标准

GB/T 25985—2010

汽车防盗装置的保护

Protective of devices against unauthorized use of motor vehicles

2011-01-10 发布　　　　2011-05-01 实施

中华人民共和国国家质量监督检验检疫总局
中国国家标准化管理委员会　发布

前　言

本标准修改采用ECE R116法规《关于机动车防盗系统保护认证的统一规定》(修订本2)及截止到2008年11月发布的所有增补件、勘误表的内容。

删除了ECE R116-02中第2章总体定义、第3章认证申请、第4章认证、第9章认证的扩展和型式变更、第10章产品一致性、第11章产品非一致性的处罚、第12章正式停产、第13章过渡条款、第14章认证试验机构及管理部门的名称和地址、附件1信息文件、附件2认证管理、附件3认证标志等有关认证程序内容,其原因是不符合我国标准体系。

为了便于与ECE R116的章条对照,本标准增加了资料性附录A。

本标准的附录A为资料性附录,附录B～附录G为规范性附录。

本标准由中华人民共和国国家发展和改革委员会提出。

本标准由全国汽车标准化技术委员会(SAC/TC 114)归口。

本标准起草单位:中国汽车技术研究中心。

本标准主要起草人:孙振东、朱彤。

汽车防盗装置的保护

1 范围

本标准规定了汽车防盗装置保护的要求和试验方法。

本标准适用于 M_1 类和 N_1 类汽车的防盗装置、适用于永久安装到 M_1 类汽车以及最大设计总质量不大于 2 000 kg 的 N_1 类汽车上的车辆报警系统(VAS)、适用于 M_1 类汽车以及最大设计总质量不大于 2 000 kg 的 N_1 类汽车(仅限于 12 V 电压系统的汽车)上的报警系统、适用于发动机止动装置及其 M_1 类汽车以及最大设计总质量不大于 2 000 kg 的 N_1 类汽车(仅限于 12 V 电压系统的汽车)上的发动机止动装置,对于其他类型的车辆以及作为附件装备在这些车辆上的装置可参照本标准执行。

2 规范性引用文件

下列文件中的条款通过本标准的引用而成为本标准的条款。凡是注日期的引用文件,其随后所有的修改单(不包括勘误的内容)或修订版均不适用于本标准,然而,鼓励根据本标准达成协议的各方研究是否可使用这些文件的最新版本。凡是不注日期的引用文件,其最新版本适用于本标准。

GB/T 2423.4—1993 电工电子产品基本环境试验规程 试验 Db:交变湿热试验方法(eqv IEC 60068-2-30:1980)

GB/T 2423.17—1993 电工电子产品基本环境试验规程 试验 Ka:盐雾试验方法(eqv IEC 60068-2-11:1981)

GB 4208 外壳防护等级(IP 代码)(GB 4208—2008,IEC 60529:2001,IDT)

GB 12676 汽车制动系统 结构、性能和试验方法

GB 14023 车辆、船和由内燃机驱动的装置 无线电骚扰特性 限值和测量方法

GB/T 15089—2001 机动车辆及挂车分类

GB 15742 机动车用喇叭的性能要求及试验方法

GB/T 17626.2—2006 电磁兼容 试验和测量技术 静电放电抗扰度试验(idt IEC 61000-4-2:2001)

GB/T 19951—2005 道路车辆 静电放电产生的电骚扰试验方法(idt ISO 10605:2001)

ISO 7637-1:2002 道路车辆 由传导和耦合引起的电骚扰 第 1 部分:定义和总则

ISO 7637-2:2004 道路车辆 由传导和耦合引起的电骚扰 第 2 部分:仅沿供电线路的瞬间电传导

ISO 7637-3:2007 道路车辆 由传导和耦合引起的电骚扰 第 3 部分:电源电压 12 V 或 24 V 的车辆

ISO 11451-1:2005 道路车辆 窄带辐射的电磁能量产生的电干扰 车辆试验方法 第 1 部分:总则和定义

ISO 11451-2:2005 道路车辆 窄带辐射的电磁能量产生的电干扰 车辆试验方法 第 2 部分:车外辐射源

ISO 11451-3:2007 道路车辆 窄带辐射的电磁能量产生的电干扰 车辆试验方法 第 3 部分:车载发射器模拟

ISO 11451-4:2006 道路车辆 窄带辐射的电磁能量产生的电干扰 车辆试验方法 第 4 部分:大容量电流注入(BCI)

ISO 11452-1:2005 道路车辆 窄带辐射的电磁能量产生的电干扰 部件试验方法 第 1 部分:

总则和定义

ISO 11452-2:2004 道路车辆 窄带辐射的电磁能量产生的电干扰 部件试验方法 第2部分:吸波暗室

ISO 11452-3:2001 道路车辆 窄带辐射的电磁能量产生的电干扰 部件试验方法 第3部分:横向电磁模式(TEM)元件

ISO 11452-4:2005 道路车辆 窄带辐射的电磁能量产生的电干扰 部件试验方法 第4部分:大容量电流注入(BCI)

ISO 11452-5:2002 道路车辆 窄带辐射的电磁能量产生的电干扰 部件试验方法 第5部分:窄条状线

ISO 11452-7:2003 道路车辆 窄带辐射的电磁能量产生的电干扰 部件试验方法 第7部分:直流射频能(RF)注入

IEC 60839-1-3:1988 报警系统 第1部分:一般要求 第3节:环境试验

3 术语和定义

下列术语和定义适用于本标准。

3.1

车辆型式 vehicle type

在下列主要方面没有差异的车辆:

a) 制造厂对车辆型式的描述;

b) 车辆部件或起防盗装置作用的车辆部件的布置和设计;

c) 防盗装置型式。

3.2

防盗装置 device to prevent unauthorized use

设计用来防止非法将发动机或车辆其他的主要动力源正常起动的系统,与下面所列系统之一或若干个共同组成的装置:

a) 转向机构锁止系统;

b) 传动系锁止系统;

c) 换挡机构锁止系统;

d) 制动锁止系统。

3.3

转向机构 steering

转向盘、转向柱及其覆盖件、转向轴、转向机以及所有直接影响防盗装置有效性的部件。

3.4

组合 combination

经专门设计和制造的启动锁止系统的变化组合。

3.5

钥匙 key

开启锁止系统的装置,且该锁止系统只能用其进行操作。

3.6

滚动代码 rolling code

在每次传动系运行后,随机变化组合的几个元素组成的电子代码。

3.7

车辆报警系统(VAS) vehicle alarm system (VAS)

安装在某一车型或多种车型上的系统,可显示车辆受到侵入或盗用,可对车辆提供附加的保护以阻止未经许可使用车辆。

3.8

传感器　sensor

感应车辆由于受到侵入或盗用所引起的变化的装置。

3.9

报警装置　warning device

显示有侵入或盗用发生的装置。

3.10

控制设备　control equipment

VAS用于处理设置警戒和解除警戒指令并接受探测信号，以及将警报情况发送到报警装置的必要设备。

3.11

设置警戒　set

VAS可以将警报情况发送到报警装置的一种状态。

3.12

解除警戒　unset

VAS不能将警报情况发送到报警装置的一种状态。

3.13

车辆报警系统型式　type of vehicle alarm system

在下列主要方面没有差异的系统：

a）制造厂的名称或商标；

b）传感器的类型；

c）报警装置的类型；

d）控制设备的类型。

3.14

发动机止动装置　immobilizer

阻止车辆依靠自身动力正常行驶的装置。

3.15

紧急报警装置　panic alarm

安装在车辆上使乘员能够在紧急情况下发出求救警报的装置。

3.16

报警系统(AS)　alarm system (AS)

作为原装设备安装在某一类型车辆上的一组部件，它可显示车辆受到的侵入或盗用，这些系统可对车辆提供附加的保护以防止未经许可使用。

3.17

关于具有报警系统的车辆型式　vehicle type with regard to its alarm system

在下列主要方面没有差异的车辆：

a）制造厂的名称或商标；

b）明显影响AS性能的车辆特性；

c）AS或VAS的类型和设计。

3.18

发动机止动装置控制设备　immobilizer control equipment

用于发动机止动装置设置警戒和/或解除警戒的必需装备。

3.19

发动机止动装置状态显示器　immobilizer status display

用于显示发动机止动装置状态的装置(设置警戒/解除警戒,以及从设置警戒到解除警戒的转换,反之亦然)。

3.20

设置警戒状态　set state

在此状态下车辆不能依靠自身动力正常行驶。

3.21

解除警戒状态　unset state

在此状态下车辆可以依靠自身动力正常行驶。

3.22

超控　override

在解除警戒状态下,发动机止动装置仍可锁止的结构特点。

3.23

发动机止动装置的型式　type of immobilizer

在下列主要方面没有差异的系统:

a) 制造厂的名称或商标;

b) 发动机止动装置控制设备的类型;

c) 在相应车辆系统上的操作设计(本标准 16.1 中涉及的内容)。

3.24

具有发动机止动装置的车辆型式　vehicle type with regard to its immobilizer

在下列主要方面没有差异的车辆:

a) 制造厂的名称或商标;

b) 明显影响发动机止动装置的性能的车辆自身特性;

c) 发动机止动装置的类型和设计。

4　M_1 类和 N_1 类汽车防盗装置的一般要求

4.1　防盗装置的设计应符合只有当其不起作用时,才能完成以下操作。

4.1.1　用正常的操作方法起动发动机。

4.1.2　使车辆转向、用车辆自身的动力驱动或前进。

4.1.3　在 4.1.1 和 4.1.2 描述的动作之前或同时,可实现 4.1 所规定的要求。

4.2　使用同一钥匙应符合 4.1 的要求。

4.3　用钥匙插入锁中来实现工作的系统,在 4.1 所述的状态已经起动或已处在起动的位置之前,其钥匙拔不出来。但 5.1.5 所述的情况除外。

4.4　4.1 所述的防盗装置以及车辆上与其工作有关的零件的设计应使该装置不会被迅速、无意地开启、或是用廉价的、容易隐藏的、一般公众容易携带和制造的工具所损坏或失效。

4.5　防盗装置应作为一个原装部件安装在车辆上(即该装置由制造商在车辆第一次销售前安装在车辆上)。其安装方法应使当其处于锁止状态时,即使是在其壳体被拆除的情况下,如不使用特殊工具,也不能使其解体。如果拆卸螺钉使防盗装置失效,螺钉则应由固定在防盗装置上的零件覆盖,或使用防拆卸螺钉。

4.6　机械锁止系统使用的钥匙应包括不少于 1 000 种的不同组合,如果一年中制造的车辆少于 1 000 辆,则其组合数应与车辆数相等。在一种车型的所有汽车中,同一组合的出现率应不大于 1/1 000。

4.7　电动/电子锁止系统(如遥控锁),应至少有 50 000 种变化且编入滚动代码,和/或扫描 5 000 种变化至少需要 24 h。

4.8　对于防盗装置本身具有的特性，4.6 或 4.7 应是适用的。

4.9　锁和钥匙上不应有可见代码。

4.10　锁的设计、制造和安装应使当其处于锁止位置时，除用所配钥匙以外，使用任何钥匙不能以小于 2.45 N·m 的扭矩转动锁芯，并且

4.10.1　对于带有销式制栓的锁芯，布置在相邻位置的，在相同方向工作的完全相同的制栓不应超过两个。同一把锁中，相同的制栓不应超过总数的 60%。

4.10.2　对于带有片式制栓的锁芯，布置在相邻位置的，在相同方向工作的完全相同的制栓不应超过两个。同一把锁中，相同的制栓不应超过总数的 50%。

4.11　在车辆行驶时，防盗装置不应发生任何意外操作错误的锁止，以及可能危及安全的偶然性锁止。

4.11.1　防盗装置应在首先将发动机控制装置放到停机的位置，再执行一个动作之后，才能被锁止，而该动作不应是发动机停机状态的延续；或在将发动机控制装置放到停机的位置并且车辆通过驻车制动处于静止状态或车速不超过 4 km/h 时才能被锁止。

4.11.2　防盗装置如果用拔出钥匙来实现锁止，在防盗装置锁止前，钥匙应至少有 2 mm 的移动量或是增加人控功能以防止钥匙的偶然拔出或部分拔出。

4.11.3　4.10、4.10.1 或 4.10.2、4.11.2 仅适用于使用机械钥匙的防盗装置。

4.12　辅助动力只能用于防盗装置的锁止和开启，防盗装置应能够在不需要辅助动力的条件下保持在锁止位置。

4.13　在开启防盗装置之前，用正常方式不能起动车辆的驱动系统。

4.14　以阻止车辆制动器释放方式的防盗装置，仅当以纯机械的装置使其处于锁止位置时，才可以使用此方式。在种情况下，4.13 的规定不适用。

4.15　对配备驾驶员报警系统的防盗装置，当驾驶员侧车门打开时，如果防盗装置没有起作用或钥匙未被拔出，报警系统应即被触发。

5　M_1 类和 N_1 类汽车防盗装置的特殊要求

5.1　作用在转向机构上的防盗装置

5.1.1　作用在转向机构上的防盗装置应能使转向失效。在发动机起动以前，正常的转向功能应能恢复。

5.1.2　当防盗功能解除后，防盗装置不应妨碍车辆的转向功能。

5.1.3　防盗装置按附录 B 规定的试验方法完成在每个方向上的 2 500 次锁止循环磨损试验后，应符合 4.10、5.1.1、5.1.2 和 5.1.4 的要求。

5.1.4　防盗装置在处于锁止位置时，应符合下列要求。

5.1.4.1　在转向机构不发生危及安全的损坏条件下，防盗装置应能承受静态条件下绕转向轴的、在两个方向上施加的 300 N·m 的扭矩。

5.1.4.2　带限扭矩的转向机构的防盗装置应能承受连续施加的或间断施加的至少 100 N·m 的扭矩。防盗装置的锁止系统在完成附录 C 规定的试验后，应能承受连续施加的或间断施加的至少 100 N·m 的扭矩。

5.1.4.3　含有在转向轴锁止状态下允许转向盘自由转动的机械系统的防盗装置，锁止系统应能承受静态条件下绕转向轴的、在两个方向上施加的 200 N·m 的扭矩。

5.1.5　如果防盗装置的钥匙能从锁止转向机构的位置以外的某一位置上拔出来，其设计应能手动操纵到达该位置并且拔出钥匙的动作不应无意识地被实现。

5.1.6　如果施加 5.1.4 所规定的扭矩时部件失效，而转向系统仍保持锁止，则系统符合要求。

5.2 作用在传动系上或制动系上的防盗装置

5.2.1 作用在传动系上的防盗装置应能阻止汽车驱动轮的转动。

5.2.2 作用在制动上的防盗装置,至少有一个车轮应制动。

5.2.3 当防盗功能解除后,防盗装置不应妨碍车辆的传动功能。

5.2.4 当钥匙处于防盗装置的锁止位置时,即使阻止发动机起动的机构已经工作或处于工作位置,传动系或制动也不应被无意识地锁止。对于符合5.2规定但具有其他附加功能的防盗装置,并且该附加功能要求在上述情况下传动系或制动器应锁止(电子驻车制动),本规定不适用。

5.2.5 防盗装置的设计和制造应使其在经受了每个方向2 500次锁止循环磨损试验后,仍完全有效。作用在制动上的防盗装置,装置的电子或机械的子部分也应符合要求。防盗装置的设计和制造应使其在经受了每个方向2 500次锁止循环的磨损后,仍完全有效。对于作用在制动上的防盗装置,其电子或机械组成部分也应符合本要求。

5.2.6 如果防盗装置的钥匙从传动系锁止或制动锁止位置以外的某一位置上拔出来,其设计应使手动操纵到达该位置并且拔出钥匙的动作不应无意识地被实现。

5.2.7 在传动系不发生危及安全的损坏的条件下,防盗装置应能承受静态条件下在两个方向上施加的,大于正常施加在传动系上的最大扭矩50%的静扭矩。试验扭矩的确定不是按发动机的最大扭矩,而是按离合器或自动变速器所能传递的最大扭矩来计算。

5.2.8 安装了作用在制动系统上的防盗装置的车辆,该装置应在车辆满载状态20%坡道(上坡或下坡)保持制动。

5.2.9 对于装有作用在制动系统上的防盗装置的车辆,即使在失效情况下,也不能认为本标准的要求与GB 12676的要求有偏差。

5.3 作用在换挡机构上的防盗装置

5.3.1 作用在换挡机构上的防盗装置应能阻止任何挡位变化。

5.3.2 对于手动变速器,应在倒挡位置锁止变速杆,也允许在空挡位置锁止变速杆。

5.3.3 对于有"驻车"位置的自动变速器,应在"驻车"位置锁止,也允许在空挡和/或倒挡位置锁止。

5.3.4 对于没有"驻车"位置的自动变速器,应在空挡和/或倒挡位置锁止。

5.3.5 防盗装置的设计和制造应使其经受了每个方向2 500次锁止循环磨损试验后,仍完全有效。

6 M_1 类和 N_1 类汽车的电子机械式和电子式防盗装置

如果安装了电子机械式或电子式防盗装置,应符合第4章、第5章、第17章的要求。如果第4章、第5章、第7章、第8章、第9章、第10章、第17章所规定技术要求不适用的防盗装置,则应证明其能够为车辆提供安全保护。装置的工作过程应有安全措施来防止可能危及车辆安全的锁止或意外失效的发生。

7 车辆报警系统(VAS)的一般要求

7.1 在车辆受到侵入或盗用时,VAS应发出报警信号。报警信号应是听觉信号,此外还可包括视觉报警信号装置或无线报警装置,或这些装置的组合。

7.2 车辆报警系统的设计、制造和安装,应使装有该装置的车辆也应符合相关的技术要求,特别是电磁兼容性(EMC)要求。

7.3 如果车辆报警系统能够进行无线信号传输,例如:设置警戒、解除警戒、传输报警信号,则应符合无线设备使用、管理的相关标准。用于报警系统设置警戒和解除警戒的无线传输信号的无线传送频率以及最大辐射功率应符合有关短波装置使用的相关标准。

7.4 VAS在车辆上的安装不应影响车辆的性能(在解除警戒状态下)或其正常操作。

7.5 VAS及其部件不应无意识地被触发,特别是发动机处于运转状态下。

7.6 VAS故障或其电源故障不应影响车辆的操作安全。

7.7 VAS、其部件以及由其控制的部件的设计、制造和安装，应最大限度的阻止被未经许可的人员迅速、不引起注意的使之失效，或是用廉价的、容易隐藏的、一般公众容易携带和制造的工具所损坏。

7.8 VAS设置警戒和解除警戒的方式不应使第4章和第5章的要求失效。允许采用第4章和第5章中所涉及的电气连接部件。

7.9 对于任何报警信号电路的短路，系统的布置应保证除短路部分外不能引起报警系统任何方面的失效。

7.10 VAS可以包括发动机止动装置，发动机止动装置应符合第15章、第16章、第17章的要求。

8 车辆报警系统(VAS)的特殊要求

8.1 防护范围

8.1.1 要求

VAS至少应能探测到任一车门、发动机罩、行李箱被打开并发出报警信号。光源(例如乘员舱内的灯)的失效或关闭不应影响控制操作。为防止发出不必要的报警声响(误报警，见8.1.2)，可以额外采用一些有效的信息传感器或显示器，如：

——防止侵入车辆的，例如乘员舱的控制，车窗玻璃的控制，任何玻璃区域的破损，或

——防止企图盗用车辆的，例如：倾角传感器。

这些额外的传感器即使在车辆被侵入(例如：任何玻璃区域的破损)或受到外部的影响(例如：风)之后都应发出报警信号。由以上任何一种传感器触发的报警信号，在VAS被触发的期间不应超过10次。在这种情况下，VAS处于被触发状态持续的时间应由车辆使用者通过许可的解除警戒来控制。

某些额外的传感器，例如乘员舱控制器(超声波型，红外线型)或倾角传感器等，可以被有意的关闭。在这种情况下，VAS设置为警戒状态之前每次的操作应是独立、有意进行的。当报警系统为设置警戒状态时，不能关闭这些传感器。

8.1.2 防止误报警的安全措施

8.1.2.1 通过适当的措施，如：

——根据车辆具体情况进行的机械和电路设计；

——报警系统及其部件操作和控制原理的选择和应用。

以使VAS在设置警戒和解除警戒的状态下不产生不必要的声响报警信号，包括如下情况：

a) 车辆发生碰撞，试验要求见9.2.13；

b) 电磁兼容性，试验要求见9.2.12；

c) 由于连续放电导致的电池电压降低，试验要求见9.2.14；

d) 乘员舱控制器的误报警，试验要求见9.2.15。

8.1.2.2 如果制造厂可以证明，例如通过技术数据，防止误报警的安全措施是有效的，检测机构可以不进行上述试验。

8.2 听觉报警信号

8.2.1 一般要求

报警信号应清晰可辨，并且应明显区别于其他的道路交通中使用的声响信号。除原装的声响报警装置外，在车辆上由VAS控制的区域还可以安装一个独立的声响报警装置，防止人员轻易、快速进入车辆。如果破坏标准声响报警装置(通常更容易接触到)不会影响额外的声响报警装置的工作，则在使用8.2.3.1中要求的单独声响报警装置时，原装标准声响报警装置可以额外由VAS激活。

8.2.2 声响信号的持续时间

声响信号的持续时间：最短：25 s，最长：30 s。只有在车辆再次受到干扰后，也就是在上述的时间间隔(相关规定见8.1.1和8.1.2)之后，可以再次发出声响报警信号。解除警戒，系统应立即切断信号。

8.2.3 声响信号具体要求

8.2.3.1 对于固定音调的声响信号装置(定频),例如:喇叭,声学数据等见 GB 15742。

间歇信号(开/关):间歇频率(2±1)Hz;开启时间=关闭时间±10%。

8.2.3.2 对于调频声响信号装置,声学数据等见 GB 15742,在 1 800 Hz～3 550 Hz 频带内在两个方向的节拍是相同的。节拍频率为(2±1)Hz。

8.2.3.3 声源应符合 GB 15742 规定的声响报警装置。但是,如果使用与原装声响报警装置不同的声源,最小声级可降至 100 dB(A),在 GB 15742 规定的条件下测量。

8.3 视觉报警信号(选装)

8.3.1 一般要求

如果车辆被侵入或盗用,装置应发出 8.3.2 和 8.3.3 中所规定的可视信号。

8.3.2 视觉信号的持续时间

警报启动后视觉报警信号应持续 25 s～300 s 的时间。解除系统警戒应立即切断信号。

8.3.3 视觉信号的型式

所有转向指示灯的闪光和/或车辆乘员舱内的灯,包括同一电路中的所有灯具。间歇频率(2±1)Hz,相对于听觉报警信号,视觉报警信号允许采用异步信号,开启时间=关闭时间±10%。

8.4 无线报警(无线传呼机)(选装)

VAS 可以包括通过无线传送报警信号的设备。

8.5 报警系统设置警戒的锁定

当发动机运转时,不应对报警系统进行任何有意或无意的设置警戒。

8.6 VAS 的设置警戒和解除警戒

8.6.1 设置警戒

VAS 可采用任何适当的方法设置警戒,但这些方法不应无意地引起误报警。

8.6.2 解除警戒

使 VAS 解除警戒可采用下述装置之一或其组合,也可采用其他具有等效性能的装置。

8.6.2.1 机械钥匙(符合附录 G 的规定)可以作为车辆中控锁止系统的一部分,并且至少有 1 000 种组合,可从系统外部进行操作。

8.6.2.2 电动/电子装置,例如:远程控制,应至少有 50 000 种变化且编入滚动代码,和/或最少的扫描时间为 10 天,例如对于有 50 000 种变化的装置,每 24 h 至少应有 5 000 种变化。

8.6.2.3 安装在具有防护措施的乘员舱内的机械钥匙或电动/电子装置应具有进出延时功能。

8.7 离车延时

如果 VAS 设置警戒的开关安装在具有防护措施的区域内,则应具有离车延时功能。离车延时应设置在开关打开后的 15 s 至 45 s 之间。延时时长应可调,以符合不同操作者的要求。

8.8 进入延时

如果 VAS 解除警戒的开关安装在具有防护措施的区域内,在声觉和视觉信号发出之前应有最短 5 s、最长 15 s 的延时时间。延时时长应可调,以符合不同操作者的要求。

8.9 状态显示器

8.9.1 为了显示 VAS 状态(设置警戒,解除警戒,警报设置时间,已经被启动的警报)信息,可在乘员舱内外设置视觉显示。在乘员舱外部的可视信号的光强不应超过 0.5 cd。

8.9.2 如果需要显示短时间内的动态过程,例如设置警戒和解除警戒的相互转换,根据 8.9.1 的规定,应是可视的。这种视觉信号也可由转向指示灯和/或乘员舱内的灯发出,但由转向指示灯发出的视觉信号的持续时间不应超过 3 s。

8.10 电源

可采用车辆上的蓄电池或可充电电池作为 VAS 的电源。如果有附加电源,使用可充电的或不可充电的电池均可。这些电池不应作为车辆电气系统的其他部件的电源。

8.11 选装功能的要求

8.11.1 自检/故障自动指示

VAS处于设置警戒状态时，对于异常情况（例如：打开车门等），自检系统（模糊控制）应能识别且做出指示。

8.11.2 紧急报警

VAS可发出不受其状态（设置或解除警戒）和/或功能影响的视觉和/或听觉和/或无线报警信号。该报警信号应在车内触发，并且不应影响VAS的状态（设置或解除警戒）。车辆使用者应能关闭紧急报警信号。对于声响紧急报警信号，不应限制其持续的时间。紧急报警装置不应限制发动机的起动或使正在运行的发动机停车。

9 车辆报警系统（VAS）的运行参数和试验条件（视觉报警装置的灯具以及车辆标准照明系统的灯具不必符合9.1规定的运行参数，不需进行9.2规定的试验）

9.1 运行参数

VAS的所有部件在下列条件下应无故障的运行。

9.1.1 环境条件

两种环境温度的规定如下：

a) 对于安装在乘员舱或行李厢内的部件为−40 ℃～+85 ℃；

b) 除另行规定，对于安装在发动机舱内的部件为−40 ℃～+125 ℃。

9.1.2 安装防护等级

根据GB 4208的规定，应具备如下防护等级：

a) 代码IP40适用于安装在乘员舱内的部件；

b) 代码IP42适用于安装在跑车/敞篷车和带有可移动顶篷车辆的乘员舱内的部件（如果安装位置要求高于IP40的防护级别时）；

c) 代码IP54适用于所有其他的部件。

VAS制造商应在安装手册中详细说明各个部件由于受灰尘、水、温度的影响而在安装位置上的限制。

9.1.3 耐气候性

根据GB/T 2423.4—1993的要求应为7天。

9.1.4 电气条件

额定供电电压：12 V，工作供电电压范围：在9.1.1规定的温度范围内，9 V～15 V。

23 ℃时过电压允许时长：$U=(18\pm0.2)$V，1 h；$U=(24\pm0.2)$V，1 min。

9.2 试验条件

9.2.1 运行试验

9.2.1.1 按照如下要求检查VAS的符合性：

a) 警报持续时间符合8.2.2和8.3.2的要求；

b) 频率和开/关的比率要分别符合8.3.3和8.2.3.1或8.2.3.2的要求；

c) 如果采用循环警报，则警报循环次数应符合8.1.1的要求；

d) 报警系统设置警戒的锁定应符合8.5的要求。

9.2.1.2 一般试验条件

电压$U=(12\pm0.2)$V；温度$T=(23\pm5)$℃。

9.2.2 抗温度和电压变化的能力

在下述条件下，应符合9.2.1.1中规定的要求。

9.2.2.1 试验温度 $T=(-40\pm2)$℃，试验电压 $U=(9\pm0.2)$V，时间 4 h。

9.2.2.2 对于安装在乘员舱或行李舱内的零件：

试验温度 $T=(85\pm2)$℃，试验电压 $U=(15\pm0.2)$V，时间 4 h。

9.2.2.3 除另有规定，对于安装在发动机舱内的零件：

试验温度 $T=(125\pm2)$℃，试验电压 $U=(15\pm0.2)$V，时间 4 h。

9.2.2.4 VAS 处于设置警戒状态和解除警戒状态下，应分别承受(18±0.2)V 的过电压 1 h。

9.2.2.5 VAS 处于设置警戒状态和解除警戒状态下，应分别承受(24±0.2)V 的过电压 1 min。

9.2.3 异物和水密性试验之后的安全试验

在进行 GB 4208 规定的异物和水密性试验之后，再进行 9.2.1 规定的运行试验，应符合 9.1.2 中规定的防护等级。

9.2.4 水冷凝试验后的安全试验

在进行 GB/T 2423.4—1993 规定的抗潮性试验后，再进行 9.2.1 规定的运行试验。

9.2.5 反极性安全试验

以相反极性施加(13±0.2)V 电压、持续 2 min，VAS 及其部件不应损坏。试验后更换保险丝再进行 9.2.1 规定的运行试验。

9.2.6 短路安全试验

VAS 的所有电路连接应具有短路保护以防止接地，超过 13 V 和/或保险丝熔断来保护。试验后更换保险丝再进行 9.2.1 规定的运行试验。

9.2.7 设置警戒状态的能量消耗

在 9.2.1.2 的条件下，报警系统在设置警戒状态(包括状态显示器)的平均能量消耗量不应超过 20 mA。

9.2.8 振动试验后的安全试验

9.2.8.1 在此试验中，划分为以下两种类型：

a) 类型 1：通常安装在车辆内部的部件；

b) 类型 2：作为附件安装在发动机上的部件。

9.2.8.2 各部件/VAS 应进行如下正弦振动试验。

9.2.8.2.1 对于类型 1，振动频率从 10 Hz～500 Hz，最大振幅为±0.5 mm，最大加速度为 $3g$(0～峰值)。

9.2.8.2.2 对于类型 2，振动频率从 20 Hz～300 Hz，最大振幅为±2 mm，最大加速度为 $15g$(0～峰值)。

9.2.8.2.3 对于类型 1 和类型 2，频率变化为 1 oct/min。循环 10 次，试验应按三轴的每一个轴向进行。在最大恒定振幅条件下进行低频振动试验，在最大恒定加速度条件下进行高频振动试验。

9.2.8.3 在试验期间，VAS 应由电路连接，同时 200 mm 后要有电缆支持。

9.2.8.4 振动试验后，再进行 9.2.1 规定的运行试验。

9.2.9 耐久性试验

在 9.2.1.2 规定的试验条件下，应完成 300 个完整报警循环(听觉和/或视觉信号)，声响装置的暂停间隔时间为 5 min。

9.2.10 外部钥匙开关试验(安装在车辆外部)

只有在未使用车辆原装门锁的锁芯时才进行下述试验。钥匙的设计和制造应使其在每个方向各进行 2 500 次设置警戒、解除警戒循环后，再暴露在 GB/T 2423.17—1993(抗腐蚀试验)规定的盐雾环境中至少 96 h，钥匙应仍能完全起作用。

9.2.11 乘员舱保护系统试验

当 0.2 m×0.15 m 的矩形物体，与车辆纵向中心平面成 45°角，以 0.4 m/s 的速度，以平行于道路向前的方向，自打开的前门车窗进入车厢内部 0.3 m(自矩形物体的中心测量)时，报警系统应启动(见附录 E 中的图 E.1)。

9.2.12 **电磁兼容性**

VAS应进行附录F规定的试验。

9.2.13 **防止由于车辆碰撞引起误报警的安全试验**

使用邵尔硬度为70±10、直径为165 mm的半球体与任何车体结构或玻璃曲面发生4.5 J的碰撞时,不应引起误报警。

9.2.14 **防止由于电压降引起误报警的安全试验**

主电池电压以0.5 V/h的速度缓慢放电至3 V,不应引起误报警,试验条件见9.2.1.2。

9.2.15 **防止乘员舱控制器引起误报警的安全试验**

8.1.1中规定的用于保护乘员舱的系统应在正常条件下(9.2.1.2)与车辆一起进行试验。按照制造厂的说明所安装的系统,在以0.5 s的间隔进行5次9.2.13规定的试验后,不应启动。当有人触摸车辆(车窗关闭)外部,或环绕车体移动时不应引起误报警。

10 车辆报警系统(VAS)的说明书

10.1 安装说明书的内容应包括如下内容。

10.1.1 装置适用的车辆和车型清单。该清单可以列出专用的车型,也可以列出通用的车型,如"适用于所有装配汽油发动机和12 V蓄电池负极接地的乘用车"。

10.1.2 以图片和/或清晰的示意图加以说明的安装方法。

10.1.3 如果VAS带有发动机止动装置,则应另附说明书并符合第15章、第16章的要求。

10.2 附录D为空白安装证书示例。

10.3 向用户提供全面的信息,并提醒用户在以下方面予以注意:

a) 应按照制造厂的说明书安装VAS;

b) 推荐合格的安装人员供用户选择(可联系VAS制造厂指定合适的安装人员);

c) VAS附带的安装证书应由安装人员填写。

10.4 使用说明书。

10.5 维护说明书。

10.6 警告:不应对系统进行任何改装或加装。若进行了改装或加装,10.2规定的安装证书自动失效。

11 具有报警系统(AS)车辆的一般要求

11.1 AS的设计和制造应使车辆在受到侵入或盗用时发出报警信号,同时可带有发动机止动装置。报警信号应是听觉信号,此外还可包括视觉报警信号装置或无线报警装置,或这些装置的组合。

11.2 装备了AS的车辆应符合相关的技术要求,特别是电磁兼容性(EMC)要求。

11.3 如果AS能够进行无线信号传输,例如:设置警戒、解除警戒、传输报警信号,则应符合无线设备使用、管理的相关标准。用于报警系统设置警戒和解除警戒的无线传输信号的无线传送频率以及最大辐射功率应符合有关短波装置使用的相关标准。

11.4 AS及其部件不应无意识地被触发,特别是发动机处于运转状态下。

11.5 AS或其电源故障不应影响车辆的操作安全。

11.6 报警系统、其部件以及由其控制的部件的设计、制造和安装,应最大限度的阻止被未经许可的人员迅速、不引起注意的使之失效,或是用廉价的、容易隐藏的、一般公众容易携带的工具所损坏。

11.7 对于任何报警信号电路的短路,系统的布置应保证除短路部分外不能引起报警系统任何方面的失效。

12 具有报警系统(AS)车辆的特殊要求

12.1 防护范围

12.1.1 **要求**

AS至少应能探测到任一车门、发动机罩、行李箱被打开并发出报警信号。光源(例如乘员舱内的灯)的失效或关闭不应影响控制操作。为防止发出不必要的报警声响(误报警,见12.1.2),可以额外采用一些有效的信息传感器或显示器,如:

——防止侵入车辆的,例如乘员舱的控制,车窗玻璃的控制,任何玻璃区域的破损,或

——防止企图盗用车辆的,例如:倾角传感器。

这些额外的传感器即使在车辆被侵入(例如:任何玻璃区域的破损)或受到外部的影响(例如:风)之后都应发出报警信号。由以上任何一种传感器发出的报警信号,在AS被触发的期间不应超过10次。在这种情况下,AS处于被触发状态持续的时间应由车辆使用者通过许可的解除警戒来控制。

某些额外的传感器,例如乘员舱控制器(超声波型,红外线型)或倾角传感器等,可以被有意的关闭。在这种情况下,在AS处于设置警戒状态之前,每次应是独立的有意的操作。当报警系统为设置警戒状态时,不能关闭这些传感器。

12.1.2 防止误报警的安全措施

12.1.2.1 应确保AS在设置警戒和解除警戒的状态下不产生不必要的声响报警信号,包括如下情况:

a) 车辆发生碰撞,试验要求见9.2.13;

b) 电磁兼容性,试验要求见9.2.12;

c) 由于连续放电导致的电池电压降低,试验要求见9.2.14;

d) 乘员舱控制器的误报警,试验要求见9.2.15。

12.1.2.2 如果制造厂可以证明,例如通过技术数据,防止误报警的安全措施是有效的,检测机构可以不进行上述试验。

12.2 听觉报警信号

12.2.1 一般要求

报警信号应清晰可辨,并且应明显区别于其他道路交通中使用的声响警报信号。除原装的声响报警装置外,在车辆上由AS控制的区域还可以安装一个独立的声响警报装置,防止人员可以轻易、快速进入车辆。如果调节标准声音报警装置(通常更容易接触到)不影响额外的声响报警装置的工作,则在使用12.2.2中要求的单独声响报警装置时,原装标准声响报警系统可以被AS激活。

12.2.2 声响信号的持续时间

声响信号的持续时间:最短:25 s,最长:30 s。只有在车辆再次受到干扰后,也就是在上述的时间间隔(相关规定见12.1.1和12.1.2)之后,可以再次发出声响报警信号。解除警戒,系统应能立即切断信号。

12.2.3 声响信号具体要求

12.2.3.1 对于固定音调的声响信号装置(定频),例如:喇叭,声学数据等见GB 15742。

间歇信号(开/关):间歇频率(2±1)Hz 开启时间=关闭时间±10%。

12.2.3.2 对于调频声响信号装置,声学数据等见GB 15742,但是在上述范围内(1 800 Hz~3 550 Hz)的一个很大的频率范围在两个方向的通道是相同的。通道频率(2±1)Hz。

12.2.3.3 声源应符合GB 15742规定的声响报警装置。但是,如果使用与原装声响报警系统不同的其他声源,其声级可降至100 dB(A),在GB 15742规定的条件下测量。

12.3 视觉报警信号(选装)

12.3.1 一般要求

如果车辆被侵入或盗用,装置应发出12.3.2和12.3.3中所规定的可视信号。

12.3.2 视觉信号的持续时间

警报启动后可视报警信号应持续25 s~300 s的时间。解除系统警戒应能立即切断信号。

12.3.3 视觉信号的型式

所有转向指示灯的闪光和/或乘员舱灯,包括同一电路中的所有灯具。间歇频率(2±1)Hz,相对于听觉报警信号,视觉报警信号允许采用异步信号,开启时间=关闭时间±10%。

12.4 无线警报(无线传呼机)-(选装)

AS可以包括通过无线传送报警信号的设备。

12.5 报警系统设置警戒的锁定

12.5.1 当发动机运转时,不应对报警系统进行任何有意或无意的设置警戒。

12.6 AS的设置警戒和解除警戒

12.6.1 设置警戒

AS可采用任何适当的方法设置警戒,但这些方法不应无意地引起误报警。

12.6.2 解除警戒

使AS解除警戒可采用下述装置之一或其组合,也可采用其他具有等效性能的装置。

12.6.2.1 机械钥匙(符合附录G的规定)可以作为车辆中控锁止系统的一部分,并且至少有1 000种组合,可从系统外部进行操作。

12.6.2.2 电动/电子装置,例如:远程控制,应至少有50 000种变化且编入滚动代码,和/或最少的扫描时间为10天,例如对于有50 000种变化的装置,每24 h至少应有5 000种变化。

12.6.2.3 安装在具有防护措施的乘员舱内的机械钥匙或电动/电子装置应具有进出延时功能。

12.7 离车延时

如果AS设置警戒开关安装在具有防护措施的区域内,则应具有离车延时功能。离车延时应设置在警戒开关打开后的15 s至45 s之间。延时时长应可调,以符合不同操作者的要求。

12.8 进入延时

如果AS解除警戒开关安装在具有防护措施的区域内,在声音或可视信号发出之前应有最短5 s、最长15 s的延时时间。延时时长应可调,以符合不同操作者的要求。

12.9 状态显示器

12.9.1 为了显示AS状态(设置警戒,解除警戒,警报设置时间,已经被启动的警报)的信息,可在乘员舱内外设置视觉显示。安装在乘员舱外部的可视信号的光强不应超过0.5 cd。

12.9.2 如果需要显示短时间内的动态过程,例如设置警戒和解除警戒的相互转换,根据12.10.1的规定,应是可视的。这种视觉信号也可由转向指示灯和/或乘员舱内的灯发出,但由转向指示灯发出的视觉信号的持续时间不应超过3 s。

12.10 电源

可采用车辆上的蓄电池或可充电电池作为AS的电源。如果有附加电源,使用可充电的或不可充电的电池均可。这些电池不应作为车辆电气系统的其他部件的电源。

12.11 选装功能的要求

12.11.1 自检/自动故障指示

AS处于设置警戒状态时,对于异常情况(例如:打开车门等),自检系统(模糊控制)应能识别且做出指示。

12.11.2 紧急报警

AS可发出不受其状态(设置或解除警戒)和/或功能影响的视觉和/或听觉和/或无线报警信号。该报警信号应在车内触发,并且不应影响AS的状态(设置或解除警戒)。车辆使用者应能关闭紧急报警信号。对于声响紧急报警信号,不应限制其持续的时间。紧急报警装置不应限制发动机的启动或使正在运行的发动机停车。

13 具有报警系统车辆的试验条件

VAS或AS的所有部件应根据第9章规定的要求进行试验。这些要求不适用于:

a) 无论是否安装了VAS/AS,安装在车辆上作为车辆的一部分并已做过检测(例如:车灯);或

b) 已经作为车辆部件做过检测并能提供证明文件的部件。

14 具有报警系统车辆的说明书

车辆应带有：

a) 使用说明书；

b) 维护说明书；

c) 警告:不应对系统进行任何改装或加装。

15 发动机止动装置和具有发动机止动装置车辆的一般要求

15.1 按照如下要求应能设置和解除发动机止动装置的警戒。

15.2 如果发动机止动装置能够进行无线信号传输，例如:设置警戒或解除警戒，则应符合无线设备使用、管理的相关标准。用于报警系统设置警戒和解除警戒的无线传输信号的无线传送频率以及最大辐射功率应符合有关短波装置使用的相关标准。

15.3 发动机止动装置及其安装均应符合车辆相应的技术要求。

15.4 当点火钥匙处于发动机运转位置时，发动机止动装置应不能进入设置警戒状态，但以下情况除外：

a) 车辆装有用于救护、消防、以及警务用途的设备；或

b) 车辆处于驻车状态，发动机被用于:驱动车辆上的(或安装在车辆上的)机构，而不用于驱动车辆自身；或用以保持车辆蓄电池必需电力，以驱动车辆上的机构或部件。

15.5 发动机止动装置不应永久处于超控状态。

15.6 发动机止动装置的设计及制造应能在安装到车辆上后，即使出现故障也不应影响车辆的性能和操作安全。

15.7 发动机止动装置的设计及制造应保证在按照制造厂说明书的要求安装在车辆上后，不能被快速地、不引起注意地损坏或使其失效。例如，使用那些公众容易得到，廉价并易于隐藏的工具。通过更换主要部件或总成而使发动机止动装置失效应非常困难或耗费时间。

15.8 发动机止动装置的设计及制造应保证在按制造厂说明书的要求安装在车辆上后，能够在车辆内部环境中有一个合理的使用寿命(试验见第 17 章)。特别是发动机止动装置不应对车载电路的电气性能产生不利影响(例如导致电路交叉、接触安全等)。

15.9 发动机止动装置可以与车辆上的其他系统(例如，发动机管理系统，报警系统等)进行组合或集成。

15.10 发动机止动装置不应限制车辆制动器的释放，除非发动机止动装置是用于限制气压弹簧制动器的释放，并且无论在正常状态下或失效状态下，应符合 GB 12676 的技术要求。限制气压弹簧制动器释放的发动机止动装置也应符合本标准所列出的相关技术要求。

15.11 发动机止动装置不用于车辆的制动。

16 发动机止动装置和具有发动机止动装置车辆的特殊要求

16.1 失效范围

16.1.1 发动机止动装置应至少通过下面所列方式之一来阻止车辆依靠自身动力正常行驶。

16.1.1.1 对于柴油车辆或售后市场上的装配，使至少两套独立的车辆运行所必须的电路系统(例如起动机，点火器，燃油供给，气压弹簧制动器等)失效。

16.1.1.2 与至少车辆运行所必须的控制单元发生代码冲突。

16.1.2 在装备了催化转化器的车辆上安装发动机止动装置后，不应引起未燃烧的燃油进入排气管。

16.2 操作可靠性

发动机止动装置的设计应考虑车辆的特殊环境条件(见 15.8 和第 17 章)，以保证操作可靠性。

16.3 **操作安全性**

在进行第 17 章的试验后，发动机止动装置应不改变其工作状态(设置警戒/解除警戒)。

16.4 **发动机止动装置的设置警戒**

16.4.1 不需驾驶员的额外操作，发动机止动装置应至少通过以下一种方式设置警戒：

a) 当点火钥匙转到点火锁“0”的位置和车门激活时，发动机止动装置应设置警戒。另外，在车辆正常起动期间或之前，允许解除警戒的发动机止动装置设置警戒，关闭点火。

b) 在钥匙从点火位置移出后不超过 1 min。

16.4.2 如果点火钥匙处于发动机运转状态时，按照 15.4 的规定发动机止动装置可以进入设置警戒状态，那么当驾驶员侧车门开启和/或被授权使用者有意识开启时，发动机止动装置也可以设置警戒。

16.5 **解除警戒**

可采用下述装置之一或其组合解除发动机止动装置警戒。也可采用其他具有等效安全性和工作效果的装置。

a) 钥匙的输入代码应相互独立且可供选择，且代码应至少有 10 000 种变化。

b) 电动/电子装置，例如：远程控制，应至少有 50 000 种变化且编入滚动代码，和/或最少的扫描时间为 10 天，例如对于有 50 000 种变化的装置，每 24 h 至少应有 5 000 种变化。

c) 通过远程控制解除发动机止动装置警戒后，对起动机未进行动作的情况下，发动机止动装置应在 5 min 内恢复设置警戒状态。

16.6 **状态显示器**

16.6.1 为了显示发动机止动装置的状态(设置警戒，解除警戒，警报设置时间，已经被启动的警报)的信息，可在乘员舱内外设置显示器。安装在乘员舱外部的可视信号的光强不得超过 0.5 cd。

16.6.2 如果需要显示短时间内的动态过程，例如设置警戒和解除警戒的相互转换，根据 16.6.1 的规定，应是可视的。这种视觉信号也可由转向指示器和/或乘员舱内的灯发出，但信号持续时间不应超过 3 s。

17 发动机止动装置和具有发动机止动装置车辆的运行参数和试验条件

17.1 **运行参数**

所有发动机止动装置的部件应符合第 9 章的规定。但这些规定不适用于：

a) 无论是否安装发动机止动装置，安装在车辆上作为车辆的一部分并已做过检测(例如：车灯)；

b) 作为车辆部件做过检测并能提供证明文件的部件。

17.2 **试验条件**

所有的试验应在同一个发动机止动装置上依次进行。由检测机构认定，在其他试验的结果不受影响的情况下可以使用其他样品。

17.3 **运行试验**

以下所有指定的试验应在 9.2.1.2 中给出的正常试验条件下进行，用以检测其运行的持久连续性。如果需要，可在试验前更换保险。发动机止动装置的所有部件应符合 9.2.2～9.2.8 以及 9.2.12 中的规定。

18 发动机止动装置和具有发动机止动装置车辆的说明书(18.1～18.3 仅适用于售后零配件市场的安装)

18.1 安装说明书

18.1.1 装置适用的车辆和车型清单。该清单可以列出专用的车型，也可以列出通用的车型，如“适用于所有装配汽油发动机和 12V 蓄电池负极接地的乘用车”。

18.1.2 以图片和/或清晰的示意图加以说明的安装方法。

18.1.3 制造商应该提供详细的安装说明，以确保合格的安装者在说明的指导下正确安装，而不影响车辆的安全性和可靠性。

18.1.4 提供的说明应明确发动机止动装置对电源的要求，如有必要应给出增加电池容量的建议。

18.1.5 制造商应提供安装后车辆检测程序。应特别关注与安全性有关的特性。

18.2 附录D为空白安装证书示例。

18.3 向用户提供全面的信息，以使其在以下方面引起注意。

18.3.1 发动机止动装置应根据制造商的说明书进行安装。

18.3.2 推荐合格的安装人员供用户选择（发动机止动装置制造商可以指定合适的安装人员）。

18.3.3 发动机止动装置的安装证书应由安装人员完成。

18.4 使用说明书。

18.5 维护说明书。

18.6 警告：不应对系统进行任何改装或加装。若进行了改装或加装，18.2规定的安装证书自动失效。

附 录 A
（资料性附录）
本标准章条编号与 ECE R116 章条编号对照

表 A.1 本标准章条编号与 ECE R116 章条编号对照

本标准章条编号	对应的 ECE R116 章条编号	本标准章条编号	对应的 ECE R116 章条编号
1	1	4.1	5.2.1
2	—	4.2	5.2.2
—	2	4.3	5.2.3
—	3	4.4	5.2.4
—	4	4.5	5.2.5
—	5	4.6	5.2.6
3.1	5.1.1	4.7	5.2.7
3.2	5.1.2	4.8	5.2.8
3.3	5.1.3	4.9	5.2.9
3.4	5.1.4	4.10	5.2.10
3.5	5.1.5、6.1.8、8.1.6	4.11	5.2.11
3.6	5.1.6、8.1.8	4.12	5.2.12
3.7	6.1.2	4.13	5.2.13
3.8	6.1.3	4.14	5.2.14
3.9	6.1.4	4.15	5.2.15
3.10	6.1.5	5	5.3
3.11	6.1.6	5.1	5.3.1
3.12	6.1.7	5.2	5.3.2
3.13	6.1.9	5.3	5.3.3
3.14	6.1.11、8.1.1	6	5.4
3.15	6.1.12	7	6.2
3.16	7.1.1	7.1	6.2.1
3.17	7.1.2	7.2	6.2.2
3.18	8.1.2	7.3	6.2.3
3.19	8.1.3	7.4	6.2.4
3.20	8.1.4	7.5	6.2.5
3.21	8.1.5	7.6	6.2.6
3.22	8.1.7	7.7	6.2.7
3.23	8.1.9	7.8	6.2.8
3.24	8.1.10	7.9	6.2.9
4	5.2	7.10	6.2.10

表 A.1（续）

本标准章条编号	对应的 ECE R116 章条编号	本标准章条编号	对应的 ECE R116 章条编号
8	6.3	12.5	7.3.5
8.1	6.3.1	12.6	7.3.6
8.2	6.3.2	12.7	7.3.7
8.3	6.3.3	12.8	7.3.8
8.4	6.3.4	12.9	7.3.9
8.5	6.3.5	12.10	7.3.10
8.6	6.3.6	12.11	7.3.11
8.7	6.3.7	13	7.4
8.8	6.3.8	14	7.5
8.9	6.3.9	15	8.2
8.10	6.3.10	15.1	8.2.1
8.11	6.3.11	15.2	8.2.2
9	6.4	15.3	8.2.3
9.1	6.4.1	15.4	8.2.4
9.2	6.4.2	15.5	8.2.5
10	6.5	15.6	8.2.6
10.1	6.5.1	15.7	8.2.7
10.2	6.5.2	15.8	8.2.8
10.3	6.5.3	15.9	8.2.9
10.4	6.5.4	15.10	8.2.10
10.5	6.5.5	15.11	8.2.11
10.6	6.5.6	16	8.3
11	7.2	16.1	8.3.1
11.1	7.2.1	16.2	8.3.2
11.2	7.2.2	16.3	8.3.3
11.3	7.2.3	16.4	8.3.4
11.4	7.2.4	16.5	8.3.5
11.5	7.2.5	16.6	8.3.6
11.6	7.2.6	17	8.4
11.7	7.2.7	17.1	8.4.1
12	7.3	17.2	8.4.2
12.1	7.3.1	17.3	8.4.3
12.2	7.3.2	18	8.5
12.3	7.3.3	18.1	8.5.1
12.4	7.3.4	18.2	8.5.2

表 A.1（续）

本标准章条编号	对应的 ECE R116 章条编号	本标准章条编号	对应的 ECE R116 章条编号
18.3	8.5.3	附录 A	—
18.4	8.5.4	附录 B	附件 4—第 1 部分
18.5	8.5.5	附录 C	附件 4—第 2 部分
18.6	8.5.6	—	附件 5
—	9	—	附件 6
—	10	附录 D	附件 7
—	11	附录 E	附件 8
—	12	附录 F	附件 9
—	13	附录 G	附件 10
—	14	—	—
—	附件 1	—	—
—	附件 2	—	—
—	附件 3	—	—

附 录 B
（规范性附录）
作用在转向机构上的防盗装置的磨损试验

B.1 试验设备

B.1.1 用于安装3.2规定的带有防盗装置的转向机构样品的夹具。

B.1.2 用钥匙开启和锁止防盗装置的装置。

B.1.3 用于使转向轴相对于防盗装置转动的装置。

B.2 试验方法

B.2.1 将带有防盗装置的转向机构样品安装在B.1.1所述的夹具上。

B.2.2 试验程序的一个循环包括下列步骤。

B.2.2.1 起始位置

开启防盗装置，将转向轴旋转到防盗装置不能啮合的位置，但允许转向机构在任何位置锁止的型式除外。

B.2.2.2 置于工作状态

用钥匙将防盗装置从开启位置转到锁止位置。

B.2.2.3 起动[1)]

旋转转向轴以使作用其上的扭矩在防盗装置啮合的瞬间为40 N·m±2 N·m。

B.2.2.4 开启

用正常方式开启防盗装置，为了开启方便，将扭矩降至0。

B.2.2.5 复位[1)]

转向轴旋转到防盗装置不能啮合的位置。

B.2.2.6 反向旋转

重复B.2.2.2，B.2.2.3，B.2.2.4及B.2.2.5程序，但转向轴旋转方向相反。

B.2.2.7 相邻的两次啮合的时间间隔应至少为10 s。

B.2.3 按照5.1.3要求的次数重复进行磨损循环试验。

---

1) 允许转向装置在任何位置锁止的防盗装置不受B.2.2.3和B.2.2.5规定的限制。

附　录　C
（规范性附录）
作用在具有限制扭矩装置的转向机构上的防盗装置的试验

C.1　试验设备

C.1.1　适于安装转向机构的相关部件的夹具，或如果在整车上试验时，能从地面举起全部转向车轮的夹具系统。

C.1.2　能产生并测量 C.2.3 所述的转向盘上扭矩的装置。测量误差不大于 2%。

C.2　试验方法说明

C.2.1　如果试验在整车上进行，则试验时车辆的转向车轮应离开地面。

C.2.2　转向锁应锁止转向机构。

C.2.3　扭矩施加在转向盘上。

C.2.4　1个试验循环包括：先旋转转向盘 90°，接着反向旋转 180°，然后再按照初始方向旋转 90°。

1个循环＝＋90°/－180°/＋90°　误差在±10%以内。（如图 C.1 所示）

C.2.5　1个循环的持续时间为 20 s±2 s。

C.2.6　应进行 5 个试验循环。

C.2.7　在每个试验循环中，扭矩的最小值应大于 5.1.4.2 的规定值。

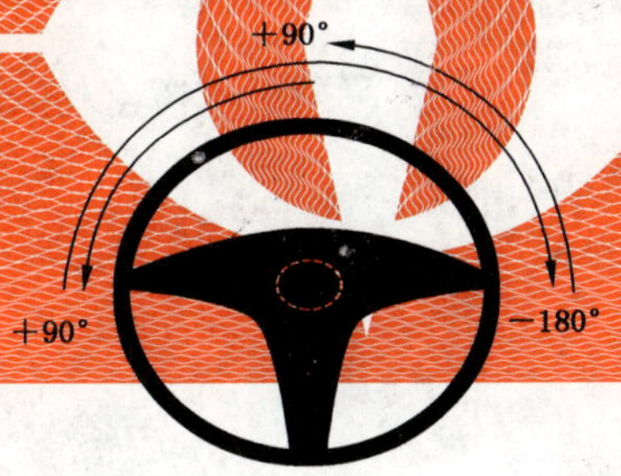

图 C.1　1个试验循环的示意图

附 录 D
（规范性附录）
安装证书的型式

车辆报警系统/发动机止动装置的安装，应由专业安装人员按照系统制造厂提供的安装说明及以下信息进行安装。

D.1 车辆的描述

制造厂：
型号：
VIN 号码：
车辆登记号码：

D.2 车辆报警系统/或发动机止动装置的描述

制造厂：
型号：

安装人员的公司名称、地址、电话：
安装人员签名：　　　　　　　　　　日期：

附　录　E
（规范性附录）
乘员舱保护系统试验

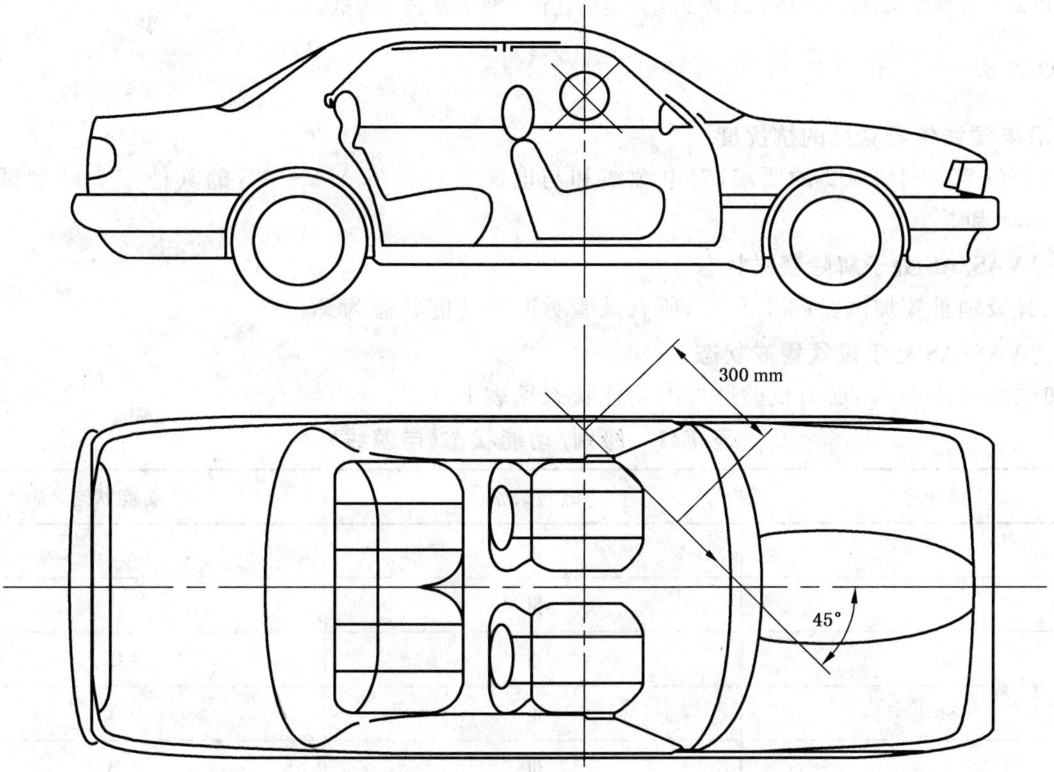

图 E.1　乘员舱保护系统试验（9.2.11 和第 13 章）示意图

附 录 F
（规范性附录）
电磁兼容性

注：电磁兼容性试验，可以选择 F.1 或 F.2 规定的任何一种方法进行测试。

F.1 ISO 方法

F.1.1 沿电源线传导骚扰的抗扰度

按照 ISO 7637-1:2002 的要求，对电源线和与电源线连接的 VAS/AS 的其他接头施加试验脉冲 1,2,3a,3b,4 和 5。

F.1.1.1 VAS/AS 处于解除警戒状态

以试验级别Ⅲ施加试验脉冲 1～5，所有试验脉冲的功能状态为 A。

F.1.1.2 VAS/AS 处于设置警戒状态

施加试验脉冲 1～5，所有试验脉冲的功能状态见表 F.1。

表 F.1 级别/功能状态(电源线)

试验脉冲序号	试验级别	功能状态
1	Ⅲ	C
2	Ⅲ	A
3a	Ⅲ	C
3b	Ⅲ	A
4	Ⅲ	B
4	Ⅰ	A
5	Ⅲ	A

F.1.2 沿传感器线传导骚扰的抗扰度

未与电源线连接的引线(如特定的传感器线)耦合骚扰的抗扰度，应按照 ISO 7637-3:2007 进行试验。所有试验脉冲的功能状态见表 F.2。

表 F.2 级别/功能状态(传感器线)

试验脉冲序号	试验级别	功能状态
3a	Ⅲ	C
3b	Ⅲ	A

F.1.3 高频辐射骚扰的抗扰度

在整车上试验按照 ISO 11451-1～ISO 11451-4 的方法之一进行，或在实验室试验按照 ISO 11452-1～ISO 11452-7 的方法之一进行。

F.1.4 静电放电的电骚扰

按照 GB/T 19951—2005 的要求进行试验。

F.1.5 电台频率干扰抑制

按照 GB 14023 的相关要求进行试验。

F.2 IEC 试验方法

F.2.1 电磁场

VAS/AS 应通过基本试验，再按照 IEC 60839-1-3：1988 中的试验 A-13 要求，电磁频率范围为 20 MHz～1 000 MHz，强度等级为 30 V/m。另外，VAS/AS 应按照 ISO 7637-1：2002，ISO 7637-2：2004 和 ISO 7637-3：2007，进行电骚扰经传导及耦合试验。

F.2.2 静电放电的电骚扰

VAS/AS 应通过基本试验，再按照 GB/T 17626.2—2006 或 GB/T 19951—2005 进行试验。

F.2.3 电台频率干扰抑制

按照 GB 14023 的相关要求进行试验。

附 录 G
（规范性附录）
机械钥匙开关的规定

G.1 钥匙开关的圆柱体从壳体的凸出量不大于 1 mm，并且凸出部分应为圆锥形。

G.2 钥匙开关的圆柱体与其壳体的连接部分应能承受 600 N 的拉力和 25 N·m 的扭矩。

G.3 钥匙开关应具有防止圆柱体被钻孔的阻断。

G.4 钥匙的齿形应至少具备 1 000 种有效排列。

G.5 即使钥匙只有一个排列与钥匙开关配套钥匙的对应排列不相符，就不能打开钥匙开关。

G.6 外置钥匙开关的匙孔应装上活盖或用其他方法以防止进入尘土和/或水。

ICS 43.020
T 09

中华人民共和国国家标准

GB/T 25986—2010

汽车用液化天然气加注装置

Filling device of natural gas vehicles

2011-01-10 发布 2011-05-01 实施

中华人民共和国国家质量监督检验检疫总局
中国国家标准化管理委员会 发布

前 言

本标准的附录 A、附录 B 为规范性附录。

本标准由中华人民共和国国家发展和改革委员会提出。

本标准由全国汽车标准化技术委员会(SAC/TC 114)归口。

本标准起草单位:中国汽车技术研究中心、北京航天发射技术研究所。

本标准主要起草人:郭勇、陈嵩、乔胜华、符一平、杨俊恒、王季峰。

汽车用液化天然气加注装置

1 范围

本标准规定了汽车用液化天然气加注装置的定义、型式、技术要求、试验方法、检验规则、标志、包装、运输及储存。

本标准适用于使用公称工作压力为 1.6 MPa(本标准所述压力值均为表压)工作介质符合 GB/T 19204 要求的汽车用液化天然气加注装置。

2 规范性引用文件

下列文件中的条款通过本标准的引用而成为本标准的条款。凡是注日期的引用文件,其随后所有的修改单(不包括勘误的内容)或修订版均不适用于本标准,然而,鼓励根据在本标准达成协议的各方研究是否可使用这些文件的最新版本。凡是不注日期的引用文件,其最新版本适用于本标准。

GB/T 191 包装储运图示标志

GB/T 1220 不锈钢棒

GB/T 3864 工业氮

GB/T 4240 不锈钢丝

GB/T 4423 铜及铜合金拉制棒

GB/T 9969 工业产品使用说明书 总则

GB/T 10125 人造气氛腐蚀试验 盐雾试验

GB/T 19204 液化天然气的一般特性

GB/T 20734 液化天然气汽车专用装置安装要求

CB/T 3764 金属镀层和化学覆盖层厚度系列及质量要求

QB/T 3626 聚四氟乙烯棒材

HG 2167 聚三氟氯乙烯树脂

3 术语和定义

下列术语和定义适用于本标准。

3.1

加注装置 filling device

加注装置由加液口及回气口组成,用于充装和回收车用储气瓶中液化天然气的连接部件。

3.2

加液口 filling receptacle

装在车辆上与加气机加液枪连接后给车用储气瓶充装液化天然气的连接部件。

3.3

回气口 reclaiming receptacle

装在车辆上与加气机回气枪连接后用于回收车用储气瓶中余气的连接部件。

3.4

防尘盖 protective cap

防止灰尘和水进入接口的部件。

3.5

气路通径 gas road diameter

加注装置中液化天然气实际流过的管道横截面积直径。

4 基本型式及规格型号

4.1 加液口的基本结构型式及接口尺寸，见附录A。

4.2 回气口的基本结构型式及接口尺寸，见附录B。

5 要求

5.1 一般要求

5.1.1 加液口和回气口的基本结构型式及接口尺寸应符合4.1、4.2的要求。

5.1.2 加液口气路通径应不小于ϕ21 mm，回气口气路通径应不小于ϕ12 mm。

5.1.3 加注装置应有防止水和灰尘进入接口并能防止接口损伤的防尘盖；有避免防尘盖脱开接口后丢失的构件，防尘盖的材质应耐低温－80 ℃。

5.1.4 加注装置应有具有自密封功能的单向阀，为了防止在加液枪和加液口分离过程中产生过大的压力，加液口应有泄去分离时所生成的气体的安全泄放孔。

5.1.5 加注装置各部件采用的材料应与使用的介质、工作寿命、环境温度等要求相适应；接口体应采用耐腐蚀的金属材料。不锈钢受力部件应选用符合GB/T 1220、GB/T 4240规定的面心立方晶格不锈钢材料；铜合金受力部件应符合GB/T 4423的规定；非金属材料应选择低温收缩率小、玻璃化温度点低、无冷流现象、寿命长及与冷流相容的，并符合QB/T 3626、HG 2167的规定材料。

5.1.6 加注装置中所有进行金属镀层和化学覆盖层处理部件的外观要求，应符合CB/T 3764中的有关规定。

5.1.7 加注装置在汽车上的安装应符合GB/T 20734的要求。

5.1.8 加注装置额定工作压力为1.6 MPa，工作环境温度为：－40 ℃～82 ℃。

5.2 性能要求

5.2.1 液静压强度

加注装置按6.3规定的试验方法进行液静压强度试验，在2.4 MPa液静压力的作用下，承压件及单向阀密封处应无泄漏，在8 MPa液静压力的作用下，承压件应不出现任何裂纹、永久变形。

5.2.2 气密性

加注装置按6.4规定的试验方法进行气密性试验，泄漏率不应超过20×10^{-6} Nm^3/h。

5.2.3 低温泄漏试验

加注装置按6.5规定的试验方法进行低温泄漏试验，泄漏率不应超过20×10^{-6} Nm^3/h。

5.2.4 防尘盖抗冲击载荷

防尘盖按6.6规定的试验方法进行抗冲击载荷试验后，防尘盖和接口不应有可见的撞痕和损坏。

5.2.5 耐用性

加注装置按6.7规定的试验方法完成1 000次工作循环和全流量冲击试验后，应满足5.2.2要求。

5.2.6 耐氧老化性

加注装置非金属部件按6.8规定的试验方法完成耐氧老化试验后，不应出现变形、裂纹、变质、及斑点等现象。

5.2.7 相容性

加注装置非金属材料按6.9规定的试验方法完成相容性试验后，不应出现裂纹和破碎的现象；材料的体积膨胀率不大于25% 收缩率不大于1%，重量损失率不大于10%。

5.2.8 耐腐蚀性

5.2.8.1 按 6.10.1 规定的试验方法进行耐腐蚀性试验后用 25 倍放大镜检查，部件上不应有裂纹产生。

5.2.8.2 加注装置按 6.10.2 规定的试验方法完成盐雾试验后，检查其气密性，应符合 5.2.2 的要求。

5.2.9 耐振性

5.2.9.1 加注装置按 6.11 规定的试验方法完成耐振性试验后，紧固件应无松动，并应仍能正常开闭。

5.2.9.2 加注装置分别按 6.4.1.1 和 6.4.2.1 规定的试验方法进行试验，应符合 5.2.2 的要求。

6 试验方法

6.1 试验条件和仪表精确度

6.1.1 试验条件

除非另有规定，试验环境条件和试验介质应符合以下要求：

a) 温度 15 ℃～35 ℃；

b) 相对湿度不大于 85%；

c) 大气压力 86 kPa～106 kPa；

d) 试验介质应为符合 GB/T 3864 规定的合格品的液氮和干燥空气。

6.1.2 试验所用仪表精确度和量程

除非另有规定，仪表的精确度和量程应符合下列规定：

a) 电工仪表：精确度不低于 1.0 级，量程应为测量值的 1.5～3 倍；

b) 压力仪表：精确度不低于 1.5 级，量程应为测量值的 1.5～3 倍；

c) 流量仪表：精确度不低于 1.5 级，量程应为测量值的 1.5～3 倍；

d) 温度仪表：精确度为 ±0.5 ℃，最小分辨率为 1 ℃。

6.2 外观检验

用目测法对加注装置进行外观检验。

6.3 液静压强度试验

6.3.1 加液口液静压强度试验

6.3.1.1 耐压强度试验

从加液口出口端输入液静压力为 2.4 MPa 的水，稳压时间不少于 3 min。

6.3.1.2 耐高压强度试验

从加液口出口端输入液静压力为 8 MPa 的水，稳压时间不少于 3 min，试验后的试件不应再做其他试验。

6.3.2 回气口液静压强度试验

6.3.2.1 耐压强度试验

从回气口出口端输入液静压力为 2.4 MPa 的水，稳压时间不少于 3 min。

6.3.2.2 耐高压强度试验

从回气口出口端输入液静压力为 8 MPa 的水，稳压时间不少于 3 min，试验后的试件不应再做其他试验。

6.4 气密性试验

6.4.1 加液口气密性试验

6.4.1.1 常温气密性试验

将试件置于常温中，从出口端通入压缩空气，在管路压力为 1.8 MPa 和 0.05 MPa 处各稳压 3 min 进行检测。

6.4.1.2 **高温气密性试验**

将试件置于82 ℃的环境中，从出口端通入压缩空气，在管路压力为1.8 MPa和0.05 MPa处各稳压3 min进行检测。

6.4.1.3 **低温气密性试验**

将试件置于−40 ℃的环境中，从出口端通入压缩空气，在管路压力为1.8 MPa和0.05 MPa处各稳压3 min进行检测。

6.4.2 **回气口气密性试验**

6.4.2.1 **常温气密性试验**

将试件置于常温中，从出口端通入压缩空气，在管路压力为1.6 MPa和0.05 MPa处各稳压3 min进行检测。

6.4.2.2 **高温气密性试验**

将试件置于82 ℃的环境中，从出口端通入压缩空气，在管路压力为1.6 MPa和0.05 MPa处各稳压3 min进行检测。

6.4.2.3 **低温气密性试验**

将试件置于−40 ℃的环境中，从出口端通入压缩空气，在管路压力为1.6 MPa和0.05 MPa处各稳压3 min进行检测。

6.5 **低温泄漏试验**

6.5.1 **加液口低温泄漏试验**

将液氮通入试件预冷，预冷5 min后将试件浸入无水乙醇中。再从试件出口端通入液氮，在管路压力为1.6 MPa和0.05 MPa处各稳压1 min进行检测。

6.5.2 **回气口低温泄漏试验**

将低温氮气(温度不大于−162 ℃)通入试件预冷，预冷5 min后将试件浸入无水乙醇中。再从试件出口端通入低温氮气，在管路压力为1.6 MPa和0.05 MPa处各稳压1 min进行检测。

6.6 **防尘盖抗冲击载荷试验**

防尘盖装配在固定好的接口上，直径50 mm、质量0.5 kg的钢球从0.3 m高处落下冲击在防尘盖上最有可能引起破坏的五个点。

6.7 **耐用性试验**

耐用性试验包括下例所述的工作循环及全流量冲击试验，本试验应采用全新试件。

6.7.1 **工作循环试验**

在进行试验前将液氮通入试件预冷5 min，每次循环应用加气装置使加液口单向阀处于开启状态并将其出口封闭，从入口输入液氮，当压力达到1.6 MPa后将加气装置与加液口分离，单向阀应自行关闭，使加液口内压力保持不少于2 s时间，然后再开启出口端卸压至0 MPa。如此反复使单向阀开启、关闭。开闭循环频率不高于5次/min，循环试验总次数为1 000次。每完成200次循环试验，观察密封情况，按6.4.1.1规定进行常温气密性试验，如无泄漏，继续进行试验。

在进行试验前将低温氮气(温度不大于−162 ℃)通入试件预冷5 min，每次循环应用加气装置使回气口单向阀处于开启状态并将其出口封闭，从入口输入液氮，当压力达到1.6 MPa后将加气装置与回气口分离，单向阀应自行关闭，使回气口内压力保持不少于2 s时间，然后再开启出口端卸压至0 MPa。如此反复使单向阀开启、关闭。开闭循环频率不高于5次/min，循环试验总次数为1 000次。每完成200次循环试验，观察密封情况，按6.4.2.1规定进行常温气密性试验，如无泄漏，继续进行试验。

6.7.2 **全流量冲击试验**

加液口进口供气起点压力为1.8 MPa，不限制出口流量，每次冲击持续时间不少于2 s，冲击结束时供气压力应不低于1.3 MPa，然后，泄去进口处压力，使单向阀关闭。持续进行30次冲击试验。

回气口进口供气起点压力为1.8 MPa，不限制出口流量，每次冲击持续时间不少于2 s，冲击结束时供气压力应不低于 1.3 MPa，然后，泄去进口处压力，使单向阀关闭。持续进行 30 次冲击试验。

6.8 耐氧老化试验

加注装置与天然气相接触的非金属部件，在压力为 2.0 MPa，温度为(70±2)℃的氧气中放置 96 h。

6.9 相容性试验

加注装置与天然气相接触的非金属试件应在温度为(23±2)℃、压力为 1.8 MPa 的天然气中浸泡 70 h，浸泡完成后急速降压至 0。

6.10 耐腐蚀性试验

6.10.1 将保持最大工作应力状况(由机械装配和 1.6 MPa 气压产生)并清除了表面油污的黄铜部件，放入温度为(35±2)℃、容积为 30 L 且内装有 0.6 L 比重为 0.94 的含水氨水的封闭试验容器中，部件置于氨水表面上方 40 mm，放置 10 天。

6.10.2 将加注装置出口封住并以水平位置，按 GB/T 10125 规定的中性盐雾试验方法，进行 96 h 的盐雾试验。

6.11 耐振性试验

将加注装置可靠地固定在振动试验台上，频率设定为 17 Hz，振幅设定为 1.5 mm，沿三个互相垂直的方向各振动 2 h。

7 检验规则

7.1 检验项目按表 1。

表 1 检验项目表

序号	检验项目		检验方法	判定依据	出厂检验	型式检验
1	外观检验		6.2	5.1.6	√	√
2	加液口液静压强度	耐压强度试验	6.3.1.1	5.2.1	√	√
3		耐高压强度试验	6.3.1.2	5.2.1		√
4	回气口液静压强度	耐压强度试验	6.3.2.1	5.2.1	√	√
5		耐高压强度试验	6.3.2.2	5.2.1		√
6	加液口气密性试验	常温气密试验	6.4.1.1	5.2.2	√	√
7		高温气密试验	6.4.1.2	5.2.2		√
8		低温气密试验	6.4.1.3	5.2.2		√
9	回气口气密性试验	常温气密试验	6.4.2.1	5.2.2	√	√
10		高温气密试验	6.4.2.2	5.2.2		√
11		低温气密试验	6.4.2.3	5.2.2		√
12	低温泄漏试验	加液口泄漏试验	6.5.1	5.2.3		√
13		回气口泄漏试验	6.5.2	5.2.3		√
14	防尘盖抗冲击载荷试验		6.6	5.2.4		√
15	耐用性试验		6.7	5.2.5		√
16	耐氧老化试验		6.8	5.2.6		√
17	相容性试验		6.9	5.2.7		√
18	耐腐蚀性试验		6.10	5.2.8		√
19	耐振性试验		6.11	5.2.9		√
注："√"表示检验项目。						

7.2 出厂检验

产品出厂前应按表1规定项目进行出厂检验。

7.3 型式检验

在下列情况之一，加注装置必须按表1规定的项目进行型式检验。对新设计的产品还应按5.1的要求进行产品设计审查。

a) 新设计或设计参数、工艺、材料有重大变更时；

b) 停产半年以上，重新恢复生产；

c) 连续生产满一年。

7.4 经检验合格后的试件，若检验项目会影响其使用性能或使用寿命者，不能作为合格产品出厂。

8 标志、包装、运输及贮存

8.1 标志

加注装置产品应有下列永久性标志：

a) 产品名称和型号；

b) 制造厂名或其标志；

c) 生产批号和日期。

8.2 包装

8.2.1 产品的包装应保证搬运过程中不被损坏，应符合GB/T 191有关规定。

8.2.2 产品的包装箱内应附有产品合格证、使用说明书及必要的装箱清单。包装箱上应标有下列内容：

a) 制造厂名；

b) 产品型号和编号；

c) 数量和毛重；

d) 出厂日期；

e) 外形尺寸(长×宽×高)；

f) 搬运注意事项。

8.3 运输及贮存

8.3.1 产品装运时，应轻装轻放，防止重压及碰撞，严防雨淋及化学品的浸蚀。

8.3.2 产品贮存在通风、干燥、清洁的室内。

9 出厂文件

9.1 出厂的每只产品应附有产品合格证，产品合格证应注明以下内容：

a) 制造厂名和商标；

b) 产品型号和编号；

c) 检验部门的签章及检验日期。

9.2 当包装箱内有加注装置以外的附件(如接头、专用工具等)时，应附装箱清单。

9.3 出厂的每只产品应附有产品使用说明书，说明书应按GB/T 9969进行编写，并特别要说明以下内容：

a) 加注装置的结构型式、功能介绍；

b) 使用过程中的故障判别及排除方法。

附 录 A
（规范性附录）
加液口的基本结构型式及接口尺寸

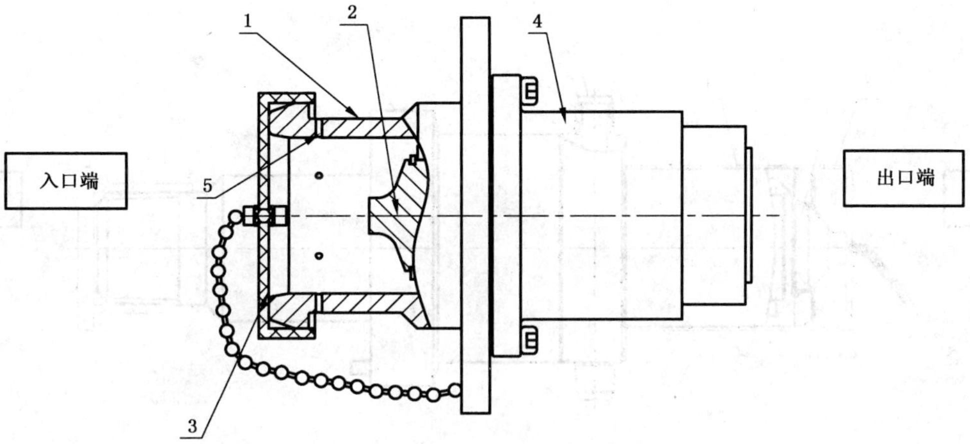

1——接口；
2——单向阀；
3——防尘盖；
4——本体；
5——安全泄放孔。

图 A.1 加液口基本结构型式

单位为毫米
表面粗糙度单位为微米

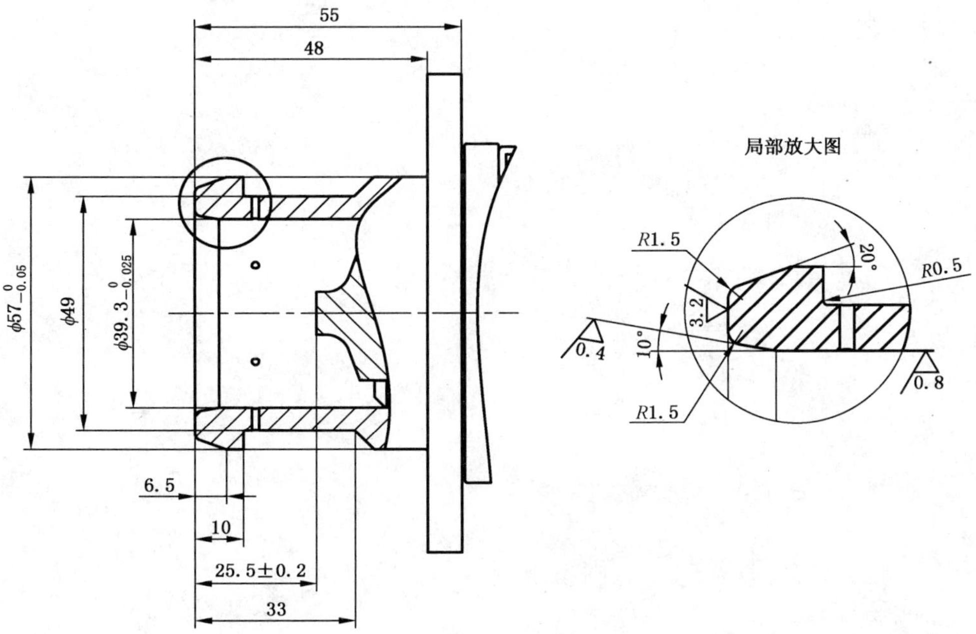

图 A.2 加液口接口尺寸

附 录 B
（规范性附录）
回气口的基本结构型式及接口尺寸

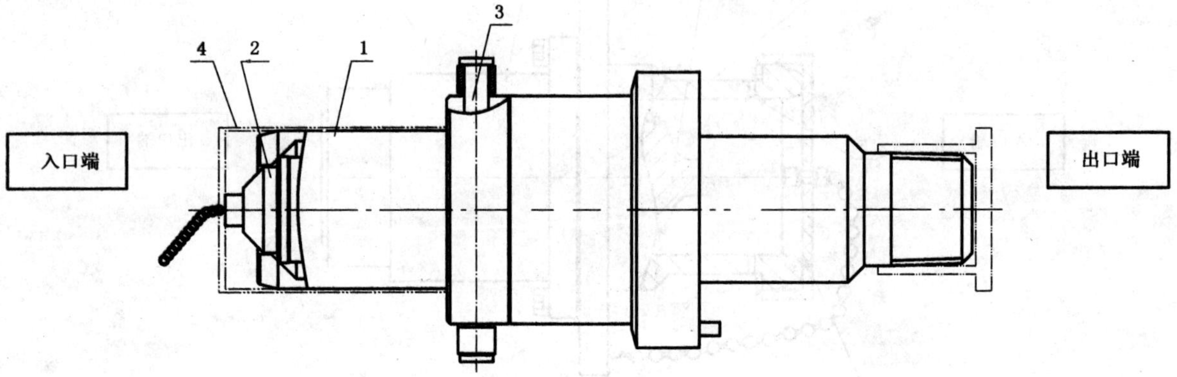

1——接口；
2——单向阀；
3——锁紧块；
4——防尘盖。

图 B.1 回气口基本结构型式

单位为毫米

表面粗糙度单位为微米

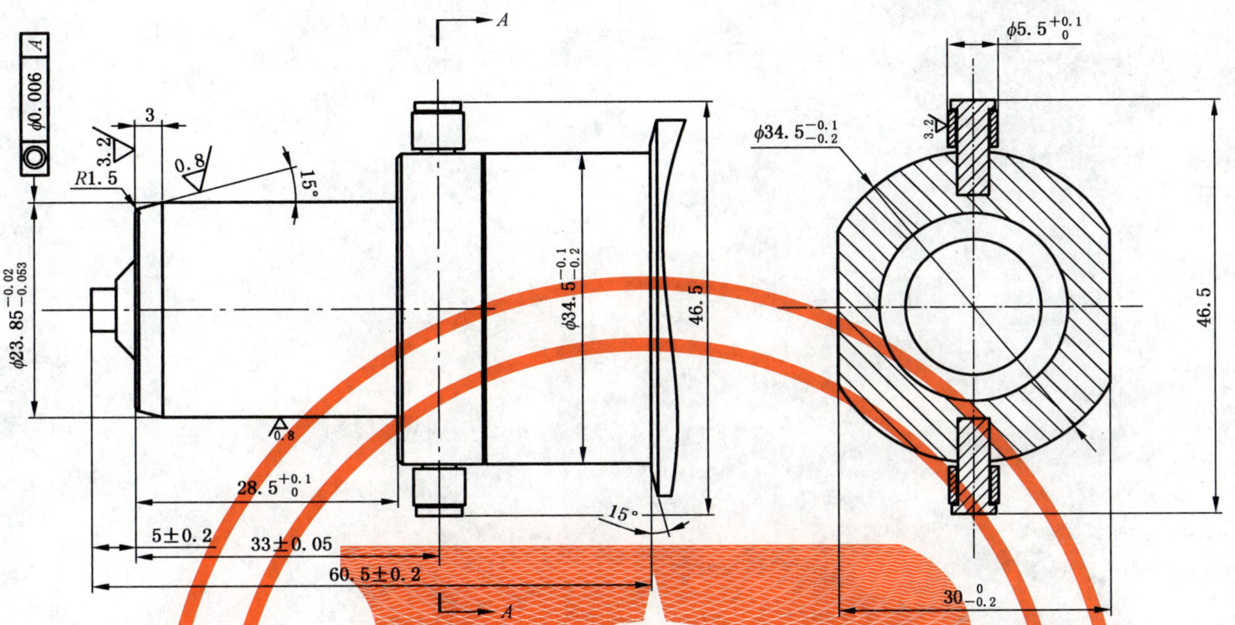

图 B.2 回气口接口尺寸

ICS 43.160
T 59

中华人民共和国国家标准

GB/T 25987—2010

装甲防暴车

Armoured anti-riot-vehicle

2011-01-10 发布　　2011-05-01 实施

中华人民共和国国家质量监督检验检疫总局
中国国家标准化管理委员会　发布

前　言

本标准由中华人民共和国国家发展和改革委员会提出。

本标准由全国汽车标准化技术委员会(SAC/TC 114)归口。

本标准起草单位:内蒙古北方重工业集团有限公司、常熟华东汽车有限公司、汉阳专用汽车研究所。

本标准主要起草人:张伟杰、白庆梁、刘懋功、吴跃玲、李忠、霍绍平、王跃、戴培清、王传妹。

装甲防暴车

1 范围

本标准规定装甲防暴车的术语和定义、要求、试验方法、检验规则、标志、运输及贮存。

本标准适用于定型汽车或定型汽车底盘改装的装甲防暴车(以下简称防暴车)。

2 规范性引用文件

下列文件中的条款通过本标准的引用而成为本标准的条款。凡是注日期的引用文件,其随后所有的修改单(不包括勘误的内容)或修订版均不适用于本标准,然而,鼓励根据本标准达成协议的各方研究是否可使用这些文件的最新版本。凡是不注日期的引用文件,其最新版本适用于本标准。

GB 1495 汽车加速行驶车外噪声限值及测量方法

GB 1589 道路车辆外廓尺寸、轴荷及质量限值

GB 4785 汽车及挂车外部照明和光信号装置的安装规定

GB 7258 机动车运行安全技术条件

GB 8108 车用电子警报器

GB 8410 汽车内饰材料的燃烧特性

GB 13954 特种车辆标志灯具

GB/T 18411 道路车辆 产品标牌

GA 165 防弹复合玻璃

GA 668—2006 警用防暴车通用技术条件

QC/T 252 专用汽车定型试验规程

QC/T 476 客车防雨密封性限值及试验方法

3 术语和定义

GA 668—2006 确立的术语定义以及下列术语定义适用于本标准。

3.1

装甲防暴车 armoured anti-riot-vehicle

采用具有防弹性能的金属或非金属材料的装甲,具有自身防护能力和攻击能力的特种车辆。

4 要求

4.1 功能要求

防暴车除具有自身防护功能和战斗功能外,可兼具有非致命攻击武器或杀伤性武器、通讯、警报、宣传、监控取证、监视摄录、机动指挥、人员运输等功能。

4.2 整车要求

4.2.1 防暴车应符合本标准的规定,并按经规定程序批准的产品图样和技术文件制造。

4.2.2 防暴车改装用的汽车底盘(或整车)、外购件、外协件应符合相关标准的规定,具有产品合格证明,经验收合格后方可使用。每一年度批次装甲材料和防弹玻璃,生产厂家应提供有效的检测报告,具有产品合格证明,经验收合格后方可使用。

4.2.3 防暴车在下述环境条件下应能正常工作:

a) 工作环境温度:-20 ℃~40 ℃;

b) 湿度：工作温度为 25 ℃时，湿度不大于 95%。贮存时，允许相对湿度为 20%～85%。

4.2.4 防暴车外廓尺寸、最大总质量及最大轴荷质量应符合 GB 1589 的规定。

4.2.5 防暴车安全运行技术要求应符合 GB 7258 的规定。

4.2.6 防暴车外部照明和光信号装置的安装应符合 GB 4785 的规定，外露灯具应有防护措施。

4.2.7 防暴车制动性能应符合 GB 7258 的规定。

4.2.8 防暴车防弹玻璃应能拆换，防弹玻璃的透光度应符合 GA 165 的规定。

4.2.9 防暴车车门开启后，车门下垂不大于 2 mm，自然平推应能正常关门。车门内部应设置防止外部开启的锁紧装置。

4.2.10 车体或车窗上应安装射击孔。

4.2.11 防暴车转塔应能灵活转动，且上、下无明显的窜动。转塔应设置防止外部开启的锁紧机构。

4.2.12 车身长度大于 6 m 的车辆，车顶应配置逃生窗。逃生窗应能满足体重 90 kg，身高 1.80 m 的人员出入。带有出口孔盖的转塔可兼作逃生窗使用。

4.2.13 防暴车轮胎应采用具有防弹、防扎功能的安全轮胎，并应保证中弹或被割后仍能继续以 50 km/h的时速行驶 1 h。根据使用要求，可安装瘪胎行驶机构。

4.2.14 防暴车应具备自灭火功能。

4.2.15 防暴车外形应不便攀登，并具有防掀翻措施。

4.2.16 防暴车应视需要配备乘员个人防护器材。

4.2.17 防暴车空调装置应保证车内正常工作温度。

4.2.18 防暴车内贴装甲板时，电器设备及电缆布置不得与之发生干涉。

4.2.19 防暴车内安装的各种电气设备安装位置应合理，固定可靠，安装支架表面应进行防护处理，布线整齐，装饰美观，接地可靠，易产生静电部位应有良好的防静电保护措施。

4.2.20 装饰材料应贴装牢固、平整、美观。内装饰材料的阻燃性应符合 GB 8410 的规定。

4.2.21 座椅设置应考虑乘员的舒适性。在适当的位置设有存放武器和防护用品的装置，并便于取用。

4.2.22 防暴车噪声应符合 GB 1495 的规定。

4.2.23 车辆门窗、孔口均应有良好的密封，防雨密封性应符合 QC/T 476 的规定。

4.2.24 防暴车应根据需要配置警灯、强光灯、警报器、车载计算机、图像传输、移动通讯和卫星通讯等设施。警灯应符合 GB 13954 的规定，警报器应符合 GB 8108 规定。

4.2.25 防暴车应配置指挥镜、观察镜、武器瞄准镜及摄录监控装置。

4.2.26 防暴车应配置自备电源装置及市电接口装置。

4.3 性能要求

防暴车的性能要求应符合表 1 的规定。

表 1

性能要求	单位	参数值
最高车速	km/h	≥85
加速时间[(0～60)km/h]	s	≤30
最大爬坡度	%	≥28
涉水深	m	≥0.75
最小转弯直径	m	≤20
驻车坡度	%	≥28
最大续驶里程	km	≥400

4.4 防暴性能

4.4.1 催泪武器

防暴车应配置催泪武器的安装平台,并可在车内进行催泪武器的装填和发射操作。

4.4.2 战斗武器

根据不同用途,配置可换装不同战斗武器的安装平台。

4.4.3 夜间作战能力

驾驶员的夜视距离,应与车辆平均速度相匹配,对应于 35 km/h～45 km/h 的平均速度,夜视距离不小于 60 m～80 m。夜瞄距离应与其作战距离相匹配,一般为常用作战距离的 60%～80%。

4.4.4 防护性能

4.4.4.1 形体防护

有形体防护要求的防暴车可采用迷彩或红外抑制等形体防护措施。

4.4.4.2 装甲防护

4.4.4.2.1 防暴力破坏功能要求

防暴车防暴力破坏功能应符合 GA 668—2006 中 6.1 相应级别规定。

4.4.4.2.2 破障冲撞功能要求

防暴车破障冲撞功能应符合 GA 668—2006 中 6.2 相应级别规定。

4.4.4.2.3 防弹功能要求

防暴车防弹功能应符合 GA 668—2006 中 6.3 相应级别规定。

5 试验方法

5.1 整车试验

5.1.1 整车定型试验按 QC/T 252 及相关标准的规定进行。

5.1.2 整车制动、照明等强制检验项目按相关强制性标准进行。

5.1.3 防暴车转塔灵活性试验,施加 25 kg 的径向拉力,检验转塔在设定范围内灵活转动。

5.1.4 防雨密封性试验按 QC/T 476 的规定进行。

5.2 防暴性能试验

5.2.1 催泪武器

以目视和功能操纵的方法检查催泪武器平台使用功能。

5.2.2 战斗武器

以目视和功能操纵的方法检查战斗武器平台使用功能。

5.2.3 夜间作战能力

以功能试验检查在规定的车速及夜视距离条件,检查射击手的夜瞄距离与作战距离的匹配性。

5.3 防护性能试验

5.3.1 形体防护

以目视的方法检查车体外观涂装质量。

5.3.2 装甲防护

5.3.2.1 防暴力破坏功能试验

按 GA 668—2006 中 9.1 规定的方法进行防暴力破坏功能试验。

5.3.2.2 破障冲撞功能试验

按 GA 668—2006 中 9.2 规定的方法进行破障冲撞功能试验。

5.3.2.3 防弹功能试验

按 GA 668—2006 中 9.3 规定的方法进行防弹功能试验。

6 检验规则

6.1 检验分类

防暴车分为出厂检验和型式检验。

6.2 出厂检验

6.2.1 防暴车逐辆进行检验，经质量检验部门检验合格并签署产品质量合格证明方可出厂。

6.2.2 出厂检验项目为：

a) 外观；

b) 整车装配调整；

c) 防雨密封性。

6.3 型式检验

6.3.1 检验时机

有下列情况之一时，应进行型式检验：

a) 新产品试制批量投产前；

b) 停产两年后恢复批量生产或转厂生产时；

c) 每累计生产 200 台时；

d) 有重大结构、工艺、材料改变时仅对受影响的项目检验；

e) 鉴定部门有要求时。

6.3.2 检验项目

如果属 6.3.1 中 a)、b)、c)三种情况，应按第 4 章的内容和 QC/T 252 及有关规定进行检验；如果 6.3.1 中 d)、e)两种情况，可仅对受影响项目进行检验。

6.4 合格判定

6.4.1 出厂检验中，如有不符合本标准要求项时，应重新调试、修整，可再提交检验，直至合格为止。

6.4.2 型式检验中如有一项不合格，可在同一批产品中加倍抽取样车，并对该不合格项目重新进行检验，若仍不合格，则该批产品不合格。

7 标志、运输及贮存

7.1 标志

防暴车应在明显部位固定产品标牌，标牌的固定、位置及型式应符合 GB/T 18411，标牌的内容应符合 GB 7258 的规定，产品标牌的位置应在使用说明书中指明。

7.2 随带文件

产品随带文件如下：

a) 底盘合格证；

b) 产品合格证；

c) 备附件清单；

d) 使用说明书。

7.3 运输

产品在铁路(或水路)运输时，以自行(或拖曳)方式上、下车(船)需用吊装方法装卸时，应采用专用吊具,以免损伤产品。

7.4 贮存

产品长期贮存时,应停放在具有通风、防潮、防雨、防晒和消防设备的库房内,并按使用说明书的规定定期进行维护和保养。